教育部高职高专规划教材

高聚物
生产技术

GAOJUWU SHENGCHAN JISHU

第二版

侯文顺　主编　　杨宗伟　主审

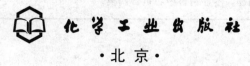
·北京·

本教材第二版是在第一版的基础上，结合近年来高聚物合成原理及生产技术的进步情况重新整合而成。将原来分解的理论与生产工艺紧密结合起来，可以某种程度地满足全国各化工高职院校进行教学改革的需要；在聚合原理方面以拓展知识的形式将近年来相对比较成型的理论展现出来；将部分产品的生产工艺补充进来。确保了第二版教材的新颖性、系统性、完整性及实用性。

全书共分为八章，介绍了高聚物的基本概念；自由基聚合反应及工业实施；离子型聚合反应及工业实施；配位聚合反应及工业实施；开环聚合反应及工业实施；共聚合反应及工业实施；缩聚反应与逐步加聚反应及工业实施；高聚物的结构与性能。

本书可以作为高等职业技术院校化工生产技术专业、高分子合成专业、高分子材料加工专业、复合材料专业的专业课程教材。

图书在版编目（CIP）数据

高聚物生产技术/侯文顺主编．—2版．—北京：化学工业出版社，2012.6（2024.2重印）
教育部高职高专规划教材
ISBN 978-7-122-14218-4

Ⅰ．高… Ⅱ．侯… Ⅲ．高聚物-生产技术-高等职业教育-教材 Ⅳ．TQ316

中国版本图书馆CIP数据核字（2012）第087529号

责任编辑：窦　臻　　　　　　　　　　装帧设计：尹琳琳
责任校对：陈　静

出版发行：化学工业出版社（北京市东城区青年湖南街13号　邮政编码100011）
印　　装：三河市延风印装有限公司
787mm×1092mm　1/16　印张26½　字数697千字　2024年2月北京第2版第11次印刷

购书咨询：010-64518888　　　　　　售后服务：010-64518899
网　　址：http://www.cip.com.cn
凡购买本书，如有缺损质量问题，本社销售中心负责调换。

定　　价：49.00元　　　　　　　　　　　　　　　　　版权所有　违者必究

第二版前言

第二版《高聚物生产技术》是在第一版的基础上，结合近年来高聚物合成原理及生产技术的进步情况重新整合而成。

整合的总体思路是：将原来分解的理论与生产工艺紧密结合起来，可以某种程度地满足全国各化工高职院校进行教学改革需要；在聚合原理方面以拓展知识的形式将近年来相对比较成型的理论展现出来；将部分产品的生产工艺补充进来。

全书共分为八章。第一章绪论；第二章自由基聚合反应及工业实施；第三章离子型聚合反应及工业实施；第四章配位聚合反应及工业实施；第五章开环聚合反应及工业实施；第六章共聚合反应及工业实施；第七章缩聚反应与逐步加聚反应及工业实施；第八章高聚物的结构与性能。

具体变动内容包括：

第一章并入了原第一版第九章聚合反应的工业实施方法；

第二章理论部分增加的拓展知识包括"自由基聚合新引发体系"和"活性自由基聚合"，工艺部分包括 LDPE、PMMA、PVC、PS 生产工艺；

第三章理论部分增加的拓展知识包括"极性单体的阴离子活性聚合"、"阴离子聚合中的其他进展"和"可控制性阳离子聚合反应"，工艺部分新编写了 PIB 和 POM 的生产工艺；

第四章理论部分增加的拓展内容包括"基团转移聚合"和"茂金属催化剂与烯烃聚合"，工艺部分包括 HDPE、PP、BR、IR 和 EPR 的生产工艺；

第五章理论部分增加的拓展知识包括"自由基开环聚合"和"开环歧化聚合反应"，工艺部分包括 EP、PA6 的生产工艺；

第六章理论部分的拓展知识包括"几种嵌段共聚介绍"和"泡沫体系分散聚合方法"；工艺部分包括 ABS、SBR、PAN 的生产工艺；

第七章理论部分的拓展知识包括"杂化聚合物的合成"、"纳米尼龙合成"和"工程塑料合金"，工艺部分包括 PET、PA66、PA1010、PF、PU、PC 的生产工艺；

第八章并入了原第一版第八章的高聚物化学变化，理论部分的拓展知识包括"微波在高分子材料合成与改性中的应用"和"导电高分子的合成"，并增加了典型的利用高聚物化学变化合成 PVA 的生产工艺内容。

全书由常州工业职业技术学院侯文顺教授主编，四川化工职业技术学院杨宗伟院长主审。常州工业职业技术学院胡英杰高级工程师编写了第四章、第五章、第八章工艺部分，其他章节均为侯文顺教授编写。

本书可以作为高等职业技术院校化工生产技术专业、高分子合成专业、高分子材料加工专业、复合材料专业的专业课程教材。

由于编者水平有限，不足之处在所难免，敬请各位同仁和读者批评指正。

编者
2012 年 2 月

第一版前言

由于国家及各级政府的重视，近几年，高等职业技术教育发展相当迅速，各方面情况正在不断完善。一批针对高职教育的实用型教材正在逐步编写出版。本书就是根据全国化工工艺专业高职教学指导委员会通过的教学计划和教学大纲编写而成的。

本书在内容处理上考虑了高职高专教学的特点，突出"实际、实用、实践"的三实原则，在保证基本内容之外，注意引用相关数据，补充相关新知识、新技术、新理论。尤其考虑学生毕业后的实际应用，引用了一定数量的数据和图表等。

全书包括绪论、自由基聚合反应、离子型聚合反应、配位聚合反应、开环聚合反应、缩聚反应与逐步加聚反应、高聚物的结构、高聚物的物理性能、高聚物的化学反应、聚合反应的工业实施方法、合成树脂及塑料、合成橡胶、合成纤维等主要内容。

本书在各章前有明确的学习目的与要求，章后有总结与习题。并在相应位置上对主要概念给出对应的英语词汇，便于学生掌握理解。

各高职院校在使用本书时，可根据学时的安排，结合本地情况，对工艺部分和小字部分的内容进行选讲。

本书的绪论、第一、二、四、五、六、七、八章由辽宁石化职业技术学院侯文顺编写，第三、九、十章由兰州石化职业技术学院詹兴编写，全书由侯文顺统稿。

本书在编写过程得到了全国高等职业教育化工专业教学指导委员会化工专业组同志的大力支持。由四川泸州化工学校杨宗伟担任主审。参加审稿的还有辽宁石化职业技术学院张鸿福、四川泸州化工学校罗成杰、南京化工职业技术学院张晓黎、常州工程职业技术学院薛叙明、天津渤海职业技术学院杨永杰等。在此感谢他们以认真、负责的态度对书稿提出了许多宝贵的修改意见。辽宁石化职业技术学院牛永鑫同志对英语词汇部分的查找、核对和书稿处理打印等做了大量的工作，也一并表示感谢。

本书可以作为高职高专化工工艺专业的专业课教材，也可作为高聚物材料加工专业的专业基础课教材。

由于编者的水平有限，难免存在各种问题，敬请应用此书的老师和学生们斧正，共同为高职教材建设出力。

编　者
2002 年 8 月

目 录

第一章 绪论 1
  第一节 高聚物的基本概念、命名与分类 1
    一、高聚物的基本概念 1
    二、高聚物的命名与分类 2
  第二节 高聚物的形成反应与工业实施
          方法 9
    一、高聚物的形成反应 9
    二、聚合反应的工业实施方法 10
  第三节 高分子科学的发展历史与展望 31
    一、高分子科学的发展历史 31
    二、展望 21 世纪的高分子科学发展 32
  小结 33
  习题 33

第二章 自由基聚合反应及工业实施 35
  第一节 自由基聚合反应的特点与分类 35
    一、自由基的产生与特性 35
    二、自由基聚合反应的分类 36
  第二节 自由基聚合反应的原理 37
    一、自由基聚合反应的单体 37
    二、自由基聚合反应的机理 40
    三、自由基聚合反应动力学 52
    四、动力学链长与平均聚合度方程 58
    五、自由基聚合反应的影响因素 64
    六、拓展知识 75
  第三节 自由基聚合反应的工业实施 80
    一、低密度聚乙烯的生产 80
    二、聚甲基丙烯酸甲酯的生产 85
    三、聚氯乙烯的生产 90
    四、聚苯乙烯的生产 101
  小结 106
  习题 107

第三章 离子型聚合反应及工业实施 109
  第一节 离子型聚合反应的原理 111
    一、阴离子聚合反应的原理 111
    二、阳离子聚合反应的原理 117
    三、拓展知识 123
  第二节 离子型聚合反应的工业实施 130
    一、PIB 的生产 130
    二、POM 的生产 134
  小结 139
  习题 140

第四章 配位聚合反应及工业实施 141
  第一节 配位聚合反应的原理 141
    一、高聚物的立体异构现象 141
    二、单体与引发剂 144
    三、单烯烃的配位聚合 146
    四、双烯烃的配位聚合 150
    五、拓展知识 156
  第二节 配位聚合反应的工业实施 158
    一、高密度聚乙烯的生产 158
    二、聚丙烯的生产 163
    三、顺丁橡胶的生产 165
    四、异戊橡胶的生产 170
    五、乙丙橡胶的生产 173
  小结 184
  习题 184

第五章 开环聚合反应及工业实施 185
  第一节 开环聚合反应的原理 185
    一、开环聚合的单体 185
    二、开环聚合的类型 187
    三、开环聚合的机理 187
    四、拓展知识 191
  第二节 开环聚合反应的工业实施 194
    一、环氧树脂的生产 194
    二、聚酰胺-6 的生产 197
  小结 200
  习题 201

第六章 共聚合反应及工业实施 202
  第一节 共聚合反应原理 203
    一、自由基共聚合反应机理 203
    二、共聚物组成方程 204
    三、竞聚率 206
    四、共聚物组成曲线 206
    五、影响共聚物组成的因素 209
    六、接枝共聚与嵌段共聚 213
    七、拓展知识 215
  第二节 自由基共聚合反应的工业实施 217
    一、ABS 树脂的生产 217
    二、丁苯橡胶的生产 220
    三、腈纶纤维的生产 225
  小结 229
  习题 229

第七章 缩聚反应与逐步加聚反应的原理及工业实施 ………… 230
第一节 缩聚反应与逐步加聚反应的原理 ………… 230
一、缩聚反应的特点与分类 ………… 230
二、缩聚反应的单体 ………… 233
三、线型缩聚反应 ………… 238
四、体型缩聚反应 ………… 250
五、逐步加聚反应 ………… 253
六、拓展知识 ………… 257
第二节 缩聚反应与逐步加聚反应的工业实施 ………… 259
一、聚酯的生产 ………… 259
二、聚酰胺-66、聚酰胺-1010 的生产 ………… 264
三、酚醛树脂的生产 ………… 269
四、聚氨酯的生产 ………… 275
五、聚碳酸酯的生产 ………… 280
小结 ………… 286
习题 ………… 286

第八章 高聚物的结构与性能 ………… 288
第一节 高分子的链结构与形态 ………… 288
一、高分子链的化学结构及构型 ………… 289
二、高分子链的构象与柔性 ………… 290
三、高分子的热运动 ………… 292
第二节 高聚物的聚集态结构 ………… 293
一、分子间的相互作用 ………… 294
二、高聚物的结晶形态与结构 ………… 296
三、非晶高聚物的形态与结构 ………… 299
四、高聚物的取向态结构 ………… 299
五、高聚物复合材料的结构 ………… 301
第三节 高聚物的物理状态 ………… 303
一、线型非晶态高聚物的物理状态 ………… 303
二、结晶态高聚物的物理状态 ………… 304
第四节 各种特征温度与测定 ………… 305
一、玻璃化温度 ………… 306
二、熔点 ………… 311
三、黏流温度 ………… 313
四、软化温度 ………… 314
五、热分解温度 ………… 314
六、脆化温度 ………… 314
第五节 高聚物的力学性能 ………… 314
一、材料的力学概念 ………… 315
二、等速拉伸及应力-应变曲线 ………… 317
三、影响强度的因素 ………… 319
四、高聚物的松弛性质（松弛现象） ………… 321
五、复合材料的力学性质 ………… 324
第六节 高聚物的黏流特性 ………… 328
一、高聚物的流变性 ………… 328
二、影响流变性的因素 ………… 329
三、高聚物熔体流动中的弹性效应 ………… 331
四、熔融黏度测定 ………… 332
第七节 高聚物材料的其他性能 ………… 333
一、高聚物材料的电性能 ………… 333
二、高聚物材料的光学性能 ………… 347
三、高聚物材料的透气性能 ………… 348
四、高聚物材料的热物理性能 ………… 350
第八节 高聚物溶液与相对分子质量 ………… 354
一、高聚物的溶解 ………… 354
二、溶剂的选择 ………… 358
三、高聚物稀溶液的黏度 ………… 362
四、高聚物的相对分子质量及测定 ………… 364
第九节 高聚物的化学反应 ………… 373
一、高聚物化学反应的意义、特点及类型 ………… 373
二、高聚物的基团反应 ………… 375
三、高聚物的交联反应 ………… 380
四、高聚物的降解反应 ………… 383
五、高聚物的老化与防老化 ………… 386
第十节 拓展知识 ………… 390
一、微波在高分子材料合成与改性中的应用 ………… 390
二、导电高分子的合成 ………… 392
三、聚乙烯醇的生产 ………… 394
小结 ………… 401
习题 ………… 402

附录 ………… 404

参考文献 ………… 415

第一章 绪 论

学习目的与要求

掌握高聚物的基本概念；掌握高聚物命名与分类的方法；了解高聚物形成反应的类型与基本特点；初步掌握高聚物的工业实施方法；了解高分子科学的发展过程与展望。

第一节 高聚物的基本概念、命名与分类

一、高聚物的基本概念

高分子化合物是由成千上万个原子通过化学键连接而成的高分子所组成的化合物，简称为高聚物。应该指出的是：组成高聚物的高分子的平均相对分子质量一般在 10000 以上，并且各高分子之间也是通过分子间作用力形成的高聚物，只不过组成高分子的基本结构单元是比较简单的，结构单元之间是通过化学键（主要是共价键）连接的。

1. 高聚物的基本特点

相对于小分子化合物而言，高聚物的基本特点是：相对分子质量大，分子链长（一般在 $10^{-7} \sim 10^{-5}$ m），同时相对分子质量具有多分散性。

2. 单体、结构单元、重复结构单元、聚合度

以氯乙烯为原料聚合形成聚氯乙烯和以对苯二甲酸、乙二醇为原料形成聚对苯二甲酸乙二醇酯（简称"的确良"）为例：

$$n\text{CH}_2=\text{CH} \atop | \atop \text{Cl} \longrightarrow \sim\text{CH}_2-\text{CH} \atop | \atop \text{Cl} | \text{CH}_2-\text{CH} \atop | \atop \text{Cl} | \text{CH}_2-\text{CH} \atop | \atop \text{Cl} | \text{CH}_2-\text{CH} \atop | \atop \text{Cl} | \text{CH}_2-\text{CH} \atop | \atop \text{Cl} \sim$$

简写成

$$-\!\!\!\left[\text{CH}_2-\text{CH} \atop | \atop \text{Cl}\right]_{\!n}$$

（结构单元 / 重复结构单元）

$$n\text{HOOC}-\!\!\!\langle\!\!\!\bigcirc\!\!\!\rangle\!\!-\text{COOH} + n\text{HO}-\text{CH}_2-\text{CH}_2-\text{OH}$$

$$\longrightarrow -\!\!\!\left[\!\!\begin{array}{c}\text{C}\\\|\\\text{O}\end{array}\!\!\!-\!\!\!\langle\!\!\!\bigcirc\!\!\!\rangle\!\!-\!\!\begin{array}{c}\text{C}\\\|\\\text{O}\end{array}\!\!\!-\text{O}-\text{CH}_2-\text{CH}_2-\text{O}\right]_{\!n}$$

（结构单元 | 结构单元 / 重复结构单元）

上述例子中的类似氯乙烯、对苯二甲酸、乙二醇等聚合时能够形成结构单元的分子所组成的化合物（聚合时的小分子原料），称为单体。并且单体直接对应着高分子链中的结构单元，有几种单体参加聚合就有几种结构单元。而中括号所包括的部分为高分子链的重复结构单元，简称为链节。重复结构单元由结构单元组成，对于一种单体参加的聚合反应，其重复结构单元与结构单元的化学组成相同；对于多种单体参加的聚合反应，其重复结构单元比较复杂；尤其通过单体官能团之间的多次缩合反应形成的高分子（上例的"的确良"）的结构单元与单体的

化学组成不完全一样。中括号外边的下标 n 为重复结构数（即链节数），称为聚合度，单独书写时用 X_n 或 DP 表示。绝大多数情况下高聚物的结构式都用中括号表示的简写形式书写。

显然，如果用 M_n 表示某一高分子的相对分子质量，则 M_n 与 X_n 的关系为：

$$M_n = X_n M_0 \tag{1-1}$$

式中　M_0——重复结构单元的相对分子质量。

事实上组成高聚物的所有高分子的相对分子质量并不相等，而且相差较大，即高聚物是相对分子质量不等的同系聚合物的混合物，该特性称为高聚物相对分子质量的多分散性。为此，实际中用来描述高聚物相对分子质量的都是统计意义上的平均值（或某一范围），如表1-1所示。

表 1-1　某些常见高聚物的相对分子质量　　　　　　　　　　（单位：万）

塑料	相对分子质量	橡胶	相对分子质量	纤维	相对分子质量
高密度聚乙烯	6～30	天然橡胶	20～40	聚酰胺-66	1.2～1.8
聚氯乙烯	5～15	丁苯橡胶	16～20	涤纶	1.8～2.3
聚苯乙烯	10～30	顺丁橡胶	25～30	维尼纶	6～7.5
聚碳酸酯	2～6	氯丁橡胶	10～12	腈纶	5～8

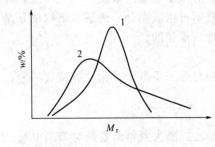

图 1-1　相对分子质量分布曲线
1—相对分子质量分布较窄；
2—相对分子质量分布较宽

高聚物的平均相对分子质量是决定高聚物使用性能的重要指标。不同用途的高聚物其平均相对分子质量明显不同，并且对最低相对分子质量有明确界限，低于最低界限数值的，因没有该种高聚物的明显性能，所以不能称为某某高聚物，只能称为聚合物。从广义上看，高聚物只是聚合物中的一种，但实际中这两个概念有时也相互混用。

为了描述高聚物平均相对分子质量的多分散程度，一般采用相对分子质量分散系数 HI（重均相对分子质量与数均相对分子质量的比值）和相对分子质量分布曲线表示，如图1-1所示。

二、高聚物的命名与分类

1. 高聚物的命名

高聚物的命名方法很多，也比较复杂，但主要有系统命名法（IUPAC法）和通俗命名法。其中系统命名法比较复杂，这里不作详细介绍，只给出部分对比（如表1-2）。重点介绍常用的通俗命名法。

（1）在单体名称前冠以"聚"字命名高聚物

如单体氯乙烯聚合形成的高聚物称为聚氯乙烯；单体乙烯聚合形成高聚物称为聚乙烯；单体丙烯聚合形成的高聚物称为聚丙烯；单体己内酰胺聚合形成的高聚物称为聚己内酰胺。但个别单体的名称是根据链节结构假想的，如聚乙烯醇，因为乙烯醇单体是不存在的。有些单体的取代基位置是用文字表示的，如聚四氟乙烯、聚异丁烯、聚偏二氯乙烯等。

（2）在单体名称（或简名）后缀"树脂"（resin）二字命名高聚物

如用单体苯酚与甲醛聚合形成的高聚物称为苯酚甲醛树脂（简称酚醛树脂）；用单体尿素与甲醛形成高聚物简称为脲醛树脂；用单体环氧乙烷与双酚-A 形成的高聚物简称为环氧树脂。

因为"树脂"已扩大到成型加工前的原料，所以人们对某高聚物名称的后面也加上"树脂"二字来命名，如聚乙烯树脂、聚丙烯树脂、聚酯树脂等。

(3) 在单体名称中取代表字加附"橡胶"二字命名高聚物

如用单体丁二烯与苯乙烯聚合形成的高聚物简称为丁苯橡胶；用单体丁二烯与丙烯腈聚合形成的高聚物简称为丁腈橡胶；在特定条件下用单体丁二烯聚合形成以顺式结构为主的高聚物称为顺丁橡胶。

(4) 以高聚物的结构特征命名高聚物

如用单体对苯二甲酸与乙二醇聚合形成的高聚物称为聚对苯二甲酸乙二醇酯；用单体己二酸与己二胺聚合形成的高聚物称为聚己二酰己二胺；用单体 2,6-二甲基酚聚合形成的高聚物称为聚 2,6-二甲基苯醚。

现实中人们对常见的高聚物还给出了习惯名称和商品名称，现将它们的对比列于表1-2之中。

表 1-2 各种高聚物命名的比较

高聚物的重复结构单元	通俗名称	系统名称	习惯或商品名称	英文缩写
—CH₂—CH₂—	聚乙烯	聚亚乙基	高密度聚乙烯 低密度聚乙烯	HDPE LDPE
—CH₂—CH(CH₃)—	聚丙烯	聚亚丙基	(丝用)丙纶	PP
—CH₂—CH(Cl)—	聚氯乙烯	聚(1-氯亚乙基)	(丝用)氯纶	PVC
—CH₂—CH(CN)—	聚丙烯腈	聚(1-腈基亚乙基)	(丝用)腈纶	PAN
—CH₂—CH(C₆H₅)—	聚苯乙烯	聚(1-苯基亚乙基)		PS
—CH₂—CH(OCOCH₃)—	聚醋酸乙烯酯	聚(1-乙酰氧基亚乙基)		PVAC
—CH₂—C(CH₃)(COOCH₃)—	聚甲基丙烯酸甲酯	聚[(1-甲氧酰基)-1-甲基亚乙基]	有机玻璃	PMMA
—CH₂—CH(OH)—	聚乙烯醇	聚(1-羟基乙基)		PVA
—CF₂—CF₂—	聚四氟乙烯	聚(二氟亚甲基)		PTFE
—CH₂—C(CH₃)₂—	聚异丁烯	聚(1,1-二甲基亚乙基)		PIB
—CH₂—CH₂—O—	聚环氧乙烷	聚(氧化乙基)		PEOX
—CH₂—O—	聚甲醛	聚(氧化亚甲基)		POM
—CO—C₆H₄—OCO—(CH₂)₂—O—	聚对苯二甲酸乙二醇酯	聚(氧亚乙基对苯二酰)	涤纶	PETP
—CO—(CH₂)₄—CONH—(CH₂)₆—NH—	聚己二酰己二胺	聚(亚氨基亚己基亚氨基己二酰)	聚酰胺-66 或尼龙-66	PA-66
—HN—(CH₂)₅—CO—	聚己内酰胺	聚[亚氨基(1-氧代亚己基)]	聚酰胺-6 或尼龙-6	PA-6

2. 高聚物的分类

(1) 按高分子主链结构分类

① 碳链高聚物　指高分子主链完全由碳原子组成的高聚物。如 PE、PP、PS、PMMA、PVC、PVAC、PVDC、PIB、PVA、PAN 等。常见的碳链高聚物如表1-3所示。

表 1-3　碳链高聚物

高聚物名称	重复结构单元	单体结构	英文缩写
聚乙烯	$-CH_2-CH_2-$	$CH_2=CH_2$	PE
聚丙烯	$-CH_2-CH(CH_3)-$	$CH_2=CH(CH_3)$	PP
聚苯乙烯	$-CH_2-CH(C_6H_5)-$	$CH_2=CH(C_6H_5)$	PS
聚氯乙烯	$-CH_2-CH(Cl)-$	$CH_2=CH(Cl)$	PVC
聚偏二氯乙烯	$-CH_2-C(Cl)_2-$	$CH_2=C(Cl)_2$	PVDC
聚四氟乙烯	$-CF_2-CF_2-$	$CF_2=CF_2$	PTEF
聚三氟氯乙烯	$-CF_2-CF(Cl)-$	$CF_2=CF(Cl)$	PCTEF
聚异丁烯	$-CH_2-C(CH_3)_2-$	$CH_2=C(CH_3)_2$	PIB
聚丙烯酸	$-CH_2-CH(COOH)-$	$CH_2=CH(COOH)$	PAA
聚丙烯酰胺	$-CH_2-CH(CONH_2)-$	$CH_2=CH(CONH_2)$	PAM
聚丙烯酸甲酯	$-CH_2-CH(COOCH_3)-$	$CH_2=CH(COOCH_3)$	PMA
聚甲基丙烯酸甲酯	$-CH_2-C(CH_3)(COOCH_3)-$	$CH_2=C(CH_3)(COOCH_3)$	PMMA
聚丙烯腈	$-CH_2-CH(CN)-$	$CH_2=CH(CN)$	PAN
聚醋酸乙烯酯	$-CH_2-CH(OCOCH_3)-$	$CH_2=CH(OCOCH_3)$	PVAC
聚乙烯醇	$-CH_2-CH(OH)-$	$CH_2=CH(OH)$（假想）	PVA
聚丁二烯	$-CH_2-CH=CH-CH_2-$	$CH_2=CH-CH=CH_2$	PB
聚异戊二烯	$-CH_2-CH=C(CH_3)-CH_2-$	$CH_2=CH-C(CH_3)=CH_2$	PIP
聚氯丁二烯	$-CH_2-CH=C(Cl)-CH_2-$	$CH_2=CH-C(Cl)=CH_2$	PCP

② 杂链高聚物　指高分子主链除碳原子外，还含有氧、氮、硫、磷等杂原子的高聚物。如聚甲醛、聚环氧乙烷、聚对苯二甲酸乙二醇酯、聚碳酸酯、环氧树脂、聚己二酰己二胺、聚己内酰胺、聚芳砜、聚苯并咪唑等。

③ 元素有机高聚物　指高分子主链没有碳原子，由硅、钛、铝等元素与氧、氮、硫、磷等原

子组成主链,但侧基却由有机基团组成的高聚物。如聚硅氧烷、聚钛氧烷等。常见的杂链高聚物及元素有机高聚物如表 1-4 所示。

表 1-4 常见的杂链及元素有机高聚物

高聚物名称	重复结构单元	单体结构	英文缩写
聚甲醛	$-CH_2-O-$	$CH_2=O$	POM
聚环氧乙烷	$-CH_2-CH_2-O-$	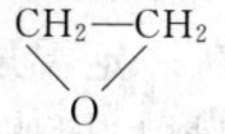 环氧乙烷	PEOX
聚环氧丙烷	$-CH(CH_3)-CH_2-O-$	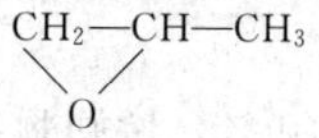 环氧丙烷	PPOX
聚 2,6-二甲基苯醚	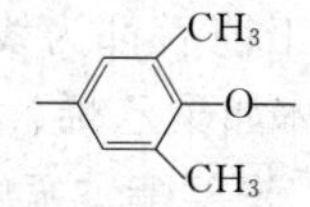 2,6-二甲基苯氧基重复单元	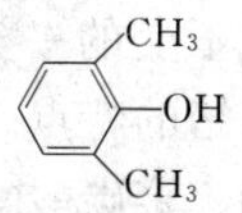 2,6-二甲基苯酚	PPO
聚对苯二甲酸乙二醇酯	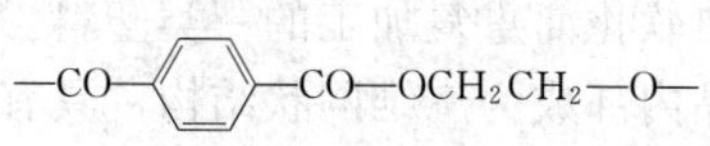 $-CO-C_6H_4-CO-OCH_2CH_2-O-$	 HOOC-C$_6$H$_4$-COOH; HO-CH$_2$-CH$_2$-OH	PET
环氧树脂	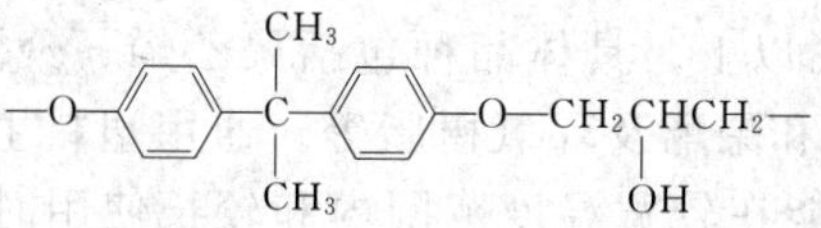 $-O-C_6H_4-C(CH_3)_2-C_6H_4-O-CH_2CH(OH)CH_2-$	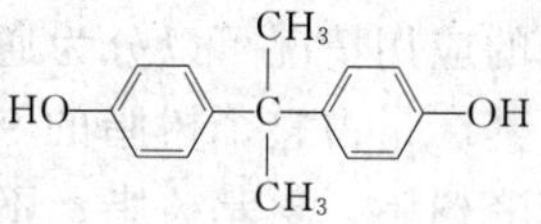 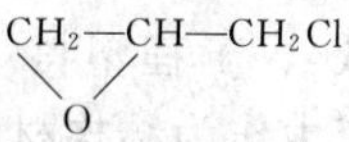 双酚A; 环氧氯丙烷 (CH$_2$-CHCH$_2$Cl,O)	EP
聚碳酸酯	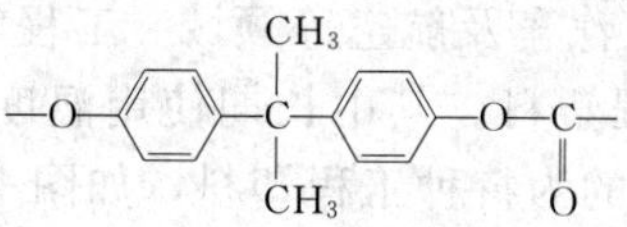 $-O-C_6H_4-C(CH_3)_2-C_6H_4-O-CO-$	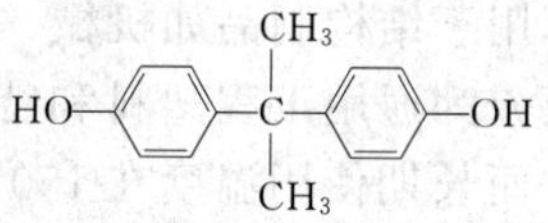 双酚A; $COCl_2$	PC
尼龙-6	$-NH(CH_2)_5CO-$	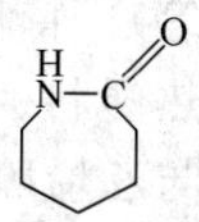 己内酰胺	PA-6
尼龙-66	$-NH(CH_2)_6NH-CO(CH_2)_4CO-$	$H_2N(CH_2)_6NH_2$; $HOOC(CH_2)_4COOH$	PA-66
聚氨酯	$-O(CH_2)_2O-CONH(CH_2)_6NHCO-$	$HO(CH_2)_2OH$; $ONC(CH_2)_6CNO$	
聚脲	$-NH(CH_2)_6NH-CONH(CH_2)_6NHCO-$	$H_2N(CH_2)_6NH_2$; $ONC(CH_2)_6CNO$	
酚醛树脂	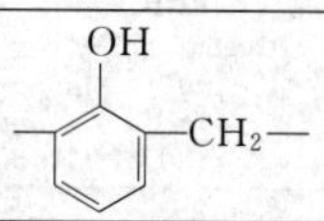 邻羟基苯-CH$_2$-	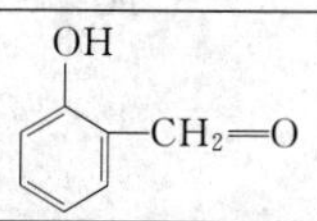 邻羟基苯-CH$_2$=O	
聚硫橡胶	$-CH_2CH_2-S-S-S-S-$	$ClCH_2CH_2Cl$; Na_2S_4	PSR
硅橡胶	$-O-Si(CH_3)_2-$	$Cl-Si(CH_3)_2-Cl$	

④ 无机高聚物 指高分子主链和侧基均无碳原子的高聚物。如聚二硫化硅、聚二氟磷氮等。

(2) 按高聚物的用途分类

按高聚物的用途可以分为塑料、纤维、橡胶、涂料、黏合剂、离子交换树脂等,其中前三种称为三大合成材料。

① 塑料 是以树脂❶为主要成分,适当加入(或不加)添加剂(如填料、增塑剂、稳定剂、颜料等),可在一定温度和压力下塑化成型,而产品最后能在常温下保持形状不变的一类高分子材料。塑料与树脂的主要区别是树脂为纯聚合物,而塑料是以树脂为主的聚合物制品。

塑料的种类很多,按塑料受热后的性能变化可以分为热塑性塑料(成型后再加热可重新软化加工而化学组成不变的一类塑料。其树脂在加工前后都为线性结构,加工中不发生化学变化,具有可溶、可熔的特点。这类塑料很多,具体如聚乙烯、聚丙烯、聚苯乙烯、聚氯乙烯、聚甲基丙烯酸甲酯、聚碳酸酯、聚甲醛、聚酰胺、聚氨酯、氟塑料类、聚苯醚、聚砜、聚酰亚胺等)和热固性塑料(成型后不能再加热软化而重复加工的一类塑料。其树脂在加工前为线性预聚物,加工中发生化学交联反应使制品内部成为三维网状结构,具有不溶、不熔的特点。这类塑料有酚醛树脂、脲醛树脂、环氧树脂、不饱和聚酯、呋喃树脂、聚硅醚树脂等)。

按塑料的应用情况可以分为通用塑料(是产量大、应用范围广、成型加工好、成本低的一类塑料。其产量占整个树脂的 90% 以上。具体品种包括聚乙烯、聚丙烯、聚氯乙烯、聚苯乙烯、酚醛树脂、氨基树脂、不饱和聚酯及环氧树脂等。通用塑料主要用于包装、建筑、农业及日用领域)、工程塑料(是指能在较宽温度范围内和较长使用时间,保持优良性能,并能承受机械应力作为结构材料使用的一类塑料。其用量约占树脂的 5%。它具有接近金属的性能,可用于结构制品如机械、电子、汽车及航空等领域。工程塑料又可以根据长期使用温度的高低分为通用工程塑料和特种工程塑料。其中长期使用温度在 100~150℃ 的为通用工程塑料,而长期使用温度在 150℃ 以上的为特种工程塑料,如图 1-2 所示)、一般塑料(指用量不大、应用范围不广、性能一般的一类塑料。主要包括聚甲基丙烯酸甲酯、聚氨酯、氟塑料类及氯化聚醚等)、特种塑料(指具有独特性能、价格高、产量少、应用范围窄的一类塑料。主要包括耐热塑料、阻隔塑料及导电塑料等,具体品种有聚苯硫醚、聚砜、聚酰亚胺、聚苯胺及乙烯与乙烯醇共聚物等)。

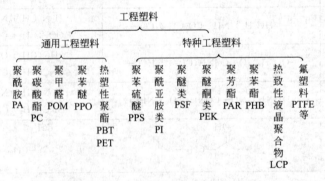

图 1-2 工程塑料品种及分类

---

❶ 树脂是指遇热变软,具有可塑性的高分子化合物的统称。一般是无定形的透明或半透明的固体或半固体。按来源可以分为天然树脂(如天然橡胶、树胶、虫胶、琥珀等)和合成树脂(如由单体合成或天然高聚物的改性而得)两大类型。其中合成树脂是制造合成塑料、合成纤维、合成橡胶、黏合剂、涂料、离子交换树脂等产品的主要原料。

按塑料的组分可以分为单组分塑料（主要由合成树脂组成，其中仅有少量助剂，如染料、润滑剂、增塑剂等，如聚乙烯塑料、聚苯乙烯塑料、有机玻璃等）、多组分塑料（除了合成树脂外，还有较多的辅助材料，如填料、增塑剂、阻燃剂、颜料、稳定剂等。如酚醛塑料、氨基塑料、硬聚氯乙烯塑料等。现在的复合塑料也包括在内）。

热塑性塑料、热固性塑料和特种用途塑料的主要性能见附录表3和表4。

② 纤维 是指柔韧、纤细，具有相当长度、强度、弹性和吸湿性的丝状物。大多数是不溶于水的有机高分子化合物，少数是无机物。根据来源可以分为天然纤维和化学纤维两大类，具体如图1-3所示。

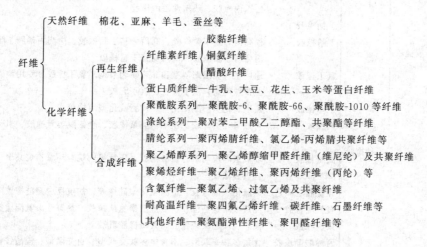

图1-3 纤维的分类

通常，具有如下特征的高聚物都能进行纺丝。

成纤高聚物均为线型高分子 用这类高分子纺制的纤维能沿纤维纵轴方向拉伸而有序排列。当纤维受到拉力时，大分子能同时承受作用力，使纤维具有较高的拉伸强度和适宜的延伸度及其他物理-力学性能。

线型高聚物分子链的长度对纤维的物理-力学性能影响很大，尤其是对纤维的机械强度、耐热性和溶解性的影响更大。相对分子质量太高或太低均不好，高者不易加工，低者性能不好。常见的主要成纤高聚物的相对分子质量如表1-5所示。

表1-5 主要成纤高聚物的相对分子质量

高聚物	相对分子质量	高聚物	相对分子质量
聚酰胺-6或聚酰胺-66	16000~22000	聚乙烯醇	60000~80000
聚酯	16000~20000	全同聚丙烯	180000~300000
聚丙烯腈	50000~80000		

成纤高聚物的分子链间必须有足够的次价力 高聚物的物理-力学性能与次价力有密切关系。分子间次价力越大，纤维的强度越高，次价力大于20.92kJ/mol的高聚物适宜作纤维材料。

成纤高聚物应具有可溶性和熔融性 只有这样才能将高聚物溶解或熔融成溶液或熔体，再经纺丝、凝固或冷却形成纤维，否则就不能进行纺丝。

③ 橡胶 是一种高分子弹性体，它在外力作用下能发生较大的形变，当外力解除后，又能迅速恢复其原来形状。从橡胶的来源可以分为天然橡胶和合成橡胶两大类，根据合成橡

胶的用途又可以分为通用橡胶和特种橡胶。具体如图1-4所示。

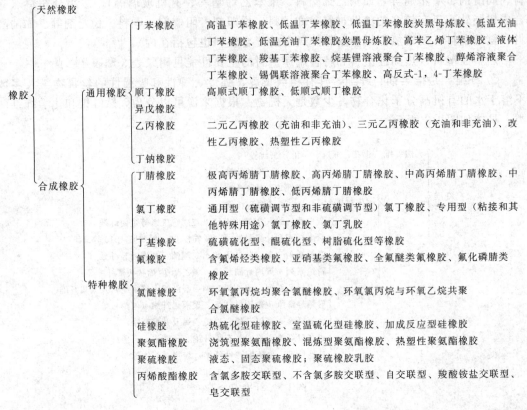

图1-4 橡胶的分类

天然橡胶是由顺式-1,4-异戊二烯链节组成的高聚物，平均相对分子质量为5000，且分布较宽。主要由橡胶树汁取得，经采集、凝聚、洗涤、干燥等过程即得。合成橡胶由小分子化合物聚合而得，一般分为通用橡胶和特种橡胶。

橡胶物质的典型特性是玻璃化温度低，具有高弹性。常见橡胶物质的主要性能见附录表6。

未经硫化的橡胶其大分子是线型或支链型结构，因其制品强度很低、弹性小、遇冷变硬、遇热变软、遇溶剂溶解等，使得制品无使用价值。所以橡胶制品必须经过硫化变形成网状或体型结构才有实用价值。

对橡胶进行适当的硫化，既可以保持橡胶的高弹性，又可以使橡胶具有一定的强度。同时，为了增加制品的硬度、强度、耐磨性和抗撕裂性，还可以在加工过程中加入惰性填料（如氧化锌、黏土、白垩、重晶石等）和增强填料（如炭黑）等。

值得注意的是三大合成材料有时很难区分，某些高聚物既可以作橡胶使用，也可以作塑料或纤维使用。如尼龙、涤纶等既可以作纤维，又可以做工程塑料，这完全取决于加工过程。

(3) 按组成高聚物的高分子链几何形状分类

按组成高聚物的高分子链几何形状主要分为线型、支链型、体型三种类型，其形状如图1-5所示。从性质上看，前两种类型高

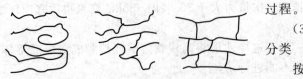

(a) 线型高分子　(b) 支链型高分子　(c) 体型高分子

图1-5 高分子链的几何形状

聚物具有可溶可熔（即热塑性），而后一种却是不溶不熔（即热固性）。如低压聚乙烯、聚苯乙烯、涤纶、尼龙、未硫化橡胶等为线型高聚物；高压聚乙烯、接枝型 ABS 树脂等为支链型高聚物；固化后的酚醛树脂、脲醛树脂、环氧树脂等为体型高聚物。

（4）按组成高聚物的高分子链排列情况分类

按高聚物的高分子链排列情况可以分为结晶高聚物和非晶（或无定型）高聚物。其中结晶高聚物是由排列整齐、紧密的线型高分子链聚集而成，具有熔点高、强度大、耐溶剂等特点。如低压聚乙烯、全同聚丙烯、聚四氟乙烯、聚甲醛等。

第二节　高聚物的形成反应与工业实施方法

一、高聚物的形成反应

高聚物的形成反应是指由低分子单体形成高聚物的化学反应。这类化学反应按元素组成和结构变化关系可以分为加聚反应和缩聚反应两大类；按反应机理的不同可以分为连锁聚合反应和逐步聚合反应，以及通过高聚物的化学转变形成新的高聚物。

1. 按元素组成和结构变化关系分类

（1）加聚反应

这类反应是通过单体的加成聚合形成高聚物的反应。其产物称为加聚物。加聚物的元素组成与原料单体相同，仅仅是电子结构有所变化。加聚物的相对分子质量是单体相对分子质量的整数倍。如由单体氯乙烯加成为聚氯乙烯，由单体乙烯加成为聚乙烯等。可以说绝大多数烯类高聚物或碳链高聚物都是通过加成聚合合成的。

（2）缩聚反应

缩聚反应是在聚合过程中，除形成聚合物外，同时还有低分子副产物产生的反应。其产物称为缩聚物。如由单体己二酸和己二胺生成尼龙-66，由单体对苯二甲酸和乙二醇生成聚对苯二甲酸乙二醇酯等。根据单体所带的官能团不同，其低分子副产物可能是水、醇、氨、氯化氢等。由于有低分子副产物的析出，使缩聚物结构单元要比单体少若干个原子，故产物的相对分子质量不是单体相对分子质量的整数倍。

缩聚反应的实质是官能团之间的多次重复的缩合反应，并在缩聚物中保留官能团的特征，如酰胺键—NHCO—、酯键—OCO—、醚键—O—等。所以，大部分缩聚物是杂链高聚物，容易被水、醇、酸等药品水解、醇解、酸解。

2. 按反应机理的不同分类

（1）连锁聚合反应

连锁聚合反应是单体经引发形成活性种，瞬间内与单体连锁聚合形成高聚物的化学反应。其基本特点是聚合过程可以分为链引发、链增长、链终止等几步基元反应，各步反应速率和活化能相差很大；相对分子质量很高的高分子在瞬间内形成，以后相对分子质量不随时间变化；只有活性种进攻的单体分子参加反应，体系中始终由单体和高聚物两部分组成，单体转化率随时间的延长而增加，反应连锁进行；反应过程中不能分离出中间产物；连锁聚合反应是不可逆的。

根据活性种的不同，连锁聚合还可分为自由基型聚合反应、离子型聚合反应和配位聚合反应。

（2）逐步聚合反应

逐步聚合反应是单体之间很快反应形成二聚体、三聚体……，再逐步形成高聚物的化学反应。其基本特点是产物的相对分子质量随时间的延长而增加；反应初期单体转化率大；反应逐步进行，每一步的反应速率和活化能基本相同，并且每一步反应产物都可以单独存在并分离出来；逐步聚合反应大多数是可逆反应。

根据参加反应的单体不同，逐步聚合反应还可以分为缩聚反应、开环逐步聚合反应和逐步加聚反应。

（3）高聚物的化学转变

另外，利用已有高聚物的高分子链所带基团与某些试剂间的化学反应也可以制备新的高聚物。如利用聚醋酸乙烯酯的醇解反应可以制备聚乙烯醇，再利用聚乙烯醇与醛的反应可以制备聚乙烯醇缩醛；又如利用聚丙烯腈的氧化、环化反应可以制备碳纤维。更主要的是利用高聚物的化学变化可以制备各种功能高分子材料，如离子交换树脂、高分子催化剂、高分子药剂、感光高分子等。

二、聚合反应的工业实施方法

（一）适用于连锁聚合反应的工业实施方法

连锁聚合反应的工业实施方法主要有本体聚合、悬浮聚合、溶液聚合、乳液聚合等。这是按单体在介质中的溶解或分散情况来划分的，其中本体聚合、溶液聚合是均相体系，而悬浮聚合、乳液聚合则是非均相体系。但在机理上，本体聚合、溶液聚合、悬浮聚合三种方法相近，而乳液聚合的机理比较独特。本体聚合又可以分为气相本体聚合、液相本体聚合、固相本体聚合，还包括乙烯流态化聚合。上述四种聚合方法，根据聚合产物在单体（或溶剂）中的溶解情况可以分为均相聚合和沉淀聚合。对于按自由基聚合反应机理进行聚合反应，一般上述四种方法都可以选择；因离子型聚合和配位聚合的活性中心容易被水破坏，而只能选择以有机溶剂为介质的溶液聚合或本体聚合，并因聚合物沉淀析出，呈淤浆状，故有时称为淤浆聚合。表1-6是四种聚合方法的示例。表1-7是四种聚合方法的配方组成、聚合场所、聚合机理、生产特征、产物特性和优点的比较。至于生产中选择哪一种方法，须由单体的性质和聚合产物的用途来决定。

表1-6 四种聚合方法的示例

聚合方法	单体-介质	聚合物-单体（或溶剂）	
		均相聚合	沉淀聚合
本体聚合	均相	苯乙烯（液相）	氯乙烯
		甲基丙烯酸甲酯（液相）	
		乙烯（气相）	
溶液聚合	均相	苯乙烯-苯	苯乙烯-甲醇
		丙烯腈-硫氰化钠水溶液	四氟乙烯-水
		醋酸乙烯酯-甲醇	丙烯腈
		丙烯酰胺-水	丙烯酸-己烷
悬浮聚合	非均相	苯乙烯	氯乙烯
		甲基丙烯酸甲酯	偏二氯乙烯
乳液聚合	非均相	醋酸乙烯酯	氯乙烯
		丁二烯-苯乙烯	
		丁二烯-丙烯腈	
		氯丁二烯	

表 1-7　四种聚合方法比较

比较项目	本体聚合	溶液聚合	悬浮聚合	乳液聚合
配方主要成分	单体 引发剂	单体 引发剂 溶剂	单体 引发剂 水 分散剂	单体 水溶性引发剂 水 乳化剂
聚合场所	本体内	溶液内	液滴内	胶束和乳胶粒内
聚合机理	遵循自由基聚合一般机理，提高速率的因素往往使相对分子质量降低	伴有向溶剂的链转移反应，一般相对分子质量较低，速率也较低	与本体聚合相同	能同时提高聚合速率和相对分子质量
生产特征	反应热不易移出，多为间歇生产，少数为连续生产，聚合设备简单，宜制板材和型材	散热容易，可连续生产，也可间歇生产，不宜制成干粉状或粒状树脂	散热容易，间歇生产，需有分离、洗涤、干燥等工序	散热容易，可连续生产，也可间歇生产，制成固体树脂时，需经凝聚、洗涤、干燥等工序
产物特性	聚合物纯净，宜于生产透明浅色制品，相对分子质量分布较宽	一般聚合液可以直接使用	比较纯净，可能留有少量分散剂	乳状液可以作黏合剂直接使用，固体物留有少量乳化剂和其他助剂

1. 本体聚合

本体聚合是在不加溶剂或分散介质的情况下，只有单体本身在引发剂（有时也不加）或光、热、辐射的作用下进行聚合反应的一种方法。适用于自由基聚合反应和离子型聚合反应。

基本组成为单体和引发剂。在工业生产中，除单体和引发剂外，有时为改进产品的性能或成型加工的需要，也加入增塑剂、抗氧剂、紫外线吸收剂和色料等。

（1）本体聚合的分类

根据单体与聚合物相互混溶的情况，又可以分为均相聚合和非均相聚合（或沉淀聚合）两种。凡单体与所形成的聚合物能相互混溶，在聚合过程中无分相现象发生的反应称为均相聚合反应。反之，单体与所形成的聚合物不能相互混溶，在聚合过程中，聚合物逐渐沉析出来的反应称为沉淀聚合反应。苯乙烯、甲基丙烯酸甲酯的本体聚合都是均相聚合反应，而氯乙烯、丙烯腈、丙烯酸的聚合，以及苯乙烯与顺丁烯二酸酐、反丁二烯酰苯胺等共聚合则为沉淀聚合。前面提到的熔融缩聚也是一种本体聚合。

本体聚合根据参加反应的单体的状态，可以分为气相、液相、固相本体聚合，其中液相本体聚合应用最广泛。

工业上，本体聚合可分间歇法和连续法。

（2）本体聚合的特点

本体聚合是四种聚合方法中最简单的一种。但因无散

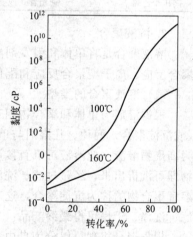

图 1-6　转化率与黏度的关系
$1\text{cP}=10^{-3}\text{Pa·s}$

热介质存在，同时随着聚合反应的进行，体系黏度不断增大（如图 1-6 所示），反应热难于排除，因此容易产生局部过热，致使产品变色，发生气泡甚至爆聚。由于反应体系黏度高，分子扩散困难，反应温度不易恒定，所以反应产物的相对分子质量分散性较大。加之，尚有未参加反应的单体和引发剂，故产品容易老化。综上原因，使得一些非常活泼的单体如氯丁二烯、丙烯酸甲酯、丙烯酸、四氟乙烯等都难于采用此法。但是本体聚合却具有产品纯度高、生产快速、工艺流程短、设备少、工序简单等优点，所以本体聚仍是一种广泛应用的方

法。如科学研究实验中用于少量高聚物的试制，动力学研究、竞聚率的测定等方面；工业生产中用于有机玻璃的板材与型材的制造，聚苯乙烯热塑性材料的生产，低相对分子质量黏合剂、胶泥等的制备等。

(3) 影响本体聚合的主要因素

① 单体的聚合热　单体聚合时会放出大量的热量，如何排除是生产中的第一个关键问题。烯烃类单体的聚合热为 63～84kJ/mol。在聚合初期，转化率不高，体系黏度不大，利用未反应单体可以排除反应热。但随着转化率的增大，体系黏度增加，散热较难；尤其是产生凝胶现象后，放热速率加快，散热更难；不但会造成局部过热，相对分子质量分布变宽，而且还会影响机械搅拌，严重时，产生爆聚。为了克服这一问题，工业生产中一般采用两段式聚合，第一段在较大的聚合釜中进行，控制 10%～40% 的转化率；第二段进行薄层（如板状）聚合或以较慢的速度进行。

② 聚合产物的出料　工业上本体聚合的第二个问题是聚合产物的出料问题，如果控制不好不但会影响产品的质量，还会造成生产事故。根据产品特性，可以采用浇铸脱模制板材或型材，熔融体挤出造粒，粉料等出料方式，如表 1-8 所示。

表 1-8　本体聚合的工业生产实例

聚合物	工艺过程要点
聚甲基丙烯酸甲酯（有机玻璃板）	第一段预聚至转化率为 10% 左右的黏稠浆液，然后浇模分段升温聚合，最后脱模成板材
聚苯乙烯	第一段于 80～85℃ 预聚至转化率为 33%～35% 的聚合物，然后流入聚合塔，温度从 100℃ 递增至 220℃ 聚合，最后熔体挤出造粒
聚氯乙烯	第一段预聚至转化率为 7%～11% 预聚物，形成颗粒骨架，第二段继续沉淀聚合，最后以粉状出料
高压聚乙烯	选用管式或釜式反应器，连续聚合，控制单程转化率为 15%～20%，最后熔体挤出造粒

2. 溶液聚合

溶液聚合是将单体和引发剂溶解于适当溶剂中进行聚合反应的一种方法。适用于自由基聚合反应、离子型聚合反应和配位聚合反应。前面提到的溶液缩聚也是溶液聚合的一种。

(1) 溶液聚合的类型

根据溶剂与单体和聚合物相互混溶的情况，又可以分为均相溶液聚合和非均相溶液聚合（或沉淀聚合）两种。凡溶剂与单体和聚合物能相互混溶的称为均相聚合反应，得到的产物为高聚物溶液（此溶液可以直接用作油漆、涂料），将此溶液注入高聚物的非溶剂中，高聚物即可沉析出来，经过滤、洗涤、干燥得到最终产品。反之，若溶剂仅能溶解单体而不能溶解聚合物的称为沉淀聚合，这时所生成的聚合物呈细小的悬浮体不断从溶液中析出，经过滤、洗涤、干燥可得最终产品。

根据聚合机理可以分为自由基溶液聚合、离子型溶液聚合和配位溶液聚合。

(2) 溶液聚合的特点

由于有溶剂传热介质的存在，聚合热容易移出，聚合温度容易控制；体系中聚合物浓度较低，能消除自动加速现象；聚合物相对分子质量比较均一；不易进行活性链向大分子链的转移而生成支化或交联的产物；反应后的产物可以直接使用。

由于单体浓度小，聚合速度慢，设备利用率低；单体浓度低和向单体转移的结果是使聚合物的相对分子质量不高；聚合物中夹带有微量溶剂；工艺较本体聚合复杂，且溶剂回收麻烦，易燃、有毒。

正因如此，溶液聚合的应用受到一定限制，采用自由基溶液聚合主要是直接使用聚合物溶液的场合，如涂料、黏合剂、浸渍剂、合成纤维纺丝液、继续化学转化成其他类型的聚合物等，如表1-9所示。工业广泛应用溶液聚合的是离子型聚合和配位聚合，如高密度聚乙烯、聚丙烯、合成天然橡胶（异戊橡胶）、顺丁橡胶、乙丙橡胶、丁基橡胶等，如表1-10所示。

表1-9　自由基溶液聚合的应用实例

单体	溶剂	引发剂	聚合温度/℃	聚合液用途
丙烯腈与丙烯酸甲酯共聚	二甲基甲酰胺或硫氰化钠水溶液	偶氮二异丁腈	75～80	纺丝液
醋酸乙烯酯	甲醇	偶氮二异丁腈	50	进一步醇解成聚乙烯醇
丙烯酸酯类	醋酸乙酯	过氧化二苯甲酰	回流	涂料、黏合剂
丙烯酰胺	水	过硫酸铵	回流	涂料、黏合剂

表1-10　离子型、配位型溶液聚合的实例

聚合物	引发剂体系	溶剂	溶解情况	
			引发剂	聚合物
高密度聚乙烯	$TiCl_4$-$Al(C_2H_5)_3$	加氢汽油	非均相	沉淀
聚丙烯	$TiCl_3$-$Al(C_2H_5)_2Cl$	加氢汽油	非均相	沉淀
顺丁橡胶	Ni 盐-AlR_3-$BF_3 \cdot O(C_2H_5)_2$	烷烃或芳烃	非均相	均相
异戊橡胶	LiC_4H_9	抽余油	均相	均相
乙丙橡胶	$VOCl_3$-$Al_2(C_2H_5)_2Cl_2$	抽余油	非均相	均相
丁基橡胶	$AlCl_3$	一氯甲烷	均相	沉淀

（3）溶剂对溶液聚合的影响

溶剂对自由基溶液聚合的影响，一是体现在对引发剂有无诱导分解反应发生；二是链自由基对溶剂有无链转移反应。如果有这两种反应，则对聚合速率及产物相对分子质量都有影响，应尽量选择没有或较少发生这两种反应的溶剂。三是溶剂对聚合物的溶解能力大小，对凝胶效应的影响。当选用良溶剂，则对聚合物溶解性好，可以减小或消除凝胶效应；选用不良溶剂，则对聚合物溶解性不好，造成沉淀聚合，使凝胶效应显著。自由基溶液聚合可以选择的溶剂有芳烃、烷烃、醇类、醚类、胺类等有机溶剂和水等。

溶剂对离子型、配位型溶液聚合的影响，一是不能选择水、醇、酸等具有氢质子的溶剂，以防止破坏引发剂的活性；二是考虑溶剂对增长离子对紧密程度和活性的影响，确保聚合速率和产物的相对分子质量及微观结构；三是考虑向溶剂的链转移大小；还要考虑对引发剂及产物的溶解能力。一般选择烷烃、芳烃、二氧六环、四氢呋喃、二甲基甲酰胺等非质子性有机溶剂。

3. 悬浮聚合

悬浮聚合是将不溶于水的，溶有引发剂的单体，利用强烈的机械搅拌以小液滴的形式，分散在溶有分散剂的水相介质中，完成聚合反应的一种方法。

悬浮聚合的场所是在每个小液滴内，而每个小液滴内只有引发剂和单体，即在每个小液滴内实施本体聚合。因此，悬浮聚合实质上是对本体聚合的改进，是一种微型化的本体聚合。这样既保持了本体聚合的优点，又克服了本体聚合难于控制温度的不足。

现在，本体聚合广泛用于自由基聚合生产聚氯乙烯、聚苯乙烯、离子交换树脂、聚（甲基）丙烯酸酯类、聚醋酸乙烯酯及它们的共聚物等。其中悬浮共聚是方向。

（1）悬浮聚合的特点

以水为介质，具有价廉、不需要回收、安全、产物容易分离、生产成本低；体系黏度低、反应热容易由夹套中冷却水带走、温度容易控制、产品质量稳定、纯度较高；由于没有

向溶剂链转移而使产物相对分子质量较高等特点。另外，工业生产技术路线成熟、方法简单、产物粒径可以用分散剂加入量和搅拌速度进行控制。

但悬浮聚合只能间歇操作，而不宜连续操作。

(2) 悬浮聚合的组成

由悬浮聚合的定义可知，悬浮聚合的基本组成为：单体、引发剂、分散剂和水。其中单体和引发剂统称为单体（或油）相，水和分散剂统称为水相。

① 单体相　一般情况单体相由油性单体、引发剂组成，有时也加入其他物质。

a. 单体　一般是非水溶性（或在水中溶解度极小）的油性单体。这些单体可以进行悬浮均聚合。

对于水溶性较大的单体如丙烯酸、丙烯酰胺等不能进行正常的悬浮聚合，但它们可以与非水溶性单体进行悬浮共聚合，如苯乙烯与丙烯腈、甲基丙烯酸甲酯与丙烯酸。另外，还可以进行反相悬浮聚合。

不管哪一类单体进行悬浮聚合时必须处于液态。对于常压下为气态的单体，要通过加压变成气态；对于结晶性单体，要熔融后再进行悬浮聚合。

b. 引发剂　一般是根据单体和工艺条件在油溶性的偶氮类和有机氧化物中选择单一型或复合型引发剂。使用时，先将引发剂溶解于单体中，然后在搅拌下加入水相，升至预定温度，进行聚合。但氯乙烯聚合时，则将引发剂先加入溶有分散剂的水相中，最后加入单体，在搅拌的作用下，引发剂通过水相扩散到单体液滴中引发聚合。加料顺序可因要求而变。苯乙烯的悬浮聚合可以不加引发剂，直接进行热引发聚合。

c. 其他组分　除单体和引发剂外，可根据需要，在单体中加入链转移剂、发泡剂、溶胀剂或致孔剂、热稳定剂、紫外光吸收剂等。

② 水相　如果说单体相是决定聚合动力学和分子特性的因素，则水相就是影响悬浮聚合成粒机理和颗粒特性的主要因素。水相一般由水、分散剂和其他成分组成。

a. 水　一般用除去离子的软化水。作用是保持单体呈液滴状，起分散作用；作为传热介质。

b. 分散剂　分散剂的作用，一是降低表面张力，帮助单体分散成液滴；二是在液滴表面形成保护膜，防止液滴（或粒子）黏合。尤其是当聚合开始后，液滴内溶解或溶胀有聚合物时，黏稠液滴间的相互黏合倾向增加，更要加以控制，防止出现结块危险。

悬浮聚合所用的分散剂主要分为非水溶性无机粉末和水溶性高分子两大类型。

水溶性高分子　一般用量为单体的 $0.05\%\sim0.2\%$，早期主要采用明胶、淀粉等天然高分子，以后逐渐被天然高分子衍生物和合成高分子所取代。目前纤维素醚类、聚乙烯醇、马来酸酐与苯乙烯或醋酸乙烯酯交替共聚物、丙烯酸共聚物等常用作分散剂。

为达到更好的分散和保护效果，可以采取几种分散剂复合使用。

水溶性高分子的分散作用机理（如图 1-7 所示）是吸附在单位液滴表面，形成一层保护膜，起保护胶体的作用。同时增加介质的黏度，阻碍液滴间的相互黏合。明胶和部分醇解的聚乙烯醇等水溶液还使表面张力和界面张力降低，使液滴变小。

非水溶性无机粉末　一般用量为单体的 $0.1\%\sim0.5\%$，并且经常与高分子分散剂复合使用，或添加少量阴离子表面活性剂以改善润湿性能。

目前使用最多的是碱式磷酸钙和氢氧化镁，用于苯乙烯珠状聚合后，可用酸洗去，制得透明珠状产品。

其分散作用机理是将细粉末吸附在液滴表面，起机械隔离的作用，如图 1-8 所示。

悬浮聚合常用的分散剂如表 1-11 所示。

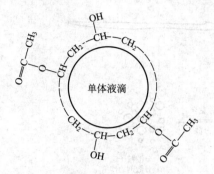
图 1-7 部分醇解聚乙烯醇的分散作用模型

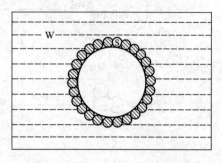
图 1-8 无机粉末分散作用模型
W—水；S—粉末

表 1-11 悬浮聚合常用的分散剂

种类			举例
水溶性高分子	天然高分子	糖类	淀粉、果胶、植物胶、海藻胶
		蛋白质类	明胶、鱼蛋白
	改性天然高分子	纤维素衍生物	甲基纤维素、甲基羟丙基纤维素、羟乙基纤维素、羟丙基纤维素
	合成高分子	含羟基	部分醇解聚乙烯醇
		含羧基	苯乙烯-马来酸酐共聚物、醋酸乙烯酯-马来酸酐共聚物、(甲基)丙烯酸酯类共聚物
		含氮	聚乙烯基吡咯烷酮
		含酯基	聚环氧乙烷脂肪酸酯、失水山梨糖脂肪酸酯
非水溶性无机粉末	无机分散剂	天然硅酸盐	滑石、膨润土、硅藻土、高岭土等
		硫酸盐	硫酸钙、硫酸钡
		碳酸盐	碳酸钙、碳酸钡、碳酸镁
		磷酸盐	磷酸钙
		草酸盐	草酸钙
		氢氧化物	氢氧化铝、氢氧化镁
		氧化物	二氧化钛、氧化锌

c. 其他组分 像无机盐、pH 值调节剂和防粘釜剂等。

在采用水溶性分散剂时，对微溶于水的单体，溶于水后容易形成乳液，使聚合后有粒子很细小，为防止这种情况产生，而加入无机盐以降低单体在水中的溶解度。

有时也加入 pH 值调节剂和防粘釜剂等。

（3）单体液滴与聚合物粒子的形成过程

① 单体液滴的形成过程 将溶有引发剂的油状单体倒入水中，油状单体将浮于水面上，形成两层。进行搅拌时，在剪切力的作用下，单体液层先被拉成细条形，然后分散成液滴。大液滴受力，还会变形，分散成小液滴，如图 1-9 中的①②所示。由于单体和水两液体间存在一定的界面张力，界面张力使液滴力图保持球形。界面张力愈大，保持成球形的能力愈强，形成的液滴也愈大。反之，界面张力愈小，形成的液滴也愈小。过小的液滴还会聚集成较大的液滴。搅拌剪切力和界面张力对形成液滴的作用方向相反，在一定搅拌强度和界面张力下，大小不等的液滴通过一系列的分散合一过程，构成一定的动态平衡，最后达到一定的平均液滴直径。由于反应器内各部分受到搅拌强度不同，所以液滴直径大小仍有一定的分布。

搅拌停止后，液滴将聚集黏合变大，最后仍与水分层，如图 1-9 中③、④、⑤过程。单

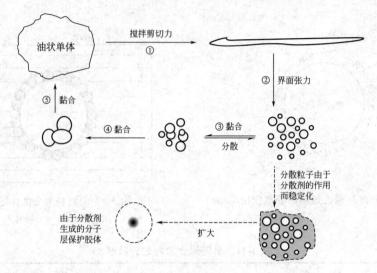

图 1-9 悬浮过程中单体液滴分散合一模型

体靠搅拌形成的液滴是不稳定的。

② 聚合物粒子的形成过程　在一定温度下，聚合开始后，随着转化率的提高，每个小液滴内会有聚合物溶解或溶胀，使液滴变得发黏，如果体系没有分散剂存在，当两个液滴相碰时，很容易相互黏合而形成较大液滴，而不容易被打碎。尤其当转化率在 20%～70% 范围时，容易发生结块，工业称此阶段为聚合危险期。为防止液滴之间发生黏合而结块，度过聚合危险期，体系内必须加入分散剂，将液滴保护起来（如图 1-9 下半部分所示），使聚合后的液滴（有聚合物溶解或溶胀的球珠）得以稳定。

实际上悬浮聚合聚合物粒子的形成过程，根据聚合物在单体中溶解情况，可以分为均相粒子的形成过程和非均相粒子的形成过程。若形成的聚合物能溶解于自己的单体中，反应始终为一相，则属于均相反应；其最终产物为透明、圆滑、坚硬的小圆珠，如苯乙烯、甲基丙烯酸甲酯等悬浮聚合反应就是如此，因此这种悬浮聚合也称"珠状聚合"。若形成的产物不溶于自己的单体中，在每个小液滴内，一生成聚合物就发生沉淀，而形成液相单体和固相聚合物两相，则属于非均相聚合反应；最终产物为不透明，外形不规整的粉状小粒子，如氯乙烯悬浮聚合就是典型的例子，因此也称这种聚合为"粉状聚合"。

显然，在悬浮聚合过程中搅拌的作用是使单体分散为液滴的必要条件，而分散剂的作用是防止黏稠液滴之间发生黏合的必要条件，进而确保聚合度过结块危险期。

a. 均相粒子的形成过程　均相粒子的形成过程基本上分为三个阶段。

聚合初期　单体在搅拌剪切力的作用下，形成 0.5～5mm 的小液滴，在分散剂的保护下和适当的分解温度下，在小液滴内引发剂分子分解产生初级自由基，与单体分子作用经过链引发、链增长和链终止形成高聚物。

聚合中期　由于生成的聚合物能溶于自身单体中而使反应液滴保持均相。但随着聚合物浓度的增加，液滴黏度增大，液滴内放热量增大，液滴间黏合的倾向增大，同时液滴体积开始减小。此时，如果散热不良，单体会因局部过热而气化，使液滴内产生气泡。当转化率达到 70% 以后，反应速率开始下降，单体浓度减少，液滴内大分子愈来愈多，活动也愈受到限制，粒子弹性增加。

聚合后期　转化率达到 80% 时，单体浓度明显减少，液滴体积收缩，粒子中未反应单体继续与大分子作用，相对提高温度有利于残存单体分子进行聚合，最后液滴全部被大分子所占有，完成由液相转变为固相的全过程，最终形成均匀、坚硬、透明的固体球粒，如图 1-10 所示。

图 1-10　均相粒子形成示意图

b. 非均相粒子的形成过程　非均相粒子的形成过程最典型的例子是氯乙烯的悬浮聚合，一般认为有以下五个阶段。

第一阶段　转化率为 0.1% 以下。搅拌下氯乙烯单体液滴直径为 0.05~0.3mm，外表面有 100Å[❶] 左右的分散剂保护膜，当聚合度为 10 左右时就有聚合物在单体液滴中沉淀出来。

第二阶段　转化率为 0.1%~1%，是初级粒子形成阶段。在单体液滴中，沉淀出来的链自由基或大分子，合并起来并悬浮分散形成 0.1~0.6μm 的初级粒子，使单位液滴由均相变为单体和聚合物组成的非均相体系。

第三阶段　转化率为 1%~70%，为粒子生长阶段。初级粒子形成后，合并成次级粒子，随着反应的进行，液滴内初级粒子逐渐增多，次级粒子逐渐增大，次级粒子相互凝结而形成一定颗粒骨架。其中少部分链自由基扩散到液滴表面可能与分散剂分子发生链转移反应。

随着聚合反应的进行，液滴内聚合物粒子逐渐增多；若分散剂表面张力小，则保护膜收缩力小而形成疏松的颗粒结构，反之为紧密的颗粒结构。当转化率达到 50% 左右时，反应因产生"凝胶效应"而自动加速，至转化率达 60%~70% 时，反应速率达最大值，液滴内的单体消失，反应器内的压力突然下降。

第四阶段　转化率为 75%~85%，在这一阶段中，被聚合物溶胀的单体继续反应至消耗完，粒子由疏松变成结实不透明，仍有一部分单体保留在气相和水相中，转化率只能达到 85%，一般生产在这一阶段结束。

第五阶段　转化率在 85% 以上，气相单体在压力下重新凝结，并扩散入聚合物固体粒子的微孔中继续反应，使聚合物粒子变得更结实，但这一过程很慢。

c. 悬浮聚合聚合物粒子形成过程的特点

非均粒子的形成有相变化　液相→液、固两相→固相。如氯乙烯、偏二氯乙烯等单体的悬浮聚合。

均相粒子的形成无相变化　聚合过程始终保持为一相。如苯乙烯、甲基丙烯酸甲酯、丙烯酸酯类单体的悬浮聚合。

由单体转化为聚合物的过程是体积缩小的过程　如 25℃ 下，几种单体 100% 转化时的体积收缩率为：苯乙烯 14.14%；甲基丙烯酸甲酯 23.06%；醋酸乙烯酯 26.82%；氯乙烯 35.80%。反应液滴尺寸的收缩率为 10%~15%，密度相应增大 15%~20%。

均相聚合体系危险性比非均相聚合体系危险性大　转化率达 20%~70% 阶段，因均相

---

❶　1Å=0.1nm，后同。

粒子中溶解有大量的聚合物而使黏度很大，凝结成大块的危险性比非均相体系大得多。因此，如果控制不当，这种黏性物料在几秒钟内就能凝结成大块，使搅拌器失效，造成生产事故。

分散剂外膜 未结合的分散剂外膜可以在后处理阶段除掉，但通过链转移而与聚合物结合的除不掉。

(4) 粒径的大小与形态

除了取决于搅拌强度、分散剂性质和浓度、水-单体比外，还与聚合温度、引发剂种类和用量、聚合速率、单体种类、其他添加剂等有关。

一般情况下，搅拌强度愈大，粒径愈小；相反，搅拌强度小，粒径大并容易黏结成大块。但搅拌强度受搅拌器形式、转速、反应器结构尺寸等影响。

分散剂性质和用量对粒径大小和形态有显著影响，衡量分散剂性质的主要参数是表面张力或界面张力。界面张力小的分散剂使粒径变小，粒子内部疏松。

水-单体比一般在 (1∶1) ～ (3∶1)。水少，容易结块，粒径大；水多，粒径小，粒径分布窄。

4. 乳液聚合

乳液聚合是在用水或其他液体作介质的乳液中，按胶束机理或低聚物机理生成彼此孤立的乳胶粒，在其中进行自由基聚合或离子聚合来生产高聚物的一种方法。这是比较完善的乳液聚合定义。

对于应用最多的按自由基聚合反应机理进行的乳液聚合，是指单体和水在乳化剂作用下形成的乳状液中进行的聚合反应。体系由单体、水、乳化剂及水溶性引发剂组成。

(1) 乳液聚合的特点

以水为分散介质，价廉安全。乳液的黏度与聚合物相对分子质量无关。乳液中聚合物的含量可以很高，但体系黏度却可以很低。这有利于搅拌、传热和管道输送，便于连续生产。

聚合速率大，同时相对分子质量高，可以在较低温度下操作。

乳液聚合的产物可以直接用作水乳漆、黏合剂、纸张皮革织物处理剂以及乳液泡沫橡胶，且生产工艺简单。

若最终产品为固体聚合物时，需要对乳状液进行凝聚、洗涤、脱水、干燥等工序处理，此时生产成本比悬浮聚合法高。

因产物中残留有乳化剂，难以完全清除，所以对用此法获得的高聚物电性能有一定影响。

采用乳液聚合生产的高聚物主要有：产量比较大的丁苯橡胶、丁腈橡胶、糊状聚氯乙烯、聚甲基丙烯酸甲酯、聚醋酸乙烯酯（乳白胶）、聚四氟乙烯等。

(2) 乳液聚合体系的组成

① 单体 能够进行乳液聚合的单体很多，其中广泛使用的有乙烯基单体，如苯乙烯、乙烯、醋酸乙烯酯、氯乙烯、偏二氯乙烯等；共轭二烯单体，如丁二烯、异戊二烯、氯丁二烯等；（甲基）丙烯酸酯类单体，如丙烯酸甲酯、甲基丙烯酸甲酯、丙烯酰胺、丙烯腈等。

在选择能在乳液中进行聚合的乙烯基单体时必须具备以下三个条件：可以增溶溶解但不是全部溶解于乳化剂水溶液；可以在发生增溶溶解作用的温度下进行聚合；与水或乳化剂无任何活化作用，即不水解。

单体的水溶性不但影响聚合速率，还影响乳胶粒中单体与聚合物的质量比，如表 1-12

所示。单体的水溶性愈大，聚合物的亲水性愈大。

表 1-12　不同单体在水中的溶解度及乳胶粒中单体和聚合物的质量比

单体	温度/℃	水溶性 质量分数/%	水溶性 浓度/(mol/L)	乳胶粒中单体和聚合物的质量比
二甲基苯乙烯	45	0.6×10^{-2}	2.7×10^{17}	$0.9 \sim 1.7$
甲基苯乙烯	45	1.2×10^{-2}	6.1×10^{17}	$0.6 \sim 0.9$
苯乙烯	45	3.6×10^{-2}	2.1×10^{18}	$1.1 \sim 1.7$
丁二烯	25	8.2×10^{-2}	9.1×10^{18}	0.8
氯丁二烯	25	1.1×10^{-2}	7.5×10^{18}	1.7
异戊二烯	—	—	—	0.85
氯乙烯	50	1.06	1.0×10^{20}	0.84
甲基丙烯酸甲酯	45	1.50	9.0×10^{19}	2.5
醋酸乙烯酯	28	2.5	1.75×10^{20}	6.4
丙烯酸甲酯	45	5.6	3.9×10^{20}	$6 \sim 7.5$
丙烯腈	50	8.5	9.6×10^{20}	—

乳液聚合对单体的质量有严格的要求，不同方法生产的单体，其成分和杂质含量有所不同，而不聚合配方，对不同杂质的敏感性也各不相同。

② 水相　乳液聚合的水相由水、乳化剂、稳定剂、pH 调节剂、引发剂等组成。

a. 水　纯净的非离子水，主要起分散介质作用，用量占乳液聚合体系总质量的 60%～80%。

b. 乳化剂　乳化剂是能使油水变成相当稳定难以分层的乳状液物质，在乳液聚合过程起着重要的作用。乳化剂也称表面活性剂。

（a）乳化剂的作用　主要体现在以下几个方面。

降低表面张力　如水中加入乳化剂后，水的表面张力明显下降，如表 1-13 所示。

表 1-13　几种乳化剂对水表面张力的影响

乳化剂	温度/℃	浓度/(mol/L)	表面张力/(N/m)
纯水	20	—	72.75×10^{-3}
十八烷基硫酸盐	40	0.0156	34.80×10^{-3}
十二烷基硫酸盐	60	0.0156	30.40×10^{-3}
正十二烷基苯磺酸盐	75	0.005	36.20×10^{-3}
正十四烷基苯磺酸盐	75	0.005	36.00×10^{-3}
四聚苯烯苯磺酸盐	75	0.005	29.80×10^{-3}

降低界面张力　油和水之间的界面张力很大，若向水中加入少量的乳化剂，其亲油基团必伸向油相，而亲水基团则在水相中。由于在油水相界面上的油相一侧，附着上一层乳化剂分子的亲油端，所以就将部分或全部油-水界面变成亲油基团-油界面，这样就降低了界面张力。如水-矿物油的界面张力为 0.045N/m，当加入 0.1% 浓度的乳化剂时，其界面张力就降低到 $0.001 \sim 0.010$ N/m。

乳化作用　是通过乳化剂分子亲油基团和亲水基团使油溶性单体分散于水中，形成稳定乳状液的作用。

分散作用　固体以极细小颗粒形式均匀地悬浮在液体介质中叫分散。单纯的聚合物小颗粒和水的混合物，由于密度不同及颗粒相互黏结的结果，不能形成稳定的分散体系。但在水中加入少量乳化剂后，由于在聚合物表面吸附一层乳化剂分子，就能使每个颗粒（或乳胶粒）稳定地分散并悬浮于水中而不凝聚，该作用就是分散作用。

增溶作用 在乳化剂的水溶液和单体的混合物中,部分单体按照它在水中的溶解度,以单分子分散状态溶解于水中,形成真溶液。另外,还将有更多的单体被溶解在乳化剂形成的胶束内,这是由于单体与胶束中心的烃基部分(亲油基团)相似相溶所造成的。这种溶解与分子分散状态的真正溶解不同,故此称为乳化剂的增溶作用。乳化剂的浓度愈大,所形成的胶束愈多,增溶作用也就愈大。

发泡作用 水中加入乳化剂后,降低了表面张力,和纯水相比,乳化后的溶液更容易扩大表面积,故容易发泡。这就是乳化剂的发泡作用。在乳液聚合过程中,泡沫对生产有不良影响,因此要采取一定办法加以控制。

(b) **乳化剂的类型** 任何乳化剂分子总是同时含有亲水基团和亲油基团。按照亲水基团的性质可以分为阴离子型乳化剂、阳离子型乳化剂、非离子型乳化剂和两性乳化剂四种类型。

阴离子型乳化剂 是乳液聚合中使用最多的主要乳化剂,多在碱性介质中使用。其阴离子基团一般是羧酸盐—COONa、硫酸盐—SO_4Na、磺酸盐—SO_3Na 等,亲油基团一般是 C_{11}~C_{17} 的直链烷烃以及 C_3~C_8 烷基与苯基或萘基结合在一起的疏水基团。最常见的有皂类(脂肪酸钠 RCOONa,R=C_{11}~C_{17})、十二烷基硫酸钠 $C_{12}H_{25}SO_4Na$、烷基磺酸钠(RSO_3Na,R=C_{12}~C_{16})、十二烷基苯磺酸盐 $C_{12}H_{25}C_6H_4SO_3Na$ 等。

阳离子型乳化剂 多在酸性介质中使用,乳液聚合一般较少使用。主要有伯胺盐、仲胺盐、叔胺盐和季铵盐类。

非离子型乳化剂 这类乳化剂对介质的酸碱性不敏感,一般作为辅助乳化剂使用。主要是聚环氧乙烷类物质,如 R—[OC_2H_4]$_n$—OH、R—⌬—[OC_2H_4]$_n$—OH、RCO—[OC_2H_4]$_n$—OH 等,其中 R=C_{10}~C_{16},$n=4$~20 不等。

两性乳化剂 本身带有碱性基团和酸性基团。主要有羧酸型(如 $RNHCH_2CH_2COOH$)、硫酸酯型(如 $RCONHC_2H_4NHC_2H_4OSO_3H$)、磷酸酯型[如 $ROONHC_2H_4NHC_2H_4OPO(OH)_2$]、磺酸型等。

(c) **乳化剂的临界胶束浓度** 当乳化剂浓度很低时,乳化剂分子呈分子状态真正溶解在水中。当乳化剂达到一定浓度后,50~100 个乳化剂分子形成一个球状、层状或棒状的聚集体,它们的亲油基团彼此靠在一起,而亲水基团向外伸向水相,这样的聚集体叫做胶束(如图 1-11 所示)。能够形成胶束的最低乳化剂浓度叫做临界胶束浓度,简称 CMC,是乳化剂

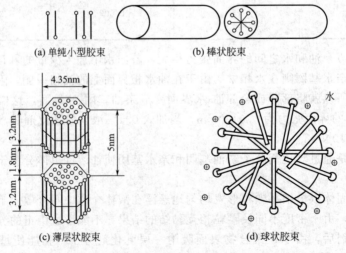

图 1-11 胶束模型

性质的一个特征参数。乳化剂浓度在 CMC 以下时，溶液的表面张力与界面张力随乳化剂浓度的增大而迅速降低；当乳化剂浓度达到 CMC 后，随乳化剂浓度的增大其表面张力和界面张力变化甚微。在 CMC 处，溶液的其他性质如离子活性、电导率、渗透压、蒸气压、黏度、密度、增溶性、光散射性以及颜色等都有明显的变化。

CMC 的大小主要取决于乳化剂的分子结构及水电解质浓度。某些乳化剂的 CMC 值如表 1-14 所示。

表 1-14 某些乳化剂的临界胶束浓度（在 50℃纯水中）

乳化剂	CMC/(mol/L)	乳化剂	CMC/(mol/L)	乳化剂	CMC/(mol/L)
己酸钾	0.105	硬脂酸(十八烷酸)钾	0.0008	十二烷基磺酸钠	0.0098
月桂酸(十二烷酸)钾	0.026	油酸钾	0.001	十二醇硫酸钠	0.0057
棕榈酸(十六烷酸)钾	0.003	癸磺酸钠	0.04	松香酸钠	<0.01

(d) 乳化剂的选择　主要从以下几个方面考虑。

乳状液的类型　向乳化剂的水溶液中加入油时，水是连续相，油是分散相，该体系即为水包油乳液，标志为 O/W；向油中加入乳化剂的水溶液时，油是连续相，水是分散相，该体系即为油包水乳液，标志为 W/O。

乳化剂的亲油亲水平衡值　简称 HLB 值，是表示乳化剂分子中的亲水部分和亲油部分对其性质所贡献大小的物理量。常见表面活性剂 HLB 范围及其应用如表 1-15 所示。

表 1-15 表面活性剂 HLB 范围及其应用

HLB 范围	应用	HLB 范围	应用
3~6	油包水(W/O)乳化剂	13~15	洗涤剂
7~9	润湿剂	15~18	增溶剂
10~12	水包油(O/W)乳化剂		

乳化剂的选择方法　一是根据 HLB 值进行选择，如表 1-15 和表 1-16 所示。二是经验法选择。一般是先用第一种方法选择 HLB 合适的乳化剂，再借鉴实践经验进行确定。

表 1-16 O/W 型聚合物乳液的最佳 HLB 值范围

O/W 型聚合物乳液	最佳 HLB 值范围
聚苯乙烯	13.0~16.0
聚醋酸乙烯酯	14.5~17.5
聚甲基丙烯酸甲酯	12.1~13.7
聚丙烯酸乙酯	11.8~12.4
聚丙烯腈	13.3~13.7
甲基丙烯酸甲酯与丙烯酸乙酯共聚物(质量比 1:1)	11.95~13.05

c. 引发剂　为水溶性引发剂，如过硫酸铵、过硫酸钾等。为了使聚合反应在低温下进行，一般选择氧化还原引发体系，其中氧化剂是油溶性的，还原剂是水的。引发剂的用量为单体质量的 0.1%~1.0%。

d. 稳定剂　它是一种保护胶体，用以防止乳液的析出和沉淀。常用的有明胶、酪素等，用量为 2%~5%。

e. 表面张力调节剂　一般为含 5~10 个碳原子的脂肪族醇类，如戊醇、己醇或辛醇等，作用是控制单体粒度大小和保持乳液的稳定性，用量为 0.1%~0.5%。

f. 缓冲剂（pH 值调节剂）　乳液聚合体系内的 pH 值大小直接影响乳液体系的稳定性和引发剂分解速度。不同的聚合体系对 pH 值有不同的要求，如合成丁苯橡胶时，以松香皂为乳化剂，pH=10 时聚合速率最快；以脂肪酸皂为乳化剂时，pH=9.8~10.9 时聚合速率最快。因此，为了保持体系最合适的 pH 值，需要加入 pH 值调节剂。常用的 pH 值调节剂有磷酸盐、碳酸盐、醋酸盐等，用量为单体的 2%～4%。

g. 相对分子质量调节剂　目的调节产物的相对分子质量，避免支化和交联，提高产品质量和加工性能。常用的有脂肪族硫醇等。

(3) 乳液聚合反应原理

以不溶于水的单体、水、引发剂（水溶性）、乳化剂四组分组成的"理想乳液聚合体系"的间歇操作为例，其整个聚合反应过程可以分为四个阶段，即分散阶段、乳胶粒生成阶段、乳胶粒长大阶段和聚合完成阶段。

① 单体分散阶段　单体分散阶段即没加引发剂时的乳液聚合系统，如图 1-12 所示。

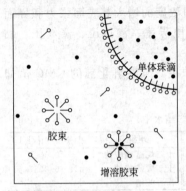

图 1-12　分散阶段乳液聚合体系示意图

"—○"乳化剂分子；"●"单体分子

在向间歇搅拌釜中加入引发剂以前，先向反应釜中加入水，并逐渐加入乳化剂。开始加入的乳化剂，以单分子的形式溶解于水中，为真溶液。当乳化剂浓度达到 CMC 值时，再加入的乳化剂就开始以胶束的形式出现。每个胶束由 50～200 个乳化剂分子组成，尺寸为 5～10nm，胶束浓度约为 10^{18} 个/mL。宏观上看，稳定时单分子乳化剂浓度与胶束浓度均为定值。但微观上看，单分子乳化剂与胶束乳化剂之间建立了动态平衡。

向系统中加入单体以后，在搅拌的作用下，单体分散成珠滴。部分乳化剂分子被吸附到单体珠滴表面上，形成单分子层，乳化剂分子的亲油基团指向单体珠滴中心，亲水基团指向水相，使单体珠滴稳定地悬浮于水相中。一般单体珠滴直径为 10～20μm，单体珠滴浓度约为 10^{12} 个/mL。这种分散程度的大小与乳化剂的种类及用量、搅拌器转速及搅拌器的形式等有关。而单体在水中溶解较少，其中溶解的单体以单分子形式存在。另外，由于胶束的增溶作用，将一部

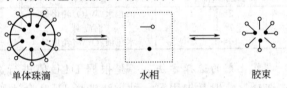

图 1-13　分散阶段乳化剂和单体的平衡

"—○"乳化剂分子；"●"单体分子

分溶解在水中的单体由水相吸收到胶带中来，形成所谓的增溶胶束。增溶胶束中所含的单体量可达单体总量的 1%。胶束增溶的结果使胶束体积膨大至原来的二倍。实际上单体在单体珠滴、水相及胶束之间的扩散建立了动态平衡，如图 1-13 所示。

② 乳胶粒生成阶段　此阶段一般又称为阶段Ⅰ。该阶段从开始引发聚合，直至胶束消失，聚合速率递增。图 1-14 为乳胶粒生成阶段聚合体系示意图。

当水溶性引发剂加入到系统中后，在反应温度下引发剂在水相中分解产生初级自由基，在聚合进行前，因体系内或多或少都存在有氧气等阻聚杂质，故或长或短存在聚合诱导期，这要视各种原料的精制程度而定。

诱导期过后，聚合过程进入一个反应加速期，即阶段Ⅰ。因为乳胶粒的生成主要发生在这一阶段，又称乳胶粒生成阶段。

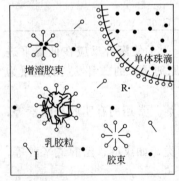

图 1-14　乳胶粒生成阶段聚合体系示意图

"—○"乳化剂分子；"●"单体分子；
"I"引发剂分子；"R·"初级自由基

在此阶段，R·可以扩散进入单体珠滴和胶束，因为胶束数目远远大于（约 100 万倍）单体珠滴的数目，所以 R·扩散进入胶束的机会远远大于进入单体珠滴的机会。所以一般情

况下绝大多数 R· 进入胶束。当一个 R· 扩散进入一个增溶胶束中后,就在其中引发单体聚合,生成大分子链,于是胶束变成被单体溶胀的聚合物颗粒,即乳胶粒。这个过程称为胶束的成核过程,聚合反应主要发生在乳胶粒中。随着增溶胶束逐渐转变为乳胶粒的数目不断增加,直至胶束全部消失(转化),反应处于加速阶段。随着乳胶粒内单体的不断消耗,水相中呈分子状态的单体分子又不断扩充进来,而水相中被溶解单体又来自于单体的"仓库"——单体珠滴。

当另一个初级自由基扩散进入乳胶粒后,与增长的链自由基碰撞发生双基终止反应。形成"死乳胶粒",而含有自由基并且正在进行增长反应的乳胶粒称为"活乳胶粒"。若向死乳胶粒中再扩散一个初级自由基,则在这个乳胶粒中又重新开始新的增长反应,直至下一个自由基扩散进入为止。在整个乳液聚合过程中,此两种乳胶粒——活乳胶粒和死乳胶粒——不断相互转化,使乳胶粒逐渐长大,转化率不断提高。

至于自由基引发水相中溶解的单体发生反应,也有这种可能,但由于水相中单体浓度太低,故只能形成低聚物。一般这种情况可以忽略不计。

另外,乳胶粒体积增大后,表面上原有的乳化剂分子不足时,由体积不断减小的单体珠滴表面多余的乳化剂分子通过水相扩散到乳胶粒表面进行补充。一般转化率达到 15% 左右,胶束完全消失,典型配方的乳液聚合乳胶粒数目达到最大稳定值,约 10^{16} 个/mL。

此阶段中单体、乳化剂和自由基三者在单体珠滴、乳胶粒、胶束和水相之间的平衡可以用图 1-15 表示。

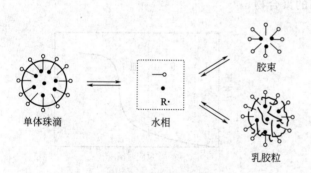

图 1-15 乳胶粒生成阶段乳化剂、单体及自由基的平衡

图 1-16 乳胶粒长大阶段聚合体系示意图
"—○"乳化剂分子;"●"单体分子;
"I"引发剂分子;"R·"初级自由基

③ 乳胶粒长大阶段　此阶段一般又称为阶段Ⅱ。它是自胶束消失开始,乳胶粒继续增大,直至单体液滴消失。是聚合恒速阶段。其体系示意图如图 1-16 所示。

此阶段的单体、乳化剂及自由基在乳胶粒、单体珠滴及水相之间的平衡如图 1-17 所示。在反应区乳胶粒中单体不断被消耗,单体的平衡不断沿单体珠滴→水相→乳胶粒方向移动,致使单体珠滴中的单体逐渐减少,直至单体珠滴消失。由胶束消失到单体珠滴消失,一直保持乳胶粒内单体浓度不变,所以反应速率处于乳胶粒不断增大的恒速阶段。

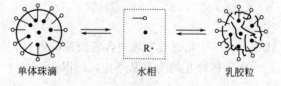

图 1-17 乳胶粒长大阶段乳化剂、单体及自由基的平衡

④ 聚合完成阶段　此阶段(又称阶段Ⅲ)的体系示意图如图 1-18 所示。

单体珠滴消失后,体系仅存乳胶粒和水相。此时,乳化剂、单体和自由基的分布由该两相间的动态平衡决定，如图 1-19 所示。

图 1-18　聚合完成阶段聚合体
系示意图

"—○"乳化剂分子；"●"单体分子；
"I"引发剂分子；"R·"初级自由基

在此阶段，因为单体珠滴消失了，使乳胶粒内的单体失去了补充的来源，所以，此阶段的聚合反应只能消耗乳胶粒内自己贮存的单体，聚合速率应该下降。但因乳胶粒聚合物的浓度愈来愈大，黏度也愈来愈大，造成大分子的相互缠绕，两个链自由基的终止愈来愈困难，使得链终止速率常数 k_t 急剧下降，即自由基的寿命延长，结果聚合速率不仅不下降，反而随转化率的提高而自动加速。如图 1-20 所示。

但当转化率超过某范围时，由于产生了玻璃化效应，使转化率突然降低为零。即不仅大分子被冻结，单体也被冻结，所以聚合速率也降为零。

⑤ 乳液聚合速率与相对分子质量　由于胶束和乳胶粒的体积很小，只能有一个自由基进行链增长反应，当另一个自由基进入后立即发生链终止反应。自由基再扩散进入，再进行链增长，然后再与扩散进入的自由基终止。一般自由基平均进入的时间间隔为 1~100s。因此可知，在一定时间内，体系内平均只有一半的乳胶粒内进行链增长反应；这些活性链分别被隔离在不同的乳胶粒内，它们的寿命很长，可以增长到相当高的聚合度才被另一个扩散进入乳胶粒内的自由基所终止，故此，可以获得相对分子质量很高的聚合物。

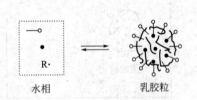

图 1-19　聚合完成阶段乳化剂、单体及
自由基的平衡

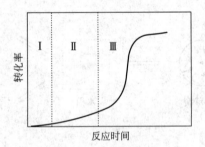

图 1-20　乳液聚合转化率-时间曲线
Ⅰ—乳胶粒生长阶段；Ⅱ—乳胶粒长大阶段；
Ⅲ—聚合完成阶段

根据 $R_p = k_p[M][M·]$
得乳液聚合反应速率表达式为：

$$R_p = k_p [M] \frac{N}{2} \tag{1-2}$$

式中　N——每毫升乳液中含乳胶粒的数目。

由于链终止均为双基终止，所以

$$\overline{X}_n = 2\nu = \frac{R_p}{\rho_i} = \frac{k_p[M]N}{\rho_i} \tag{1-3}$$

式中　ρ_i——为水相中自由基的产生速度，个/(mL·s)。

(4) 乳液聚合技术的发展

① 乳液定向聚合　选用对水稳定的引发剂体系如第Ⅷ族金属化合物（$RhCl_3·3H_2O$、$RuCl_3$ 等）和适当的乳化剂（烷基芳磺酸盐、烷基硫酸盐）相配合，可以实现丁二烯的乳液

定向聚合。

② 辐射乳液聚合　是一种在高能射线辐照下使介质水分解成自由基而引发乳液聚合的方法。该方法虽然未能工业化，但由于具有不用引发剂，可以控制产物相对分子质量和分布，容易低温聚合，有利于散热，防止爆聚，无缓冲剂，容易接枝等优点而受到关注。

③ 非水介质中的乳液聚合　一种是在非水分散介质中进行常规的乳液聚合。第二种是溶于水的单体，采用与水不溶的有机溶剂为分散介质，采用能将亲水单体稳定分散于非水介质中的乳化剂，选择油溶性的引发剂，则该体系正好是常规乳液聚合的镜式对照。第三种是在有机相中的分散聚合所用的单体能溶于有机相，故起始时为均相溶液聚合，等聚合物形成，则不溶物析出。这些在涂料、黏合剂上经济方便，很有价值。

（二）适用于逐步聚合反应的工业实施方法

缩聚反应的工业实施方法主要有熔融缩聚、固相缩聚、溶液缩聚、界面缩聚、乳液缩聚等。从相态和反应进行区域的特征上看，不同缩聚方法是不太一样的，如表 1-17、表 1-18 所示。采用不同缩聚方法虽然可以得到同一种缩聚物产物，但由于反应进行的条件不同，其性能是不一样的，如表 1-19 所示。

表 1-17　缩聚体系的相态和反应进行的区域

缩聚体系相态	反应进行区域的特征	相应的缩聚方法
单相	均相	熔融缩聚、溶液缩聚、固相缩聚
多相	均相	乳液缩聚、有聚合物析出的溶液缩聚
	复相	界面缩聚

表 1-18　多相体系中缩聚反应进行的区域

缩聚过程的范畴	缩聚过程的控制步骤	反应进行的区域
(1)内部动力学	缩聚反应	反应相的全部体积内
(2)内扩散	单体的内扩散	反应相的部分体积内
(3)外部动力学	在相界面处进行的缩聚反应	全部相界面
(4)外扩散	单体的外扩散	部分相界面

注：(1) 乳液缩聚；(2) (3) (4) 界面缩聚。

表 1-19　不同缩聚方法制得的聚全芳酯的物理力学性能

性能	界面缩聚	溶液缩聚
软化温度/℃	280～285	315～320
拉伸强度/MPa	96	100
断裂伸长率/%	13	40～50

1. 熔融缩聚

所谓熔融缩聚是指反应中不加溶剂，反应温度在单体和缩聚物熔融温度以上进行的缩聚反应。

熔融缩聚的基本特点：反应温度高（一般在 200℃ 以上）；有利于提高反应速率和排出低分子副产物；符合一般缩聚反应的可逆平衡规律；由于反应温度高，所以单体容易发生成环反应，缩聚物容易发生裂解反应。

（1）熔融缩聚的工艺特点

熔融缩聚是成熟的工业上广泛采用的方法，如聚酯、聚酰胺、聚氨酯等的合成都采用这种方法。因为该方法的工艺路线比较简单，可以间歇生产，也可以连续生产。在工艺上具有如下特点：反应需要在高温（200～300℃）下进行；反应时间较长，一般都在几小时以上；为避免高温时缩聚产物的氧化降解，常需要在惰性气体的保护下进行；反应后期需要在高真空度下进行，以保证充分除出低分子副产物。

充分除出低分子副产物是熔融缩聚的关键问题。除保证高真空度外，在生产工艺上和设

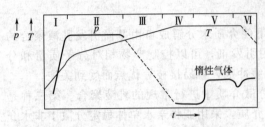

图 1-21 熔融缩聚过程的一般特点
Ⅰ—加热;Ⅱ—排气;Ⅲ—降压;
Ⅳ—保持阶段;Ⅴ—挤出;Ⅵ—结束

备上都采用了相应的措施,特别是薄层缩聚法,已受到很大的重视。

熔融缩聚过程的一般特点如图 1-21 所示。

熔融缩聚的反应温度一般不能超过 300℃,因此它不适于制备高熔点的耐高温缩聚物。

(2) 影响熔融缩聚反应的主要因素

① 单体配料比 对产物平均相对分子质量有决定性影响,所以在熔融缩聚的全过程都要严格配料比。但在高温下单体挥发或稳定性等原因造成配料比不好控制,因此,生产上一般将混缩聚转变为均缩聚。如将对苯二甲酸转变为易于提纯的对苯二甲酸二甲酯,再与乙二醇进行酯交换生成对苯二甲酸乙二酯,再进行缩聚反应得涤纶树脂。又如,将己二酸与己胺转变成尼龙-66 盐生产尼龙-66。

对于高温挥发性较大的单体采用适当多加的办法,弥补损失量。

② 反应程度 通过排出低分子副产物的办法提高反应程度。具体可以采用提高真空度、强烈机械搅拌、改善反应器结构(如采用卧式缩聚釜、薄层缩聚法等)、采用扩链剂(扩链剂能增加低分子副产物的扩散速率)、通入惰性气体等方法。

③ 温度、氧、杂质 先高温后低温;由于高温下氧能使产物氧化变色、交联,因此,要通入惰性气体,并加入抗氧剂(如 N-苯基-β-萘胺、磷酸三苯酯等);杂质的带入会影响配料比,因此要清除。

④ 催化剂 加入一定量的催化剂能提高反应速率。

2. 固相缩聚

所谓固相缩聚是指在原料熔点(或软化温度)以下进行的缩聚反应。采用该方法可以制备高相对分子质量、高纯度的缩聚物;对于熔点很高或超过熔点容易分解的单体的缩聚以及耐高温缩聚物的制备,特别是无机缩聚物的制备,非常合适。

(1) 固相缩聚的类型

① 反应温度在单体熔点以下的固相缩聚 这是"真正"的固相缩聚。

② 反应温度在单体熔点以上,但在缩聚物熔点以下的固相缩聚 一般先采用常规熔融缩聚制备预聚物,再在预聚物熔点(或软化点)以下进一步进行固相缩聚反应。

体型缩聚反应或环化缩聚反应 高反应程度时,反应实际上是在固态下进行的。

固相缩聚所用的单体,多是 a-R-b 型,采用 a-R-a、b-R-b 型单体时,一般先制成两种单体的盐,再进行固相缩聚,某些常用的固相缩聚单体如表 1-20 所示。

表 1-20 某些常用的固相缩聚单体

聚合物	单体	反应温度/℃	单体熔点/℃	聚合物熔点/℃
聚酰胺	氨基羧酸	190~225	200~275	—
聚酰胺	二元羧酸的二胺盐	150~235	170~280	250~350
聚酰胺	均苯四酸与二元胺的盐	200	—	>350
聚酰胺	氨基十一烷酸	185	190	—
聚酰胺	多肽酯	100	—	—
聚酰胺	己二酸-己二胺盐	183~250	195	265
聚酯	对苯二甲酸-乙二醇的预聚物	180~250	180	265
聚酯	羟乙酸	220		245
聚酯	乙酰氯基苯甲酸	265		295
聚多糖	α-D-葡萄糖	140	150	
聚亚苯基硫醚	对溴硫酚的钠盐	290~300	315	
聚苯并咪唑	芳香族四元胺和二元羧酸的苯酯	280~400		400~500

(2) 固相缩聚的特点

① 反应慢，表观活化能大　固相缩聚的反应速率比熔融缩聚和溶液缩聚的反应速率都慢，完成需要几十小时；表观活化能很大，一般在 251～753kJ/mol。

② 固相缩聚是扩散控制的过程　缩聚过程中单体从一个晶相扩散到另一个晶相。

③ 固相缩聚的动力学特点　固相缩聚有明显的自催化效应，反应速率随时间的延长而增加，到反应后期，由于官能团浓度很小，反应速率才迅速下降。

④ 固相缩聚对反应物的物理结构很敏感　物理结构包括晶格结构、结晶缺陷、杂质等。

⑤ 可以采用反应成型法　这对于难溶难熔和耐高温缩聚物材料非常适用。

(3) 影响固相缩聚的因素

① 单体配料比及单官能团化合物　混缩聚时，一种单体过量会使产物相对分子质量降低，但影响程度没有熔融缩聚大。单官能团化合物的影响与其他缩聚方法一样。

② 反应程度　同于一般缩聚反应，增加真空度可以降低低分子副产物的浓度，提高缩聚产物的相对分子质量。

③ 温度　固相缩聚的温度范围较窄，一般在熔点以下 15～30℃进行。此外，反应温度还影响产物的物理状态，如在单体熔点以下 1～5℃反应时，产物为块状；而在单体熔点以下 5～20℃进行时，产物为密实的粉末。

④ 添加物　固相缩聚对添加物比较敏感，其中有催化作用的加速，无催化作用的减速。

⑤ 原料粒度　原料粒度越小，反应速率越快。

3. 溶液缩聚

所谓溶液缩聚就是在溶剂中进行的缩聚反应。规模仅次于熔融缩聚，现在随着耐高温缩聚物的发展，该方法的重要性日渐增加。像聚砜、聚酰亚胺、聚次苯硫醚、聚苯并咪唑等耐高温材料均是采用溶液缩聚合成的。

(1) 溶液缩聚的类型

① 根据反应温度分类　可以分为高温溶液缩聚和低温（100℃以下）溶液缩聚。

② 按反应性质分类　可以分为可逆溶液缩聚与不可逆溶液缩聚。

③ 按产物溶解情况分类　可以分为产物溶解于溶剂的真正均相溶液缩聚，和产物不溶解于溶剂的、在反应过程中自动沉淀的非均相溶液缩聚。

(2) 溶液缩聚的工艺特点

最根本的特点是有溶剂存在，造成工艺上具有如下特点：反应平稳，有利于热量交换，防止局部过热；溶液缩聚不需要高真空；溶液缩聚所得到的缩聚物溶液可以直接用作清漆、成膜材料、纺丝。

不足之处是由于使用溶剂，需要对溶剂进行分离、精制、回收等，造成生产成本较高，工艺过程比熔融缩聚复杂。因此，凡能用熔融缩聚法生产的缩聚物，一般不用溶液缩聚法。

(3) 溶液缩聚的主要影响因素

① 单体配料比和单官能团　影响的趋势与其他缩聚相同。

② 反应程度　影响趋势与熔融缩聚相同，但当反应程度过大时，会发生副反应。同时加料速率也有一定影响。

③ 单体浓度　单体浓度增加时，可以增加反应速率并提高产物的相对分子质量；但增加得过大时却反而有所下降。即有最佳值范围，如羟基酸（或二元羧酸）与二元醇溶液缩聚时，单体的最佳浓度约为 20%，而对苯二甲酰氯与双酚 A 缩聚时，最佳浓度为 0.6～0.8mol/L。

④ 温度　趋势是温度升高，反应平衡常数下降。

对于活性小的单体，为加快反应，必须在一定温度下进行，否则，反应太慢。在一定范围内升高温度可以增加产物的相对分子质量及收率。

对于活性大的单体，一般采用低温溶液缩聚。因为采用高温时，副反应增加，产物相对分子质量和产率下降。

⑤ 催化剂　对活性大的单体可以不加催化剂，但活性小的单体需要适量加入。

⑥ 溶剂　作用是溶解单体，促进单体间混合，降低体系黏度，吸收反应热，有利于热量交换，使反应平稳；溶解或溶胀增长着的大分子链，使其伸展便于继续增长，增加反应速率，提高相对分子质量。但溶剂的性质对大分子链在溶剂中的状态有影响，有利于低分子副产物的排除，起低分子副产物接受体的作用，起缩合剂的作用，抑制环化反应。

溶剂对反应速率与相对分子质量都有影响，一般情况是溶剂的极性大（如介电常数大），可提高缩聚反应的速度和相对分子质量；当使用的溶剂发生副反应时，会降低产物的相对分子质量；同时对其分布及产物组成也有一定的影响。

溶液缩聚时，不但可以选用单一溶剂，也可以选用混合溶剂。

4. 界面缩聚

界面缩聚又称相间缩聚，是在多相（一般为两相）体系中，在相的界面处进行的缩聚反应。多适用于实验室或小规模合成聚酰胺、聚脲、聚砜、含磷缩聚物、螯合形缩聚物及其他耐高温的缩聚物。

(1) 界面缩聚的类型

① 根据体系的相状态可分为液-液界面缩聚和液-气界面缩聚

a. 液-液界面缩聚　将两种反应活性很大的单体，分别溶于两种互不相溶的液体内，在两相的界面处进行缩聚反应。常见的液-液界面缩聚体系如表1-21所示。

表1-21　常见的液-液界面缩聚体系

缩聚产物	起始单体		缩聚产物	起始单体	
	溶于有机相的单体	溶于水相的单体		溶于有机相的单体	溶于水相的单体
聚酰胺	二元酰氯	二元胺	环氧树脂	双酚A	环氧氯丙烷
聚脲	二异氰酸酯,光气	二元胺	酚醛树脂	苯酚	甲醛
聚磺酰胺	二元磺酰氯	二元胺	含磷缩聚物	磷酰氯	二元胺
聚氨酯	双-氯甲酸酯	二元胺	聚苯并咪唑	芳酸酰氯	芳族四元胺
聚酯	二元酰氯	二元酚类	螯合聚合物	四元酮	金属盐类

b. 液-气相界面缩聚　使一种单体处于气相，另一种单体溶于溶剂中，在气-液相界面进行缩聚反应。常见的如表1-22所示。

表1-22　液-气界面缩聚及其产物的特性黏度

单体		缩聚产物	产物特性黏度/(g/cm^3)	
气相	液相		液-气缩聚法	液-液缩聚法
草酰胺	己二胺	聚草酰胺	0.80	—
草酰胺	己二胺	聚草酰胺	1.50	0.45
草酰胺	癸二胺	聚草酰胺	0.64	—
草酰胺	对苯二胺	聚草酰胺	2.12	0.42
高氟己二酰氯	对苯二胺	氟化聚酰胺	0.64	0.09
二氧化碳	己二胺	聚酰胺	1.10	0.80
光气	己二胺	聚脲	1.02	1.15
硫光气	对苯二胺	聚硫脲	0.31	0.76
草酰胺	丁二硫醇	聚硫酯	不溶	—
草酰胺	戊二硫醇	聚硫酯	0.53	—

② 按工艺方法分为静态界面缩聚和动态界面缩聚

a. 静态界面缩聚　是不进行搅拌的界面缩聚。所得的产物是薄膜或纤维状物，又称薄层界面缩聚。如图1-22所示。

b. 动态界面缩聚　是进行搅拌的界面缩聚。所得产物为粒状，又称粒状界面缩聚。如图1-23所示。

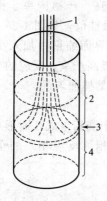

图1-22　静态界面缩聚示意图
1—拉出的膜；2—己二胺水溶液；3—在界面上形成的膜；4—癸二酰氯的四氯化碳溶液

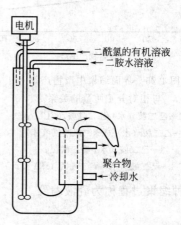

图1-23　动态界面缩聚的简单实验装置

(2) 界面缩聚的基本特点

界面缩聚是复相反应；界面缩聚是扩散控制过程；

两相间的界面具有重要的作用：相界面对每一基元反应提供适宜反应条件；在相界面处（或附近）形成初级聚合物膜；相界面处的足够表面张力是形成高相对分子质量产物的必要条件。

界面缩聚是不可逆反应。

(3) 界面缩聚的主要影响因素

① 单体配料比　界面缩聚产物相对分子质量与单体配料比的关系如图1-24所示。其中相应相对分子质量的配料比为最佳配料比。如水-四氯化碳体系中己二胺与癸二酰氯缩聚时，水相中己二胺浓度为0.1mol/L时，有机相中癸二酰氯的最佳浓度为0.015mol/L；而当己二胺浓度为0.4mol/L时，癸二酰氯的最佳浓度为0.06mol/L。并且，单体的配料比可以通过体积比不变只改变浓度和浓度不变只改变体积比来实现。

造成图1-24中现象的主要原因是由于界面缩聚属于复相反应，对产物相对分子质量起影响的是反应区两种单体的摩尔比而不是整个体系中两种单体的摩尔比。

② 单官能团化合物　它的存在与其他缩聚方法一样，会降低产物相对分子质量。但下降的程度不但与该物质的含量有关，还与该物质的反应活性及向反应区扩散的速率有关。含量大，反应活性大，并且扩散速率快，则产物相对分子质量降低严重。

③ 产物相对分子质量与产率的关系　比较复杂，如图1-25所示。

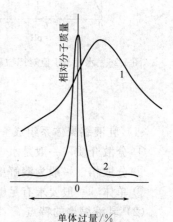

图1-24　相对分子质量与单体配料比的关系
1—界面缩聚；2—均相缩聚

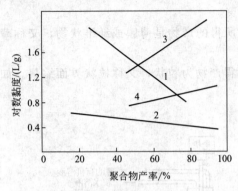

图 1-25 界面缩聚中产物产率
与相对分子质量的关系
1—己二胺（水）-己二酰胺（CCl_4）;
2—乙二胺（水）-对苯二甲酰氯（苯）;
3—己二胺（水）-癸二酰氯;
4—己二胺（水）-癸二酰氯（苯）

④ 温度 由于界面缩聚所用的单体活性较大，反应速率快，反应活化能小，所以温度对界面缩聚影响不是主要的因素。

⑤ 溶剂性质 一般情况下，为了保证产物相对分子质量较高，气-液界面缩聚中，液相最好是水；液-液界面缩聚中，一个液相是有机相，另一液相是水。溶剂的选择多凭经验。

⑥ 水相的 pH 值 产物产率、相对分子质量与水相的 pH 值有最佳值，如图 1-26 所示。

⑦ 乳化剂 在界面缩聚中加入少量乳化剂可以加快反应速率，提高产率，反应的重复性好。如图 1-27 所示也存在最佳加入量。

5. 乳液缩聚

反应体系由两个液相组成，而形成缩聚物的缩聚反应在其中一个相（反应相）的全部体积中进行，这种缩聚过程称为乳液缩聚。

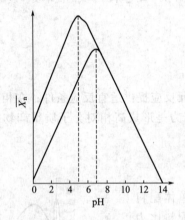

图 1-26 水相 pH 值对产物聚合度的影响

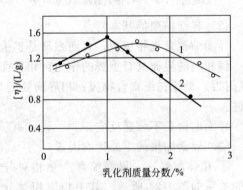

图 1-27 界面缩聚中乳化剂对
聚芳酯相对分子质量的影响
1—二丁基萘磺酸钠；2—脂肪族磺酸钠

(1) 乳液缩聚体系组成

① 分散介质 一般是水，称为水相。

② 分散相 一般为溶解单体的有机溶剂，称为有机相，也是反应相。

③ 单体 一般要求有足够的反应活性，不必过大，但单体要有足够大的分配系数。

(2) 乳液缩聚的特点

乳液缩聚的基本特点是：在多相体系中进行均相缩聚反应。一般缩聚反应是在整个有机相中进行的，属于内部动力学范畴。

(3) 乳液缩聚的类型

① 按缩聚反应类型分

a. 乳液聚酰胺化 是研究比较充分的乳液缩聚，主要是芳香族二胺类和芳香族二元酰氯的缩聚反应。多属于不可逆缩聚。

b. 乳液聚酯化　主要例子是聚碳酸酯和聚芳酯的生成反应。

② 按缩聚反应性质分　多数属于不可逆乳液缩聚，个别属于可逆乳液缩聚。

③ 按体系特点分　水和有机相完全不混溶的乳液缩聚，水和有机相部分混溶乳液缩聚。其中以后者居多。

(4) 乳液缩聚的主要影响因素

以间苯二胺与间苯二甲酰氯为例，介绍乳液缩聚的主要影响因素。

① 产物相对分子质量与产率的关系　如图 1-28 所示，产物相对分子质量随产率和反应程度的增加而提高。

② 单体配料比　基本与溶液缩聚相同。并且，产物的相对分子质量与改变单体配料比的方式无关。同时，加料速度快慢有一定影响，其中缓慢加入的相应相对分子质量较大。

③ 单体浓度　有最佳浓度（约 0.5mol/L）值，产物相对分子质量最大。

④ 反应温度　提高反应温度，相对分子质量下降。

⑤ 搅拌速度　增加搅拌速度可以提高产物相对分子质量。

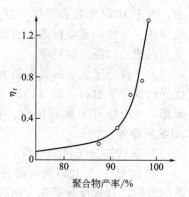

图 1-28　在四氢呋喃-水-苏打体系中，间苯二胺与间苯甲酰氯缩聚产物的相对黏度与缩聚物产率的关系

⑥ 盐析剂和接受体　盐析剂多为无机盐类，加入后可以提高二胺的分配系数，调节两相的组成。接受体的作用是消除副产物。多数情况盐析体与接受体是同一物质。一般情况下，产物的相对分子质量随盐析体加入量的增加而增大。

⑦ 有机相的种类　其影响基本同于溶液缩聚。对芳酰胺化，有机相中含一定量的水有利于缩聚反应的进行。但对其他体系（如聚芳酯）则相反。

⑧ 副反应　主要是二元酰氯发生水解反应，使产物相对分子质量下降。

第三节　高分子科学的发展历史与展望

一、高分子科学的发展历史

高分子科学的建立与发展和高分子化学工业的建立与发展密切相关。还与众多科学技术工作者的长期不懈的努力与辛勤劳动密切相关。从高分子科学的发展历史来看大致分为以下几个阶段。

1. 天然高聚物的利用与改性阶段

此阶段是 19 世纪以前，在此阶段利用的天然高聚物有棉花、亚麻、羊毛、蚕丝纤维、玻璃、水泥、皮革、纸、天然橡胶、古塔波胶、巴拉塔树胶、虫胶等。改性的天然高聚物有（1839 年）橡胶的硫化、（1846 年）纤维素的硝化、（1851 年）硬质橡胶、（1860 年）虫胶和古塔波胶的模塑、（1868 年）硝酸纤维素的增塑、（1889 年）再生纤维素纤维、（1889 年）硝酸纤维素胶片、（1890 年）铜铵人造纤维、（1892 年）黏胶人造纤维等。

2. 合成高分子工业的发展与高分子化学的建立阶段

20 世纪初至 30 年代末，第一个人工合成高分子材料是（1907 年）酚醛树脂，以后相继生产了（1907 年）醋酸纤维素溶液、（1908 年）醋酸纤维素胶片版、（1912 年）玻璃纸、（1923 年）汽车用硝酸纤维素漆、（1924 年）醋酸纤维素纤维、（1926 年）醇酸聚酯、（1927

年）聚氯乙烯壁纸、醋酸纤维素片材和棒材、（1929年）聚硫橡胶、脲醛树脂、（1931年）聚甲基丙烯酸甲酯塑料、氯丁橡胶、（1935年）乙基纤维素、（1936年）聚醋酸乙烯酯、（1936年）聚乙烯醇缩丁醛安全玻璃、（1937年）聚苯乙烯、丁苯橡胶、丁腈橡胶、（1938年）尼龙-66纤维、（1939年）三聚氰胺甲醛树脂等。

德国科学家H·Staudinger在长期实验的基础上，首先提出现代大分子学说的正确观点，并于1932年发表了第一部关于高分子有机化合物的总结性论著，这是人类进入高分子化学建立阶段的重要标志。直至40年代末，高分子化学便从最初作为有机化学中的一个分支发展成一门独立的科学。

由于高分子化学的发展极大地推动了高分子工业的突飞猛进。相继又出现了一大批更为优异的高分子材料，如（1940年）丁基橡胶、（1941年）低密度聚乙烯、（1942年）不饱和聚酯、（1943年）氟碳树脂、有机硅高聚物、聚氨酯、（1947年）环氧树脂、（1948年）ABS树脂等。

3. 现代高分子科学阶段

20世纪50年代以来，高分子发展到了一个更新阶段，在此阶段，无论从单体原料、高聚物性能、合成反应等几方面都出现了新的突破。首先，石油化学工业的兴起，给高分子材料合成提供了丰富的原料，同时为高分子工业向大型化、连续化、高效化方向发展创造了有利条件。其次，高性能（如高强度、高模数、高耐热等）的高分子材料扩大了使用范围。再者，由于发明了能够获得立构规整性高分子的配位聚合，使得合成的高聚物具有更佳的性能。并且通过高分子化学与其他学科相互渗透，逐步扩展为体系完整的一门科学——高分子科学。这是一门以合成化学、物理化学、物理学、生物学等为基础，研究高分子化合物的合成、反应、结构、性能、应用、设计和工程的一门交叉科学。

相继合成的高聚物有（1950年）聚酯纤维、（1950年）聚丙烯腈纤维、（1956年）聚甲醛、（1957年）高密度聚乙烯、等规聚丙烯、聚碳酸酯、（1959年）顺丁橡胶、顺式异戊橡胶、（1960年）乙丙橡胶、（1962年）聚酰胺树脂、（1964年）聚苯醚、（1965年）聚酰亚胺、聚砜、高抗冲聚苯乙烯、（1968年）聚苯醚砜、（1970年）聚对苯二甲酸乙二醇酯、聚乙烯-四氟乙烯、（1971年）聚苯硫、水凝胶、（1972年）丙烯腈共聚物、可塑性聚酯、（1974年）芳香族聚酰胺等。

20世纪70年代以来，开始通过分子设计可以根据需要合成具有指定结构、性能和用途的新型高分子材料——功能高分子材料。

尤其20世纪80年代以来，在欧美和日本等国兴起了以新型材料、信息技术和生物技术为主要标志的新技术革命，发展极其迅速。我国正在积极跟踪世界高新技术革命的进程，制定了"863"高新技术发展规划，其中新型材料是7个主要研究领域之一；进而在"973"计划中将功能材料作为重点研究项目。现在功能材料中的功能高分子材料具体包括离子交换树脂、高分子试剂、高分子催化剂、导电高分子材料、电活性高分子材料、光敏高分子材料、高分子功能膜材料、高分子吸附剂、吸水性高分子材料、医用高分子材料、高分子药物、高分子压电体和热电体等。

总之，20世纪高分子科学从无到有、到系统形成乃至推动高分子工业的形成与发展，速度非常之快，周期也相对较短。高分子材料已成为人类社会文明的标志之一。现在世界塑料、纤维、橡胶年产量已达1.3亿吨，在整个材料工业占有重要的地位，对提高人类生活质量、创造社会财富、促进国民经济发展和科学进步做出了巨大贡献。

二、展望21世纪的高分子科学发展

在高分子合成上，探索新的聚合反应和方法；探索和提高对高分子链结构有序合成的能力及实现特定聚集态结构的合成技术；在分子设计基础上，采用共聚方法用普通单体合成高性能的新聚合物。

在结构与性能上，继续深入研究高分子链及其聚集体的各层次结构和相态特点，研究高聚物各层次结构对高分子材料宏观性能、功能的影响原理；注意研究各种外场因素对高分子链运动、对各层次结构演变的影响及控制规律，以便更好地开发高聚物的各种潜在性能或功能；注意研究各种新型合成高分子的结构特点、分子运动特点及相态的结构演变规律；注意研究生物高分子的结构特点、高分子间或高分子内信息传递原理，以便实现仿生物功能材料的设计与合成。

在成型加工技术上，注意将结构与性能研究的新知识用于深化高聚物成型原理的研究，进而，转变为工业界可以接受的高聚物成型新技术、新方法；注意搜集高聚物流体的各种基础数据，利用计算机技术研究各种高聚物材料最佳成型过程的理论预测和工艺设计；注意提高在高聚物成型过程中对高聚物材料特定结构和相态的控制，形成技能。

高分子化学研究的新领域是精确设计、精确操作，发展和完善高分子化学和物理的结合。如高分子材料的纳米化，具体通过高分子的纳米合成（包括分子层次上的化学方法、也包括分子以上层次的物理方法）和成型加工方法来实现。功能高分子材料研究的新领域是注意研究具有光、电、磁等功能高分子材料产生各种功能的原理，注意研究生物高分子的结构与功能的关系，尤其智能高分子材料将是功能高分子的一个新生长点。对通用高分子材料和单体领域是在分子设计、结构设计的基础上，探讨、提高材料性能，扩大使用范围，并注意开发环保型高分子材料、纳米相结构材料和杂化材料；寻找潜在的廉价的单体资源，最好能模拟自然界的生物转化、光合作用合成新的单体。

小 结

高聚物的基本特点是相对分子质量大、分子链长、相对分子质量的多分散性。

常用的主要概念有单体、结构单元、重复结构单元、链节、聚合度、多分散性、相对分子质量等。

命名方法主要是通俗法。

高聚物按主链结构分为碳链高聚物、杂链高聚物、元素有机高聚物、无机高聚物4种；按用途分为塑料、纤维、橡胶、黏合剂、涂料、离子交换树脂等；按高分子链排列情况分为结晶高聚物、非晶高聚物等；按高分子链几何形状分为线型、支链型、体型等。

高聚物的形成反应分为连锁聚合、逐步聚合和高聚物转化。

聚合反应的工业实施方法要根据原料性质、产品用途、质量要求而选择。用于连锁聚合的有本体聚合、悬浮聚合、溶液聚合、乳液聚合等；用于逐步聚合的有熔融缩聚、溶液缩聚、固相缩聚、界面缩聚、乳液缩聚等。

展望21世纪高分子科学的发展，概括为三个基础科学，三个新领域。

习 题

1. 什么是高聚物？请指出你见过或用过的高聚物。
2. 请简要指出三大合成材料之间的主要差别。
3. 命名下列高聚物，并写出其单体结构、单体名称、重复结构单元和结构单元。

   (1) $\mathrm{-(CH_2-CH)_n-}$
          $\quad\quad\;\;|$
          $\quad\quad\;\mathrm{COOH}$

   (2) $\mathrm{-(CH_2-CH)_n-}$
          $\quad\quad\;\;|$
          $\quad\quad\;\mathrm{COOC_4H_9}$

   (3) $\mathrm{-(CH_2-CH)_n-}$
          $\quad\quad\;\;|$
          $\quad\quad\;\mathrm{C_6H_5}$

(4) $-\!\!\!+\!\mathrm{CH_2-CH_2-O}\!\!+\!\!_n$　　(5) $-\!\!\!+\!\mathrm{CO-(CH_2)_4-NH}\!\!+\!\!_n$　　(6) $-\!\!\!+\!\mathrm{CH_2-CH}\!\!+\!\!_n$
$\qquad\qquad\qquad\qquad\qquad\qquad\qquad\qquad\qquad\qquad\qquad\qquad\qquad\qquad\quad |$
$\qquad\qquad\qquad\qquad\qquad\qquad\qquad\qquad\qquad\qquad\qquad\qquad\qquad\qquad\mathrm{OH}$

4. 写出下列各对高聚物的聚合反应方程式，注意它们的区别。
(1) 聚丙烯酸甲酯和聚醋酸乙烯酯；
(2) 聚己二酰己二胺和聚己内酰胺；
(3) 聚丙烯腈和聚甲基丙烯腈。

5. 试写出下列单体得到线型高分子的重复结构单元的化学结构，并指出由单体形成对应高聚物的聚合反应类型。
(1) α-甲基苯乙烯；(2) 偏二氰基乙烯；(3) α-氰基丙烯酸甲酯；
(4) 双酚 A＋环氧氯丙烷；(5) 对苯二甲酸＋丁二醇；(6) 己二酸＋己二胺。

6. 写出热固性高聚物与热塑性高聚物的主要区别。

7. 确定下列高聚物的名称，并按主链结构和几何形状进行分类。

(1) $-\!\!\!+\!\mathrm{CH_2-CH_2}\!\!+\!\!_n\mathrm{CH-CH_2\sim}$
$\qquad\qquad\qquad\qquad\qquad\qquad\quad |$
$\qquad\qquad\qquad\qquad\qquad\qquad\mathrm{CH_2-CH_2\sim}$

(2) $-\!\!\!+\!\mathrm{CO-(CH_2)_8-CO-NH-(CH_2)_{10}-NH}\!\!+\!\!_n$

(3) $-\!\!\!+\!\mathrm{Si-O}\!\!+\!\!_n$ （硅上带两个 $\mathrm{CH_3}$ 取代基）

(4) （酚醛树脂网状结构图）

8. 说明熔融缩聚的工艺特点、控制因素及典型应用。
9. 举例说明固相缩聚的类型、特点和控制因素。
10. 举例说明溶液缩聚的类型、特点和控制因素。
11. 说明界面缩聚的类型、特点、控制因素和应用。
12. 举例说明固相缩聚的类型、特点和控制因素。
13. 比较用于连锁聚合反应的四种实施方法。
14. 说明本体聚合的类型、特点、控制因素和应用。
15. 说明悬浮聚合的类型、特点、控制因素和应用。
16. 说明乳液聚合的类型、特点、控制因素和应用。
17. 举例说明乳化剂的类型及选择。
18. 说明乳液聚合的机理。
19. 说明悬浮聚合的中单体液滴的分散过程与粒子形成过程。

第二章 自由基聚合反应及工业实施

学习目的与要求

通过本章的学习使学生掌握自由基聚合反应的基本概念、聚合机理、基本计算、生产工艺等,进而掌握自由基聚合反应的基本规律与应用。具体要求是:初步掌握自由基的产生与特性;掌握常用的自由基聚合反应单体的选择方法与单体聚合能力与活性的分析;掌握自由基聚合反应的机理,能正确选择引发剂;初步掌握链增长、链终止、链转移的方式及对产物性能的影响;掌握自由基聚合反应微观动力学方程的导出过程与结论;掌握宏观动力学的基本规律与应用;初步掌握动力学链长的意义与平均聚合度方程的分析与应用;掌握影响自由基聚合反应的影响因素,并能定性、定量分析相关现象,能正确选择阻聚剂;掌握 LDPE、PMMA、PVC、PS 等的生产工艺、结构、性能及用途。

第一节 自由基聚合反应的特点与分类

自由基聚合反应是连锁聚合反应中最重要、最典型的一种聚合反应。在所有聚合方法中,自由基聚合无论从理论研究上,还是从工业技术应用上都是最成熟最透彻的。经自由基聚合获得的产品产量占所有聚合物总产量的 60% 以上,占热塑性树脂的 80% 以上。它所涉及的主要产品包括低密度聚乙烯、聚氯乙烯、聚苯乙烯、聚醋酸乙烯酯、聚甲基丙烯酸甲酯及其他丙烯酸酯类、聚四氟乙烯、聚丙烯腈、丁苯橡胶、丁腈橡胶、氯丁橡胶、ABS 树脂、各种共聚物等。可以说自由基聚合是高分子科学中最基础的内容。那么,什么是自由基聚合反应呢?它有什么特点和规律?

所谓的自由基聚合反应是指单体借助于光、热、辐射、引发剂等的作用,使单体分子活化为活性自由基,再与单体分子连锁聚合形成高聚物的化学反应。

既然自由基聚合反应是典型的连锁聚合反应,它就具有连锁聚合反应的一切特征。这种聚合反应的活性种就是自由基。

一、自由基的产生与特性

自由基是带独电子的基团,它产生于共价键化合物的均裂。

$$R:R \xrightarrow{均裂} 2R \cdot$$

这种均裂的难易程度不仅取决于共价键的键能大小,还取决于外界提供的光、热、辐射等条件。键能较小的在较低温度下就可以断裂,键能较高的需要较高温度才可以断裂。常见共价键的键能如表 2-1 所示。其中带较低键能的过氧键 (O—O)、碳氮键 (C—N) 等化合物常用作引发剂。

表 2-1 常见共价键的键能

共价键	键能/(kJ/mol)	共价键	键能/(kJ/mol)
C—C	3.48	O—O	1.47
C—H	4.15	N—N	4.19
C—N	2.89	C=O	3.31
C—O	3.6		

当然，这种共价键键能的高低因分子结构不同而各有差别。同样，共价键均裂所形成的自由基也因结构不同而活性相差很大，从结构角度归纳起来影响自由基活性的因素有共轭效应、极性效应和空间位阻效应三大因素，其中共轭效应占主导地位。各种自由基的相对活性顺序如下：

$$H\cdot > \dot{C}H_3 > \dot{C}_6H_5 > R\dot{C}H_2 > R_2\dot{C}H > Cl_3\dot{C} > R_3\dot{C} > Br_3\dot{C} > RC\dot{H}COR > RC\dot{H}CN >$$

$$RC\dot{H}COOR > \dot{C}H_2{=}CHCH_2 > \dot{C}_6H_5\dot{C}H_2 > (C_6H_5)_2\dot{C}H > \dot{C}l > (C_6H_5)_3\dot{C}$$

该顺序说明：没有共轭效应的自由基活泼，有共轭效应的自由基不活泼；吸电子基团使自由基稳定，推电子基团使自由基活泼；体积较大基团妨碍了反应中心的靠近，使自由基活性降低。后五种自由基都是不活泼的，有阻聚作用。

由于自由基含有未成键的电子，所以具有很高的反应活性，可以发生如下反应。

(1) 自由基的加成反应

自由基易与含双键的烯烃单体进行加成，其产物是新自由基。这是自由基聚合反应链增长的基础。

$$R\cdot + CH_2{=}CH_2 \longrightarrow R{-}CH_2{-}\dot{C}H_2$$

(2) 自由基的夺取原子反应

有两种情况，一是夺取其他分子上的氢原子，本身失去活性，同时又产生新的自由基。这是链转移和歧化终止的基础。

$$R\cdot + R'SH \longrightarrow RH + R'S\cdot$$

另一种是自由基之间相互夺取原子，同时失去活性，形成一个饱和与一个不饱和的化合物。

$$CH_3{-}\underset{CH_3}{\overset{CH_3}{\dot{C}}}\cdot + CH_3{-}\underset{CH_3}{\overset{CH_3}{\dot{C}}}\cdot \longrightarrow CH_2{=}\underset{CH_3}{\overset{CH_3}{C}} + CH_3{-}\underset{CH_3}{\overset{CH_3}{C}}{-}C$$

(3) 自由基的偶合反应

当两个自由基相遇时发生偶合反应，活性消失，并形成稳定的共价键化合物。这是偶合终止的基础。

$$CH_3{-}\underset{CH_3}{\overset{CH_3}{\dot{C}}}\cdot + \cdot\underset{CH_3}{\overset{CH_3}{\dot{C}}}{-}CH_3 \longrightarrow CH_3{-}\underset{CH_3}{\overset{CH_3}{C}}{-}\underset{CH_3}{\overset{CH_3}{C}}{-}CH_3$$

(4) 自由基的氧化还原反应

自由基可以接受或给出电子，使其失去活性。这是氧化还原引发的基础。如：

$$Fe^{2+} + \cdot OH \longrightarrow Fe^{3+} + OH^-$$

(5) 自由基的消去反应

有些体积较大的自由基可以自行消去结构式中的一部分，变成较小的自由基。因此，又叫做自由基的破碎反应。如：

$$CH_3CO\cdot \longrightarrow \cdot CH_3 + CO$$

二、自由基聚合反应的分类

按参加自由基聚合反应单体的种类数目可以分为自由基均聚合和自由基共聚合两种。只有一种单体分子参加的自由基聚合反应称为自由基均聚合反应，如低密度聚乙烯、聚氯乙烯、聚甲基丙烯酸甲酯、聚醋酸乙烯酯等。由两种或两种以上单体分子参加的反应称为自由基共聚合反应，如丁苯橡胶、丁腈橡胶等。

下面先阐述自由基均聚合反应，再讨论自由基共聚合反应。

第二节　自由基聚合反应的原理

一、自由基聚合反应的单体

（一）聚合能力

实践证明，适用于自由基聚合反应的单体，主要是具有碳-碳双键的烯烃化合物。从单体结构上可以分为以下几种。

$R_1C=CR_2$ 型单烯类化合物　其中 R 为氢原子、烷基、卤素等。

$CH_2=CH_2$（乙烯）　$CH_2=CH-Cl$（氯乙烯）　$CH_2=C(CH_3)-CH_3$（异丁烯）

（苯乙烯）　$CH_2=CH-OCOCH_3$（醋酸乙烯酯）　$CH_2=C(CH_3)-COOCH_3$（甲基丙烯酸甲酯）

$CF_2=CF_2$（四氟乙烯）　$CH_2=C(Cl)-Cl$（偏二氯乙烯）　$CH_2=CH-CN$（丙烯腈）

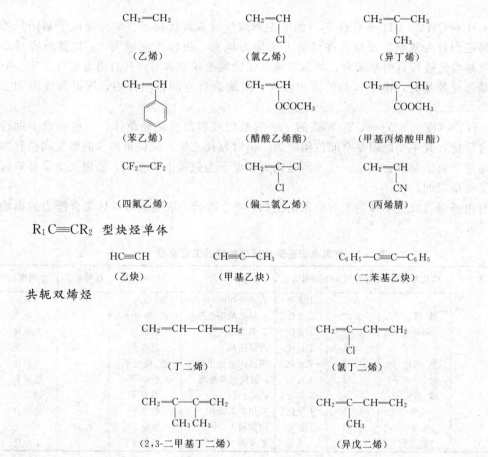

$R_1C\equiv CR_2$ 型炔烃单体

$HC\equiv CH$（乙炔）　$CH\equiv C-CH_3$（甲基乙炔）　$C_6H_5-C\equiv C-C_6H_5$（二苯基乙炔）

共轭双烯烃

$CH_2=CH-CH=CH_2$（丁二烯）　$CH_2=C(Cl)-CH=CH_2$（氯丁二烯）

$CH_2=C(CH_3)-C(CH_3)=CH_2$（2,3-二甲基丁二烯）　$CH_2=C(CH_3)-CH=CH_2$（异戊二烯）

非共轭双烯烃

$CH_2=CH-CH_2-CH=CH_2$（1,4-戊二烯）

虽然，上述具有碳-碳不饱和键的单体都能进行自由基聚合，但聚合的能力却大不相同。主要是由于单体结构中取代基的种类、性质、位置、数量、大小不同造成的结构不同所引起的。并且，烯烃的自由基聚合反应是通过双键中 π 键的断裂来完成的，而影响 π 键断裂的内因是取代基的极性效应和共轭效应，外因是活性种的性质。取代基的影响主要是改变双键上电子云密度和所形成单体自由基的稳定性。

乙烯分子无取代基，结构对称，偶极矩为零，π键难均裂，所以要进行自由基聚合反应必须在高温高压下才能实现。

当取代基为吸电子基团（—Cl、—F、—CN、—COOR等）时，因极性效应降低了双键电子云密度，π键易于均裂，容易形成单体自由基，因此氯乙烯、氟乙烯、丙烯腈、丙烯酸酯类等均容易进行自由基聚合反应。

像苯乙烯、丁二烯、异戊二烯、氯丁二烯等单体，主要由于本身的共轭效应使双键上的电子云容易流动极化，因此也容易进行自由基聚合反应。

当取代基为推电子基团（—CH₃、—OCH₃等）时，使双键电子云密度增加，π键不容易均裂，因此一般不采用自由基聚合反应，即使采用自由基聚合反应，其产物相对分子质量也很低。

具有CH_2=CHY、CH_2=CY_2形式的1,1-单取代或双取代烯烃（Y为吸电子基团）单体，都容易进行自由基聚合反应。并且吸电子能力越大，极性效应越大，π键就越容易均裂，因此就越容易进行自由基聚合，如偏二氯乙烯比氯乙烯更容易进行自由基聚合反应。但两个取代基都是苯基时，由于苯基的体积较大，对聚合有空间位阻作用，所以只能得到二聚体。

具有CHY=CY_2、CY_2=CY_2形式的1,2-三取代或四取代烯烃单体，一般都难于进行自由基聚合反应，其主要原因是空间位阻较大。但对氟代乙烯，无论氟原子的数量和位置如何，都容易进行自由基聚合反应。这主要是因为氟原子为强吸电子基团，能极大地降低双键电子云密度所造成的。

常见自由基聚合反应单体的工业应用情况如表2-2所示，取代基对单体聚合能力的影响见表2-3所示。

表2-2 常见自由基聚合反应单体的工业应用

单体	取代基性质	偶极矩 D	应用情况	单体	取代基性质	偶极矩 D	应用情况
乙烯		0.0	工业化	乙烯基咔唑	推、吸电子		工业化
苯乙烯	推、吸电子	0.37	工业化	乙烯基吡咯烷酮	推、吸电子		工业化
氯乙烯	吸电子	1.44	工业化	乙烯酯	推电子		工业化
丁二烯	吸电子	0.0	工业化	丙烯酸酯	吸电子		工业化
异戊二烯	推、吸电子	0.38	工业化	甲基丙烯酸甲酯	推、吸电子		工业化
氯丁二烯	推、吸电子	1.42	工业化	α-氯代丙烯酸酯	吸电子		能聚合
α-甲基苯乙烯	推、吸电子		能聚合	丙烯酸酐	吸电子		能聚合
偏二氯乙烯	吸电子	1.70	工业化	羟甲基乙烯酮	吸电子		能聚合
氟乙烯	吸电子	1.36	工业化	丙烯腈	吸电子	3.88	工业化
四氟乙烯	吸电子	0.0	工业化	甲叉丙二腈	吸电子		工业化

表2-3 乙烯衍生物取代基对单体聚合能力的影响

取代基	取代基半径 /nm	一取代	二取代		三取代	四取代
			1,1-位	1,2-位		
H	0.032					
F	0.064	能聚合	能聚合	能聚合	能聚合	能聚合
Cl	0.099	能聚合	能聚合	只成二聚体	只成二聚体	不能聚合
CH_3	1.009	能聚合	能聚合	不能聚合	只成二聚体	不能聚合
Br	1.014	能聚合	能聚合	不能聚合	只成二聚体	不能聚合
I	1.033	能聚合	不能聚合	不能聚合	不能聚合	不能聚合
C_6H_5	2.032	能聚合	只成二聚体	只成二聚体	不能聚合	不能聚合

(二) 单体的活性

单体的活性是不同单体相对同一种自由基相比较而言,具体通过不同单体与同一种链自由基进行链增长时的速度常数大小的比较得出。表 2-4 列出了有关的数据。

表 2-4　不同单体-自由基的链增长速率常数值（60℃）　　单位：L/(mol·s)

单体	自由基				
	苯乙烯	甲基丙烯酸甲酯	丙烯腈	丙烯酸甲酯	醋酸乙烯酯
苯乙烯	145	1550	49000	14000	230000
甲基丙烯酸甲酯	276	705	13100	4180	154000
丙烯腈	435	578	1960	2510	46000
丙烯酸甲酯	203	376	1310	2090	23000
醋酸乙烯酯	2.9	35	230	230	2300

从表 2-4 可以看出,除苯乙烯对苯乙烯自由基链增长反应以外,都是苯乙烯单体的活性最大,醋酸乙烯酯单体的活性最小。反之,不同自由基对同一单体反应的相对活性比较结果却是苯乙烯自由基活性最小,醋酸乙烯酯自由基活性最大。

常见单取代烯烃单体的活性顺序如下：

$$CH_2=CH(C_6H_5) \geqslant CH_2=CH(CH-CH_2) > CH_2=CH(COCH_3) > CH_2=CH(CN) >$$

$$CH_2=CH(COOCH_3) > CH_2=CH(Cl) > CH_2=CH(OCOCH_3) > CH_2=CH(OR)$$

单体的活性与其生成的自由基共轭效应有关,单体的活性次序实际就是其相应自由基的共轭稳定次序。

以苯乙烯为例,由于苯乙烯的双键与苯环形成共轭体系,具有较强的共轭效应,使双键上的电子云易于流动,π 键容易断裂,所以苯乙烯单体活泼。但当苯乙烯形成自由基后,由于自由基的独电子能与苯环共轭,其共轭能约为 84kJ/mol,因此,苯乙烯自由基稳定（不活泼）。

类似这种共轭效应,在丙烯酸酯类单体形成自由基时也存在,所以这类丙烯酸酯类单体自由基也较稳定。

由于醋酸乙烯酯单体分子中有推电子基团,使双键上的电子云密度增加,π 键不容易断裂,所以醋酸乙烯酯单体不活泼（稳定）。但当它形成自由基后,自由基的独电子不存在共轭效应,因此使醋酸乙烯酯单体自由基非常活泼。

综上所述,得到的规律是：凡是具有共轭效应的自由基都比较稳定,而相应的单体都比较活泼。相反,凡是没有共轭效应的自由基都比较活泼,其相应的单体都比较稳定。

自由基活性的大小决定着聚合速率的快慢。由表 2-4 可知,由于苯乙烯单体活性是醋酸乙烯酯单体活性的 50 倍左右,而醋酸乙烯酯自由基的活性却是苯乙烯单体活性的 1000 倍,所以,自由基活性大的醋酸乙烯酯均聚速率比苯乙烯均聚速率快得多 [$k_{p(醋酸乙烯酯)}$ 比 $k_{p(苯乙烯)}$ 大 16 倍左右]。

另外,从表 2-4 还可以看出,丙烯腈有反常现象,其原因可能是腈基造成的。一般认为含 N、O、S 等杂原子的取代基,其电负性大于碳原子电负性,呈现吸电子效应,因此改变了单体的极性,在它与有推电子取代基的单体作用时,容易形成过渡状态,使聚合活性增加。

除了共轭效应影响自由基活性外,极性效应、空间位阻对单体的活性也有一定影响。如甲基丙烯酸甲酯与丙烯酸甲酯相比较,前者由于在 α-碳上增加了一个具有超共轭效应的甲基，使所形成的自由基比丙烯酸甲酯的自由基稳定，同时由于甲基的空间位阻作用也降低了自由基的活性，结果使甲基丙烯酸甲酯的聚合速率比丙烯酸甲酯聚合速率慢。

总之，单体的活性顺序与自由基的活性顺序完全相反，聚合速率的快慢与自由基活性顺序一致。

二、自由基聚合反应的机理

自由基聚合反应的机理包括链引发、链增长、链终止三个基元反应，同时还可能伴有链转移反应。如果用 M 表示自由基聚合反应的单体，则自由基聚合反应机理的一般表述如下。

链引发（单体自由基的产生）：

$$M \longrightarrow M\cdot$$

链增长（聚合度的增大）：

$$M\cdot + M \longrightarrow M_2\cdot$$
$$M_2\cdot + M \longrightarrow M_3\cdot$$
$$M_3\cdot + M \longrightarrow M_4\cdot$$
$$\cdots\cdots\cdots\cdots\cdots$$
$$M_{n-1}\cdot + M \longrightarrow M_n\cdot$$

链终止（活性链的死亡）：

$$\sim M_X\cdot + \cdot M_Y \sim \longrightarrow \sim M_{X+Y} \sim$$
$$\sim M_X\cdot + \cdot M_Y \sim \longrightarrow \sim M_X + M_Y \sim$$

链转移（旧链终止，新活性链产生）：

$$\sim M\cdot + A-Z \longrightarrow \sim MA + Z\cdot$$

上述自由基聚合反应一般表述式中的 $M_2\cdot$、$M_3\cdot$、$M_4\cdot$、$M_n\cdot$ 分别为聚合度为 2、3、4、n 的链自由基；$\sim M_X\cdot$、$\sim M_Y\cdot$ 分别为聚合度为 X、Y 的链自由基；$\sim M\cdot$ 为聚合度为任意值的链自由基。

下面将对自由基聚合反应的机理进行较为详细的讨论。

（一）链引发

链引发是单体借助于光、热、辐射、引发剂等的作用，形成单体自由基活性种的反应。这里的光、热、辐射、引发剂为四种不同的引发方式，其中以引发剂引发最为普遍。

所谓引发剂是指容易分解产生自由基，并能引发单体使之聚合的物质。它的作用与常见的催化剂类似，但因它在聚合过程中不断消耗，分解后的残基连接在大分子链末端，不能分离出来，所以不叫作催化剂，而叫作引发剂。

1. 引发剂的引发机理

引发剂的引发机理一般分为两步完成。第一步是引发剂分子 I 均裂，产生两个初级自由基 R·。如过氧化二苯甲酰的分解反应：

$$\text{Ph-CO-O-O-CO-Ph} \longrightarrow 2\,\text{Ph-CO-O}\cdot$$

以通式表示：

$$I \xrightarrow{k_d} 2R\cdot$$

k_d——引发剂分解速率常数。

第二步是初级自由基和单体 M 进行加成，形成单体自由基 M·。如：

$$\text{Ph-CO-O}\cdot + CH_2=CH(\text{Ph}) \longrightarrow \text{Ph-CO-O-}CH_2-\overset{\cdot}{CH}(\text{Ph})$$

或

$$R\cdot + M \xrightarrow{k_i} RM\cdot$$

k_i——引发速率常数。

上述两步是截然不同的反应。第一步分解反应是吸热反应，吸收的热量相当于均裂时的键能，反应活化能高，约为 125kJ/mol，k_d 为 $10^{-5}\sim 10^{-6}\,s^{-1}$ 数量级，反应速率小，是最慢的一步。第二步是打开 π 键、重新杂化、生成 σ 键的过程，属于放热反应，反应活化能低，为 21～34 kJ/mol，反应速率大。相比较而言，第一步反应是自由基聚合反应的控制步骤。

2. 引发剂的类型与分解反应

常见的引发剂有四种类型：偶氮类、有机过氧化物、无机过氧化物、氧化-还原引发体系。

(1) 偶氮类引发剂

偶氮类引发剂的结构有对称型和不对称型两种：

$$R_1-\underset{\underset{X}{|}}{\overset{\overset{R_2}{|}}{C}}-N=N-\underset{\underset{X}{|}}{\overset{\overset{R_2}{|}}{C}}-R_1 \qquad R-\underset{\underset{R}{|}}{\overset{\overset{R}{|}}{C}}-N=N-\underset{\underset{X}{|}}{\overset{\overset{R}{|}}{C}}-R_2$$

（对称）　　　　　　　（不对称）

其中 X 为吸电子基团，最常见的是腈基。R、R_1、R_2 为烷基。偶氮类引发剂属于油溶性引发剂，但结构不同溶解性不一样，对称型的偶氮类引发剂为固体，在有机溶剂中溶解度较小；不对称型的偶氮类引发剂为液体或低熔点固体，在有机溶剂中的溶解度较大。

偶氮类引发剂的特点是：分解属于一级反应，并且分解均匀，无诱导分解，性质稳定，容易贮存。但分解速率较慢，属于中、低活性引发剂。同时因为分解时能定量放出氮气，所以在动力学研究和生产中广泛使用。常用的偶氮类引发剂如表 2-5 所示。

表 2-5　常用的偶氮类引发剂

符号	结构式与分解反应	$t_{1/2}=10h$ 的分解温度/℃
ABVN	$(CH_3)_2CHCH_2-\underset{CN}{\overset{CH_3}{\underset{|}{\overset{|}{C}}}}-N=N-\underset{CN}{\overset{CH_3}{\underset{|}{\overset{|}{C}}}}-CH_2CH(CH_3)_2 \longrightarrow 2(CH_3)_2CHCH_2-\underset{CN}{\overset{CH_3}{\underset{|}{\overset{|}{C}}}}\cdot + N_2\uparrow$（偶氮二异庚腈）	52
AIBN	$CH_3-\underset{CN}{\overset{CH_3}{\underset{|}{\overset{|}{C}}}}-N=N-\underset{CN}{\overset{CH_3}{\underset{|}{\overset{|}{C}}}}-CH_3 \longrightarrow 2CH_3-\underset{CN}{\overset{CH_3}{\underset{|}{\overset{|}{C}}}}\cdot + N_2\uparrow$（偶氮二异丁腈）	64
	$t\text{-}C_4H_9-N=N-\underset{CN}{\overset{CH_3}{\underset{|}{\overset{|}{C}}}}-CH_2-\underset{CH_3}{\overset{CH_3}{\underset{|}{\overset{|}{C}}}}-OCH_3 \longrightarrow t\text{-}C_4H_9\cdot + \underset{CN}{\overset{CH_3}{\underset{|}{\overset{|}{C}}}}-CH_2-\underset{CH_3}{\overset{CH_3}{\underset{|}{\overset{|}{C}}}}-OCH_3 + N_2\uparrow$	55
	$t\text{-}C_4H_9-N=N-\underset{CN}{\overset{CH_3}{\underset{|}{\overset{|}{C}}}}-CH_2CH(CH_3)_2 \longrightarrow t\text{-}C_4H_9\cdot + \underset{CN}{\overset{CH_3}{\underset{|}{\overset{|}{C}}}}-CH_2CH(CH_3)_2 + N_2\uparrow$	70
	$t\text{-}C_4H_9-N=N-\underset{CN}{\overset{CH_3}{\underset{|}{\overset{|}{C}}}}-CH_3 \longrightarrow t\text{-}C_4H_9\cdot + \underset{CN}{\overset{CH_3}{\underset{|}{\overset{|}{C}}}}-CH_3 + N_2\uparrow$	79

当在对称型偶氮类引发剂分子结构中引入—COOH、—OH 等基团，不但可以用于乳液聚合，还可以在大分子链端引入活性基团，成为遥爪高聚物。如 4,4'-偶氮-双（4-氰基戊酸）：

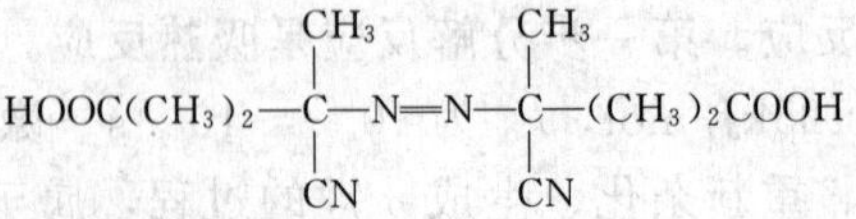

$$HOOC(CH_3)_2\underset{CN}{\overset{CH_3}{C}}-N=N-\underset{CN}{\overset{CH_3}{C}}(CH_3)_2COOH$$

（2）有机过氧化物

有机过氧化物可以用下面通式表示：

$$R-O-O-R'$$

式中的 R、R'可以是 H、烷基、酰基、碳酸酯等，两者可以相同，也可以不同。有机过氧化物属于油溶性引发剂，热分解时均为 —O⋮O— 断裂，产生相应的初级自由基。其种类很多，但其分解温度、活化能、分解速率等都随过氧化物中 R 和 R'的结构不同而异，从分解活化能的角度看，大致的规律是烷基＞酰基＞碳酸酯基。有机过氧化物不但可以用于自由基聚合，也可以用于不饱和树脂的固化。但在自由基聚合反应中经常有诱导分解发生，使引发效率降低。常用的有机过氧化物引发剂如表 2-6 所示。

表 2-6 常用的有机过氧化物引发剂

符号	结构式与分解反应	$t_{1/2}=10h$ 的分解温度/℃
BPO	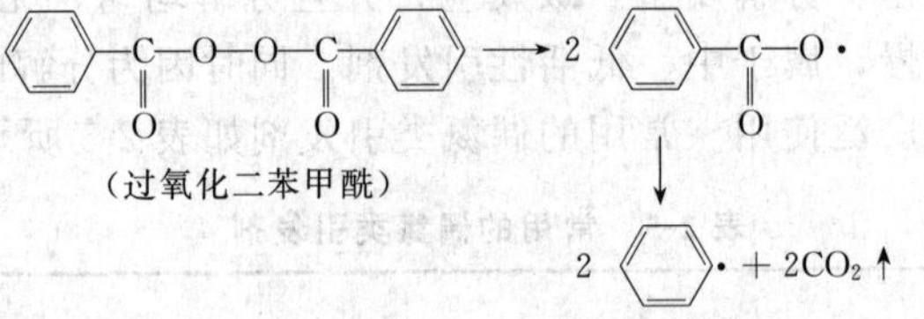 （过氧化二苯甲酰） Ph-C(O)-O-O-C(O)-Ph → 2 Ph-C(O)-O· → 2 Ph· + 2CO$_2$↑	73
MBPO	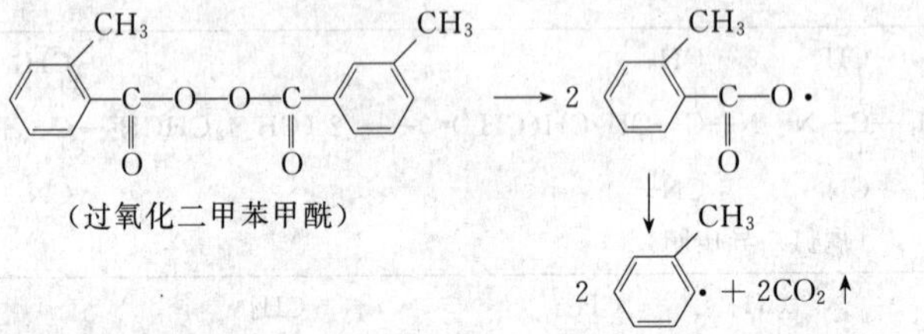 （过氧化二甲苯甲酰） CH$_3$C$_6$H$_4$-C(O)-O-O-C(O)-C$_6$H$_4$CH$_3$ → 2 CH$_3$C$_6$H$_4$-C(O)-O· → 2 CH$_3$C$_6$H$_4$· + 2CO$_2$↑	65
LPO	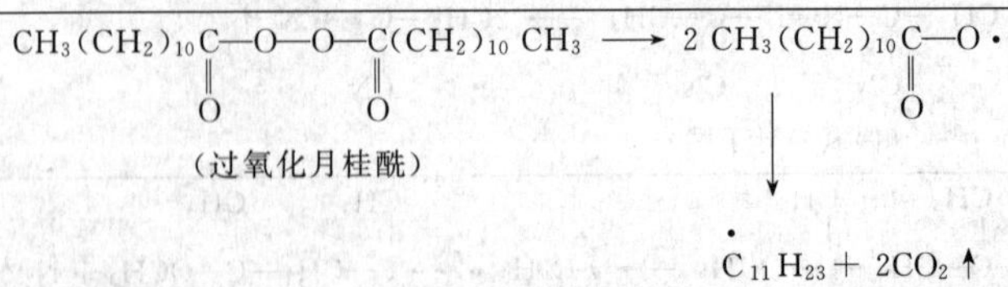 （过氧化月桂酰） $CH_3(CH_2)_{10}C(O)-O-O-C(O)(CH_2)_{10}CH_3$ → $2\ CH_3(CH_2)_{10}C(O)-O·$ → $C_{11}H_{23}· + 2CO_2↑$	69
BPP	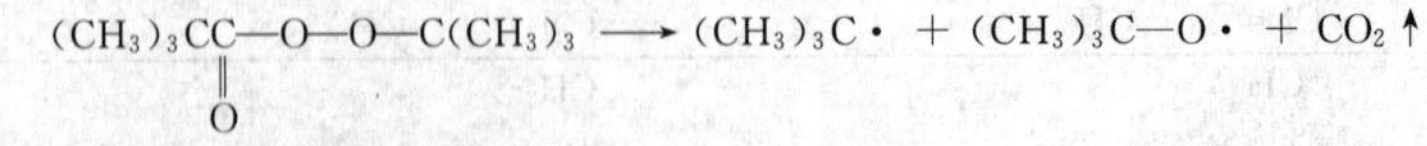 （过氧化特戊酸特丁酯） $(CH_3)_3CC(O)-O-O-C(CH_3)_3$ → $(CH_3)_3C· + (CH_3)_3C-O· + CO_2↑$	55
IPP	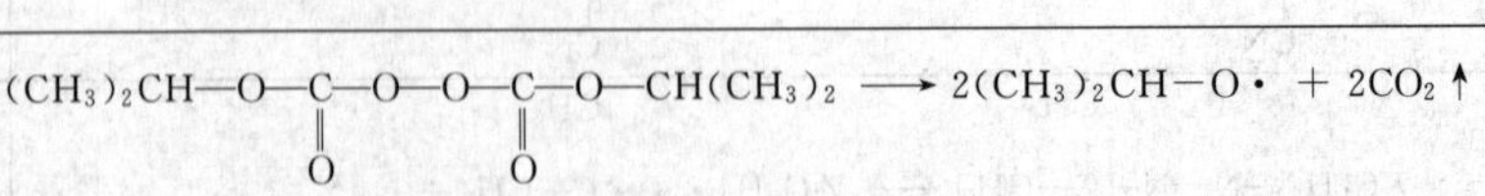 （过氧化二碳酸二异丙酯） $(CH_3)_2CH-O-C(O)-O-O-C(O)-O-CH(CH_3)_2$ → $2(CH_3)_2CH-O· + 2CO_2↑$	45

符号	结构式与分解反应	$t_{1/2}=10h$ 的分解温度/℃
DCPD	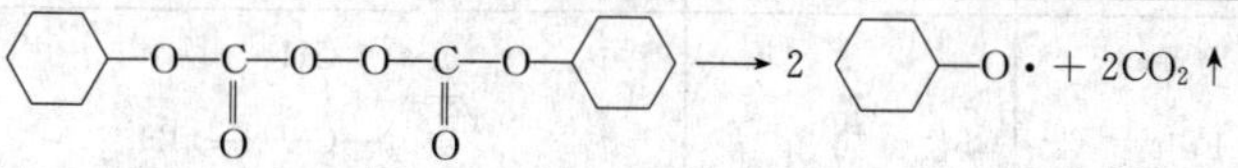 ⬡—O—C(=O)—O—O—C(=O)—O—⬡ ⟶ 2 ⬡—O· + 2CO₂↑ （过氧化二碳酸二环己酯）	44
TBCP	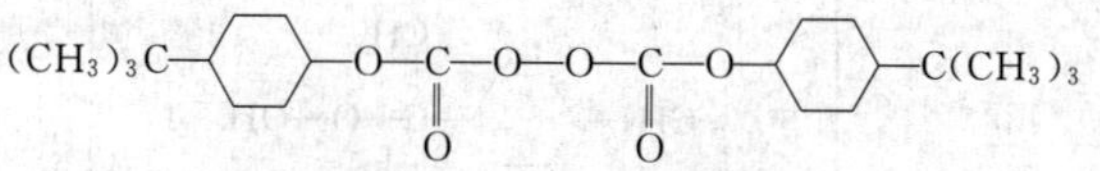 (CH₃)₃C—⬡—O—C(=O)—O—O—C(=O)—O—⬡—C(CH₃)₃ （过氧化二碳酸二对特丁基环己酯） 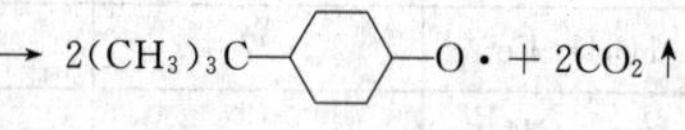 ⟶ 2(CH₃)₃C—⬡—O· + 2CO₂↑	43
ACSP	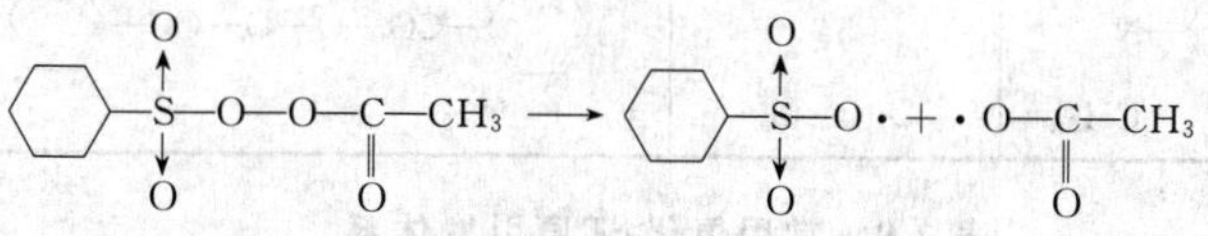 ⬡—S(=O)(=O)—O—O—C(=O)—CH₃ ⟶ ⬡—S(=O)(=O)—O· + ·O—C(=O)—CH₃ （过氧化乙酰基环己烷磺酰）	31
	(CH₃)₃C—O—OH ⟶ (CH₃)₃C—O· + HO· （特丁基过氧化氢）	29h(160℃)
CHP	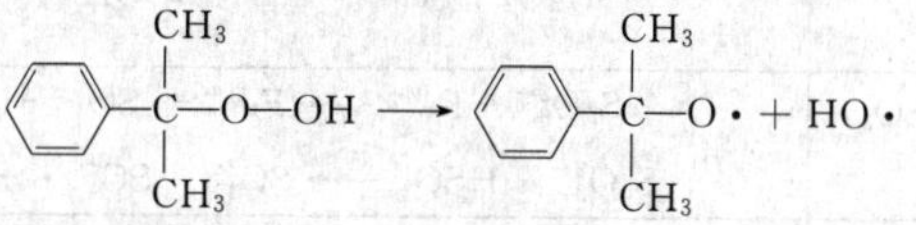 C₆H₅—C(CH₃)₂—O—OH ⟶ C₆H₅—C(CH₃)₂—O· + HO· （异丙苯过氧化氢）	29h(145℃)

(3) 无机过氧化物

最简单的无机过氧化物是过氧化氢：

$$HO-OH \longrightarrow 2HO·$$

其分解活化能较高，约 220kJ/mol，需要较高分解温度。一般不单独使用。

常用的无机过氧化物是 $K_2S_2O_8$ 和 $(NH_4)_2S_2O_8$。无机过氧化物是水溶性引发剂，主要用于乳液聚合和水溶液聚合。其中 $K_2S_2O_8$ 的分解反应如下：

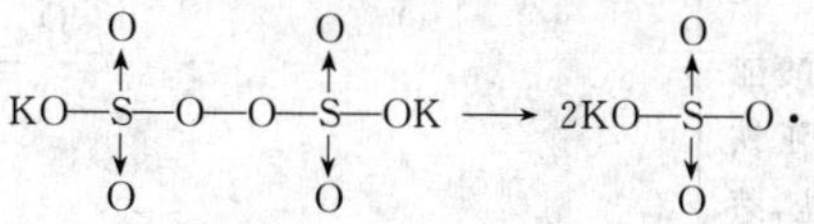

$$KO-S(=O)_2-O-O-S(=O)_2-OK \longrightarrow 2KO-S(=O)_2-O·$$

这种引发剂的分解速度受体系 pH 和温度的影响较大。

(4) 氧化-还原引发体系

氧化-还原引发体系由过氧类引发剂和少量还原剂组成，它是通过电子转移反应生成中间产物自由基而引发聚合。氧化-还原引发体系的特点是活化能低，引发剂分解速率和聚合速率较高，缩短诱导期，短时间内就能得到高转化率和相对分子质量较高的产物。采用氧化-还原引发体系可实现在室温或更低温度下进行自由基聚合反应。

根据组成氧化-还原引发体系的氧化剂和还原剂的性质，可以是油溶性的，也可以是水溶性的。部分氧化-还原引发体系的活化能与过氧化物分解活化能如表 2-7 所示。常用氧化-还原引发体系如表 2-8 所示。

表 2-7　部分氧化-还原引发体系活化能与过氧化物分解活化能(E_d)

氧化-还原引发体系	E_d/(kJ/mol)	过氧化物	E_d/(kJ/mol)
$H_2O_2 + Fe^{2+}$	40	H_2O_2	218
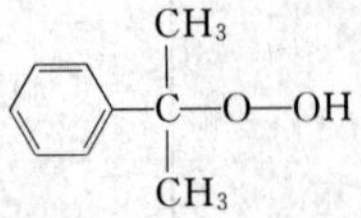 异丙苯过氧化氢 + Fe^{2+}	50	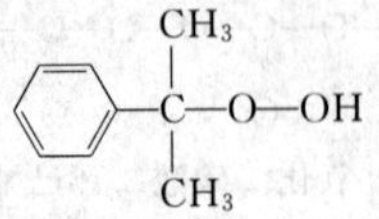 异丙苯过氧化氢	120
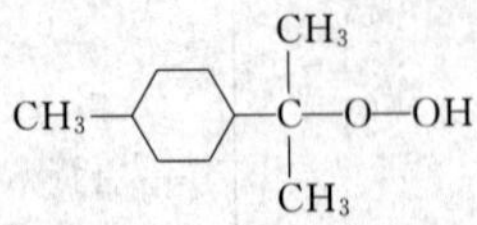 对甲基异丙苯过氧化氢 + Fe^{2+}	46	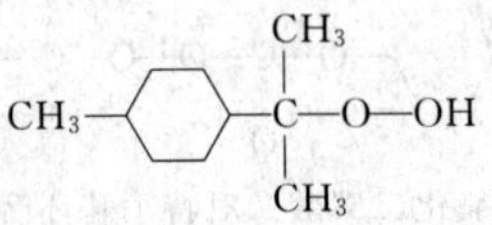 对甲基异丙苯过氧化氢	147
$C_{11}H_{28}CO-O-O-COC_{11}H_{28} + Fe^{2+}$	27	$C_{11}H_{28}CO-O-O-COC_{11}H_{28}$	127
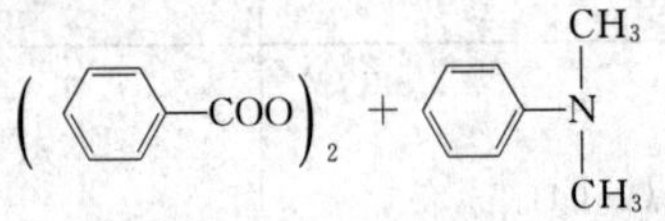 $(C_6H_5COO)_2$ + N,N-二甲基苯胺	54	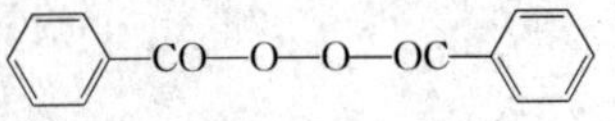 $(C_6H_5CO-O-O-OCC_6H_5)$	125

表 2-8　常用氧化-还原引发体系

性质	氧化剂	还原剂	电子转移反应示例	使用温度/℃
水溶性	过氧化氢	Fe^{2+}, $NaHSO_3$, Na_2SO_3	$H_2O_2 + Fe^{2+} \longrightarrow Fe^{3+} + OH^- + HO\cdot$	-10~20
水溶性	过硫酸钾 过硫酸铵	Fe^{2+}, $NaHSO_3$, 硫醇	$S_2O_8^{2-} + Fe^{2+} \longrightarrow Fe^{3+} + SO_4^{2-} + SO_4^-\cdot$ $S_2O_8^{2-} + HSO_3^- \longrightarrow SO_4^{2-} + SO_4^-\cdot + HSO_3\cdot$	
水溶性	氢过氧化物	Fe^{2+}, EDTA 钠盐, 雕白粉(SFS)	$R-O-O-H + Fe^{2+} \longrightarrow Fe^{3+} + OH^- + RO\cdot$	
水溶性	氯酸钠	亚硫酸	$ClO_3^- + H_2SO_3 \longrightarrow OClO^- + HSO_3\cdot + HO\cdot$	
油溶性	氢过氧化物、过氧化二烷基、过氧化二酰基	叔胺,脂肪酸亚铁盐,环烷酸亚铁盐,有机亚铁盐,萘酸亚铜	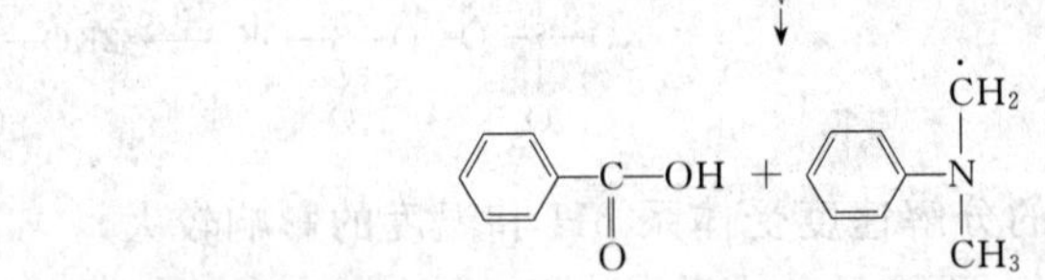 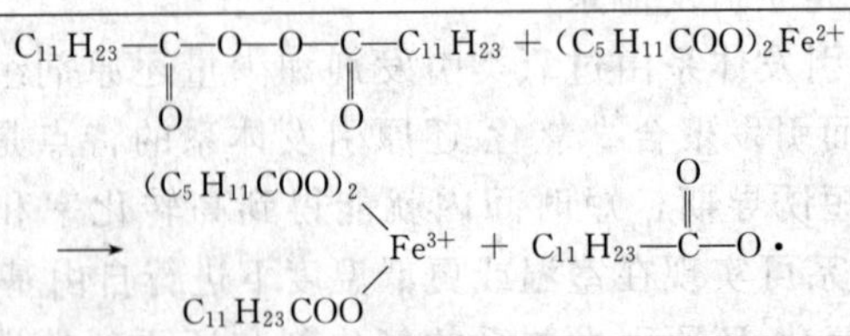 苯甲酰过氧化物 + N,N-二甲基苯胺 的电子转移反应; $C_{11}H_{23}-COOC-C_{11}H_{23} + (C_5H_{11}COO)_2Fe^{2+}$ $\longrightarrow (C_5H_{11}COO)_2Fe^{3+} + C_{11}H_{23}COO^- + C_{11}H_{23}COO\cdot$	-20~20

3. 引发剂分解动力学

由上述内容可知,多数情况下,引发剂的分解反应为一级反应。即引发剂分解速率 R_d

与引发剂浓度 [I] 的一次方成正比，其表达式为：

$$R_d \equiv -\frac{d[I]}{dt} = k_d[I] \tag{2-1}$$

式中，k_d 为引发剂分解速率常数，单位是 s^{-1}。其物理意义是单位引发剂浓度时的分解速率。常见引发剂的 k_d 为 $10^{-4} \sim 10^{-6}$ s^{-1}。

如果取起始时刻 ($t=0$) 引发剂浓度为 $[I]_0$，分解至 t 时刻时的引发剂浓度为 $[I]$。则对式(2-1)积分得：

$$\ln\frac{[I]}{[I]_0} = -k_d t \tag{2-2}$$

或

$$\frac{[I]}{[I]_0} = e^{-k_d t} \tag{2-3}$$

式中，$[I]/[I]_0$ 表示时间为 t 时尚未分解的引发剂残留分率。如果将引发剂分解至起始浓度一半时的时间定义为引发剂分解半衰期 $t_{1/2}$，则 $t_{1/2}$ 与 k_d 的关系如下：

$$t_{1/2} = \frac{\ln 2}{k_d} = \frac{0.693}{k_d} \tag{2-4}$$

k_d 与温度的关系可以 Arrhenius 描述。

$$k_d = A_d e^{-E_d/RT} \tag{2-5}$$

式中　A_d——引发剂分解的频率因子；
　　　E_d——引发剂分解活化能；
　　　R——气体常数；
　　　T——热力学温度。

至此，引发剂的活性可以用 k_d、E_d 和 $t_{1/2}$ 进行表述。引发剂活性大，则 k_d 大，E_d 和 $t_{1/2}$ 小。工业上根据 $t_{1/2}$ 和 E_d 将引发剂分为高活性、中活性和低活性三种类型，如表 2-9 所示。常见引发剂的分解速率常数、半衰期和活化能如表 2-10 所示。

表 2-9　工业上引发剂的分类

引发剂类型		$t_{1/2}$/h	E_d/(kJ/mol)	使用温度范围/℃
低活性引发剂	高温引发剂	$t_{1/2}>6$	>138	>100
中活性引发剂	中温引发剂	$1<t_{1/2}<6$	109~138	30~100
高活性引发剂	低温引发剂	$t_{1/2}<1$	63~109	-10~30
	超低温引发剂		<63	<-10

表 2-10　常见引发剂的分解速率常数、半衰期和活化能

引发剂	溶剂	T/℃	k_d/s^{-1}	$t_{1/2}$/h	E_d/(kJ/mol)
偶氮二异丁腈	苯	50	2.09×10^{-6}	92.3	128
	苯	60	8.45×10^{-6}	22.8	
	苯	70	3.17×10^{-5}	6.1	
	苯乙烯	70	4.72×10^{-5}	4.1	
	MMA	70	3.1×10^{-5}	6.21	
偶氮二异庚腈	甲苯	69.8	1.98×10^{-4}	0.97	121
	甲苯	80.2	7.1×10^{-4}	0.27	
过氧化二苯甲酰	苯	60	2.0×10^{-6}	96.3	125
	苯	70	1.38×10^{-5}	13.9	
	苯	80	2.5×10^{-5}	7.7	
	苯	100	5×10^{-4}	0.4	
	苯乙烯	61	2.85×10^{-6}	74.6	
	苯乙烯	100	4.58×10^{-4}	0.42	

引发剂	溶剂	$T/℃$	k_d/s^{-1}	$t_{1/2}/h$	$E_d/(kJ/mol)$
过氧化月桂酰	苯	50	$2.19×10^{-6}$	87.9	127
	苯	60	$1.51×10^{-5}$	12.7	
	苯	70	$5.58×10^{-5}$	3.45	
	苯乙烯	61	$1.42×10^{-6}$	13.6	
	苯乙烯	100	$2.39×10^{-3}$	0.08	
过氧化二碳酸二异丙酯	苯	54	$5.0×10^{-5}$	3.85	118
	甲苯	50	$3.03×10^{-5}$	6.35	
过氧化二碳酸二环己酯	苯	50	$5.4×10^{-5}$	3.56	
过氧化特戊酸特丁酯	苯	50	$9.77×10^{-6}$	19.7	120
	苯	70	$1.24×10^{-4}$	1.55	
异丙苯过氧化氢	甲苯	130	$9.6×10^{-6}$	20	
	甲苯	110	$1.93×10^{-6}$	100	
过氧化二丙苯	苯	115	$1.56×10^{-5}$	12.3	170
	苯	130	$1.05×10^{-4}$	1.83	
过硫酸钾	0.1molKOH	50	$9.5×10^{-7}$		140

由上表可以看出，随着温度的升高，k_d 增大，$t_{1/2}$ 减小。

4. 引发效率与引发速率

(1) 引发速率

由引发剂引发过程可知，第一步是引发剂分解产生初级自由基，第二步是初级自由基与单体作用形成单体自由基，第二步快第一步慢，第一步是控制步骤。实践证明，由于某些原因，造成引发剂分解产生的初级自由基并不能全部与单体作用形成单体自由基。由此引出引发效率概念——初级自由基用于形成单体自由基的百分数或分率一般用 f 表示。则引发剂引发速率 R_i 的表达式为：

$$R_i \equiv \frac{d[\dot{M}]}{dt} = k_i[I] = 2fR_d[I] \tag{2-6}$$

式中 $[\dot{M}]$——单体自由基的浓度。

式(2-6)中的数字 2 表示一个引发剂分子分解产生两个初级自由基。对于氧化-还原引发体系只产生一个初级自由基的情况，其引发速率表达式为：

$$R_i = fR_d = fk_d[氧化剂][还原剂] \tag{2-7}$$

一般 f 在 0.5~0.8 之间，与引发剂种类、反应条件和单体活性有关。造成引发效率降低的原因主要有笼蔽效应和诱导分解。

(2) 笼蔽效应

笼蔽效应是指引发剂分子分解产生的两个初级自由基，开始时受到周围分子（如溶剂分子）的包围，像处在"笼子"之中一样，使得两个初级自由基难于向外扩散与单体碰撞反应，并且两个初级自由基在"笼子"中有可能发生其他反应而消失的现象。如偶氮二异丁腈与过氧化二乙酰分解之后，两个初级自由基在"笼子"中可以发生的反应如图 2-1 所示。

(3) 诱导分解

诱导分解是指在自由基聚合反应过程中，链自由基向引发剂分子发生的转移反应。反应的结果使链自由基终止，同时造成引发剂分子分解只产生一个初级自由基。这种反应主要发生在过氧化物引发剂场合，偶氮类引发无此种反应，这也是在相同条件下过氧化物引发效率

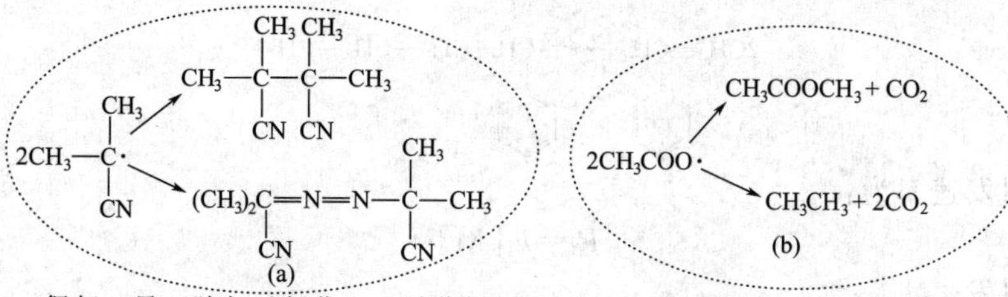

图 2-1 偶氮二异丁腈与过氧化二乙酰分解后，两个初级自由基在"笼子"中发生的反应

(a) 偶氮二异丁腈；(b) 过氧化二乙酰； 为溶剂分子形成的"笼子"

比偶氮类引发效率低的原因。其反应形式如下：

$$\sim M\cdot + R-O-O-R \longrightarrow \sim MOR + RO\cdot$$

同时，过氧化物还有可能发生自由基的消除反应，造成如图 2-1 中的 (b) 所示的结果。

除了笼蔽效应和诱导分解造成引发效率降低外，还有其他因素如单体的活性与浓度、溶剂的种类、反应介质的黏度等也影响引发效率。一般单体活性大，引发效率高。溶液聚合时单体浓度低时比浓度高时"笼蔽效应"严重。溶液聚合比本体聚合、悬浮聚合时的引发效率低。体系黏度高时，"笼蔽效应"明显，初级自由基扩散困难，使引发效率降低。

5. 引发剂的选择

首先根据聚合实施的方法，从溶解度的角度确定引发剂的类型。如本体聚合、油相单体悬浮聚合、有机溶液聚合等选择偶氮类和有机过氧化物类引发剂，乳液聚合和水溶液聚合选择过硫酸盐类引发剂，也可以选择氧化-还原引发体系。

其次，是根据聚合温度选择半衰适当的引发剂，使聚合时间适中，这是最主要的。至于适宜的使用温度可以参照表 2-9。

根据聚合釜的传热能力，在保证温度控制和避免爆聚的前提下，尽量选择高活性引发剂，以提高聚合速率，缩短聚合时间，也可以减少引发剂用量。如果引发剂活性过低，则分解速率过低，使聚合时间延长或需要提高聚合温度。相反，引发剂活性过高，分解半衰期过短，虽然可以提高聚合速率，但由于反应放热集中，温度不易控制，容易引起爆聚；同时，还会因引发剂过早分解完毕，造成低转化率阶段聚合反应停止。

从操作控制的角度看，保持恒速反应最容易控制，针对实际聚合反应初期慢、中期快、后期又转慢的特点，最好选择高活性与低活性复合型引发体系，通过前高活性引发剂的快速分解以保证前期聚合速率加快，后期维持一定速率。

选择时还要考虑，引发剂不能与体系其他成分发生反应。如过氧化物在醇、醚、胺等溶液中迅速分解，易发生爆炸，故在这些溶剂中不易选择过氧化引发剂。

在进行动力学研究时，多选择偶氮类引发剂，以防止发生诱导分解反应。

虽然引发剂只影响链引发，与其链增长、链终止和生成聚合物的结构无关（它的残基只连接在大分子链端基），但在考虑毒性和大分子链端活性时要引起注意。

最后，要考虑贮运安全、原料来源、合成难易和价格。

有关引发剂的用量问题，除聚氯乙烯基本上已有可参照规律 [(1 ± 0.1) mol/t PVC] 外，其他要通过实验进行确定。

6. 其他引发方式

其他引发方式包括热引发、光引发、辐射引发等。

(1) 热引发

采用热引发方式，已经工业化的主要是苯乙烯。但引发机理至今仍有争议，其中包括双分子热引发、三分子热引发和四分子热引发。如果按双分子热引发机理处理，则引发反

应为:

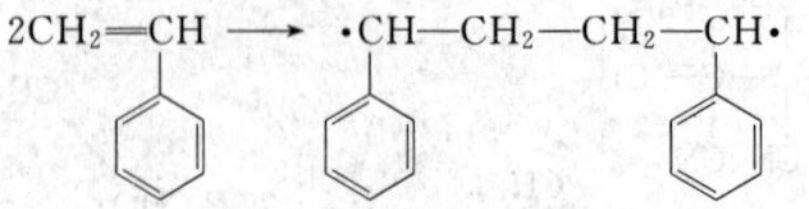

$$2CH_2=CH-\underset{}{} \longrightarrow \cdot CH-CH_2-CH_2-CH\cdot$$
（苯基）（苯基）（苯基）

此时，引发速率为：

$$R_i = k_i [M]^2 \tag{2-8}$$

（2）光引发

光引发分直接光引发、引发剂光分解引发和光敏剂间接光引发三种形式。

① 直接光引发　直接光引发是单体分子直接吸收光子产生自由基的引发。常见的单体中（表 2-11），除偏二乙烯外多数单体是在紫外光照射下进行引发的。

表 2-11　常见单体的吸收波长

单体	波长/nm	单体	波长/nm
丁二烯	253.7	醋酸乙烯酯	300
氯丁二烯	252	苯乙烯	250
氯乙烯	280	甲基丙烯酸甲酯	220
偏二氯乙烯	450	丙烯酸甲酯	200～230
溴乙烯	280	丙烯酸	253.7

光引发时是单体吸收一定波长的光量子后，形成激发态单体 M^*，由激发态单体再分解成两个自由基。

$$M + h\nu \longrightarrow M^*$$
$$M^* \longrightarrow R\cdot + \cdot R'$$

其光引发速率为：

$$R_i = 2\phi \varepsilon I_0 [M] \tag{2-9}$$

式中　ϕ——光引发效率，又叫自由基的量子产率；
　　　ε——单体的摩尔消光系数；
　　　I_0——入射光强度。

比较容易直接光聚合的单体有丙烯酰胺、丙烯腈、丙烯酸、丙烯酸酯等。

② 引发剂光分解引发　部分以热分解产生自由基的引发剂（过氧化二苯甲酰、过氧化氢、偶氮二异丁腈等）和羰基化合物（二苯甲酮、联苯甲酰、蒽醌等），可以采用光分解，如：

$$R-\underset{\underset{O}{\|}}{C}-R' \xrightarrow{h\nu} R-\underset{\underset{O}{\|}}{C}\cdot + \cdot R'$$

其引发速率为：

$$R_i = 2\phi \varepsilon I_0 [I] \tag{2-10}$$

式中　[I]——引发浓度。

③ 光敏剂间接光引发　光敏剂间接光引发是由光敏剂吸收光后再把能量传递给单体或引发剂完成的引发反应。其形式为：

$$Z + h\nu \longrightarrow (Z)^*$$
$$(Z)^* + C \longrightarrow Z + (C)^*$$
$$(C)^* \longrightarrow R\cdot + \cdot R'$$

（3）辐射引发

辐射引发是单体在高能射线辐射下完成的引发，但反应比较复杂，单体受辐射后不但可以形成自由基，还可以形成阳离子、阴离子等。但烯烃单体的辐射引发后一般是自由基聚合。

除了上述几种引发形式外，还有属于电子转移引发的电解引发和碱金属电子转移引发等。

（二）链增长

在链引发阶段形成的单体自由基，一般具有很高的活性，如无阻聚杂质与之作用，就能打开第二个单体分子的π键，进行重新杂化结合，形成新的自由基。新的自由基与原自由基的结构相似，活性也基本相同，可以继续与其他单体分子结合形成长链自由基（高分子活性链），这一过程就是链增长反应。实际上链增长反应就是利用自由基与烯烃的加成不断地使聚合度增大的过程。如偶氮二异丁腈引发氯乙烯形成的初级自由基与氯乙烯单体进行自由基聚合反应：

$$(CH_3)_2\overset{\cdot}{C}-CH_2-\overset{\cdot}{C}H + CH_2=CH \longrightarrow (CH_3)_2C-CH_2-CH-CH_2-\overset{\cdot}{C}H$$
$$\quad\quad\quad\quad CN \quad\quad Cl \quad\quad Cl \quad\quad\quad\quad\quad CN \quad\quad Cl \quad\quad Cl$$

$$+ CH_2=CH \longrightarrow (CH_3)_2C-CH_2-CH-CH_2-CH-CH_2-\overset{\cdot}{C}H \to \cdots\cdots$$
$$\quad\quad Cl \quad\quad\quad\quad\quad\quad CN \quad\quad Cl \quad\quad Cl \quad\quad Cl$$

从书写方便的角度可以写成：

$$\sim CH_2-\overset{\cdot}{C}H + CH_2=CH \longrightarrow \sim CH_2-CH-CH_2-\overset{\cdot}{C}H$$
$$\quad\quad\quad\quad Cl \quad\quad\quad Cl \quad\quad\quad\quad\quad Cl \quad\quad\quad Cl$$

1. 链增长反应的特点

活化能低（16～41kJ/mol），增长速率极快。产物的聚合度在 0.01～几秒钟之内就可以达到成千上万，这样高的速度难以控制。温度对增长速度影响较小。

放热反应。大部分烯烃单体的聚合热在 56～96 kJ/mol 之间。因此必须考虑体系的传热问题。

自由基聚合的增长反应一般只与单体的本性有关，与引发剂的种类和介质性质基本无关。

链增长过程中存在链转移反应的竞争。

2. 链增长的形式与序列结构

所谓序列结构是指形成的大分子中各链节的连接顺序。对于 α-烯烃单体聚合时所形成的大分子链而言，主要存在三种链节连接形式。

$$\text{头-尾连接} \quad \sim CH_2-\underset{X}{CH}-CH_2-\underset{X}{CH}\sim$$

$$\text{头-头连接} \quad \sim CH_2-\underset{X}{CH}-\underset{X}{CH}-CH_2\sim$$

$$\text{尾-尾连接} \quad \sim \underset{X}{CH}-CH_2-CH_2-\underset{X}{CH}\sim$$

链节的连接顺序是由增长前自由基进攻单体的部位、增长后自由基的稳定性和取代基之间的位阻效应等决定的。

以 $CH_2=CH-X$ 单体（X为吸电子基团）为例，从单体结构上看，由于X取代基的吸电子作用，使碳-碳双键的电子云密度降低，并由于 $\overset{\delta+}{CH_2}\!\!=\!\!\overset{\delta-}{CH}\!\!-\!\!X$，使 CH_2 上的电子云密度较低，同时，CH_2 上又无取代基阻碍，因此增长前自由基进攻该碳原子并结合在极性上是合适的。另外，增长后形成的自由基能与—X 形成共轭，使自由基独电子得以分散而稳定，能量较低，所以增长前自由基进攻单体时优先选择这个方向。即取代基的极性效应有利于头-尾连接。

从取代基空间位阻的角度看，头-尾连接时取代基空间位阻比较小，尾-尾连接时取代基空间位阻更小。但由于自由基在尾部出现时不稳定，同时，有一个尾-尾连接就必有一个头-头连接，而头-头连接时取代基的空间位阻最大。即取代基的位阻效应对头-尾连接也比较有利。

综合极性效应和位阻效应的结果是自由基聚合反应中的链增长以头-尾连接为主。

$$\underset{Cl}{\sim CH_2-\overset{\text{尾}\ \text{头}}{CH}} + \underset{Cl}{\overset{\text{尾}\ \text{头}}{CH_2=CH}} \longrightarrow \underset{Cl}{\sim CH_2-\overset{\text{尾}\ \text{头}}{CH}-CH_2-\overset{\text{尾}\ \text{头}}{CH}}_{Cl}$$

随着温度的提高，头-头连接的比例有所增加，但幅度不大。如聚合温度从 30℃ 增加 90℃ 时，聚醋酸乙烯酯大分子链中头-头序列的含量只从 1.30% 增至 1.98%。

（三）链终止

链终止是利用自由基的偶合反应与歧化反应特性进行的自由基消失反应，形成无活性稳定大分子的过程。即链终止有偶合终止和歧化终止两种方式（简称双基终止）。

$$\sim CH_2-\underset{Cl}{CH}\cdot + \cdot \underset{Cl}{CH}-CH_2\sim \begin{array}{c}\text{偶合}\\ \longrightarrow \\ \text{歧化}\end{array} \begin{array}{l}\sim CH_2-\underset{Cl}{CH}-\underset{Cl}{CH}-CH_2\sim \\ \\ \sim CH_2-\underset{Cl}{CH_2} + \underset{Cl}{CH}=CH\sim\end{array}$$

偶合终止时，聚合物的聚合度是两个链自由基链节数之和。如果用引发剂引发，并且无链转移反应时，大分子两端各带一个引发剂残基。在聚合物中间产生头-头结构。

歧化终止时，聚合物的聚合度与链自由基链节数相等。如果用引发剂引发，并且无链转移反应时，每个大分子只有一端带有引发剂残基，另一端其中有一半的大分子为饱和结构，另一半为不饱和结构。在大分子链端出现不饱和基团往往使聚合物的热稳定性变差。

单体在自由基聚合反应中以什么方式终止，取决于单体的种类和反应条件。如苯乙烯在很宽的温度范围内都是以偶合终止为主。丙烯腈也以偶合终止为主。甲基丙烯酸甲酯在 60℃ 以下聚合时，两种终止方式都有；60℃ 以上则以歧化终止为主。醋酸乙烯酯在 90℃ 以上聚合则以歧化终止为主。由于歧化终止需要夺取氢原子或其他原子，其活化能比偶合终止高，因此，升高温度会使歧化终止比例增加。另外，自由基碳原子带有侧烷基的歧化终止比例有所增加。几种单体的终止情况如表 2-12 所示。

表 2-12 几种单体的终止情况

单 体	温度/℃	偶合终止/%	歧化终止/%	单 体	温度/℃	偶合终止/%	歧化终止/%
苯乙烯	0~60	100	0	甲基丙烯酸甲酯	0	40	60
对氯苯乙烯	60,80	100	0		25	32	68
对甲氧基苯乙烯	60	81	19		60	15	85
	80	53	47	丙烯腈	40,60	92	8

除了双基终止外，活性链自由基与反应器壁金属自由电子之间也能发生偶合终止。在高

黏度聚合体系或沉淀聚合中也会发生单基终止反应。

对链自由基而言，链终止与链增长是一对竞争反应。链终止反应活化能（8~21kJ/mol）比链增长反应活化能（16~41kJ/mol）低，链终止速率常数［10^6~10^8 L/(mol·s)］比链增长速率常数［10^2~10^4 L/(mol·s)］大，即从反应活化性和速率常数上看，竞争对链终止有利。但从整个聚合体系来看，反应速率还与反应物浓度成正比，在反应体系中单体浓度（1~10mol/L）远大于链自由基浓度（10^{-8} mol/L）大得多。所以链增长速率［10^{-4}~10^{-6} mol/(L·s)］比链终止速率［10^{-8}~10^{-10} mol/(L·s)］大得多。否则将不可能形成高分子链自由基。这也就是说，单体分子一经引发形成单体自由基，就迅速地与单体分子进行链增长反应形成长链自由基，当两个长链自由基相遇，就以更迅速的速度进行终止反应形成稳定高分子。

（四）链转移

对链自由基而言，链转移与链增长也是一种竞争反应。所谓链转移是指链自由基与其他分子（AB）相互作用，结果使链自由基失去活性成为稳定的高分子链，而另一分子转变为新自由基，并能继续进行链增长的过程。实际链转移就是活性中心的转移。其通式可以写为：

$$\sim CH_2-\underset{X}{CH}\cdot + AB \longrightarrow \sim CH_2-\underset{X}{CHA} + B\cdot \text{（新自由基）}$$

AB 可以是单体、引发剂、溶剂和高分子链。

1. 向单体转移

$$\sim CH_2-\underset{X}{CH}\cdot + CH_2=\underset{X}{CH} \begin{cases} \xrightarrow{\text{链增长}} \sim CH_2-\underset{X}{CH}-CH_2-\underset{X}{CH}\cdot \\ \xrightarrow{\text{向单体转移}} \sim CH_2-\underset{X}{CH} + CH_2=\underset{X}{C}\cdot \quad (a) \\ \xrightarrow{\text{向单体转移}} \sim \underset{X}{CH}=CH + CH_3-\underset{X}{CH}\cdot \quad (b) \end{cases}$$

显然，向单体转移是以（b）的形式为主。

向单体转移的结果：原来的长链自由基终止形成稳定大分子，而单体则变成单体自由基，可以继续与单体作用进行链增长。原来的长链自由基因链转移而提前终止，造成聚合度降低，但因自由基的活性和数目不变，所以聚合速率不变。这种转移在氯乙烯聚合时最为严重。

2. 向引发剂转移

$$\sim CH_2-\underset{X}{CH}\cdot + R-R \longrightarrow \sim CH_2-\underset{X}{CHR} + R\cdot$$

向引发剂转移的结果：原来的长链自由基终止形成稳定大分子，引发剂由于发生诱导分解，造成引发效率降低，只产生一个初级自由基。该初级自由基也能与单体分子作用进行引发和增长，对聚合速率基本无影响。但由于长链自由基的提前终止，也使聚合度降低。此种转移主要发生在过氧化物类引发剂。

3. 向溶剂转移

向溶剂转移主要发生在溶液聚合中。其反应形式为：

$$\sim CH_2-\underset{X}{CH}\cdot + SY \longrightarrow \sim CH_2-\underset{X}{CHY} + S\cdot$$

向溶剂转移的结果：原来的长链自由基终止形成稳定大分子，聚合度降低，同时形成新的自由基。对聚合速率的影响程度取决于新自由基与原自由基活性的对比，当 S·活性大于～M·活性，则聚合速率加快，相反就减小；两者活性相等，则聚合速率不变。

如果溶剂分子带有活泼氢原子或卤原子，则很容易发生这种转移，因此，工业上将这种溶剂称为相对分子质量调节剂或链转移剂。如在丁苯橡胶合成中常用十二硫醇调节产物的相对分子质量。

4. 向高分子链转移

向高分子链转移主要发生在聚合物浓度较高的聚合后期。其形式有长链自由基向稳定高分子转移和向活性大分子内转移两种。

（1）向稳定高分子链转移

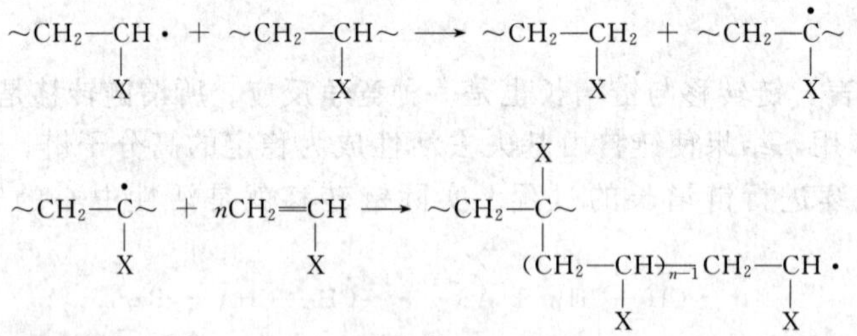

转移的结果是：长链自由基夺取稳定高分子链上某个氢原子而使链终止，并在稳定高分子主链上产生新自由基，在该自由基上进行增长，即可形成长支链。

（2）向活性链内转移

活性链内转移是长链链端自由基夺取自身分子内第五个亚甲基上的氢原子，发生"回咬"转移。结果在大分子链上形成许多乙基、丁基等短支链。乙烯高压聚合就是如此。

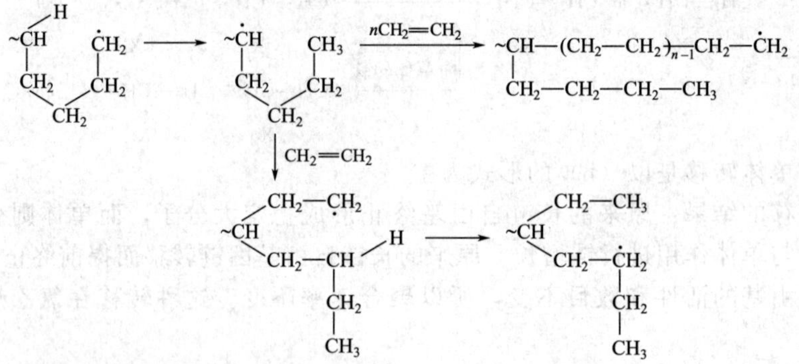

三、自由基聚合反应动力学

自由基聚合反应动力学涉及聚合速率、相对分子质量及分布等内容。根据聚合体系单体转化率的变化可以分为微观动力学和宏观动力学两部分，微观动力学研究低转化率下的聚合速率单体浓度、引发剂浓度、聚合温度等参数之间的关系；宏观动力学研究高转化率下的动力学变化曲线、凝胶效应对聚合的影响、转化率对聚合的影响等。

（一）微观动力学

1. 基本假设

通过上面的聚合机理分析可知：自由基聚合反应的过程复杂，包括链引发、链增长、链终止三步主要基元反应。虽然还存在链转移反应，但由于链转移的结果，自由基数并无增减，如活性不变，则对聚合速率没有影响，因此在分析聚合速率时，可以不考虑链转移反应。尽管如此，在推导微观动力学方程式时，还要做出如下假设。

① 第一点假设 聚合度很大假设。由于单体自由基在很短时间内,可以连接成千上万个单体,链引发所消耗的单体远小于链增长消耗的单体($R_i \ll R_p$),则可以用链增长速率 R_p 代替聚合反应总速率 $R_总$。

$$R_总 = -\frac{d[M]}{dt} = R_i + R_p \approx R_p$$

② 第二点假设 自由基等活性假设。即自由基的活性与链长无关,则链增长过程中每步增长反应的速率常数相等,$k_{p1}=k_{p2}=k_{p3}=\cdots=k_{pn}=k_p$。

③ 第三点假设 "稳态"假设。即自由基的产生速率与自由基消失速率相等($R_i=R_t$),或体系内自由基浓度恒定不变$\left(\dfrac{d[M\cdot]}{dt}=0\right)$。

2. 微观聚合速率方程

微观聚合速率方程的导出依据是聚合机理和质量作用定律。

链引发

$$I \xrightarrow{k_d} 2R\cdot \qquad\qquad R_d = 2fk_d[I]$$

$$R\cdot + M \xrightarrow{k_i} RM_1\cdot \qquad\qquad R_i = k_i[R\cdot][M]$$

由于引发剂分解反应最慢,是反应的控制步骤,所以链引发速率仅取决于第一反应速率,因此引发速率与单体浓度无关,只与引发剂浓度的一次方成正比,即:

$$R_i = R_d = 2fk_d[I] \tag{2-11}$$

链增长

$$RM_1\cdot + M \xrightarrow{k_p} RM_2\cdot \qquad\qquad R_{p1} = k_p[RM_1\cdot][M]$$

$$RM_2\cdot + M \xrightarrow{k_p} RM_3\cdot \qquad\qquad R_{p2} = k_p[RM_2\cdot][M]$$

$$\cdots\cdots\cdots\cdots\cdots\cdots$$

$$RM_n\cdot + M \xrightarrow{k_p} RM_{n+1}\cdot \qquad\qquad R_{pn} = k_p[RM_n\cdot][M]$$

$$R_p = \sum R_{pi} = R_{p1} + R_{p2} + \cdots + R_{pn} = k_p\{[RM_1\cdot] + [RM_2\cdot] + \cdots + [RM_n\cdot]\}[M]$$

令 $[M\cdot] = [RM_1\cdot] + [RM_2\cdot] + \cdots + [RM_n\cdot]$,即 $[M\cdot]$ 为体系内各种自由基浓度的总和。则链增长速率为:

$$R_p = k_p[M\cdot][M] \tag{2-12}$$

链终止

$$M_n\cdot + M_m\cdot \xrightarrow{k_{tc}} M_{n+m} \qquad\qquad R_{tc} = 2k_{tc}[M\cdot]^2$$

$$M_n\cdot + M_m\cdot \xrightarrow{k_{td}} M_n + M_m \qquad\qquad R_{td} = 2k_{td}[M\cdot]^2$$

$$R_t = R_{tc} + R_{td} = 2(k_{tc} + k_{td})[M\cdot]^2$$

令 $k_t = k_{tc} + k_{td}$,即 k_t 为双基终止速率常数。则链终止速率为:

$$R_t = 2k_t[M\cdot]^2 \tag{2-13}$$

式(2-13)中的数字 2 表示每次链终止时消失 2 个自由基,这是美国习惯。欧洲习惯不加 2。两者换算和查表时注意 $2k_{t(美)} = k_{t(英)}$。

由稳态假设得:

$$[M\cdot] = \left(\frac{R_i}{2k_t}\right)^{\frac{1}{2}} \tag{2-14}$$

将式(2-14)代入式(2-12)得自由基聚合微观动力学表达式:

$$R_p = k_p[M]\left(\frac{R_i}{2k_t}\right)^{\frac{1}{2}} \tag{2-15}$$

式(2-15)表明,聚合速率与单体浓度的一次方成正比,与引发速率的平方根成正比,后面的关系是双基终止的结果。

由于式(2-15)是在三个假设条件下导出的结果,其中稳态假设局限性很大。如用引发剂引发,引发剂必须足够才能出现稳态,否则会出现死端聚合。另外,"稳态"只存在于低转化率阶段,只要转化率升高,"稳态"很快就被凝胶效应所破坏。像沉淀聚合,一开始体系就处于非稳定阶段。

显然,式(2-15)随引发方式不同而不同。下面先讨论引发剂引发情况下的聚合速率方程,后介绍其他方程。

(1) 引发剂引发聚合速率方程

① 正常动力学速率方程 引发剂引发速率如式(2-11)所示,将其代入式(2-15)可得引发剂引发聚合速率方程。

$$R_p = k_p \left(\frac{fk_d}{k_t}\right)^{\frac{1}{2}} [I]^{\frac{1}{2}} [M] \tag{2-16}$$

式(2-16)表明,引发剂引发时,聚合速率与单体浓度的一次方成正比,与引发剂浓度的平方根成正比。式(2-16)得到很多实验的证明,图2-2和图2-3就是几种单体的实验结果。

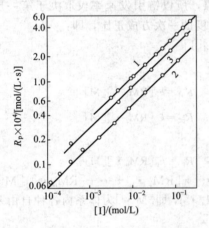

图 2-2 聚合初期聚合速率 R_p 与引发剂 [I] 的关系
 1—甲基丙烯酸甲酯,偶氮二异丁腈,50℃;
 2—苯乙烯,过氧化二苯甲酰,60℃;
 3—甲基丙烯酸甲酯,过氧化二苯甲酰,50℃

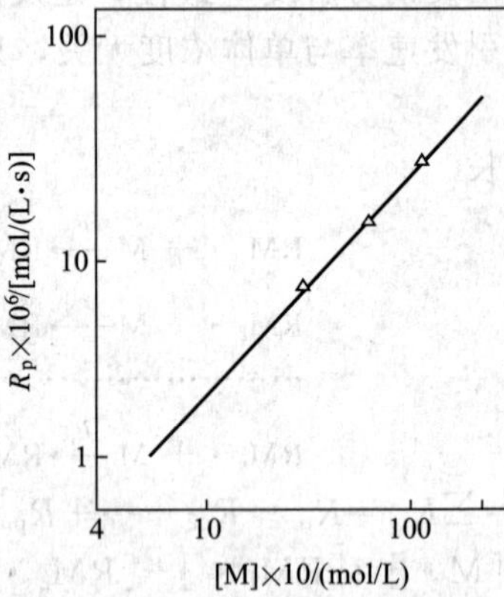

图 2-3 甲基丙烯酸甲酯聚合初期聚合速率 R_p 与单体 [M] 的关系

② 非正常动力学速率方程 非正常动力学速率方程是对式(2-16)的偏离。一种是对单体浓度的偏离,这种情况主要是引发效率与单体浓度有关所造成的。尤其是采用过氧化物引发时由于存在诱导分解而使引发效率比较低。其引发反应为:

$$I + M \longrightarrow R\cdot + M\cdot$$

则引发速率为:

$$R_i = 2fk_d[I][M] \tag{2-17}$$

将式(2-17)代入式(2-15)可得聚合速率 R_p 对单体浓度偏离的关系式为:

$$R_p = k_p \left(\frac{fk_d}{k_t}\right)^{\frac{1}{2}} [I]^{\frac{1}{2}} [M]^{\frac{3}{2}} \tag{2-18}$$

式(2-18)表明聚合速率与单体浓度的3/2次方成正比。如苯乙烯用 t-丁基过氧化氢引发聚合就属于这种情况。

另一种偏离是对引发剂浓度 1/2 次方的偏离。原因是随着链终止方式的改变而造成的。如均相聚合随着转化率提高发生的凝胶效应和沉淀聚合等场合容易发生单基终止，结果使聚合速率偏离 1/2 次方而变成 1 次方。

实际上，在比较复杂的情况下，聚合速率与单体浓度和引发剂浓度的关系可以写成如下形式：

$$R_p = K[I]^n[M]^m \tag{2-19}$$

式中的指数 n 一般在 $0.5 \sim 1.0$ 之间，m 一般在 $1 \sim 1.5$ 之间。

(2) 其他引发方式引发聚合速率方程

对于光、热、辐射等引发方式下的聚合速率方程汇总于表 2-13 之中。

表 2-13　各种引发方式下的聚合速率方程

引发方式	引发速率方程 R_i	聚合速率方程 R_p
引发剂引发	$2fk_d[I]$	$k_p\left(\dfrac{fk_d}{k_t}\right)^{\frac{1}{2}}[I]^{\frac{1}{2}}[M]$
	$2fk_d[I][M]$	$k_p\left(\dfrac{fk_d}{k_t}\right)^{\frac{1}{2}}[I]^{\frac{1}{2}}[M]^{\frac{3}{2}}$
热引发	$k_i[M]^2$	$k_p\left(\dfrac{fk_i}{k_t}\right)^{\frac{1}{2}}[M]^2$
	$k_i[M]^3$	$k_p\left(\dfrac{fk_i}{k_t}\right)^{\frac{1}{2}}[M]^{\frac{5}{2}}$
直接光引发	$2\phi\varepsilon I_0[M]$	$k_p\left(\dfrac{\phi\varepsilon I_0}{k_t}\right)^{\frac{1}{2}}[M]^{\frac{3}{2}}$
	$2\phi\varepsilon I_0[I]$	$k_p\left(\dfrac{\phi\varepsilon I_0}{k_t}\right)^{\frac{1}{2}}[I][M]$

(二) 宏观动力学

宏观动力学是实验室制备和工业生产感兴趣的内容。尤其高转化率阶段。通过微观动力学分析可知，低转化率下微观动力学各参数之间的变化可以用函数式表示。但高转化率阶段，由于体系黏度较大，产生凝胶效应，并出现自加速现象，使聚合速率变化更加复杂，难以用某一方程式来表示。

1. 聚合速率变化曲线

聚合速率在聚合的全过程中是不断变化的，一般用单体转化率-时间曲线来描述其变化规律。其曲线形式如图 2-4 所示。该曲线可以明显地分为诱导期、聚合初期、聚合中期、聚合后期 4 个阶段。其中聚合初期属于微观动力学研究范畴，聚合中期以后为宏观动力学研究范畴。

(1) 诱导期

诱导期的特征是聚合速率为零。在诱导期阶段，引发剂分解产生的初级自由基，主要被阻聚杂质所终止，不能引发单体，无聚合物生成，聚合速率为零。诱导对工业生产的危害是延长聚合周期，增加动力消耗。消除诱导期的根本途径是必须清除阻聚杂质，将杂质含量控制在

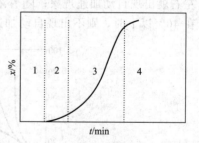

图 2-4　典型的转化率(x)-
时间(t)变化曲线
1—诱导期；2—聚合初期；
3—聚合中期；4—聚合后期

0.003% 以下，单体纯度达 $99.9\% \sim 99.99\%$ 以上。非常纯净的单体聚合时，可以没有诱导期。

(2) 聚合初期

聚合初期的特征是聚合速率等速平稳。此阶段在诱导期过后，阻聚杂质耗尽，并由于大分子较少，体系黏度较低，单体和链自由基都能进行正常聚合。在进行微观动力学研究时，转化率控制在5%以下，在工业生产中控制在10%~20%。

(3) 聚合中期

聚合中期的特征是聚合速率自动加速。原因是由于转化率增高，体系内大分子浓度增加，造成黏度增大，使长链自由基的活动受阻，甚至端基包裹，难于双基终止，k_t 下降；而单体分子因体积较小，仍可以自由活动，能继续与链自由基碰撞而增长，k_p 不变或变化不大。这样造成聚合速率 R_p 随 $k_p/k_t^{\frac{1}{2}}$ 的急剧增加而自动加速（如表2-14）。这种由于体系黏度增加所引起的不正常动力学行为称为凝胶效应。一般自动加速现象可以延续到50%~80%转化率。

表 2-14 甲基丙烯酸甲酯转化率对聚合速率的影响(22.5℃)

转化率/%	聚合速率/(%/h)	自由基寿命/s	k_p/[L/(mol·s)]	$k_t \times 10^{-5}$/[L/(mol·s)]	$(k_p/k_t^{\frac{1}{2}}) \times 10^{-5}$/[L/(mol·s)$^{\frac{1}{2}}$]
0	3.5	0.80	384	442	5.78
10	2.7	1.14	234	273	4.58
20	6.0	2.21	267	72.6	8.81
30	15.4	5.0	303	14.2	25.5
40	23.4	6.3	368	8.93	38.9
50	24.5	9.4	256	4.03	40.6
60	20.0	26.7	74	0.498	33.2
70	13.1	79.3	16	0.0564	21.3
80	2.6	216	1	0.0076	3.59

自动加速现象容易造成放热集中、爆聚，使生产难于控制；高温使单体气化，在产物中产生气泡，影响产品质量等的危害。因此必须加以控制。

推迟或避免自动加速作用的关键是降低体系的黏度。工业上经常采用的方法是采用溶液聚合，通过溶剂的稀释来降低体系黏度。从图2-5中可以明显地看出甲基丙烯酸甲酯在不同浓度下聚合时的自动加速情况是截然不同的。其中100%单体的本体聚合很快，转化率15%左右就出现自动加速现象；随着浓度的降低自动加速现象出现的越晚，也越不明显，当浓度在40%以下时，则不出现自动加速现象。

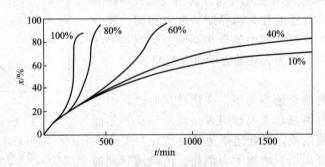

图 2-5 甲基丙烯酸甲酯在不同浓度下聚合时的自动加速情况
引发剂：过氧化二苯甲酰；聚合温度：50℃；溶剂：苯
曲线上的数字代表单体的浓度

控制自动加速的第二种方法是利用黏度随温度的升高而降低的性质，适当提高聚合温度。

控制自动加速的第三种方法是采用低温乳液聚合。

控制自动加速的第四种方法是利用链转移剂的转移反应，降低产物的聚合度来降低黏度。

自动加速现象出现的早晚还与聚合物在单体或溶剂中溶解的情况有关，如沉淀聚合，由于聚合物在单体中溶解的不好，端基包裹严重，因此，一开始体系就出现自动加速。

另外自动加速现象出现的早晚还取决于单体的结构，如表2-15所示。

造成自动加速现象的凝胶效应也使得产物的相对分子质量变宽，如图2-6所示。

表2-15 烯烃类单体出现自动加速现象时的转化率

单体	聚合温度/℃	开始出现自动加速现象时的转化率/%	出现自动加速现象时，高聚物的聚合度
MA	30	~0	>1000
MMA	30	15	5000
S	50	30	4000
VAC	25	>40	2400

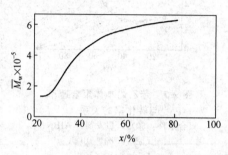

图2-6 聚甲基丙烯酸甲酯的相对分子质量-转化率的关系

(4) 聚合后期

聚合后期的特征是聚合速率大大降低。当聚合转化率达50%以后，虽然体系黏度更大，链终止机会更少，k_t继续下降。但由于单体浓度随转化率的增加而减少，单体也因黏度大而难于与链自由基碰撞进行增长，使k_p也明显下降（如表2-14中转化率50%以后），所以聚合速率R_p随$k_p/k_t^{\frac{1}{2}}$和[M]下降而迅速减慢，直至聚合停止进行。

2. 高转化率下的聚合动力学

在高转化率下，容易出现死端聚合，有的资料称为终结聚合。它是在引发剂量不足的情况下，使聚合没进行完，引发剂就已耗尽，结果使聚合停止下来的现象。此时的处理方法是利用式(2-3)将式(2-16)改写成如下形式：

$$-\frac{d[M]}{[M]}=k_p\left(\frac{k_d f}{k_t}\right)^{\frac{1}{2}}[I]_0^{\frac{1}{2}}e^{-\frac{1}{2}k_d t}dt \qquad (2-20)$$

并以$t=0$时单体浓度为$[M]_0$，$t=t$时单体浓度为$[M]_t$，对上式积分得：

$$-\ln\frac{[M]_t}{[M]_0}=2k_p\left(\frac{f}{k_d k_t}\right)^{\frac{1}{2}}[I]_0^{\frac{1}{2}}[1-e^{-\frac{1}{2}k_d t}] \qquad (2-21)$$

如果引发剂用量不足，聚合时间比引发剂耗尽时间长时，可以看做$t\to\infty$，则残留单体浓度为$[M]_\infty$，此时的转化率$x_\infty=\frac{[M]_0-[M]_\infty}{[M]_0}$，则式(2-21)变成：

$$-\ln\frac{[M]_\infty}{[M]_0}=-\ln(1-x_\infty)=2k_p\left(\frac{f}{k_d k_t}\right)^{\frac{1}{2}}[I]_0^{\frac{1}{2}}[1-e^{-\frac{1}{2}k_d t}] \qquad (2-22)$$

式中 x_∞——单体的极限转化率。

例如，在60℃条件下，用偶氮二异丁腈(AIBN)($f=0.5$，60℃，$k_d=1.35\times10^{-5}\ s^{-1}$

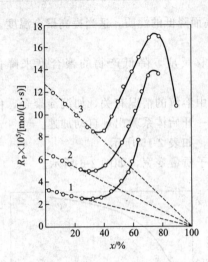

图 2-7 苯乙烯本体聚合速率
与转化率的关系

聚合条件：50℃，引发剂为 AIBN；
1—$[I]_0 = 1.83 \times 10^{-2}$；
2—$[I]_0 = 6.10 \times 10^{-2}$；
3—$[I]_0 = 28.1 \times 10^{-2}$

图形中，虚线部分为正常聚合；中间段为凝胶效应造成；后期降低为玻璃化效应造成

引发苯乙烯进行本体聚合 [$k_d = 260$ L/(mol·s), $k_t = 1.2 \times 10^8$ L/(mol·s)]，引发剂起始浓度 $[AIBN]_0$ 不同，其单体极限转化率不同。

$[AIBN]_0 = 0.001$ mol/L，$x_\infty = 33.5\%$
$[AIBN]_0 = 0.01$ mol/L，$x_\infty = 51.0\%$
$[AIBN]_0 = 0.1$ mol/L，$x_\infty = 98.3\%$

上面的结果说明，引发剂起始浓度越高，其单体转化率越高，但产物的相对分子质量越低。生产中为了防止相对分子质量降低，采用分批加入引发剂的办法。如工业上将氯乙烯的本体聚合分为两个阶段，第一阶段采用高效引发剂引发，转化率控制在 9%～11%，此阶段利用大量的单体进行回流散热，可以较快地进行。第二阶段再用其他引发剂引发聚合。

尽管如此，式（2-22）也只适用于无凝胶效应、无转移或无初级自由基终止的情况。

还有人提出：不考虑体系的黏度，而把聚合体系由于凝胶效应引起的自动加速看做是自由基的积累，并且体系内自由基数目增加所引起的聚合速率加速与单体的转化率（或聚合物的浓度）成正比。而聚合后期速率的下降，是由于体系产生了玻璃化效应，使自由基完全被埋藏在玻璃体中，失去活动能力，不能与单体作用的结果。凝胶效应和玻璃化效应对聚合速率的影响可以从图 2-7 中看出。

四、动力学链长与平均聚合度方程

（一）动力学链长与平均聚合度

1. 动力学链长

所谓动力学链长是指每一活性中心（这里指自由基，在其他聚合中，可以是阳离子或阴离子等）从引发到终止所平均消耗的单体数。用 ν 表示。无链转移反应且稳态时，动力学链长可由链增长速率和引发速率或终止速率的比值求得。

$$\nu = \frac{R_p}{R_i} = \frac{R_p}{R_t} \tag{2-23}$$

将式（2-12）、式（2-13）代入得：

$$\nu = \frac{k_p[M]}{2k_t[M\cdot]} = \frac{k_p^2}{2k_t} \cdot \frac{[M]^2}{R_p} \tag{2-24}$$

式（2-24）说明，动力学链长与自由基浓度或聚合速率成反比。

将式（2-15）代入得：

$$\nu = \frac{k_p[M]}{(2k_t)^{\frac{1}{2}}} \cdot \frac{1}{R_i^{\frac{1}{2}}} \tag{2-25}$$

式（2-25）是动力学链长与引发速率之间关系的普遍表达式。它说明动力学链长与链引发速率的平方根成反比。

将式(2-11)代入得：

$$\nu = \frac{k_p}{2(fk_dk_t)^{\frac{1}{2}}} \cdot \frac{[M]}{[I]^{\frac{1}{2}}} \tag{2-26}$$

式(2-26)表明，动力学链长与引发剂浓度平方根成反比。许多实验证明了这一结果。显然引发方式不同，其动力学链长表达式不同。如表2-16所示。

表 2-16　各种引发方式下的动力学链长

引发方式	引发速率方程 R_i	动力学链长 ν
引发剂引发	$2fk_d[I]$	$\dfrac{k_p}{2(fk_dk_t)^{\frac{1}{2}}} \cdot \dfrac{[M]}{[I]^{\frac{1}{2}}}$
	$2fk_d[I][M]$	$\dfrac{k_p}{2(fk_dk_t)^{\frac{1}{2}}} \cdot \dfrac{[M]^{\frac{1}{2}}}{[I]^{\frac{1}{2}}}$
热引发	$k_i[M]^2$	$\dfrac{k_p}{(2fk_dk_t)^{\frac{1}{2}}}$
	$k_i[M]^3$	$\dfrac{k_p}{(2fk_dk_t)^{\frac{1}{2}}} \cdot \dfrac{1}{[M]^{\frac{1}{2}}}$
直接光引发	$2\phi\varepsilon I_0[M]$	$\dfrac{k_p}{2(\phi\varepsilon I_0k_t)^{\frac{1}{2}}} \cdot [M]^{\frac{1}{2}}$
	$2\phi\varepsilon I_0[I]$	$\dfrac{k_p}{2(\phi\varepsilon I_0k_t)^{\frac{1}{2}}} \cdot \dfrac{1}{[I]^{\frac{1}{2}}}$

2. 动力学链长与平均聚合度的关系

动力学链长是从动力学研究角度提出的概念。它与平均聚合度（$\overline{X}_n$）的关系取决于链终止的方式。双基偶合终止时，两者的关系为：

$$\overline{X}_n = 2\nu \tag{2-27}$$

式(2-27)说明，偶合终止时，平均聚合度是两个动力学链长所含链节数目之和。

双基歧化终止时，

$$\overline{X}_n = \nu \tag{2-28}$$

既有偶合终止又有歧化终止时，平均聚合度介于上述两者之间，即 $\nu < \overline{X}_n < 2\nu$。具体可以根据两种终止方式的比例来计算。

$$\overline{X}_n = \frac{\nu}{\dfrac{C}{2}+D} = \frac{\nu}{\dfrac{C}{2}+(1-C)} \tag{2-29}$$

式中　C——偶合终止分数；

　　　D——歧化终止分数。

由上述动力学链长与平均聚合度的关系可知，通过动力学链长的概念将平均聚合度引入动力学研究范畴。

（二）有链转移时的平均聚合度方程

上面讨论的平均聚合度与动力学链长的关系，是在无链转移情况下的结果，在实际的聚合过程中，链转移是不可避免的，甚至有些单体聚合时是非常严重的，如氯乙烯、乙烯高压聚合等。虽然，链转移反应对聚合速率没有影响（或影响不大），但对产物的平均聚合度却影响很大。也就是说单体在聚合时，不只双基终止形成大分子，链转移反应也形成大分子。因此，在研究聚合产物的平均聚合度时，必须考虑所有形成大分子反应的贡献。即

$$\overline{X}_n = \frac{\text{参加反应的单体分子数}}{\text{大分子生成数}} = \frac{R_p}{R_t + R_{trM} + R_{trI} + R_{trS} + R_{trP}} \tag{2-30}$$

为了简化处理过程，可用通式形式写出所有形成大分子的反应，并利用质量作用定律写出各反应的速率方程。双基终止在前面已经详细讨论过，这里可直接利用其结论。

向单体转移

$$\sim M\cdot + M \xrightarrow{k_{trM}} \sim M + M\cdot \qquad R_{trM} = k_{trM}[M\cdot][M]$$

向引发剂转移

$$\sim M\cdot + R{-}R \xrightarrow{k_{trI}} \sim MR + R\cdot \qquad R_{trI} = k_{trI}[M\cdot][I]$$

向溶剂转移

$$\sim M\cdot + SY \xrightarrow{k_{trS}} \sim MY + S\cdot \qquad R_{trS} = k_{trS}[M\cdot][S]$$

向大分子链转移

$$\sim M\cdot + PH \xrightarrow{k_{trP}} \sim MH + P\cdot \qquad R_{trP} = k_{trP}[M\cdot][P]$$

将式(2-12)、式(2-13)及各转移速率方程代入式(2-30)中，取倒数，整理得：

$$\frac{1}{\overline{X}_n} = \frac{2k_t}{k_p^2}\cdot\frac{R_p}{[M]^2} + \frac{k_{trM}}{k_p} + \frac{k_{trI}}{k_p}\cdot\frac{[I]}{[M]} + \frac{k_{trS}}{k_p}\cdot\frac{[S]}{[M]} + \frac{k_{trP}}{k_p}\cdot\frac{[P]}{[M]} \tag{2-31}$$

式中 k_{trM}——向单体转移速率常数；

k_{trI}——向引发剂转移速率常数；

k_{trS}——向溶剂转移速率常数；

k_{trP}——向大分子转移速率常数；

$[S]$——溶剂浓度；

$[P]$——大分子浓度。

令 $C_M = \dfrac{k_{trM}}{k_p}$ ——向单体转移常数；

$C_I = \dfrac{k_{trI}}{k_p}$ ——向引发剂转移常数；

$C_S = \dfrac{k_{trS}}{k_p}$ ——向溶剂转移常数；

$C_P = \dfrac{k_{trP}}{k_p}$ ——向大分子转移常数。

则式(2-31)变为：

$$\frac{1}{\overline{X}_n} = \frac{2k_t}{k_p^2}\frac{R_p}{[M]^2} + C_M + C_I\frac{[I]}{[M]} + C_S\frac{[S]}{[M]} + C_P\frac{[P]}{[M]} \tag{2-32}$$

式(2-32)表明了双基终止（正常聚合）、向单体转移、向引发剂转移、向溶剂转移、向大分子转移等项对平均聚合度的贡献，贡献的大小取决于各转移常数值。对于某一特定的体系，并不包括全部转移反应。下面分项进行讨论。

1. 双基终止对平均聚合度的贡献

利用前面讨论的平均聚合度与动力学链长的关系来确定。其中偶合终止时为 $1/2\nu$，歧化终止时为 $1/\nu$，两种终止方式兼有时为式(2-29)的倒数。

2. 向单体转移对平均聚合度的贡献

如采用本体聚合或悬浮聚合，则$[S]=0$；同时采用无诱导反应发生的引发剂（如偶氮类），则$C_I=0$；若向大分子转移很少，则$C_P\approx 0$。此时式(2-32)变为：

$$\frac{1}{\overline{X}_n}=\frac{2k_t}{k_p^2}\cdot\frac{R_p}{[M]^2}+C_M \tag{2-33}$$

以 $1/\overline{X}_n$ 对 R_p 作图可得一直线，其截距为 C_M。图 2-8 是苯乙烯本体聚合（60℃）时平均聚合度和聚合速率的关系。从图中看出，除偶氮二异丁腈外，多数引发剂 $1/\overline{X}_n$ 和 R_p 的关系都偏离直线关系，说明反应中存在向这些引发剂的转移反应，即 $C_I\ne 0$。

向单体转移的能力与单体结构、聚合温度等有关。当单体分子中带有叔氢原子、氯原子等键合力较小的原子时，容易发生转移反应。温度升高对转移有利。几种单体的转移常数如表 2-17 所示。

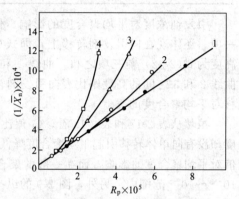

图 2-8　苯乙烯本体聚合（60℃）
$1/\overline{X}_n$ 对 R_p 的关系
1—偶氮二异丁腈；2—过氧化二苯甲酰；
3—异丙苯过氧化氢；4—叔丁基过氧化氢

从表中可以得知，氯乙烯的 C_M 值是乙烯基单体中最大的。其主要原因是 C—Cl 键能较弱，氯原子容易被夺取。正因如此，造成氯乙烯聚合时，向氯乙烯单体转移速率很大，远远超过正常的终止速率，即 $R_{trM}\gg R_t$。聚氯乙烯的平均聚合度仅取决于向氯乙烯单体转移的速率常数 C_M。

$$\overline{X}_n=\frac{R_p}{R_t+R_{trM}}\approx\frac{R_p}{R_{trM}}=\frac{k_p}{k_{trM}}=\frac{1}{C_M} \tag{2-34}$$

表 2-17　向单体转移常数 $C_M\times 10^4$

单　体	温　度/℃				
	30	50	60	70	80
甲基丙烯酸甲酯	0.12	0.15	0.18	0.3	0.4
丙烯酸	0.15	0.27	0.30		
苯乙烯	0.32	0.62	0.85	1.16	
醋酸乙烯酯	0.94(40℃)	1.29	1.91		
氯乙烯	6.25	13.5	20.2	23.8	

实践证明，氯乙烯的 C_M 值与温度存在如下指数关系。

$$C_M=125e^{-7300/RT} \tag{2-35}$$

依据 Arrhenius 方程，可以将上式改写成：

$$C_M=\frac{k_{trM}}{k_p}=\frac{A_{trM}}{A_p}e^{-(E_{trM}-E_p)/RT} \tag{2-36}$$

比较式(2-35)和式(2-36)得知，式(2-35)中的数字"125"为影响 C_M 的综合频率因子；数字"7300"为影响 C_M 的综合活化能，即 $(E_{trM}-E_p)$ 差值。

显然，从上式可以看出，聚合温度升高，C_M 增大，则平均聚合度降低。

生产实验证明，氯乙烯聚合时产物的聚合度与引发剂用量、转化率基本无关，只取决于聚合温度。因此，生产上采用聚合温度控制聚合度，用引发剂用量调节聚合速率。

3. 向引发剂转移对平均聚合度的贡献

表2-18中列出几种引发剂的转移常数。其中过氧化物的C_I值较大。

表2-18 向引发剂转移常数（60℃）

引 发 剂	向引发剂转移常数 C_I		引 发 剂	向引发剂转移常数 C_I	
	苯乙烯	甲基丙烯酸甲酯		苯乙烯	甲基丙烯酸甲酯
偶氮二异丁腈	0	0	过氧化二苯甲酰	0.048～0.055	0.02
特丁基过氧化物	0.0003～0.0013	—	特丁基过氧化氢	0.035	1.27
异丙苯过氧化物（50℃）	0.01	—	异丙苯过氧化氢	0.063	0.33
十二酰过氧化物（70℃）	0.024	—			

引发剂浓度对平均聚合度的影响，体现在对正常的引发反应上，即式(2-32)右边的第一项。还体现在向引发剂转移上，即式(2-32)右的第三项。如图2-9所示，曲线1的各点高度为式(2-32)前三项之和。曲线1和2之间的高度代表引发作用对平均聚合度的贡献。曲线2和3之间的高度则代表向引发剂转移对平均聚合度的贡献，曲线3的高度是向单体转移对平均聚合度的贡献。

虽然从表2-17和表2-18看，C_I值比C_M值大，但向引发剂转移引起平均聚合度降低的程度却没有向单体转移引起平均聚合度降低的程度大。原因是式(2-32)的第三项是$C_I[I]/[M]$数值对平均聚合度的影响，而在一般的聚合体系[I]很低（10^{-4}～10^{-2}mol/L），[I]/[M]在10^{-3}～10^{-5}范围内。另外，图2-9的纵坐标是平均聚合度的倒数，所以高度越小影响越大。

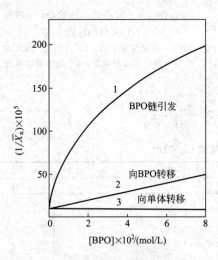 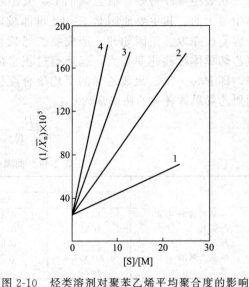

图2-9 用过氧化二苯甲酰引发苯乙烯聚合（60℃），不同终止方式对平均聚合度的影响

图2-10 烃类溶剂对聚苯乙烯平均聚合度的影响
苯乙烯热聚合，100℃
1—苯；2—甲苯；3—乙苯；4—异丙苯

4. 向溶剂转移对平均聚合度的贡献

向溶剂转移对平均聚合度的影响是溶液聚合时必须考虑的因素。如果不考虑向大分子链转移，并把式(2-32)右边的前三项之和用$(1/\overline{X}_n)_0$表示，其意义是无溶剂或链转移剂时的平均聚合度倒数。则将式(2-32)写成：

$$\frac{1}{\overline{X}_n} = \left(\frac{1}{\overline{X}_n}\right)_0 + C_S \cdot \frac{[S]}{[M]} \tag{2-37}$$

通过$1/\overline{X}_n$与$[S]/[M]$的直线关系，从直线的斜率可求出C_S，从截距求出$(1/\overline{X}_n)_0$。烃类溶剂对聚苯乙烯平均聚合度的影响如图2-10所示。表2-19列出某些化合物的链转移常数。

表 2-19　溶剂或链转移剂的转移常数 $C_S \times 10^4$

溶剂或链转移剂	苯乙烯 60℃	苯乙烯 80℃	MMA 80℃	VAC 60℃
苯	0.023	0.059	0.075	1.2
环己烷	0.031	0.066	0.10	7.0
庚烷	0.42			17.0(50℃)
甲苯	0.125	0.31	0.52	21.6
乙苯	0.67	1.08	1.35	55.2
异丙苯	0.82	1.30	1.90	89.9
特丁苯	0.06			3.6
氯正丁烷	0.04			10
溴正丁烷	0.06			50
丙酮		0.40		11.7
醋酸		0.20		1,1,10
正丁醇		0.40		20
氯仿	0.5	0.9	1.40	150
碘正丁烷	1.85			800
丁胺	0.5			—
三乙胺	7.1			370
特丁基二硫化物	24			10000
四氯化碳	90	130	2.39	9600
四溴化碳	22000	23000	3300	28700(70℃)
特丁基硫醇	37000			
正丁硫醇	210000			480000

从表 2-19 中的数据可以看出链转移常数的大小受溶剂结构、单体（或自由基）结构、温度的影响。对同一溶剂，链自由基活性越大，C_S 就越大；对同一单体，溶剂中的氢或卤素越容易转移，其 C_S 就越大。从共轭角度看，链自由基共轭性越差和转移后溶剂自由基共轭性越大，则转移反应越快。从极性角度看，溶剂与链自由基都是电子受体和给体，受体与给体之间的反应，转移常数有所提高。温度升高，向溶剂转移常数 C_S 增大。

工业上，有些聚合为了控制产物的相对分子质量，确保合适的加工性能，人为加入 $C_S = 1$ 左右的链转移剂（特殊的溶剂），如前面提到的丁苯橡胶合成时加入的硫醇，这时的硫醇就称为相对分子质量调节剂。另外，在某些聚合中加入 $C_S \gg 1$ 的链转移剂（溶剂），可以制备相对分子质量低的聚合物，如以乙烯为单体，以四氯化碳为介质兼作链转移剂，聚合后可以得到相对分子质量很低的聚合物，该产物可能作为内酰胺的原料。

5. 向大分子链转移对平均聚合度的影响

其实向大分子链转移对平均聚合度的影响不是主要问题，因为这种转移后，有聚合度下降的，也有升高的。最主要的问题是这种转移在大分子链上产生了较大的支链，如乙烯高压聚合时，每 500 个链节就可带有 30 个支链；一个聚氯乙烯分子链上也能带 16 个左右的支链。支链的存在影响着高聚物的结晶、密度、强度等物理力学性能。

对于这种支链（或支化），P. J. Flroy 教授提出每个已聚合的单体分子的支化数（ρ），可以表示为向大分子链转移常数 C_P 和聚合反应转化率 x 的函数。

$$\rho = -C_P \left[1 + \left(\frac{1}{x}\right) \ln(1-x)\right] \tag{2-38}$$

如 $C_P=1\times10^{-4}$，转化率为 80%，则根据上式计算得到每 10^4 个已聚合的单体单元含一个支化链。典型的苯乙烯聚合反应的转化率为 80% 时，对于相对分子质量为 $10^5 \sim 10^6$ 的聚合物，每 $(4\sim10)\times10^3$ 个单体单元大约含有一个支化链，相当于 10 个聚合物链含一个支化链。几种常见单体聚合时向大分子的链转移常数如表 2-20 所示。C_P 值随温度升高而增加。

表 2-20 向大分子的链转移常数

链自由基—聚合物	$C_P\times10^4$		链自由基—聚合物	$C_P\times10^4$	
	50℃	60℃		50℃	60℃
PB·—PB	1.1	—	PAN·—PAN	4.7	—
PS·—PS	1.9	3.1	PVAC·—PVAC	—	2～5
PMMA·—PMMA	1.5	2.1	PVC—PVC	5	—

五、自由基聚合反应的影响因素

自由基聚合反应的影响因素包括：原料纯度与杂质、引发剂浓度、单体浓度、体系黏度、聚合温度、压力等。其中引发剂浓度、单体浓度对聚合速率和聚合度的影响，可以从它们的定量关系中直接得出；黏度的影响在宏观动力学分析中已经有所探讨。因此，下面重点讨论杂质、聚合温度、聚合压力对聚合的影响。

（一）原料纯度与杂质的影响

聚合所用的主要原料是单体、引发剂、溶剂，其他还有各种助剂等。在聚合过程中，对原料的纯度都有严格的要求，如聚合级氯乙烯单体（其他原料也同样有严格要求）的技术指标：纯度 > 99.9%，乙炔含量 < 0.001%，铁含量 < 0.001%，乙醛 < 0.001，高沸点物微量。一般聚合级的单体纯度在 99.9%～99.99%，杂质的含量在 0.01%～0.1%。虽然聚合级单体中杂质的含量很少，但对聚合的影响却是很大，如乙炔含量对氯乙烯聚合的影响见表 2-21。

表 2-21 乙炔含量对氯乙烯聚合的影响

乙炔含量/%	诱导期/h	转化率达 85% 时所需的时间/h	聚合度
0.0009	3	11	2300
0.03	4	11.5	1000
0.07	5	21	500
0.13	8	24	300

1. 杂质的来源、种类

杂质的主要来源：原料合成时带入；为保证原料贮存、运输过程的安全而加入的某些阻聚性物质；聚合设备处理不当带入等。另外，原料路线不同其杂质的种类也不同。

从杂质的性质上可以分为化学性杂质（与自由基反应，降低引发效率，产生聚合诱导期；与单体反应，使单体失去聚合活性）、物理性杂质（影响产品外观质量与加工性能）。

从杂质对聚合速率的影响分类可以分为爆聚性杂质、缓聚性杂质、阻聚性杂质等类型。

2. 爆聚杂质对聚合的影响

爆聚杂质多数是不饱和程度较高的烃类化合物，如乙烯基乙炔（$CH\equiv C-CH=CH_2$）在受热或与硫酸接触后立即发生爆炸性聚合；1,3-丁二炔在 35℃ 即发生爆炸性聚合。爆聚杂质对聚合的影响主要是使反应失去控制,产品质量差,如苯乙烯单体中若二乙烯基苯含量超过 0.002% 时,聚合过程中就会发生剧烈反应,聚合速率不易控制,聚合产品流动性差,难于成型加工。因此,这类杂质要严格控制在一定指标之下。

3. 阻聚(或缓聚)杂质对聚合的影响

阻聚(或缓聚)杂质对聚合的影响如图 2-11 所示。对这类杂质要用二分法看待,一是在单体分离、精制、贮存、运输过程,为防止聚合,保证安全,必须要加入一定量的"阻聚杂质"——阻聚剂;另外,在工业生产中,当聚合出现异常爆聚时,也要加入阻聚剂,终止聚合反应,防止发生事故。二是仅对聚合而言,在聚合前必须要

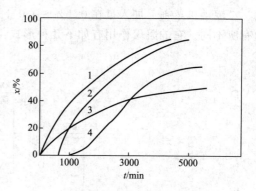

图 2-11 阻聚剂对苯乙烯 100℃ 热聚合的影响
1—无阻聚剂(无诱导期);
2—加入 0.1% 苯醌(有诱导期,聚合速率不变);
3—加入 0.5% 硝基苯(无诱导期,聚合速率降低);
4—加入 0.2% 亚硝基苯(有诱导期,聚合速率降低)

清除这类杂质,否则就会出现图 2-11 中曲线 2、3、4 的现象,使聚合出现诱导期或降低聚合速率。从第一个角度上看,阻聚剂的作用并不次于引发剂。因此,有必要了解这类物质的类型、作用机理与选择。

能使每个活性自由基都消失而使聚合停止的物质称为阻聚剂,如上图中的苯醌。只消灭部分自由基或使聚合减慢的物质称为缓聚剂,如上图中的硝基苯。阻聚剂与缓聚剂难以严格区分,只是作用程度不同,并没有本质上差别,如上图中的亚硝基苯就是兼有阻聚作用和缓聚作用。

(1) 阻聚剂的类型与作用

阻聚剂有很多种,但总体可以分为自由基型和分子型两大类。

① 自由基型阻聚剂 自由基型阻聚剂本身是极稳定的自由基,它不能引发单体聚合,但能很快与链自由基或初级自由基作用形成无活性的分子。如浓度在 10^{-4} mol/L 的 DPPH 就能使醋酸乙烯酯、苯乙烯、甲基丙烯酸甲酯等单体完全阻聚,因此称为自由基捕获剂。

R· + [DPPH 结构] ⟶ [无活性分子结构]

DPPH　　　　　　　　　(无活性分子)
(紫色)　　　　　　　　　(无色)

其他稳定的氧氮自由基也是有效的自由基型阻聚剂,如下面几种:

4,4'-二甲氧基二苯基氮氧自由基　　4,4'-二硝基二苯基氮氧自由基

自由基型阻聚剂的阻聚效果虽好,但因制备困难,价格昂贵,所以单体精制、贮存、运输、终止反应等一般不用,仅用于测定引发速率。

② 分子型阻聚剂 分子型阻聚剂是工业普遍使用的阻聚剂。它有如下各种类型。

醌类阻聚剂　加入量在 $0.1\% \sim 0.001\%$ 就能达到阻聚效果,但随单体不同其阻聚效率有所不同。它的阻聚作用有如下几种形式:

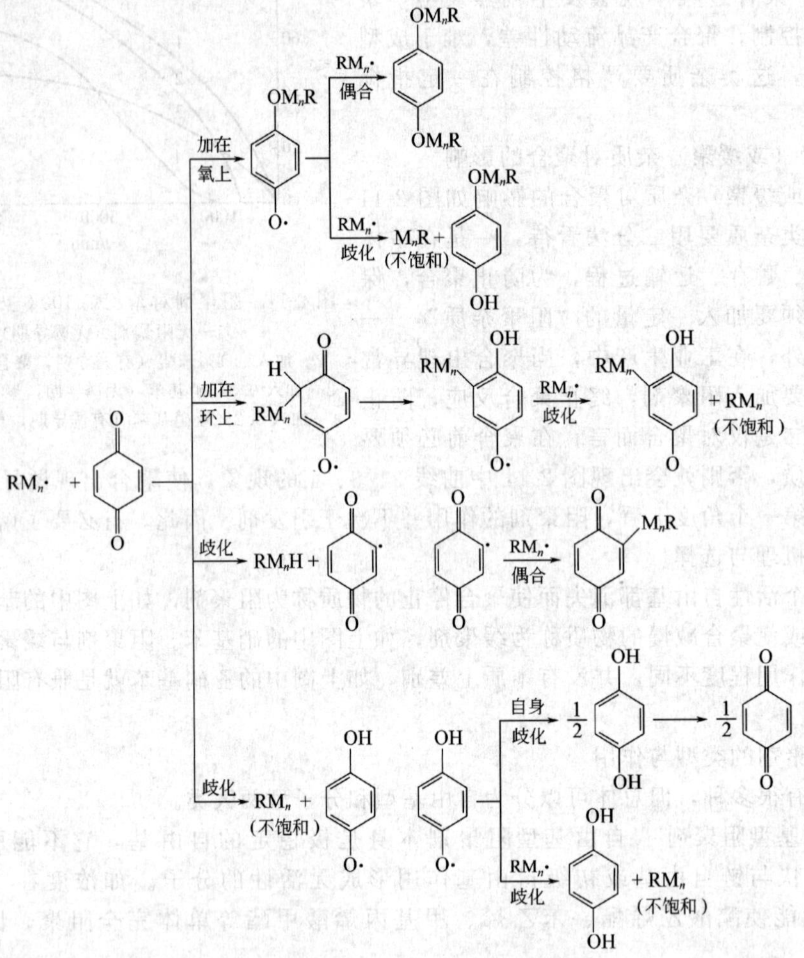

醌类的阻聚能力与醌类结构和单体性质有关。醌核具有亲电性,醌环上取代基对亲电性有影响,再加上位阻作用,使醌类阻聚剂阻聚效果不同。如苯醌对苯乙烯、醋酸乙烯酯是有效的阻碍聚剂,但对甲基丙烯酸甲酯和丙烯酸甲酯却是缓聚剂。

酚类阻聚剂　是阻聚效果良好、用途广泛的一类阻聚剂,同时又是抗氧剂和防老剂。但它的阻聚作用是在单体中有氧存在时才表现出来。常见的有:

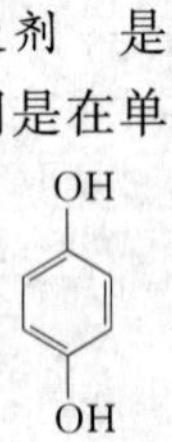

对苯二酚 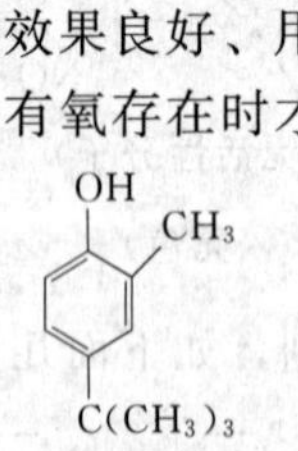　　对叔丁基邻甲苯酚 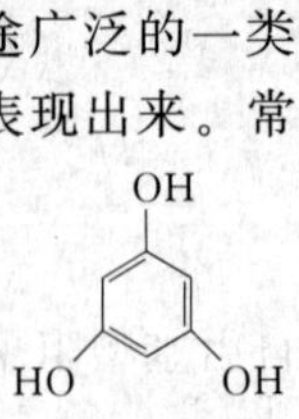　　间苯三酚 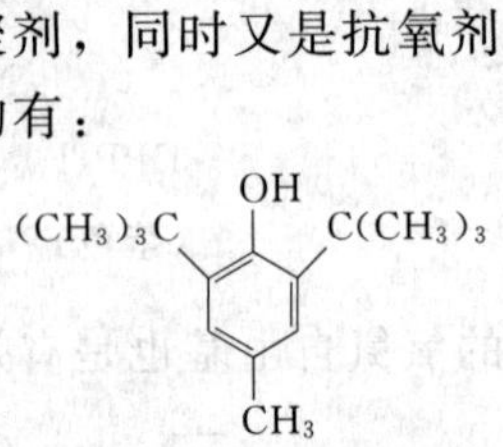　　2,6-二叔丁基对甲苯酚(264)

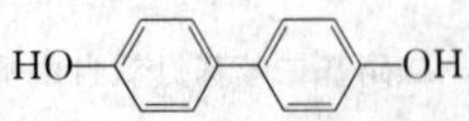

4,4′-二羟基联苯 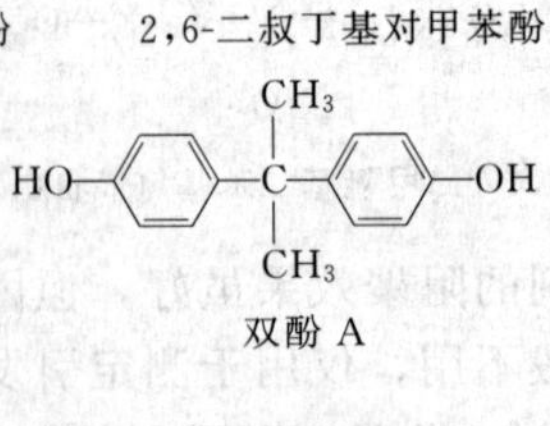　　　　双酚 A

酚类的阻聚作用为:

$$R \cdot + O_2 \longrightarrow ROO \cdot$$

$$ROO\cdot + HO-\langle C_6H_4\rangle-OH \longrightarrow ROOH + \cdot O-\langle C_6H_4\rangle-OH$$

$$ROO\cdot + \cdot O-\langle C_6H_4\rangle-OH \longrightarrow ROOH + O=\langle C_6H_4\rangle=O$$

生成氢醌和半氢醌的阻聚作用如上面所述。通过酚的阻聚作用可以看出,酚的阻聚作用实际上为抗氧作用。容易氧化为醌式结构的酚与自由基反应能力增加,阻聚能力强;带推电子基团的酚与过氧化自由基反应能力增加,阻聚能力也较强;带吸电子基团的酚,阻聚能力差。

芳胺类阻聚剂 在有氧存在条件下,有阻聚作用。同时与酚类一样,既能作阻聚剂也能作抗氧剂和防老剂。常用的有:

对甲苯胺　　二苯胺　　联苯胺

N-亚硝基二苯胺　　对苯二胺　　吩噻嗪

β-萘胺　　次甲基蓝

芳胺类与酚类混合使用的阻聚作用为:

$$ROO\cdot + HN(C_6H_5)_2 \longrightarrow ROOH + \cdot N(C_6H_5)_2$$

$$HO-\langle C_6H_4\rangle-OH + \cdot M(C_6H_5)_2 \longrightarrow \cdot O-\langle C_6H_4\rangle-OH + HN(C_6H_5)_2$$

硝基、亚硝基化合物阻聚剂 一般用作缓聚剂或弱阻聚剂,它的阻聚效果与单体结构有关,如对醋酸乙烯酯是阻聚剂,而对苯乙烯则是缓聚剂,对甲基丙烯酯类和丙烯酸酯类却无阻聚作用。常用的有硝基苯、间硝基氯苯、间二硝基苯、2,4-二硝基氯苯、三硝基苯、三硝基苯酚等。

硫类阻聚剂 元素硫是苯乙烯的有效阻聚剂,但对丙烯酸酯类不起作用。硫化钠也是阻聚剂。次甲基蓝也是含硫阻聚剂,在氯乙烯悬浮聚合作防黏釜剂使用。

特殊阻聚作用 是指烯丙基单体的自阻聚作用,空气中氧的阻聚作用和铁盐的阻聚作用等特殊情况。

烯丙基单体 $CH_2=CH-CH_2X$ 的自阻聚作用是值得注意的问题,因为这是造成烯丙基类单体聚合速率和聚合度降低的主要原因。如丙烯、异丁烯、乙烯基醚等采用自由基聚合就得不到高聚物,甚至不能聚合。其主要原因是这类单体 α 位上的 C—H 键很弱,自由基很容易夺取该氢原子而发生链转移,并且,失去氢原子的单体所形成的新自由基又存在如下共振而稳定。这种转移属于衰减性转移。

$$CH_2=CH-\overset{\cdot}{C}HX \longleftrightarrow \cdot CH_2-CH=CHX \equiv CH_2\cdots CH\cdots CHX$$

实际上,甲基丙烯酸甲酯、甲基丙烯腈等单体也有烯丙基 C—H 键,但不发生显著的衰减性转移。主要是由于这类单体自由基活性较低。酯基和腈基对自由基有共轭稳定作用,使链转移的活性也降低,而增长的活性却增加。因此,这类单体能够形成高聚物。

需要注意的是某些能够进行自由基聚合的单体,与另一单体共聚时,却有阻聚作用。如丁二烯对氯乙烯,两者各自进行自由基聚合都可以,但共聚时,一旦形成了不活泼的烯丙基自由基，就难以与活性较低的氯乙烯反应。

$$\sim CH_2-\overset{\bullet}{C}H + CH_2=CH-CH=CH_2 \longrightarrow \sim CH_2-CH_2-CH=CH-\overset{\bullet}{C}H_2$$
$$\quad\quad\quad |\quad\quad\quad\quad\quad\quad\quad\quad\quad\quad\quad\quad\quad\quad\quad |$$
$$\quad\quad\quad Cl\quad\quad\quad\quad\quad\quad\quad\quad\quad\quad\quad\quad\quad\quad Cl$$

为此，通过乙烯路线制备的氯乙烯聚合前必须将丁二烯含量限制在 10mg/kg 以内。

氧的阻聚作用，氧的来源主要是空气中的氧进入到反应系统，与系统内的链自由基发生如下反应：

$$\sim M \cdot + O_2 \longrightarrow \sim MOO \cdot$$
$$\sim MOO \cdot + \cdot M \sim \longrightarrow \sim M-O-O-M \sim$$
$$2\sim MOO \cdot \longrightarrow \sim M-O-O-M \sim + O_2$$

氧的阻聚作用主要是在低温下（100℃以下）体现出来，即低温下氧是阻聚剂（对氯乙烯、甲基丙烯酸甲酯等的聚合）。而在高温下氧与链自由基作用形成的过氧化物又能分解产生自由基，具有引发作用，即高温下氧是引发剂，如高压聚乙烯就是用氧作引发剂。正因如此，低温下进行的聚合，要将聚合设备中的空间事先抽成真空，并用惰性气体置换。在进行动力学研究时，对溶解在分散介质中（如悬浮聚合用的水）的氧也要脱除。

铁盐的阻聚作用，主要是高价铁离子（Fe^{3+}）对聚合有阻聚作用。这种阻聚作用是通过电子转移完成的。如：

$$R \cdot + FeCl_3 \longrightarrow RCl + FeCl_2$$

但高价铁离子对不同单体的阻聚程度不同，如三氯化铁对氯乙烯、苯乙烯、丙烯酸甲酯等起完全阻聚作用，而对丙烯腈、甲基丙烯腈却只起缓聚作用。因此，聚合用的反应器等设备避免采用碳钢材料。此外，其他变价金属（如铜、钴、锰、铈等）也有类似的阻聚作用。

(2) 常见阻聚剂的阻聚常数

阻聚剂的阻聚常数用 C_Z 表示。

$$C_Z = k_Z/k_p$$

式中　k_Z——阻聚速率常数。

常见阻聚剂的阻聚常数和阻聚速度常数如表 2-22 所示。

表 2-22　常见阻聚剂的阻聚常数和阻聚速度常数

阻聚剂	单体	温度/℃	C_Z	k_Z/[L/(mol·s)]
DPPH	甲基丙烯酸甲酯	44	2000	
三苯基甲烷	丙烯酸甲酯	50	0.00283	
对苯醌	甲基丙烯酸甲酯	44	5.5	2400
	丙烯酸甲酯	44	—	1200
	丙烯腈	50	0.91	910
	苯乙烯	50	528	—
四氯苯醌	甲基丙烯酸甲酯	44	0.26	120
	丙烯酸甲酯	44	—	2000
	苯乙烯	50	2040	—
四甲基苯醌	苯乙烯	90	0.68	—
苯酚	丙烯酸甲酯	50	0.0002	<0.2
	醋酸乙烯酯	50	0.012	21
苯胺	丙烯酸甲酯	50	0.0001	<0.1
	醋酸乙烯酯	50	0.015	26
二苯胺	醋酸乙烯酯	50	0.014	24
硝基苯	丙烯酸甲酯	50	0.00464	4.64

续表

阻聚剂	单体	温度/℃	C_Z	$k_Z/[\text{L}/(\text{mol}\cdot\text{s})]$
硝基苯	苯乙烯	50	0.326	
	醋酸乙烯酯	50	11.2	
三硝基苯	丙烯酸甲酯	50	0.204	204
	苯乙烯	50	64.2	—
	醋酸乙烯酯	50	404	760000
苦味酸	丙烯酸甲酯	50	0.319	
	苯乙烯	50	211	
硫	甲基丙烯酸甲酯	44	0.075	40
	丙烯酸甲酯	44	—	1100
	醋酸乙烯酯	45	470	
氧	甲基丙烯酸甲酯	50	33000	
	苯乙烯	50	14600	$10^6 \sim 10^7$
$FeCl_3$ 在 DMF 中	甲基丙烯酸甲酯	60		5000
	丙烯酸甲酯	60		6800
	苯乙烯	60	536	94000
	丙烯腈	60	3.33	6500
	醋酸乙烯酯	60		235000

(3) 阻聚剂的选择

因为阻聚剂的种类繁多，对不同的单体阻聚效果又不一样。所以，如有对应的阻聚常数，可以按阻聚常数选择，如没有对应的阻聚常数，则可按下面的原则进行初选。

当单体中含氧不足时，对于链自由基～CH_2X，若 X 为给电子的基团（—C_6H_5、—$OCOCH_3$），则先选醌类、芳硝基化合物，变价金属盐类等亲电子物质；其次选酚或芳胺类物质。若 X 为吸电子基团（—CN、—COOH、—$COOCH_3$ 等），则先选酚类、胺类等易给出氢原子的物质，其次选醌类和芳硝基化合物。

当单体中含氧不足时，链自由基除～$\dot{C}HX$ 外，还有过氧自由基～$CHXOO\cdot$先选酚类、胺类，或选酚、胺合用，其次选醌类、芳硝基化合物、变价金属盐等。

但要注意，用于终止聚合反应的阻聚剂不能与反应体系的物质发生其他副反应。

(4) 阻聚剂的脱除办法

加了阻聚剂的单体在聚合前必须脱除阻聚剂。可以采用的方法主要有物理方法（精馏、蒸馏、置换等）和化学方法。工业生产常用的是第一方法，其中置换法是用于清除氧气和其他对聚合有害的气体时使用，一般还要先减压处理。实验室制备时，两种方法都可以使用。其中化学方法是向加有阻聚剂的单体加入某种化学物质，使阻聚剂变成可溶于水的物质，再用蒸馏水洗涤单体，并干燥。

(二) 温度的影响

温度是自由基聚合的主要影响因素，它不但影响聚合速率和聚合度，还影响到产物的微观结构。一般的规律是温度升高，聚合速率增加，聚合度下降。但这种影响主要体现在对各种速率常数（k_d、k_p、k_t、k_{tr}）和频率因子上。具体通过 Arrhenius 方程 $k=Ae^{-E/RT}$ 或 $\ln k=\ln A-\dfrac{E}{RT}$ 进行组合处理，找出变化规律与结论。

1. 温度对聚合速率的影响

以引发剂引发为例，根据式(2-16)可得综合聚合速率常数 k 为：

$$k=k_p\left(\frac{k_d}{k_t}\right)^{\frac{1}{2}} \tag{2-39}$$

将各速率常数写成 Arrhenius 方程形式，并代入上式中，取对数，处理得：

$$\ln\left[k_p\left(\frac{k_d}{k_t}\right)^{\frac{1}{2}}\right]=\ln\left[A_p\left(\frac{A_d}{A_t}\right)^{\frac{1}{2}}\right]-\frac{[E_p+(E_d/2)-(E_t/2)]}{RT} \tag{2-40}$$

如果定义聚合速率的综合频率因子为 A_R，综合活化能为 E_R，则：

$$A_R=A_p\left(\frac{A_d}{A_t}\right)^{\frac{1}{2}} \tag{2-41}$$

$$E_R=E_p+\frac{E_d}{2}-\frac{E_t}{2} \tag{2-42}$$

将式(2-16)取对数，并将式(2-41)和式(2-42)代入，得：

$$\ln R_p=\ln A_R+\ln(f[I])^{\frac{1}{2}}[M]-E_R/RT \tag{2-43}$$

将上式微分得：

$$\frac{d\ln R_p}{dT}=\frac{E_R}{RT^2} \tag{2-44}$$

一般情况下，综合活化能为 $E_R>0$，所以随着聚合温度的升高，聚合速率增加。

但也并不是温度越高越好，最高也不能超过聚合极限温度 T_C。因为超过 T_C 会发生负增长反应，即 T_C 时存在增长与负增长的平衡。

$$M_n\cdot+M\underset{k_{dp}}{\overset{k_p}{\rightleftharpoons}}M_{n+1}\cdot$$

平衡时增长反应速率与负增长速率相等。即

$$k_p[M_n\cdot][M]_C=k_{dp}[M_{n+1}\cdot] \tag{2-45}$$

当 n 很大时，$[M_n\cdot]\approx[M_{n+1}\cdot]$，则

$$k_p[M]_C=k_{dp} \tag{2-46}$$

式中 $[M]_C$——平衡时单体浓度；

k_{dp}——负增长速率常数。

应用 Arrhenius 方程式将两速率常数变形，并代入式(2-46)之中，取对数，重排得：

$$\begin{aligned}T_C&=\frac{E_p-E_{dp}}{R\ln(A_p[M]_C/A_{dp})}\\&=\frac{\Delta H}{R\ln(A_p/A_{dp})+R\ln[M]_C}\\&=\frac{\Delta H}{\Delta S+R\ln[M]_C}\end{aligned} \tag{2-47}$$

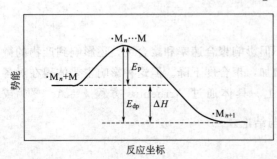

图 2-12 活化能与聚合热的关系

式中 ΔH——聚合热；

ΔS——聚合熵；

E_{dp}——负增长反应活化能；

A_p——链增长频率因子；

A_{dp}——负增长反应频率因子。

可由图 2-12 中得出，聚合热 $\Delta H=E_p-E_{dp}$。

由式(2-46)知，在任何一个单体浓度下都有一个对应的极限温度，或者说任何

一个温度下都有一个平衡浓度。表 2-23 是几种单体的聚合极限温度和平衡浓度。

表 2-23 几种单体的聚合极限温度和平衡浓度

单体	25℃下[M]/(mol/L)	T_C 纯单体/℃	单体	25℃下[M]/(mol/L)	T_C 纯单体/℃
醋酸乙烯酯	1×10^{-9}	—	甲基丙烯酸甲酯	1×10^{-3}	220
丙烯酸甲酯	1×10^{-9}	—	α-甲基苯乙烯	2.2	61
苯乙烯	1×10^{-6}	310			

表中的数据说明，α-甲基苯乙烯溶液在 25℃ 下，浓度低于 2.2 mol/L 时，就不能聚合。纯 α-甲基苯乙烯在 61℃ 以上就不能聚合。

常用引发剂的分解活化能 E_d 在 104～146.5 kJ/mol，现以 120 kJ/mol 为例，而 E_p 取 30 kJ/mol，E_t 取 16 kJ/mol，代入式(2-42)，得 $E_R = 83$ kJ/mol 左右。这说明在 50～60℃ 下聚合，每升高 10℃，速率常数增加 2～3 倍。

氧化还原引发体系的分解活化能 E_d 为 42～63 kJ/mol，则聚合的综合活化能为 42～50 kJ/mol，约为非氧化还原引发体系的一半，因此氧化还原引发体系聚合速率较快，可在较低温度下进行聚合。

纯光引发时，$E_d = 0$，所以 E_R 约为 5 kJ/mol，表明光引发聚合对温度不敏感，可以在较低温度下进行聚合。

2. 温度对聚合度的影响

(1) 无链转移反应

由式(2-26)得聚合度综合常数 $k_{\overline{X}_n}$：

$$k_{\overline{X}_n} = \frac{k_p}{(k_d k_t)^{\frac{1}{2}}} \tag{2-48}$$

将各速率常数写成 Arrhenius 方程形式，并代入上式中，取对数，处理得：

$$\ln\left[\frac{k_p}{(k_d k_t)^{\frac{1}{2}}}\right] = \ln\left[\frac{A_p}{(A_d A_t)^{\frac{1}{2}}}\right] - \frac{[E_p-(E_d/2)-(E_t/2)]}{RT} \tag{2-49}$$

聚合度的综合频率因子 $A_{\overline{X}_n}$ 和综合活化能 $E_{\overline{X}_n}$ 分别为：

$$A_{\overline{X}_n} = \frac{A_p}{(A_d A_t)^{\frac{1}{2}}} \tag{2-50}$$

$$E_{\overline{X}_n} = E_p - \frac{E_d}{2} - \frac{E_t}{2} \tag{2-51}$$

将式(2-26)取对数，并将式(2-49)、式(2-50)、式(2-51)代入，整理得：

$$\ln \overline{X}_n = \ln A_{\overline{X}_n} + \ln\left[\frac{[M]}{2(f[I])^{\frac{1}{2}}}\right] - \frac{E_{\overline{X}_n}}{RT} \tag{2-52}$$

将式(2-52)微分得：

$$\frac{d\ln \overline{X}_n}{dT} = \frac{E_{\overline{X}_n}}{RT^2} \tag{2-53}$$

代入引发剂引发各基元反应速率常数的活化能，计算得 $E_{\overline{X}_n}$ 约为 −63 kJ/mol。结果表明聚合度随温度的升高而降低。

对于纯光引发体系，$E_d = 0$，可算得 $E_{\overline{X}_n} = +5$ kJ/mol，则聚合度将随温度升高略有增加。

(2) 有链转移反应

由于存在式(2-31)关系，使得 $\overline{X}_n$ 与温度的关系更加复杂，影响程度的大小取决于式中右边各项所占的比重大小。若以向溶剂 S 转移为主，则根据式(2-37)，并按上述方法处理得：

$$-\ln\left[\frac{[M]}{[S]}\left(\frac{1}{\overline{X}_n}-\frac{1}{(\overline{X}_n)_0}\right)\right]=\ln\frac{k_p}{k_{trS}}=\ln\frac{A_p}{A_{trS}}-\frac{(E_p-E_{trS})}{RT} \tag{2-54}$$

一般 E_{trS} 比 E_p 大 21～42 kJ/mol，所以 (E_p-E_{trS}) 一般为－21～－42 kJ/mol，则说明产物的聚合度随温度升高而降低。

温度对聚合度的特殊影响是聚氯乙烯，其产物的聚合度只取决于温度。

3. 温度对大分子微观结构的影响

温度对大分子结构的影响主要指随温度的变化，大分子的支链、立体异构、顺反异构有所变化。

(1) 温度对大分子支链的影响

由于向大分子转移常数随温度的升高而增加，所以大分子的支链数也随温度的升高而增加。如－45℃下制得的聚氯乙烯无支链，而 45℃制得的就有支链。在高温（180～200℃）、高压（1.47×10^2～2.45×10^2 MPa）合成的高压聚乙烯就含有许多长支链和短支链。

(2) 温度对立体异构的影响

由于长链链端自由基可以绕碳碳键旋转，没有固定的构型，所以，自由基聚合形成的大分子链多是无规结构。但其中的全同和间同立构体并不完全相等。一般情况是间同部分随温度降低而增加。如图 2-13 和表 2-24 所示。

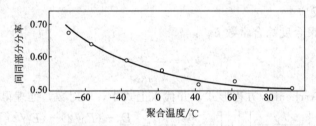

图 2-13　氯乙烯自由基聚合时间同立构与聚合温度的关系

不同的单体结构，其聚合产物的立体异构情况也有差异，如 60℃聚合得到的聚氯乙烯几乎完全无规。而 100℃聚合得到的聚甲基丙烯酸甲酯间同分率占 73%。这主要是由于后者的取代基较多，使相邻结构单元的取代基间的斥力较大所造成。

表 2-24　甲基丙烯酸甲酯自由基聚合时温度对立体异构的影响

温度/℃	k_s/k_i	间同部分的分率	温度/℃	k_s/k_i	间同部分的分率
－78	7.4	0.88	100	2.7	0.73
－40	—	0.86	150	—	0.67
0	3.8	0.79	250	—	0.64
60	3.2	0.76			

温度对聚双烯烃顺反构型的影响　双烯烃聚合时，存在有 1,2-结构、顺-1,4-结构和反-1,4-结构。以丁二烯聚合为例：

$$\begin{array}{ccc}
\ce{+CH2-CH+}_n & \ce{+CH2\quad CH2+} & \ce{+CH2} \\
\ce{|} & \ce{\quad CH=CH} & \ce{\quad CH=CH} \\
\ce{CH=CH2} & & \ce{\quad CH2+} \\
\text{1,2-结构} & \text{顺-1,4-结构} & \text{反-1,4-结构}
\end{array}$$

在很广的温度范围内，自由基聚合所得聚丁二烯含 15%～20%的 1,2-结构，低温有利于反 1,4-结构的形成，可达 80%～85%。顺 1,4-结构随聚合温度升高而增加，最后达到一稳定数值,约 25%。表 2-25 和表 2-26 列出了温度对自由基聚丁二烯和氯丁二烯构型的影响。

表 2-25　温度对自由基聚丁二烯构型的影响

聚合温度/℃	各 种 构 型 分 数			聚合物熔点/℃
	1,2-	顺 1,4-	反 1,4-	
−20	—	—	0.78~0.84	37±1
−10	0.159	0.066	0.775	33±1
0	0.179	0.091	0.730	23±1
25	0.188	0.129	0.683	23±1
50	0.209	0.148	0.643	0±1
75	0.198	0.241	0.561	—
100	0.201	0.254	0.545	—

表 2-26　温度对自由基聚氯丁二烯构型的影响

聚合温度/℃	1,4-/%	1,4-加成的组成/%	
		顺	反
−40	99	5.0	95.0
−10	—	7.2	92.8
10	93	9.8	90.2
40	96.91	11.4	88.6
50	87	12.3	87.7
100	84	16.1	83.9

(三) 压力的影响

压力对聚合反应的影响是通过对单体浓度、速率常数和平衡常数的变化来影响的。工业上大多数气相单体(如氯乙烯、偏二氯乙烯、四氟乙烯、氟乙烯等)是在 5~10 MPa 压力下进行聚合的,它的主要作用是增加单体浓度,进而提高聚合速率。在高压下速率和平衡常数都会发生变化,如高压聚乙烯的聚合压力为 100~300 MPa。

压力对聚合的影响与温度对聚合的影响一样,是通过链引发速率常数、链增长和链终止速率常数体现出来的。压力 p 与速率常数的关系为:

$$\frac{\mathrm{dln}k}{\mathrm{d}p}=\frac{-\Delta V^{\neq}}{RT} \tag{2-55}$$

式中,$\Delta V^{\neq}$ 是活化体积,即从反应物到过渡状态的体积变化(cm^3/mol)。$\Delta V^{\neq}$ 为负值,即过渡状态比反应物体积小,因此,随压力升高反应速率常数增加。$\Delta V^{\neq}$ 为正值,则过渡状态的体积大于反应物体积,因此,压力升高会降低反应速率常数。

引发剂热分解引发的聚合反应,$\Delta V^{\neq}$ 写成 $\Delta V_d^{\neq}$,由于引发剂分解是体积增加过程(一个引发剂分子变为两个自由基),即 $\Delta V_d^{\neq}$ 为正值,所以,随压力升高引发速率降低。$\Delta V_d^{\neq}$ 一般是在 4~13 cm^3/mol 范围内,对多数引发剂而言,$\Delta V_d^{\neq}$ 在 5~10 cm^3/mol 范围内。如果聚合体系没有笼蔽效应,则 $\Delta V_d^{\neq}$ 在 4~5 cm^3/mol 之间。链增长反应是体积减小的过程,所以 $\Delta V_p^{\neq}$ 为负值,多数单体的 $\Delta V_p^{\neq}$ 在 −15~−24 cm^3/mol 之间。双基终止反应 $\Delta V_t^{\neq}$ 范围在 −13~−25 cm^3/mol 之间(虽然双基终止是体积减小的过程,$\Delta V_t^{\neq}$ 应该为负,但由于压力升高,造成黏度增加而降低了 k_t)。

1. 压力对聚合速率的影响

将式(2-39)代入式(2-55)得:

$$\frac{\mathrm{dln}[k_p(k_d/k_t)^{\frac{1}{2}}]}{\mathrm{d}p}=\frac{-\Delta V_R^{\neq}}{RT} \tag{2-56}$$

式中 $\Delta V_R^{\neq}$——影响聚合反应速率的总活化体积。可由下式给出：

$$\Delta V_R^{\neq} = \Delta V_p^{\neq} + \frac{\Delta V_d^{\neq}}{2} - \frac{\Delta V_t^{\neq}}{2} \qquad (2-57)$$

例如，苯乙烯、醋酸乙烯酯、甲基丙烯酸甲酯和甲基丙烯酸丁酯的 $\Delta V_R^{\neq}$ 分别为：$-17.1\ cm^3/mol$、$-17.2\ cm^3/mol$、$-15.6\ cm^3/mol$ 和 $-26.3\ cm^3/mol$，即 $\Delta V_R^{\neq}$ 为负值。

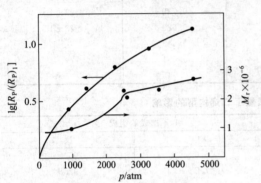

图 2-14 压力对苯乙烯聚合速率
和相对分子质量的影响
聚合温度：60℃；引发剂：过氧化二苯甲酰
$R_P/(R_P)_1$ 是加压下的聚合速率与
1atm 下聚合速率之比
（1atm＝0.101325MPa）

多数单体的 $\Delta V_R^{\neq}$ 在 $-15\sim-20\ cm^3/mol$ 左右。因此，升高压力会增加聚合速率，如图 2-14 所示。但需要注意的是，压力对 R_p 的影响要比温度对 R_p 的影响小。对于一个 $\Delta V_R^{\neq} = -25 cm^3/mol$ 和 $E_R = 80kJ/mol$ 的聚合反应，在 50℃时，当压力从 0.1MPa 升高到 400MPa 时，所增加的 R_p 相当于温度从 50℃ 升高到 105℃ 所增加的 R_p 值。升高温度比增加压力要容易得多，所以工业生产上，只有当聚合反应温度一开始就比较高的时候，才使用高压聚合反应，如高压聚乙烯。

对于热聚合反应，$\Delta V_R^{\neq}$ 负值较大，可达 $-26\ cm^3/mol$ 左右，因此，加压对热聚合的加速比较明显。

2. 压力对聚合度的影响

将式(2-48) 代入式(2-55) 得：

$$\frac{d\ln[k_p/(k_d k_t)^{\frac{1}{2}}]}{dp} = \frac{\Delta V_{\overline{X}_n}^{\neq}}{RT} \qquad (2-58)$$

式中 $\Delta V_{\overline{X}_n}^{\neq}$——聚合度的总活化体积，可用下式表示：

$$\Delta V_{\overline{X}_n}^{\neq} = \Delta V_p^{\neq} - \frac{\Delta V_d^{\neq}}{2} - \frac{\Delta V_t^{\neq}}{2} \qquad (2-59)$$

在大多数情况下，$\Delta V_{\overline{X}_n}^{\neq}$ 为负值，为 $-20\sim-25\ cm^3/mol$。因此，高聚物聚合度随压力的升高而增加。并且，因为 $\Delta V_{\overline{X}_n}^{\neq}$ 比 $\Delta V_R^{\neq}$ 负值绝对值更大，也就是说，$\overline{X}_n$ 随压力的变化比 R_P 随压力变化更明显。但是，实践证明并非如此，如图 2-14 所示，苯乙烯聚合在 3000atm 以后 M_r 变化就很缓慢。原因是压力升高到一定数值以后再增加，单体链转移比双基终止更重要，即单体链转移对聚合度（或相对分子质量）起决定作用。

因为链转移反应的活化体积也是负值，所以可以预期随温度的升高，链转移速率也会增加。但是链转移常数随压力的变化，并不依据压力对增长反应速率常数和链转移反应速率常数的相对影响而定。只有在链转移剂 S 的链转移是主要的情况下，C_S 才根据下式随压力变化。

$$\frac{d\ln C_S}{dp} = \frac{d\ln(k_{trS}/k_p)}{dp} = \frac{-(\Delta V_{trS}^{\neq} - \Delta V_p^{\neq})}{RT} \qquad (2-60)$$

式中 $\Delta V_{trS}^{\neq}$——链转移活化体积。

对于某些链转移剂，$\Delta V_{trS}^{\neq} < \Delta V_p^{\neq}$，则 C_S 随压力增加而增加；但对有些链转移剂，结果却相反。如苯乙烯聚合时，压力从 0.1MPa 增至 440MPa 时，三乙胺的链转移常数减小到 1/5，而四氯化碳的 C_S 却仅降低 15%。这里有意义的是乙烯高压聚合时，分子内的链转移随压力的增加而降低。

3. 压力对大分子结构的影响

压力对大分子结构的影响研究最多的是高压聚乙烯。乙烯高压下聚合通过分子内的转移产生了许多支链，这种支链的数目随聚合的压力增加而减少。如在 81MPa 下制得聚乙烯每 500 个单体单元带 35 个支链，而在 304MPa 下生产的聚乙烯，却只有 8 个支链，数据说明链转移速率常数随压力的增加而降低。

4. 压力对聚合极限温度的影响

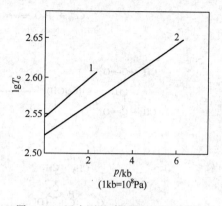

图 2-15 压力对聚合极限温度的影响
1—四氢呋喃；2—α-甲基苯乙烯

压力对聚合极限温度的影响呈线性关系，如图 2-15 所示。即随压力的增加聚合极限温度增加。

通过上面对阻聚剂、温度、压力的分析及 R_p 和 $\overline{X}_n$ 对引发剂浓度、单体浓度的定量描述，知道事物多是矛盾的。如单体精制、贮运要加入阻聚剂，而聚合时必须没有阻聚剂；温度升高聚合速率增加，而产物的聚合度却下降；引发剂浓度和单体浓度增加，聚合速率增加，而产物的聚合度却降低；虽然升高压力对聚合速率和聚合度都有利，但对聚合设备却要求严格。因此，对聚合影响因素的控制要全面综合分析利弊后再确定，原则上是以保证产品质量为根本，合理确定各种反应条件。

六、拓展知识

（一）自由基聚合新引发体系

1. 铈（Ⅳ）离子氧化还原引发体系

过渡金属 Ce 离子或由 Ce 与醇、醛、酮、胺等还原剂组成的氧化还原引发体系能有效引发烯烃单体聚合和接枝共聚。

（1）Ce 离子-乙酰苯胺组成的引发体系

$$Ce^{4+} + H_2O \rightleftharpoons [Ce(OH)]^{3+} + H^+$$

(2) Ce 离子-1,3-二酮组成的引发体系

$$Ce^{4+} + H_2O \rightleftharpoons [Ce(OH)]^{3+} + H^+$$

乙酰丙酮 + $[Ce(OH)]^{3+}$ → 络合物中间体 → 烯醇式中间体 → 自由基产物 + H_2O + Ce^{3+}

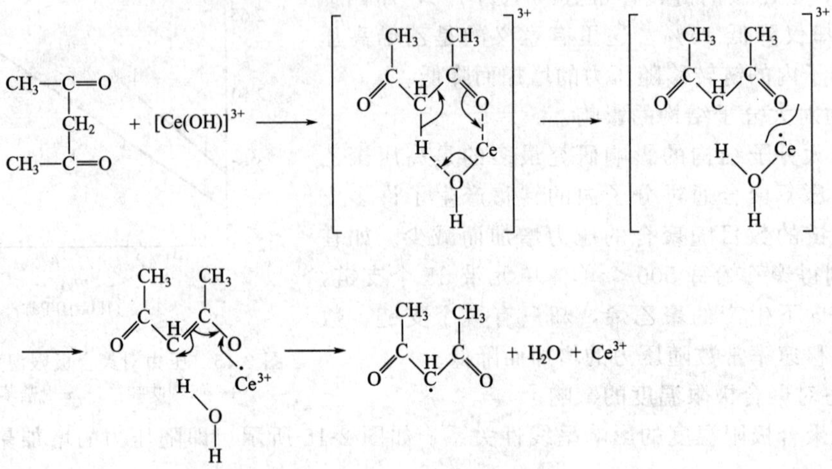

(3) Ce 离子-乙酰基乙酰苯胺组成的引发体系

$$Ce^{4+} + H_2O \rightleftharpoons [Ce(OH)]^{3+} + H^+$$

$RCOCH_2CONHAr + [Ce(OH)]^{3+}$ →
- → $RCO\dot{C}HCONHAr$
- → $RCOCHCON\dot{A}r$

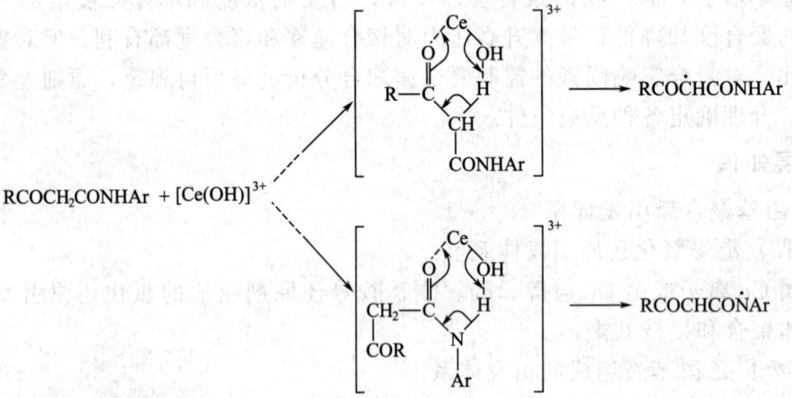

2. 光引发-转移-终止剂

光引发转移终止剂分为热分解和光分解型两类,主要包括常见的 N,N-二乙基二硫代氨基甲酸苄酯(BDC)、N,N-双(二乙基二硫代氨基甲酸)对苯二甲酯(BETC)等和较新的 2-N,N-二乙基二硫代氨基甲酰氧基乙酸乙酯(EDCA)、2-N,N-二乙基二硫代氨基甲酰氧基乙酰对甲苯胺(TDCA)、2-N,N-二乙基二硫代氨基甲酰氧基乙酸苄酯。后几种化合物的结构如下:

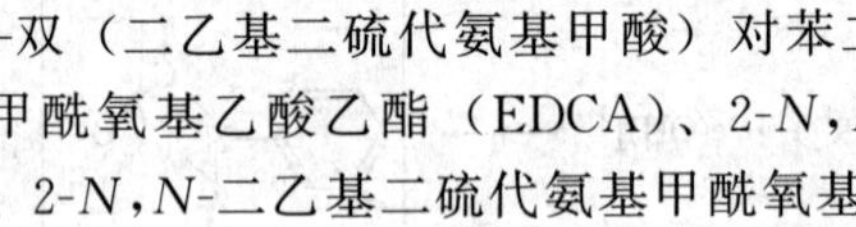

TDCA: CH_3-C$_6$H$_4$-NH-CO-CH$_2$-S-C(=S)-N(C$_2$H$_5$)$_2$

RO-CO-CH$_2$-S-C(=S)-N(C$_2$H$_5$)$_2$
- 当 R=C_2H_5 时,则为 EDCA
- 当 R=C_4H_9 时,则为 BDCA
- 当 R=$CH_2C_4H_5$ 时,则为 BzDCA

用通式表示此类引发剂的引发聚合过程如下,并且产物具有"活性"自由基聚合的

特征。

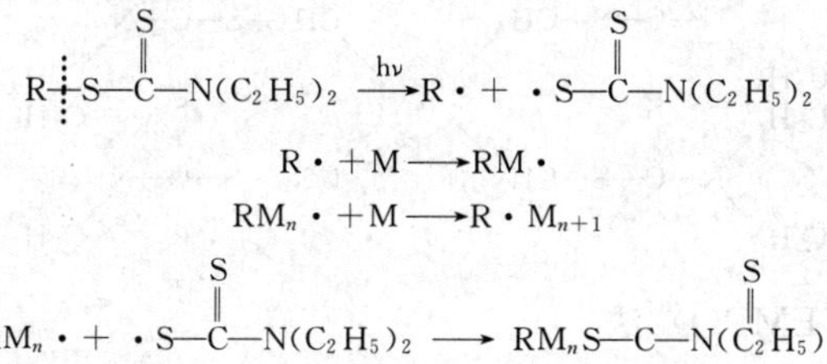

$$R\!-\!\!S\!-\!\overset{S}{\overset{\|}{C}}\!-\!N(C_2H_5)_2 \xrightarrow{h\nu} R\cdot + \cdot S\!-\!\overset{S}{\overset{\|}{C}}\!-\!N(C_2H_5)_2$$

$$R\cdot + M \longrightarrow RM\cdot$$

$$RM_n\cdot + M \longrightarrow R\cdot M_{n+1}$$

$$RM_n\cdot + \cdot S\!-\!\overset{S}{\overset{\|}{C}}\!-\!N(C_2H_5)_2 \longrightarrow RM_nS\!-\!\overset{S}{\overset{\|}{C}}\!-\!N(C_2H_5)_2$$

式中的 R· 分别为:
$$\begin{cases} CH_3\!-\!\!\!\bigcirc\!\!\!-NH\!-\!\overset{O}{\overset{\|}{C}}\!-\!CH_2 \\ \bigcirc\!-\!CH_2\!-\!O\!-\!\overset{O}{\overset{\|}{C}}\!-\!CH_2 \\ CH_3\!-\!CH_2\!-\!O\!-\!\overset{O}{\overset{\|}{C}}\!-\!CH_2 \\ CH_3\!-\!CH_2\!-\!CH_2\!-\!CH_2\!-\!O\!-\!\overset{O}{\overset{\|}{C}}\!-\!CH_2 \end{cases}$$

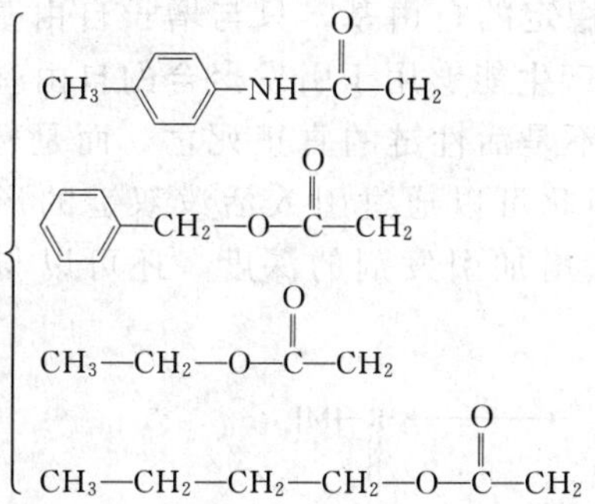

(二) 活性自由基聚合

目前研究比较多的活性自由基聚合的体系与方法主要有引发-转移-终止剂 (Iniferter) 法、自由基捕捉剂 (TEMPO) 法、可逆加成-断裂链转移自由基聚合 (RAFT) 法、原子转移自由基聚合 (ATRP) 法等几种形式。

1. 引发-转移-终止剂 (Iniferter) 法

该法主要是借用集引发、转移和终止功能于一体的特殊引发剂来实现活性自由基聚合的。这类化合物基本上可以分为热活化型和光活化型两大类，其聚合过程如下：

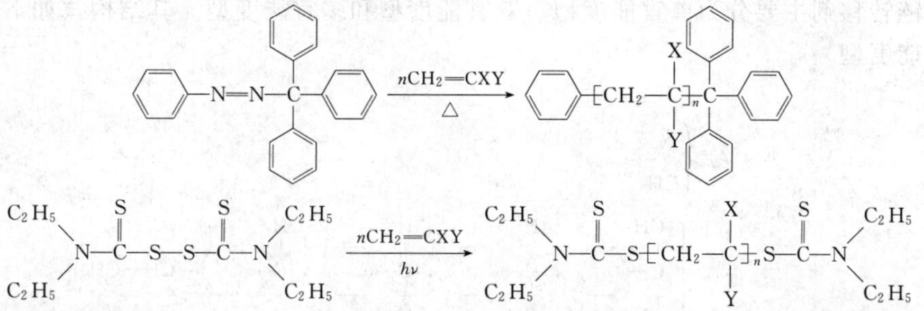

研究表明：光活化型比热活化型更有效；可以用于苯乙烯、甲基丙烯酸甲酯、丙烯酸甲酯、醋酸乙烯酯、丙烯腈、甲基丙烯腈等单体的活性自由基聚合。常见的光活化型引发-转移-终止剂按官能团数量多少分为单官能度型、双官能度型、多官能度型，其中单官能度型与前面的光引发-转移-终止剂结构式相同，因此此处重点介绍双官能度型和多官能度型的结构式，具体如下：

双官能度型

多官能度型

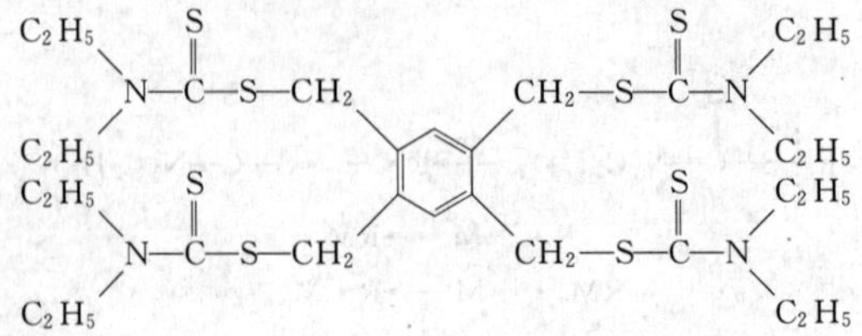

2. 自由基捕捉剂（TEMPO）法

虽然自由基捕捉剂（TEMPO）是稳定的自由基，只与增长自由基发生偶合形成共价键，但这种共价键在高温下又可以分解产生能够用于引发聚合的自由基。实际上自由基捕捉剂（TEMPO）捕捉增长自由基后，不是活性链的真正死亡，而是暂时的失去活性，其过程如下。由于此类聚合速度较慢，因此可以通过引入活泼双键的形式改进氮氧自由基的活性，也可以通过滴加引发剂的方法增加引发剂的深度，还可以与其他引发剂进行混合使用。

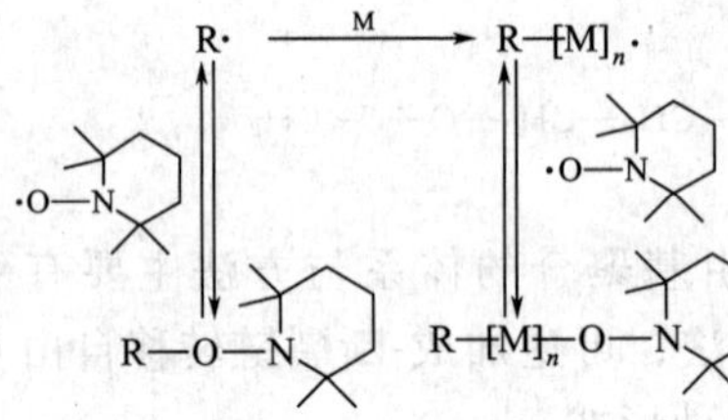

3. 可逆加成-断裂链转移自由基聚合（RAFT）法

其原理是利用具有高链转移常数和特定结构的链转移剂双硫酯（ZCS2R）使增加链自由基的可逆链终止转化为增长链自由基的可逆链转移。

这类链转移剂主要分为单官能度型、双官能度型和多官能度型。其结构式如下：

单官能度型

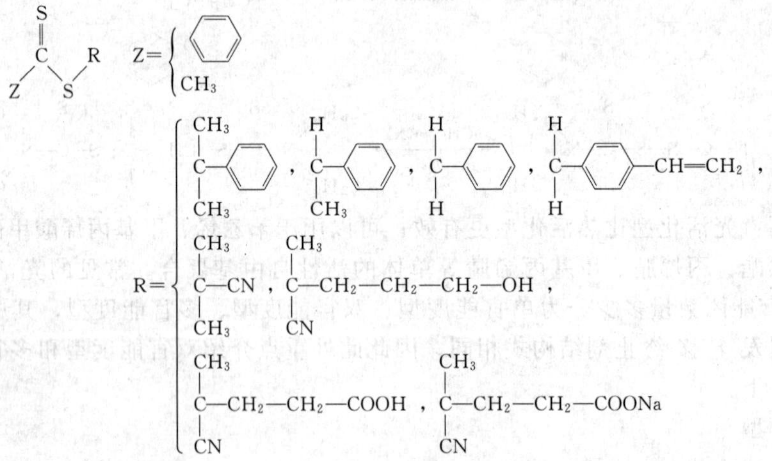

双官能度型

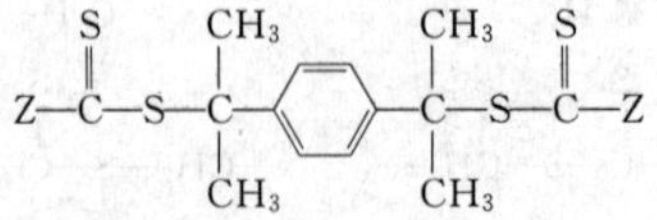

多官能度型

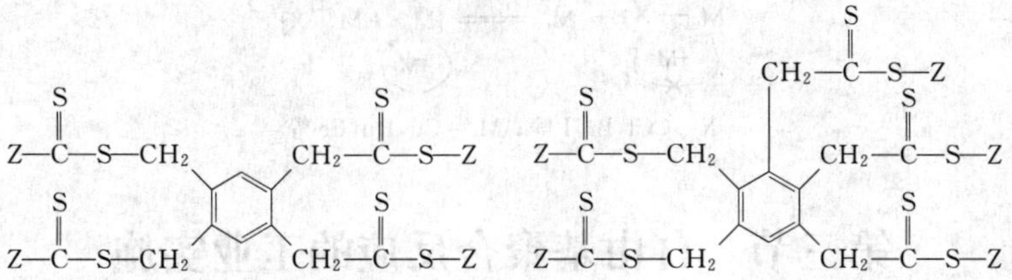

可逆加成-断裂链转移自由基聚合的过程如下：

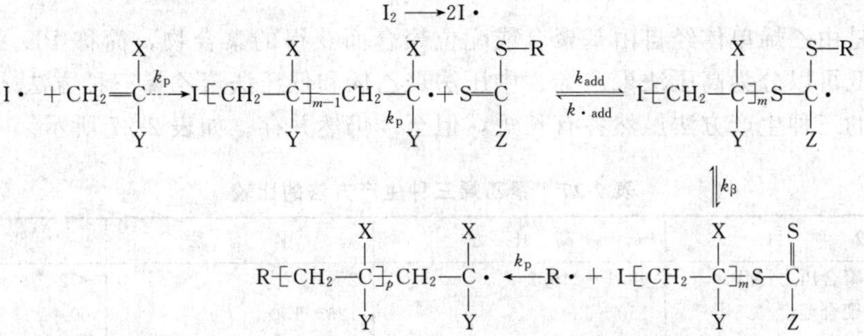

$$I_2 \longrightarrow 2I\cdot$$

$$I\cdot + CH_2=\underset{Y}{\overset{X}{C}} \xrightarrow{k_p} I\text{-}(CH_2\text{-}\underset{Y}{\overset{X}{C}})_{m-1}\text{-}CH_2\text{-}\underset{Y}{\overset{X}{C}}\cdot + \underset{Z}{\overset{S}{C}}=S\text{-}R \underset{k_{\cdot add}}{\overset{k_{add}}{\rightleftharpoons}} I\text{-}(CH_2\text{-}\underset{Y}{\overset{X}{C}})_m\text{-}\underset{Z}{\overset{S\text{-}R}{\underset{|}{C}}}\cdot$$

$$\updownarrow k_\beta$$

$$R\text{-}(CH_2\text{-}\underset{Y}{\overset{X}{C}})_p\text{-}CH_2\text{-}\underset{Y}{\overset{X}{C}}\cdot \xleftarrow{k_p} R\cdot + I\text{-}(CH_2\text{-}\underset{Y}{\overset{X}{C}})_m\text{-}\underset{Z}{\overset{S}{\underset{|}{C}}}=S$$

4. 原子转移自由基聚合（ATRP）法

原子转移自由基聚合（ATRP）法是由过渡金属催化原子转移自由基加成（ATRA）衍变而来。适合于苯乙烯及取代苯乙烯类、通用甲基丙烯酸酯类、带功能基团的甲基丙烯酸酯类的聚合。常见的原子转移自由基聚合（ATRP）引发剂有如下几种。

单官能度型

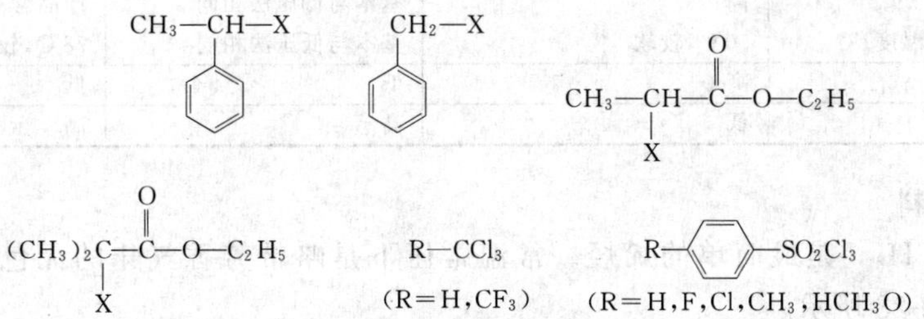

双官能度型

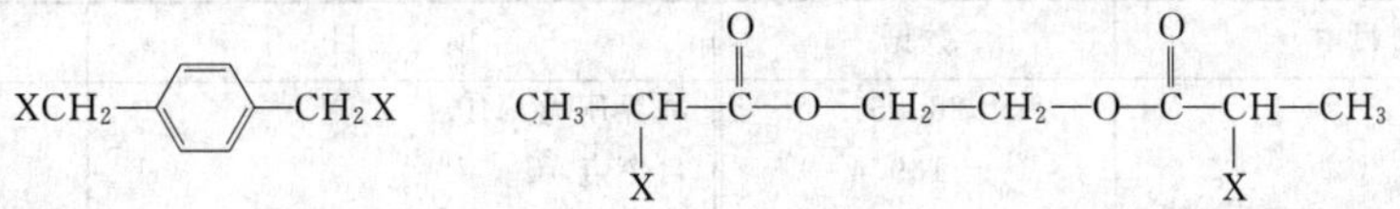

多官能度型

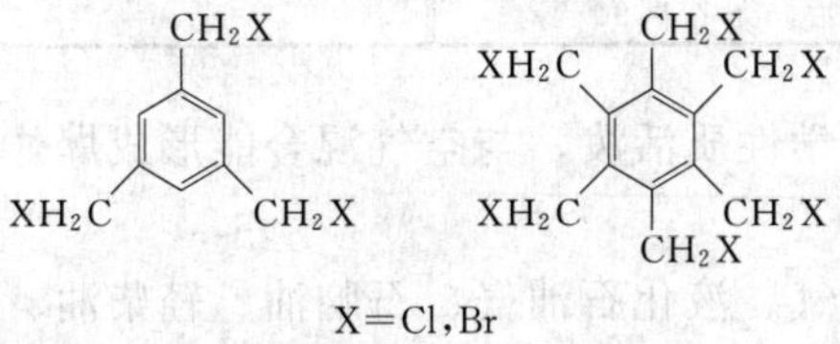

$$X=Cl, Br$$

原子转移自由基聚合（ATRP）反应原理如下：

链引发

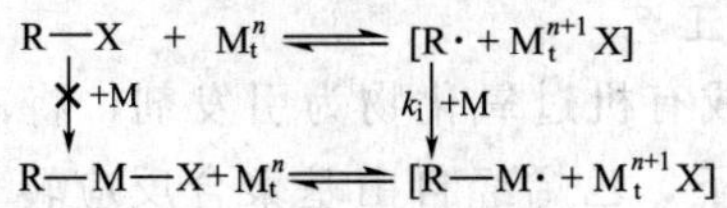

$$R\text{-}X + M_t^n \rightleftharpoons [R\cdot + M_t^{n+1}X]$$
$$\downarrow +M \qquad \downarrow k_i +M$$
$$R\text{-}M\text{-}X + M_t^n \rightleftharpoons [R\text{-}M\cdot + M_t^{n+1}X]$$

链增长

$$M_n-X + M_t^n \rightleftharpoons [M_n\cdot + M_t^{n+1}X]$$

$X=CCl, Br, I$ 等；$M_t=Cu, Ru, Fe$ 等

第三节　自由基聚合反应的工业实施

一、低密度聚乙烯的生产

聚乙烯是由乙烯单体经自由基聚合或配位聚合而获得的聚合物，简称 PE。按照聚乙烯生产压力高低可以分为高压法聚乙烯、中压法聚乙烯和低压法聚乙烯三种方法。

聚乙烯的三种生产方法虽然各有长短，但至今仍然并存。如表 2-27 所示。

表 2-27　聚乙烯三种生产方法的比较

比较项目		高压法	中压法	低压法
操作条件	聚合压力/MPa	98.1~245.2	2~7	<2
	聚合温度/℃	150~330	125~150	60
	引发剂	微量氧或有机过氧化物	金属氧化物	齐格勒-纳塔引发剂
转化率/%		16~27	接近100	接近100
反应机理		自由基型	配位离子型	配位离子型
实施方法		气相本体聚合	液相悬浮聚合	液相悬浮聚合
工艺流程		简单	复杂	复杂
结构性能	大分子支化程度	高	介于两者之间	大分子排列整齐
	相对密度	低(0.910~0.925)	居中(0.926~0.940)	高(0.941~0.970)
	纯度	高	基本与低压法相同	产品含有引发剂残基
	热变形温度/℃	50℃，较软	基本与低压法相同	78℃，较硬
建设投资		高	低	低
操作费用		低	高	高

（一）主要原料

乙烯 $CH_2=CH_2$，是最简单的烯烃。常温常压下是略带芳香气味的无色可燃性气体。其物理常数如表 2-28 所示。

表 2-28　乙烯的物理参数

项目	数据	项目	数据
相对分子质量	28.05	临界压力/MPa	4.97
熔点/℃	−169.4	自燃点/℃	537
沸点/℃	−103.8	聚合热/(kJ/mol)	95
相对密度(液体，−103.8℃)	0.5699	爆炸极限/%	3.02~34
临界温度/℃	9.90		

乙烯几乎不溶于水，化学性质活泼，与空气混合能形成爆炸性混合物。是石油化工的一种基本原料。

乙烯的来源于液化天然气、液化石油气、石脑油、轻柴油、重油或原油等经裂解产生的裂解气中分出，也可以由焦炉煤气分出，还可以由乙醇催化脱水制得。

（二）低密度聚乙烯的生产工艺

乙烯高压聚合是以微量氧或有机过氧化物为引发剂，将乙烯压缩到 147.1~245.2MPa 高压下，在 150~290℃ 的条件下，乙烯经自由基聚合反应转变为聚乙烯的聚合方法。也是

工业上采用自由基型气相本体聚合的最典型方法,还是工业上生产聚乙烯的第一种方法,至今仍然是生产低密度聚乙烯的主要方法。

1. 聚合原理

乙烯在高温高压下按自由基聚合反应机理进行聚合。由于反应温度高,容易发生向大分子的链转移反应,产物为带有较多长支链和短支链的线型大分子。经测试所得大分子链中平均 1000 个碳原子的主链上带有 20～30 个支链,其结构参考第一章有关链转移的内容。同时由于支链较多,造成高压法聚乙烯的产物的结晶度低,密度较小,故高压聚乙烯称为低密度聚乙烯。

2. 主要工艺条件

(1) 乙烯纯度

聚合级乙烯气体的规格要求,纯度不低于 99.9%。乙烯的露点不大于 223K,其他杂质含量如表 2-29 所示。

表 2-29 聚合级乙烯气体的规格要求

项目	数据	项目	数据
乙烯含量/%	≥99.9	$CO_2/(cm^3/m^3)$	0.5
甲烷,乙烷/(cm^3/m^3)	50	$H_2/(cm^3/m^3)$	0.5
乙炔/(cm^3/m^3)	0.5	S(按 H_2S 计)/(cm^3/m^3)	0.1
氧/(cm^3/m^3)	0.1	$H_2O/(cm^3/m^3)$	0.1
CO/(cm^3/m^3)	0.5		

纯度低,聚合缓慢,杂质多,产物相对分子质量低。其中特别严格控制对乙烯聚合有害的乙炔和一氧化碳的含量,因为这两种物质参加反应后,会降低产物的抗氧化能力,影响产物的介电性能等。

(2) 引发剂

以氧为引发剂时,用量必须严格控制在乙烯量的 0.003%～0.007%,防止气体在高压下发生爆炸。以有机过氧化物为引发剂时,将有机过氧化物溶解于液体石蜡中,配制成 1%～25% 的引发剂溶液。

(3) 相对分子质量调节剂

工业生产中为了控制聚乙烯的相对分子质量(或熔融指数),适量加入调节剂(如烷烃中的乙烷、丙烷、丁烷、己烷、环己烷;烯烃中的丙烯、异丁烯;氢;丙酮和丙醛等),最常用的是丙烯、丙烷、乙烷等。

其纯度要求为:丙烯纯度＞99.0%(体积分数);丙烷纯度＞97%(体积分数);乙烷纯度＞95%(体积分数)。它们的杂质含量:炔烃＜$40cm^3/m^3$;S 含量＜$0.3cm^3/m^3$;氧含量＜$0.2cm^3/m^3$。

(4) 聚合温度

取决于引发剂种类。以氧为引发剂温度控制在 230℃ 以上;以有机过氧化物为引发剂时,温度控制在 150℃ 左右。

(5) 聚合压力

108～245MPa,高低依据聚乙烯生产牌号确定。压力愈大,产物相对分子质量愈大。

(6) 聚合转化率与产率

聚合转化率为 16%～27%(单程),即采用低转化率聚合,未转化的乙烯经冷却器冷却后循环使用,总产率高达 95%。聚合时进料温度为 40℃,乙烯-聚乙烯混合物出料温度 160～280℃,大部分反应热由离开反应器的物料带走。反应器夹套冷却只能除去部分热量。

(7) 聚合产物的相对分子质量测定

低密度聚乙烯树脂的数均相对分子质量控制在 10000~50000，重均相对分子质量控制在 100000 以上。测定方法采用"熔融指数（MI）"法，以熔融指数的大小表示其相应的相对分子质量及流动性。一般生产控制的熔融指数为 0.3、0.4、0.5、0.7、2.0、2.5、5.0、7.0、20 等，相应的数均相对分子质量如表 2-30 所示。

表 2-30 低密度聚乙烯熔融指数与数均相对分子质量的对照表（部分）

熔融指数	数均相对分子质量	熔融指数	数均相对分子质量	熔融指数	数均相对分子质量
20.9	24000	1.8	32000	0.005	53000
6.4	28000	0.25	48000	0.001	76000

3. 乙烯高压聚合生产工艺流程

乙烯高压聚合生产工艺流程如图 2-16 所示。主要生产过程分为压缩、聚合、分离和掺和四个工段。

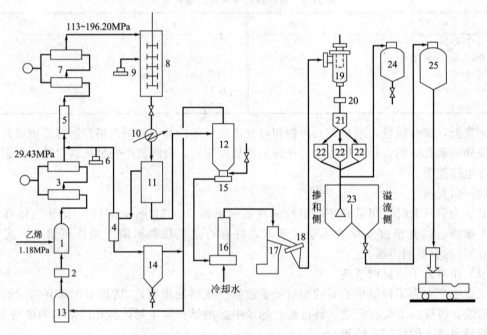

图 2-16 高压聚乙烯生产工艺流程

1—乙烯接收器；2—辅助压缩机；3——次压缩机；4—低聚物分离器；5—气体混合器；
6—调节剂注入泵；7—二次压缩机；8—聚合釜；9—引发剂泵；10—产物冷却器；
11—高压分离器；12—低压分离器；13—乙烯接收器；14—低聚物分液器；15—齿轮泵；
16—切粒机；17—脱水贮槽；18—振动筛；19—旋风分离器；20—磁力分离器；
21—缓冲器；22—中间贮槽；23—掺和器；24—等外品贮槽；25—合格品贮槽

来自于总管的压力为 1.18MPa 的聚合级乙烯进入接收器 (1)，与来自辅助压缩机 (2) 的循环乙烯气混合。经一次压缩机 (3) 加压到 29.43MPa，再与来自于低聚物分离器 (4) 的返回乙烯一起进入混合器 (5)，由泵 (6) 注入调节剂丙烯或丙烷。气体物料经二次压缩机 (7) 加压到 113~196.20MPa（具体压力根据聚乙烯牌号确定），然后进入聚合釜 (8)，同时，由泵 (9) 连续向反应器内注入微量配制好的引发剂溶液，使乙烯进行高压聚合。

从聚合釜出来的聚乙烯与未反应的乙烯经反应器底部减压阀减压进行冷却器 (10)，冷却至一定温度后进入高压分离器 (11)，减压至 24.53~29.43MPa，分离出来的大部分未反应的乙烯与低聚物，经过低聚物分离器（4），分离出低聚物后，乙烯返回混合器（5）循环使用；低聚物在低聚物分液器（14）中回收夹带的乙烯后排出。由高压分离器（11）出来的聚乙烯物料（含少量未反应的乙烯），在低压分离器（12）中减压至 49.1kPa，其中分离出来的残余乙烯进入乙烯接收器（13）。在低压分离器底部加入抗氧剂、抗静电剂等后，与熔融状态的聚乙烯一起经挤压齿轮泵（15）送至切粒机（16）进行水下切粒。切成的粒子和冷却水一起到脱水贮槽（17）脱水，再经振动筛（18）过筛后，料粒用气流送到掺和工段。

用气流送来的料粒首先经过旋风分离器（19）中，通过气固分离后，颗粒落入磁力分离器（20）以除去夹带的金属粒子，然后进入缓冲器（21）。缓冲器中料粒经过自动磅秤和三通换向阀进入三个中间贮槽（22）中的一个，取样分析，合格产品进入掺和器（23）中进行气动循环掺和；不合格产品送至等外品贮槽（24）进行掺合或贮存包装。

掺和均匀后的合格产品——聚乙烯颗粒气流送至合格品贮槽（25）贮存，然后用磅秤称量，装袋后送入成品仓库。

高压法生产聚乙烯的流程比较简单，产品性能良好，用途广泛，但对设备和自动控制要求较高。

4. 聚合反应设备

现在工业采用的乙烯高压聚合反应器可以分为釜式反应器和管式反应器两种。不同反应器聚合情况比较如表 2-31 所示。

表 2-31　乙烯高压聚合采用釜式反应器与管式反应器的比较

比较项目	釜式反应器高压法	管式反应器高压法
压力	108～245.2MPa，可保持稳定	约为 323.6MPa，管内产生压力降
温度	可严格控制在 130～280℃范围内	可高达 330℃，管内温度差较大
反应器带走的热量	<10%	<30%
平均停留时间	10～120s	与反应器的尺寸有关，60～300s
生产能力	可在较大范围内变化	取决于反应管的参数
物料流动状况	在每一反应区内充分混合	接近柱塞式流动，中心至管壁表面为层流
反应器内表面清洗方法	不需要特别清洗	用压力脉冲法清洗
共聚条件	可在广泛范围内共聚	只可以与少量第二种单体共聚
能否防止乙烯分解	反应容易控制，可防止乙烯分解	难以防止偶然的分解
产品相对分子质量的分布	窄	宽
长支链	多	少
微粒凝胶	少	多

（1）釜式反应器

材质为优质合金钢，形状为圆筒形，L/D 为 4～20，带有 1000～2000r/min 的高速搅拌器。生产中可以单釜操作，也可以两釜串联操作。釜内（L/D 较大）搅拌轴上带有分区挡板，适合于单线操作。容积为 $1m^3$ 的釜式反应器，单线生产能力为 100000t/a。最大特点是生产易控，产品多样。

（2）管式反应器

L/D 为 300～40000。内径为 25～75mm 的高压合金钢管。最长的管式反应器在 900m 以上。一般分为二段式，第一段是聚合引发段，第二段是冷却（温度不能低于 130℃，以防止聚乙烯凝固）段。

（三）低密度聚乙烯的结构、性能、用途

1. 聚乙烯的结构

乙烯的化学组成为碳和氢，重复结构单元为—CH_2—CH_2—，是主链由碳原子组成的线型高聚物。依据聚合方法的不同,其产物结构不同,高压法合成的聚乙烯平均每1000个碳原子中含15~20个支链,其中短支链为甲基和长支链为烷基(如正丁基等),而中压法和低压法合成的聚乙烯基本上无支链。由于结构的不同,其结晶度和相对密度不同,高压聚乙烯的相对分子质量为25000~50000,结晶度为50%~60%,相对密度为0.91~0.93,熔融温度为115℃,一般称为低密度聚乙烯。

2. 聚乙烯的性能

(1) 一般性能

聚乙烯树脂为无毒、无味的白色粉末或颗粒,外观呈乳白色,有似蜡的手感,吸水率低,小于0.01%。聚乙烯膜透明,并随结晶度的提高而降低。聚乙烯膜的透水率低但透气性较大,不适于保鲜包装而适于防潮包装。易燃、氧指数为17.4,燃烧时低烟,有少量熔融落滴,火焰上黄下蓝,有石蜡气味。聚乙烯的耐水性较好。制品表面无极性,难以黏合和印刷,经表面处理有所改善。支链多其耐光降解和耐氧化能力差。

(2) 力学性能

聚乙烯的力学性能一般,拉伸强度较低,抗蠕变性不好,耐冲击性好。冲击强度LDPE>LLDPE>HDPE,其他力学性能LDPE<LLDPE<HDPE。主要受密度、结晶度和相对分子质量的影响,随着这几项指标的提高,其力学性能增大。耐环境应力开裂性不好,但当相对分子质量增加时,有所改善。耐穿刺性好,其中LLDPE最好。

(3) 热学性能

聚乙烯的耐热性不高,随相对分子质量和结晶度的提高有所改善。耐低温性能好,脆性温度一般可达-50℃以下,并随相对分子质量的增大,最低可达-140℃。聚乙烯的线膨胀系数大,最高可达$(20\sim24)\times10^{-5}/K$,热导率较高。

(4) 电学性能

因聚乙烯无极性,所以具有介电损耗低、介电强度大的优异电性能,既可以做调频绝缘材料、耐电晕性塑料,又可以做高压绝缘材料。

(5) 环境性能

聚乙烯属于烷烃惰性聚合物,具有良好的化学稳定性。在常温下耐酸、碱、盐类水溶液的腐蚀,但不耐强氧化剂如发烟硫酸、浓硝酸和铬酸等。聚乙烯在60℃以下不溶于一般溶剂,但与脂肪烃、芳香烃、卤代烃等长期接触会溶胀或龟裂。温度超过60℃后,可少量溶于甲苯、乙酸戊酯、三氯乙烯、松节油、矿物油及石蜡中;温度高于100℃,可溶于四氢化萘。

由于聚乙烯分子中含有少量双键和醚键,其耐候性不好,日晒、雨淋都会引起老化,需要加入抗氧剂和光稳定剂改善。具体性能见附录表3(一)。

(6) 加工特性

因LDPE、HDPE的流动性好,加工温度低,黏度大小适中,分解温度低,但在惰性气体中300℃也不分解,所以是一种加工性能很好的塑料。但LLDPE的黏度稍高,需要增加电机功率20%~30%;易发生熔体破裂,需增加口模间隙和加入加工助剂;加工温度稍高,可达200~215℃。聚乙烯的吸水率低,加工前不需要干燥处理。

聚乙烯熔体属于非牛顿流体,黏度随温度的变化波动较小,随剪切速率的增加而下降较快,并呈线性关系,其中以LLDPE的下降最慢。

聚乙烯制品在冷却过程中容易结晶,因此,在加工过程中应注意模温,以控制制品的结晶度,使之具有不同的性能。聚乙烯的成型收缩率大,在设计模具时一定要考虑。

聚乙烯的熔体流动速率与制品种类的关系如表2-32所示。

表 2-32 聚乙烯熔体流动速率与制品种类的关系

用途	熔体流动速率/(g/10min)		
	LDPE	LLDPE	HDPE
吹塑薄膜	0.3～8.0	0.3～3.3	0.5～8.0
重包装薄膜	0.1～1.0	0.1～1.6	3.0～6.0
挤出平膜	1.4～2.5	2.5～4.0	—
单丝、扁丝	—	1.0～2.0	0.25～1.2
管材、型材	0.1～5.0	0.2～2.0	0.1～5.0
中空吹塑容器	0.3～0.5	0.3～1.0	0.2～1.5
电缆绝缘层	0.2～0.4	0.4～1.0	0.5～8.0
注塑制品	1.5～50	2.3～50	2.0～20
涂覆	20～200	3.3～11	5.0～10
旋转成型	0.75～20	1.0～25	3.0～20

3. 聚乙烯的用途

聚乙烯的用途如表 2-33 所示。

表 2-33 聚乙烯的用途

用途	所占树脂的比例	制品
薄膜类制品	LDPE 的 50% HDPE 的 10% LLDPE 的 70%	用于食品、日用品、蔬菜、收缩、自粘、垃圾等轻质包装膜、地膜、棚膜保鲜膜等 重包装膜、撕裂膜、背心袋等 包装膜、垃圾袋、保鲜膜、超薄地膜等
注塑制品	HDPE 的 30% LDPE 的 10% LLDPE 的 10%	日用品如：盆、筒、篓、盒等，周转箱、瓦楞箱、暖瓶壳、杯、台、玩具等
中空制品	以 HDPE 为主	用于装食品油、酒类、汽油及化学试剂等液体的包装筒，中空玩具
管材类制品	以 HDPE 为主	给水、输气、灌溉、穿线、吸管、笔芯用的管材，化妆品、药品、鞋油、牙膏等用的管材
丝类制品	圆丝用 HDPE 扁丝用 HDPE 和 LLDPE	渔网、缆绳、工业滤网、民用纱窗等 纺织袋、布、撕裂膜
电缆制品	以 LDPE 为主	电缆绝缘和保护材料
其他制品	HDPE、LLDPE LDPE	打包带 型材

二、聚甲基丙烯酸甲酯的生产

聚甲基丙烯酸甲酯俗称"有机玻璃"，也被称为"亚克力"，是甲基丙烯酸甲酯的聚合物，简称 PMMA。它是具有较高软化点、较好冲击强度和耐气候性，清澈、无色透明的热塑性塑料。

（一）主要原料

甲基丙烯酸甲酯结构式为 $CH_2=C-COOCH_3$
                              $\quad\quad\quad|$
                              $\quad\quad\quad CH_3$

1. 甲基丙烯酸甲酯的理化性能

甲基丙烯酸甲酯在常温常压下是带有特殊气味的无色、透明液体，易溶于有机溶剂中。基本物理常数如表 2-34 所示。

表 2-34 甲基丙烯酸甲酯的物理常数

项目	数据	项目	数据
相对分子质量	100	闪点(闭口)/℃	10
熔点/℃	−48.8	折光指数	1.4118
沸点/℃	100.6	聚合热/(kJ/mol)	56.5
相对密度	0.936	爆炸极限(体积分数)/%	2.12～12.5

由于分子结构中含有不饱和双键、结构不对称,易发生聚合反应。酯基可以发生水解、醇解、氨解等反应。

2. 来源

有两条路线:一条是合成路线,它又分为丙酮氰醇法和异丁烯氧化法;另一条路线是废有机玻璃在270℃以下解聚。

(二) 聚甲基丙烯酸甲酯的生产工艺

1. 聚合原理

甲基丙烯酸甲酯的聚合反应主要按自由基聚合机理进行。其引发方式可以是光、热或引发剂。可以按本体、悬浮、溶液、乳液聚合等方法实施工业生产。聚合时,体系的氧气浓度、单体的浓度、聚合温度、溶剂种类、引发剂用量等对产物的性能都有影响。如图2-17、图2-18、图2-19所示。

甲基丙烯酸甲酯主要采用本体聚合生产有机玻璃;采用乳液聚合生产模塑粉;采用乳液聚合生产皮革或织物处理剂。溶液聚合生产油漆,但应用较少。

在利用本体聚合生产有机玻璃时,最关键的问题是如何控制克服甲基丙烯酸甲酯聚合过程中的"凝胶效应"和聚合过程体积收缩问题。

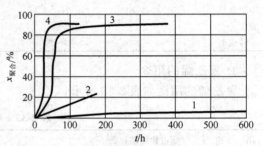

图2-17 氧对甲基丙烯酸甲酯聚合反应的影响
(反应温度:65℃,无光线)
1—无氧;2—氧气 1.013kPa;
3—氧气 10.13kPa;4—氧气 0.1013kPa

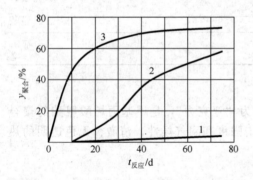

图2-18 不同浓度的 MMA 的聚合速度溶剂
苯;聚合温度:50℃
1—5% MMA;2—10% MMA;3—20% MMA

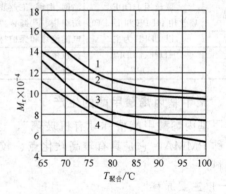

图2-19 PMMA 的相对分子质量与反应
温度及引发剂浓度的关系
1—无引发剂;2—0.1% BPO;3—0.5% BPO;4—1.0% BPO

2. 生产工艺

(1) 本体聚合浇注法生产板、棒、管状有机玻璃

① 透明有机玻璃板材的间歇生产 有机玻璃板材的主要生产过程为:制模、制浆(预聚合)、灌浆、聚合、脱膜等。更详细的过程如图2-20所示。

制模 将一定规格的光洁平整、无光学畸变、去毛边的硅玻璃板,依次用5%的氢氧化钠溶液、稀盐酸洗涤,再用蒸馏水洗涤干净并烘干。根据厚度要求,将符合标准的橡胶条用聚乙烯醇胶水浸后,再用玻璃纸包扎成适用的垫条。然后将垫条夹在两块玻璃板的四周(注

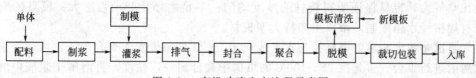

图 2-20 有机玻璃生产流程示意图

意留灌浆口),用聚乙烯醇或其他黏性物质严格涂封,再用垫有橡皮的不锈钢夹子夹牢。

制浆 又称预聚合。是按配方将纯度为 98.5% 以上的单体和引发剂、增塑剂、脱模剂等加入预聚釜内,启动搅拌器,向夹套内通入蒸汽升温至 75~85℃,保持 5~10min,停止加热。釜内物料因聚合放热会自动升温至 90~92℃,维持 15min 后,向夹套通冷却水降温至 84℃ 左右,经过 15min 后,将物料放入用夹套冷冻盐水冷却的釜中,快速搅拌冷却至 18~20℃,所得浆液供灌浆使用。

预聚合的目的:缩短聚合反应的诱导期,利用"凝胶效应"的提前出现,在灌模前移出较多的聚合热,保证产品的质量;减少聚合时的体积收缩,通过预聚合可以使收缩率小于 12%(正常由 MMA 聚合成 PMMA 体积收缩率为 20%~22%);浆液黏度大,可以减少灌模的渗漏损失。

灌浆 将预聚浆液通过漏斗灌入模具中。根据生产的板材厚度不同一般采取不同的灌浆方法。

厚度小于 4mm 的板材,先灌浆,之后竖直置于进片架直接进入水箱,依靠水的压力将空气排出,使浆液布满模具,立即封合。

厚度 5~6mm 的板材,在竖直灌浆后将空气排出,使浆液布满模板,立即封合。

厚度 8~20mm 的板材,为防止料液过重使模板挠曲破裂,而把模具放在可以倾斜的卧车上,灌浆后立即垂直排气封口。如图 2-21 所示。

厚度 20~50mm 的板材,采用水压灌浆法,即先将模具放入水箱中,在模具被水淹没一半左右时开始灌浆,随着浆料的进入模具逐渐下沉,待料液充满模具后,迅速密封,在操作过程中要避免水进入模具内。如图 2-22 所示。

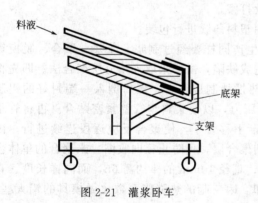

图 2-21 灌浆卧车　　图 2-22 水压法灌浆

聚合 可以采用水浴法和空气浴法。

水浴法是将灌好浆料的模具放入恒温水箱中静置 1~2h 后通入蒸汽升温。聚合温度与聚合时间依据板材的厚度而定,如厚度小于 20mm 的板材,其操作条件为:35~50℃ 聚合 30~38h;65~100℃ 聚合 3~5h,然后降温 45~65℃ 后送去脱模。水浴法的优点是:反应容易控制,聚合产物的相对分子质量差异较小,有利于提高产品的抗磨性和抗溶剂性;利用水中压力比空气大,容易保证所得板材的厚度均匀。不足之处是劳动强度大;模具的密封严格;板材规格受水箱限制,难以生产特大型板材。

空气浴法是将灌浆后的模具按与水平线成15°~20°的斜度置于聚合车上,然后将聚合车推至烘房内进行聚合。首先在85~100℃的烘房中聚合到一定黏度,将溶解于浆液中的空气全部排出并降温至35~45℃,将模具放平,再送至另一烘房,在40~60℃低温聚合,再在90~100℃进行高温聚合,最后降温到60~70℃送去脱模。空气浴法的优点是:制模和密封没有水浴法严格;由于聚合温度较高(100℃下),能缩短聚合时间,并有利于提高板材的耐热性和硬度;可以生产大型板材。不足之处是由于空气的导热性差,对模具没有压力,故增加了操作技术上的难度。

脱模 聚合后的模子,用模具刀插入缝中微加压力即可脱模,若有困难可用温水加热有助于脱模。脱模后的片状物经修边、裁剪、检验、分级后即可包装入库。

② 不透明有机玻璃板材的连续生产 不透明有机玻璃板材连续生产过程如图2-23所示。

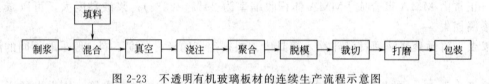

图2-23 不透明有机玻璃板材的连续生产流程示意图

制浆 可以采取预聚或用单体溶解PMMA树脂的方法制浆。

混合 按一定的比例将各种填料、引发剂及改性单体等与浆料进行混合。

真空 在混合设备中进行减压处理,以消除物料中所混入的气泡。

浇注 采用连续浇注的方式,将消除气泡的混合物料浇注在事先覆有耐热、耐油塑料薄膜的连续传送钢带上,当物料自动平整后再覆盖耐热塑料薄膜,之后送入连续加热系统。

聚合 在连续传送的钢带上,通过连续聚合,其关键是通过快速反应使板材固化。

脱模 将粘覆在板材上下的塑料薄膜脱除,并加以回收。

裁切 用自动连续裁切机,按一定长度对板材进行裁切。

打磨 将裁切后的板材先后通过三次的连续打磨。

包装 将打磨合格后的板材进行打印,并用塑料薄膜进行包装。

③ 有机玻璃棒材的生产 有机玻璃棒材的生产同样要经过制浆、灌浆、聚合、脱模等过程。为了克服棒材因单体聚合收缩不均匀而造成缺陷,需要采取连续分层聚合法。即先将单体、引发剂、增塑剂、脱模剂等于80℃下加热搅拌制成浆料,然后倒入一端封好的铝制圆管中,将管直立并通入N_2使管内保持一定的压力,以便浆料与管壁紧密贴合。再将管子底部置于70~80℃的水浴中进行聚合,然后逐渐下移管子,使聚合反应逐段连续进行。由于管内上部浆料为流动状态,使压力容易传递到聚合层,可防止径向收缩,未聚合的单体会自然流下以补充可能出现的孔隙。铸塑长1.2m、直径10mm的棒约需6h,而同样长度、直径50mm的棒则需要24h。聚合完毕,取出冷却。因树脂的热膨胀系数比做模具的铝大些,所以树脂冷却后容易脱模。

④ 有机玻璃管材的生产 用铝管作模具,先将一端封闭,根据要求厚度灌入预制浆液,用N_2赶出空气,将铝管另一端封闭。沿水平轴向方向将模具以200~300r/min的速度旋转,管外喷淋热水,浆液即均匀分布于管壁并进一步聚合生成壁厚一致的有机玻璃管。

(2) 悬浮聚合

由于悬浮聚合制得的PMMA相对分子质量分布较均匀,流动性好,所以常用于做模塑粉、做注射成型的原料。

① 普通 PMMA 模塑粉的生产

采用的配方（质量份）一例：

甲基丙烯酸甲酯	100	去离子水	200	过氧化苯甲酰	0.08
聚甲基丙烯酸（5%）	20	$NaH_2PO_4 \cdot 12H_2O$	10		

聚合过程：将去离子水、聚甲基丙烯酸、$NaH_2PO_4 \cdot 12H_2O$ 加入带搅拌装置的不锈钢或搪瓷聚合釜内，搅拌均匀，再将引发剂溶于单体中然后加入釜内，夹套内通蒸汽加热，在 40min 内逐步升温至 82℃，停止加热。并向夹套通冷却水维持聚合温度不超过（82±5）℃，约 1h 后，再通入蒸汽加热至 93℃保持 40min，降温至 65℃放料，经过过滤、洗涤、干燥至含水量小于 1%，然后经热轧（也可以加入染料等）再粉碎、过筛即得模塑粉。

② 医用 PMMA 模塑粉的生产

配方（质量份）一例：

甲基丙烯酸甲酯	100	过氧化苯甲酰	0.73	去离子水	600
聚乙烯醇	0.036	聚甲基丙烯酸（0.1%）	25.7		

聚合过程与上面的普通模塑粉生产过程类似。

制得的模塑粉经筛分后，取 40～120 目粉料为牙托粉用料；120 目以上粉料为造牙粉用料。

（三）聚甲基丙烯酸甲酯的结构、性能与用途

1. 聚甲基丙烯酸甲酯的结构

聚甲基丙烯酸甲酯是含 70%～75%间同立构的线型热塑性高聚物。因为它不具有完全的规整结构，而且有庞大的侧基，因此是无定形的。如果采用配位聚合也可以得到全同立构或间同立构聚甲基丙烯酸甲酯。

2. 聚甲基丙烯酸甲酯的性能

聚甲基丙烯酸甲酯的具体性能如附录表 3（三）所示。

（1）光学性能

聚甲基丙烯酸甲酯为高度透明的无定型热塑性塑料，具有十分优异的光学性能，透光率可达 90%～92%，折射率为 1.49，并可透过大部分紫外线和红外线。

（2）力学性能

聚甲基丙烯酸甲酯是一种质轻而坚韧的材料，在常温下具有优良的拉伸强度、弯曲强度和压缩强度；但冲击强度一般，且对缺口敏感较大；表面硬度一般，易于划伤，耐磨性较低，抗银纹能力较差。

（3）热学性能

聚甲基丙烯酸甲酯的氧指数为 17.3，属于易燃塑料，燃烧有花果臭味；耐热温度不高，长期使用温度仅为 80℃。

（4）电学性能

由于分子中极性较大，其电性能不如聚乙烯好，其介电常数较大；主要用作高频率绝缘材料。

（5）环境性能

聚甲基丙烯酸甲酯的耐候性好，长期在户外使用，性能下降很小。

聚甲基丙烯酸甲酯中酯基的存在使其耐溶剂性能一般，只耐碱、稀酸及水溶性无机盐、长链烷烃、油脂、醇类及汽油等；不耐芳烃、氯代烃，如四氯化碳、苯、二甲苯、二氯乙烷及氯仿等。

（6）加工性能

聚甲基丙烯酸甲酯熔体属于非牛顿流体，黏度变化主要受螺杆转速的影响。其熔体的黏度比 PE、PS 等高，对温度的敏感性也比其他非牛顿流体类塑料高。

聚甲基丙烯酸甲酯对加工温度比较敏感，成型温度在 180～230℃，加工温度范围比较窄，超过 260℃ 以上即分解。因此加工时要严格控制温度，以防止过热。

聚甲基丙烯酸甲酯在加工前需要进行干燥处理，使其含水量在 0.02% 以下。干燥条件：先在 100～110℃ 干燥 4h，再于 70～80℃ 干燥 2h，料层厚度应小于 30mm。

聚甲基丙烯酸甲酯的熔体黏度较大，成型中易产生内应力。为得到尺寸精度高的制品，必须在 85℃ 下进行缓慢退火处理。

3. 聚甲基丙烯酸甲酯的用途

照明及采光：常用于灯罩、汽车、轮船、飞机上的窗玻璃及挡风玻璃、仪表窗、展示窗、广告窗、天花板、照明板等。

光学仪器：各种光学镜片如眼镜、放大镜及透镜等，信息传播材料如光盘及光纤等。

医学材料：用于牙科材料如牙托、假牙以及假肢材料等。

日用品：各种产品模型、标本及工艺美术品等，各种纽扣、发夹、儿童玩具、笔杆及绘图仪器等。

不透明的 PMMA 产品主要用于厨房间、浴间的台面和浴盆、洗菜盆等。

三、聚氯乙烯的生产

聚氯乙烯是由氯乙烯单体经自由基聚合而成的聚合物，简称 PVC。它是最早实现工业化的树脂品种之一，在 20 世纪 60 年代以前是产量最大的树脂品种，60 年代后退居第二位。近年来，由于 PVC 合成原料丰富、合成路线的改进、树脂中氯乙烯单体含量的降低、价格低廉，在化学建材等应用领域中的用量日益扩大，其需求量增加很快，地位逐渐加强。

按相对分子质量的大小可以将 PVC 分为通用型和高聚合度两类。通用型 PVC 的平均聚合度为 500～1500，高聚合度型的平均聚合度为 1700 以上。常用的是第一种类型。

80%～85% 的 PVC 树脂是通过悬浮聚合合成的，其次是乳液聚合合成的。

树脂按形态可以分为粉状和糊状两种，粉状树脂常用于生产压延和挤出制品，糊状树脂常用于人造革、壁纸、儿童玩具及乳胶手套等。

按树脂结构不同可以分为紧密型和疏松型两种，其中疏松型呈棉花团状，可以大量吸收增塑剂，常用于软制品的生产；紧密型呈乒乓球状，吸收增塑剂能力低，主要用于硬制品的生产。

PVC 树脂的牌号以黏度和平均聚合度大小表示，如表 2-35 所示。

表 2-35 PVC 树脂的牌号、特性及用途

新牌号	旧牌号	K 值	特性黏度	平均聚合度	用途
SG-1	—	77～75	154～144	1800～1650	高级绝缘材料
SG-2	XS(J)-1	75～73	143～136	1650～1500	绝缘材料、软制品
SG-3	XS(J)-2	73～71	135～127	1500～1350	绝缘材料、膜、鞋
SG-4	XS(J)-3	71～69	126～118	1350～1200	膜、软管、人造革
SG-5	XS(J)-4	68～66	117～107	1150～1000	硬管、型材
SG-6	XS(J)-5	65～63	106～96	950～850	硬管、纤维、透明片
SG-7	XS(J)-6	62～60	95～85	850～750	吹塑瓶、透明片、注塑

（一）主要原料

氯乙烯结构式为：$CH_2=CHCl$

氯乙烯在常温常压下是带有乙醚香味的无色气体，容易液化。其基本物理常数如表2-36所示。

表 2-36 氯乙烯的物理常数

项目	数据	项目	数据	项目	数据
相对分子质量	62.5	临界温度/℃	156.5	熔点/℃	−153.6
沸点/℃	−13.8	闭口闪点/℃	−78	折射率	1.38
临界压力/MPa	5.59	爆炸极限(体积分数)/%	4~22	聚合热/(kJ/mol)	95.6

氯乙烯微溶于水，易溶于脂肪族和芳香族的碳氢化合物、醇、醚、酮、含氯溶剂等有机溶剂中。

氯乙烯与空气混合能形成爆炸性混合物，爆炸极限为4%~22%（体积分数）。当空气中氯乙烯的含量达75%时，对人体有麻醉作用，室内空气中允许浓度为$10cm^3/m^3$。

氯乙烯是带有极性基团的卤代烯烃，偶极矩为$4.80×10^{-30}C·m$，化学性质活泼，容易发生加成反应，在光、热和引发剂的作用下，聚合成聚氯乙烯树脂，能与丁二烯、丙烯腈、醋酸乙烯酯、丙烯酸酯、马来酸酯等进行共聚合。

氯乙烯的来源，一是乙炔电石法路线，二是联合法路线，三是乙烯氧氯化法，其中第二条路线是目前生产氯乙烯的主要路线。其中还有一条新的路线是乙烷氧氯化法。

（二）聚氯乙烯的生产工艺

1. 氯乙烯的聚合原理与方法

氯乙烯的聚合属于自由基型聚合反应。聚合时采用的引发剂为油溶性的偶氮类、有机过氧化物类和氧化-还原引发体系。反应迅速，同时放出大量的反应热。链增长的方式为头-尾相连。聚合反应过程存在着严重的增长链向单体的转移，并且是影响产物相对分子质量的主要因素，这种链转移随温度的升高而加快。

在本体聚合和乳液聚合中因有凝胶效应而产生"自动加速"，其主要原因是氯乙烯聚合物或增长链不溶于氯乙烯单体之中所造成。

氯乙烯聚合实施方法可以采用本体聚合、悬浮聚合、乳液聚合和溶液聚合。其中，氯乙烯的溶液聚合因生产成本高，除特殊涂料生产使用外，其应用较少。

氯乙烯聚合实施方法的选择要根据产品的用途、劳动强度、成本高低等进行合理选择。下面重点介绍氯乙烯的悬浮聚合方法。

2. 氯乙烯悬浮聚合生产工艺

（1）氯乙烯悬浮聚合的特点与技术进步

氯乙烯的悬浮聚合是生产聚氯乙烯的主要方法，具有操作简单、生产成本低、产品质量好、经济效益好、用途广泛等特点，适于大规模的工业生产。

在树脂质量上，用悬浮聚合生产的PVC树脂的孔隙率提高了300%以上，经过适当处理的树脂，其单体氯乙烯的残留量由原来的0.1%降到了0.0005%以下。同时，设备结构改进、大型化和采用计算机数控联机质量控制，使批次之间树脂质量更加稳定。

另外，清釜技术、大釜技术和残留单体回收技术的发展，减少了开釜次数，进而减少了氯乙烯单体的释放量；采用烧结、冷凝或吸收方法汽提产品和处理废气，进一步减少了氯乙烯单体的消耗。

（2）氯乙烯悬浮聚合工艺条件

① 单体纯度 用于悬浮聚合的氯乙烯单体纯度在99.9%以上，其他杂质的含量如表2-37所示。

表 2-37　氯乙烯单体杂质含量要求

组　分	含量/%	组　分	含量/%
乙烯	0.0002	乙醛	0
丙烯	0.0002	二氯化合物	0.0001
乙炔	0.0002	水	0.005
丁二烯	0.0005	HCl	0
1-丁烯-3-炔	0.0001	铁	0.00001

表 2-38　去离子水的规格

项　目	数　值	项　目	数　值
导电率/μΩ	0.5	SO_3/%	0.00001
pH 值	7.0	氯/%	0
氧含量/%	0.00001	蒸发残留物/%	0
硬度/H	0		
SiO_2/%	0		

乙炔参与聚合后，形成不饱和键使产物热稳定性变坏。不饱和多氯化物存在，不但降低聚合速率、降低产物聚合度，还容易产生支链，使产品性能变坏，"鱼眼"增多。

② 引发剂　多用有机过氧化物和偶氮类引发剂，其中有机过氧化物为过氧化二碳酸酯、过氧化酯类。它们可以单独使用，也可以两种或两种以上引发活性不同的引发剂复合使用，复合使用的效果比单独使用好，其优点是反应速率均匀，操作更加稳定，产品质量好，同时使生产安全。如图 2-24 和图 2-25 所示。

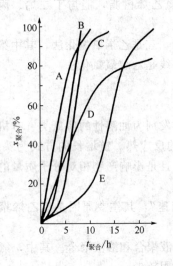

曲线	引　发　剂	用量/%	聚合温度/℃
A	过氧化乙酰基环己烷磺酸	0.05	50
B	过氧化二碳酸二异丙酯	0.05	50
C	过氧化二碳酸二环己酯	0.05	50
D	偶氮二异庚腈	0.02	55
E	过氧化十二酰	0.1	55

图 2-24　几种引发剂单独使用时的氯乙烯聚合曲线

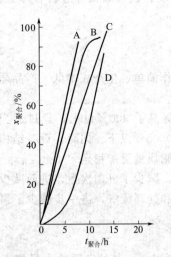

曲线	引　发　剂	用量/%	聚合温度/℃
A	过氧化二碳酸二异丙酯 偶氮二异庚腈	0.02 0.02	55
B	过氧化乙酰基环己烷磺酸 过氧化十二酰	0.02 0.2	50
C	偶氮二异庚腈 过氧化十二酰	0.02 0.03	55
D	过氧化二碳酸二环己酯 过氧化十二酰	0.02 0.2	50

图 2-25　引发剂复合使用时的氯乙烯聚合曲线

引发剂的用量可以采用下式进行估算,再通过少量实验进行调整,即可以确定。

$$I(\%) = \frac{N_r M \times 10^{-4}}{[1-\exp(-0.693t/t_{1/2})]} \tag{2-61}$$

式中　I——工业上引发剂用量(质量分数),%;

N_r——引发剂理论消耗量,等于 (1 ± 0.1) mol/t_{PVC};用 AIBN 时,取 0.9;用 DCPD、EHP 等过氧化二碳酯时,取 1.1;

M——引发剂的相对分子质量;

t——聚合时间,h;

$t_{1/2}$——引发剂分解半衰期,h。

工业生产中聚合时间一般控制在 5~10h,应用选择 $t_{1/2}$ 为 2~3h 的引发剂。如果采用复合型引发剂,最好是一种引发剂的 $t_{1/2}$ 为 1~2h,另一种引发剂的 $t_{1/2}$ 为 4~6h。

③ 分散剂　工业常用主要有明胶、聚乙烯醇、羟丙基甲基纤维素、甲基纤维素、苯乙烯-顺丁烯二酸酐等。

用明胶作分散剂,用量为单体量的 0.05%~0.2%,所得树脂的颗粒为乒乓球状,不疏松、粒度大小不均,"鱼眼"多。

用聚乙烯醇作分散剂,所得聚氯乙烯为疏松型棉花球状的多孔树脂,吸收增塑剂速度快,加工塑化性能好,"鱼眼"少,热稳定性好。

工业上常以纤维素类(如羟丙基甲基纤维素、甲基纤维素等)和醇解度 75%~90% 的聚乙烯醇为主分散剂,以非离子山梨糖醇,如一月桂酸酯、一硬脂酸酯、三硬脂酸酯等为助分散剂,两者进行复合使用效果也很好。

④ 水质与水量　氯乙烯悬浮聚合用水应是去离子水,其规格要求如表 2-38 所示,尤其水中的氯离子、铁和氧等的含量要严格控制,其中氯离子超过一定含量会造成树脂颗粒不均,"鱼眼"增多;水中的铁会降低树脂的热稳定性,并能终止反应。

水的用量与树脂内部结构有关,紧密型树脂(以明胶为分散剂)的生产,单体与水的质量比为 (1:1.1)~(1:1.3);疏松型树脂(以聚乙烯醇为分散剂)的生产,单体与水的质量比为 (1:1.4)~(1:2.0)。

⑤ 系统中的氧　因为氧对聚合有缓聚和阻聚作用,在单体自由基存在下,氧能与单体作用生成过氧化高聚物 $\pm CH_2-CHCl-O-O\pm_n$,该物质易水解成酸类,破坏悬浮液和产品的稳定性。所以,无论从聚合有角度还是从安全的角度都应将各种原料中的氧和系统中的氧彻底清除干净。

⑥ 其他助剂

pH 调节剂　氯乙烯悬浮聚合的 pH 值控制在 7~8,即在偏碱性的条件下进行聚合。这样可确保引发剂良好的分解速率,分散剂的稳定性,防止因产物裂解时产生的 HCl,造成悬浮液的不稳定,进而造成黏釜,导致清釜、传热的困难,并影响产品质量。为此需要加入水溶性碳酸盐、磷酸盐、醋酸钠等起缓冲作用的 pH 调节剂。

防止黏釜剂　在氯乙烯的悬浮聚合中,存在着黏釜现象,它不但影响聚合的传热,也影响产品的质量。另外,人工清釜劳动强度大,条件恶劣,影响工人健康。常用的防止黏釜的方法有选择合适的引发剂;在水相中加入水相阻聚剂如亚甲基蓝、硫化钠等;在釜壁、搅拌器等设备上喷涂一定量的防黏釜剂,常见的防黏釜剂如水浴黑、亚硝基 R 盐,还有多元酚的缩合物等。一旦发现有黏釜现象,应采用高压 (14.7~39.2MPa) 水冲洗法清除。

泡沫抑制剂(消泡剂)　邻苯二甲酸二丁酯、(未)饱和的 C_6~C_{20} 羧酸甘油酯等。

还有热稳定剂、润滑剂等。

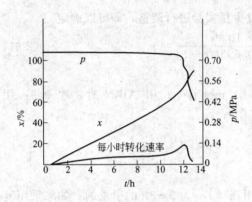

图 2-26 氯乙烯悬浮聚合压力、转化率与时间的关系

⑦ 聚合温度与压力

聚合温度 氯乙烯悬浮聚合温度在高低决定着聚合产物的相对分子质量大小，因此，当配方确定以后，必须严格控制聚合的温度。在实际生产中，一般控制在指定温度的±0.5℃范围内，最好是控制在±0.2℃范围内。并且，要确保温度控制平稳，要有降温处理手段，防止出现异常现象，一般采用大流量低温差循环方式。最好采用计算机数控联机质量控制系统。

聚合压力 在聚合温度下，氯乙烯有相应的蒸汽压力，只有在聚合末期，大量单体聚合后，压力才明显下降，如图 2-26 所示。

(3) 氯乙烯悬浮聚合生产工艺
① 工艺配方（质量份）

去离子水	100	氯乙烯	50～70
悬浮剂（聚乙烯醇）	0.05～0.5	引发剂（过氧化二碳酸二异丙酯）	0.02～0.3
缓冲剂（磷酸氢二钠）	0～0.1	消泡剂（邻苯二甲酸二丁酯）	0～0.002

② 主要工艺参数

a. 聚合
聚合温度　　　　　　　50～58℃（依 PVC 型号而定）
聚合压力　　　　　　　初始 0.687～0.981MPa
　　　　　　　　　　　结束 0.294～0.196MPa
聚合时间　　　　　　　8～12h
转化率　　　　　　　　90%

b. 碱处理
NaOH 浓度　　　　　　36%～42%
加入量　　　　　　　　聚合浆液的 0.05%～0.2%
温度　　　　　　　　　70～80℃
时间　　　　　　　　　1.5～2.0h

c. 脱水
紧密型树脂含水率　　　8%～15%
疏松型树脂含水率　　　15%～20%

d. 干燥
第一段气流干燥管干燥
干燥温度　　　　　　　140～150℃
风速　　　　　　　　　15m/s
物料停留时间　　　　　1.2s
含水率　　　　　　　　<4%

e. 第二段沸腾床干燥
干燥温度　　　　　　　120℃
物料停留时间　　　　　12min
含水率　　　　　　　　<0.3%

③ 工艺流程　氯乙烯悬浮聚合的典型工艺流程如图 2-27 所示。
悬浮聚合的过程是先将去离子水用泵打入聚合釜中，启动搅拌器，依次将分散剂溶液、

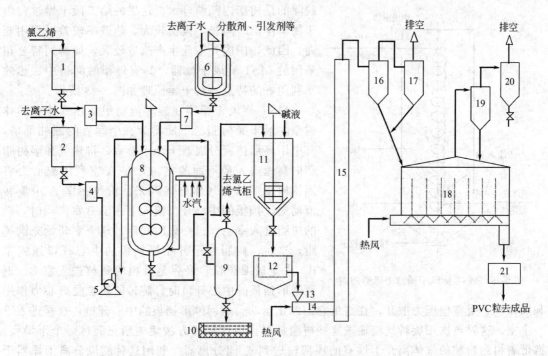

图 2-27 氯乙烯悬浮聚合工艺流程简图

1—氯乙烯计量罐；2—去离子水计量罐；3,4,7—过滤器；5—多级水泵；6—配制釜；
8—聚合釜；9—泡沫捕集器；10—沉降池；11—碱处理釜；12—离心机；13—料斗；14—螺旋输送器；
15—气流干燥管；16,17,19,20—旋风分离器；18—沸腾床干燥器；21—振动筛

引发剂及其他助剂加入聚合釜内。然后，对聚合釜进行试压，试压合格后用氮气置换釜内空气。单体由计量灌经过滤器加入聚合釜内，向聚合釜夹套内通入蒸汽和热水，当聚合釜内温度升高至聚合温度（50～58℃）后，改通冷却水，控制聚合温度不超过规定温度的±0.5℃。当转化率达60%～70%，有自加速现象发生，反应加快，放热现象激烈，应加大冷却水量。待釜内压力从最高 0.687～0.981MPa 降到 0.294～0.196MPa 时，可泄压出料，使聚合物膨胀。因为聚氯乙烯粒的疏松程度与泄压膨胀的压力有关，所以要根据不同要求控制泄压压力。

未聚合的氯乙烯单体经泡沫捕器排入氯乙烯气柜，循环使用。被氯乙烯气体带出的少量树脂在泡沫捕集器捕下来，流至沉降池中，作为次品处理。

聚合物悬浮液送碱处理釜，用浓度为 36%～42% 的 NaOH 溶液处理，加入量为悬浮液的 0.05%～0.2%，用蒸汽直接加热至 70～80℃，维持 1.5～2.0h，然后用氮气进行吹气降温至 65℃以下时，再送入过滤和洗涤。

在卧式刮刀自动离心机或螺旋沉降式离心机中，先进行过滤，再用 70～80℃热水洗涤两次。经脱水后的树脂具有一定含水量，经螺旋输送器送入气流干燥管，以 140～150℃热风为载体进行第一段干燥，出口树脂含水量小于 4%；再送入以 120℃热风为载体的沸腾床干燥器中进行第二段干燥，得到含水量小于 0.3% 的聚氯乙烯树脂。再经筛分、包装后入库。

④ 碱处理的目的 破坏残存的引发剂、分散剂、低聚物和挥发性物质，使其变成能溶于热的物质，便于水洗清除。

⑤ 树脂的干燥方法 聚氯乙烯树脂的干燥方法多是采用二段式干燥法，即气流干燥管与沸腾床干燥器结合使用，其中气流干燥管脱除的是树脂上的表面非结合水，沸腾床干燥器

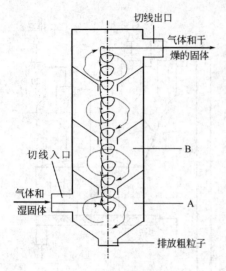

图 2-28 MST 旋风干燥器干燥原理图

脱除的是树脂内部结合水。这里的第二段干燥过程由于物料停留时间长,投资较大,热效率较差,费用较高,因此,国内外工业生产改进较大,如赫司特公司采用的 MST 旋风干燥器,具有停留时间适中、热效率利用好的特点。其干燥原理如图 2-28 所示。

MST 旋风干燥器在旋转流动中使热气体和固体树脂接触干燥树脂。干燥器为一个垂直的圆柱形塔,其中用环形挡板分成若干个干燥室,将热气和湿树脂切向高速进入最下面的室 A,在 A 室利用离心力将固体树脂颗粒与气体分离开来。粉粒在室 A 中旋转流动通过挡板的中心开口流入上一层 B 室。同时,新的树脂进入室 A,过一段时间后,这个室开始充满树脂,这时,树脂粒子开始经挡板的中心开口逸入室 B,先是最细颗粒,最后是最粗的颗粒进入室 B。返回锥形挡板的中心开口时,旋转的粉粒受离心力作用和固体粒子受室壁压力散开,在这里它们停止运动,返回锥形挡板的中心开口,这样进入下一个室。这时再次用旋转气流输送这些树脂颗粒。用这样的方法使树脂充满每一个干燥室。携带着树脂粉粒的气体离开干燥室的顶部输送到气-固分离器。利用这种旋风分离干燥器干燥的高度疏松聚氯乙烯树脂,干燥前含水量为 30%,干燥后的含水量下降到 0.2% 以下。

(4) 聚合设备

① 聚合釜的主要参数　氯乙烯悬浮聚合采用的是釜式聚合反应器。聚合釜的材质有复合钢板、全不锈钢和搪瓷三种。具体的参数如表 2-39 所示。

表 2-39　国内氯乙烯悬浮聚合釜的主要参数

材　质		复合钢釜						搪瓷釜	
体积/m³		13.5	仿朝 33	LF-30	80	国产 33	日立 127	7	14
直筒高/mm		6150	5400	5000	5000	5400	7900	3050	3700
内径/mm		1600	2600	2600	4000	2600	4200	1600	2000
高径比		3.85	2.08	1.92	1.25	2.08	1.88	1.9	1.85
传热面	夹套/m²	34.5	52	50	90	52	90	17.5	28
	内冷管/m²	—	28	20	16	15	16	—	—
夹套比传热面/(m²/m³)		2.55	1.58	—	1.12	1.85	1.12	2.5	2
搅拌桨叶形状和数量		3 层斜桨、3 层螺旋	2 层三叶桨加一小桨	3 层斜桨、3 层螺旋	6 层 45°斜叶桨	底伸式三叶后掠	3 层二叶平桨	3~4 层一枚指形	5~6 层一枚指形
挡板		无	8 组 U 形管	8 根圆管	3 组 12 根圆管	4 组圆管	一块矩形	挡板	挡板

聚合釜的趋势是大型化,国内普遍采用的是 33m³ 复合钢板釜。国外采用的聚合釜容积更大,如日本采用 127m³ 聚合釜,德国采用 200m³ 聚合釜。

② 聚合釜的传热　聚合釜的传热能力在相当程度上意味着釜的生产能力。聚合釜的传热能力可以用下式表示:

$$Q = KA\Delta t_m \tag{2-62}$$

式中　Q——传热能力或传热速度,kJ/h;
　　　K——传热系数,W/(m²·K);
　　　A——传热面积,m²;

Δt_m——传热温差,℃。

由式(2-2)可知,提高传热能力的途径有三个:一是增大传热面积;二是提高传热系数;三是增大传热温度差。

a. 传热面积 影响聚合釜传热面积的因素有聚合釜的高径比和容积。

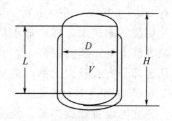

图 2-29 聚合釜的高径比

高径比 如图 2-29 所示,高径比等于 L/D。高径比越大(瘦长型),则釜的传热面积越大;$L/D=1$ 时,釜的传热面积最小。

高径比的大小不仅影响釜的传热面积,还影响搅拌器的安装。按日本日立公司的观点是,当釜的容积小于 30m^3 时,传热面积是主要矛盾,因此 L/D 应大些;当釜的容积大于 30m^3 时,搅拌器是主要矛盾,因此 L/D 应小些。按神钢法德拉的观点是,无论多大的釜,搅拌器是主要矛盾,因此,L/D 要小些。我国的观点与日立公司的观点基本相同,一般 L/D 在 1.5~4。

比传热面积 聚合釜的传热面积大小,随釜容积的增加而减小。一般用单位体积的传热面积,即比传热面积 A/V(m^2/m^3)表示。如当 $L/D=1.2$ 时,存在 $A=4.77V^{0.65}$ 关系,若将容积为 14m^3 的釜放大到 50 m^3,后者的比传热面积将下降为前者的 73%。

为此,当聚合釜的容积增大以后,传热面积不够时,可采用釜内加内冷管或 D 型挡板或釜顶冷凝器等来增加传热面积。如国内 80m^3 聚合釜既有 4 组内冷管又有釜顶冷凝器,德国 200m^3 聚合釜无内冷管而是加入少量挡板和釜顶冷凝器。注意加内冷管后对搅拌和黏釜都有一定的影响,因此,能不加还是不加或尽量少加。

b. 传热系数 传热性能好的聚合釜传热系数一般可达 465~582W/($m^2\cdot K$),甚至在 698 W/($m^2\cdot K$)以上,搪瓷釜可达 349W/($m^2\cdot K$)以上。当传热系数在 233W/($m^2\cdot K$)以下时,则认为传热不好应该强化。影响传热系数的因素如下式所示。

$$\frac{1}{K}=\frac{1}{\alpha_1}+\sum\frac{\delta_i}{\lambda_i}+\frac{1}{\alpha_2} \tag{2-63}$$

式中 α_1,α_2——分别为釜内和釜外给热系数,W/($m^2\cdot K$);
δ_i——釜壁黏釜物层、不锈钢层、碳钢层、搪瓷层、水垢层各层的厚度,m;
λ_i——釜壁黏釜物层、不锈钢层、碳钢层、搪瓷层、水垢层的热导率,W/($m^2\cdot K$)。

釜内壁给热系数 α_1 定性地看,体系黏度愈小,搅拌强度愈大,则内壁液膜愈薄,热阻愈小,α_1 值愈大。

由于釜内物料主要由水、氯乙烯、聚氯乙烯组成,体系的黏度和 α_1 与油水比大小有关,并且随聚合转化度而变化,无论是紧密型树脂,还是疏松型树脂,在开始阶段流动的水量较大,所以 α_1 较大,随着聚合的进行,体系总体积收缩,黏度增加,并且粒子表面吸附有水分,尤其是疏松型树脂,内部吸收有一定的水分,使得流动的水量减少,造成 α_1 下降,这可以从搅拌电机电流大小判断出来。如果在开始投料时就增大水的加入量,将会降低釜的生产能力,为此,一般都是在聚合过程中从釜的底部陆续补加,补加速度最好与体积收缩速度相当。

釜外壁给热系数 α_2 釜外夹套内通有冷却水,以散除聚合热。釜外壁给热系数一般在 582~5820W/($m^2\cdot K$)之间,主要由水流动状况而定。传热性能良好的聚合釜一般要求 α_2 在 2326~3489W/($m^2\cdot K$)。

普通进水方式,即冷却水自夹套下口进入,经夹套环隙直接上升,由上口溢流而出。虽然进口处水流速很大,但因环隙面积大,水的流速仍然很低,湍流程度不够,造成 α_2 很低,只有 $582\sim698\text{W}/(\text{m}^2\cdot\text{K})$。

切线方向进水,即冷却水从夹套下部切线方向进水,能在一段距离内以较高速度沿夹套环隙螺旋上升,从而提高 α_2。但水经过一段距离后,冲力减小,改为沿夹套环隙直升而上。并且这部分占有较大比例,造成总的 α_2 增加不会太大。一般切线方向进水,可以将 α_2 提高到 $1163\text{W}/(\text{m}^2\cdot\text{K})$ 左右。

夹套内设置螺旋挡板,使冷却水沿螺旋槽旋转而上,用不太大的不流量,就可以获得较大的流速($2\sim3\text{m/s}$),从而可以大幅度地提高 $\alpha_2[3489\sim5819\text{W}/(\text{m}^2\cdot\text{K})]$。水流速度根据水流量、夹套环隙宽窄、导流板螺距而定。注意安装螺旋挡板时不要留有缝隙,以防止水泄流短路。

搪瓷釜夹套安装喷嘴也可以提高 α_2。

釜壁热阻 釜壁各种材质的热导率如表 2-40 所示。

表 2-40 釜壁材质的热导率

材 质	$\lambda/[\text{W}/(\text{m}\cdot\text{K})]$	材 质	$\lambda/[\text{W}/(\text{m}\cdot\text{K})]$
碳钢	52	玻璃(瓷)	$0.9\sim1.1$
不锈钢	17	PVC	0.16
微晶玻璃	$1.28\sim1.4$	水垢	1.7

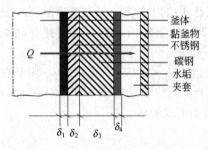

图 2-30 釜壁局部放大图

为了找出强化传热的途径,下面以 13.5m^3 聚合釜操作较坏的情况为实例加以说明。

如图 2-30 所示,若 $\alpha_1=1512\text{W}/(\text{m}^2\cdot\text{K})$;$\alpha_2=1745\text{W}/(\text{m}^2\cdot\text{K})$;$\delta_1=0.1\text{mm}$;$\delta_2=3\text{mm}$;$\delta_3=15\text{mm}$;$\delta_4=0.4\text{mm}$;$\lambda_1=0.16$;$\lambda_2=17$;$\lambda_3=52$;$\lambda_4=1.7$。

可以求得此时的 $K=391\text{W}/(\text{m}^2\cdot\text{K})$,其中釜内给热热阻占总热阻的 25.84%;釜壁各层导热热阻占总热阻的 51.77%(其中黏釜物 24.4%、不锈钢 6.8%、碳钢 11.27%、水垢 9.3%);釜外给热热阻占总热阻的 22.39%。

当 $\delta_1=0$,其他不变,则 $K=516.9$;当 $\delta_3=12\text{mm}$,其他不变,则 $K=399.7$;当 $\delta_4=0$,其他不变,则 $K=430.2$。

由此可知,提高传热系数的方法首先考虑的是及时清除黏釜物;使用软化水进行冷却,以减少水垢;在保证釜壁强度的情况下,尽量减薄碳钢有壁厚;增加冷却水的流速。

其中冷却水的流程方案有两种:一是非循环系统,二是大流量低温差循环系统,具体如图 2-31 所示。

非循环系统多用于小型的搪瓷聚合釜。大流量低温差循环系统多用于大型聚合釜。后者的优点是冷却水流速大,有利于传热;釜内温度分布均匀,产品质量好;防止黏釜。

c. **传热温差** 聚合可以使用的水夏季在 30℃ 左右,深井水可常年保持 $12\sim15$℃,冷冻水可达 $5\sim8$℃,更低的冷冻盐

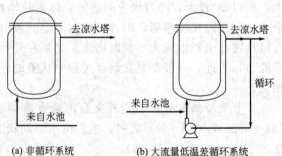

(a) 非循环系统　　(b) 大流量低温差循环系统

图 2-31 冷却水流程

水可达 $-15\sim-35℃$。显然，冷却水的出入口温度差越大，对传热越有利于，但对产品质量控制不利。因此，多采用上述大流量低温差循环方式。

③ 搅拌器桨叶形式及作用　聚合釜所用搅拌器桨叶形式大致分为低黏度用和高黏度用搅拌桨叶两大类型。其中低黏度用的典型桨叶有桨式、推进式、涡轮式、三叶后掠式等。高黏度用的典型桨叶有锚式、框式、螺带式、螺轴和导流筒组合式等。氯乙烯悬浮聚合所用的属于低黏度桨叶形式。

搅拌总的作用是强制传热，确保液滴形成与分散。具体依搅拌叶形式不同，其作用不尽一样。直桨式以径向循环为主；推进式以轴向循环为主；三叶后掠式同时有径向和轴向循环。选择时应使搅拌同时具有两个作用为好，因此，一般将桨式与推进式组合使用。具体选择可参考有关资料。

搅拌器转速对液滴直径大小有很大的影响，如图 2-32 所示。

图 2-32 中的 d'_{pmax} 为分散液滴不致破裂，能稳定存在的最大直径；d_{pmax} 为分散液滴能稳定悬浮的最大直径；d_{pmix} 为分散液滴不致合并，能稳定存在的最小直径。

三条直线所形成的三角形为稳定液滴区。

悬浮聚合开始阶段，在一定搅拌转速下，当液滴直径超过 d_{pmax} 时不稳定，容易被打碎，形成小液滴；当液滴直径小于 d_{pmix} 时也不稳定，容易相互合并，形成较大液滴。

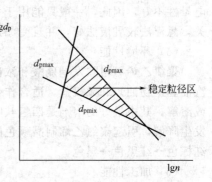

图 2-32　搅拌转速与液滴直径的关系

在一定的搅拌转速下，d_{pmax} 和 d_{pmix} 有一定的稳定范围。总趋势是搅拌转速越大，液滴直径越小，稳定范围越窄。

当搅拌转速低于一定转速时，液滴直径超过 d'_{pmax} 时，则由于单体与水的密度差造成分层，使悬浮体系破坏。

因此，在悬浮聚合中必须控制一定的搅拌转速才可以。

（三）聚氯乙烯的结构、性能及用途

1. 聚氯乙烯的结构

聚氯乙烯分子链中含有强极性的氯原子，分子间力大，使聚氯乙烯制品的刚性、硬度、力学性能提高，并赋予优异的难燃性能，但其介电常数和介电损耗角正切值比 PE 大。

聚氯乙烯树脂含有聚合反应中残留的少量双键、支链及引发剂残基，加上两相邻碳原子之间含有氯原子和氢原子，容易脱氯化氢，使聚氯乙烯在光、热作用下发生降解反应。

聚氯乙烯分子链上的氯、氢原子空间排列基本无序，所以制品的结晶度低，一般只有 5%～15%。

2. 聚氯乙烯的性能

聚氯乙烯的具体性能如附录表 3（一）所示。

（1）一般性能

聚氯乙烯树脂为白色或淡黄色的粉末，相对密度为 1.35～1.45；其制品的软硬程度可以通过加入增塑剂量的多少进行调整，制成软硬相差悬殊的制品。纯聚氯乙烯的吸水率和透气性都很小。

（2）力学性能

聚氯乙烯具有较高的硬度和力学性能，并随相对分子质量的增大而提高，但随温度的升高而下降。聚氯乙烯中加入的增塑剂数量多少对力学性能影响很大，一般随增塑剂含量的增大，力学性能下降。硬质聚氯乙烯的力学性能好，其弹性模量可达1500～3000MPa；而软质聚氯乙烯的弹性模量仅为1.5～15MPa，但断裂伸长率高达200%～450%。聚氯乙烯的耐磨性一般，硬质聚氯乙烯的静摩擦因数为0.4～0.5，动摩擦因数为0.23。

（3）热学性能

聚氯乙烯的热稳定性十分差，纯聚氯乙烯树脂在140℃即开始分解，到180℃迅速分解，而黏流温度160℃，因此纯聚氯乙烯树脂难以用热塑性方法加工。聚氯乙烯的线膨胀系数较小，具有难燃性，其氧化指数高达45以上。

（4）电学性能

聚氯乙烯的电性能较好，但由于本身极性较大，其电绝缘性不如PE和PP，介电常数、介电损耗角正切值和体积电阻率较大；聚氯乙烯的电性能受温度和频率的影响较大，同时耐电晕性不好，因此，一般只能用于中低压和低频绝缘材料。聚氯乙烯的电性能与聚合方法有关，悬浮法较乳液法好，并且受添加剂种类影响较大。

（5）环境性能

聚氯乙烯可耐除发烟硫酸和浓硝酸以外的大多数无机酸、碱、多数有机溶剂（如乙醇、汽油和矿物油）和无机盐，适合作化工防腐材料。聚氯乙烯在酯、酮、芳烃及卤代烃中溶胀或溶解，其中最好的溶剂是四氢呋喃和环己酮。聚氯乙烯在光、氧、热的长期作用下，容易发生降解，引起聚氯乙烯制品颜色的变化，变化的顺序为：白色→粉红色→淡黄色→褐色→红棕色→红黑色→黑色。

（6）加工性能

① 聚氯乙烯粉末树脂以颗粒状态存在 其中悬浮法树脂的颗粒大小为50～250μm，乳液法树脂的颗粒大小为30～70μm。这种颗粒又由若干初级粒子组成，悬浮法树脂的初级粒子大小为1～2μm，乳液法树脂的初级粒子大小为0.1～1μm。聚氯乙烯在160℃以前以颗粒状态存在，在160℃以后颗粒破碎成初级粒子，在190℃时初级粒子熔融。

② 聚氯乙烯的加工稳定性不好 熔融温度（160℃）高于分解温度（140℃），不进行改性难以用熔融塑化的方法加工。改性方法一是在其中加入热稳定剂，以提高分解温度，使其在熔融温度之上；二是在其中加入增塑剂，以降低其熔融温度，使其在分解温度之上。要求加工温度控制要精确，加工时间尽量短。

③ 聚氯乙烯熔体的流动性不好 并且熔体强度低，易产生熔体破碎和制品表面粗糙等现象；尤其是聚氯乙烯硬制品，此现象更突出，必须加入加工助剂。

④ 聚氯乙烯熔体之间、与加工设备之间的摩擦力大 并且有与金属设备黏附倾向，因此需要加入相容性大的内润滑剂或相容性差的外润滑剂。

⑤ 聚氯乙烯熔体为非牛顿流体 熔体黏度对剪切速率敏感，加工过程中可以通过提高螺杆转速来降低黏度，但要尽量少调温度。

⑥ 聚氯乙烯在加工前需要干燥处理 条件是110℃，1～1.5h。

⑦ 聚氯乙烯加工配方组分多，要充分混合均匀 并且要注意加料顺序：为防吸油，吸油性大的填料后加；为防止影响其他组分分散，润滑剂要后加。混合温度一般在110℃。

⑧ 聚氯乙烯遇金属离子会加速降解 因此，加工前要进行磁选，设备不应有铁锈。

为改变聚氯乙烯的性能，常用的改性品种有：高聚合度聚氯乙烯、氯化聚氯乙烯及聚氯乙烯合金。

3. 聚氯乙烯塑料的用途

聚氯乙烯塑料的应用如表2-41所示。

表 2-41 聚氯乙烯的应用

类别		具体应用
硬质聚氯乙烯	管材	上水管、下水管、输气管、输液管、穿线管
	型材	门、窗、装饰板、木线、家具、楼梯扶手
	板材	可分为瓦楞板、密实板、发泡板等。用于壁板、天花板、百叶窗、地板、装饰材料、家具材料、化工防腐贮槽等
	片材	吸塑制品如包装盒等
	丝类	纱窗、蚊帐、绳索
	瓶类	食品、药品及化妆品等用的包装材料
	注塑制品	管件、阀门、办公用品罩壳及电器壳体等
软质聚氯乙烯	薄膜	农用大棚膜、包装膜、日用装饰膜、雨衣膜、本皮膜
	电缆	中、低压绝缘和护套电缆料
	鞋类	雨鞋、凉鞋及布鞋的鞋底、鞋面材料
	革类	人造革、地板革及壁纸
	其他	软透明管、唱片及垫片

四、聚苯乙烯的生产

聚苯乙烯是最早（1939 年）实现工业化生产的塑料之一，它具有高度透明、电绝缘性好、易着色、加工流动性好、刚性好及耐化学腐蚀等优点，也具有性脆、冲击强度低、易出现应力开裂、耐热性差、不耐沸水等明显的缺点。为此，对聚苯乙烯的改性研究也较多，如 ABS 树脂就是其中最典型的例子。

（一）主要原料

苯乙烯的结构式为：$CH_2=CH-C_6H_5$

苯乙烯的基本物理常数如下：

熔点	−30.6℃	相对密度	0.9019
沸点	145.2℃	折射率	1.5463
闪点	31℃	临界温度	373℃
临界压力	4.1MPa		

苯乙烯为无色或微黄色易燃液体。有芳香气味和强折射性。不溶于水，溶于乙醇、乙醚、丙酮、二硫化碳等有机溶剂。

由于苯乙烯分子中的乙烯基与苯环之间形成共轭体系，电子云在乙烯基上流动性大，使得苯乙烯的化学性质非常活泼，不但能进行均聚合，也能与其他单体如丁二烯、丙烯腈等发生共聚合反应，因此是合成塑料、橡胶、离子交换树脂和涂料等的主要原料。

苯乙烯单体在贮存、运输过程中，需要加入少量的间苯二酚或叔丁基间苯二酚等阻聚剂，以防止其发生自聚。聚合级苯乙烯的规格要求如表 2-42 所示。

表 2-42 聚合级苯乙烯规格要求

项目	数据	项目	数据
外观	清洁无悬浮物	醛（以苯甲醛计）/%	≤0.005
相对密度(30℃)	0.897	硫/%	≤0.005
黏度(25℃)/cP	≤0.75	氢/%	≤0.0005
折射率	1.5435～1.5445	过氧化物（以 H_2O_2 计）/%	≤0.001
色度	≤15	乙苯/%	≤0.1
聚合物/%	≤0.001	α-甲基苯乙烯	≤0.05
纯度/%	≥99.7	二乙苯/%	≤0.0005
水/%	≤0.02	对叔丁基邻苯二酚/%	≤0.001～0.0015
聚合热/kJ/mol	69.9		

苯乙烯的来源主要有乙苯脱氢、苯乙酮法、共氧化法和氧化脱氢法。

（二）聚苯乙烯的生产工艺

苯乙烯能按离子型聚合（包括配位离子型）、自由基型聚合机理进行聚合，并可以按各种聚合方式进行聚合。但应用较多的是本体聚合和悬浮聚合。

1. 苯乙烯的本体聚合

苯乙烯的本体聚合是最早的工业化生产通用聚苯乙烯的方法。该反应可以加入引发剂，也可以不加入引发剂仅通过单体的热引发进行聚合。

用于苯乙烯本体聚合的反应器有塔式、釜式、槽式和管式等各种形式，一般采用两个或更多反应器串联。先在预聚釜中使10%～50%的苯乙烯聚合，然后，在后面的反应器中使其他单体全部聚合。最早的本体聚合装置是由两个釜和一个塔串联组成，其流程如图2-33所示。

预聚釜是带搅拌的铝质釜，内部有传热盘管。搅拌转速为300～360r/min，温度保持80℃，釜中物料停留时间为60～70h。由预聚釜出来的混合物转化率为30%～35%。然后，物料进入高6m，内径0.8m、内衬不锈钢的钢塔中，塔内部分为六个尺寸基本相同的段。用夹套、内部盘管和外部电加热控制温度，每个区域的温度大致是：100～110℃，100～110℃，150℃，150℃，180℃，180℃，最后200℃。转化率为95%的反应产物经挤出机拉条和切粒，得聚苯乙烯产品。该装置传热效率较低，由于塔中无搅拌，反应温度颇不均一，物料返混现象还常有发生，加之装置无脱挥发组分的设备，结果所得聚苯乙烯不仅性质差，且含有的单体及低聚物高达3%～4%。

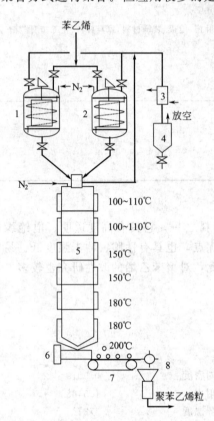

图2-33 最早的苯乙烯本体聚合装置简图
1，2—预聚釜；3—冷凝器；4—分离器；
5—塔式反应器；6—挤出机；
7—输送带；8—切粒机

后来，对该工艺流程进行了改进（如图2-34），预聚釜温度控制在115～120℃，物料停留时间4～5h。转化率约为50%的物料进入改进后的塔式反应器中，塔顶温度保持140℃，塔底为200℃。物料在塔中的停留时间为3～4h，出口产物含聚苯乙烯97%～98%。从该塔顶可以蒸出部分苯乙烯，以有助于维持塔温。蒸出的苯乙烯经冷凝，循环至预聚釜重复使用。为此这个装置比早期装置大大提高了产率。

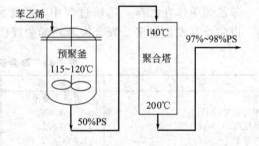

图2-34 改进后的聚苯乙烯生产流程示意图

早期普遍采用的连续化塔式高聚合率流程如图2-35所示。反应物料中加有5%～20%（一般为10%）的乙苯作溶剂。在串联的三个塔中，第一个通常是一带夹套的玻璃衬里聚合釜，配有S形刀片状搅拌器。平均聚合时间为3h，出料中含的11%聚合物。第二个聚合塔比较特殊，装有两个垂直的叶轮轴，两个叶轮轴按其相反方向旋转，起到交叠作用和进行有效的搅拌。此塔不仅能通过夹套进行传热，还能通过其内部用冷剂进行循环的叶轮进行热交换。物料在此塔约停留 7h,出料中聚合物含约 37%。第三个塔是内部装有叶轮轴的垂直聚合塔。聚合时间 4h,出料聚合物浓度为 85% 左右。因为有 10% 左右溶剂残存,故塔内反应基本上是完全的。在聚合物离开最后的聚合塔后,便进行脱挥发组分的操作,以除去对聚苯乙烯性质产生有害影响的苯乙烯残留单体、溶剂及低聚物(包括二聚物和三聚物)。脱除挥发组分后的聚苯乙烯再按通常的技术进行挤出造粒和包装。

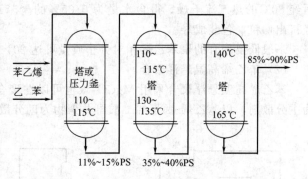

图 2-35 连续塔式苯乙烯本体聚合流程示意图

随着苯乙烯本体聚合工艺的不断改造,还出现了五釜串联、三釜一管串联、一立一卧串联等生产工艺。

2. 苯乙烯的悬浮聚合

苯乙烯悬浮聚合可以分为低温悬浮聚合和高温悬浮聚合两种。

(1) 苯乙烯低温悬浮聚合

苯乙烯低温悬浮聚合的单体与水的比值为 (1:1.4) ~ (1:1.6),分散剂一般为磷酸三钙,引发剂为过氧化苯甲酰(占总引发剂的 90%~80%)和过氧化叔丁基苯甲酸酯(占总引发剂的 10%~20%)复合型引发剂,水为去离子水。单体的纯度在 99.5% 以上,各种杂质如甲苯、乙苯、甲基苯乙烯、二乙烯基苯等要控制在规定指标之内,尤其有二乙烯基苯存在时,还会使聚合产物呈凝胶状,表面粗糙而不透明,熔融指数可能下降为零,致使产品无法使用,因此更要严格控制。含阻聚剂的单体在聚合前,可以用 5% NaOH 洗涤 3~4 次,再用水洗涤至中性。另外,聚合温度对聚合影响较大,一般是温度越高,反应速率越快。聚合转化率一般控制在 90% 左右。典型的苯乙烯低温悬浮聚合工艺流程如图 2-36 所示。

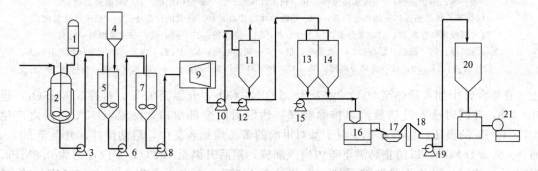

图 2-36 低温悬浮聚合工艺流程

1—配制釜;2—聚合釜;3,6,8—输送泵;4—配碱槽;5—中和槽;7—浆料槽;9—脱水器;
10,12,15,19—风机;11—干燥器;13,14—中间贮槽;16—挤出机;17—冷却;
18—切粒;20—制品贮槽;21—包装

向聚合釜内加入单体、水、分散剂、引发剂及内部润滑剂(石蜡)、离型剂(硬脂酸盐)等。为了控制聚合产物的相对分子质量及分布和转化率,聚合时先升温到 90℃,反应 6h;然后再升温到 110℃ 和 135℃ 两个阶段进行聚合,共 2~3h。釜内压力为 0.3MPa,聚合后降温到 60℃,得聚苯乙烯悬浮液。不包括升温和清釜,聚合时间为 8~9h。然后将此悬浮液送至中和槽,用 HCl 中和。后经洗涤、离心分离,得含水量为 2%~3% 的聚苯乙烯珠粒。最后经80℃的热气流干燥,得含水量为0.05%的聚苯乙烯树脂,再用空气输送至成品贮槽,经挤出切粒,包装成袋。

一般低温聚合的聚苯乙烯相对分子质量可达$20×10^4$。宜作发泡聚苯乙烯的材料。

(2) 苯乙烯高温悬浮聚合

苯乙烯高温悬浮聚合采用$MgCO_3$(也可以在聚合釜中直接用Na_2CO_3与$MgSO_4$制备)为主分散剂,以苯乙烯-顺丁烯二酸酐共聚物为助分散剂。其典型工艺流程如图2-37所示。

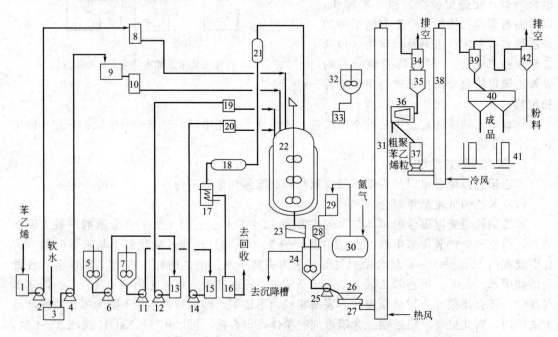

图2-37 苯乙烯高温悬浮聚合工艺流程

1—苯乙烯贮槽;2,4,6,11,12,14—输送泵;3—软水池;5—碳酸钠溶解釜;7—硫酸镁溶解釜;
8—苯乙烯计量槽;9—软水高位槽;10—软水计量槽;13—碳酸钠贮槽;15—硫酸镁贮槽;
16—回收苯乙烯贮槽;17—油水分离器;18—回收单体冷却器;19—碳酸钠计量槽;20—硫酸镁计量槽;
21—回收单体冷凝器;22—聚合釜;23—过滤器;24—洗涤釜;25—离心机;26—湿物料中间仓;
27—螺旋输送器;28—硫酸计量槽;29—硫酸高位槽;30—硫酸贮槽;31—气流干燥管;32—助分散剂溶解釜;
33—铝桶;34,39,42—旋风分离器;35,37,40—料仓;36—圆筛;38—冷风气升管;41—磅秤

在聚合釜中加入预热至60℃的水及16%的Na_2CO_3,升温至78℃,再投入$MgSO_4$,搅拌0.5h,并同时通入过热蒸汽以排除空气;然后封闭全部出口,降温至75℃,使之产生$2.7×10^4Pa$的负压;将溶有2,6-叔丁基对甲酚的苯乙烯加入釜中,启动搅拌,升温至90℃,通N_2至0.15MPa,以防止高温下釜内剧烈翻腾;然后升温至150℃,釜内压力为0.6MPa,搅拌2h。这时,聚苯乙烯颗粒已硬,再升温至155℃,釜内压力为0.7~0.75MPa,维持2h;为防止液料暴沸,降温至125℃,维持0.5h。再升温140℃熟化4h,促使颗粒内残留单体进一步聚合,并赶出系统内未聚合的单体,然后降温出料去洗涤釜。在洗涤釜中用98%的H_2SO_4维持pH值在3~4,先洗掉分散剂,再洗涤至中性。然后经过离心分离、干燥、筛分等得聚苯乙烯粒状树脂。

(三) 聚苯乙烯的结构、性能与用途

1. 聚苯乙烯的结构

PS的大分子主链为饱和烃类聚合物,具有良好的电绝缘性;又因吸湿性小,可用于潮湿环境中。

PS的侧基为体积大的苯环,分子结构不对称,大分子链运动困难,PS呈现刚性和脆性,制品易产生内应力。

PS的侧苯基在空间的排列为无规结构,导致PS为无定型聚合物,具有很高的透明性;但近年来新开发的间同立构SPS的规整性高,虽其他性能好,但透明性低。

由于苯基的存在,主链上α氢原子活化,易被空气中的氧氧化,制品长期户外使用变黄变脆。但同时,苯基的存在又赋予其较高的耐辐射性能,在10^6 Gy 辐射剂量下,性能变化很小。

2. 聚苯乙烯的性能

PS的具体性能如附录表3(二)所示。

(1) 一般性能

PS为无色透明的粒料,燃烧时发浓烟并带有松节油气味,吹熄可拉长丝;制品质硬似玻璃状,落地或敲打会发出类似金属的声音;能断不能弯,断口处呈现蚌壳色银光。PS的吸水率为0.05%,稍大于PE,但对制品的强度和尺寸稳定性影响不大。

(2) 光学性能

透明性好是PS最大的特点,透光率可达88%~92%,同PC和PMMA一样属最优秀的透明塑料品种,人称三大透明塑料。PS的折射率为1.59~1.60,但因苯环的存在,其双折射较大,不能用于高档光学仪器。

(3) 力学性能

PS硬而脆、无延伸性、拉伸至屈服点附近即断裂。PS的拉伸强度和弯曲强度在通用热塑性塑料中最高,其拉伸强度可达60MPa;但冲击强度很小,难以用作工程塑料。PS的耐磨性差,耐蠕变性一般。PS的力学性能受温度的影响比较大。

(4) 热学性能

PS的耐热性能不好,热变形温度仅为70~90℃,只可长期在60~80℃温度范围内使用。PS的耐低温性也不好,脆化温度为-30℃。PS的热导率低,一般为0.04~0.13W/(m·K);线膨胀系数较大,为$(6\sim8)\times10^{-5}K^{-1}$,与金属相差悬殊,故制品不易带金属嵌件。

(5) 电学性能

PS的电绝缘性优良,且不受温度和湿度的影响,介电损耗角正切值小,可耐适当的电晕放电,耐电弧性好,适于做高频绝缘材料。

(6) 环境性能

PS的化学稳定性较好,可耐一般酸、碱、盐、矿物油及低级醇等,但受许多烃类、酮类及高级脂肪酸等侵蚀,可溶于芳烃(如苯、甲苯、乙苯及苯乙烯等)、氯化烃(如四氯化碳、氯仿、二氯甲烷及氯苯)及酯类等。PS的耐候性不好,其耐光、氧化性都差,不适于长期户外使用;但PS的耐辐射性好。

(7) 聚苯乙烯塑料的加工性能

PS属无定形树脂,无明显熔点,熔融温度范围比较宽。可在120~180℃之间成为流体。热稳定性较好,分解温度在300℃以上。

PS熔体属非牛顿流体,黏度强烈地依赖剪切速率的变化,但温度的影响也比较明显。PS的流动性十分好,是一种易于加工的塑料。

PS的吸水率比较低,在加工前一般不需干燥;如有特殊需要时(如要求透明性高)才干燥,具体干燥温度为70~80℃,时间1.5h。

PS在加工中易产生内应力,除选择正确的工艺条件、改进制品设计和合理的模具结构外,还应对制品进行热处理。热处理的条件为在温度65~85℃热风循环干燥箱或热水中处理1~3h。

PS 成型收缩率比较低，一般仅为 0.4%～0.7%。

3. 聚苯乙烯塑料的用途

(1) 电器制品

PS 兼有透明性和良好的绝缘性，可用于电视机、录音机及各种电器的配件、壳体及高频电容器等。

(2) 透明制品

PS 具有优异的透明性，可用于一般光学仪器、透明模型、灯罩、仪器罩壳及包装容器等。PS 的着色性和光泽性好，可广泛用于日用品的生产，具体有儿童玩具、装饰板、磁带盒、家具把手、梳子、牙刷把、笔杆及文具等。

(3) 包装材料

主要是 PS 泡沫塑料，多用于电器、精密仪表、工艺品、玻璃制品及陶瓷制品等包装，隔热材料等。

小 结

自由基聚合反应是所有高聚物形成反应中最重要、最典型的反应，它的基本规律具有普遍的指导意义。

自由基聚合反应的活性种是自由基，其聚合反应的基本规律取决于自由基本身的特性。

用于自由基聚合反应的单体主要是不饱和烯烃，其中影响单体聚合能力与活性的主要因素是共轭效应、极性效应和空间效应。

自由基聚合反应的机理包括链引发、链增长、链终止并伴随有链转移反应发生。最常见的引发方式是用引发剂引发，主要的引发剂有偶氮类、有机过氧化物类、无机过氧化物类和氧化还原引发体系等，它们的引发能力大小取决于引发剂的结构，氧化还原引发体系多用于较低温的聚合反应。链增长主要是以头-尾方式连接，反应可以瞬间完成并放出大量的热量。链终止主要有偶合终止和歧化终止两种形式，它们对最终产物的平均聚合度影响很大。一般的链转移反应包括向单体转移、向引发剂转移、向溶剂转移、向大分子转移等，是否同时存在取决于单体、引发剂的种类和聚合实施方法。

自由基聚合反应动力学方程是在特定条件下取得的结论，它只适合于低转化率的情况，也就是说微观动力学可以用某一方程式描述，而宏观动力学难以用某一方程式描述，只能借鉴转化率-时间关系曲线进行分析。整个聚合过程可以分为诱导期、聚合初期、聚合中期、聚合后期，其中诱导期的长短取决于阻聚杂质的多少，诱导期越短对生产越有利；聚合中期的凝胶效应要严格加以控制。

考虑所有情况的平均聚合度方程式是很复杂的，动力学链长是用动力学方法研究聚合物相对分子质量的纽带，在某些特定条件下，可以对平均聚合度方程进行简化处理。

影响自由基聚合反应的主要因素有温度、压力、浓度、杂质等，在工业上温度是主要的。工业上阻聚剂（杂质）的作用与引发剂的作用同样重要。

聚乙烯是世界产量最大的合成树脂。其生产方法有高压法主要用于低密度聚乙烯的生产。

聚甲基丙烯酸甲酯主要采用本体聚合和悬浮聚合法生产。

聚氯乙烯主要采用悬浮聚合和乳液聚合法生产。

聚苯乙烯主要采用本体聚合和悬浮聚合法生产。

习 题

1. 请写出自由基聚合反应的基本特点。
2. 请写出10种以上用自由基聚合获得的高聚物。
3. 自由基产生于共价键化合物的哪种断裂形式？并指明自由基的特性。
4. 比较下列各组单体中进行自由基聚合反应的能力，并说明原因。
   (1) $CH_2=CH_2$ $CF_2=CF_2$
   (2) $CH_2=CH_2$ $CH_2=CHC_6H_5$
   (3) $CH_2=CHCl$ $CH_2=CCl_2$
   (4) $CH_2=C(CH_3)CN$ $CH_2=CHCN$
5. 写出以偶氮二异丁腈为引发剂，以氯乙烯为单体的聚合机理。
6. 比较下列自由基的活性并说明原因。进而说明对自由基聚合起什么作用？

$$CH_3 \cdot \quad (CH_3)_3C \cdot \quad C_6H_5 \cdot \quad (C_6H_5)_3C \cdot \quad C_6H_5CH_2 \cdot \quad RCH=CHCH_2 \cdot$$

（结构式：对苯二酚自由基 和 二苯基苦基肼自由基）

7. 画出自由基聚合反应的单体浓度、转化率、产物相对分子质量随时间的变化曲线。
8. 写出乙烯高压聚合时短支链产生的原因与形式。
9. 指明影响引发剂引发效率的原因。
10. 在自由基聚合时，如何合理选择引发剂？其中高低活性引发剂并用的优点是什么？
11. 用碘量法测定60℃下引发剂DCPD的分解速率，引发剂初始浓度为0.0754mol/L。经过0.2h、0.7h、1.2h、1.7h后，测得DCPD的浓度分别为0.0660mol/L、0.0484mol/L、0.0334mol/L、0.0228mol/L。求该温度下，DCPD的分解速率常数和分解半衰期。
12. 60℃时苯乙烯、甲基丙烯酸甲酯、氯乙烯分别进行自由基聚合，终止方式有何不同？对产物相对分子质量有何影响？
13. 说明自由基聚合反应中链转移的形式及对反应的影响。
14. 推导自由基聚合动力学方程时，做了哪些基本假定？聚合速率与引发剂浓度平方根成正比，是由哪一种机理造成的？这一关系的局限性怎样？
15. 动力学链长如何定义？与平均聚合度的关系如何？
16. 试讨论温度、压力对自由基聚合的影响。
17. 说明在自由基聚合反应中，为什么聚合物链中单体单元大部分按头尾相连为主。
18. 说明单体中存在的杂质类型与形成的原因，并指出在聚合前如何处理。
19. 画出自由基聚合时的聚合速率变化曲线，并阐明各阶段的产生原因。
20. 写出氯乙烯自由基聚合时，为什么产物的相对分子质量与引发剂的浓度无关，而只取决于聚合温度？并计算温度分别为45℃、50℃、55℃、60℃下的聚氯乙烯的平均相对分子质量。
21. 说明影响自由基聚合反应产物平均聚合度的因素。
22. 用过氧化二苯甲酰为引发剂，试比较温度从50℃增至60℃以及从80℃增至90℃时，总聚合速率常数和相对分子质量变化的情况。
23. 以过氧化二特丁基作为引发剂，研究60℃下苯乙烯在苯中的聚合。若苯乙烯溶液浓度为1.0mol/L，引发剂浓度为0.01mol/L，引发和聚合的初期聚合速率分别为 4.0×10^{-11} mol/(L·s) 和 1.5×10^{-7} mol/(L·s)。计算 fk_d、初期聚合度、初期动力学链长。计算时的数据如下：

$C_M = 8.0 \times 10^{-5}$，$C_I = 3.2 \times 10^{-4}$，$C_S = 2.3 \times 10^{-6}$；

60℃下苯乙烯的密度为0.887g/mL；

60℃下苯的密度为0.839g/mL；

设苯乙烯-苯体系为理想溶液。

24. 用过氧化二苯甲酰为引发剂,苯乙烯在60℃下进行本体聚合,试计算引发剂引发、向引发剂转移、向单体转移三部分在聚合度倒数中占多少百分比?对聚合度各有什么影响?计算时选用的数据如下:

[I] = 0.04g/mL $C_M = 8.5 \times 10^{-5}$ $C_I = 0.05$ $f = 0.8$

$k_d = 2.0 \times 10^{-6}$/s $k_P = 176$L/(mol·s) $k_t = 3.6 \times 10^7$L/(mol·s)

60℃下苯乙烯的密度为0.887g/mL。

25. 比较聚乙烯的三种生产方法,并说明聚合机理。
26. PDHE与LDPE的结构与性能有什么区别?举例说明它们的应用。
27. 简述有机玻璃的生产过程,其中预聚的目的是什么?
28. 生产有机玻璃时的水浴法和空气浴法各有什么优缺点?
29. 简述悬浮法生产聚氯乙烯的生产工艺过程及配料中各组分的作用。
30. 生产疏松型聚氯乙烯树脂时为了提高设备的生产能力常采取什么方法?为什么?
31. 聚氯乙烯生产时,为了防止黏釜而采取的方法有哪些?
32. 简述聚氯乙烯生产时,为提高聚合釜传热能力可以采取的方法。
33. 简述苯乙烯的本体聚合和悬浮聚合的工艺特点。
34. 简述聚苯乙烯的结构、性能和用途。

第三章 离子型聚合反应及工业实施

学习目的与要求

学习掌握阴、阳离子型聚合反应的基本概念、基本原理，并能用其基本规律解决实际问题；学习掌握 PIB、POM 的生产原理、生产工艺及生产控制。

离子型聚合反应是在阴离子或阳离子引发剂作用下，使单体分子活化为带正电荷或带负电荷的活性离子，再与单体连锁聚合形成高聚物的化学反应。根据链增长活性中心所带电荷的不同，离子型聚合可以分为阴离子聚合、阳离子聚合和配位离子型聚合。

离子型聚合反应属于连锁聚合反应的一种。其聚合过程也由链引发、链增长、链终止等基元反应组成。此外，还具有如下特征。

一是对单体的选择性高。由于离子型聚合所用的引发剂带有部分电荷，所以对单体的双键有一定的要求。一般具有推电子取代基的乙烯基单体适用于阳离子聚合，而具有吸电子取代基的单体适用于阴离子聚合。像丁二烯、苯乙烯等共轭型单体及环醚类单体属于既能进行阴离子聚合又能进行阳离子聚合，还能进行自由基聚合的"万能型"单体。常用的离子型单体如表 3-1 所示。

表 3-1 离子型聚合反应的单体

阴离子聚合反应的单体		阴、阳离子聚合反应的单体		阳离子聚合反应的单体
$CH_2=CHCN$	*	$CH_2=CHC_6H_5$	*	$CH_2=C(CH_3)_2$
$CH_2=C(CH_3)CN$	*	$CH_2=C(CH_3)C_6H_5$	*	$CH_2=CHCH_3$
$CH_2=C(CN)_2$	*	$CH_2=CH-CH=CH_2$	*	$CH_2=CHCH(CH_3)_2$
$CH_2=CHCONH_2$		$CH_2=C(CH_3)-CH=CH_2$		$CH_2=CHOR$
$CH_2=C(CH_3)CONH_2$		$CH_2=O$		$CH_2=C(CH_3)OR$
$CH_2=CHCOOR$	*	$\underset{O}{\underset{|}{CH_2-CH_2}}$		$CH_2=C(OR)_2$
$CH_2=C(CH_3)COOR$	*	$\underset{O}{\underset{|}{CH_2-CH_2-R}}$		$\begin{array}{c} CH_2=CH \\ | \\ CH_2\diagdown N\diagup C=O \\ | \\ CH_2-CH_2 \end{array}$
$CH_2=C(COOR)_2$		$\underset{S}{\underset{|}{CH_2-CH_2}}$		
$CH_2=C(CN)COOR$				$CH_2=CH$
$CH_2=CHNO_2$	*	$\underset{S}{\underset{|}{CH_2-CH_2-R}}$		咔唑-N-乙烯基
$CH_2=C(CH_3)NO_2$	*			
4-乙烯基吡啶	*	$\begin{array}{c} R\quad R \\ | \quad | \\ R-Si-O-Si-R \\ | \quad | \\ O\quad O \\ | \quad | \\ R-Si-O-Si-R \\ | \quad | \\ R\quad R \end{array}$		$\begin{array}{c} CH_2-O \\ | \quad \diagdown \\ O\quad\quad CH_2 \\ | \quad \diagup \\ CH_2-O \end{array}$

* 这些单体也能进行自由基聚合反应。

二是链引发活化能低，聚合速率快。因此，为了控制聚合反应的进行，防止爆炸、防止因链转移降低高聚物相对分子质量,需在低温下进行聚合反应。如苯乙烯的阴离子聚合在-70℃于四氢呋喃中进行,异丁烯的阳离子聚合反应在-100℃进行。

三是离子型聚合反应的链增长离子总是带有反离子,链增长离子与反离子存在如下平衡。在阳离子聚合反应中:

$$\sim\overset{+}{C}\overset{-}{B} \rightleftharpoons \sim\overset{+}{C}\|\overset{-}{B} \rightleftharpoons \sim\overset{+}{C} + \overset{-}{B}$$
(紧密离子对)　　(被溶剂隔开的离子对)　　　　(自由离子)

在阴离子聚合反应中:

$$\sim\overset{-}{C}\overset{+}{B} \rightleftharpoons \sim\overset{-}{C}\|\overset{+}{B} \rightleftharpoons \sim\overset{-}{C} + \overset{+}{B}$$
(紧密离子对)　　(被溶剂隔开的离子对)　　　　(自由离子)

不同离子对对聚合速率和产物的立构规整性影响不同,其中聚合速率的顺序为:

自由离子＞被溶剂隔开的离子对＞紧密离子对

产物的立构规整性与以上顺序正好相反。以上几种离子对的存在形式不但取决于反离子的性质,还与溶剂的性质有直接关系。

四是阴离子聚合的引发剂为亲核试剂,阳离子聚合的引发剂为亲电试剂。并且引发剂自始至终对聚合都有影响。

五是不能偶合终止,只能通过与杂质或人为加入的终止剂(水、醇、酸、胺等)链转移进行单基终止反应。

除了上述这些特征外,与自由基聚合相比较还有很多不同之处,如表3-2所示。

表3-2　离子聚合反应与自由基聚合的比较

比较项目	阴离子聚合	阳离子聚合	自由基聚合
活性中心	碳阴离子　$\sim\overset{\|}{\underset{\|}{C}}^-$	碳阳离子　$\sim\overset{\|}{\underset{\|}{C}}^+$	自由基　$\sim\overset{\|}{\underset{\|}{C}}\cdot$
聚合机理	连　锁　聚　合　反　应		
比较项目	阴离子聚合	阳离子聚合	自由基聚合
单体	$CH_2=CH$ 　　| 　　X X为吸电子基	$CH_2=CH$ 　　| 　　X X为推电子基	$CH_2=CH$ 　　| 　　X X为弱吸电子基
	共　轭　烯　烃		
	含C、O、N、S等杂环化合物		
引发剂	亲核试剂 碱金属、烷烃碱金属、芳烃碱金属	亲电试剂 含氢酸、Lewis酸(外加助引发剂)、金属有机化合物	偶氮类、有机过氧化物类、无机过氧化物、氧化-还原引发体系
	光、热、辐射也可以引发		光、热、辐射也可以引发
	从聚合反应开始到结束都有影响(R_p、$\bar{X}_n$、规整性)		只影响链引发(R_p)
链增长方式	严格按头-尾连接		以头-尾连接为主,其他少量
链终止方式	正常情况下无链终止,形成活性高分子	单分子"自发"终止,与反离子结合终止或链转移终止	双基偶合、歧化终止、链转移
	无偶合终止		
聚合温度	0℃以下或室温	0℃以下	50～80℃
溶剂	水、含质子的化合物不能用作溶剂,一般用极性有机溶剂		有机溶剂、水均可以使用
	溶剂的极性对R_p、$\bar{X}_n$、规整性影响极大		影响较小
阻聚剂	水、醇、酸等含活泼物质及苯胺、CO_2、氧	水、醇、酸、醚、酯、苯醌、胺类等	对苯二酚、苯醌、芳胺、硝基苯、DPPH
聚合实施方法	本体聚合、溶液聚合		本体聚合、溶液聚合、悬浮聚合、乳液聚合

通过离子型聚合（阴离子、阳离子）反应可以合成丁基橡胶、聚异丁烯、聚亚苯基、聚甲醛、聚氯醚等。尤其通过离子聚合反应合成"活性高聚物"，进而实现单分散性高聚物、遥爪高聚物、嵌段高聚物（ABA 型、ABC 型）的合成。

第一节　离子型聚合反应的原理

一、阴离子聚合反应的原理

（一）单体与引发剂

1. 单体结构

适用于阴离子聚合的单体如表 3-1 所示。其共性是 π 电子流动性大，即共轭效应大，或者 Q 值越大越好；取代基的吸电子能力强，即 e 值越大越好。只有这样才能保证单体具有一定的亲电性（或正电性），容易被亲核试剂引发，活性中心稳定。结构不同其反应能力大小不同，如：

反应能力　小 ——————————————————→ 大

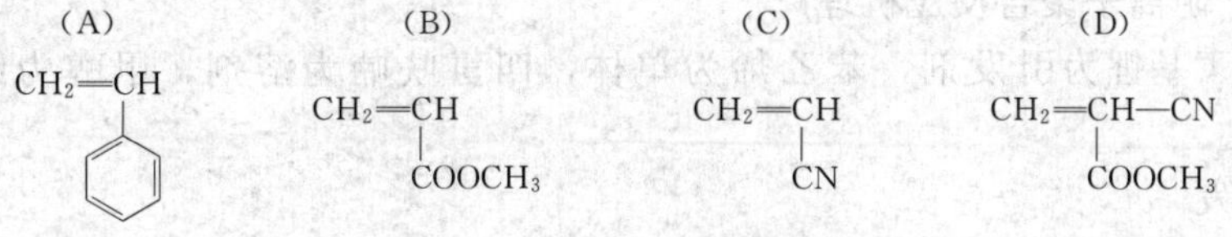

	(A)	(B)	(C)	(D)
单体	$CH_2=CH-C_6H_5$	$CH_2=CH-COOCH_3$	$CH_2=CH-CN$	$CH_2=CH-CN$ / $COOCH_3$
Q 值	1.0	0.42	1.78	12.6
e 值	−0.8	0.60	1.20	2.10

2. 引发剂

阴离子聚合所用的引发剂为"亲核试剂"，种类很多。引发能力取决于引发剂的碱性强弱，还取决于引发剂与单体的匹配情况，如表 3-3 所示。一般是碱性越强，其引发能力越大。

表 3-3　阴离子聚合的单体与引发剂的反应活性匹配

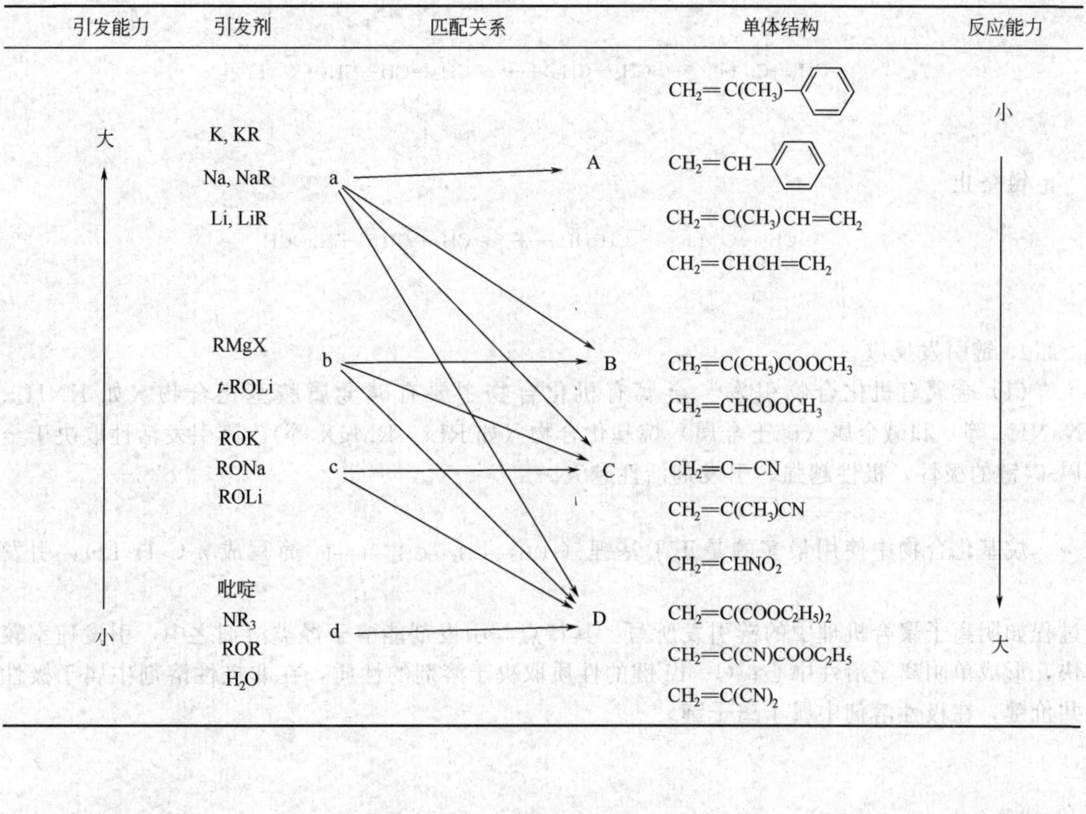

引发能力	引发剂	匹配关系	单体结构	反应能力
大 ↑ ↓ 小	K, KR Na, NaR Li, LiR RMgX t-ROLi ROK RONa ROLi 吡啶 NR_3 ROR H_2O	a → A b → B c → C d → D	$CH_2=C(CH_3)C_6H_5$ $CH_2=CH-C_6H_5$ $CH_2=C(CH_3)CH=CH_2$ $CH_2=CHCH=CH_2$ $CH_2=C(CH_3)COOCH_3$ $CH_2=CHCOOCH_3$ $CH_2=C-CN$ $CH_2=C(CH_3)CN$ $CH_2=CHNO_2$ $CH_2=C(COOC_2H_5)_2$ $CH_2=C(CN)COOC_2H_5$ $CH_2=C(CN)_2$	小 ↑ ↓ 大

表中 a 组的碱金属及其烷基化合物碱性最强，引发能力极强，它可以引发各种单体进行阴离子聚合。b 组是中强性碱，它不能引发 A 组极性最弱的单体，只能引发极性较强的 B、C、D 组单体进行阴离子聚合。c 组是比 d 组还弱的碱。d 组是最弱的碱，它只能引发反应能力最强的 D 组单体进行阴离子聚合。

这些引发剂的引发方式有两种。一种是引发剂的负离子（如 NH_2^-、R^-）直接与单体分子进行加成引发，形成碳阴离子活性中心：

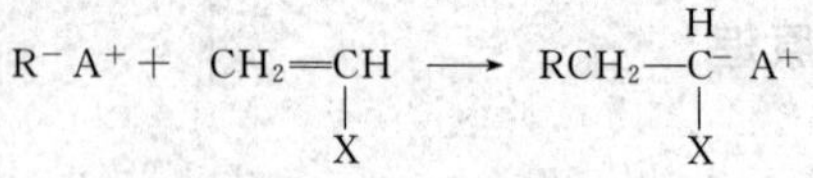

$$R^-A^+ + CH_2=CHX \longrightarrow RCH_2-\underset{X}{\overset{H}{C}}-A^+$$

另一种是碱金属把外层电子直接或间接转移给单体，形成自由基型阴离子：

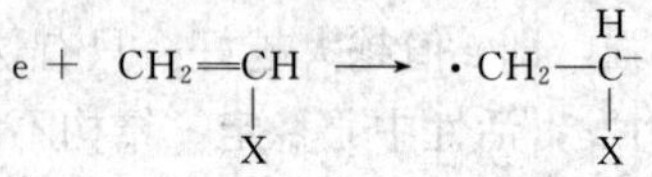

$$e + CH_2=CHX \longrightarrow \cdot CH_2-\underset{X}{\overset{H}{C}}-$$

（二）阴离子聚合反应机理

以正丁基锂为引发剂，苯乙烯为单体，四氢呋喃为溶剂，甲醇为终止剂，其聚合机理为：

链引发

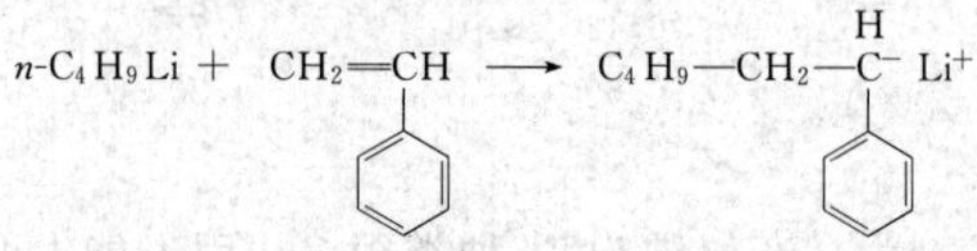

$$n\text{-}C_4H_9Li + CH_2=CH(C_6H_5) \longrightarrow C_4H_9-CH_2-\overset{H}{\underset{C_6H_5}{C}}-Li^+$$

链增长

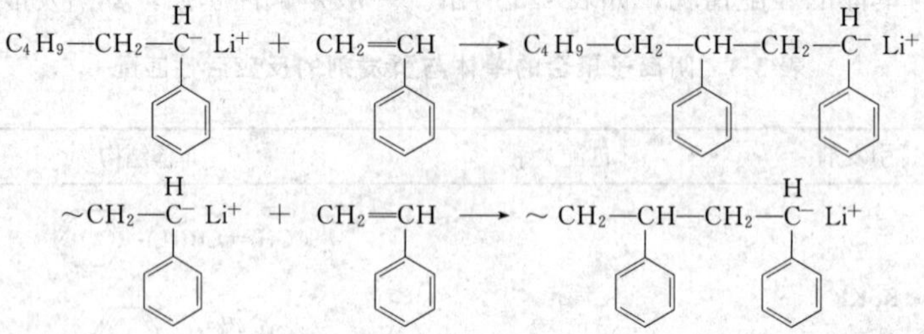

$$C_4H_9-CH_2-\overset{H}{\underset{C_6H_5}{C}}-Li^+ + CH_2=CH(C_6H_5) \longrightarrow C_4H_9-CH_2-CH(C_6H_5)-CH_2-\overset{H}{\underset{C_6H_5}{C}}-Li^+$$

$$\sim CH_2-\overset{H}{\underset{C_6H_5}{C}}-Li^+ + CH_2=CH(C_6H_5) \longrightarrow \sim CH_2-CH(C_6H_5)-CH_2-\overset{H}{\underset{C_6H_5}{C}}-Li^+$$

链终止

$$\sim CH_2-\overset{H}{\underset{C_6H_5}{C}}-Li^+ + CH_3OH \longrightarrow \sim CH_2-CH_2(C_6H_5) + LiOCH_3$$

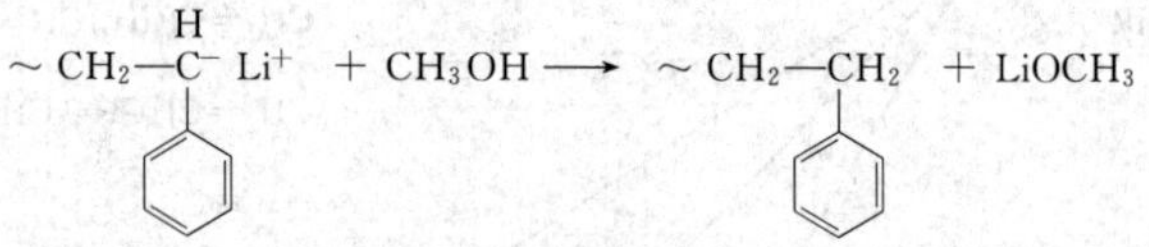

1. 链引发反应

（1）金属有机化合物引发　金属有机化合物主要有碱金属胺基化合物（如 KNH_2、$NaNH_2$ 等）和碱金属（碱土金属）烷基化合物（如 RLi、RMgX 等）。其引发活性取决于金属-碳键的极性，极性越强，引发剂活性越大。

烷基化合物中使用最多的是正丁基锂（$CH_3-CH_2-CH_2-\overset{H}{\underset{H}{C}}-Li$ 简写成 $n\text{-}C_4H_9Li$），引发过程如阴离子聚合机理中的链引发所写。其特点是引发剂能溶于烃类溶剂之中，引发速率较快，形成单阴离子活性中心；C—Li 键的性质取决于溶剂的性质，在非极性溶剂中属于极性共价键，在极性溶剂中属于离子键。

氨基钾或氨基钠一般在液氨中引发，所形成的阴离子为自由型阴离子，其引发过程为：

$$KNH_2 \rightleftharpoons K^+ + {}^-NH_2$$

$$^-NH_2 + CH_2=CH(C_6H_5) \longrightarrow H_2N-CH_2-\overset{-}{C}H(C_6H_5)$$

由于钾和钠是强碱金属，电负性小，形成的 C—K、C—Na 键显离子键，因此，氨基钾或氨基钠都属于高活性的阴离子引发剂。

（2）电子转移引发

① 碱金属的直接电子转移引发　锂、钾、钠等金属原子的最外层电子直接转移给单体，生成自由基-阴离子，经偶合反应形成双阴离子活性中心。如

$$Li + CH_2=\underset{X}{CH} \longrightarrow \cdot CH_2-\underset{X}{\overset{H}{\underset{|}{C}}}{}^-Li^+$$

$$2\cdot CH_2-\underset{X}{\overset{H}{\underset{|}{C}}}{}^-Li^+ \longrightarrow Li^+{}^-\underset{X}{\overset{H}{\underset{|}{C}}}-CH_2-CH_2-\underset{X}{\overset{H}{\underset{|}{C}}}{}^-Li^+$$

（双阴离子活性中心）

这种引发的特点是：属于非均相反应；聚合向两个方向发展；由于反应在金属表面进行，活性中心逐步形成，引发速率较慢，产物聚合度较大，但分布较宽。

丁钠橡胶就是在金属钠为引发剂，按双阴离子聚合获得的产物。

上面自由基-阴离子如果在较高温度下，并且有氢质子存在下，则容易形成单体自由基，其聚合变为自由基聚合反应。

② 碱金属的间接电子转移引发　碱金属（如钠）在醚类溶剂（如四氢呋喃）存在下，与萘或蒽形成萘钠或蒽钠配合物，再与单体作用形成自由基-阴离子。如

$$Na + [萘] \xrightarrow{THF} [萘]^{\cdot -}Na^+ \quad （绿色）$$

$$[萘]^{\cdot -}Na^+ + CH_2=CH(C_6H_5) \longrightarrow 萘 + \cdot CH_2-\overset{-}{C}H(C_6H_5)\,Na^+$$

$$2\cdot CH_2-\overset{-}{C}H(C_6H_5)\,Na^+ \longrightarrow Na^+{}^-\overset{H}{\underset{(C_6H_5)}{C}}-CH_2-CH_2-\overset{H}{\underset{(C_6H_5)}{C}}{}^-Na^+$$

（红色双阴离子）

反应中，萘相当于中间媒介将电子从钠转移到苯乙烯而形成自由基-阴离子，反应几乎定量进行。

2. 链增长反应

$$\sim CH_2-\overset{H}{\underset{(C_6H_5)}{C}}{}^-Li^+ + CH_2=CH(C_6H_5) \longrightarrow \sim CH_2-CH(C_6H_5)-CH_2-\overset{H}{\underset{(C_6H_5)}{C}}{}^-Li^+$$

或

$$Na^+ \overset{H}{\underset{C_6H_5}{C}}-CH_2-CH_2-\overset{H}{\underset{C_6H_5}{C}}\ Na^+ + 2nCH_2=\overset{H}{\underset{C_6H_5}{C}} \longrightarrow$$

$$Na^+ \overset{H}{\underset{C_6H_5}{C}}-CH_2\left[\overset{H}{\underset{C_6H_5}{C}}-CH_2\right]_{n-1} CH_2-\overset{H}{\underset{C_6H_5}{C}}-\overset{H}{\underset{C_6H_5}{C}}-CH_2\left[\overset{H}{\underset{C_6H_5}{C}}-CH_2\right]_{n-1} \overset{H}{\underset{C_6H_5}{C}}\ Na^+$$

从上面的反应可知,链增长反应是单体插入到离子对中间进行的。因此,离子对的存在形式对聚合速率、产物聚合度及立构规整性都有很大影响。而离子对的存在形式取决于反离子（A^-）的性质、反应温度和溶剂性质。如果反离子的结合能力强,则容易形成紧密型离子对。溶剂一般采用非质子性溶剂,如苯、二氧六环、四氢呋喃、二甲基甲酰胺等,并且,溶剂的极性越强,越容易形成自由离子,聚合速率也越快。但不能使用如水、醇、酸等质子溶剂,因为它们会终止反应的进行。

虽然阴离子聚合的速率常数与自由基聚合速率常数基本相等,但由于阴离子的浓度 [M^-] 值 ($10^{-3} \sim 10^{-2}$ mol/L)却比自由基浓度 [$M \cdot$] 值 ($10^{-9} \sim 10^{-7}$ mol/L)大得多,所以,阴离子的聚合速率比自由基聚合速率大 $10^4 \sim 10^7$ 倍。

3. 链终止反应

如果阴离子聚合反应体系无杂质存在,则某些极性单体很难发生链终止反应,如苯乙烯、α-甲基苯乙烯、丁二烯、异戊二烯、乙烯基吡啶、环氧乙烷等,因此,这些单体的阴离子聚合不加终止剂,则活性链的寿命很长。其主要原因是：活性链带有相同电荷,由于静电排斥作用而不能发生偶合终止和歧化终止。反离子可能与阴离子形成共价键而终止,向单体转移或异构化自发终止需要进行活化能很高的脱 H^- 反应,这种反应不易发生。

如苯乙烯阴离子聚合时的异构化自发终止：

$$\sim CH_2-CH-CH_2-\overset{H}{\underset{C_6H_5}{C}}\ Na^+ \longrightarrow \sim CH_2-CH-CH=CH + NaH$$

$$\sim CH_2-\overset{H}{\underset{C_6H_5}{C}}\ Na^+ + \sim CH_2-CH-CH=CH \longrightarrow \sim CH_2-CH_2 + \sim CH_2-\overset{-Na^+}{\underset{C_6H_5}{C}}-CH=CH$$

像丙烯腈、甲基丙烯酸甲酯的阴离子聚合通过如下向单体转移反应进行终止。

$$\sim CH_2-\underset{CN}{C^-}\ A^+ + CH_2=\underset{CN}{CH} \longrightarrow \sim CH_2-CH_2 + CH_2=\underset{CN}{C^-}\ A^+$$

$$\sim CH_2-\underset{COOCH_3}{\overset{CH_3}{C^-}} + CH_3O-\underset{CH_2}{\overset{O\ \ CH_3}{C-C}} \xrightarrow{-CH_3O^-} \sim CH_2-\underset{COOCH_3}{\overset{CH_3O\ \ CH_3}{C-C}}=CH_2$$

外加质子性物质或有目的加入某些物质可以进行链终止反应。如

$$\sim M\overline{A}^+ \begin{cases} H_2O \longrightarrow \sim MH + AOH \\ HX \longrightarrow \sim HM + AX \\ CH_3OH \longrightarrow \sim MH + AOCH_3 \\ RCOOH \longrightarrow \sim MH + RCOOA \\ CO_2 \longrightarrow \sim MCOO\overline{A}^+ \xrightarrow{H^+} \sim MCOOH + A^+ \\ O_2 \longrightarrow \sim MOO\overline{A} \xrightarrow{\sim M\overline{A}^+} 2\sim MO\overline{A} \xrightarrow{H^+} 2\sim MOH + 2A^+ \\ CH_2-CH_2 \\ \quad \diagdown O\diagup \longrightarrow \sim MCH_2CH_2O\overline{A}^+ \xrightarrow{H^+} \sim MCH_2CH_2OH + A^+ \\ OCNRNCO \longrightarrow \sim M-\underset{OA}{\overset{}{C}}=N-RNCO \xrightarrow{2H_2O} \sim M-\underset{O}{\overset{}{C}}-NH-R-NH_2 + AOH + CO_2 \end{cases}$$

其中前 4 种形式为使活性链终止，后 4 种形式是有目的加入相关物质，而获得链端带有羧基、羟基、异氰酸根等官能团的高聚物。

（三）活性高聚物

能够获得活性高聚物（活的高分子）是阴离子聚合的一个重要特征。所谓活性高聚物是指阴离子聚合在适当条件下可以不发生链转移或链终止反应，而使增长的活性链直到单体完全耗尽而仍保持活性的聚合物阴离子。

1. 形成活性高聚物的条件

形成活性高聚物的条件是：无杂质；没有链终止和链转移反应；单体不发生其他化学反应；溶剂为惰性（脂肪族或芳香族）；引发速率大于增长速率；体系内浓度和温度均一；没有明显的链解聚反应。

2. 活性高聚物的特征

（1）颜色

许多增长着的碳负离子有特殊的颜色，如活性聚苯乙烯为棕红色。在聚合过程中这种颜色始终保持不变，即使单体耗尽，红色仍能保持数小时，甚至数天不褪色。如果补加单体，黏度将逐渐增大，但颜色仍能保持。如果补充加入其他类型单体，则可获得嵌段共聚物。如加入少量终止剂甲醇，则红色立即消失，反应终止。

（2）聚合度（或相对分子质量）与转化率的关系

当第一批单体耗尽后，加入第二批单体继续反应，则产物聚合度与转化率关系不变。如图 3-1 所示。

（3）相对分子质量分布窄

由于阴离子聚合体系只有一种活性中心，它的引发速率很快（相对增长反应而言），即全部引发剂都成为活性中心，并且全部活性中心几乎都同时开始引发进行增长反应，在无链终止和链转移反应，解聚很慢的情况下，通过计算，准确投入单体与引发剂，进行聚合，就可以得到相对分子质量分布很窄并且预期聚合度和产量的高分子。这种聚合方法称为"计量聚合"。但并不是所有阴离子聚合都能达到"计量聚合"的目的。

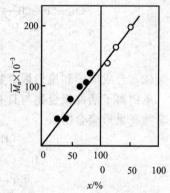

图 3-1 甲基丙烯酸甲酯聚合时聚合物的相对分子质量与和转化率的关系
●—加入第一批单体
○—加入第二批单体

这种计量聚合产物的聚合度可用下式进行计算。

单阴离子活性中心：

$$\overline{X}_n = \frac{单体分子数}{高分子链数} = \frac{单体分子数}{引发剂分子数} = \frac{[M]}{[C]} \qquad (3-1)$$

式中　[M]——单体浓度；
　　　[C]——引发剂浓度。

双阴离子活性中心：

$$\overline{X}_n = \frac{单体分子数}{高分子链数} = \frac{单体分子数}{\dfrac{引发剂分子数}{2}} = 2 \times \frac{[M]}{[C]} \qquad (3-2)$$

这种相对分子质量分布窄的高聚物多用于凝胶渗透色谱分级的标准试样。丁二烯、异戊二烯、苯乙烯及其衍生物等均可进行"计量聚合"。

3. 活性高聚物的应用

借助于阴离子聚合获得的活性高聚物可以合成许多具有特定结构、特定性能的聚合物。

(1) 加入特殊试剂合成遥爪聚合物

遥爪聚合物是相对分子质量在 10^4 以下链端带有活性功能基的反应性聚合物。遥爪聚合物按端基的功能基团种类一般可以分为羧基、羟基、胺基和环氧基等几大类。其中含羧基和羟基的遥爪聚合物最有实用价值。这些遥爪聚合物的合成方法如下：

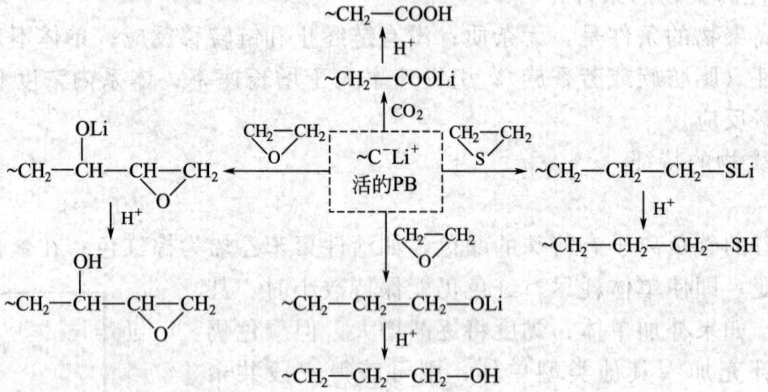

(2) 合成梳形和星形聚合物

单阴离子活性聚合物与具有一定结构的聚合物反应，可以合成相当于接枝共聚物的梳形聚合物和星形聚合物。

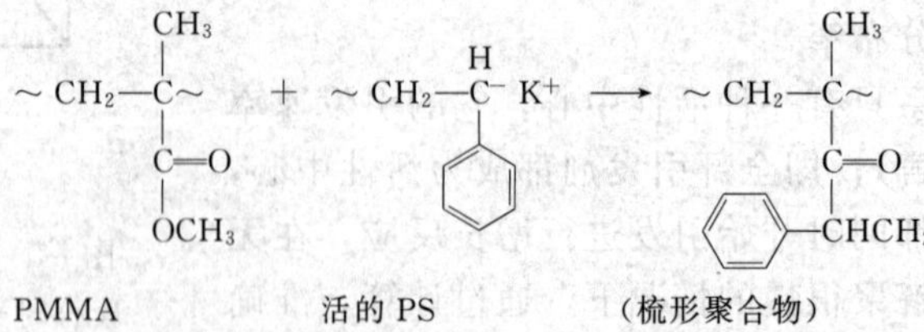

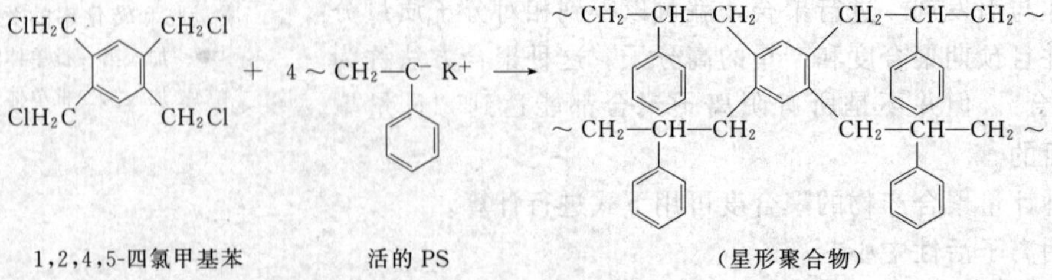

(3) 合成嵌段共聚物

① 顺序加料嵌段　在单阴离子活性聚合物中有计划地分批加入指定的单体，就可以获得结构与组分明确的嵌段共聚物。如热塑性弹性体 SBS，就是苯乙烯-丁二烯-苯乙烯的嵌段共聚物。它的制备过程示意如下：

$$nS \xrightarrow{RLi} S_n^- \xrightarrow{mB} S_n B_m^- \xrightarrow{iS} S_n B_m S_i^-$$

然后，采用一定办法使 $S_n B_m S_i^-$ 失去活性即得 SBS 嵌段共聚物。

② 偶合嵌段　也可以将 AB 型活性嵌段共聚物通过双官能团偶联剂进行偶合反应，合成 ABBA 型嵌段共聚物。如：

$$2A_n B_m BLi^{-+} + Br(CH_2)_6 Br \longrightarrow A_n B_{m+1}(CH_2)_6 B_{m+1} A_n + 2LiBr$$

(四) 影响阴离子聚合的因素

1. 引发剂

由于引发剂的结构、性质不同，则诱导效应、空间位阻效应和缔合效应不同，对聚合速率的影响也不同。如对双烯烃的阴离子聚合，烷基锂化合物的活性次序为：

$$s\text{-}C_4 H_9 Li > i\text{-}C_3 H_7 Li > t\text{-}C_4 H_9 Li > i\text{-}C_4 H_9 Li > n\text{-}C_4 H_9 Li \sim C_2 H_5 Li$$

对苯乙烯阴离子聚合，活性次序为：

$$s\text{-}C_4 H_9 Li > i\text{-}C_3 H_7 Li > n\text{-}C_4 H_9 Li \sim C_2 H_5 Li > i\text{-}C_4 H_9 Li > t\text{-}C_4 H_9 Li$$

其中缔合效应是烷基为直链时，以烃类为溶剂，当浓度较高时出现 $\genfrac{}{}{0pt}{}{RLi}{LiR}$ 或 $\genfrac{}{}{0pt}{}{\sim C^{-+}Li}{Li^{+-}R\sim}$ 缔合体时的现象。此时缔合的引发剂无引发活性，同时缔合降低了引发剂的浓度，因此降低了引发速率和聚合速率。

反离子的半径大小决定了阳阴离子之间的作用力，对聚合速率也有一定的影响，反离子半径越大，作用力越小，越有利于单体分子的插入，则聚合速率越大。常见反离子的半径大小顺序为：$R_{Li}^+ > R_{Na}^+ > R_K^+$。

2. 溶剂

正如前面所讲，阴离子聚合所用的溶剂为非质子性溶剂。它的作用不但可移走反应热量，更主要的是溶剂的极性与溶剂化能力能改变活性中心的形态与结构，对聚合产生很大影响。一般溶剂的极性用介电常数表示，溶剂对阳离子的溶剂化能力用电子给予指数表示。如表 3-4 所示。

表 3-4　几种非质子性溶剂的介电常数和电子给予指数值

溶剂	电子给予指数	介电常数	溶剂	电子给予指数	介电常数
$CH_3 NO_2$	2.7	35.9	$(C_2 H_5)_2 O$	19.2	4.3
$C_6 H_5 NO_2$	4.4	34.5	THF	20.0	7.6
$(CH_3 CO)_2 O$	10.5	20.7	DMF	30.9	35.0
$(C_2 H_5)_2 CO$	17.0	20.7	$C_5 H_5 N$	33.1	12.3

在极性溶剂中，引发剂的缔合作用完全消失，反应速率大，但产物立构规整性差；在非极性溶剂中，存在一定程度的缔合，反应速率小，但产物立构规性好。因此要综合考虑利弊来合理选择溶剂极性。

电子给予指数高的溶剂对反离子的溶剂化作用强，使阴离子与阳离子之间的间距增大，所以，聚合速率加快。

二、阳离子聚合反应的原理

由于阳离子聚合反应所需活化能较低，所以反应非常快，并且可以在极低温度下进行。

如已工业化生产的丁基橡胶，它是含 95.5%～98.5%（质量分数）异丁烯和 1.5%～4.5%（质量分数）异戊二烯的共聚物，以 $AlCl_3$ 为引发剂，在 -98～$-100℃$ 下聚合而得。此外阳离子聚合引发剂种类多，选择范围广泛，可通过选择适当溶剂控制反应。因此，阳离子聚合是一种很有发展前途的制备高分子材料的方法。但由于要求高纯度的有机溶剂，不能用水等价格低廉的物质作介质，因此，用该法制备的聚异丁烯、丁基橡胶和聚乙烯基醚成本高。一般凡是能用自由基聚合的单体，不采用离子型聚合方法制备聚合物。

（一）单体与引发剂

1. 单体

如表 3-1 所示，用于阳离子聚合的单体，除了那些具有强推电子取代基的烯烃类单体（异丁烯、乙烯基醚）和具有共轭效应的单体（苯乙烯、α-甲基苯乙烯、丁二烯、异戊二烯）外，还有含氧、氮、硫杂原子的不饱和化合物和环状化合物（甲醛、四氢呋喃、3,3-双氯甲基丁氧环、环戊二烯、环氧乙烷、环硫乙烷及环酰胺）等。从数量上看，可以进行阳离子聚合的单体达三百多种，但已工业化的只有异丁烯、乙烯基醚、环醚、甲醛、异戊二烯等少数几种。

阳离子聚合中常见的是碳正离子，因此，有必要介绍一下碳正离子的稳定性和性质。

碳正离子的稳定性与结构有关，稳定顺序为：叔碳正离子＞仲碳正离子＞伯碳正离子。其相应的烯烃单体活性顺序与之相反。即：

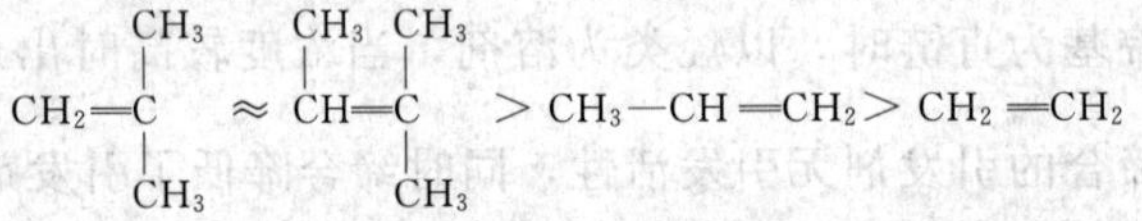

$$CH_2=C(CH_3)_2 \approx CH(CH_3)=CH(CH_3) > CH_3-CH=CH_2 > CH_2=CH_2$$

碳正离子是带 p 空轨道的碳原子，属于高能中间体，其形成比较困难，但是一旦形成就具有很高的活性，这是阳离子聚合可以在极低温度下就能完成聚合的原因之一。

碳正离子的主要化学性质如下。

① 碳正离子的溶剂效应　溶剂的极性直接影响到离子对结合状态，进而影响增长链的活性。极性强的溶剂有利于碳正离子的形成和稳定。

② 碳正离子的重排　由于碳正离子有很高的能量，通过重排达到热力学上最稳定的状态是必然的趋势，因此碳正离子在聚合中的重排是阳离子聚合中一种常见的现象。以 3-甲基丁烯-1 的聚合为例：

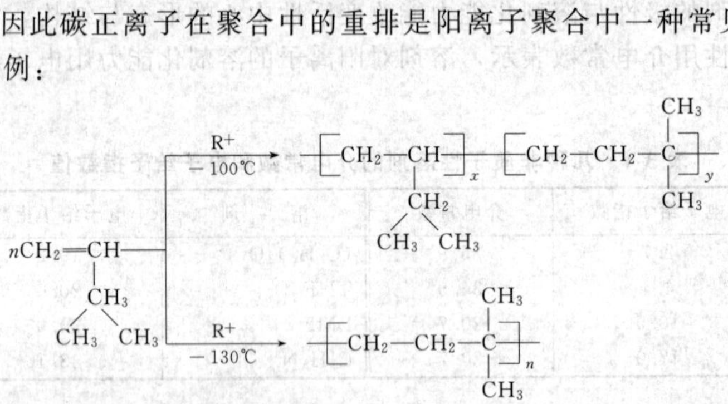

$$n CH_2=CH-CH(CH_3)_2 \xrightarrow[-100℃]{R^+} [CH_2-CH(CH(CH_3)_2)]_x[CH_2-CH_2-C(CH_3)_3]_y$$

$$n CH_2=CH-CH(CH_3)_2 \xrightarrow[-130℃]{R^+} [CH_2-CH_2-C(CH_3)_2]_n$$

③ 碳正离子负离子的结合　在阳离子聚合中，增长的碳正离子可以和反离子（阴离子）相互结合，从而使链增长终止。这种结合能力不仅取决于碳正离子的活性，更主要的还取决于反离子的性质，一般情况下，反离子的亲核性越强，越容易与碳正离子结合，也就越容易造成链终止，甚至使聚合失败。其他强亲核性杂质也是如此。因此，必须纯化反应体系。

2. 引发剂

阳离子聚合所用的引发剂为"亲电试剂"，它们是通过提供氢质子 H^+ 或碳正离子与单体作用完成链引发的。主要有以下几种类型，见表 3-5。

表 3-5 阳离子聚合的引发剂

类 型	化 合 物	特 点
含氢酸	$HClO_4$、H_2SO_4、H_3PO_4、HCl、HBr、CCl_3COOH	反离子亲核力较强,一般只形成低聚物
Lewis酸	BF_3、$AlCl_3$、$SbCl_5$ 较强 $FeCl_3$、$SnCl_4$、$TiCl_4$ 中强 $BiCl_3$、$ZnCl_2$ 较弱	需要加入助引发剂才能引发单体
其他物质	I_2、Cu^{2+} 等阳离子型化合物 $AlRCl_2$ 等金属有机化合物 RBF_4 等阳离子盐	只能引发活性较大单体

(1) 含氢酸

含氢酸电离产生的 H^+ 与单体进行亲电加成反应形成引发活性中心——单体离子对。其反应过程如下:

$$H^+A^- + CH_2=C(CH_3)_2 \longrightarrow CH_3-C^+(CH_3)_2 \; A^-$$

含氢酸的引发活性取决于它提供质子的能力和反离子(阴离子)的稳定性。要求反离子(A^-)不能有太强的亲核性,否则会与碳正离子作用形成稳定共价键而使碳正离子失去活性。因此,氢卤酸不宜使用,而高氯酸、硫酸和磷酸由于反离子的亲核性也较强,所以只能使烯烃单体聚合成低聚物,用作柴油、润滑油或涂料等。

(2) Lewis 酸

Lewis 酸是 Friedel-Crafts 催化剂中的各种金属卤化物,是电子接受体。但一般不能单独使用,引发时需要加入水、醇、醚、氢卤酸、卤代烷等极性物质。在阳离子聚合中将这些物质称为助引发剂。引发前金属卤化物先与助引发剂进行反应形成不稳定配合物(有效引发剂),再分解成质子 H^+ 或碳正离子,然后与单体分子作用形成单体离子对。表 3-6 中列举了某些 Lewis 酸与助引发剂的作用过程。

表 3-6 某些 Lewis 酸与助引发剂的作用过程

引发剂		助引发剂		有效引发剂		阴离子分解物		阳离子引发中心
BF_3	+	HOH	→	$H^+[BF_3OH]^-$	⇌	$(BF_3OH)^-$	+	H^+
BF_3	+	HOR	→	$H^+[BF_3OR]^-$	⇌	$(BF_3OR)^-$	+	H^+
BF_3	+	ROR	→	$R^+[BF_3OR]^-$	⇌	$(BF_3OR)^-$	+	R^+
$TiCl_4$	+	HX	→	$H^+[TiCl_4X]^-$	⇌	$(TiCl_4X)^-$	+	H^+
$SnCl_4$	+	ROR'	→	$R^+[SnCl_4OR']^-$	⇌	$(SnCl_4OR')^-$	+	R^+

以异丁烯为单体,水为助引发剂,其引发过程为:

$$BF_3 + HOH \rightleftharpoons H^+[BF_3OH]^-$$

$$H^+[BF_3OH]^- + CH_2=C(CH_3)_2 \longrightarrow CH_3-C^+(CH_3)_2 \; (BF_3OH)^-$$

引发剂-助引发剂的聚合活性与其析出质子的能力有关。如上边的例子中,采用不同的 Lewis 酸-水配合物的效果不同。用 BF_3-H_2O 时,$[H^+]$ 高,反应太快,且 $(BF_3OH)^-$ 碱性较弱,不易于活性链作用而终止,所以产物相对分子质量可达百万。而用 $SnCl_3-H_2O$ 时,生成的 $[H^+]$ 低,反应慢,产率低,聚合物相对分子质量也小。故工业上常用 $AlCl_3-H_2O$ 引发体系。

(3) 其他物质

碘可以作为活性较大单体如对甲氧基苯乙烯、烷基乙烯基醚、N-乙烯咔唑等的阳离子聚合引发剂。

稳定碳或氮正离子盐引发，如以 $C_7H_7^+SbCl_6^-$、$(BrC_6H_4)_3N^+SbCl_6^-$ 为引发剂，N-乙烯咔唑为单体，其引发过程如下：

$$C_7H_7^+SbCl_6^- + CH_2=CH(咔唑) \rightleftharpoons [稳定配合物] \rightarrow C_7H_7-CH_2-\overset{H}{\underset{咔唑}{C^+}} SbCl_6^-$$

$$(BrC_6H_4)_3N^+SbCl_6^- + CH_2=CH(咔唑) \rightarrow (BrC_6H_4)_3N: + \cdot CH_2-\overset{H}{\underset{咔唑}{C^+}} SbCl_6^-$$

$$2\cdot CH_2-\overset{H}{\underset{咔唑}{C^+}}SbCl_6^- \rightarrow SbCl_6^- \overset{H}{\underset{咔唑}{C^+}}H-CH_2-CH_2-\overset{H}{\underset{咔唑}{C^+}} SbCl_6^-$$

（双碳正离子活性中心）

由于阳离子盐比较稳定，所以只能引发活性较大的单体。

（二）阳离子聚合反应机理

阳离子聚合反应的机理也是由链引发、链增长和链终止等基元反应组成。以异丁烯为单体，水为共引发剂，其聚合机理如下。

1. 链引发

$$BF_3 + HOH \rightleftharpoons H^+(BF_3OH)^-$$

$$H^+(BF_3OH)^- + CH_2=\underset{CH_3}{\overset{CH_3}{C}} \rightarrow CH_3-\underset{CH_3}{\overset{CH_3}{C^+}}(BF_3OH)^-$$

由于阳离子聚合链引发的活化能（$E_i = 8.4 \sim 21 \text{kJ/mol}$）比自由基聚合链引发活化能低得多，因此，阳离子聚合的链引发速率很快。

2. 链增长

在引发阶段产生的单体活性阳离子，通过单体分子的连续加成而不断增长，每步增长都是单体分子插入到碳正离子与反离子之间来进行的。

$$CH_3-\underset{CH_3}{\overset{CH_3}{C^+}}(BF_3OH)^- + (n+1)CH_2=\underset{CH_3}{\overset{CH_3}{C}} \rightarrow CH_3-\underset{CH_3}{\overset{CH_3}{C}}[CH_2-\underset{CH_3}{\overset{CH_3}{C}}]_n CH_2-\underset{CH_3}{\overset{CH_3}{C^+}}(BF_3OH)^-$$

或简写成：

$$\sim CH_2-\underset{CH_3}{\overset{CH_3}{C^+}}(BF_3OH)^- + CH_2=\underset{CH_3}{\overset{CH_3}{C}} \rightarrow \sim CH_2-\underset{CH_3}{\overset{CH_3}{C}}-CH_2-\underset{CH_3}{\overset{CH_3}{C^+}}(BF_3OH)^-$$

在增长反应过程中，同样存在着反离子的影响，聚合速率和增长链的结构取决于离子对的形式，而离子对的存在形式又依赖于反离子的性质、溶剂的种类和聚合温度。并且对很多单体还会出现结构单元的重排，如前介绍的情况。

3. 链终止

阳离子聚合的终止方式分为假终止（动力学链不终止）和真终止（动力学链终止）两种形式。

(1)"假"终止

假终止是通过阳离子的转移来完成的,转移后形成了稳定高聚物,同时又形成了新的活性中心,因此,动力学链并没有终止。其具体形式可以有以下几种。

① 向单体转移　分两种情况,一种情况为:

$$\sim CH_2-\underset{CH_3}{\underset{|}{\overset{CH_3}{\overset{|}{C}}}}{}^+(BF_3OH)^- + CH_2=\underset{CH_3}{\underset{|}{\overset{CH_3}{\overset{|}{C}}}} \longrightarrow \sim CH_2-\underset{CH_3}{\underset{|}{\overset{CH_2}{\overset{\|}{C}}}} + CH_3-\underset{CH_3}{\underset{|}{\overset{CH_3}{\overset{|}{C}}}}{}^+(BF_3OH)^-$$

另一情况是:

$$\sim CH_2-\underset{CH_3}{\underset{|}{\overset{CH_3}{\overset{|}{C}}}}{}^+(BF_3OH)^- + CH_2=\underset{CH_3}{\underset{|}{\overset{CH_3}{\overset{|}{C}}}} \longrightarrow \sim CH_2-\underset{CH_3}{\underset{|}{\overset{CH_3}{\overset{|}{C}}}}-H + CH_2=\underset{CH_3}{\underset{|}{\overset{CH_2(BF_3OH)^-}{\overset{|}{C}}}}$$

虽然两种转移情况都可能存在,但第一种情况碳正离子更稳定,而第二种情况因需要较高能量才能夺取氢负离子(H⁻)所以不容易发生。

向单体转移是阳离子聚合反应主要的终止方式之一,其链转移常数 $C_M=10^{-2}\sim 10^{-4}$,比自由基聚合时的 $C_M=10^{-4}\sim 10^{-5}$ 大得多,因此,阳离子聚合时向单体转移更容易发生。这种转移是影响高聚物相对分子质量的主要因素,故需要在低温下进行聚合反应,这样既可以使反应减速,防止激烈放热,防止爆炸,又可以减少向单体转移而降低高聚物的相对分子质量。

阳离子聚合向单体的链转移常数 C_M 与所用的引发剂和溶剂有关。从表 3-7 可知,溶剂的极性高,引发剂酸性低时,则 C_M 小,所得聚合物相对分子质量高。

表 3-7 　苯乙烯阳离子聚合时向单体的链转移常数 C_M(30℃)

溶　剂	$C_M\times 10^2$			
	$TiCl_4$	$SnCl_4$	$FeCl_3$	$BF_3O(C_2H_5)_2$
苯	2.00	1.88	1.20	0.82
二氯乙烷(30%体积分数)+苯	1.50	1.08	1.20	0.80
二氯乙烷(60%体积分数)+苯	1.19	0.84	0.76	0.60

② 向反离子转移　是通过活性链离子对的重排,发生所谓的自发终止来完成的。

$$\sim CH_2-\underset{CH_3}{\underset{|}{\overset{CH_3}{\overset{|}{C}}}}{}^+(BF_3OH)^- \longrightarrow \sim CH_2-\underset{CH_3}{\overset{CH_2}{\overset{\|}{C}}} + H^+(BF_3OH)^-$$

③ 向助引发剂转移　由于助引发剂组分的碱性大于单体,所以当助引发剂过量时,则可以发生下面的转移反应。

$$\sim CH_2-\underset{CH_3}{\underset{|}{\overset{CH_3}{\overset{|}{C}}}}{}^+(BF_3OH)^- + HOH \longrightarrow \sim CH_2-\underset{CH_3}{\underset{|}{\overset{CH_3}{\overset{|}{C}}}}-OH + H^+(BF_3OH)^-$$

(2)"真"终止

① 与反离子中的阴离子部分形成共价键而终止　其形式为:

$$\sim CH_2-\underset{CH_3}{\underset{|}{\overset{CH_3}{\overset{|}{C}}}}{}^+(BF_3OH)^- \longrightarrow \sim CH_2-\underset{CH_3}{\underset{|}{\overset{CH_3}{\overset{|}{C}}}}-OH + BF_3$$

② 与反离子加成而终止　这种情况在反离子的亲核能力强时容易出现。如在正己烷中用 $TiCl_4$-CCl_3COOH 引发异丁烯聚合时,发生如下反应:

$$\sim CH_2-\overset{CH_3}{\underset{CH_3}{C^+}}(TiCl_4CCl_3COO)^- \longrightarrow \sim CH_2-\overset{CH_3}{\underset{CH_3}{C}}-O-\overset{}{\underset{O}{C}}-CCl_3 + TiCl_4$$

③ 与链转移剂或终止剂作用而终止　常用的终止剂为水、醇、酸、酯、酐、醚、醌和胺等。这是主要的一种终止方式。现以 XB 代表终止剂，其终止反应如下：

$$\sim CH_2-\overset{CH_3}{\underset{CH_3}{C^+}}(BF_3OH)^- + XB \longrightarrow \sim CH_2-\overset{CH_3}{\underset{CH_3}{C}}-B + X^+(BF_3OH)^-$$

其中向醌转移时，形成无反应活性的离子对，使反应终止。因此，苯醌既是自由基聚合的阻聚剂，又是阳离子聚合的阻聚剂。胺不是通过链转移终止聚合，而是通过它与活性链离子对形成稳定的没有聚合能力的固体季铵盐所致。

（三）阳离子聚合的影响因素

1. 引发剂与助引发剂的组合

前面提到的助引发剂可以分为两类，一类是 H_2O、ROH、RCOOH、HX 等能析出氢质子的物质；另一类是 RX、RCOX、$(RCO)_2O$ 等能析出碳正离子的物质。

同一引发剂与不同助引发剂可以组成不同的引发体系，但主要取决于助引发剂向单体提供质子或碳正离子的能力。因此，助引发剂所起到的作用是"主引发剂"的作用。

以 Lewis 酸为引发剂，水为助引发剂的异丁烯聚合中，引发剂的活性随其接受电子的能力和酸性的增加而增加。其活性顺序为：

$$BF_3 > AlCl_3 > TiCl_4 > TiBr_4 > BCl_3 > BBr_3 > SnCl_4$$
$$AlCl_3 > AlRCl_2 > AlR_2Cl > AlR_3$$

异丁烯以 $SnCl_4$ 为引发剂时，助引发剂的活性随其酸性的增加而增加，其活性顺序为：

$$HCl > CH_3COOH > CH_3CH_2NO_2 > C_6H_5OH > H_2O > CH_3OH > CH_3COCH_3$$

在多数情况下，聚合速率和产物聚合度随引发剂与助引发剂的配比变化而变化。如图 3-2 所示，其中聚合速率在某一配比下出现最大值，这主要是与引发剂与助引发剂配合物的组成有关。

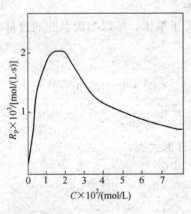

图 3-2　助引发剂苯酚浓度对 0.185mol/L $SnCl_4$ 引发异丁烯聚合的影响

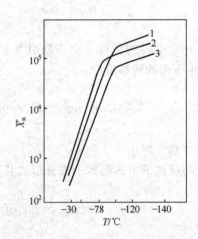

图 3-3　聚合温度对聚合度的影响

1—BF_3 引发；2—$Al(C_2H_5)Cl_2$ 引发；3—$AlCl_3$ 引发

当助引发剂用量偏大时，容易使离子对性质发生转变，降低引发活性，甚至终止聚合反应。如 BF_3-H_2O 体系，水量偏大时，存在下面形式的反应：

$$BF_3 + H_2O \rightleftharpoons H^+(BF_3OH)^- \rightleftharpoons [H_3O^+](BF_3OH)^-$$

形成的 $[H_3O^+](BF_3OH)^-$ 的活性低于 $H^+(BF_3OH)^-$。

2. 温度

聚合度随反应温度的变化如图 3-3 所示。据此，可以根据产物的用途，合理控制聚合温度，如用作黏合剂、增塑剂和密封胶泥时的聚异丁烯（$\overline{X}_n < 10^3$），可以在 -40℃ 以上聚合；用作橡胶、塑料添加剂的聚异丁烯（$\overline{X}_n > 10^4$），可以在 -78℃ 以下聚合。实践证明，图 3-3 中 -100℃ 附近的曲线变化表明，低于 -100℃ 时主要是向单体进行链转移，而高于 -100℃ 主要发生向溶剂链转移。

由于 $\Delta E_{trM} > \Delta E_p$，所以降低聚合温度，能抑制向单体的链转移反应，$C_M$ 下降，有利于链增长，使产物聚合度增加。如表 3-8 所示。

表 3-8　$TiCl_4$-H_2O 体系引发异丁烯聚合的 C_M 值

溶剂	$C_M \times 10^4$/(mol/L)			$\Delta E_{trM} - \Delta E_p$ /(kJ/mol)
	-20℃	-50℃	-78℃	
正戊烷	10.3	2.60	0.80	17.6
三氯甲烷	12.0	3.00	1.00	19.3
二氯甲烷	21.2	6.6	1.52	18.4

3. 溶剂

与阴离子聚合一样，随着溶剂的极性和溶剂化作用的增大，有利于形成松散离子对和自由离子对，所以聚合速率和聚合度增大。如表 3-9 所示。

表 3-9　以高氯酸为引发剂苯乙烯阳离子聚合中溶剂的影响

溶剂	[M]/(mol/L)	ε	k_p/[L/(mol·s)]
$ClCH_2CH_2Cl$	0.43	7.92	17
$ClCH_2CH_2Cl$	0.86	9.15	11.7
$ClCH_2CH_2Cl$	1.74	8.05	9.75
$ClCH_2CH_2Cl$/CCl_4(75/25)	0.43	7.0	3.17
$ClCH_2CH_2Cl$/CCl_4(55/45)	0.43	5.16	0.40
CCl_4	0.43	2.3	0.0012

阳离子聚合常用的溶剂有卤代烷（CCl_4、$CHCl_3$、$C_2H_4Cl_2$）、烃（C_6H_6、C_7H_8、C_3H_8、C_6H_{14}）以及硝基化合物（$C_6H_5NO_2$、CH_3NO_2 等）。一定注意：凡是能与增长的阳离子发生反应的溶剂（如醚、酮、酯、胺等）均不能用于阳离子聚合的溶剂。

三、拓展知识

（一）极性单体的阴离子活性聚合

由于极性单体如 α-甲基丙烯酸烷基酯、丙烯酸烷基酯及 α-丁烯酸酯等 α,β 不饱和酯中存在羰基或活泼 α-氢原子等原因，使这些单体在进行阴离子活性聚合时，因活性中心的不稳定而容易发生各种副反应。针对这些问题，一是可以采用立体位阻较大的引发剂；二是在体系中加入不同种类的配位体配合物；三是降低聚合反应温度等办法加以解决。

1. 采用立体位阻较大的引发剂

主要包括单官能团引发剂和双官能团引发剂两种，具体如下。

（1）单官能团引发剂

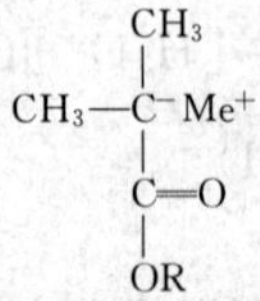

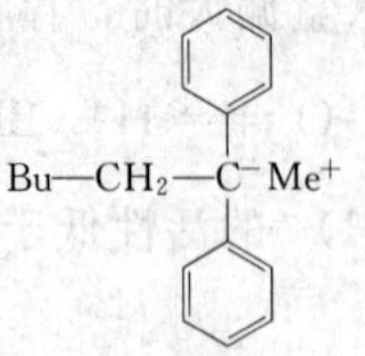

① R=CH₃, Me=Li
② R=CH₃, Me=Na
③ R=C₂H₅, Me=Li
④ R=t-Bu, Me=Li

Me=Li, Na, K, Cs

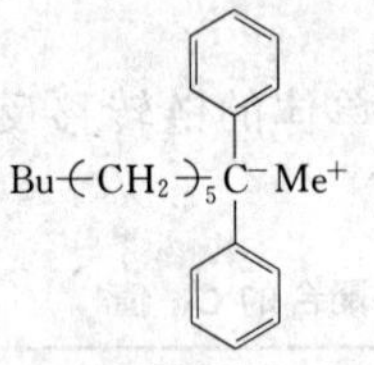

(DPHLi)

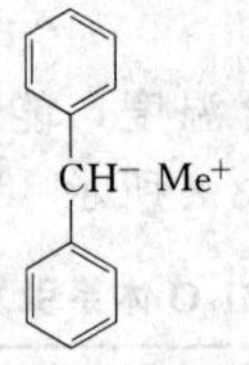

Me=Li, Na, K, Cs

t-BuMgBr

（2）双官能团引发剂

① **丁基锂与芳二烯烃的加成产物**　主要是 s-BuLi 或 t-BuLi 分别与间二乙烯基苯或间二异丙基苯的反应产物。

② **丁基锂与二乙烯基苯衍生物的加成产物**　主要分为溶解性很好的双锂、悬浮体的双锂、结构复杂的双锂三类。

溶解性很好的双锂　是 s-BuLi 与 PEB 和 MPEB 反应的产物。

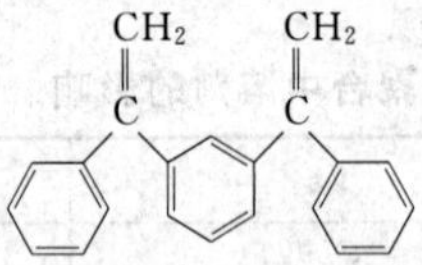

PEB 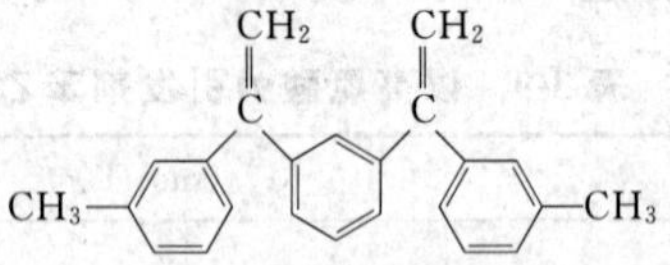　　　　MPEB

悬浮体的双锂　是丁基锂与下列物质分别反应的产物，能有效引发二烯烃聚合和合成丁羟或丁羧胶等。

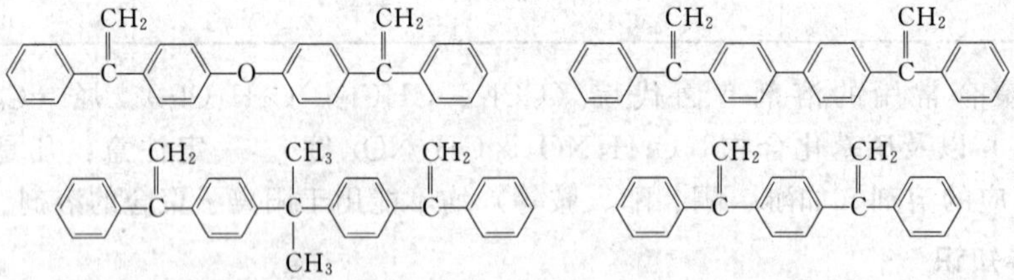

结构复杂的双锂　主要是 s-BuLi 与下列通过增强了有机分子的立体效应或烷基链长、减少碳锂缔合度的系列芳二烯烃。

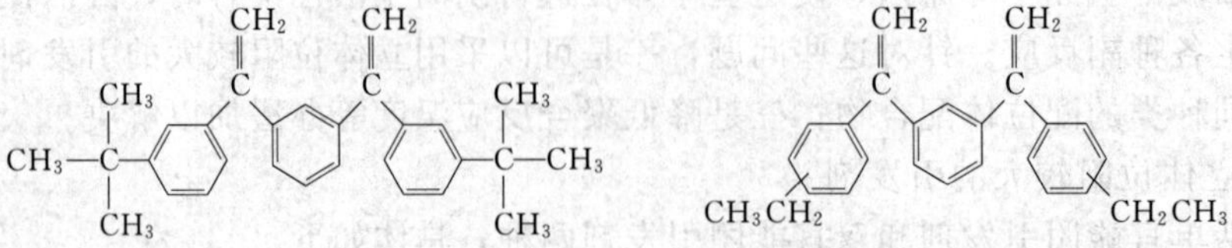

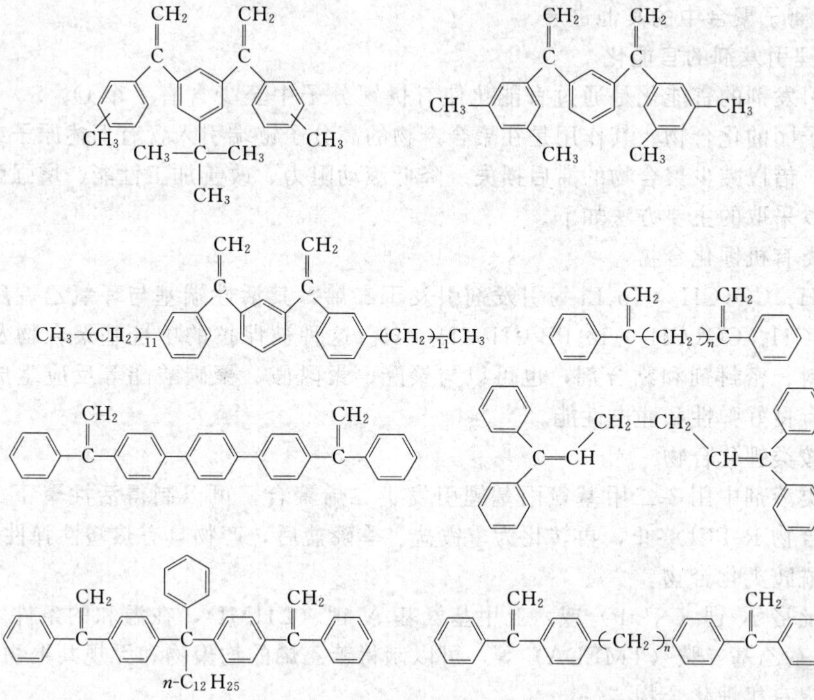

活性较高的双锂是由 s-BuLi 或 t-BuLi 与甲基苯乙烯的类似化合物反应而成。其结构如下：

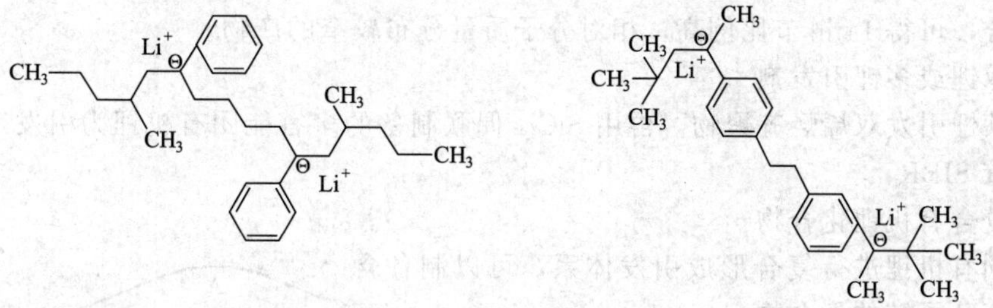

2. 配位体配合物
(1) σ-型配位体

以 Lewis 碱为主，如 Et_3N，Et_3O、CH_3OCH_3、THF、冠醚及穴醚等。对极性单体而言，像 MMA 只有在冠醚及穴醚活化情况下才能获得高聚物。

(2) μ-型配位体

以无机盐（LiCl）和有机烷氧基盐（ROLi）为主。

(3) σ/μ 型配位体

这是一种分子结构中兼有 σ-型及 μ-型螯合原子或基团的双配位体。一类是分子结构中含有多个氧原子的配位体，如 2-(2-甲氧基乙氧基) 乙氧基锂、2-甲氧基乙氧基锂等。另一类是含氧、氮两种原子的配位体，如：

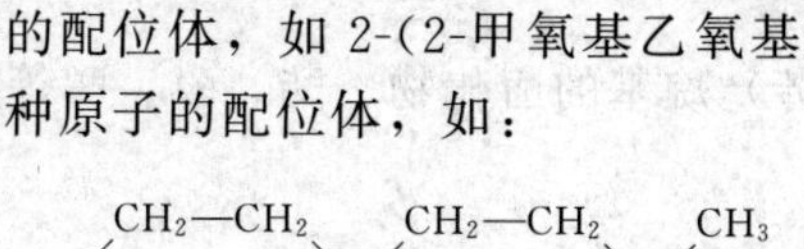

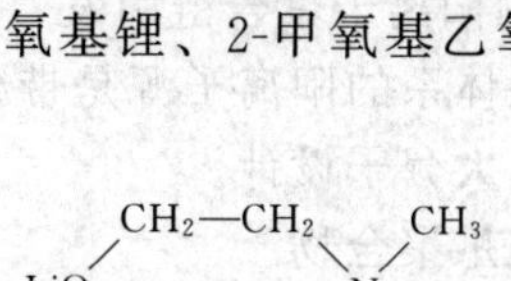

（二）阴离子聚合中的其他进展

1. 有机锂引发剂的官能化

有机锂引发剂的官能化是通过官能化使有机锂分子中至少含有一个 O、S、N、Si、Sn 等原子或原子团的化合物。其作用是在聚合产物的高分子链端引入含有上述原子或原子团的引发剂残基，借以减少聚合物的滞后损失、降低滚动阻力、改善加工性能、增强耐磨性和抗湿滑性。可以采取的主要方法如下。

（1）醚类有机锂化合物

如用 $(CH_3)CO(CH_2)_3Ip_3Li$ 为引发剂引发丁二烯，其活性端基与环氧乙烷反应生成不对称聚合物 $(CH_3)CO(CH_2)_3Ip_3PB-CH_2CH_2OH$。这种被保护的单羟基聚合物及其氢化产物可用做涂料、密封剂和黏合剂，也可以与聚酯、聚酰胺、聚碳酸酯等反应生成嵌段共聚物，使其具有良好弹性和冲击性能。

（2）叔胺类锂化合物

如在烃类溶剂中用 3-二甲基氨丙基锂引发丁二烯聚合，可以制得活性聚丁二烯，经氯代有机磷化合物 R_2PCl 终止，再转化为季铵盐、季磷盐后，产物具有热塑性弹性体的性质。

（3）锂酰胺类化合物

如四氢吡咯-N-锂（NLiP）或六亚甲基氨基-N-锂（LHMI），在温和的条件下，配合以 THF 或四甲基乙基二胺（TMEDA）等，可以制得苯乙烯的均聚物和无规共聚物。

（4）含锡有机锂化合物

如用三正丁基锡锂（Bu_3SnLi）为引发剂可以合成性能更好的丁二烯与苯乙烯共聚物。

（5）多官能化有机锂化合物

如将异戊二烯用 3-（叔丁基二甲基硅氧烷）丙基锂为引发剂，在 30℃ 的环己烷中引发，60℃ 下聚合，可得 1,4 链节比例高，相对分子质量分布较窄的产物。

（6）双锂或多锂引发剂

如以萘锂引发双烯烃齐聚物，再用 $SiCl_4$ 偶联制备的多官能团有机锂为引发剂，可以制备集成橡胶 SIBR。

（7）复合有机锂化合物

将不同有机锂进行复合形成引发体系，可以制备含有两种不高分子链的聚合物。

2. 大分子单体制备

大分子单体是在分子链一端或两端带有可聚合官能团的大分子。用这种大分子可以通过再聚合制备梳型或星型共聚物。

3. 用转化反应合成聚合物

主要是利用阴离子和阳离子转换的方法合成出如图 3-4 所示的嵌段-接枝共聚物及嵌段-星形共聚物。

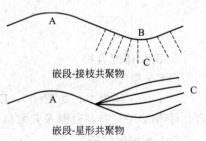

图 3-4 用转换反应合成的共聚物

（三）可控制的阳离子聚合反应

1. 可控制的阳离子聚合链引发

可控制引发体系的阳离子源是带叔（芳）烷基的卤化物、酯、醚、醇等。通过可控制引发可以进行如下大分子设计。

（1）合成遥爪聚合物

采用单中心的 CH_3COCl 或 CH_3OCH_2Cl 为引发剂，与共引发剂 $Al(C_2H_5)_3$ 配合引发苯乙烯原阳离子聚合或以将 CH_3CO—或 CH_3OCH_2—引入产物的分子链链端。

采用双中心的 $CH_3COOC(CH_3)_2(CH_2)_7(CH_3)_2COOCCH_3$ 为引发剂，与共引发剂 BCl_3 配合，在 CH_2Cl_2 中对异丁烯进行阳离子聚合，得到如下结构产物，其中引发剂的部分结构进入聚合物中心，其余部分分别进行聚合物的两端。

$$Cl-\underset{CH_3}{\overset{CH_3}{C}}-CH_2-\underset{}{(\overset{CH_3}{C}-CH_2)_n}-\underset{}{(CH_2)_7}-\underset{}{(\overset{CH_3}{C}-CH_2)_n}-\underset{CH_3}{\overset{CH_3}{C}}-CH_2-Cl$$

此聚合物可以进一步羟基化，形成双羟基聚异丁烯，既可以代替双端羟基聚丁二烯黏合剂，还可以作为合成新型聚氨酯的中间体。

(2) 合成大分子单体

采用 $CH_2=CH-C_6H_4-CH_2Cl/Al(C_2H_5)_3$ 引发体系，引发异丁烯聚合，可以直接合成链端为苯乙烯结构的大分子单体。或采用 $BrCH_2CH_2-C_6H_4-CH_2Cl/Al(CH_3)_3$ 引发体系，引发异丁烯聚合后，再脱除 HBr，也可以链端为苯乙烯结构的大分子单体。这种大分子可以通过其他聚合方法获得接枝可梳形聚合物。

$$CH_2=CH-C_6H_4-CH_2Cl + Al(CH_3)_3 \xrightarrow[n-C_7H_{16}]{nCH_2=C(CH_3)_2, CH_3Cl} CH_2=CH-C_6H_4-CH_2-CH_2-\underset{CH_3}{\overset{CH_3}{C}}-PIB$$

(3) 合成嵌段共聚物

如分步形成 PIB-PS 嵌段共聚物：

$$C_6H_5-CH_2Cl + Al(C_2H_5)_3 \xrightarrow{nIB} C_6H_5-CH_2-CH_2-\underset{CH_3}{\overset{CH_3}{C}}-PIB$$

$$C_6H_5-CH_2-CH_2-\underset{CH_3}{\overset{CH_3}{C}}-PIB \xrightarrow[SnCl_4]{CH_3OCH_2Cl} ClCH_2-C_6H_4-CH_2-CH_2-\underset{CH_3}{\overset{CH_3}{C}}-PIB$$

$$ClCH_2-C_6H_4-CH_2-CH_2-\underset{CH_3}{\overset{CH_3}{C}}-PIB + AlEt_2Cl \xrightarrow{nSt} PSt-CH_2-C_6H_4-CH_2-PIB$$

利用引发点活性不同，顺序引发形成 PIB-PS 嵌段共聚物。

$$Cl-\underset{CH_3}{\overset{CH_3}{C}}-(CH_2)_3-\underset{CH_3}{\overset{CH_3}{C}}-Br \xrightarrow[EtCl]{nSt, AlEt_3} PSt-\underset{CH_3}{\overset{CH_3}{C}}-(CH_2)_3-\underset{CH_3}{\overset{CH_3}{C}}-Br \xrightarrow[CH_2Cl_2/C_6H_{14}]{mIB, AlEt_2Cl} PSt-\underset{CH_3}{\overset{CH_3}{C}}-(CH_2)_3-\underset{CH_3}{\overset{CH_3}{C}}-PIB$$

(4) 合成接枝共聚物

以 PVC 或聚氯丁二烯或氯化丁基为主干的大分子为引发剂，用 $AlEt_2Cl$ 或 $AlEt_3$ 为共引发剂，可以得到支链为 PIB 或聚（α-甲基苯乙烯）原接枝共聚物。

2. 可控制增长反应

下式是阳离子聚合的链增长过程，其中休眠状态的物质与活性增长种之间的平衡是控制链增长的关键。并且，这种平衡关系主要受单体和活性中心的影响。

$$\sim\sim C^+ \xrightarrow{+M} \sim\sim\sim C^+ \xrightarrow{+M} \sim\sim\sim\sim C^+ \xrightarrow{+M} \cdots\cdots$$
$$\updownarrow \qquad\qquad \updownarrow \qquad\qquad \updownarrow \text{(活性增长种)}$$
$$\sim\sim D \qquad \sim\sim\sim D \qquad \sim\sim\sim\sim D \text{(休眠状态的物质)}$$

(1) 从单体的角度

单体是活性链发生反应的对象，关键是如何控制单体在体系内的瞬时浓度。其反应形式如下：

[反应式：以异丁烯为单体的活性阳离子聚合反应机理图，包含 (M_n^+)、(M_{n+1}^+)、(M_n^+X)、(M_n^-) 等物种，以及 k_p、k_{trM}、k_t、k_{-t}、k_{-H^+}、K_{+H^+} 等速率常数，标记 (i) 链增长、(ii)、(iii)、(iv) 链转移等过程]

上式中（ i ）为链增长，（ iii ）和（ iv ）为链转移，单体过量时，平衡右移，向单体链转移无法防止。若以非常慢而固定的速度向体系内加入单体，保持单体浓度低于烯烃末端链的浓度，即加入的单体仅能满足（ i ）的需要，达到（ iii ）和（ iv ）可逆平衡，（ ii ）式是终止反应和离子化过程之间的平衡反应，其休眠状态与活性种状态的平衡和交换速度足够快，即可成为可逆终止过程。因此合适地控制单体在体系中的瞬间浓度，确保唯一消耗单体的反应是向活性链端的增长反应，从而实现控制增长，实现活性碳正离子聚合。

(2) 从活性中心的角度

主要通过引发剂体系中引发剂与共引发剂的匹配、引发体系与单体的匹配、外加适当的给电子试剂、同离子效应等手段使下列平衡向左移动，调节活性中心正离子与反离子间距离，获得合适的活性种，实现可控制的或活性的阳离子聚合。

$$\sim\sim C\text{—}G \rightleftharpoons \sim\sim C\cdots G \rightleftharpoons \sim\sim C^+G^- \rightleftharpoons \sim\sim C^+/G^- \rightleftharpoons \sim\sim C^+//G^- \rightleftharpoons \sim\sim C^+ + G^-$$

极性共价键　　极性共价键　　紧密离子对　　　溶剂隔开离子对　　　　溶剂化自由离子
休眠种

无引发活跃　　　　　　　　可控制的、活性的　　　非控制的、传统的
　　　　　　　　　　　　　阳离子聚合反应　　　　阳离子聚合反应

3. 可控制的阳离子聚合链终止

可控制终止反应包括可控制链转移反应和可控制链终止反应，主要通过以下技术加以实现。

(1) 引发-转移（Inifer）技术

借用具有引发-转移双重作用的引发剂，使增长链的末端发生定向链转移，生成链端官能聚合物及与原活性中心相类似结构的新活性种，继续引发聚合，避免了增长链向单体的链转移反应发生，达到控制引发-增长-控制链转移的三重目的。以 p-枯基氯（CUM-Cl）/三氯化硼引发异丁烯为例其反应过程如下。

链引发：

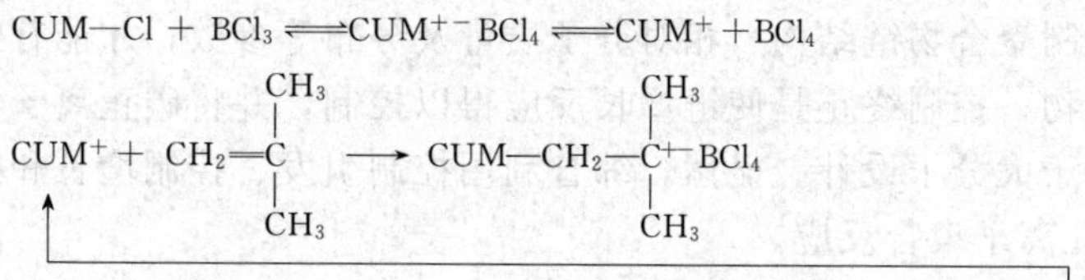

$$CUM-Cl + BCl_3 \rightleftharpoons CUM^+ \cdot BCl_4^- \rightleftharpoons CUM^+ + BCl_4^-$$

$$CUM^+ + CH_2=C(CH_3)_2 \longrightarrow CUM-CH_2-C^+(CH_3)_2 \cdot BCl_4^-$$

链增长：

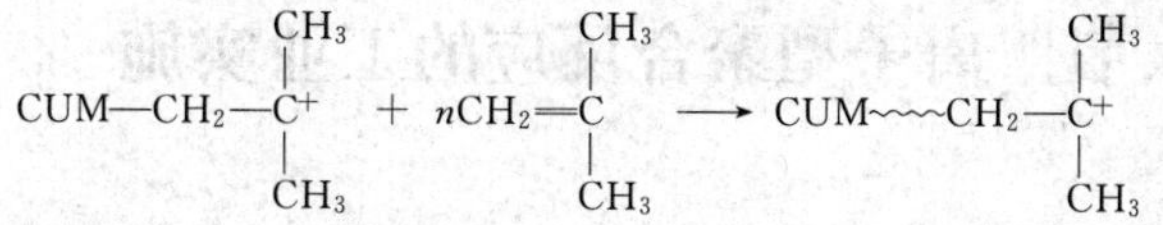

$$CUM-CH_2-C^+(CH_3)_2 + nCH_2=C(CH_3)_2 \longrightarrow CUM\sim\sim CH_2-C^+(CH_3)_2$$

向引发剂链转移：

$$CUM-CH_2-C^+(CH_3)_2 + CUM-Cl \longrightarrow CUM-CH_2-C(CH_3)_2-Cl + CUM^+$$

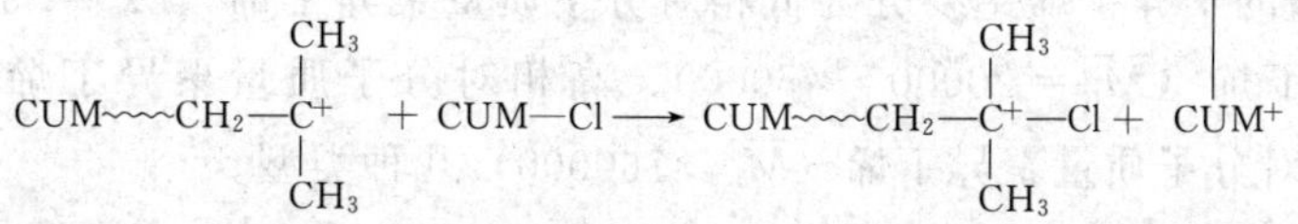

(2) 活性链末端离子对的破裂终止技术

通过活性链末端离子对的破裂终止可以将有用的官能团（如叔氯端基、苯基、环戊二烯基、乙烯基等）引入到聚合物的链末端。由叔氯或叔醚或叔醇/Lewis 酸（BCl_3 或 $TiCl_4$）引发体系进行异丁烯聚合时，采用升温终止或加入不同种类的强碱（醇类、胺类）终止，可以得到叔氯遥爪聚异丁烯。其活性链末端离子对的破裂终止方式如下。

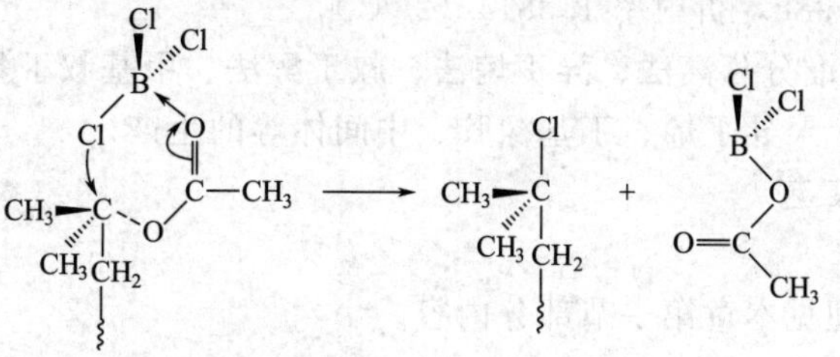

(3) 向稳定碳正离子活性中心转移技术

主要以 1,1-二苯基乙烯（DPE）对聚异丁烯碳正离子活性链进行封端，再转化成官能性端基产物。其过程如下：

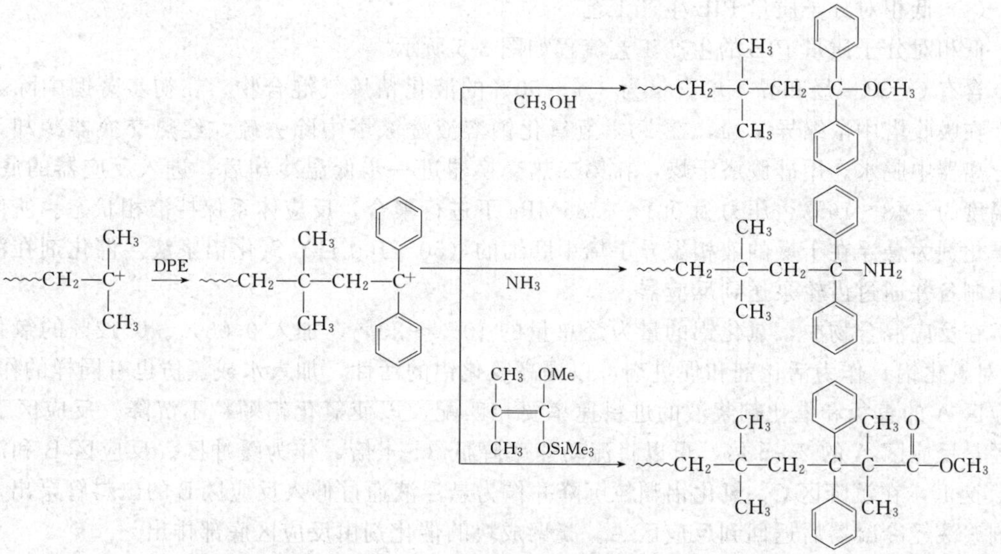

总之，控制引发是控制聚合的基础，只有引发剂与共引发剂配合合适的引发体系，才能得到有效的引发效果和合适的活性中心；控制增长是控制的关键，只有保证聚合物链增长的

单纯性,才能达到控制聚合物链结构、相对分子质量及分布等参数,才能有效进行大分子设计,合成高嵌段共聚物;控制终止是使链增长反应得以控制,并将碳正离子活性链转化为稳定的碳正离子而有利于大分子设计。显然,综合利用控制引发、控制增长和控制终止,才能有效地获得可控/活性离子聚合反应。

第二节 离子型聚合反应的工业实施

一、PIB 的生产

具有工业价值的聚异丁烯主要分为低相对分子质量聚异丁烯（$\overline{M_n}=330\sim1600$）、中相对分子质量聚异丁烯（$\overline{M_n}=20000\sim45000$）、高相对分子质量聚异丁烯（$\overline{M_n}=75000\sim600000$）、超高相对分子质量聚异丁烯（$\overline{M_n}\geqslant760000$）几种类型。

（一）主要原料

结构式为：$\underset{\underset{CH_3}{|}}{\overset{\overset{CH_3}{|}}{C}}=CH_2$，英文名称 iso-Butylene。

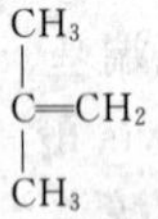

异丁烯为无色气体。熔点 $-140.35℃$,沸点 $-6.8℃$,燃点 $465℃$,相对密度 0.6738 ($-49℃$),气态时 1.9988,折射率 1.3814（$25℃$）。

异丁烯主要由 C_4 馏分分离法、异丁烷法、叔丁醇法、甲基叔丁基醚法合成。

异丁烯主要适用于聚异丁烯、丁基橡胶、中间体等的生产。

（二）PIB 的生产工艺

1. IB 的聚合原理

异丁烯的聚合原理见本章第一节部分内容。

2. PIB 的生产工艺

聚异丁烯的生产工艺分为低相对分子质量 PIB、中相对分子质量 PIB 和高相对分子质量 PIB 三种生产工艺。

（1）低相对分子质量 PIB 生产工艺

低相对分子质量 PIB 的生产工艺流程如图 3-5 所示。

含有 $C_1\sim C_5$ 烃和异丁烯含量为 $3\%\sim50\%$ 的液化精炼气混合物,在初步蒸馏中除去戊烯,在吸收塔中浓缩异丁烯,在 20% 氢氧化钠溶液洗涤塔中除去硫,经热交换器冷却,在水分离器中脱水,用硅胶塔干燥,在第二热交换器进一步低温冷却后,进入反应器的底部。在温度为 $-43\sim16℃$、压力为 $0.1\sim0.35MPa$ 下进行聚合,反应体系保持液相状态。所使用的催化剂为悬浮在干燥的液相聚异丁烯中磨细的（$50\sim100$ 目）氯化铝浆液。催化剂在混合罐中制备并通过齿轮泵送到反应器。

在反应混合物中,氯化铝的量为烃总量的 $10\%\sim20\%$。加入 $0.08\%\sim0.12\%$ 的氯化氢（相对氯化铝）作为活化剂和促进剂可以提高氯化铝的活性,加入水或氯仿也有同样的作用。反应区 A 的直径和催化剂浆液的进料速率要相匹配,以使氯化铝颗粒不沉降。反应区 B 的直径是反应区 A 的 $2\sim6$ 倍,可以将流动速率降低 $3\sim4$ 倍,作为缓冲区。反应区 B 和沉降区 C 交汇,在沉降区 C,氯化铝颗粒沉降并作为悬浮液通过伸入反应区 B 的出料管泵出。催化剂浆液经冷凝器后返回到反应区 A。凝聚成块的催化剂由反应区底部排出。

该工艺的一种改进形式是聚合过程和催化剂沉降在独立的容器完成。

透明的液态聚异丁烯溶液与未反应的初始原料一起从沉降区流出。为了提高产率,应至少 4 次，通常多于 8 次将反应混合物泵送到反应区 A。透明的聚合物溶液流经热交换器 20 和热交换器 25，冷却异丁烯，水洗除去酸性组分，然后进入汽提塔，蒸馏出 (1/3) ~ (2/3) 的惰性未反应的原料。浓缩的聚合物溶液在黏土填充塔中进行后处理，然后所有原料中的挥发性组分，尤其是未反应的异丁烯，在蒸馏塔中蒸发，并通过水冷凝器返回吸收塔。黏土填充塔也可以安装在汽提塔之前。在塔中进一步处理后，最后的痕量可挥发组分在常压下从液态聚异丁烯中蒸出。

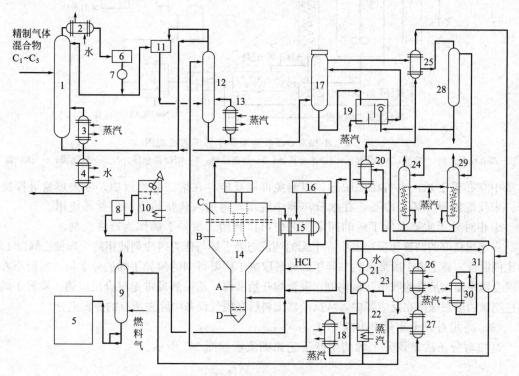

图 3-5 低相对分子质量聚异丁烯生产工艺流程图

1—初精馏塔；2，4，15，21—冷凝器；3，13，18，30—再沸器；5—聚异丁烯贮罐；6，11—贮罐；7—泵；8—齿轮泵；9—压力塔；10—混合器；12—吸收塔；14—聚合反应器；16—离心分离装置；17—氢氧化钠洗涤塔；19—加热装置；20，25，27—热交换器；22—蒸馏塔；23—黏土填料塔；24，29—硅胶塔；26—加热器；28—水分离器；31—压力塔

(2) 中相对分子质量 PIB 生产工艺

中相对分子质量聚异丁烯生产原则流程如图 3-6 所示。

中相对分子质量聚异丁烯的基本原理与生产低分子量聚异丁烯的工艺相似，但是使用更纯的异丁烯作为原料，戊烷或己烷作为溶剂。要得到较高的分子量，必须降低聚合温度。含 30% 的异丁烯和 70% 的己烷的混合物（包括新鲜的异丁烯、再循环的异丁烯以及己烷）通过热交换器和冷凝器降到聚合温度 −40℃，并且进入反应器。同时，低于 −23℃ 的 5% 的磨细的氯化铝己烷浆液也进入反应器。

聚合在强烈地搅拌下进行，以使氯化铝不会沉降，同时进行外部冷却。异丁烯-己烷混合物的流量为 378.5L/h，氯化铝的流量为 0.454kg/h。得到的含有悬浮氯化铝的聚异丁烯己烷溶液从反应器排出后，通过热交换器，加入过量的氢氧化钠稀溶液使催化剂失活。在喷嘴混合器中充分混合后，聚合物溶液和氢氧化钠溶液混合物进入到沉降罐，分为两层。排出氢氧化钠溶液、氢氧化铝和盐组成的底层。将聚合物己烷溶液和未反应单体组成的上层溶液送入到脱气罐，低沸点组分主要是未反应单体在 99℃ 和 $0.35×10^5$ Pa 下被除去。如果反应

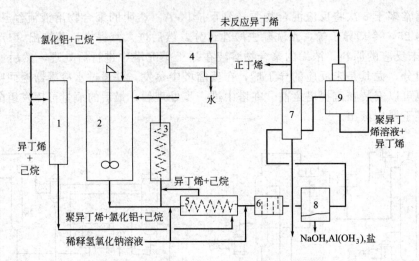

图 3-6 中相对分子质量聚异丁烯工艺流程图
1—混合容器；2—反应器；3—冷凝器；4—水分离器；5—热交换器；6—喷嘴混合器；7，9—脱气罐；8—沉降罐

体系中存在正丁烯，也将在此脱除，以避免抑制反应。在第二脱气罐中，除去痕量可挥发组分。未反应的异丁烯经冷凝，在水分离器中脱水，再加入到初始原料中循环使用。

中相对分子质量聚异丁烯的间歇工艺中可以利用二聚异丁烯作为链终止剂。

在绝热良好的圆锥形反应器中，干燥的纯液态异丁烯与作为内冷剂使用的干燥纯乙烯以 1∶2 的比例混合。异丁烯中所加入的二异丁烯的量取决于所要得到的聚异丁烯的分子量。然后小心地在混合物中加入足量的气态三氟化硼。混合物开始沸腾，乙烯蒸发带走聚合反应热。聚异丁烯以白色泡沫的形态保留在反应器中，从反应器出料后在脱气设备中除去所有的挥发组分。

（3）高相对分子质量 PIB 生产工艺

高相对分子质量聚异丁烯的生产工艺原则流程如图 3-7 所示。

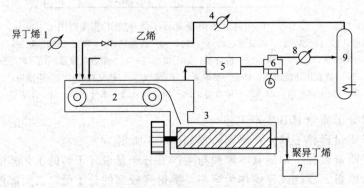

图 3-7 高相对分子质量聚异丁烯生产工艺流程
1，4，8—冷凝器；2—不锈钢带；3—双螺杆挤出机；5—纯化器；6—压缩机；7—冷却与混合；9—分离塔

在高相对分子质量聚异丁烯的生产工艺中将上述相对分子质量聚异丁烯生产工艺中描述的圆锥形聚合反应器被连续聚合带所代替。槽形连续不锈钢带稍稍倾斜，长 16～18m，宽 50m，置于密封罩中，依靠主动辊和张力辊运行。干燥的液态乙烯和异丁烯的混合物（比例为 1∶1）通过管道流到不锈钢带的一端，从第二根管道加入三氟化硼的乙烯溶液，助催化剂和分子量调节剂的量取决于所要求的聚合物分子量。聚合反应立即开始，在液态乙烯的沸腾温度（−103.7℃）下进行，聚合反应很快便结束。乙烯蒸发吸收聚合热，蒸发的乙烯经纯化和液化后再循环利用。聚异丁烯用刮刀从不锈钢带剥离，在双螺杆挤出机中脱气、均化。

(三) PIB 的结构、性能与应用

1. PIB 的结构

阳离子聚合得到的聚异丁烯结构为：$-[-\underset{\underset{CH_3}{|}}{\overset{\overset{CH_3}{|}}{C}}-CH_2-]_n-$

2. PIB 的性能

橡胶状聚异丁烯和其他所有聚异丁烯一样，链烷烃的特征决定了它们的物理性能和化学性能。聚异丁烯具有低玻璃化转变温度、低热导率、很低的水蒸气渗透性、高介电强度、高电阻率、低介电常数、低介电损耗因子、良好的耐老化性能、防霉性以及很宽范围的耐化学品性。链烷烃的特征还导致聚异丁烯在烃及氯代烃中溶解性良好，但不溶于醇、酯和酮。

室温下，聚异丁烯可以耐稀盐酸、浓盐酸、硫酸、磷酸、氯磺酸、苯酚磺酸、萘磺酸、甲酸、乙酸、氨、氢氧化钾溶液、氢氧化钠溶液以及水合氢氧化钙、酸式亚硫酸溶液、硫酸铜溶液、高锰酸钾溶液、过氧化氢、铬酸、重铬酸盐溶液。高于 80℃ 时，浓硫酸会使其炭化，浓硝酸会使其分解。

聚异丁烯的一些与聚合度无关的性能如下：

密度/(g/cm³)	0.92
体膨胀系数（20℃）/K^{-1}	6.3×10^{-4}
比热容/[kJ/(kg·K)]	2.0
玻璃化转变温度（DSC）/℃	−60
热导率/[W/(K·m)]	0.19
折射率，n_D^{20}	1.51
介电常数（50Hz，20℃），DIN 53483	2.2
介电损耗因子（50Hz，20℃），DIN 53483	≤5×10^{-4}
水蒸气渗透性/[g/(m·bar)]	2.5×10^{-7}

注：1bar=1×10⁵Pa。

聚异丁烯的一些与聚合度有关的性能如表 3-10 所示。

表 3-10 聚异丁烯性能与聚合度的关系

相对分子质量类别	黏度/Pa·s		特性黏度[η] /(cm³/g)	数均分子量 $\overline{M}_n$
	20℃	100℃		
低相对分子质量	25	0.20±0.02		820
中相对分子质量	5.0×10⁴	2.2×10²	27.5～31.2	24000
	5.0×10⁵	3.0×10³	45.9～51.6	40000
高相对分子质量	1.5×10⁸	8.0×10⁵	113～143	120000
	3.6×10⁸	6.7×10⁷	241～294	250000
	1.5×10¹¹	1.0×10⁹	551～661	600000

注：$\overline{M}_n = \sqrt[0.94]{\dfrac{[\eta] \times 10^3}{2.27}}$。

3. PIB 的用途

低分子量聚异丁烯可作为增塑剂用于改进密封胶的性能，也可用于生产绝缘油。

用极性基团进行官能化后，低分子量聚异丁烯可以用作燃料分散剂和润滑油添加剂。

中分子量聚异丁烯主要用作胶黏剂和密封胶的原料。因为它的水蒸气渗透性非常低，因此，由聚异丁烯和炭黑制备的韧性密封胶在生产密封中空双层玻璃时十分重要。聚异丁烯和烷烃或石蜡结合可用于浸渍纸张或板材。

添加中分子量聚异丁烯可以降低沥青的断裂点，提高润性。

高分子量聚异丁烯与中分子量聚异丁烯混合可用于生产自黏产品,例如橡皮膏。

由于皮肤对高分子量聚异丁烯具有良好的适应性,填充聚异丁烯可用于生产与人体接触的产品。

未经稳定处理的聚异丁烯可用于生产口香糖。

将聚异丁烯与烷烃油和无机填料混合可以得到永弹性密封胶,通常挤出成带状或环状产品投放市场。

高填料含量的高分子量聚异丁烯可生产板材,用于建筑物地下水和渗漏水的密封,也用作抗腐蚀和抗辐射材料。导电性和磁性的聚异丁烯板材也已经商品化。

通过与聚异丁烯混合,聚丙烯的低温抗冲击强度可以得到改善。聚乙烯中添加聚异丁烯可以降低对环境应力开裂的敏感性。

聚异丁烯与天然橡胶、合成橡胶和回收橡胶是相容的。

超高分子量($\overline{M_n}$≥760000)聚异丁烯的有机溶液即使在浓度很低(远小于1%)的情况下,也具有黏弹性。

聚异丁烯可以在开炼机或密炼机中进行配合,配合温度为140～170℃,以便使聚异丁烯的热降解降至最低程度。

二、POM 的生产

聚甲醛的英文名称为 Acetal resin, Polyoxymethylene, Polyacetal,简称 POM。主要分为均聚甲醛和共聚甲醛两类。

均聚甲醛是两端均为乙酰基、主链由甲醛单元构成的大分子,其结构示意如下:

$$CH_3COO\!\!-\!\!\!\left[CH_2O\right]_{\overline{n}}\!\!COCH_3$$

共聚甲醛主链以—CH_2O—链节为主,其间加杂少量—CH_2CH_2O—或—C_4H_8O—链节,端基为甲氧基醚或羟基乙基醚结构的大分子。

(一)主要原料

1. 甲醛

结构式为: 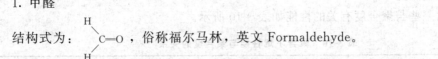 ,俗称福尔马林,英文 Formaldehyde。

甲醛为无色气体。有特殊刺激气味。熔点-92℃,沸点-19.5℃,着火温度约为300℃,气体相对密度1.067,液体相对密度0.815(-20℃),临界温度137℃,临界压力65.61MPa,临界体积0.266g/mL。易溶于水和乙醚。水溶液中最高浓度可达55%。工业品通常是40%(含8%甲醇)的水溶液,无色透明,具有窒息性臭味,呈中性或弱酸性反应,纯甲醛在碱性溶液中有强还原作用。能燃烧。蒸气与空气形成爆炸性混合物,爆炸极限7%～73%。有毒,对眼睛、呼吸道黏膜损害大,能引起皮肤损害,视力减弱,甚至导致颅神经麻痹等神经系统症状。

甲醛优等品含量17.0%～37.4%,色度(Pt～Co)号≤10;一级品含量≥36.7%～17.4%;甲醛含量均≤12%;酸度(以甲酸计)分别为0.02%、0.04%灰分均≤0.005%。

甲醛主要通过甲醇氧化法、天然气直接氧化法等方法合成。

均聚甲醛的制备分为传统精制与直接共沸精制。

传统甲醛精制原则流程如图3-8所示。55%的甲醛水溶液与异辛醇在萃取塔发生反应生成半缩醛,而含甲醛的水相则浓缩出有用成分后送入生化处理。半缩醛在脱水后进行热裂解,并将热裂解产物以分凝方式分离出醇,再经过脱多馏塔内除去高沸物后循环使用,而纯净甲醛送出系统,用于聚合。

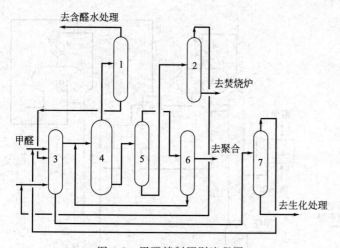
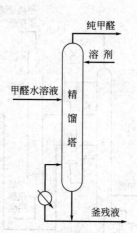

图 3-8　甲醛精制原则流程图
1—低沸点分离；2—脱多精馏塔；3—萃取塔；
4—脱水塔；5—热解塔；6—分凝器；7—提浓塔

图 3-9　萃取精制制备纯甲醛流程图

直接共沸精制流程使用聚乙烯醇缩甲醚等惰性溶剂，添加到甲醛与水的共沸物中，破坏其共沸点，使游离甲醛和结合态甲醛的数量比例急剧增加，进而实现惰性溶剂的萃取精馏。其原则精制流程如图 3-9 所示。

2. 三聚甲醛

结构式为：$\begin{matrix} O \\ CH_2 \\ O \end{matrix} \begin{matrix} CH_2 \\ \\ CH_2 \end{matrix} O$，又名 1,3,5-三氧杂环己烷、1,3,5-三氧六环。英文名称为：Trioxymethylene。

三聚甲醛为白色结晶，具有氯仿气味。性质稳定，能升华，易燃。熔点 64℃，沸点 114.5℃，相对密度 1.17（65℃），闪点 45℃（开杯）。易溶于水、乙醇、乙醚、丙酮、氯仿、二硫化碳、芳烃等，微溶于石油醚和戊烷。与水形成共沸物，沸点 91.4℃，含三聚甲醛 70%。水溶液能被强酸逐渐解聚，但与碱无反应。在非水体系能被少量强酸转化为单体。

三聚甲醛工业品含量≥99%，水分≤0.9%，甲醇≤0.01%，甲酸≤0.01%，甲醛≤0.01%。

三聚甲醛主要由甲醛在硫酸催化作用下合成而成。但三聚甲醛的精制主要分以下几种方法。

① 合成加萃取剂法（经典方法）　采用合成反应器与精馏塔相连的系统，在维持体系水浓度恒定的情况下，产出三聚甲醛、甲醇、水和反应副产物组成的混合物。再用苯为萃取剂进行萃取，并且萃取液经碳酸氢钠等弱碱性水溶液中和处理，用多塔精馏制得聚合多三聚甲醛。

② 溶剂存在下的精馏法　在多塔精馏流程（第一塔）中加入某种溶剂，借用溶剂与水的相分离作用，解决系统中醛水的分离与水平衡问题。

③ 合成系统蒸出物冷却法　对合成系统的蒸出物进行冷却，冷却后分离出含 3% 左右的水和甲醛的固态三聚甲醛结晶体（粗三聚甲醛），经碱处理后，再精馏得聚合级三聚甲醛。

三聚甲醛生产原则流程如图 3-10 和图 3-11 所示。

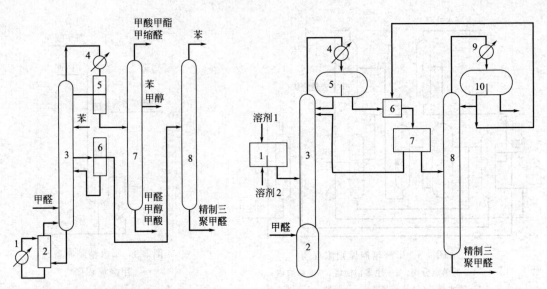

图 3-10 三聚甲醛合成流程
1，4—冷凝器；2—合成釜；3—合成塔；
5，6—分离器；7—苯分离蒸馏塔；
8—苯-三聚甲醛分离塔

图 3-11 采用两种溶剂三聚甲醛制备流程
1，5，7，10—分离器；2—蒸馏釜；
3—蒸馏塔；4，9—冷凝器；
6—混合器；8—精馏塔

(二) POM 的生产工艺

1. 均聚甲醛的聚合与后处理

均聚甲醛的制备过程主要包括甲醇氧化制甲醛、甲醛的纯化、聚合、封端、聚合物熔融均化（添加助剂造粒）等过程。

(1) 聚合

采用阳离子或阴离子聚合方法，工业实施多用阴离子引发剂，在烃类溶剂中，引发甲醛聚合，聚合后经液固分离，溶剂精制后循环使用，固体经干燥后得到未封端的聚合物粉体。

如果以水为链转移剂，则得到不稳定的羟基醚羰基产物。

$$nCH_2O \xrightarrow{H_2O} HO\text{-}(CH_2O)_n\text{-}H$$

如果以高纯度乙酐为链转移剂，则得到具有稳定乙酰基产物。

$$nCH_2O \xrightarrow{(CH_3CO)_2O} CH_3COO\text{-}(CH_2O)_m\text{-}COCH_3$$

(2) 酯化

用乙酐酯化封端的过程中，在大分子被乙酰化的同时，大分子上会脱落下约 10% 的游离甲醛，其反应如下：

$$HO\text{-}(CH_2O)_n\text{-}H + (CH_3CO)_2O \longrightarrow CH_3COO\text{-}(CH_2O)_m\text{-}COCH_3 + xCH_2O$$

同时，甲醇还会与乙酐发生副反应生成甲二醇的二乙酸酯。

(3) 造粒

封端后所得到的干粉掺杂一定的助剂后挤出造粒。

2. 三聚甲醛共聚甲醛的聚合与后处理

共聚甲醛的制备过程主要包括甲醇氧化制甲醛、甲醛三聚成三聚甲醛、三聚甲醛纯化、三聚甲醛与其他单体共聚、封端、聚合物熔融均化（添加助剂造粒）等过程。

（1）聚合

三聚甲醛在三氟化硼及其配合物的作用进行聚合反应。

如果采用传统的聚合，则聚合和稳定化过程如下：

$$n\text{CH}_2\text{O} + (\text{CH}_2)_2\text{O} \underset{\text{共聚单体}}{\longrightarrow} \sim\sim[\text{CH}_2\text{O}]_m\text{CH}_2\text{CH}_2\text{O}[\text{CH}_2\text{O}]_x\text{H}$$

$$\sim\sim[\text{CH}_2\text{O}]_m\text{CH}_2\text{CH}_2\text{O}[\text{CH}_2\text{O}]_x\text{H} \longrightarrow \sim\sim[\text{CH}_2\text{O}]_m\text{CH}_2\text{CH}_2\text{OH} + x\text{CH}_2\text{O}$$

如果采用高纯度三聚甲醛的聚合，则聚合和稳定过程如下：

$$n\text{CH}_2\text{O} + (\text{CH}_2)_2\text{O} \underset{\text{共聚单体}}{\xrightarrow{\text{CH}_3\text{OCH}_2\text{OCH}_3}} \sim\sim[\text{CH}_2\text{O}]_m\text{CH}_2\text{CH}_2\text{O}[\text{CH}_2\text{O}]_x\text{CH}_3$$

（2）聚合设备

单螺杆挤出反应器和双螺杆挤出反应器。

（3）后处理

后处理的主要有氨法、熔体法和均相溶液法三种工艺。其中，第二种方法应用较多。

① 氨法 以氨溶液或胺溶液在均相或非均相的状态下实施稳定化的工艺方法，目前已经使用较少。

② 熔体法 主要采用磨粉、终止、初步脱除挥发分和熔体排气造粒等过程实施。

③ 均相溶液法 主要共聚甲醛产物在醇水体系内，高温下形成均相溶液，冷却后发生沉淀等过程。

（4）造粒

采用单螺杆和双螺杆挤出、拉条，在水环、水下冷却后切粒的方法。

（三）POM 的结构、性能与应用

1. POM 的结构

POM 为线形聚合物，分子主链由—C—O—键组成，结构规整、对称、分子间力大，是一种没有侧链、堆砌紧密、高密度的结晶性聚合物。

均聚 POM 由纯—C—O—键构成，而共聚 POM 在若干个—C—O—键中分布着少量的—C—C—键，由于—C—C—键较—C—O—键稳定好，故共聚 POM 的耐热稳定性和耐化学稳定性都好；又由于 POM 上的—C—O—键较—C—C—键距离近，而均聚 POM 的—C—O—键含量大，所以均聚 POM 的规整性比共聚 POM 好，均聚 POM 的结晶度可达 75%～85%，而共聚 POM 的结晶度可达 70%～75%，并且其密度、力学性能均好于共聚 POM。

2. POM 的性能

POM 的具体性能如表 3-11 所示。

（1）一般性能

POM 的外观为淡黄色或白色半透明或不透明的粉料或粒料，硬而质密，与象牙相似，制品表面光滑并有光泽，成型收缩率高达 3.5%。POM 易燃，其氧指数仅为 14～16，火焰上端为黄色、下端为蓝色，熔融落滴。有刺激性甲醛味和鱼腥味。POM 的透气性小，仅为 PE 的几分之一。

表 3-11 均聚 POM 和共聚 POM 的性能

性　能	均聚 POM	共聚 POM	25%GF 共聚 POM
相对密度	1.43	1.41	1.61
吸水率/%	0.25	0.21	—
成型收缩率/%	1.53	1.53	—
拉伸强度/MPa	70	62	130
断裂伸长率/%	40	60	—
拉伸模量/MPa	3160	2830	8300
弯曲强度/MPa	90	98	182
弯曲模量/MPa	2880	2600	7600
压缩强度/MPa	127	110	—
剪切强度/MPa	67	54	—
缺口冲击强度/(J/m)	76	65	86
洛氏硬度	M94	M80	—
摩擦因数	—	0.15	—
疲劳极限/MPa	35	31	—
热变形温度(1.82MPa)/℃	124	110	163
长期使用温度/℃	80	100	—
线膨胀系数($\times 10^{-5}$K^{-1})	7.5	8.5	2.6
热导率/[W/(m·K)]	0.23	0.23	—
体积电阻率/(Ω·cm)	10^{15}	10^{15}	3.8×10^{14}
介电常数(10^6Hz)	3.8	2.7	—
介电损耗角正切值(10^6Hz)	0.005	0.007	—
介电强度/(kV/mm)	20	20	—
耐电弧/s	220	240	—

(2) 力学性能

POM 的力学性能优异，比强度可达 50.5MPa，比刚度达 2650MPa，与金属十分接近。POM 的力学性能随温度变化小，共聚 POM 比均聚 POM 稍大一点。POM 的冲击强度较高，但常规冲击不及 ABS 和 PC；POM 对缺口敏感，有缺口可使冲击强度下降 90%。POM 的疲劳强度十分突出，10⁴ 交变载荷作用后，疲劳强度可达 35MPa，而 PA 和 PC 仅为 28MPa。POM 的耐蠕变性与 PA 相似，在 20℃、21MPa、3000h 时仅为 2.3%，而且受温度影响小。POM 的摩擦因数小，耐磨性好（POM＞PA66＞PA6＞ABS＞HPVC＞PS＞PC），极限 PV 值很大，自润滑性好，适于受力摩擦制品如齿轮和轴承的生产。

(3) 热学性能

POM 的长期耐热性不高，但短期可耐 160℃，其中均聚 POM 短期耐热比共聚 POM 高 10℃以上，但长期耐热共聚 POM 反而高 10℃左右。

(4) 电学性能

POM 的电绝缘性较好，几乎不受温度和湿度的影响；介电常数和介电损耗角正切值在很宽的温度、湿度和频率范围内变化很小；耐电弧性极好，并可在高温下保持。POM 的介电强度与厚度有关。厚度 0.127mm 时为 82.7kV/mm，厚度为 1.88mm 时为 23.6kV/mm。

(5) 环境性能

POM 不耐强酸和氧化剂，对稀酸及弱酸有一定的稳定性。POM 的耐溶剂性良好，可耐烃类、醇类、醛类、醚类、汽油、润滑油及弱碱等，并可在高温下保持相当的化学稳定性能。POM 的耐候性不好，长期在紫外光作用下，力学性能下降，表面发生粉化和龟裂。

3. POM 的应用范围

(1) 机械工业

利用 POM 强度大、耐磨、耐疲劳、冲击高及自润滑性高等优点，可用于制造齿轮、轴承、滑轮、凸轮、皮带轮、螺栓、泵体、壳体、阀门、水龙头及管接头等。

(2) 汽车工业

利用其比强度高的优点。在交通工具中替代金属锌、铜及铝等，用作水箱阀门、散热器箱盖、风扇、控制杆、开关、齿轮外壳及轴承支架等。

(3) 电子/电器

利用其介电强度高、介电损耗角正切值小、耐电弧高等优点，用于电扳手外壳、电动工具外壳、开关手柄等，以及电视、录像机、计算机、传真机的配件，计时器零件，录音机磁带座等。

(4) 其他

第二代拉链材料，窗框、水箱、玩具及洗漱盆等。

小　结

离子型聚合反应依据活性中心的不同可以分为阴离子聚合、阳离子聚合和配位离子型聚合，其中配位离子型聚合具有特殊的意义。

离子型聚合反应具有对单体的选择性高；链引发活化能低，聚合速率快；增长着的离子总带有反离子（决定单体增长时要插入）；阳离子所用引发剂为亲电试剂，阴离子所用引发剂为亲核试剂，配位离子型聚合所用的是具有特殊定位效应的引发剂；离子型没有偶合终止等特点。并且，离子型聚合反应所用的引发剂、溶剂等对聚合的全过程及产物的微观结构都有影响。

离子型聚合反应的机理虽然也由链引发、链增长和链终止组成，但与自由基聚合反应机理相比有很大差别。所得产物在一定条件下都可以具有很长的寿命。

阴离子聚合所用的单体主要是具有强吸电子取代基或共轭型的烯烃单体，并存在与引发剂的配套关系。可以获取活性高聚物，具有重要的应用价值。

阳离子聚合所用的单体主要是具有强推电子取代基的烯烃类单体，以及共轭型单体，还可以是杂环化合物。

α-单取代烯单体配位聚合后的产物主要存在全同立构、间同立构、无规立构三种异构体，其他单体配位聚合后的产物立构类型比较复杂。

α-单取代烯单体配位聚合所用的引发剂种类很多，但最经典的乙烯配位聚合引发剂为 TCl_4-Al$(C_2H_5)_3$，丙烯配位聚合的引发剂为 TCl_3-Al$(C_2H_5)_3$。众多引发剂研究的关键是获取高活性、高定位效应和高产率。有关配位聚合的机理仍然是说法不一，相对集中的是单金属活性中心和双金属活性中心。

双烯烃的配位聚合引发剂种类有 Ti 系、V 系、Cr 系、Mo 系、Ni 系和 Co 系等，多为二组分和三组分，其中 Ni 系用于顺丁橡胶的生产是我国首创。

异丁烯主要分为低相对分子质量聚异丁烯（$\overline{M_n}=330\sim1600$）、中相对分子质量聚异丁烯（$\overline{M_n}=20000\sim45000$）、高相对分子质量聚异丁烯（$\overline{M_n}=75000\sim600000$）、超高相对分子质量聚异丁烯（$\overline{M_n}\geqslant760000$）几种类型。

聚甲醛主要分为均聚甲醛和共聚甲醛两类。

习 题

1. 写出以正丁基锂为引发剂的苯乙烯的聚合机理。
2. 写出以三氟化硼和水为引发体系引发异丁烯的聚合机理。
3. 说明在离子型聚合反应中离子对的存在形式对聚合的影响。
4. 在离子型聚合反应中是否存在自动加速现象？为什么？
5. 为什么阳离子聚合反应需要在很低的温度下进行，才能得到高相对分子质量的高聚物？
6. 为什么离子型聚合和配位聚合需要在反应前预先将原料和聚合容器净化、干燥、除去空气并在密封条件下进行聚合？
7. 简述聚异丁烯的生产过程。
8. 简述聚甲醛的生产过程，并指出均聚甲醛与共聚甲醛的区别。

第四章 配位聚合反应及工业实施

学习目的与要求

学习掌握配位聚合反应的基本概念、基本原理，并能用其基本规律解决实际问题。学习掌握高密度聚乙烯（HDPE）、聚丙烯（PP）、顺丁橡胶（BR）、异戊橡胶（IR）和乙丙橡胶（EPR）的生产方法、工艺流程及控制。

配位聚合反应与阳离子聚合、阴离子聚合不同，它是烯烃单体的碳-碳双键与引发剂活性中心的过渡元素原子的空轨道配位，然后发生移位使单体插入到金属-碳键之间进行链增长的一类聚合反应。它是由齐格勒（K. Ziegler）和纳塔（G. Natta）等人通过研制出 Ziegler-Natta 引发剂而逐步发展起来的一类重要聚合反应。通过这种引发剂使不能用于自由基聚合或离子型聚合的丙烯得以聚合，并具有高产率、高相对分子质量、高结晶度的特点。通过这种引发剂使必须在高温高压下才能进行自由基聚合的乙烯，在常温较低温度实现聚合，其产物明显不同于前者，具有无支链、高结晶度、高密度等特点。可以说 Ziegler-Natta 引发剂的出现为高分子科学与高分子材料合成工业开创了一个崭新的领域。因为这种引发剂不但对聚合有引发作用，而且对单体分子进入大分子链有空间定向配位作用，得到立构规整性聚合物。正因如此，配位聚合反应已经成为生产立构规整性聚 α-烯烃、聚双烯的重要聚合反应，如聚乙烯、聚丙烯、聚苯乙烯、顺丁橡胶、乙丙橡胶等。

第一节 配位聚合反应的原理

一、高聚物的立体异构现象

1. 高聚物的立体异构

将化学组成相同而性质不同的聚合物叫做异构体，该现象称为高聚物的异构现象。这种异构体可以分为结构异构和立体异构两大类。

（1）结构异构

它是由于分子中原子或原子团相互连接的次序不同引起的。如通过不同单体聚合而得的聚乙烯醇、聚乙醛、聚环氧乙烷就属于这类异构体。

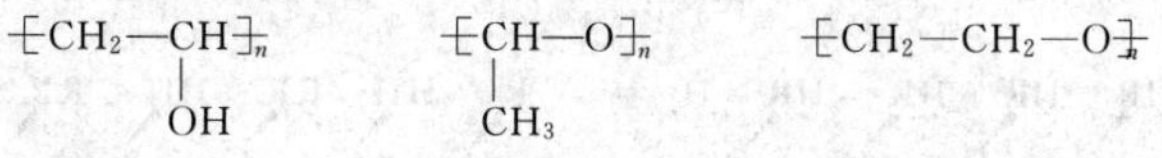

$$\{CH_2-CH\}_n \qquad \{CH-O\}_n \qquad \{CH_2-CH_2-O\}_n$$
$$\ \ \ \ \ |\qquad\qquad\qquad |$$
$$\ \ \ \ OH\qquad\qquad\quad CH_3$$
聚乙烯醇　　　　　聚乙醛　　　　　聚环氧乙烷

它们的重复结构单元化学式都是 $-C_2H_5O-$。又如聚甲基丙烯酸甲酯与聚丙烯酸乙酯也属于这类异构体。

$$\{CH_2-\underset{\underset{COOCH_3}{|}}{\overset{\overset{CH_3}{|}}{C}}\}_n \qquad \{CH_2-\underset{\underset{COOC_2H_5}{|}}{CH}\}_n$$
聚甲基丙烯酸甲酯　　　　聚丙烯酸乙酯

对于由同一种单体聚合而得的高聚物，由于存在结构单元之间的头-头、头-尾、尾-尾相连之分，因此，能形成结构单元连接次序不同的结构异构体。由一种结构单元以一种方式连接的聚合物称为序列规整性聚合物。

(2) 立体异构

它是由分子中原子或原子团在空间排布方式不同引起的。分子中原子或原子团在空间排布方式又称为构型。聚合物分子组成和结构相同，只是构型不同，即空间结构不同的异构体称为立体异构体或空间异构体。

2. 高聚物中立体异构的类型

高聚物的立体异构体可以分为几何异构体和光学异构体。

(1) 几何异构体

它是由双键或环上的取代基在空间排布方式不同引起的。有顺式与反式立体异构体两种形式。1,3-丁二烯的 1,4 聚合产生的顺式-1,4-聚丁二烯和反式-1,4-聚丁二烯如图 4-1 所示。

(2) 光学异构体

它是由分子中存在一个或多个不对称碳原子，或者虽无不对称碳原子，但存在着分子整体的不对称性所引起的。其中能使偏振光偏振面旋转的聚合物称为旋光性聚合物；而大多数聚合物虽有不对称碳原子，但由于分子内对称

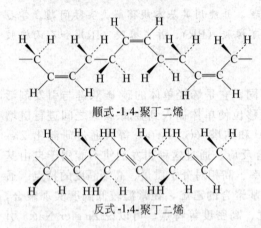

图 4-1 1,4-聚丁二烯的两种立体异构体
▶ 表示在平面上；----表示在平面下

因素而发生内消旋作用，所以不显光学活性，其碳原子称为"假不对称碳原子"，但它却是真正的立体异构中心。如聚丙烯的"假不对称碳原子"表示如下：

$$\sim CH_2 - \overset{CH_3}{\underset{|}{C^*}} - CH_2 - \overset{CH_3}{\underset{|}{C^*}} - CH_2 - \overset{CH_3}{\underset{|}{C^*}} - CH_2 - \overset{CH_3}{\underset{|}{C^*}} - CH_2 - \overset{CH_3}{\underset{|}{C^*}} \sim$$

每个立体异构中心，可以有两种构型。如果将大分子主链拉直成锯齿状（保持碳-碳键角不变）放在平面上，则甲基就伸向平面的上方或下方。称为这两种构型为 D、L 构型或 R、S 构型，因为它们不是真正的不对称碳原子，所以用 D、L 或 R、S 标记。单取代乙烯聚合物的立构中心若以相同构型或规则的构型连接，称为立构规整性聚合物或有规立构聚合物。若分子链中每个结构单元上的立体异构中心具有相同的构型，$DDDDDD$ 或 LLLLLL，称为全同立构；若分子链中相邻立体异构中心具有相反的构型，即沿分子链 D 和 L 构型交替出现，称为间同立构；若 D 和 L 构型呈无序排列，称为无规立构。如图 4-2 所示。

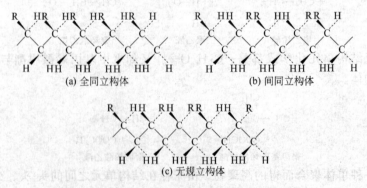

图 4-2 单取代烯烃聚合物的三种立构体示意图

1,4-二取代乙烯（CHR=CHR'）聚合物的立体异构体如图 4-3 所示。

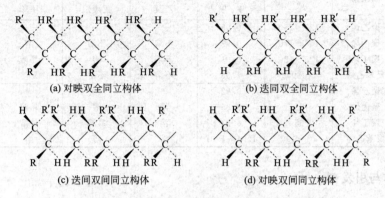

(a) 对映双全同立构体　　(b) 迭同双全同立构体

(c) 迭间双间同立构体　　(d) 对映双间同立构体

图 4-3　1,4-二取代乙烯聚合物的立体异构类型

实际 α-烯烃聚合物的全同立构是如图 4-4 所示的螺旋推进式结构。

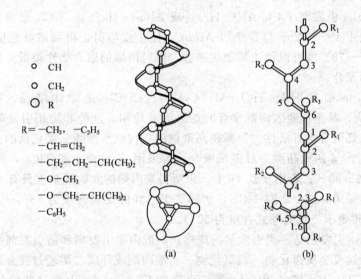

图 4-4　全同立构聚丙烯的螺旋形结构

将全同立构和间同立构高聚物统称为有规立构高聚物。它还包括 ~DDDDD~ LLLLL~DDDD~ 形式的立构嵌段高聚物和高顺式、高反式高聚物。

有规立构高聚物的最大特点是，由于高分子链排列非常规整而很容易结晶。这可以通过 X 射线衍射实验进行测定。相反，无规高聚物都是不结晶的。因此有规立构高聚物与无规立构高聚物在物理力学性能上差别很大，如表 4-1 所示。

国际纯化学和应用化学联合会（IUPAC）规定，凡能形成有规立构高聚物为主的聚合反应（包括自由基型、阳离子型、阴离子型、配位阴离子型等聚合反应），都称为定向聚合反应或有规立构聚合反应。所获得的有规立构高聚物又称为定向高聚物。

高聚物中有规立构高聚物所占的百分率称为立构规整度（又称定向指数、等规度），它是评价引发剂定向能力的一个重要参数。

表 4-1 有规立构高聚物与无规立构高聚物的部分物理-力学性能比较

	高聚物	软化温度 /℃	密度 /(g/cm³)	溶解度			扩张强度 /MPa
				乙醚	正庚烷	甲苯	
全同立构	聚乙烯	125~130	0.95				25~35
	聚丙烯	158~170	0.92	不溶	不溶	溶	30~38
	聚丁烯	125~130	0.91	不溶	溶	易溶	25~38
	聚苯乙烯	230	1.08	不溶	不溶	易溶	35~63
无规立构	聚乙烯	105	0.92	—	—	—	14
	聚丙烯	75	0.85	溶	溶	易溶	油状低聚物
	聚丁烯	65	0.87	溶	易溶	易溶	
	聚苯乙烯	70~100	1.04~1.07	溶	溶	溶	

二、单体与引发剂

1. 单体

采用 Ziegler-Natta 引发剂可以使许多单体进行聚合，如非极性的乙烯、丙烯、1-丁烯、4-甲基-1-戊烯、乙烯基环己烷、苯乙烯、共轭双烯烃、炔烃、环烯烃等。又如极性单体的醋酸乙烯酯、氯乙烯、丙烯酸酯和甲基丙烯酸甲酯等。

2. Ziegler-Natta 引发剂

典型的 Ziegler 引发剂 $TiCl_4$-$Al(C_2H_5)_3$ [或 $Al(i\text{-}C_4H_9)_3$]。$TiCl_4$ 是液体，当 $TiCl_4$ 在庚烷或甲苯溶液中于 -78℃ 下与等摩尔 $Al(i\text{-}C_4H_9)_3$ 反应时，得到暗红色的可溶性配合物溶液，该溶液于 -78℃ 就可以使乙烯很快聚合，但对丙烯的聚合活性很低。把该溶液处理后也能用于丁二烯聚合。

典型的 Natta 引发剂是 $TiCl_3$-$Al(C_2H_5)_3$。$TiCl_3$ 是固体结晶，在庚烷中加入 $Al(C_2H_5)_3$ 反应，甚至在通入丙烯聚合时始终为非均相，这种非均相引发剂对丙烯聚合有高活性，对丁二烯聚合也有活性。但所得高聚物的立构规整性随三氯化钛的晶型而变化。三氯化钛有 α、β、γ、δ 四种晶型。对丙烯聚合，若采用 α、γ 或 δ 型 $TiCl_3$，所得聚丙烯的立构规整度为 80%~90%；若用 β 型 $TiCl_3$，则所得聚丙烯的立构规整度只有 40%~50%。对丁二烯聚合，若采用 α、γ、δ 型 $TiCl_3$，所得聚丁二烯的反式含量为 85%~90%；而采用 β 型 $TiCl_3$，则所得聚丁二烯的顺式含量为 50%。

Ziegler-Natta 引发剂是一类引发剂的统称，一般由主引发剂和助引发剂组成。主引发剂是第Ⅳ～第Ⅵ族过渡金属卤化物、氧氯化物、乙酰丙酮或环戊二烯基过渡金属卤化物，其中过渡金属主要有 Ti、V、Mo、W、Cr 等，卤素为 Cl、Br、I。上面这些组分主要用于 α-烯烃的配位阴离子聚合，而 $MoCl_5$ 和 WCl_5 专用于环烯烃的开环聚合。对于二烯烃的配位阴离子聚合所用的主引发剂是第Ⅷ族过渡金属，如 Co、Ni、Ru 和 Rh 等的卤化物羧酸盐。助引发剂是第Ⅰ～第Ⅲ族的金属有机化合物，如 LiR、MgR_2、ZnR_2、AlR_3 等，其中 R 为 CH_3～$C_{11}H_{23}$ 的烷基或环烷基，用得最多的是有机铝氢化物和有机铝卤化物。表 4-2 是已在文献中报道的不同引发剂组分。

由前面的介绍可知，Ziegler-Natta 引发剂可以有很多种，只要改变其中的一种组分，就可以得到适用于某一特定单体的专门引发剂，但这种组合需要通过实验来确定。

近些年来，科技人员采用添加第三组分并与主引发剂进行干磨，或将主引发剂浸渍在具有特定结构的基体物质上，或将主引发剂与载体表面上的活性基团反应等方法已经开发出很多高效 Ziegler-Natta 引发剂，尤其对乙烯、丙烯聚合应用更为普遍，但对丁二烯聚合及其他二烯聚合和乙丙橡胶的生产，高效引发剂用得不多。

表 4-2 Ziegler-Natta 引发剂的组分

主引发剂(过渡金属化合物)	助引发剂(烷基金属化合物)	主引发剂(过渡金属化合物)	助引发剂(烷基金属化合物)
$TiCl_4$	$Al(C_2H_5)_3$	$Ti(OH)_2$	$Zn(C_2H_5)_2$
$TiCl_3$	$Al(C_2H_5)_2Cl$	$MoCl_5$	$Al[N(C_6H_5)_2]_3$
$TiBr_3$	$Al(C_2H_5)_2Br$	NiO	MgC_6H_5Br
VCl_4	$Al(C_2H_5)Cl_2$	$CrCl_3$	$LiAl(C_2H_5)_4$
VCl_3	$Al(i\text{-}C_4H_9)_3$	$ZrCl_4$	NaC_5H_{11}
$Ti(C_5H_5)_2Cl_2$	$Be(C_2H_5)_2$	WCl_6	$Cd(C_2H_5)_2$
$V(CH_3COCHCOCH_3)_3$	$Mg(C_2H_5)_2$	$MnCl_2$	$Ga(C_2H_5)_3$
$Ti(OC_4H_9)_4$	LiC_4H_9		

3. Ziegler-Natta 引发剂引发 α-烯烃的定向聚合机理

从 Ziegler-Natta 引发剂的组成来看，主引发剂是 Lewis 酸，即为阳离子聚合所用的引发剂，而助引发剂金属有机化合物则是烯烃单体阴离子聚合所用的引发剂。可是对引发 α-烯烃聚合时，其活性中心既不是普通的阳离子，也不是一般的阴离子，而是配位阴离子，即为配位阴离子聚合。

关于 Ziegler-Natta 引发剂引发 α-烯烃的定向聚合机理的解释众说不一，提出了很多解释模型，其中相对集中的有双金属活性中心模型和单金属活性中心模型。如图 4-5 所示。

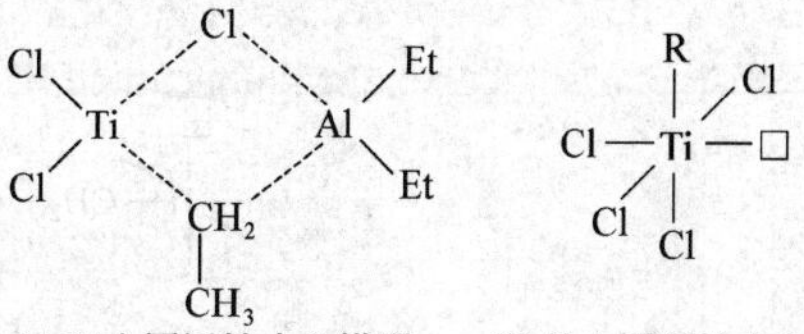

(1) 双金属活性中心模型

该模型是由 Natta 等人提出来的，其主要论点如下：

① 离子半径小（如 Mg、Al）、正电性较强的有机金属化合物在 $TiCl_3$ 表面上进行化学吸附，形成如图 4-5 所示的缺电子桥形双金属配合物是聚合的活性中心。

(a) 双金属活性中心模型　(b) 单金属活性中心模型

图 4-5　双金属活性中心模型和单金属活性中心模型

② 带有富电子的 α-烯烃在亲电性过渡金属（Ti）上配位，在 Ti 上引发。

③ 该缺电子桥形配合物部分极化后，被配合的单体与桥形配合物形成六元环过渡状态。

④ 当极化的单体插入 Al—C 键（即在 Al 上增长）后，六元环结构瓦解，重新形成四元环缺电子桥形配合物。由于 Al—C 键断裂时，:CH_2—CH_3 是以阴离子接到单体的 β 碳上；富电子的烯烃首先在 Ti 上配位，所以称为配位阴离子机理。

上述双金属活性中心机理的特点是在 Ti 上引发，Al 上增长。其聚合过程如下：

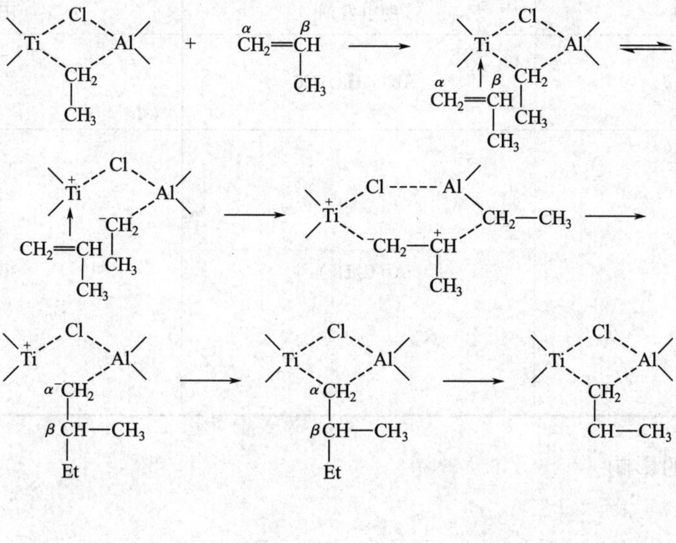

(2) 单金属活性中心模型

该模型是由 Cossee-Arlman 等人提出的,其主要论点如下。

① 对于 α（γ，δ）$TiCl_3$-AlR_3 引发体系,活性中心是以 Ti^{3+} 为中心（如图 4-5 所示）,周围有一个烷基、一个空位和四个氯的正八面体配位体。

② 活性中心的形成是 AlR_3 在带五个 Cl^- 配位体的 Ti^{3+} 空位处与 Ti 配位,Ti 上的 Cl_5 与 AlR_3 上的 R 发生烷基卤素交换反应,结果使 Ti 发生烷基化,并再生出一个空位。即 AlR_3 只是起到使 Ti 烷基化的作用。

③ 定向吸附在 $TiCl_3$ 表面上的单体（如丙烯）,在空位处与 Ti 发生配位,形成四元环过渡状态,然后,R 基和单体发生重排,结果使单体在 Ti—C 键间插入增长,同时空位改变位置。其聚合如下：

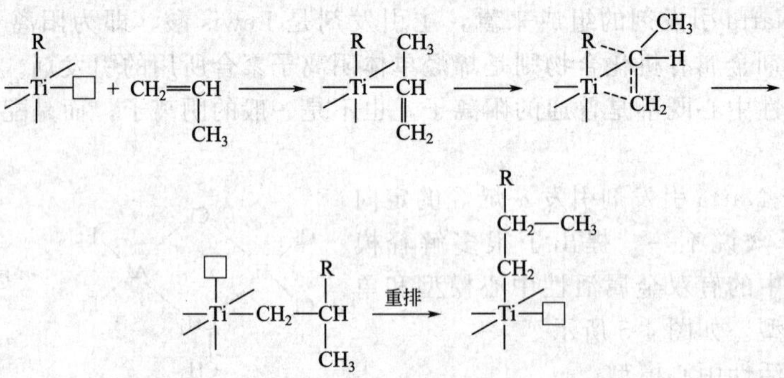

无论按哪种模型进行配位聚合反应,其总原则都是单体定向吸附（预先取向）,单体对增长链的定向连接,活性中心再生。

三、单烯烃的配位聚合

单烯烃的配位聚合重点介绍工业应用最多的采用非均相 Ziegler-Natta 引发剂,聚合温度约为 80℃,压力为常压至几个兆帕,产物立构规整度很高的丙烯配位聚合。

（一）影响丙烯配位聚合的因素

1. 主引发剂的影响

以 $Al(C_2H_5)_2Cl$ 或 $Al(C_2H_5)_3$ 为助引发剂,各种主引发剂对丙烯配位聚合的影响如表 4-3 所示。

表 4-3　主引发剂对丙烯配位聚合时产物全同立构规整度（IIP）的影响

主引发剂	助引发剂	IIP/%
$TiCl_3(\gamma)$		92～93
$TiCl_3(\alpha 或 \delta)$	$Al(C_2H_5)_2Cl$	90
$TiCl_3(\beta)$		87
$TiCl_3(\alpha 或 \delta)$		85
$TiCl_3(\gamma)$		77
VCl_3		73
$TiCl_3(\beta)$		40～50
$TiCl_4$	$Al(C_2H_5)_3$	30～60
VCl_4		48
$TiBr_4$		42
$CrCl_3$		36
$VOCl_3$		32

2. 助引发剂的影响

以 $TiCl_3$（α、γ 或 δ）为主引发剂，各种助引发剂对丙烯配位聚合的影响如表 4-4 所示。

表 4-4　主引发剂为 $TiCl_3$（α、γ 或 δ）时不同助引发剂对丙烯配位聚合时产物全同立构规整度（IIP）的影响

助引发剂	相对的聚合速率	IIP/%
$Al(C_2H_5)_3$	100	83
$Al(C_2H_5)_2F$	30	83
$Al(C_2H_5)_2Cl$	33	93
$Al(C_2H_5)_2Br$	33	95
$Al(C_2H_5)_2I$	9	98
$Al(C_2H_5)_2OC_6H_5$	0	—
$Al(C_2H_5)_2NC_5H_{10}$	0	—

Ziegler-Natta 引发剂中烷基铝的作用：利用烷基铝反应活性大的特点，消除反应体系中对引发剂有毒的物质；在烯烃聚合中，烷基铝与烯烃单体在过渡金属盐固体表面进行竞争吸附，活性链可以向烷基铝发生转移，即为链转移剂；不同的烷基铝对引发剂的活性和定向能力影响很大，不同烷基铝对 α-烯烃聚合活性顺序如下：

$Al(C_2H_5)_2H > Al(C_2H_5)_3 > Al(C_2H_5)_2Cl > Al(C_2H_5)_2Br > Al(C_2H_5)_2I$
$> Al(OC_2H_5)C_2H_5 > Al(C_2H_5N)C_2H_5$

$Al(i\text{-}C_4H_9)_2H > Al(i\text{-}C_4H_9)_3 > Al(i\text{-}C_4H_9)_2Cl$
$> Al(i\text{-}C_4H_9)_2[(CH_3)_2CH-CH=CH_2] > Al(i\text{-}OC_4H_9)_3$

表 4-5　三烷基铝上 R 基对丙烯聚合立构规整度的影响

主引发剂	$AlCl_3$ 中的 R 基	IIP/%
α-$TiCl_3$	C_2H_5-	85
	C_3H_7-	75
	$C_6H_{13}-$	64
	$C_{16}H_{33}-$	59
$TiCl_4$	C_2H_5-	48
	C_3H_7-	51
	C_4H_9-	30
	$C_6H_{13}-$	26
	$C_{16}H_{33}-$	16

由表 4-4 和表 4-5 可知，聚丙烯等规度随烷基铝上的取代基增大而减小，当烷基被卤素原子取代时，随卤素原子序数增加而增加。

3. 主引发剂与助引发剂配比的影响

主引发剂与助引发剂配比（Al/Ti）对单体的转化率和立构规整度都有影响，如表 4-6 所示。

表 4-6　Al/Ti（mol）比对某些单体聚合的影响

单体	最高转化率的 Al/Ti 比	最高立构规整度的 Al/Ti 比	单体	最高转化率的 Al/Ti 比	最高立构规整度的 Al/Ti 比
乙烯	2.5~3	—	苯乙烯	2~3	3
丙烯	1.5~2.5	3	丁二烯	1.0~1.25	1.0~1.25（反式）
丁烯	2	2	异戊二烯	1.2	1
4-甲基-1-戊烯	1.2~2.0				

综合考虑表 4-2、表 4-3、表 4-5 和表 4-6 数据，采用 $TiCl_3$（α, β, γ）为主引发剂，

Al$(C_2H_5)_2$Cl 为助引发剂,且 Al/Ti 比为 1.5~2.5,可以适中的聚合速率获得较高立构规整度的聚丙烯。

4. 第三组分的影响

人们在实践中发现,在 Ziegler-Natta 引发剂中加入第三组分——含 N、P、O 给电子体的物质,虽然聚合速率有所下降,但可以改变引发剂引发活性提高产物立构规整度和相对分子质量,如表 4-7 所示。

表 4-7 第三组分对引发活性和 IIP 的影响

主引发剂	助引发剂	第三组分		聚合速率	IIP /%	$[\eta]$
		给电子体(B_2)	B_2(Al)/mol			
α-TiCl$_3$	Al(C$_2$H$_5$)$_2$Cl	—	—	1.51	≥90	2.45
	Al(C$_2$H$_5$)Cl$_2$	—	—	0	—	—
	Al(C$_2$H$_5$)Cl$_2$	N(C$_4$H$_9$)$_2$	0.7	0.93	95	3.06
	Al(C$_2$H$_5$)Cl$_2$	[(CH$_3$)$_2$N]PO	0.7	0.74	95	3.62
	Al(C$_2$H$_5$)Cl$_2$	(C$_4$H$_9$)$_3$P	0.7	0.73	97	3.11
	Al(C$_2$H$_5$)Cl$_2$	(C$_4$H$_9$)$_2$O	0.7	0.39	94	2.96
	Al(C$_2$H$_5$)Cl$_2$	(C$_4$H$_9$)S	0.7	0.15	97	3.16

注:$[\eta]$ 为高聚物的特性黏度,与高聚物相对分子质量大小有关。

表 4-8 所示为几种含磷化合物作为 TiCl$_3$-AA-Al(C$_2$H$_5$)$_3$ 引发体系的第三组分,对丙烯常压溶剂法聚合的影响(TiCl$_3$-AA 为工业上最常用的 Stauffer TiCl$_3$,是用 Al 还原 TiCl$_4$,再经研磨活化而得,其组成为 δ-TiCl$_3$ · 1/3AlCl$_3$)。

表 4-8 第三组分含磷化合物对 TiCl$_3$-AA-Al(C$_2$H$_5$)$_3$ 引发丙烯聚合的影响

第三组分	B_2(Ti)	IIP /%	IIP 增加 /%	引发剂效率 /(g PP/g TiCl$_3$)	引发剂效率增值 /%
[(CH$_3$)$_2$N]PO	0.35	84		130	
	0	78	+6	170	−40
(C$_4$H$_9$)$_3$PO	0.3	80.9		140	
	0	74.1	+6.8	150	−10
(C$_4$H$_9$)$_3$P	0.3	80.6		140	
	0	75.2	+5.4	160	−20
(C$_6$H$_5$)$_3$P	0.14	77.5		170	
	0	78	−0.5	150	+20
(C$_6$H$_5$)$_3$PO	0.3	80		150	
	0	74	+6	150	0
(C$_4$H$_9$)$_3$PO$_4$	0.3	80.4		198	
	0	75	+5.6	160	+38

5. 高效引发剂的采用

高效引发剂的研究与使用是丙烯聚合的热点,并且是决定聚丙烯性能的关键。通过新的高效引发剂研制不但可以进一步提高引发剂的活性及定向能力,还能够控制产品的相对分子质量及分布,控制产品的颗粒大小及分布。同时也将改变目前聚丙烯的生产工艺。其主要办法有三种。

第一种是改性 TiCl$_3$ 引发剂,如将 TiCl$_3$-AA 与正丁醚和三苯基氧磷共同研磨,以 Al(C$_2$H$_5$)$_3$ 为活化剂,再添加环庚三烯和四甲基乙二胺,用于丙烯液相本体聚合,引发剂效率可达 15000g 聚丙烯/g TiCl$_3$,产品全同立构规整度 92% 以上。

第二种是基体浸渍型 TiCl$_3$ 引发剂,是将少量 TiCl$_3$ 浸渍在一具有特定结构的基体物质中形成的,是聚丙烯高效引发剂中最突出的一种。如表 4-9 所示。

表 4-9 以 $Mg(OR)_2$ 和 MgR_2 为基体的引发剂用于丙烯聚合时的效果

	基 体 制 备				
Mg 化合物	$Mg(OC_2H_5)_2$	$Mg(OC_2H_5)_2$	$Mg(OC_2H_5)_2$	$Mg(n\text{-}C_4H_9)_2$	$Mg(OC_2H_5)_2$
氯化剂	$SiCl_4$	$SiCl_4$	$Cl_3SiCH=CH_2$	$SiCl_4$	$SiCl_4$
配合剂					
	引 发 剂 组 成				
Mg/%	12.5	16.5	18.1	18.8	19.6
Ti/%	3.6	2.7	2.5	3	2.85
Cl/%	52.6	58.2	64.4	60	68.2
	溶 剂 法 聚 合				
gPP/g 引发剂·h(0.1MPa)	57	42	55		24
g PP/mg 引发剂·h(0.1MPa)	78	74.5	106		40
IIP/%	89.5	92	87.5		77.5
	本 体 聚 合				
gPP/g 引发剂·h(0.1MPa)	31	18	42	8.8	11.3
g PP/mg 引发剂·h(0.1MPa)	42.5	33.5	51	14	19
IIP/%	88.5	91	84	79.5	85

第三种是负载型引发剂,是将过渡金属化合物与载体表面上的活性基团反应,所用的载体主要是 Si、Al、Zn、Ti、Mg 等元素的氧化物。并且加入给电子体后,立构规整度更高。

6. 温度的影响

聚合温度对聚合速率、IIP 和产物相对分子质量都有影响。规律是 70℃ 为界线,70℃ 以前,温度升高,聚合速率和 IIP 都增大;70℃ 以后,温度升高,聚合速率和 IIP 都下降,如表 4-10 所示。其中 IIP 下降是由于温度升高降低了引发剂形成的配合物的稳定性;相对分子质量下降是由于温度升高有利于链转移反应发生。

表 4-10 聚合温度对丙烯聚合的影响

聚合温度/℃	相对聚合速率	IIP/%	$[\eta]$	聚合温度/℃	相对聚合速率	IIP/%	$[\eta]$
40	0.36	97.3	4.55	70	0.68	96.4	3.14
60	0.55	96.2	3.46	80	0.63	92.0	2.30

7. 杂质的影响

配位聚合用的丙烯及溶剂纯度要求很高,尤其对 O_2、CO、H_2、H_2O、$CH\equiv CH$ 等要严格控制其含量,以防止它们与引发剂反应。

(二) 丙烯配位聚合反应机理

丙烯配位聚合反应机理由链引发、链增长、链终止等基元反应组成。如果按单金属活性中心模型考虑,则反应过程如下。

1. 链引发

2. 链增长

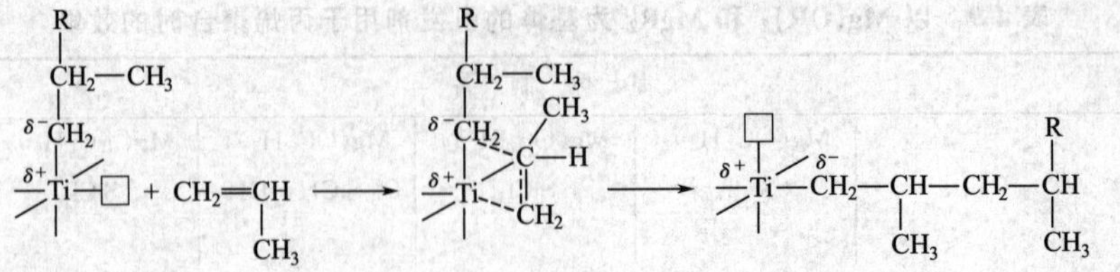

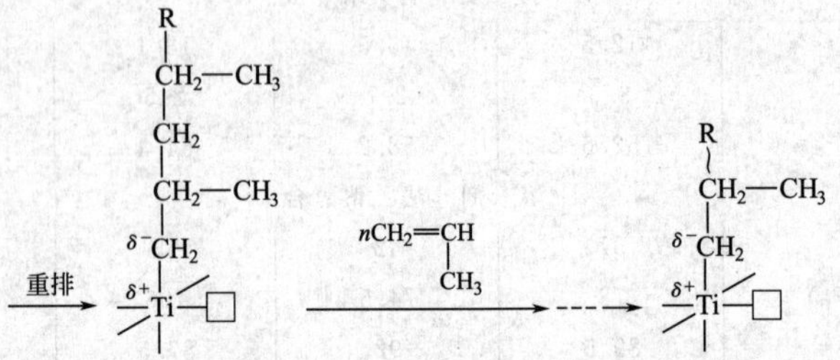

3. 链终止

链终止的方式有以下几种。

(1) 瞬时裂解终止(或称自终止)

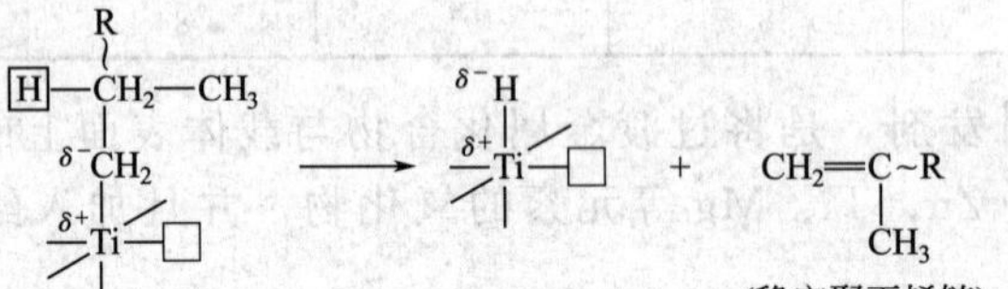

(稳定聚丙烯链)

(2) 向单体转移终止

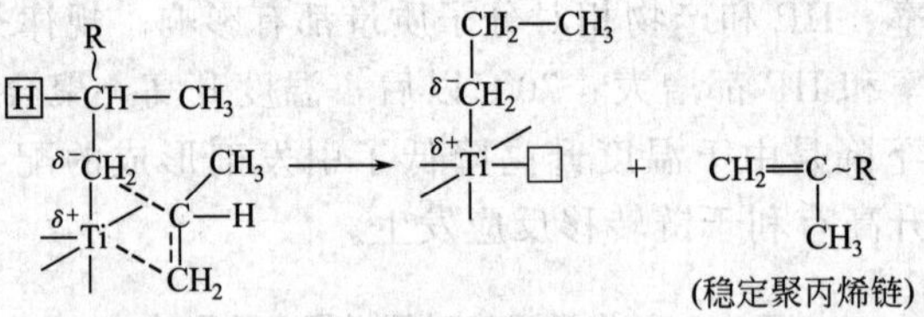

(稳定聚丙烯链)

(3) 向助引发剂 AlR_3 转移终止

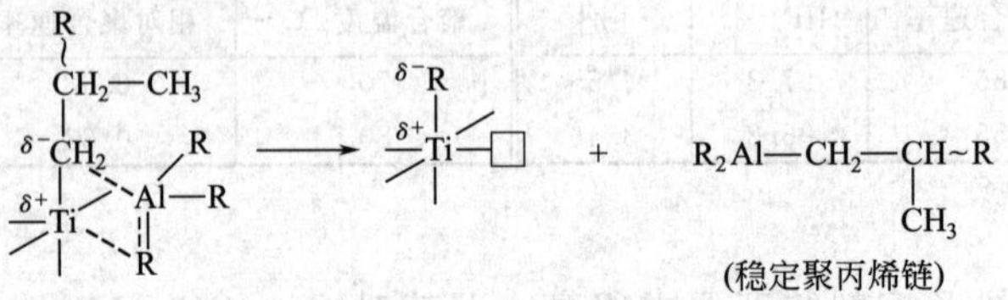

(稳定聚丙烯链)

(4) 氢解终止

它是工业常用的方法，不但可以获得饱和聚丙烯产物，还可以调节产物的相对分子质量。

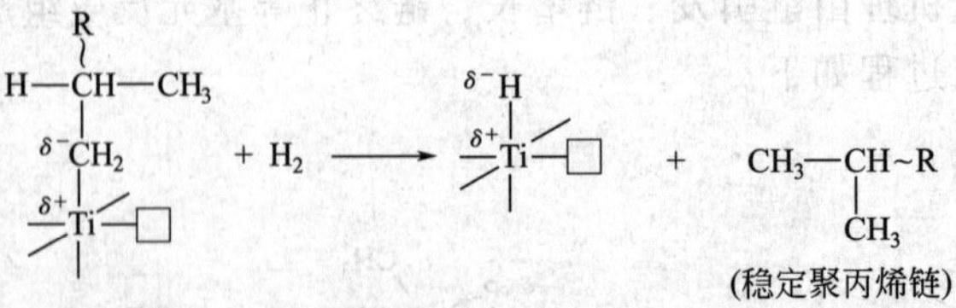

(稳定聚丙烯链)

上面几种终止形式，除了加入 H_2 终止外，其他方式较难发生，故此，活性链寿命很长。当加入其他类型单体时可以进行嵌段共聚。

四、双烯烃的配位聚合

双烯烃配位聚合的产物主要用于橡胶制品的生产原料，如顺丁橡胶、异戊橡胶等。

(一) 单体

配位聚合所用的双烯烃主要是共轭烯烃，可以有许多种，但最主要的是丁二烯、异戊二烯和 1,3-戊二烯几种。根据聚合采用的引发剂不同可以获得 1,2-加成产物和 1,4-加成产物。

(二) 引发剂

用于双烯烃配位聚合的引发剂可以分为 Ziegler-Natta 型引发剂、π-烯丙基过渡金属引发剂和锂系引发剂三大类型。

1. Ziegler-Natta 型引发剂

Ziegler-Natta 型引发剂的种类最多、组分多变，常用的有 Ti、V、Cr、Mo、Ni 和 Co 等过渡金属组分为基础的两组分或三组分引发剂体系，Ti 系和 V 系引发剂常为非均相体系，在特定的条件下也能形成均相引发剂体系，选择合适的配位体（如 Cl 或 I）可制得高顺式 1,4 聚异戊二烯和聚丁二烯；V 系引发剂通常为反式 1,4 特性，采用特殊配比和组合二者均能用于二烯烃和 α-烯烃的交替共聚；Cr 系和 Mo 系引发剂几乎是 1,2 或 3,4 聚合特性；Ni 系和 Co 系多是均相或非均相引发体系，它是工业生产高顺式 1,4 聚丁二烯的工业引发剂。

(1) Ti 系引发剂对聚二烯烃微观结构的影响

如表 4-11 所示，二烯烃采用 Ti 系引发体系聚合时，所用溶剂为芳烃或 $C_5 \sim C_7$ 的脂肪烃，聚合温度一般在 $-20 \sim 70$℃。所得聚二烯烃的微观结构主要取决于 Ti 上配位体的性质（如 Cl、Br、I 等）、各组分配比和给电子体的存在等因素，一般的引发效率为 $50 \sim 200$g 聚合物/mmol TiX_4。

表 4-11 Ti 系引发剂对聚二烯烃微观结构的影响

主引发剂	助引发剂	Al/Ti（摩尔比）	微观结构/% 顺式1,4	反式1,4	1,2	3,4
丁 二 烯						
$TiCl_4$	AlR_3	<1	6	91	3	
	AlR_3	>1	21~57	31~69	2~11	
	NaR		10	27	63	
	LiR		27	70	3	
	MgR_2		0	88	12	
	CdR_3		0	92	2	
	$Al(C_2H_5)_2I$	6	90			
	$Al(C_2H_5)_3/Al(C_2H_5)_2I$	8	93			
	$AlI_3/AlH_{3-m}X_m(X=卤素)$		95			
	$Al(C_2H_5)_2X/I_2/AlR_3$		80~94	15~1	4~5	
$TiBr_4$	$Al(i-C_4H_9)_3$		88	3	9	
TiI_4	AlR_3		95	2	3	
$Ti[N(C_2H_5)]_3$	$Al(C_2H_5)_3$	8	12	2	85	
	$Al(C_2H_5)_2Cl$	8	37	63	0	
	$Al(C_2H_5)Cl_2$	10	0	99	1	
	$AlHCl_2 \cdot O(C_2H_5)_2$		10~17	15~13	67~71(间)	
	$AlHCl_2 \cdot N(C_2H_5)_2$		16~19	0	81~84(间)	
$TiCl_3(\alpha)$	$Al(C_2H_5)_3$	1~2.5	3~4	87~90	8~6	
	$Al(C_2H_5)_2Cl$	5~20	5~6	78~85	17~9	
$TiCl_3(\beta)$	$Al(C_2H_5)_3$	1	37	60	3	
	$Al(C_2H_5)_2X(X=F,Cl,Br,I)$	1.5	54~59	36~43	2~6	
$TiCl_3(\gamma)$	$Al(C_2H_5)_3$	2	8	92	—	
$Ti(OR)_4$	$Al(C_2H_5)_3$		0	0~10	90~100(全同)	

续表

主引发剂	助引发剂	Al/Ti (摩尔比)	微观结构/% 顺式1,4	反式1,4	1,2	3,4
异 戊 二 烯						
TiCl$_4$	Al(C$_2$H$_5$)$_3$	<1	0	95	—	5
	Al(C$_2$H$_5$)$_3$	>1	96	—	—	4
	AlH(NR$_2$)$_2$		91~97			3~4
	Al(i-C$_4$H$_9$)$_3$+H$_2$O	0.9	98			
	AlR$_3$·NR$_3$	1.1	96	—	—	
	Al(C$_2$H$_5$)$_2$Cl+RSiOR		97			
	Al(C$_2$H$_5$)$_2$F		95.9			
	Zn(C$_2$H$_5$)$_2$	1.1	94			5.2
	Mg(C$_4$H$_9$)I+Mg(C$_4$H$_9$)$_2$	>1	0	98		2
TiCl$_3$(α)	Al(C$_2$H$_5$)$_3$	>1	0	91	0	9
TiCl$_3$(β)	Al(C$_2$H$_5$)$_3$			85		15
Ti(OR)$_4$	Al(C$_2$H$_5$)$_3$		—	—		95
1,3-戊 二 烯						
Ti(OR)$_4$	Al(C$_2$H$_5$)$_3$ S-反式,1,3-戊二烯	6	80~85 (全同)	9~15		4~5 (部分结晶)
	S-顺式,1,3-戊二烯		80~85 (全同)	10		5 (无定形)

(2) V系引发剂对聚二烯烃微观结构的影响

如表4-12所示，二烯烃采用V系引发体系聚合时，所用溶剂也是芳烃或C$_5$~C$_7$的脂肪烃，聚合温度一般在-20~50℃。所得聚二烯烃的微观结构几乎全是反式1,4结构聚合物，引发效率为50~100g聚合物/mmol VCl$_3$。给电子体的加入只改变聚合速率而不影响聚合物微观结构。VCl$_3$多为非均相体系。

表4-12　V系引发剂对聚二烯烃微观结构的影响

主引发剂	助引发剂	Al/V (摩尔比)	微观结构/% 顺式1,4	反式1,4	1,2	3,4
丁 二 烯						
VOCl$_3$	Al(C$_2$H$_5$)$_3$	0.5~8	1	95~96	1~5	
	Al(C$_2$H$_5$)$_2$Cl	1~10	少量	97~98	2~3	
	Al(C$_2$H$_5$)$_3$	0.5~8.0	1	95~97	2~5	
	Al(C$_2$H$_5$)Cl$_2$	1~8	少量	95~97	3~5	
	NaR		10	21	69	
	LiR		29	26	45	
	MgR		0	86	14	
	CdR		0	92	8	
	PdR$_4$		9	84	7	
VCl$_3$*	Al(C$_2$H$_5$)$_3$		0	99	1	
V(acac)$_3$**	Al(C$_2$H$_5$)$_3$	4(未陈化)	16~18(97~99)	3~7	75~80(间同)	
			3~6(1~3)	1~2	92~96(间同)	
		10(未陈化)	16~22(40)	3~7	75~80(间同)	
			3~6(60)	1~2	92~96(间同)	
异 戊 二 烯						
VOCl$_3$	Al(C$_2$H$_5$)$_3$	2~5	0	91~93	—	7~9
VO(acac)$_3$	Al(C$_2$H$_5$)$_3$					90
VCl$_3$	Al(C$_2$H$_5$)$_3$	2~3.5	0	99	—	1

续表

主引发剂	助引发剂	Al/V (摩尔比)	微观结构/%			
			顺式1,4	反式1,4	1,2	3,4
1,3-戊 二 烯						
VCl_3	$Al(C_2H_5)_3$	2.5		反式1,4全同		
$VCl_3 \cdot THF$	$Al(C_2H_5)_2Cl$			反式1,4(50%)		
$VO(acac)_3$				1,2(50%)		

注：* β-$TiCl_3 \cdot \gamma$-$TiCl_3$ 与 VCl_3 的混合物，所得产物微观结构与单用 VCl_3 相同，但聚合速率快。

** acac 为乙酰丙酮基。

（3）Cr、Mo 系引发剂对聚丁二烯烃微观结构的影响

如表 4-13 所示，是制备 1,2 或 3,4 结构聚二烯烃的特效引发剂。

表 4-13 Cr、Mo 系引发剂对聚丁二烯烃微观结构的影响

主引发剂	助引发剂	Al/Cr 或 Al/Mo (摩尔比)	微观结构/%			全同或间同
			顺式1,4	反式1,4	1,2	
$Cr(acac)_3$	AlR_3	3(未陈化)	1~3	9~16	82~90	85%无规,15%间同
	AlR_3	3(陈化)	4~5	0~2	93~95	70%无规,<15%间同,>15%全同
	$Al(C_2H_5)_3$	11.6(未陈化)	12	18	70	
$Cr(CNC_6H_5)_6$	AlR_3	5(未陈化)	0.25	25~5	70~80	86%无规
	AlR_3	5(未陈化)	4~5	0~2	93~95	>7%间同
	AlR_3	5(未陈化)	0~3	少量	97~100	<7%间同
	AlR_3	5(陈化)	0~25	25~5	70~80	54%无规
	AlR_3		0~3	少量	97~100	46%无规
$Cr(CO)_{6-m}(Py)_m$	AlR_3		0~25	20~5	70~80	90%~95%无规
			0~3	少量	97~100	10%~45%全同
$MoO_2(acac)$	AlR_3	4.5	16~22	4	75~80	30%~25%无规
			4	1~2	92~96	70%~75%间同
$MoO_2(acac)$	$Al(C_2H_5)_2Cl$	2	2.5	5.1	92.4	
		16	46.2	4.1	50.0	
$MoO_2(OR)_2$	AlR_3	4.5	16~22	4	75~80	25%无规
			4	1~2	92~96	75%间同
$MoCl_3(OBu)_2$	$Al(C_2H_5)_3$	14	44.9	2.2	52.9	
$MoCl_3(OC_6H_5)_2$	i-$Bu_2AlOC_2H_5$	20~50	3~5	9~11	84~88	48%全同,41%无规,10%间同

（4）Co 系引发剂对聚二烯烃微观结构的影响

表 4-14 所示为 Co 系引发剂对聚二烯烃微观结构的影响。

表 4-14 Co 系引发剂对聚二烯烃微观结构的影响

主引发剂	助引发剂	Al/Co (摩尔比)	微观结构/%			
			顺式1,4	反式1,4	1,2	3,4
丁 二 烯						
CoX_2	$Al(C_2H_5)_2Cl$	5~20	93~98	3~1	4~1	
X=Cl,Br,I,乙酸根,辛酸根,环烷酸根,磷酸根,碳酸根,吡啶配合物	$Al_2(C_2H_5)_3Cl_3$	(均相)				
		100~1000				
	$Al(C_2H_5)_2O$	(均相)				
Co 螯合物	$Al(C_2H_5)_2Cl$		99	1		
$CoCl_2 \cdot 2Py$	$Al(C_2H_5)_2NPh$	5~100	98~99	1		

续表

主引发剂	助引发剂	Al/Co（摩尔比）	微观结构/% 顺式1,4	反式1,4	1,2	3,4
丁二烯						
CoCl₂	Al(C₂H₅)₂Cl/NEt₃	Al/Co/NEt₃=10/1/22	34	39	10	
		Al/Co/NEt₃=10/1/10	10	84	6	
CoO	Al(C₂H₅)₂Cl		79~84	5~14	6~16	
Co₃O₄	Al(C₂H₅)₂Cl		84~89	7~9	6~16	
CoX₂	AlR₃		—	—	>98(间同)	
X=acac,硫酸根,磷酸根,硬脂酸根,吡啶配合物	AlR₃/Al(C₂H₅)₂Cl	AlR₃/Al(C₂H₅)₂Cl≪1	81~96	2~6	2~13	
CO(acac)₂	Al(C₂H₅)₃/BF₃		80	2	18	
	Al(C₂H₅)₃/TiCl₃		76~85	15~8	8~7	
Co(CO)₈MoCl₅			—		96~100	
Co₂(乙二肟二甲醚)	Al(C₂H₅)₃	4	49	4	47	
CoSiF₄	水乳液		88	6	4	
异戊二烯						
CoCl₂	Al(i-C₄H₉)₂Cl	100	—	67	2	31
CoO,Co₃O₄	Al(C₂H₅)₂Cl	4	50~64	18~33	0~2	17~27
Co₂(乙二肟二甲醚)	Al(C₂H₅)₃		75		1	24
CoF₂	PhMgBr,CH₃OH	Mg/Co=1/(1~3)	—		—	
1,3-戊二烯						
CO(acac)₂	Al(i-C₄H₉)₂Cl（苯）	100	顺式1,4 全同			
CO(acac)₂	Al(i-C₄H₉)₂Cl（己烷）	100			1,2间同	
CX₂	Al(i-C₄H₉)₂Cl（吡啶或噻吩）		顺式1,4间同约87%			

（5）Ni系引发剂对聚二烯烃微观结构的影响

如表4-15所示。其中加入三组分引发剂是制备高顺式1,4-二烯烃所用。

表4-15 Ni系引发剂对聚二烯烃微观结构的影响

主引发剂	助引发剂	Ni/共引发剂（摩尔比）	微观结构/% 顺式1,4	反式1,4	1,2	3,4
丁二烯						
NiX₂ X=Cl,I,硫酸根,磷酸根	Al(C₂H₅)₂Cl	1~20	93~96	2~4	2~3	
	NiCl₂	10	93~95	3~4	1~2	
	NiBr₂	10	4	82	4	
	NiI₂	10	0	95~96	4~5	
	NiF₂	10	37	58~67	4~5	
	AlCl₃	10	86	12	2	
	TiCl₄	10	70	28	2	
Ni(CO)₄	AlCl₃	2	87	10	3	
	AlBr₃	2	90	8	2	
	TiCl₄	1~6	86~87	10~11	3	
	TiBr₄	2	84	13	3	
	VCl₃	1~3	91~93	4~5	3~4	
	WCl₆	1~4	90~92	5~6	3~4	
NX₂ X=辛酸根,羧酸根,环烷酸根,acac	AlR₃/BF₃·OEt₂	1/3/(6~10)	96~98	3~1	1~2	
	Al(C₂H₅)₂Cl/HF	1/3/9	96~98	3~1	1~2	
Ni(OOCCH₂COCH₂CH₃)₂	LiR/BF₃		94~96	5~3	1	
Ni(CH₃COCH₂COCH₂COCH₃)₂						
Ni(OOCCH₂COCH₂CH₃)₂	CdBF₃		97~98	2	—	
1,3-戊二烯						
Ni(acac)₂ 或 Ni(OOCC₁₇H₃₅)₂	Al(C₂H₅)₂Cl/噻吩吡啶或呋喃	1/(1~1000)	顺式1,4间同占87%			

2. π-烯丙基过渡金属引发剂

π-烯丙基过渡金属引发剂是含 Ti、V、Nb、Cr、Rh、U、Co 和 Ni 等的 π-烯丙基卤化物，其共性是：聚合物的微观结构取决于过渡金属的种类和吸电子配位体（如卤素）的性质；加入路易氏酸或受电子体后聚合活性和立构规整能力均显著提高；所有聚合研究几乎都集中在丁二烯。这类引发剂最有实际意义的是 Ni、U 和 Rh 等的 π-烯丙基卤化物。

3. 锂系引发剂

锂系引发剂如 RLi 只含一种金属，一般为均相体系，是制备高顺式 1,4 聚异戊二烯、低顺式 1,4 顺丁橡胶、高 1,2 结构聚丁二烯和中乙基聚丁二烯橡胶的工业用引发剂，这类引发剂不但可以进行活性聚合，从而使单体 100% 转化，还可以制备嵌段或遥爪高聚物，而且由于不含过渡金属从而也不会给橡胶老化带来不良影响。习惯上属于阴离子聚合范畴。

（三）聚合机理

以丁二烯为单体，以 α 或 γ 型 $TiCl_3$ 主引发剂，以 $Al(C_2H_5)_3$ 为助引发剂，获得反式-1,4 聚丁二烯的聚合机理如下。

1. 链引发

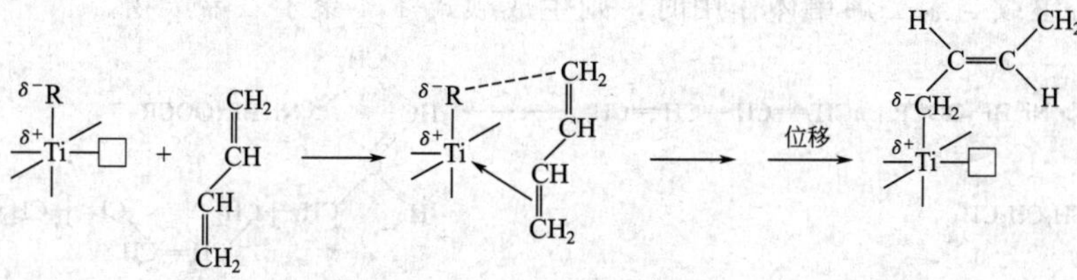

2. 链增长

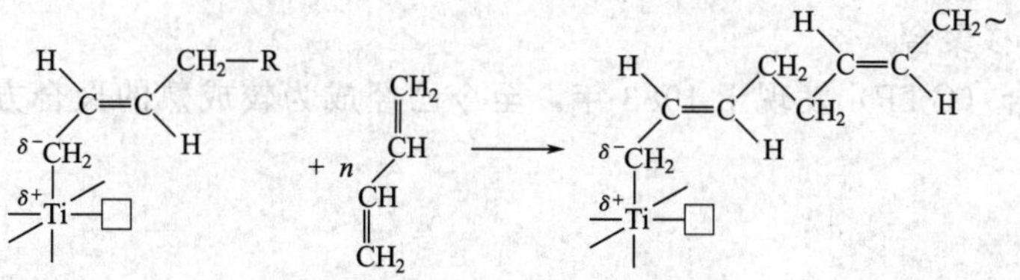

3. 链终止

若以乙醇为终止剂，则终止产物为：

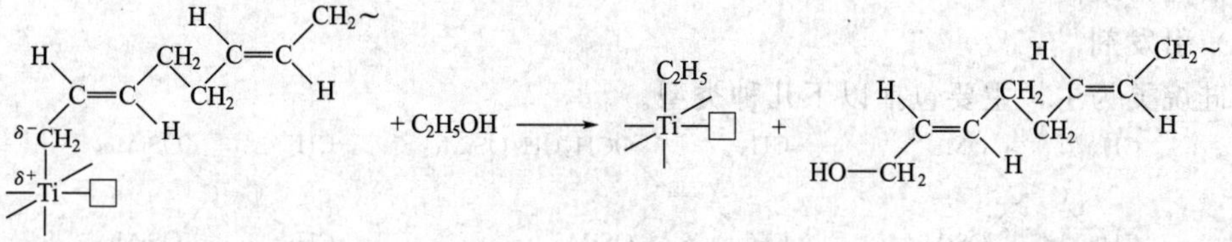

如果用 β-$TiCl_3$ 为主引发剂，其他不变，则因为 β-$TiCl_3$ 具有两个空位，所以可以引发丁烯聚合，生成顺式-1,4 聚丁二烯。其单体的插入过程为：

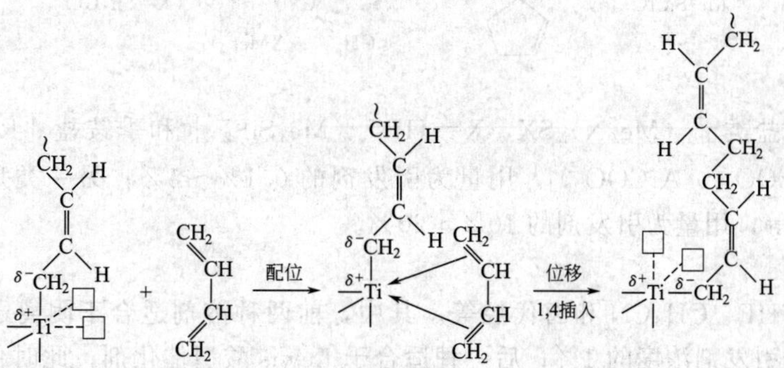

如果以 Ni(OOCR)$_2$ 为主引发剂，Al(C$_2$H$_5$)$_3$ 为助引发剂，BF$_3$·OC$_2$H$_5$ 为第三组分，其活性中心结构为：

$$Ni(OOCR)_2 + Al(C_2H_5)_3 \longrightarrow C_2H_5NiOOCR$$

在有丁二烯存在时，则形成：

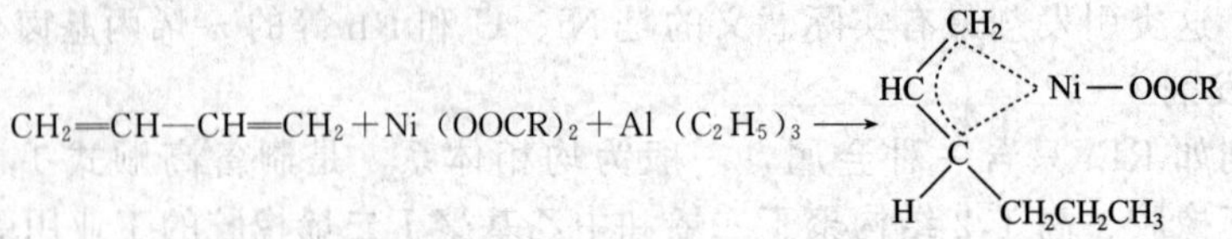

$$CH_2=CH-CH=CH_2 + Ni(OOCR)_2 + Al(C_2H_5)_3 \longrightarrow \text{[π-烯丙基镍配合物]—OOCR}$$

当有 BF$_3$·OC$_2$H$_5$ 存在时，将进一步产生活性中心：

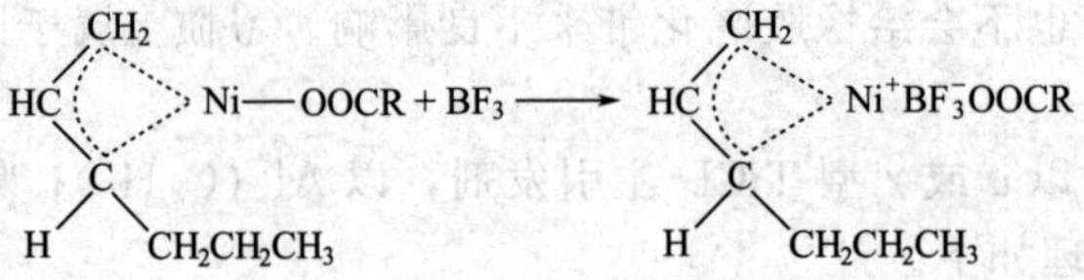

$$\text{[π-烯丙基镍]—OOCR} + BF_3 \longrightarrow \text{[π-烯丙基镍]}^+ BF_3^- OOCR$$

（对式π-烯丙基镍化合物）

该活性中心继续与丁二烯单体作用时，则生成顺式-1,4 聚丁二烯产物。

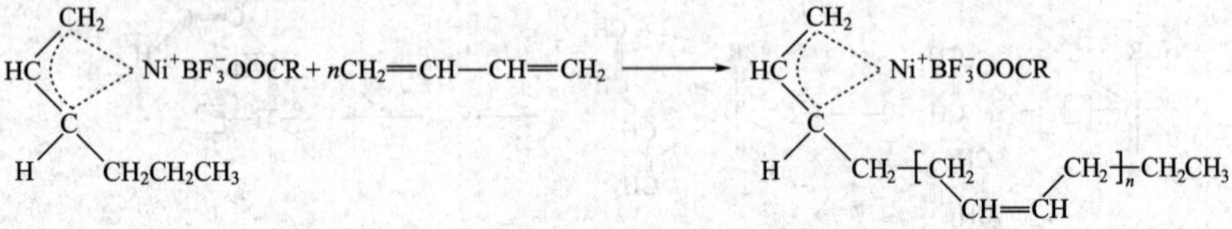

$$\text{[π-烯丙基镍]}^+ BF_3^- OOCR + nCH_2=CH-CH=CH_2 \longrightarrow \text{顺式-1,4-聚丁二烯}$$

五、拓展知识

（一）基团转移聚合

基团转移聚合（GTP）发现于1983年，至今已经成为较成熟的聚合方法，其产物具有特殊结构和性能。

1. 体系组成

（1）单体

主要包括甲基丙烯酸甲酯、不饱和酮、腈类和酰胺等极性不饱和烯烃，其中以 MMA 的反应活性为最高。

（2）引发剂

以硅烷类为主，主要包括以下几种类型。

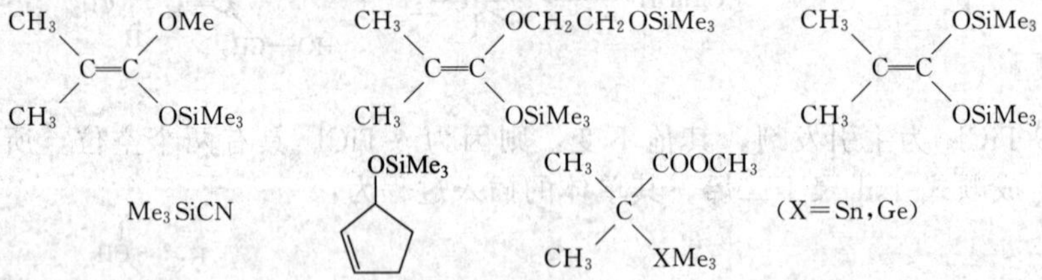

[引发剂结构式：包括 Me$_3$SiCN 及几种含 OSiMe$_3$、OMe、OCH$_2$CH$_2$OSiMe$_3$、COOCH$_3$（X=Sn,Ge）等基团的硅烷类化合物]

（3）催化剂

一类是复合盐类 [(Me$_2$N)$_3$SX，X=HF$_2^-$、Me$_3$SiF$_2^-$] 和季铵盐 [R$_4$NX，X=F$^-$、CN$^-$、N$_3^-$、RCOO$^-$、ArCOO$^-$]，用量为引发剂的 0.1%～5%；另一类是 Lewis 酸，如 ZnX$_2$、R$_2$AlCl 等，用量为引发剂的 10%～20%。

（4）溶剂

常用的有 THF、CH$_3$CN 和卤代烃等。其中，前两种溶剂适合于阴离子型催化剂，且催化剂浓度低于引发剂浓度的 1%；后一种适合于 Lewis 酸型催化剂，此时催化剂浓度不低于引发剂浓度的10%。

(5) 终止剂

主要包括醇、酚、醚等。

2. 基团转移聚合的过程

极性不饱和单体在引发剂活性中心上进行加成，之后通过基团转移，使单体分子不断在活性链上加成，而硅烷基不断换位，且始终处于活性链端基位置。

典型的甲基丙烯酸甲酯聚合过程如下。

(1) 链引发

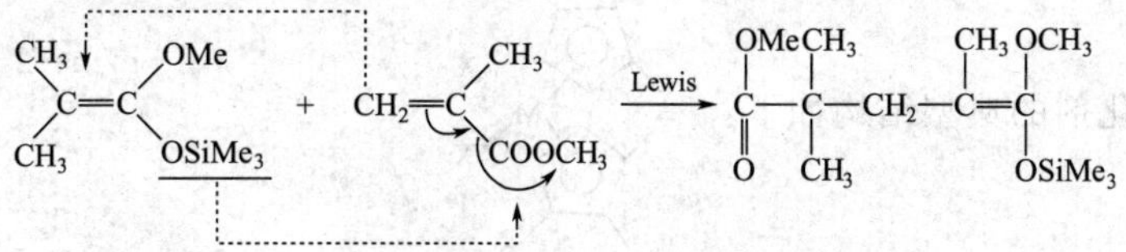

$$\underset{\underset{CH_3}{|}}{\overset{\underset{|}{CH_3}}{C}}=\underset{\underset{OSiMe_3}{|}}{\overset{\underset{|}{OMe}}{C}} + CH_2=\underset{\underset{COOCH_3}{|}}{\overset{\underset{|}{CH_3}}{C}} \xrightarrow{Lewis} \underset{\underset{O}{\parallel}}{C}-\underset{\underset{CH_3}{|}}{\overset{\underset{|}{OMe}}{C}}-CH_2-\underset{\underset{OSiMe_3}{|}}{\overset{\underset{|}{OMe}}{C}}$$

(2) 链增长

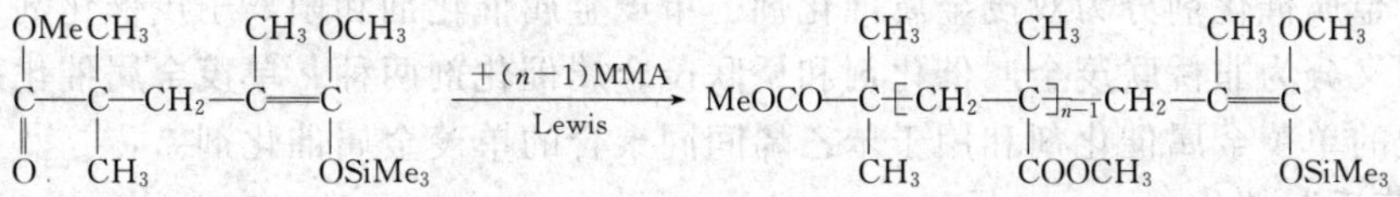

(3) 链终止

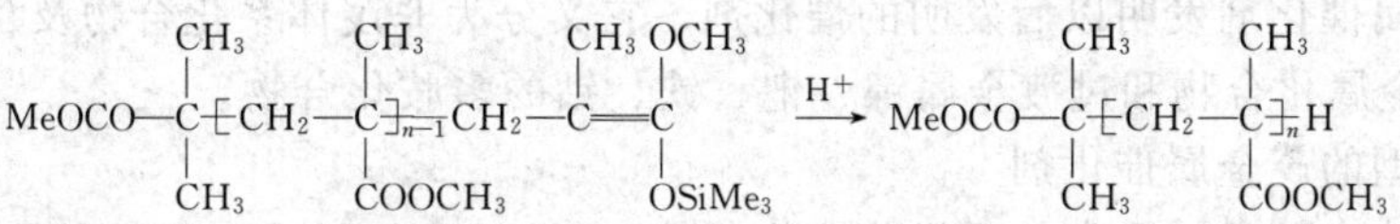

3. 其他基团转移聚合

(1) 醇醛缩合基团转移聚合

以苯甲醛为引发剂，以 $ZnBr_2$ 为催化剂，以三烷硅基乙烯基醚为单体，通过基团转移聚合获得产物再经过水解，便可以得到末端带有醛基的聚乙烯醇。

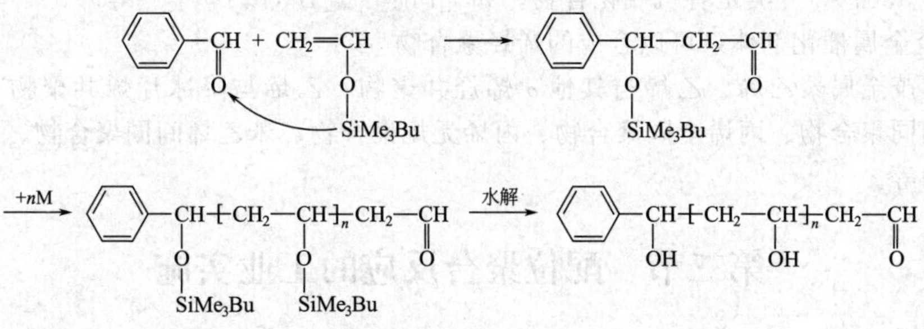

(2) 环状硼酸醇化合物的基团转移聚合

以 $RCH=O$ 为引发剂，以 $ZnCl_2$ 为催化剂，以环状硼酸醇化合物为单体，基团转移聚合后产物经水解得末端带有醛基的全同立构糖类聚合物。

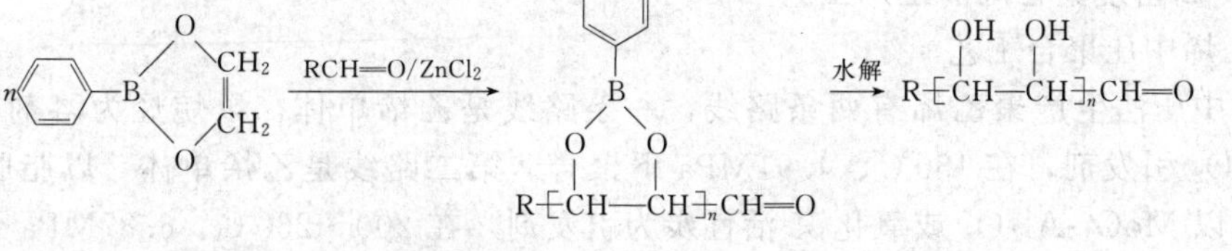

(3) 不含有机金属基团的基团转移聚合

以羧酸酸的铵盐为引发剂，以丙烯酸叔丁酯为单体，经基团转移聚合或得如下产物。

$$C_2H_5-\underset{\underset{COOEt}{|}}{\overset{\overset{COOEt}{|}}{C}}-(NBu_4)^+ + nCH_2=\underset{\underset{COOBu}{|}}{CH} \longrightarrow C_2H_5-\underset{\underset{COOEt}{|}}{\overset{\overset{COOEt}{|}}{C}}[CH_2-\underset{\underset{COOBu}{|}}{CH}]_{n-1}CH_2-\underset{\underset{COOBu}{|}}{CH}-\overset{O^-NBu_4^+}{}$$

(二) 茂金属催化剂与烯烃聚合

1. 茂金属催化体系组成及类型

(1) 茂金属催化剂

适用于烯烃聚合的茂金属催化剂主要是ⅣB族过渡金属茂化物，包括茂钛、茂锆、茂铪等。其茂金属催化剂的典型结构如下：

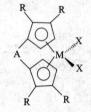

通常茂金属催化剂分为双茂金属催化剂、单茂金属催化剂和阳离子茂催化剂。其中双茂金属催化剂又分为非桥联茂金属催化剂和桥联茂金属催化剂两种；单茂金属催化剂又分为限制几何构型的单茂金属催化剂和用于苯乙烯间同聚合的单茂金属催化剂。

(2)"茂后"催化剂

这是茂金属催化剂发明以后发明的催化剂，它又分为非茂体系化合物及含环戊二烯基的非ⅣB族过渡金属化合物和过渡金属镍、钯、铁、钴的多胺化合物。

(3) 负载型的茂金属催化剂

常用的载体有两类：一类是无机化合物载体，如 SiO_2、Al_2O_3、$MgCl_2$、分子筛等，其中多以 SiO_2 为载体；另一类是聚合物为载体。

(4) 茂金属催化剂的助催化剂

也分为两类：一类是铝氧烷，通式为 $R_2Al-(OAlR)_n-R$，R 为 CH_3、C_2H_5、C_4H_9，n 的范围为 $2\sim30$；另一类是有机硼化合物，如 $[Ph_3]^+$、$[B(C_6F_5)_4]^-$ 等。

2. 用茂金属催化剂体系可以合成的烯烃聚合物

主要有茂金属聚乙烯、乙烯与其他 α-烯烃共聚物、乙烯与降冰片烯共聚物、支化聚乙烯、丙烯间同聚合物、丙烯全同聚合物、丙烯无规聚合物、苯乙烯间同聚合物、苯乙烯与 α-烯烃共聚物等。

第二节 配位聚合反应的工业实施

一、高密度聚乙烯的生产

(一) 主要原料

除引发剂部分不同于低密度聚乙烯外，其他基本相同。

(二) 高密度聚乙烯的生产工艺

1. 乙烯中压聚合工艺

采用中压法生产聚乙烯有两条路线，一条路线是乙烯单体，以烷烃为溶剂，以 CrO_3-Al_2O_3-SiO_2 引发剂，在150℃、4.91MPa下聚合。第二路线是乙烯单体，以脂肪烃或芳烃为溶剂，以 MoO_4-Al_2O_3 或氧化镍-活性炭为引发剂，在200~260℃、6.87MPa下聚合。下面主要介绍第一条生产路线。

(1) 主要工艺条件

① 单体　对单体乙烯的要求主要是针对聚合所采用的引发剂而言，尤其是对引发剂有害的杂质如水、氧、一氧化碳及含硫、氮、卤素等化合物都要控制在万分之一以下。为了防止乙烯与其他烯烃共聚，而不能含有其他烯烃。单体中含有的饱和烷烃对聚合没有影响。

② 引发剂　最好是采用以 CrO_3 分散于 Al_2O_3-SiO_2 组成的载体上的固体引发剂。其中铬的含量为 2%～3%。载体 Al_2O_3-SiO_2 的用量在 90∶10 范围内效果较好。同时，要求载体的表面积要小，孔穴较大为好。反之，使生成的聚乙烯容易连有引发剂。

③ 溶剂　主要采用饱和的石蜡烃或环烷烃。其中 C_5～C_{12} 是最好的。

(2) 聚合的主要控制条件

① 温度　一是引发剂活化温度，引发剂的活化温度越高，所得聚乙烯的相对分子质量越低，如图 4-6 所示。适宜的引发剂活化温度为 550℃左右。二是聚合反应的温度。聚合温度对产物相对分子质量的影响如图 4-7 所示。

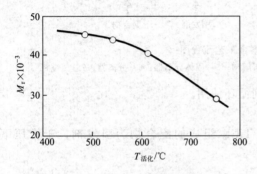

图 4-6　引发剂活化温度对聚乙烯相对分子质量的影响

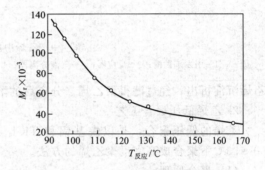

图 4-7　聚合温度对聚乙烯相对分子质量的影响

② 聚合压力　聚乙烯的相对分子质量随压力的升高而增加，如图 4-8 所示。

(3) 乙烯中压法聚合工艺流程

以铬为引发剂的乙烯中压法聚合工艺中最普遍采用的是浆液法，此外，还有固定床、移动床、沸腾床法等。

浆液法是将固体引发剂分散于反应介质悬浮液，乙烯开始聚合时，生成的聚乙烯大部分分散在反应介质中，由于反应物料呈浆液状，故称为浆液聚合。这种方法得到的聚乙烯相对分子质量可达 40000 以上。其工艺流程如图 4-9 所示。

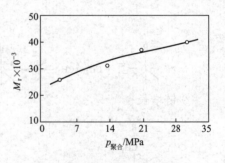

图 4-8　聚合压力对聚乙烯相对分子质量的影响

配制好（溶剂量的 0.2%～0.6%）的铬引发剂悬浮液（1）与原料乙烯先后进入带有搅拌器的反应器（2）中，在 3.43MPa、100℃下，进行反应。反应后生成的浆液送入气液分离器（3），分离出来的未反应乙烯再经过压缩机（7）压缩后循环使用；分离后的浆液送入具有搅拌器和加热器的溶解槽（4）中，在搅拌下进行加热，使物料高于反应温度约 14℃，并保持适当压力，加热后，聚乙烯溶解于异辛烷中，必要时可以用异辛烷稀释，然后送入固体分离器（5），用过滤或离心的方法在高温和一定压力下，将引发剂与聚乙烯异辛烷溶液分离。将分离出来的引发剂回收后循环使用或再生后使用。将脱除引发剂的聚乙烯异辛烷溶液在分离器（6）中进行蒸馏，蒸馏出溶剂后即得聚乙烯；或者将溶液冷却至 20℃以下，使聚

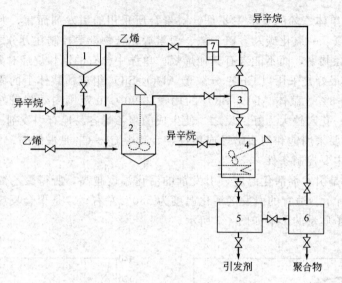

图 4-9　乙烯中压聚合工艺流程图
1—引发剂贮槽；2—反应器；3—气液分离器；4—溶解槽；5—固体分离器；6—分离器；7—压缩机

乙烯沉淀析出，经过滤得聚乙烯。分离后的溶剂循环使用。

2. 乙烯低压聚合工艺

乙烯的低压聚合，是以烷基铝和 $TiCl_4$ 或 $TiCl_3$ 组成的配合物为引发剂，于常压下，60～75℃下聚合成高密度聚乙烯的方法。

(1) 聚合原理

为配位阴离子聚合反应，具体过程如下。

① 链引发

$$\overset{R}{\underset{|}{Ti}}\square + CH_2=CH_2 \xrightarrow{配位} \cdots \xrightarrow{位移} \cdots$$

② 链增长

③ 链终止

链终止的方式有以下几种。

增长链自发终止

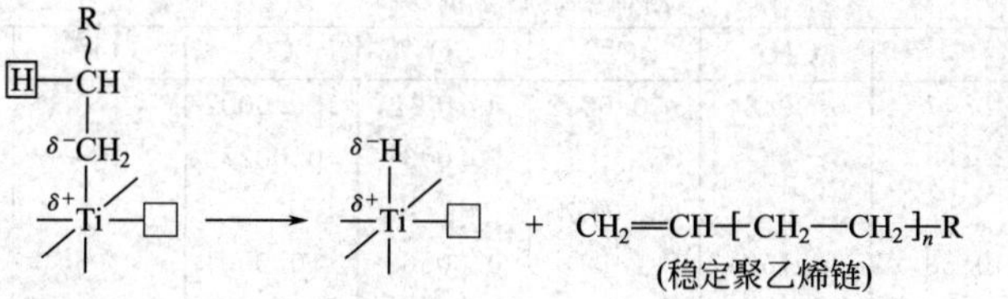

$$\text{Ti-CH}_2\text{-CH(H)R} \longrightarrow \text{Ti-H} + CH_2=CH-(CH_2-CH_2)_n-R$$
(稳定聚乙烯链)

向单体转移终止

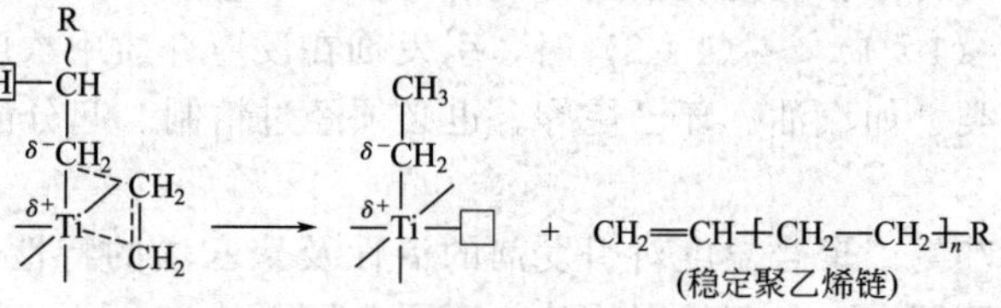

$$\longrightarrow \text{Ti-CH}_3 + CH_2=CH-(CH_2-CH_2)_n-R$$
(稳定聚乙烯链)

向 AlR_3 转移终止

$$\longrightarrow \text{Ti-R} + R_2Al-(CH_2-CH_2)_n-R$$
(稳定聚乙烯链)

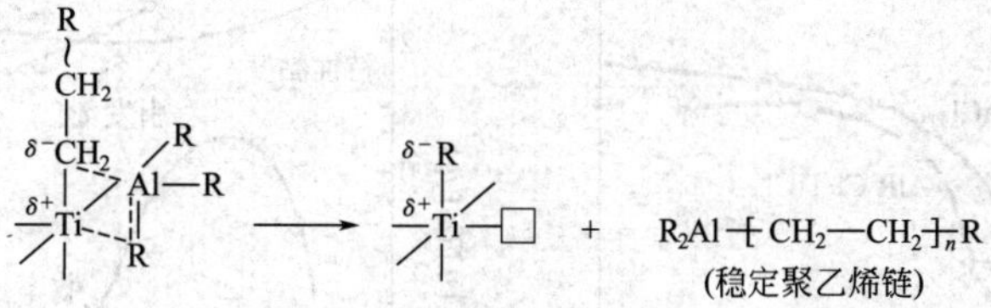

氢解终止

这是工业常用的方法，不但可以获得饱和聚丙烯产物，还可以调节产物的化学式量。

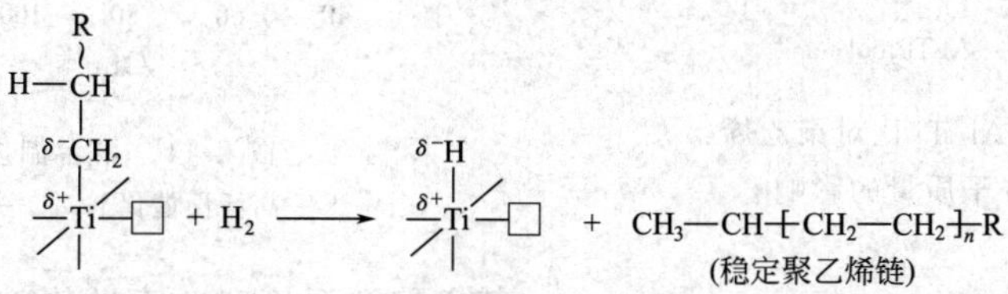

$$\text{Ti-CH}_2\text{-CHR-H} + H_2 \longrightarrow \text{Ti-H} + CH_3-CH-(CH_2-CH_2)_n-R$$
(稳定聚乙烯链)

由于聚合过程中不存在向大分子的链转移反应，所以所得产物的基本上无支链，属于高结晶度的线形聚乙烯树脂。

(2) 乙烯低压聚合工艺条件

① 原料

单体 也包括其他原料，必须经过纯化处理达到一定标准才能使用，如表 4-16 所示。包括聚合反应系统也要用惰性气体（如 N_2）处理除去空气及水分。否则由于某些杂质含量过高而造成不聚合，如表 4-17 所示。

表 4-16 聚合级乙烯纯度要求（体积分数）

乙烯/%	>99	NO 及 NO_2/%	<0.0005
丙烯/%	<0.02	N_2O/%	<0.0002
乙烷及甲烷/%	<1	总硫量/%	<0.0002
丁二烯/%	<0.0002	水/%	<0.0005
乙炔/%	<0.0001	O_2/%	<0.0005
丙酮/%	<0.0005	CO_2/%	<0.0002
甲醇/%	<0.0005	CO/%	<0.0002
氨/%	<0.001		

表 4-17　单体乙烯中杂质含量对聚合的影响

	乙烯中杂质含量/%								聚合情况
	$C_2^=$	C_2^0	CH_4	$C_2^=$	CO_2	CO	O_2	H_2O	
1	99.07	0.47	0.00484	<0.0002	0.4624	<0.0002			不聚合
2					0.003	0.0027			不聚合
3				0.00114					不聚合
4	99.4	0.58	0.01524		0.00562	<0.0001			聚合活性低
5	99.0				0.0023	0.00077			聚合活性低

引发剂　聚乙烯的特性黏度随烷基铝与四氯化钛的比值（Al/Ti）的增加而增大。如图 4-10 所示，用量比为（1∶1）～（1∶2）时，引发剂在反应介质中浓度为 0.5～1.0g/L。

溶剂　主要是烃类，如汽油、环己烷等。也必须经过精制。起分散介质或稀释剂作用。

② 工艺条件

聚合温度　60～75℃。聚合温度对引发剂的活性及聚乙烯的特性黏度、产率都有影响，但不同类型（指活性不同）引发剂的影响趋势不同，如图 4-11 所示。

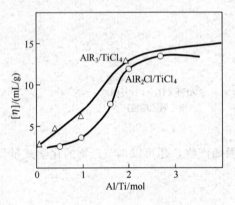

图 4-10　Al/Ti 比对聚乙烯
相对分子质量的影响

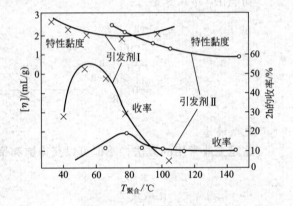

图 4-11　聚合温度的影响
×—高活性催化剂；○—低活性催化剂

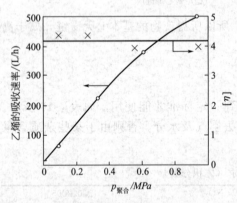

图 4-12　聚合压力对聚合速率的影响
×—高活性引发剂；○—低活性引发剂

其中聚合温度对收率的影响差别较大，对特性黏度的影响不太大。

聚合压力　一般在 0～981kPa 之间。尤其对高活性引发剂而言，压力增加使乙烯在溶剂中吸收速率增加，所以聚合速率增大，如图 4-12 所示。但所得产物的相对分子质量与压力无关。原因是当聚合速率随单体浓度增加时，向单体转移的速率也增加。但聚合压力的增加对低活性催化剂的影响较大。

③ 乙烯低压聚合工艺流程

乙烯在 $TiCl_4$-$Al(C_2H_5)_3$ 催化剂、聚合温度为 60～75℃、聚合压力为 0～981kPa 的条件下，生产聚乙烯的工艺过程包括：催化剂的配制、聚合、分离、净化与干燥、溶剂回收等。其原则流程如图 4-13 所示。

（三）高密度聚乙烯的结构、性能、用途

1. 高密度聚乙烯的结构

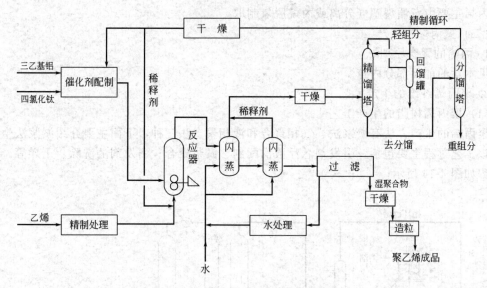

图 4-13　乙烯低压聚合工艺原则流程

中压法和低压法合成的聚乙烯基本上无支链。中压法合成的聚乙烯，相对分子质量为 45000～50000，结晶度为 85% 以上；低压法合成的聚乙烯相对分子质量一般小于 350000，超过 1000000 的为超高相对分子质量聚乙烯，结晶度 80% 以上，相对密度为 0.92～0.97，熔融高于 127℃，一般称为高密度聚乙烯。

2. 聚乙烯的性能

参照第二章部分内容及附录表 3（一）。

3. 聚乙烯的用途

参照第二章部分内容。

二、聚丙烯的生产

聚丙烯既可以用于塑料，也可以用于纤维，其中用于纤维的又称丙纶纤维，是以聚丙烯树脂为原料制得的一种合成纤维。由于聚丙烯纤维性能优良，成本低，加之染色性与耐老化性的改善，使其发展迅速，用途广泛。

（一）主要原料

主要原料为丙烯。

丙烯的结构式为：$CH_2=CH-CH_3$

丙烯在常温常压下为带有甜味的无色、可燃性气体。其主要物性参数如下：

相对分子质量	42.08	熔点	−185.3℃
沸点	−103.7℃	相对密度（液体）	0.5139
临界温度	91.9℃	临界压力	4.54MPa
爆炸极限（体积分数）	2.0%～11.1%	聚合热	85.7kJ/mol

丙烯的化学性质活泼，主要用于制备异丙醇、丙酮、合成甘油、合成树脂、合成橡胶、塑料和合成纤维等。

聚合级丙烯的规格为：

纯度	>99.6%	丙烷	<0.3%	乙烷	<0.005%
水	<0.001%	CO	无	CO_2	<0.0001%
其他烯、炔	无	总硫化物	<0.0002%	O_2	<0.0004%
COS	<0.0001%				

丙烯主要由石油裂解气分离或丙烷脱氢制取。

(二) 聚丙烯的生产工艺

1. 丙烯的聚合原理

见本章的前面部分内容。

2. 聚丙烯纤维的生产工艺

(1) 聚丙烯树脂的生产工艺

聚丙烯的生产方法有淤浆法、气相聚合和液相聚合法三种，下面主要介绍淤浆法生产工艺。该工艺过程主要包括：引发剂悬浮液的配制、淤浆聚合、引发剂的洗除、干燥等。其工艺流程如图4-14所示。

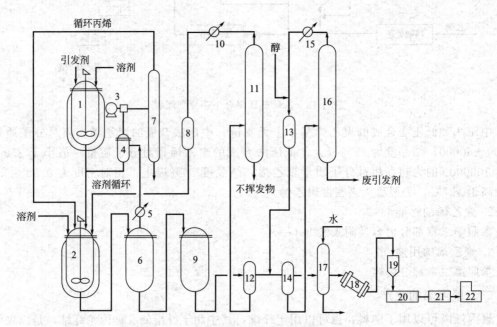

图 4-14 丙烯淤浆法连续聚合工艺流程

1—引发剂配制釜；2—连续聚合釜；3—压缩机；4—气液分离器；5，10，15—冷凝器；6—闪蒸沉淀槽；7—丙烯精馏塔；8—吸附干燥塔；9—中闪槽；11—溶剂精制塔；12，14—离心机；13—贮罐；16—乙醇精制塔；17—洗涤槽；18—真空干燥器；19—料槽；20—挤出机；21—造粒机；22—包装

① 聚合原料及系统的处理　引发剂为齐格勒-纳塔引发剂或改进的三组分或四组分复合引发剂，稀释剂（溶剂）为烷烃化合物，一般是己烷、庚烷、戊烷及混合物等。相对分子质量调节剂为氢或甲烷。

因为聚合所用的引发剂容易被杂质破坏而失去活性，所要对各种原料进行精制，并在氮气保护下贮存，同时对聚合系统设备用干燥无氧的氮气进行彻底置换，严格控制氧和水的含量。

② 引发剂悬浮液的制备　将主引发剂 $TiCl_3$ 与稀释剂加入引发剂配制釜中，在搅拌下不断加入助引发剂 $Al(C_2H_5)_2Cl$，两者的配比为 $Al/Ti=3\sim8$（物质的量比），在一定的温度下，经过一定的时间配合陈化后，用计量泵送入聚合釜中。

③ 淤浆聚合　分别用计量泵将液态丙烯、引发剂悬浮液、烃类溶剂按一定比例连续加入不锈钢聚合釜中搅拌混合，同时，通入少量氢气。聚合温度保持在 $60\sim70℃$，压力 $0.49\sim0.98MPa$，聚合放出的热量由聚合釜的夹套和内冷循环水带走。丙烯单体的单程转化

率为48%左右，由聚合釜出来的浆液约含20%固体高聚物，最高为25%～30%。反应后的物料进入闪蒸罐回收未反应的丙烯，精制后循环使用。聚合温度不能超过80℃，以防止发生爆聚和高聚物熔融结块。

④ 洗涤引发剂　出料浆液中含有可溶性低分子物和无规高聚物，可趁热过滤除去，再加入溶剂得引发剂-高聚物浆液，然后加甲醇或乙醇合引发剂酯化而失去活性，随即进行离心分离，使固体高聚物与引发剂残液分开，再用水洗涤高聚物，然后送干燥。

分离出来的溶剂经精制后循环使用。

⑤ 干燥　高聚物经水洗、离心过滤除去水分后，用旋转真空干燥机或气流干燥管在80℃下干燥。然后挤出造粒即得聚丙烯树脂。造粒时需要加入抗氧剂、紫外线吸收剂及着色剂等。

(2) 聚丙烯的纺丝

聚丙烯的纺丝方法主要是熔融纺丝。熔融纺丝的温度控制在220～280℃，纺丝用聚丙烯相对分子质量一般为120000左右。如纺制高强力丝和单丝，则相对分子质量一般为200000左右。

纺丝时，将粒状聚丙烯先在螺杆挤出机的进料段预热软化（要用惰性气体将粒间空气排除），在压缩段熔融、压缩、混炼、脱泡，再经计量段进一步熔化，建立熔体压力并将熔体挤出，然后到机头过滤、均化。从挤出机出来的聚丙烯熔体用计量泵加压计量送至喷丝头纺丝。

由喷丝头喷出的细丝经过冷却套筒，穿过上油盘，最后卷绕在丝筒上，其他与聚酯、聚酰胺加工过程相同，但其拉伸温度为80～130℃，拉伸倍数为4～8倍。

对于有颜色聚丙烯纤维的生产，由于聚丙烯纤维本身没有染色基团，因此需要用共聚、共混的方法进行改性才可以。

(三) 聚丙烯的结构、性能及用途

1. 聚丙烯树脂的结构、性能

聚丙烯为线形结构，根据大分子上甲基的空间排列可分为全同立构聚丙烯、间同立规聚丙烯和无规立构聚丙烯。其性能有很大差别，全同立构聚丙烯的结构规整性好，具有高度的结晶性，熔点高，硬度和刚性大，力学性能好；无规立构聚丙烯为无定形，强度很低，难以用作塑料和纤维；规间同立规聚丙烯介于两者之间，硬度和刚性小，但冲击强度好。

具体的聚丙烯性能如附录表3（二）所示。

2. 聚丙烯纤维的性能、用途

聚丙烯纤维密度小、强度高、吸湿性小、耐酸、耐碱、耐磨、电性能好，但染色性和耐光性差。

聚丙烯纤维可与棉、毛、黏胶纤维等混纺作衣料用，在工业上聚丙烯纤维主要用作绳索、网具、滤布、帆布等，在医疗上用作纱及外科手术用衣服，可耐高温高压消毒。

三、顺丁橡胶的生产

顺丁橡胶（BR）是以1,3-丁二烯为单体，经配位聚合而得到的高顺式聚丁二烯高分子弹性体。它是世界上仅次于丁苯橡胶的通用合成橡胶。

(一) 主要原料

1. 单体

单体1,3-丁二烯的性质、制法见上一节。其中配位聚合级丁二烯的规格如下：

纯度	>99.6%	C_3	<0.03%
C_5	<0.1%	丙二烯	<0.002%
1,4-丁二烯	<0.001%	甲基乙炔	
4-乙烯基环己烯-1	<0.05%	丁炔-1	<0.0015%
过氧化物	<0.0005%	乙烯基乙炔	
气相中的氧	<0.2%	羰基（以乙醛计）	<0.0025%
硫	<0.0002%	萃取剂	<0.001%
NH_3	<0.0005%	不挥发物	<0.05%
阻聚剂	<0.01%	Cl（一般不检测）	<0.0005%

2. 引发剂

丁二烯聚合采用的引发剂主要有 Li 系、Ti 系、Co 系、Ni 系等很多种类型，其用于丁二烯聚合后的产物结构与性能相差较大，如表 4-18 所示。

表 4-18 典型配位聚合引发剂所得聚丁二烯的结构与性能比较

具体引发剂体系	微观结构含量/%			T_g/℃	凝胶含量/%	$[\eta]$	$\overline{M_w} \times 10^4$	HI	支化	灰分/%	冷流性	辊筒加工性能		
	顺式-1,4	反式-1,4	1,2									包辊性	成片性	自黏性
Ti 系	三烷基铝-四碘化钛-碘-氯化钛	94	3	3	-105	1~2	3.0	39	窄	少	0.17~0.2	中~大	差	可	良
Co 系	一氯二烷基铝-士气发化钴	98			-105		2.7	37	较窄	较少	0.15	很小	可	中	良
Ni 系	三烷基铝-环烷酸镍-三氟化硼乙醚络合物	97	1	2	-105		2.7	38	较窄	较少	0.10	很小	可	可	良
Li 系	丁基锂	35	57.5	7.5	-93	1	2.6~2.9	28~35	很窄	很少	<0.1	中~很大	劣	中	差

从表 4-18 可以看出，Ti 系、Co 系、Ni 系引发剂引发丁二烯聚合可以得到顺式-1,4 含量大于 90% 的聚丁二烯橡胶，一般称为高顺式聚丁二烯橡胶，是聚丁二烯橡胶的主要品种。

相比而言，Li 系组成简单，活性高、用量少，聚合反应容易控制，聚合后无需从产品中除去，生产成本低，产品耐低温性能好，但相对分子质量分布窄，平均相对分子质量较低，冷流倾向大，加工性能差。

Ti 系所得聚合产物全为线形结构，聚合速度快，近似理论的聚丁二烯收率，产品相对分子质量高，可以大量充油和充炭黑；但相对分子质量分布窄，加工性能不好，而且引发剂中有较贵的碘。

Co 系和 Ni 系引发剂较好。共同特点是产品中顺式含量高达 96%~98%，质量均匀，相对分子质量分布较宽，易于加工，冷流倾向小，橡胶物理性能较好。但两者相比，Ni 系引发剂可以提高单体浓度和聚合温度，产品质量不受影响；而 Co 系无此性质，并且 Co 系引发剂还有使聚丁二烯支化度高的缺点。其中国内采用最多的引发剂体系是 Ni 系。

典型的 Ni 系引发剂中的主引发剂是环烷酸镍，助引发剂是三异丁基铝，第三组分是三氟化硼乙醚配合物。

① 环烷酸镍　化学式为 $Ni(OOCR)_2$，镍含量为 7%~8%，水分<0.1%。

② 三异丁基铝　化学式为 $Al(i-C_4H_9)_3$，外观浅黄透明，无悬浮物，活性铝含量≥50%。

③ 三氟化硼乙醚配合物　化学式为 $BF_3OC_2H_5$，含量>46%，沸点 124.5~126℃。

3. 溶剂

可用的溶剂有苯、甲苯、甲苯-庚烷、溶剂油等。采用溶剂油（简称 C_6 油或抽余油）时，其要求是馏程 60～90℃，碘值<0.2g/100g，水值<20mg/kg。

溶剂不同对单体、引发剂、聚合产物等的溶解能力不同，造成聚合体系的黏度不同，对传热、搅拌、回收、生产能力等均有影响。

4. 其他

① 终止剂　乙醇。纯度 95%，含水 5%，恒沸点 78.2℃，相对密度 0.81。

② 防老剂　2,6-二叔丁基-4-甲基苯酚（简称 264）。熔点 69～71℃，游离甲酚<0.04%，灰分<0.03%，油溶性合格。

（二）顺丁橡胶的生产工艺

1. 聚合原理与方法

丁二烯的配位聚合原理参看本章的双烯烃定向聚合部分内容。

顺丁橡胶的生产采用连续式溶液聚合法。

2. 顺丁橡胶生产工艺

（1）生产工艺配方与聚合条件

① 典型生产工艺配方

丁油浓度	12～15g/mL	镍/丁	$\leqslant 2.0\times 10^{-5}$
铝/丁	$\leqslant 1.0\times 10^{-4}$	硼/丁	$\leqslant 2.0\times 10^{-4}$
铝/硼	>0.25	醇/铝	6
铝/镍	3～8	防老剂/丁	0.79%～1.0%
聚合温度	首釜<95℃，末釜<100℃		
聚合压力	<0.45MPa	转化率	>85%
收率	>95%	每吨胶消耗丁二烯	1.045t

② 聚合条件的确定

单体浓度　原则上看，增加单体浓度是可以提高聚合反应速率，但综合看单体浓度与聚合产物的门尼黏度、胶液浓度、胶液黏度等有直接关系，如图 4-15 所示。门尼黏度是生产控制的主要指标，一般控制在 (45～50)±5。胶液浓度决定着胶液黏度，同时也影响搅拌和传热。一般生产中控制胶液黏度为 10000cP 左右，过度时造成搅拌和传热都有一定难度。如门尼黏度为 50 的普通聚丁二烯，允许的胶液浓度为 14%，这时对应的胶液黏度为 10000cP 左右，对应的单体浓度为 10%～15%；门尼黏度为 20 时，允许单体浓度为 20% 左右。

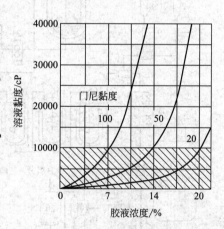

图 4-15　聚丁二烯橡胶门尼黏度、胶液浓度和胶液黏度的关系

引发剂的陈化方式　在引发剂各组分投入量确定的情况下，陈化方式对引发剂的活性有很大影响。生产中采用过的方式主要有三元陈化（Ni、B、Al 分别配制成溶液，再按一定次序加入）、双二元陈化（将 Al 组分分成一半，分别与 Ni、Al 组分混合陈化）、稀硼单加（将 Ni、Al 组分混合陈化，B 组分配制成溶液后直接加入聚合釜）等方式，其中应用最多的是后一种方式。

溶剂的选择　单就常用溶剂的溶解能力看，甲苯的溶解能力最好，是聚丁二烯的良溶剂，而溶剂油比较差。但从工程角度看，降低搅拌功率，便于移出聚合热，总希望体系黏度低一些有利。而体系的黏度与聚合物在溶剂中溶解状态有关，溶解越好，大分子在溶剂中就越伸展，大分子运动时受到的阻力也就越大，因此黏度就越大。各方面综合的结果如表4-19所示。

表 4-19　丁二烯溶液聚合常用溶剂的比较

溶剂	Δδ	溶解能力	体系黏度	传热	搅拌	沸点/℃	回收	提高生产能力	毒性	来源	输送
苯	0.7	C	C	差	不利	80.1	难	难	大	一般	难,需要保温
甲苯	0.5	A	A	差	不利	110	难	难	大	一般	难
甲苯-庚烷	0.51	B	B	差	不利		难	难	较大	一般	难
溶剂油	1.15	D	D	有利	有利	60～90	易	易	无毒	充足	易

注：Δδ 为溶剂溶解参数与聚丁二烯溶解参数的差值，A>B>C>D。

因此，生产中选择溶剂油为溶剂。

聚合温度控制　由于丁二烯聚合反应的反应热为 1381.38kJ/kg，如不及时排除将会影响产物的质量，甚至造成生产事故。控制温度方法是采用传热面积大的聚合釜（高径比大），除夹套外可以安装内冷管。生产中还常采用在釜顶充冷油来带走反应热。

（2）溶液聚合生产顺丁橡胶工艺

溶液聚合生产顺丁橡胶工艺过程包括原料精制、引发剂配制、聚合、回收、凝聚、后处理等工序。其工艺流程如图4-16所示。

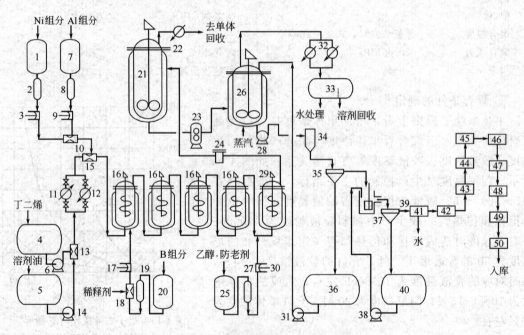

图 4-16　顺丁橡胶生产工艺流程

1—Ni组分罐；2,8,19,27—计量罐；3,9,17,30—隔膜计量泵；4—丁二烯贮罐；5—溶剂油贮罐；6,14—油泵；7—Al组分罐；10,13,15,18—文氏管混合器；11—丁油预冷器；12—丁油预热器；16—聚合釜；20—B组分罐；21—胶液罐；22,32—冷凝器；23—胶液泵；24—过滤器；25—终止剂、防老剂罐；26—凝集釜；28—颗粒泵；29—终止釜；31,38—热水泵；33—油水分离罐；34—缓冲罐；35—1号振动筛；36—循环热水罐；37—洗胶罐；39—2号振动筛；40—洗胶水罐；41—挤压机；42—膨化干燥机；43—水平振动给料筛；44—提升机；45—干燥箱；46—自动秤；47—压块机；48—薄膜机；49—包装机；50—缝纫机聚合级丁二烯由泵经流量控制与由泵经流量控制送来的溶液油在文氏管中混合后，再经丁油预热（冷）器进行预热（冷）后，与分别由计量泵送出 Ni 组分、Al 组分经文氏管混合后的混合物混合，连续送入聚合釜首釜底入口。B 组分由计量泵送出与稀释油在文氏管中混合后直接送入聚合釜首釜底入口。聚合釜为不锈钢制并装有双螺带式搅拌器。

物料在首釜反应一定时间后，从釜顶出来进入第二釜、第三釜等连续进行聚合反应，当检测达到规定门尼黏度后，进入终止釜用乙醇破坏引发剂使反应终止。

从终止釜出来的胶液经过滤器进入胶液罐，回收部分未反应的单体送单体回收罐区，再经精制处理循环使用；并将胶液混配成优级品的门尼黏度，然后经胶液泵送入凝集釜用 0.9MPa 水蒸气在搅拌下于热水中进行凝集。从凝集釜顶出来的单体和水蒸气经冷凝器冷凝，入油水分离罐分离出溶剂油和少量单体送回收精制后循环使用；水经液面调节阀控制排出，经二次净化处理排入地沟。从凝集釜底出来的胶粒与循环热水颗粒泵送入缓冲罐，再 1 号经振动筛分离出胶料去洗胶罐。在洗胶罐中，用 40~60℃ 热水对胶粒进行洗涤，洗涤后的胶粒经 2 号振动筛分离后，含水量为 40%~60% 的胶粒送入挤压机挤压脱水。经挤压脱水后，胶粒含水量为 8%~15%。将其切成细条形，并进入膨胀干燥机加热、加压，达到膨胀和内蒸，进一步除去所含的大部分水分，再送入水平红外干燥箱中干燥，使胶条的含水量降到 0.75% 以下。干燥合格的胶条经提升机送入自动称量秤，按每块 25kg 进行压块，并用塑料薄膜包好，装袋封口入库。

（三）顺丁橡胶的结构、性能及用途

采用上述 Ni 系引发剂合成的顺丁橡胶顺式-1，4 含量为 96%~98%，属于高顺式丁二烯橡胶，其分子结构比较规整，主链上无取代基，分子间作用力小，分子长而细，分子中有大量的可发生内旋转的 C—C 单键，使分子十分"柔软"。同时分子中还存在许多较具反应性的 C=C 键，这样的分子结构决定了此种橡胶具有如下特性。具体顺丁橡胶的性能见附录表 6（一）。

1. 顺丁橡胶的优点

① 高弹性　高顺式丁二烯橡胶是当前所有橡胶中弹性最高的一种橡胶，甚至在很低的温度下，分子链段都能自由运动，所以能在很宽的温度范围内显示高弹性，甚至在 -40℃ 时还能保持。一般来说，即使顺式含量最高的聚合物在这一温度下也会结晶。这种低温下所具有的较高弹性及抗硬化性能，使其与天然橡胶或丁苯橡胶并用时，能改善它们的低温性能。

② 滞后损失和生热小　由于高顺式丁二烯橡胶分子链段的运动所需要克服周围分子链的阻力和作用力小，内摩擦小，当作用于分子的外力去掉后，分子能较快地回复至原状，因此滞后损失小，生热小。这一性能对于使用时反复变形，且传热性差的轮胎的使用寿命具有一定好处。

③ 低温性能好　主要表现在玻璃化温度低，为 -105℃ 左右，而天然橡胶为 -73℃，丁苯橡胶为 -60℃ 左右。所以掺用高顺式丁二烯橡胶的胎面在寒带地区仍可保持较好的使用性能。

④ 耐磨性能优异　对于需耐磨的橡胶制品，如轮胎、鞋底、鞋后跟等，这一胶种特别适用。

⑤ 耐屈挠性优异　高顺式丁二烯橡胶制品耐动态裂口生成性能良好。

⑥ 填充性好　与丁苯橡胶和天然橡胶相比，高顺式丁二烯橡胶可填充更多的操作油和补强填料，有较强的炭黑润湿能力，可使炭黑较好地分散，因而可保持较好地胶料性能。这一性能有利于降低胶料成本。

⑦ 混炼时抗破碎能力强　在混炼过程中高顺式丁二烯橡胶门尼黏度下降的幅度比天然

橡胶小得多，比丁苯橡胶也小，因此在需要延长混炼时间时，对胶料的口型膨胀及压出速度几乎无影响。

⑧ 与其他弹性体的相容性好　高顺式丁二烯橡胶与天然橡胶、丁苯橡胶及氯丁橡胶都能互溶。与丁腈橡胶的相溶性不好，但可以25%~30%的量与之并用，一般使用时，也不会超过此量，否则胶料的耐油性会下降。

⑨ 模内流动性好　用高顺式丁二烯橡胶制造的制品缺胶情况少。

⑩ 吸水性低　顺丁橡胶的吸水性小于天然橡胶和丁苯橡胶，使顺丁橡胶可用于绝缘电线等需耐水的橡胶制品。

2. 顺丁橡胶的缺点

① 拉伸强度与撕裂强度较低　高顺式丁二烯橡胶的拉伸强度和撕裂强度均低于天然橡胶及丁苯橡胶，掺用该种橡胶的轮胎胎面，表现多不耐刺，较易刮伤。

② 抗湿滑性不良　高顺式丁二烯橡胶在轮胎胎面中掺用量较高时，在车速高、路面平滑或湿路面上使用时，易造成轮胎打滑。用于胎面时，使用至中后期易出现花纹块崩掉的现象。

③ 加工性能欠佳　高顺式丁二烯橡胶胶料在辊筒上的加工性能对温度较敏感，温度高时易产生脱辊现象。在与天然橡胶及丁苯橡胶并用时，高顺式丁二烯橡胶所占比例在50份以下，则问题不大。

④ 黏性较差　在轮胎胎面胶中，用量太高时，胎面接头稍有困难。胎体中用量较高时（大于30份），需加入增黏剂，否则胎体胶料压延时帘布易出现"露白"现象。

⑤ 较易冷流　由于高顺式丁二烯橡胶分子间作用力小，分子支化较少以及高分子量部分较少，使得生胶或未硫化的胶料在存放时较易流动。因此需对生胶的包装、贮存及半成品存放等问题引起注意。

3. 顺丁橡胶的用途

顺丁橡胶主要用于制造轮胎中的胎面胶和胎侧胶，占80%以上；其他有自行车外胎、鞋底、输送带覆盖胶、电线绝缘胶料、胶管、体育用品（高尔夫球）、胶布、腻子、涂漆、漆布等。

四、异戊橡胶的生产

异戊橡胶（IR）是以异戊二烯为单体经过配位聚合而得到的聚顺1,4-异戊二烯弹性体的简称，又称为"合成天然橡胶"，是世界上次于丁苯橡胶、顺丁橡胶而居于第三位的合成橡胶。

(一) 主要原料

1. 单体

异戊二烯的结构式为：$CH_2=\underset{\underset{CH_3}{|}}{C}-CH=CH_2$

异戊二烯是无色易挥发的刺激性液体，有一定的毒性，溶于一般的烃、醚、酮，但不溶于水，能与许多化合物形成二元共沸物。异戊二烯的主要物性参数如下：

沸点	34.067℃	熔点	-145.95℃
闪点	-4.8℃	自燃点	220℃
聚合热	71.13kJ/mol	密度（20℃）	0.6810g/cm³
折射率（20℃）	1.42194	黏度（20℃）	0.216cP
临界温度	211℃	临界压力	3.91MPa

异戊二烯具有活泼的共轭双键，可以进行取代、加成、成环和聚合反应。在存放过程

中,有少量氧存在下,受光或热的作用,可以生成二聚体用过氧化物,因此贮存时要加入 0.005%以上的叔丁基邻苯二酚或对苯二酚等阻聚剂,但在聚合前要先用蒸馏或洗涤的方法除去。

异戊二烯主要用于合成异戊橡胶和丁基橡胶。

异戊二烯单体的生产方法有抽提法(石油裂解产物 C_5 馏分中抽提)、脱氢法(异戊烷、异戊烯脱氢)、合成法(通过乙炔-丙酮法、异丁烯-甲醛法合成)。其中不同的生产方法其产物的质量规格不甚一样,如表 4-20 所示。

表 4-20 不同生产方法的异戊二烯单体的质量比较

生产方法 纯度及杂质含量/%	脱氢法	抽提法	合成法
异戊二烯	97	99.5	99.4
二聚体	<0.1		
环戊二烯	<0.0001	<0.0003	<0.005
戊二烯	<0.008	<0.008	
炔烃	<0.005	<0.005	<0.005
α-烯烃	<1.0		<0.005
β-烯烃	<2.8	0.5	
羰基化合物	<0.001		
过氧化合物	<0.0005		
硫	<0.0005		<0.0005
乙腈	<0.0008		

无论采用什么方法生产异戊二烯,如何获得廉价的异戊二烯单体都是制约合成异戊橡胶发展的关键。

2. 引发剂体系

用于生产异戊橡胶的引发剂体系主要有齐格勒引发剂中的 Ti 系($TiCl_4$ 和 AlR_3)、Li 系(LiC_4H_9)和有机酸稀土盐三元引发体系,如[$Ln(naph)_3$-$Al(C_2H_5)_3$-$Al(C_2H_5)_2Cl$]和[$Nd(RCOO)_3$-$Al(C_2H_5)_3$-$Al_2(C_2H_5)_3Cl_3$]。后者是我国采用的,它克服了 Ti 系凝胶含量高、挂胶严重、非均相引发体系加料困难等弱点,异戊橡胶顺式-1,4-结构含量为 93%~94%,最高达 97%。

(二) 异戊橡胶的生产工艺

1. 聚合原理

属于配位聚合,其聚合机理参见第二章有关内容。

2. 异戊橡胶生产工艺

因为 Ti 系应用较多,所以以 Ti 系引发剂引发生产异戊橡胶为例进行介绍。

该生产工艺过程与顺丁橡胶类似,采用连续溶液聚合流程,如图 4-17 所示。

聚异戊二烯的生产过程与顺丁橡胶的生产过程有许多相同之处,如单体浓度控制、传热、反应终止、凝集、干燥等。

将干燥后的单体与溶剂(异戊烷、环己烷、苯、甲苯等)混合后,再与配制好的引发剂混合进入多个串联聚合釜反应,当达到一定转化率和门尼黏度时进入引发剂洗涤塔除去引发剂,然后加入防老剂(防老剂 D 或 H 等),进入混胶罐混合,再送入凝集釜用热水凝集,用蒸汽蒸出未反应的单体与溶剂,回收后循环使用。在此过程中,为防止凝结成块而向水中加入少量氧化锌等分散剂。凝集后,从水中分离出胶粒,通过热风干燥机或挤压脱水,再经膨

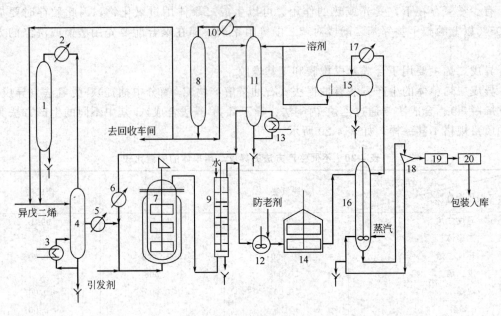

图 4-17 聚异戊二烯橡胶生产工艺流程

1，8—脱水塔；2，5，6，10，17—冷凝器；3，13—再沸器；4—干燥塔；7—聚合釜；
9—引发剂洗涤塔；11—精馏塔；12—混合器；14—混胶罐；15—油水分离罐；16—凝集釜；
18—脱水筛；19—干燥器；20—压块包装

胀干燥等后，压块、包装即得成品。

在异戊橡胶生产过程中需要注意主要问题是不同引发剂体系其操作条件不同，如表 4-21 所示。

表 4-21 不同引发剂体系聚异戊二烯工艺条件示例

引发剂体系及厂家 条件及产物性质	齐格勒引发剂							Li 系
	Goodyear	Ameripol	SNAM	クラレプラスチックス	ゼオン	日本合成ゴム	前苏联	Shell
溶剂	己烷	丁烷	己烷	丁烷(+苯)	丁烷	己烷	异戊烷	戊烷
引发剂	TiCl₄ Al(i-Bu)₃ 第三组分	TiCl₄	聚亚胺基铝烷	TiCl₄ Al(i-Bu)₃ 第三组分	TiCl₄ AlR₃ 第三组分	TiCl₄ AlR₃ 第三组分	TiCl₄ AlR₃ 第三组分	仲丁基锂
聚合釜	数台串联	数台串联，用溶剂蒸发除去反应热	4台串联，第一台80m³，其他50m³，不锈钢，用丙烯冷却，带螺带式刮板式搅拌	3台串联，45m³玻璃钢制，用溶剂蒸发除去反应热	3台串联，4m³碳钢内衬玻璃钢制，用溶剂蒸发除去反应热	4台串联，20 m³不锈钢制，用丙烷作冷却溶剂	4~6台串联，带括板式搅拌，用盐水冷却	10台串联，间歇操作，用溶剂和单体蒸发除去反应热
单体浓度/%	12~25	16	20	21	20		12~15	21
反应温度/℃	0~50	1~2	5~40	33~32	25~35	30~40		50~70
反应时间/h	3~5	3~4	3~6	2.5	3		2~3	2~3
转化率/%	70~80	~80	90~95	60~70	75		90~95	>95
干胶含量/%	15	15~17	~18	13~15	15		11~14	~19

续表

条件及产物性质 \ 引发剂体系及厂家	齐格勒引发剂							Li系
	Goodyear	Ameripol	SNAM	クラレプラスチックス	ゼオン	日本合成ゴム	前苏联	Shell
凝胶量/%		<1	<1	<1			10~20	无
[η]		~4		~4			3.5~4.5	~7
门尼黏度	70~90	80~90	>80	>80			60~80	55~65
终止剂		甲醇				胺类	甲醇或乙醇	甲醇
除引发剂残渣的方法		水洗3次	水洗3次	水洗	特殊方法		水洗	不脱
凝聚方法		数台汽提	二台汽提	四台汽提	四台汽提	三台汽提	汽提	汽提
干燥方法	挤压脱水,膨胀干燥	挤压脱水,机械干燥	挤压脱水,挤压干燥,热风干燥	挤压脱水,膨胀干燥	挤压脱水,膨胀干燥,带式干燥	挤压脱水,膨胀干燥	箱式或挤压干燥	挤压干燥

Ti系引发剂的组分配比以 Al：Ti＝1：1 时最佳，并且配制温度越低，引发剂活性越大。引发剂在溶剂中的溶解状态对聚合过程中凝胶的产生有很大影响，如以脂肪烃类为溶剂 Ti 系引发剂就属于非均相体系，凝胶含量可达 20%~30%；以芳烃为溶剂，凝胶含量较低，结构比较疏松。凝胶的产生对传热、物料输送等造成影响。

如果采用 Li 系引发剂生产的异戊橡胶，其大分子为高度线性化，相对分子质量与天然橡胶相近；采用这种引发剂是均相体系，无凝胶，转化率高（95%~100%），可省去单体回收工序。不足之处是顺式-1,4含量低，相对分子质量高，分布窄，给加工带来一定的困难；并且对氧、水、硫等非常敏感，因此对操作条件要求很严格。

（三）异戊橡胶的结构、性能及用途

由于异戊橡胶具有与天然橡胶相似的化学组成、立体结构和物理机械性能，因此它是一种综合性能好的通用合成橡胶。两者的差别在于异戊橡胶的顺式-1,4结构含量（92%~97%）没有天然橡胶高（>98%）；结晶性能低于天然橡胶；相对分子质量低于天然橡胶，并且带部分支链和凝胶。因此造成两者的物理性能不完全一样，如附录表6（一）所示。与天然橡胶相比还具有质量均一，纯度高；塑炼时间短，混炼加工简便；颜色浅；膨胀和收缩小；流动性好的优点。但也有纯胶料的强拉伸性能低，在含炭黑量相等时，拉伸强度、定伸应力、撕裂强度较低，硬度较小。

异戊橡胶单独使用也可以与天然橡胶、顺丁橡胶等配合使用。主要用于作轮胎的胎面胶、胎体胶和胎侧胶，以及胶鞋、胶带、胶黏剂、工艺橡胶制品、浸渍橡胶制品及医疗、食品用橡胶制品等。

五、乙丙橡胶的生产

乙丙橡胶（EPR）是以乙烯、丙烯为主要单体，适量加入第三单体，在齐格勒-纳塔引发剂作用下共聚而得的高分子弹性体。乙烯和丙烯是价格低廉易得的单体，但由于加入的第三单体价格比较昂贵，因此乙丙橡胶的价格高于一般通用橡胶。尽管如此，乙丙橡胶的发展速度仍然很快，仅次于异戊橡胶，居合成橡胶第四位。

（一）主要原料

1. 乙烯和丙烯

乙烯和丙烯的性质参见本书有关内容。要求的纯度规格很高，因为微量杂质就可以严重影响聚合过程，使产物相对分子质量降低，甚至完全抑制聚合。随着高效引发剂的出现，其要求越来越高。用于生产乙丙橡胶的乙烯和丙烯的纯度规格如表 4-22 所示。

表 4-22　用于生产乙丙橡胶的乙烯和丙烯的纯度规格

组分/%	乙烯纯度规格		丙烯纯度规格	
	现代工艺	新工艺	现代工艺	新工艺
纯度(质量分数)	≥99.9	≥99.9	≥99.8	≥99.8
饱和碳氢化合物(质量分数)+N_2	≤0.1	≤0.1	≤0.2	≤0.2
烯烃(体积分数)	≤0.005(丙烯)	≤0.005(丙烯)	≤0.01(乙烯)	≤0.005(乙烯)
双烯烃(体积分数)	≤0.0005	—	≤0.0005	≤0.0005
炔烃(体积分数)	≤0.0005	≤0.0001	<0.001	≤0.0001
CO_2(体积分数)	≤0.001	<0.001	≤0.001	<0.001
CO(体积分数)	≤0.0002	≤0.00001	≤0.0002	≤0.00001
O_2(+Ar)	≤0.0005	≤0.00005	≤0.0003	≤0.00005
H_2(体积分数)	≤0.0005	≤0.0001	≤0.0001	≤0.0001
S(按 H_2S 计)(质量分数)	≤0.0005	≤0.0001	≤0.0005	≤0.0001
H_2O(质量分数)	≤0.0001	≤0.00001	≤0.0003	<0.0003

2. 第三单体

加入第三单体的目的是保证乙丙橡胶的硫化。克服二元乙丙橡胶难以硫化（一般用过氧化异丙苯进行硫化），因有臭味而使操作不便等不足之处。

从结构上看，原则上乙丙橡胶中所加入的第三单体应具有两个双键，一个双键参加聚合反应，另一个双键悬挂在侧基中，供硫化使用。故此三元乙丙橡胶因主键上不含双键而与二元乙丙橡胶一样具有优异的耐老化、耐臭氧性能。

(1) 对第三单体的原则要求

① 要有适宜的聚合性能　确保第三单体在聚合过程中具有尽量高的转化率，同时在三元共聚物大分子链中有较均匀地分布。从竞聚率上讲，过高和过低都不好。过低时，将使第三单体的转化率过低，带来第三单体的回收问题，使工艺过程复杂化。过高时，又将使第三单体在聚合过程中消耗过快，而使聚合过程中前一部分生成的产物含过量的第三单体，而后一部分产物含太少的第三单体，因而影响硫化交联网络的完整性，影响硫化胶的物理机械性能。为此，对于反应快的第三单体，可以采用分多釜加入，反应较慢的第三单体，要选合适的溶剂，以利于回收。

② 第三单体的两个双键应该具有不同的反应性能　第三单体通过第一个双键进入聚合物后，第二个双键如果也参加聚合反应，就将形成交联或支化，产生凝胶而影响橡胶的性能。

③ 第三单体的加入对聚合速率和产物相对分子质量不要有影响　针对现在第三单体都使三元聚合速度低于二元聚合的速度，并使其相对分子质量有所降低，为此，应选能使产物相对分子质量过高的引发剂体系为好。

④ 所得乙丙橡胶的硫化性能好，硫化速率快　这样可以获得与通用橡胶相仿的硫化速率，既有利于乙丙橡胶的生产，又有利于与其他双烯烃橡胶共混炼的目的。现主要采用硫化速率较快的乙叉降冰片烯为第三单体。

⑤ 第三单体的相对分子质量不宜过大　因为除了双键以外，其他部分只是徒增最终产物的质量而已。

⑥ 价格便宜　这是最主要的，目前工业生产中所用的第三单体很少有达到这个要求。因此，三元乙丙橡胶的成本高于一般通用橡胶。

(2) 决定第三单体性能的结构因素

对于乙丙橡胶中第三单体的评价,除价格外,主要看聚合性能和硫化性能。这两个性能都是由其结构所决定的。

聚合性能即进入聚合物链的难易程度——竞聚率。常见第三单体的竞聚率如表 4-23 所示。

表 4-23 乙丙橡胶常见第三单体的竞聚率

化合物	名称	竞聚率[a,b]			
		A	B	C	D
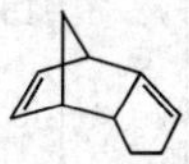	endo-双环戊二烯	7.6	7.3		
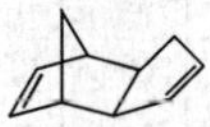	exo-双环戊二烯	14.4			
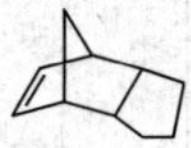	endo-1,2-双氢双环戊二烯		6.8[c]		
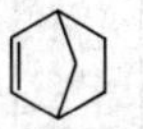	2-降冰片烯	16.5[c]			
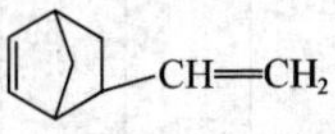	5-乙烯基-2-降冰片烯	5.8	5.1		
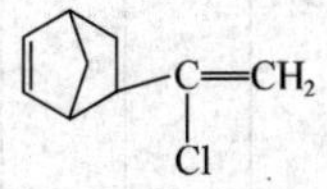	5-氯乙烯基-2-降冰片烯	<2.0			
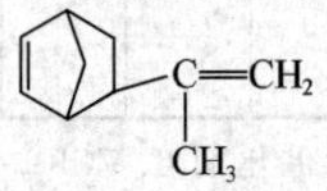	5-异丙基-2-降冰片烯		13.6		
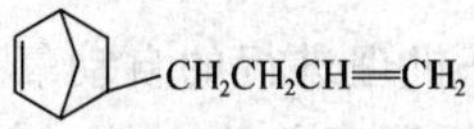	5-(3'-丁烯基)-2-降冰片烯	8.8			
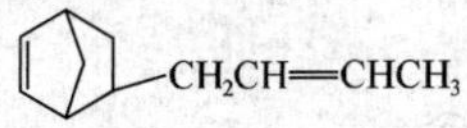	5-(顺 2'-丁烯基)-2-降冰片烯	7.2	7.7		
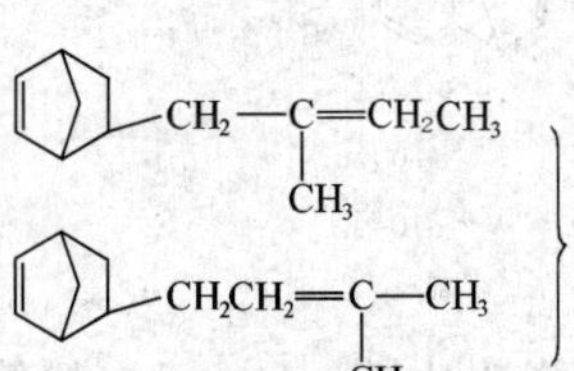	5-(2'-或 3'-甲基-2-丁烯基)-2-降冰片烯	9.5	10.3		
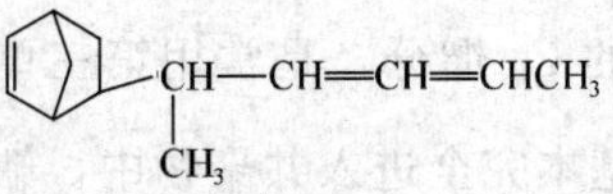	5-(1'-甲基-2'-丁烯基)-2-降冰片烯		10.1		
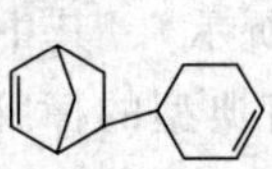	5-(4'-环己烯基)-2-降冰片烯	11.9			

化合物	名称	竞聚率[a,b]			
		A	B	C	D
(5-亚甲基-2-降冰片烯结构) CH₂	5-亚甲基-2-降冰片烯	5.6	6.6		
(5-亚乙基-2-降冰片烯结构) CHCH₃	5-亚乙基-2-降冰片烯		16.0		
(5-乙基-2,5-冰片二烯结构) CHCH₃ / CH₃	5-乙基-2,5-冰片二烯		7.2		
(四氢茚结构)	四氢茚		0.9[c]		
(甲基四氢茚结构)	甲基四氢茚		0.9[c]		
顺- $CH_2=CHCH_2CH=CHCH_2$	顺-1,4-己二烯	0.66	0.67	0.65	
反- $CH_2=CHCH_2CH=CHCH_2$	反-1,4-己二烯		0.69		
$CH_2=CHCH_2CH_2CHCH=C-CH_3$ 　 　 CH_3 　 CH_3	5,7-二甲基-1,6-辛二烯		1.1		
$CH_2=CHCH_2CH_2CH_2C=C-CH_3$ 　 CH_3 　 　 CH_3	1,6-二甲基-1,6-辛二烯		0.77		
$CH_2=CH(CH_2)_6CH=CH(CH_2)_7CH_3$	1,9-十八碳烯				1.4

注：a—对丙烯；b—催化剂 A. $VO(O\text{-}t\text{-}Bu)_3\text{-}Et_3Al_2Cl_3$，催化剂 B. $VOCl_3\text{-}Et_3Al_2Cl_3$，催化剂 C. $VCl_4\text{-}i\text{-}Bu_3Al$，催化剂 D. $VCl_4\text{-}Et_2AlCl$；c——次测定。

三元乙丙橡胶硫化时，由于硫化机理与碳氢化合物按自由基机理进行的自动氧化相似，牵涉到双键旁边的 α-氢原子，所以硫黄-促进剂的硫化速率与所用第三单体中的 α-氢原子数有关。

硫化速率	CHCH₂ ,	$\sim CH_2=CHCH_2CH=CHCH_2\sim$,	(环辛二烯)	>	(双环戊二烯)
α-氢原子数	5	5	4		3
硫黄硫化	~80%	~30%			~15%
过氧化物硫化	~85%	~20%			~40%

（3）常用的第三单体

实际生产中所使用的第三单体主要有双环戊二烯、亚乙基降冰片烯、1,4-己二烯等。

① 双环戊二烯（结构式）来源于煤焦油或石油裂解中的 C_5 馏分，是常用第三单体中价格最低的。同时，它的优点在于聚合性能活泼，在共聚中基本完全进入共聚物中，缺点是硫化速度慢。它有两种空间异构体，即桥环式和挂环式（如表 4-23 所示）。其中桥环式双环戊二烯在常温下为无色透明晶体，熔点为 32℃，沸点为 170℃，具有典型的樟脑味；挂环式双环戊二烯的熔点为 19.5℃，沸点为 172℃，气味越轻。

双环戊二烯也可以由环戊二烯聚合获得，如在100℃条件下聚合可得以桥环式为主并有少量挂环式双环戊二烯。

双环戊二烯溶于脂肪烃、芳香烃、卤代烃、醇、醚、酮等溶剂中，微溶于水，并能与水形成共沸物。对人体有害，空气中最大允许浓度为0.0005%，切忌液体双戊二烯或其溶液与人体皮肤接触，一旦接触，应立即用酒精或石油醚等溶剂洗至无气味为止。

双环戊二烯除了作乙丙橡胶的第三单体外，还广泛用于合成树脂、农药、医药、香料等工业生产中。

② 亚乙基降冰片烯（结构式 $-CH=CH_2$）是将环戊二烯和丁二烯进行热聚反应生成的5-乙烯基-2-降冰片烯，然后在碱催化作用下转位而得。

纯亚乙基降冰片烯在常温下为无色透明液体，沸点147.6℃，有强烈的类似双环戊二烯或其他降冰片烯的刺激臭味，毒性与双环戊二烯接近，操作环境必须通风良好，而且严禁其液体泄漏或溅到人体皮肤上。

亚乙基降冰片烯性质活泼，在常温下与空气接触即生成氧化物。易发生自聚反应，生成齐聚物和橡胶状物质，故贮存时要加入阻聚剂，在低温环境隔绝空气有利。

亚乙基降冰片烯的聚合性能好，共聚速度快，用它制得的三元乙丙橡胶的硫化速度很快，硫化胶性能也很好。因此，工业应用最广泛。

③ 1,4-己二烯 是以乙烯和丁二烯为原料，以有机配合物催化剂（如有机磷-镍-铝、三醋酸锆-三烷基铝、有机磷-钴-铝等）作用下反应而得。

1,4-己二烯在常温常压下为液体，沸点72.5℃，密度0.7100g/cm^3，折射率1.4402，具有典型非共轭二烯烃的性质。它一般有顺式和反式两种异构体，反式比顺式更易聚合。顺式在共聚合过程中也将异构化为反式。

3. 引发剂

用于乙丙橡胶生产的引发剂体系主要是V-Al体系，该体系可以分为均相和非均相两个类型。

非均相引发剂体系由烷基铝和金属钒化物所组成的配合引发剂，是不溶于反应介质的。其中最常用的烷基铝有Al$(C_2H_5)_3$、Al$(i\text{-}C_4H_9)_3$、Al$(C_6H_{13})_3$，常用的钒化物有VCl$_4$、VOCl$_3$、V(OOCCH$_3$)$_3$等。

均相引发剂体系由至少含有一个卤原子的烷基铝与钒化物组成的配合物，是活性更高的溶于反应介质的引发剂体系。其中采用较多的有：VOCl$_3$-Al$(C_2H_5)_2$Cl、VOCl$_3$-Al$(i\text{-}C_4H_9)_2$Cl、VOCl$_3$-1/2Al$_2(C_2H_5)_3$Cl$_3$等。

在上述引发剂体系中，烷基铝的作用是还原高价态的钒（由V^{4+}→V^{3+}），使其具有形成配合物的引发活性。

当引发剂体系确定后，若要获得最高的引发活性，必须保证最佳的引发剂组分的配比。如VCl$_4$-Al$(C_2H_5)_3$体系，Al/V=2.5时（物质的量比）；VOCl$_3$-Al$(C_2H_5)_2$Cl体系，Al/V=5~15时活性最高。也就是说选择合适的引发剂配比，目的是保证反应体系内活性低价态V^{3+}的形成并维持最高浓度。但铝的用量不能过高和过低，过高时会使V^{3+}进一步还原成无活性或更低活性的离子；过低时则不能保证V^{3+}的浓度为最高。

另外，用于乙丙橡胶生产的钒引发剂的缺点是寿命短、引发效率低。为了克服此缺点，一般采用向引发剂体系加入活化剂，以提高钒的引发效率，从而降低钒引发剂的用量。如向V$_{5~9}$（C$_5$~C$_9$的混合脂肪酸的钒盐）-Al$_2$(C$_2$H$_5$)$_3$Cl$_3$引发体系加入三氯醋酸乙酯活化剂，在聚合温度为25℃时，乙丙二元共聚，$[V]=0.1\times10^{-3}$ mol/m³，引发效率可达14400g胶/g钒，产量可达7g/100mL；若与双环戊二烯三元共聚，$[V]=0.2\times10^{-3}$ mol/m³，引发效率可达5500～6000g胶/g钒，是未加活化剂的8～9倍，产量由未加活化剂的4g/100mL提高到5.5～6 g/100mL，而钒的用量降低了80％，$Al_2(C_2H_5)_3Cl_3$的用量降低了50％；产品中的钒含量仅为0.02％。

用于钒引发体系的活化剂还有卤化物（如全氯酮、六氯环戊二烯、苯磺酰氯、三氯醋酸酯等）、磺酰氯化合物（如硫酰氯、苯磺酰氯等）、其他（如巴豆醛、偶氮苯、醌类等）。活化剂可以分批加入。活化剂的使用不仅增加了经济效益，还使产品中的钒含量降低，改善了产品的电性能；另外，活化剂还起到了调节产物相对分子质量的作用，达到了改善橡胶加工性能的目的。但在使用活化剂时，还需要考虑活化剂残渣在后处理和污水处理过程中的问题。

4. 溶剂

溶剂的选择对采用溶液聚合生产乙丙橡胶具有重要作用，一是单体的分散介质；二是引发剂、相对分子质量调节剂、活化剂等的稀释介质；三是聚合反应的传热介质。生产中可供选择的溶剂很多，一般有丁烷、戊烷、己烷、庚烷及混合馏分石油醚、轻质汽油、环己烷、环戊烷、苯、甲苯、二甲苯、二氯乙烷、三氯乙烷、四氯化碳等，它们的溶度参数和部分橡胶的溶度参数参见本书有关内容。

单从溶度参数上看环烷烃最好，其次是饱和直链烷烃和芳烃，卤代烃最差。从原料来源、价格、性质、毒性等考虑，使用己烷或己烷馏分以及石油、轻质汽油、铂重整溶剂油作溶剂最好。其中对己烷溶剂的质量规格要求如下：

水分	<0.001％	羰基化合物	≤0.0003％
烯烃	≤0.001％	硫化物	≤0.0003％
砷化物	<0.0001％	炔烃	<0.0001％
氮化物	≤0.0003％	过氧化物	<0.0001％
氯化物	<0.0005％	烯炔总量	<0.0015％
颜色	无色		

5. 共聚物相对分子质量调节剂

乙丙橡胶的相对分子质量大小对加工有直接影响，因此必须加以调节。生产中的调节方法有调整聚合参数和外加相对分子质量调节剂两种。

聚合过程中能够调节相对分子质量的聚合参数有：引发剂浓度、铝化合物的种类、Al/V、溶剂种类、单体C_3/C_2、聚合温度、聚合时间等。

外加相对分子质量调节剂有氢、二乙基锌、氢化锂铝等链转移剂。如果用活化剂时，产物的相对分子质量随活化剂的用量而改变。

(二) 乙丙橡胶的聚合原理与工艺

1. 聚合原理

以乙烯、丙烯为单体，用钒-铝配合物为引发剂，其聚合机理属于配位离子型聚合反应。聚合时，首先是单体上双键的π-电子在引发剂活性中心的空位上进行配合，由于R—V键变弱，以至断裂，单体分子插入R—V键，如下面所示。链的增长按这个方式不断重复进行。

$$\begin{array}{c} R-V \\ CH=CH_2 \\ | \\ CH_3 \end{array} \longrightarrow \begin{array}{c} \delta^- \quad \delta^+ \\ R\cdots V \\ \delta^+ \quad \delta^- \\ CH=CH_2 \\ | \\ CH_3 \end{array} \longrightarrow R-CH-CH_2-V \\ | \\ CH_3$$

2. 乙丙橡胶生产工艺

乙丙橡胶的工业生产有溶液法和悬浮法两种。

(1) 溶液法生产乙丙橡胶工艺

溶液法生产乙丙橡胶工艺流程如图 4-18 所示。

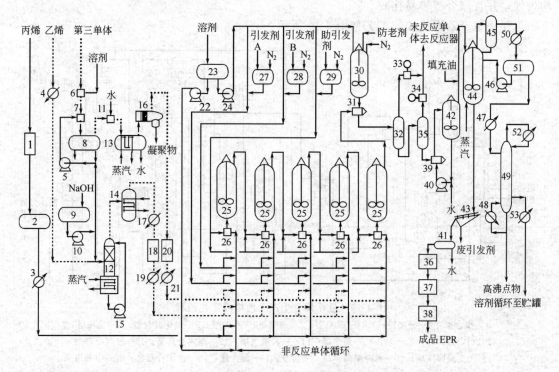

图 4-18 溶液聚合生产三元乙丙橡胶的工艺流程

1—丙烯干燥器；2—丙烯贮罐；3，4，17，19，21，47，50，52，53—冷凝器；5，10，15，22，24，40，46—输送泵；6，7，11，26—混合器；8—NaOH 倾析器；9—NaOH 贮罐；12—乙烯洗涤塔；13—水倾析器；14，45—分离鼓；16—聚结器；18—乙烯干燥器；20—第三单体干燥器；23—溶液贮罐；25—聚合釜；27—引发剂 A 贮罐；28—引发剂 B 贮罐；29—助引发剂贮罐；30—防老剂配制釜；31，39—混合器；32—高压闪蒸罐；33，34—压缩机；35—低压闪蒸罐；36—干燥器；37—计量模块；38—包装；41—挤压机；42—洗涤罐；43—振动筛；44—凝聚釜；48—再沸器；49—溶剂蒸馏塔；51—溶剂倾析器

溶液法生产乙丙橡胶的优点是设备结构简单，反应物中单体的配比容易调节。缺点是单体在溶液中的扩散速度较慢，故共聚物的浓度仅为 6%～10%，同时引发剂的用量和能量消耗也比较大。

其工艺过程大致如下：将处理过的单体按共聚物组成要求按一定比例加入，并保持在聚合过程中恒定。方法是将两种单体与第三单体在管道混合器中混合成一定的组成，然后再吹进搅拌着的溶剂使之达到饱和状态。此时加入催化剂开始反应，由于逸出气体量的减少，而使组成发生变化，所以要调节输入气体使逸出气体的组成与量维持恒定，保证反应体系稳定。在各聚合釜入口处连续加入一定组成的单体和引发剂，使反应体系处于饱和状态。反应温度为 38℃，压力为 1.4～1.7MPa。经过一定的停留时间后，混合物料进入混合器，加入防老剂等，经两次闪蒸，蒸出的单体回收后循环使用，余下的混合物经洗涤、凝聚、筛分等过程将溶剂循环使用，分离引发剂残渣、橡胶挤出、干燥、包装，即得三元乙丙橡胶。

(2) 悬浮法生产乙丙橡胶

悬浮法生产乙丙橡胶的优点在于解决了聚合过程中的传热和传质问题。在传热方面以单体自身作溶剂，单体挥发即能除去反应热，因此采取大釜操作；在传质方面，聚合物以部分溶胀颗粒的形式悬浮于液态单体中，溶液黏度与聚合物的相对分子质量无关，因此聚合物的含量可以达到 30%～35%，大大提高了产量。其缺点是聚合物中长乙烯序列嵌段造成的不均匀性，并且聚合釜容易挂胶。

悬浮法生产乙丙橡胶的工艺如图 4-19 所示。

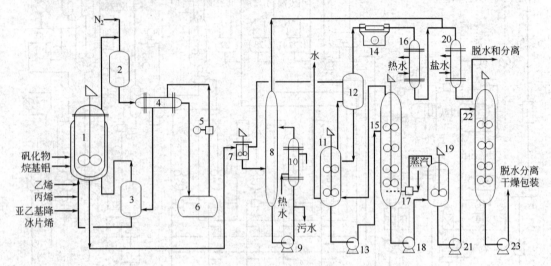

图 4-19 悬浮聚合生产乙丙橡胶工艺流程
1—聚合釜；2—分离器；3，4—换热器；5—压缩机；6—贮槽；7—强化混合器；8—洗涤塔；
9，13，18，21，23—泵；10—预热器；11—一段脱气塔；12—湿式分离器；14—空气冷却器；
15—二段脱气塔；16—水冷凝器；17—喷射泵；19—缓冲罐；20—盐水冷凝器；22—中和塔

按一定比例将乙烯、丙烯、亚乙基降冰片烯单体混合物和引发剂各组分，分别由聚合釜底部进料，控制聚合温度为 10℃，压力为 0.98MPa，聚合热由单体蒸发移出，蒸出的乙烯、丙烯由聚合釜上部排出，在分离器中与夹套的胶粒分离，再经换热器后，收集在贮槽中。气相经压缩机压缩后在换热器中冷凝，液相送入原料单体管线，气相返回聚合釜，氢气相对分子质量调节剂在分离器前加入。

含聚合物约 30%（质量分数）的悬浮液由聚合釜底部导出，送到脱引发剂装置。在强化混合器内加入水使引发剂分解。在洗涤塔中使油相与水相逆流接触，在 0.78MPa 和 10℃条件下进行洗涤。排出的水相大部分循环使用，少部分作污水排出。

经洗涤后的聚合液稀释后送到一段脱气塔的下部，在 83℃ 和 0.17MPa 条件下脱除未反应的单体乙烯、丙烯。脱除的单体依次经湿式分离器、空气冷却器、水冷凝器、盐水冷凝器后得冷凝液和气相混合物，分别回收丙烯、乙烯和不凝气。脱除单体的水-胶液用泵送入二段脱气塔，在 130℃ 和 0.19MPa 条件下脱除残余的单体。脱气塔用喷射泵送来的蒸汽直接加热，由脱气塔上部出来的气相产物进入一段脱气塔的底部。脱气后的水-胶液用泵送入缓冲槽除去水蒸气，此蒸汽经喷射泵作为二段脱气塔的部分热源。缓冲槽中的水-胶液送入中和塔。胶料经塔底导出，经脱水干燥即为成品。

（三）乙丙橡胶的结构、性能及用途

1. 乙丙橡胶的结构

乙丙橡胶是一种无定型的非结晶橡胶，其分子主链上乙烯与丙烯单体单元呈无规则排列，失去了聚乙烯或聚丙烯结构的规整性，成为具有弹性的橡胶。三元乙丙橡胶虽然引入了二烯烃类作第三单体，但由于二烯烃位于侧链上，主链与二元乙丙橡胶一样，是不含双键的完全饱和的直链型结构，故三元乙丙橡胶不但保持了二元乙丙橡胶的各种优良特性，又实现了用硫黄硫化的目的。乙丙橡胶内聚能低；庞大侧基阻碍分子链运动，因而能在较宽的温度范围内保持分子链的柔性和弹性。乙丙橡胶的组成、化学结构及其单体单元的排列方式等决定了乙丙橡胶具有许多特有的性质。

乙丙橡胶的化学结构为：

$$\mathrm{+CH_2-CH_2+_x CH_2-CH+_y}\quad\text{二元乙丙橡胶 (EPM)}$$
$$\qquad\qquad\qquad\qquad |\\ \qquad\qquad\qquad\qquad CH_3$$

$$\mathrm{+CH_2-CH_2+_x CH_2-CH+_y CH-CH+_z}\quad\text{双环戊二烯三元乙丙橡胶 (DCPD-EPDM)}$$

$$\mathrm{+CH_2-CH_2+_x CH_2-CH+_y CH-CH+_z}\quad\text{亚乙基降冰片烯三元乙丙橡胶 (ENB-EPDM)}$$

$$\mathrm{+CH_2-CH_2+_x CH_2-CH+_y CH_2-CH+_z}\quad\text{1,4-己二烯三元乙丙橡胶 (1,4-HD-EPDM)}$$

乙丙橡胶的结构对性能有很大影响。其中乙烯与丙烯的含量直接影响乙丙橡胶生胶和混炼胶性能、加工行为和硫化胶的物理机械性能。一般随乙烯含量增加，其生胶、混炼胶和硫化胶的拉伸强度提高；常温下的耐磨性能改善；增塑剂、补强剂及其他填料的用量增加，胶料可塑性高，压出速度快，压出物表面光滑；半成品挺性和形状保持性好。当乙烯含量在 20%～40%（物质的量）范围时，乙丙橡胶的玻璃化温度约为 −60℃，其低温性能如低温压缩变形、低温弹性等均较好，但耐热性能较差。通常为了避免形成乙烯嵌段链段以保证其在乙丙橡胶分子中的无规分布，要求乙烯含量必须大于 50%（物质的量），但不能超过 70%（物质的量），超过时，玻璃化温度下降，耐寒性能下降，加工性能变差。一般乙烯含量在 60%（物质的量）左右的乙丙橡胶的加工性能和硫化胶物理机械性能均较好，所以多数乙丙橡胶的乙烯含量均控制在这个范围内。也可以采用几种不同含量的乙丙橡胶混用来改善其性能。

乙丙橡胶的相对分子质量及分布情况。用 GPC 法测得乙丙橡胶的重均相对分子质量为 20 万～40 万，数均相对分子质量为 5 万～10 万。用黏度法测得黏均相对分子质量为 10 万～30 万。其中重均相对分子质量与门尼黏度（$ML_{1+4}100℃$）密切相关。一般门尼黏度在 25～90 之间，个别高的达 105～110，特别高门尼黏度的乙丙橡胶可以作为充油乙丙橡胶的基础胶使用。相对分子质量高对胶的性能有利，但对加工不利。门尼黏度在 50 以下时可以在开炼机上加工，50 以上的最好在密炼机上加工。乙丙橡胶的相对分子质量分散系数为 3～5，一般在 3 左右。分散系数大的对加工有利。

乙丙橡胶中加入的第三单体主要影响乙丙橡胶的硫化速度和硫化胶性能。第三单体的含量一般用碘值表示，高者硫化速度快，对硫化胶物理机械性能如定拉伸应力、生热、压缩永久变形等有所改善，但焦烧时间短，耐热性能稍有下降。其碘值范围多数在 15g 碘/100g 胶左右。低时硫化速度慢。碘值 20g 碘/100g 胶左右为高速硫化型，碘值 25～30g 碘/100g 胶为超高速硫化型。

2. 乙丙橡胶的性能

乙丙橡胶基本上是一种饱和橡胶，主链是由化学稳定的饱和烃组成，只是在侧链中含有不饱和双键，分子内无极性取代基，分子间内聚能低，分子链在宽的温度范围内保持柔顺性，因而使其具有独特的性能。具体性能参数见附录表6（二）所示。

（1）耐老化性能

乙丙橡胶具有极高的化学稳定性，在通用橡胶中，其耐老化性能是最好的。

① 耐臭氧性能　乙丙橡胶具有突出的耐臭氧性能，不但大大优于天然橡胶、丁苯橡胶、氯丁橡胶等通用橡胶，而且也优于一般被认为耐老化性能很好的丁基橡胶。例如在含臭氧0.01%的介质中，乙丙橡胶经2430h仍不龟裂，而丁基橡胶仅534h即产生大裂口，氯丁橡胶则只有46h就龟裂。但乙丙橡胶的耐臭氧性能随第三单体的种类和用量的不同而有所差别，其中以DCPD-EPDM的耐臭氧性能最好，1,4-HD-EPDM较差。

② 耐候性能　乙丙橡胶耐候性好，能长期在阳光、潮湿、寒冷的自然环境中使用。含炭黑乙丙橡胶在阳光下曝晒三年后未发生龟裂，物理机械性能变化亦很小。在制造非炭黑的浅色制品时，则需加入紫外线吸收剂如二氧化铁等，以防止紫外光的催化氧化降解作用，或使用防紫外线的其他助剂，但不十分有效。在耐候性方面，EPM优于DCPD-EPDM，DCPD-EPDM优于ENB-EPDM。

③ 耐热性能　乙丙橡胶制品在一般情况下，可以在120℃的环境中长期使用，其最高使用温度为150℃。当温度高于150℃时乙丙橡胶生胶开始缓慢地分解，200℃时硫化胶的物理机械性能亦缓慢地下降。故在150℃以上的环境中乙丙橡胶制品只能短期或间歇使用。但加入适宜的防老剂可以改善乙丙橡胶的高温使用性能，提高使用温度和高温下的使用寿命。而用过氧物交联的二元乙丙橡胶则可以在更苛刻的条件下使用。

乙丙橡胶老化与丁基橡胶老化的类型不同，丁基橡胶老化属降解型，老化后橡胶变软发黏，而乙丙橡胶老化属交联剂，老化后橡胶变硬。

（2）耐化学药品性

乙丙橡胶耐化学药品性能的好坏主要取决于其分子结构，如不饱和度、极性、硫化胶交联结构和填充剂的种类及用量，由于乙丙橡胶缺乏极性，不饱和度低，因此对各种极性化学药品如醇、酸（乙酸、盐酸等）、强碱（氢氧化钠）、氧化剂（H_2O_2、HClO、过溴酸钠），洗涤剂、动植物油、酮和某些酯类均有较大的抗耐性，长时间接触后性能变化不大，因此乙丙橡胶可以作这些化学药品容器的内衬材料，但乙丙橡胶在脂肪族和芳香族溶剂，如汽油、苯、二甲苯等溶剂和矿物油中的稳定性较差，在浓酸长期作用后，其硫化胶物理机械性能下降。

（3）电绝缘性

乙丙橡胶具有非常好的电绝缘性能和耐电晕性，其电性能接近于或优于丁基橡胶、氯磺化聚乙烯、聚乙烯和交联聚乙烯。乙丙橡胶的体积电阻和丁基橡胶相当，一般在$10^{15} \sim 10^{16} \Omega \cdot cm$范围内，击穿电压和介电常数也较高，特别适于制造电气绝缘制品。由于乙丙橡胶吸水性小，浸水后电气性能变化也很小，适于制作在水中作业用的电线、电缆等。

（4）冲击弹性和低温性能

乙丙橡胶具有较高的弹性，在通用橡胶中其弹性仅次于天然橡胶和顺丁橡胶。由于乙丙橡胶与塑料相容性较好，可作为改善塑料耐冲击性能的优良改性剂。乙丙橡胶具有好的低温性能，在低温下仍保持较好的弹性和较小的压缩变形，其最低极限使用温度可达-50℃或更低。一般乙丙橡胶是非结晶的。其玻璃化温度与丙烯含量有关,具有最佳低温性能的乙丙橡胶其丙烯含量为 40%~50%(质量分数)。

(5) 低密度和高填充特性

乙丙橡胶的密度是所有橡胶中最低的,为 $0.860\sim0.870g/cm^3$,即同体积的乙丙橡胶制品的质量比其他橡胶制品的质量轻,加之乙丙橡胶可以大量填充油和填充剂(可高达 200 份),因而可以降低乙丙橡胶制品的成本,弥补了乙丙橡胶生胶价格比一般通用橡胶稍高的不足。选用高门尼黏度的乙丙橡胶,经高填充后,降低了成本,且对物理机械性能亦影响不大。

(6) 耐热水和耐水蒸气性

乙丙橡胶具有较好的耐蒸汽性能,甚至优于其耐热性能。其耐高压蒸汽性能优于丁基橡胶和一般橡胶。

(7) 乙丙橡胶的缺点

乙丙橡胶除具有以上主要优良特性外,由于结构本身的特点,又导致乙丙橡胶存在如下固有的缺点。

① 硫化速度 二元乙丙橡胶和低饱和度的双环戊二烯三元乙丙橡胶硫化速度最慢,不能与二烯烃橡胶共硫化,因此限制了它的用途。

② 自黏性与互黏性 由于乙丙橡胶的自黏性与互黏性差,往往给加工工艺带来很大困难,特别是在制造多层结构的复杂制品时,若处理不当,会造成制品脱层或呈海绵状。这也是乙丙橡胶尚不能在轮胎胎体中使用的主要原因,亦是乙丙橡胶应用中的最大问题。

③ 耐燃性和气密性 乙丙橡胶的耐燃性能较差,当用于建筑材料、电缆和有关工业制品时,为改善其耐燃性也常加入含有氯、溴等卤素的迟延剂或并用耐燃性好的其他高聚物。乙丙橡胶的耐燃性和气密性差,造成与丁基橡胶混合作内胎时用量较少。

④ 耐油性和耐烃类溶剂性 由于矿物油和烃类溶剂溶解度参数与乙丙橡胶相近,因而乙丙橡胶对它们的耐性差。为改善该性能可以采用提高门尼黏度或与丁基橡胶混用及选择合适的硫化体系等方法加以解决。

3. 乙丙橡胶的用途

① 汽车零件 包括轮胎部件、如黑、白胎侧及胎侧覆盖胶条;内胎、水胎、门、窗、灯、行车箱的实心和海绵胶密封胶条;刮水器、保险杠、减振器、散热器及水箱用胶管;地毯内衬;发动机保险海绵材料;刹车部件,包括防尘胶套、隔膜、皮碗和密封胶垫等。

② 电气制品 包括高、中、低压电缆绝缘材料;导线绝缘材料;船泊、车辆用电缆绝缘材料;绝缘垫圈及环类以及变压器零件。

③ 工业用品 耐酸、碱、氨、氯及氧化剂等的罐衬里材料;O 形密封圈;各种用途的胶管、垫圈;耐热输送带和传动带等;橡胶辊;挠性容器;各种胶布、隔膜;船舶用护舷材料和窗用密封胶条。

④ 建筑材料 房屋用材料,桥梁工程用橡胶制品,橡胶地砖以及作为沥青改性材料等。

⑤ 家庭用品 吸尘器零件,洗衣机上下水管,电冰箱用磁性橡胶及其他零件,冷风机用零件。

⑥ 塑料制品 改性剂。

⑦ 其他方面 包括橡皮船、游泳用气垫、简易潜水衣及潜水用通气管和帐篷等。

小 结

α-单取代烯单体配位聚合后的产物主要存在全同立构、间同立构、无规立构三种异构体，其他单体配位聚合后的产物立构类型比较复杂。

α-单取代烯单体配位聚合所用的引发剂种类很多，但最经典的乙烯配位聚合引发剂为 $TiCl_4$-Al$(C_2H_5)_3$，丙烯配位聚合的引发剂为 $TiCl_3$-Al$(C_2H_5)_3$。众多引发剂研究的关键是获取高活性、高定位效应和高产率。有关配位聚合的机理仍然是说法不一，相对集中的是单金属活性中心和双金属活性中心。

双烯烃的配位聚合引发剂种类有 Ti 系、V 系、Cr 系、Mo 系、Ni 系和 Co 系等，多为二组分和三组分，其中 Ni 系用于顺丁橡胶的生产是我国首创。

乙烯中、低压法生产结晶度高、密度大的聚乙烯。

聚丙烯纤维又称丙纶纤维，是以聚丙烯树脂为原料制得的纤维。其中聚丙烯树脂可以采用淤浆法、气相聚合法、液相聚合法生产。

顺丁橡胶产量仅次于丁苯橡胶，其合成方法主要是丁二烯的配位聚合。

异戊橡胶是结构与天然橡胶相同的人工合成的天然橡胶。其合成方法也是配位聚合。

乙丙橡胶是乙烯、丙烯在齐格勒-纳塔引发剂作用下，加入第三种单体共聚而得的高分子弹性体。

习 题

1. 全面比较自由基、阴离子、阳离子、配位等聚合反应的异同点。
2. 写出以 TCl_3-Al$(C_2H_5)_3$ 为引发剂体系引发丙烯的聚合机理。
3. 写出以环烷酸镍-三异丁基铝-三氟化硼乙醚配合物为引发体系引发丁二烯的聚合机理。
4. 为什么离子型聚合和配位聚合需要在反应前预先将原料和聚合容器净化、干燥、除去空气并在密封条件下进行聚合？
5. 在丙烯的配位聚合反应中，如何才能获得高活性的引发剂？
6. 比较聚乙烯三种生产方法，并说明聚合机理。
7. 高密度聚乙烯与低密度聚乙烯的结构与性能有什么区别？举例说明它们的应用。
8. 丙纶纤维的生产原理如何？丙纶如何染色？
9. 丙纶的结构、性能和用途怎样？
10. 解释顺丁橡胶生产时，为什么要控制单体的浓度？引发剂的加入方式如何？
11. 简述顺丁橡胶的生产工艺，并说明顺丁橡胶的优缺点。
12. 引发剂类型对异戊橡胶的产品质量有何影响？
13. 简述异戊橡胶与天然橡胶的差别，为什么异戊橡胶是天然橡胶较理想的替代品？
14. 乙丙橡胶生产时，为什么要在乙烯和丙烯中加入第三种单体？作用是什么？
15. 乙丙橡胶生产时所使用的引发剂体系有哪些？各有什么优缺点？如何保证高引发活性？
16. 乙丙橡胶生产时，溶剂的作用是什么？常用的溶剂有哪些？
17. 用悬浮法生产乙丙橡胶比用溶液法生产乙丙橡胶的优点是什么？
18. 说明乙丙橡胶的结构和性能。

第五章 开环聚合反应及工业实施

学习目的与要求

学习掌握开环聚合反应的基本概念、基本原理，并能用其基本规律解决实际问题。学习掌握 EP、PA6 的生产原理、生产工艺及生产控制。

开环聚合反应是指环状单体在离子型引发剂的作用下，经过开环、聚合转变成线型聚合物的一类聚合反应。其通式如下：

$$n\text{R—X} \longrightarrow \text{─[R—X]}_n\text{─}$$

式中的 X 为单体环状中的官能团或杂原子（如—CH=CH—和—CH_2—CH_2—或 O、N、S、P 等基团）。现在绝大多数环状单体的开环聚合是按离子型聚合进行的，其聚合产物的重复单元中有醚键、酯键、酰胺键等。

开环聚合具有如下特点。

① 因为环状单体转化成线型聚合物时无新化学键产生，只是键的连接次序发生变换，即由分子内连接变成结构单元间连接，所以多数开环聚合无小分子析出，生成的聚合物组成与起始时的单体组成相同。

② 开环聚合中活性中心较稳定，具有形成活性聚合物的倾向。

③ 开环聚合过程中，多数存在聚合-解聚的可逆平衡。

第一节 开环聚合反应的原理

一、开环聚合的单体

开环聚合的单体主要有环醚、环亚胺、环状硫化物、环缩醛、内酯、内酰胺、环状偕亚氨醚、环状磷化物、环状硅化物等。其部分单体结构如表 5-1 所示。

表 5-1 开环聚合的单体结构

单体类型	单体结构				
环烷烃	—(CH_2)$_x$—	—(CH_2)$_{x-1}$—$CHCH_3$	—(CH_2)$_{x-1}$—$C(CH_3)_2$		
	$x=4,5,7,8$ 或 >9				
环烯烃	CH=CH / CH_2—CH_2	CH=CH / CH_2—CH_2—CH_3	CH=CH / CH_2 CH_2 / CH_2		
环醚	CH_2—CH_2 \ O /	CH_2—CH_2 / CH_2—O	CH_2—CH_2 / CH_2 CH_2 \ O /	CH_2—CH_2 / CH_2 CH_2 \ CH_2 O /	ClH_2C CH_2Cl \ C / CH_2 O
	环氧乙烷	环氧丙烷	四氢呋喃	氧杂环庚烷	3,3-二氯甲基丁氧环

续表

单体类型	单体结构
环亚胺	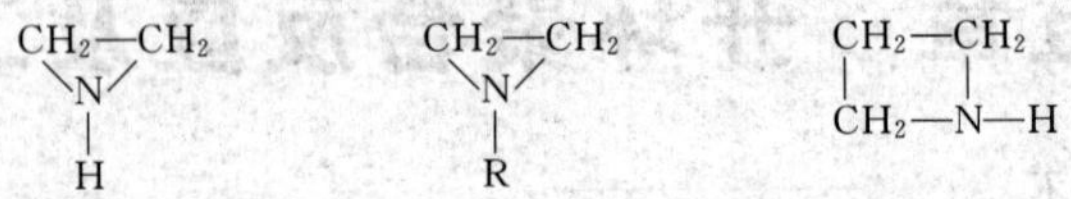 亚乙基亚胺或吖丙啶（CH₂-CH₂-NH 环；及N-R取代物）； 氮杂环丁烷或吖丁啶（四元环 CH₂-CH₂-CH₂-NH）
环状硫化物	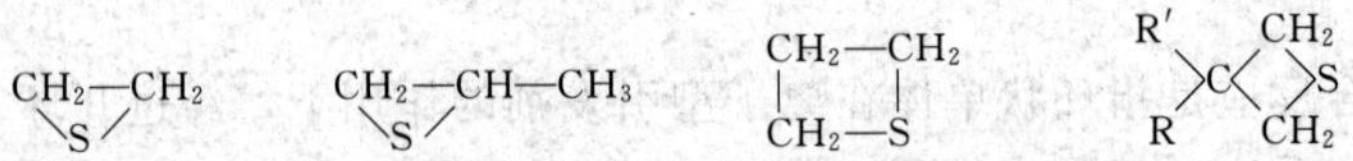 噻丙环（CH₂-CH₂-S 三元环）；甲基噻丙环（CH₂-CH(CH₃)-S）；噻丁环（CH₂-CH₂-CH₂-S 四元环）；R'R C-CH₂-S-CH₂ 取代四元环
环缩醛	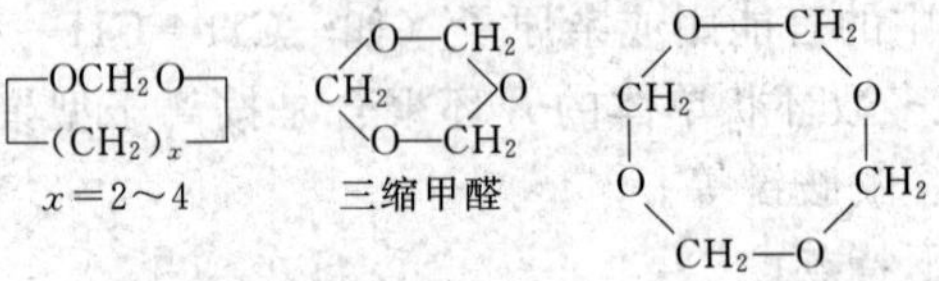 [OCH₂O(CH₂)ₓ] x=2~4；三缩甲醛；四缩甲醛类大环
内酯和内酰胺	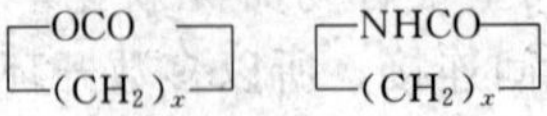 [OCO(CH₂)ₓ]；[NHCO(CH₂)ₓ]
环状偕亚氨醚	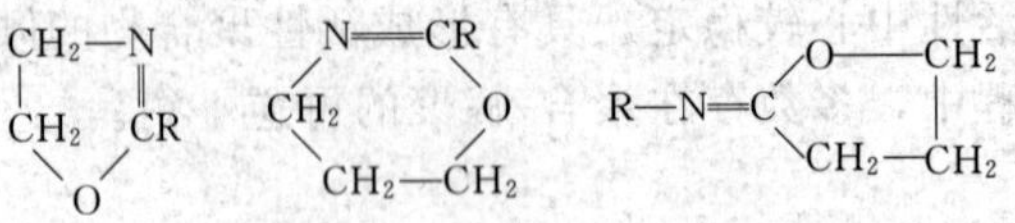 CH₂-N=CR-O-CH₂ 五元环；N=CR-O-CH₂-CH₂ 五元环；R-N=C-O-CH₂-CH₂
交替结合环化合物	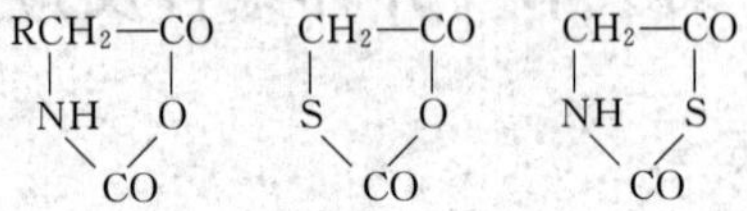 RCH₂-CO-NH-CO 环；CH₂-CO-S-CO 环；CH₂-CO-NH-S-CO 环
含磷的环状单体	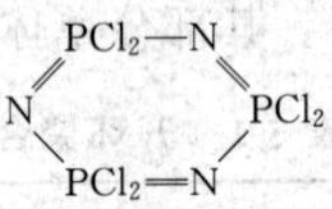 N=PCl₂-N=PCl₂-N=PCl₂ 六元环
含硅的环状单体	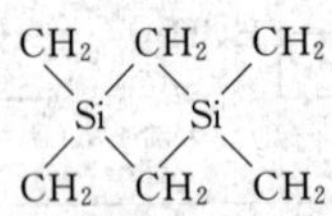 1,1,3,3-四甲基-1,3-二硅环丁烷；八甲基环四硅氧烷；R₂Si-O-SiR₂-(CH₂)₂ 环 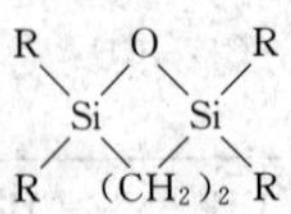 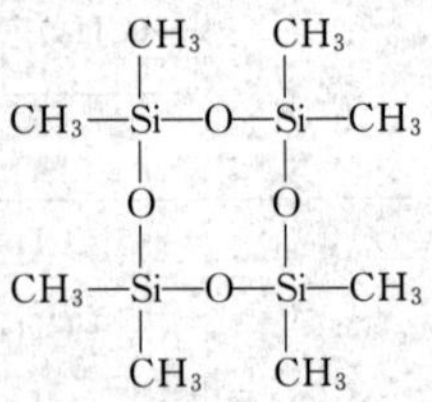

由于环的组成不同、结构不同，其键角张力不同，同时非键合原子之间的相互作用不同，则造成环状单体的聚合能力不同。如表5-2所示。

表 5-2 不同环状单体的聚合能力

单体种类	环节数						
	3	4	5	6	7	8	9以上
环烷烃		+	+	−	+	+	+
环醚	+	+	+	−	+		
环硫化物	+	+	−				
环亚胺	+	+	−				
环二硫化合物			+	−	+	+	+
环缩醛			+	−	+	+	+
环内酯		+	−	+	+	+	+
环内酰胺		+	+	+	+	+	+
环碳酸酯			−	+	+		
环状尿素			+	−	+		
环状氨基甲酸酯				+			
环状酸酐			−	−		+	+
磺内酯		+	+	−	−		

注：+表示发生聚合；−表示不能聚合。

二、开环聚合的类型

开环聚合从聚合反应来看可以分为三种形式。

第一种形式是大多数环状单体采用的，所得产物为线型结构聚合物，其重复结构单元组成与环状单体组成相同。如下式：

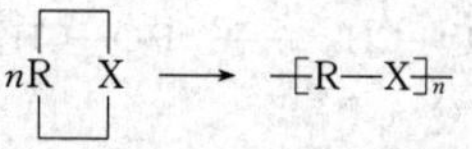

$$n\boxed{R\ X} \longrightarrow -[R-X]_n-$$

第二种开环异构化聚合，有些单体是按这种方式进行的开环聚合，如环状亚磷酸酯转变成聚磷酸酯时，磷原子从三价转变为五价。如下式：

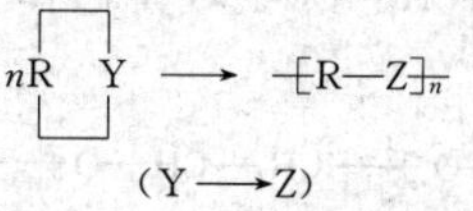

$$n\boxed{R\ Y} \longrightarrow -[R-Z]_n-$$
$$(Y \longrightarrow Z)$$

第三种为开环消去反应。

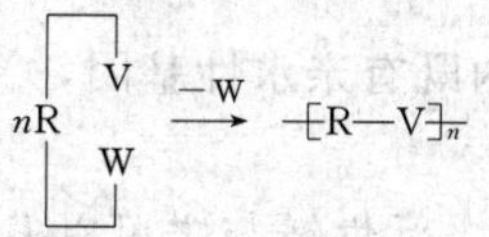

$$n\boxed{R\ \begin{matrix}V\\W\end{matrix}} \xrightarrow{-W} -[R-V]_n-$$

只有少数单体属于这种情况，其消去的是 SO_2、COS 等小分子。如

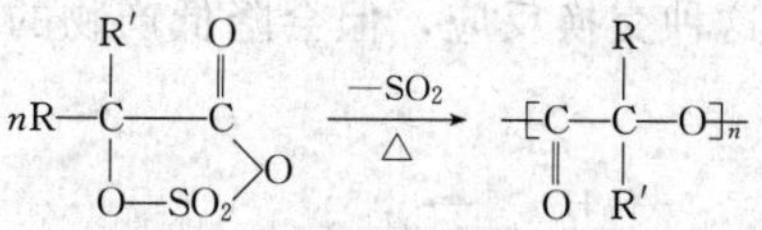

$$n R-\underset{O-SO_2-O}{\overset{R'\ \ \ O}{C}} \xrightarrow[\Delta]{-SO_2} -[\underset{R'}{\overset{R}{C}}-C-O]_n-$$

从聚合反应活性中心可以分为阳离子型开环聚合、阴离子开环聚合和配位聚合几种类型。其中以阳离子型聚合为多，如表 5-3 所示。

三、开环聚合的机理

由上表可知，同一单体可以按不同的机理进行开环聚合，这里介绍几种主要单体的开环聚合机理，供大家参考。

表 5-3　不同种类环状单体的聚合类型

单体	聚合类型	实例
环氧化合物	阳离子、阴离子、配位阴离子	环氧乙烷、环氧丙烷
氧环丁烷	阳离子	3,3-双(氯甲基)氧环丁烷
四氢呋喃	阳离子	四氢呋喃
噻丙环	阳离子、阴离子、配位阴离子	硫化丙烯
噻丁环	阳离子、阴离子	噻丁环
吖丙啶	阳离子	亚乙基亚胺
吖丁啶	阳离子	吖啶
环缩醛	阳离子	二氧五环、三聚甲醛
环酯	阳离子、阴离子、配位阴离子	β-丙内酯、ε-己内酯
环酰胺	阳离子、阴离子、水解聚合	己内酰胺
NCA	阴离子	丙氨酸 NCA
环烯烃	易位开环聚合	环戊烯、环辛烯

1. 环氧乙烷的阴离子开环聚合

以环氧乙烷为单体，氢氧化物、醇盐和碳负离子等为催化剂，醇类为起始剂，聚合产物是具有羟基的聚醚。产物溶于水后所得的黏性液体可以用作增稠剂和黏合剂。

链引发

$$CH_2\text{—}CH_2 + Na^+OH^- \xrightarrow{ROH} HO\text{—}CH_2\text{—}CH_2\text{—}O^- Na^+$$

（氧负离子活性中心）

链增长

$$HO\text{—}CH_2\text{—}CH_2\text{—}O^- Na^+ + nCH_2\text{—}CH_2 \longrightarrow HO\text{—}[CH_2\text{—}CH_2\text{—}O]_n\text{—}CH_2\text{—}CH_2\text{—}O^- Na^+$$

上述增长反应为逐步的活性聚合，产物的相对分子质量随反应时间的增加而增高。当加入第二种单体（如环氧丙烷）可以进行嵌段共聚反应。

$$HO\text{—}[CH_2\text{—}CH_2\text{—}O]_n\text{—}CH_2\text{—}CH_2\text{—}O^- Na^+ + mCH_2\text{—}CH\text{—}CH_3 \longrightarrow$$

$$HO\text{—}[CH_2\text{—}CH_2\text{—}O]_{n+1}\text{—}[CH_2\text{—}CH\text{—}O]_{m-1}\text{—}CH_2\text{—}CH\text{—}O^-Na^+$$
$$\qquad\qquad\qquad\qquad\qquad\quad\ \ |\qquad\qquad\quad |$$
$$\qquad\qquad\qquad\qquad\qquad\ \ CH_3\qquad\qquad CH_3$$

亲水性——亲油性

这种嵌段共聚物终止后，由于分子内既有亲水性基团，又有亲油性基团，所以可用作非离子型表面活性剂。

由于体系有起始剂 ROH，因此，活性链与之可以发生交换反应。

$$\sim CH_2\text{—}CH_2\text{—}O^-Na^+ + ROH \rightleftharpoons \sim CH_2\text{—}CH_2\text{—}OH + RO^-Na^+$$

终止后的产物也可以发生类似这种交换反应，但会降低产物的相对分子质量。

链终止

$$\sim CH_2\text{—}CH_2\text{—}O^-Na^+ + HO\text{—}\langle\ \rangle\text{—}C_9H_{19} \longrightarrow$$

（壬烷基酚）

$$\sim CH_2\text{—}CH_2\text{—}O\text{—}\langle\ \rangle\text{—}C_9H_{19} + Na^+\text{—}OH$$

（壬烷基酚封端聚环氧乙烷）

此外，还可以用月桂醇（$C_{12}H_{25}$—OH）、油酸（$C_{17}H_{33}$—COOH）、十八胺（$C_{18}H_{37}$—NH_2）、油酰胺（$C_{17}H_{33}$—$CONH_2$）等进行封端，制备非离子型表面活性剂。

2. 三聚甲醛的阳离子开环聚合

以三聚甲醛为单体，以 $BF_3\text{-}H_2O$ 为催化剂体系，其聚合机理为：

链引发

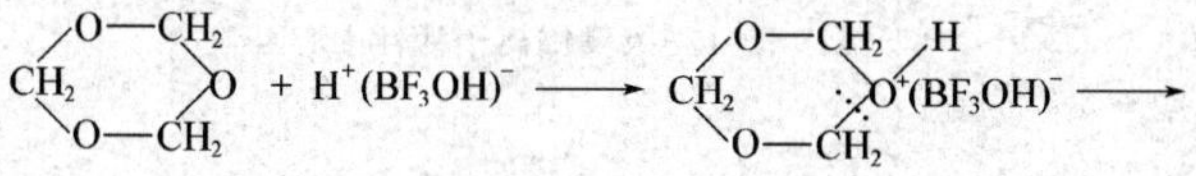

$$\underset{}{\text{三聚甲醛}} + H^+(BF_3OH)^- \longrightarrow \text{（氧鎓离子）} \longrightarrow$$

$$HO-CH_2-O-CH_2-O-\overset{H}{\underset{H}{C}}{}^+ (BF_3OH)^-$$

链增长

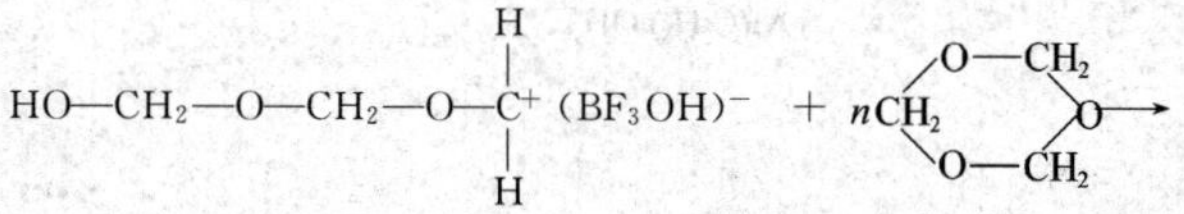

$$HO-CH_2-O-CH_2-O-\overset{H}{\underset{H}{C}}{}^+ (BF_3OH)^- + n\,\text{三聚甲醛} \longrightarrow$$

$$HO\!\!-\!\!\text{[}CH_2-O\text{]}_{3n}\!\!-\!\!CH_2-O-CH_2-O-\overset{H}{\underset{H}{C}}{}^+ (BF_3OH)^-$$

链终止

$$HO\!\!-\!\!\text{[}CH_2-O\text{]}_{3n}\!\!-\!\!CH_2-O-CH_2-O-\overset{H}{\underset{H}{C}}{}^+ (BF_3OH)^- + H_2O \longrightarrow$$

$$HO\!\!-\!\!\text{[}CH_2-O\text{]}_{3n}\!\!-\!\!CH_2-O-CH_2-O-CH_2-OH + H^+(BF_3OH)^-$$

（聚甲醛）

由于聚合过程中和活性链终止后存在如下可逆平衡：

$$\sim\!CH_2-O-CH_2-O-\overset{H}{\underset{H}{C}}{}^+ (BF_3OH)^- \rightleftharpoons\ \sim\!CH_2-O-\overset{H}{\underset{H}{C}}{}^+ (BF_3OH)^- + CH_2O$$

$$\sim\!CH_2-O-CH_2-O-CH_2-OH \rightleftharpoons\ \sim\!CH_2-O-CH_2-OH + CH_2O$$

使产物失去使用价值。为此，必须对聚合产物进行封端处理，以提高聚甲醛的稳定性，加入酸酐等物质时，通过酯化使聚甲醛链端带有不活泼的酯基，称这类物质为封端剂。

$$HO-CH_2-O-CH_2-O\sim O-CH_2-O-CH_2-OH + (CH_3CO)_2O \longrightarrow$$

$$CH_3-\underset{O}{\overset{\|}{C}}-O-CH_2-O-CH_2-O\sim O-CH_2-O-CH_2-O-\underset{O}{\overset{\|}{C}}-CH_3$$

（稳定的酯化端基聚甲醛）

为了提高聚甲醛的热稳定性，也可以通过甲醛与其他单体（如环醚、环缩醛、内酯、乙烯基单体等）进行共聚，不但可以解决热稳定性问题，还能改变聚甲醛的加工性能。

高相对分子质量的聚甲醛是高结晶性物质，可以用作工程塑料和纤维。

3. 3,3-二氯甲基丁氧环的阳离子开环聚合

以 3,3-二氯甲基丁氧环为单体，$Al(C_2H_5)_3\text{-}H_2O$ 为催化剂，则聚合机理如下：

链引发

$$\text{ClCH}_2\text{-C(CH}_2\text{Cl)(CH}_2\text{)O} + \text{H}^+[\text{Al}(\text{C}_2\text{H}_5)_3\text{OH}]^- \longrightarrow \text{ClCH}_2\text{-C(CH}_2\text{Cl)(CH}_2\text{)O}^+\text{H} \cdot [\text{Al}(\text{C}_2\text{H}_5)_3\text{OH}]^-$$

（三级氧鎓离子活性中心）

链增长

$$\text{ClCH}_2\text{-C(CH}_2\text{Cl)(CH}_2\text{)O}^+\text{H}[\text{Al}(\text{C}_2\text{H}_5)_3\text{OH}]^- + n\text{O(CH}_2\text{)}_2\text{C(CH}_2\text{Cl)}_2 \longrightarrow$$

$$\text{HO-CH}_2\text{-C(CH}_2\text{Cl)}_2\text{-CH}_2\text{-[O-CH}_2\text{-C(CH}_2\text{Cl)}_2\text{-CH}_2\text{]}_{n-1}\text{-O}^+\text{-C(CH}_2\text{Cl)}_2\text{(CH}_2\text{)}_2 \cdot [\text{Al}(\text{C}_2\text{H}_5)_3\text{OH}]^-$$

链终止

$$\text{HO-CH}_2\text{-C(CH}_2\text{Cl)}_2\text{-CH}_2\text{-[O-CH}_2\text{-C(CH}_2\text{Cl)}_2\text{-CH}_2\text{]}_{n-1}\text{-O}^+\text{-C(CH}_2\text{Cl)}_2\text{(CH}_2\text{)}_2 \cdot [\text{Al}(\text{C}_2\text{H}_5)_3\text{OH}]^- + \text{H}_2\text{O} \longrightarrow$$

$$\text{HO-CH}_2\text{-C(CH}_2\text{Cl)}_2\text{-CH}_2\text{-[O-CH}_2\text{-C(CH}_2\text{Cl)}_2\text{-CH}_2\text{]}_{n-1}\text{-O-CH}_2\text{-C(CH}_2\text{Cl)}_2\text{-CH}_2\text{-OH} + \text{H}^+[\text{Al}(\text{C}_2\text{H}_5)_3\text{OH}]^-$$

（聚 3,3-二氯甲基丁氧环）

聚 3,3-二氯甲基丁氧环为氯化聚醚塑料，具有高结晶、高熔点的特性。与聚四氟乙烯相比耐腐蚀性稍差一些，但其机械强度比聚四氟乙烯还高，是应用广泛的工程塑料。

4. 己内酰胺的阴离子开环聚合

在无水的情况下，己内酰胺可以通过 Na、NaH 或 NaOH 等催化剂的作用，夺取单体酰胺基上氢原子形成内酰胺阴离子，再与单体羰基加成，经过内酰胺的开环产生氨基阴离子（—N$^-$H），该阴离子再与单体作用，使单体活化并与之加成，如此重复而发生链增长。其聚合过程如下：

$$\text{HN-(CH}_2\text{)}_5\text{-C(=O)} + \text{NaH} \longrightarrow \text{Na}^+\text{N-(CH}_2\text{)}_5\text{-C(=O)} + \text{H}_2$$

$$\text{Na}^+\text{N-(CH}_2\text{)}_5\text{-C(=O)} + \text{HN-(CH}_2\text{)}_5\text{-C(=O)} \longrightarrow \text{HN-(CH}_2\text{)}_5\text{-C(=O)-N-(CH}_2\text{)}_5\text{-C(=O}^-\text{Na}^+) \longrightarrow$$

$$\text{HN(CH}_2\text{)}_5\text{-N(-C(CH}_2\text{)}_5\text{=O)}^- \text{Na}^+ \longrightarrow$$

$$\text{HN-(CH}_2\text{)}_5\text{-C(=O)} \longrightarrow \text{H}_2\text{N(CH}_2\text{)}_5\text{-C(=O)-N-(CH}_2\text{)}_5\text{-C(=O)} + \text{Na}^+\text{N-(CH}_2\text{)}_5\text{-C(=O)}$$

5. 八甲基环四硅氧烷的阴离子开环聚合

八甲基环四硅氧烷在 K^+OH^- 作用下，按阴离子型聚合机理进行聚合，其过程如下：

链引发

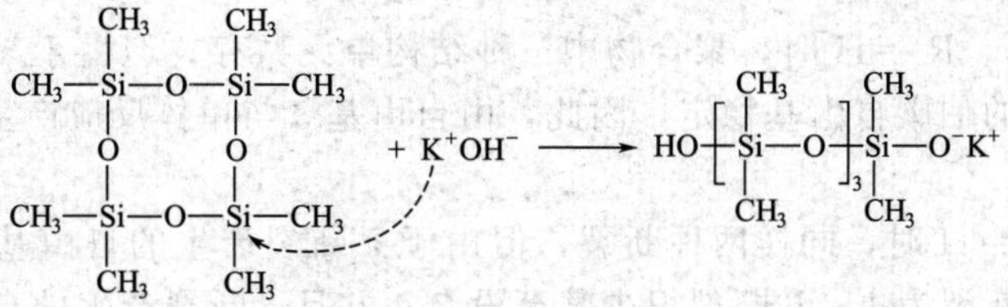

$$\text{环四硅氧烷} + K^+OH^- \longrightarrow HO{-}[\text{Si(CH}_3)_2{-}O]_3{-}\text{Si(CH}_3)_2{-}O^-K^+$$

链增长

$$HO{-}[\text{Si(CH}_3)_2{-}O]_3{-}\text{Si(CH}_3)_2{-}O^-K^+ + n\,\text{D}_4 \longrightarrow HO{-}[\text{Si(CH}_3)_2{-}O]_{4n+3}{-}\text{Si(CH}_3)_2{-}O^-K^+$$

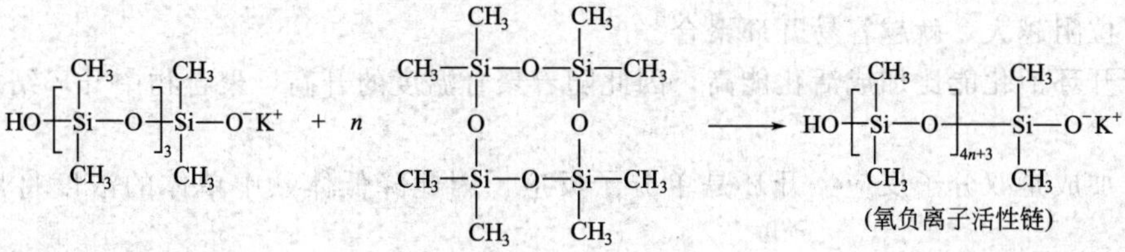

（氧负离子活性链）

链终止

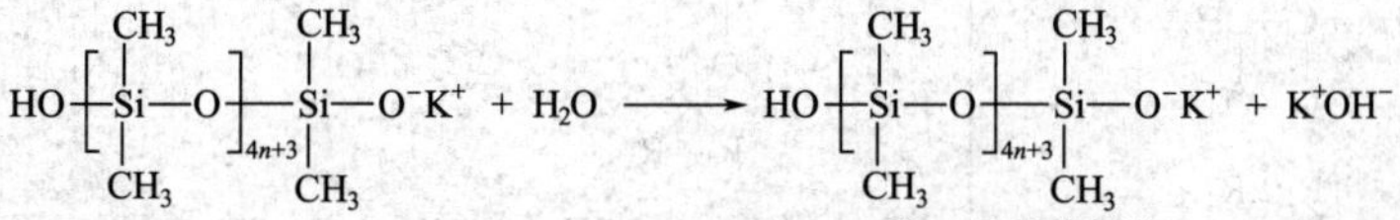

$$HO{-}[\text{Si(CH}_3)_2{-}O]_{4n+3}{-}\text{Si(CH}_3)_2{-}O^-K^+ + H_2O \longrightarrow HO{-}[\text{Si(CH}_3)_2{-}O]_{4n+3}{-}\text{Si(CH}_3)_2{-}O^-K^+ + K^+OH^-$$

（聚二甲基硅氧烷）

聚二甲基硅氧烷是无定形弹性体，是最好的耐寒、耐热性合成橡胶，使用温度 $-115 \sim 200\,℃$，广泛用于特种橡胶。

四、拓展知识

（一）自由基开环聚合

1. 2-亚甲基-1,3-二氧环烷及衍生物的自由基开环聚合

以 AIBN 为引发剂，以 2-亚甲基-1,3-二氧环戊烷为单体，其自由基开环聚合反应的过程如下。

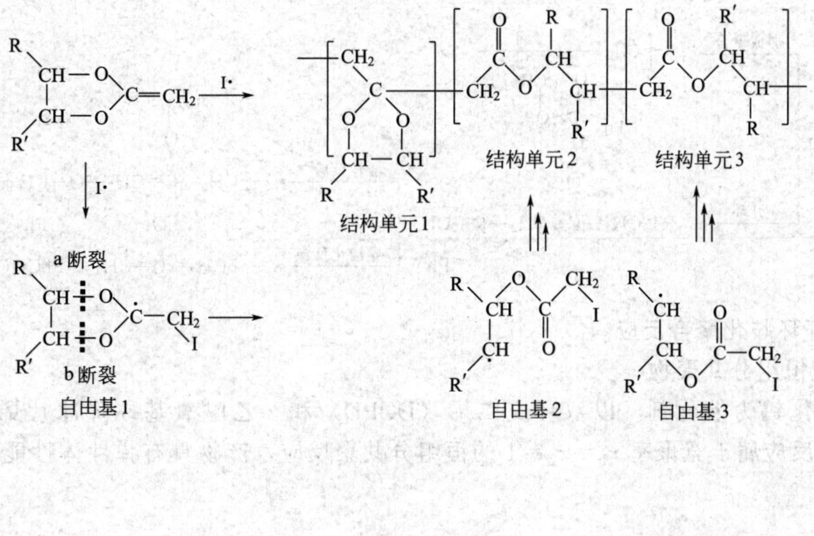

自由基 1 与单体加成后形成结构单元 1；或开环生成自由基 2 或自由基 3，后两者与单体加成分别生产结构单元 2 和结构单元 3；即产物结构中单元含有两种开环结构单元和一个加成结构。这三个竞争反应共存于聚合反应之中，它们的相对速度取决于单体结构（如环的大小、取代基）和聚合条件。

当 $R = n\text{-}C_6H_{13}$，$R' = H$ 时，聚合物中三种结构单元共存；但由于 a 断裂产生的仲碳自由基比 b 断裂产生的伯碳自由基稳定，因此，由自由基 3 与单体反应产生结构单元 3 的速度较快，数量也多。

当 $R = Ph$，$R' = H$ 时，同样两种断裂，但由于 a 断裂产生的自由基 3 受苯环的影响而稳定，结果以此种断裂为主，b 断裂很少甚至没有；并且 a 断裂产生的自由基 3 比自由基还要稳定，因此聚合产物中以开环结构单元 3 为主。

六元环稳定，开环活性小；四元环张力大，开环活性较大；七元环更容易开环。一般是环越大，位阻越大，就越容易开环聚合。

由于开环活化能比加成活化能高，因此随着聚合温度的升高，聚合物中开环结构单元含量增加。

由于加成是双分子反应，开环是单分子反应，因此降低体系中单体的浓度将用于开环聚合。

2. 4-亚甲基-1,3-二氧环戊烷及衍生物的自由基开环聚合

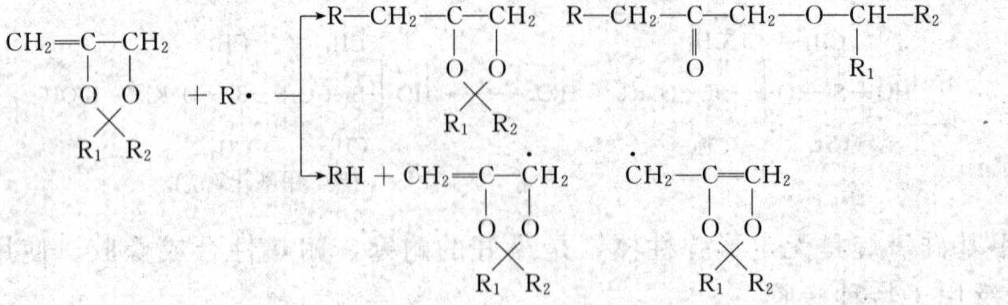

式中，R_1、R_2 为烷基时，第一个反应形成的自由基难以聚合；如果其中一个为苯环或苯乙烯，而另一个是氢时，则容易按下式方案进行聚合。

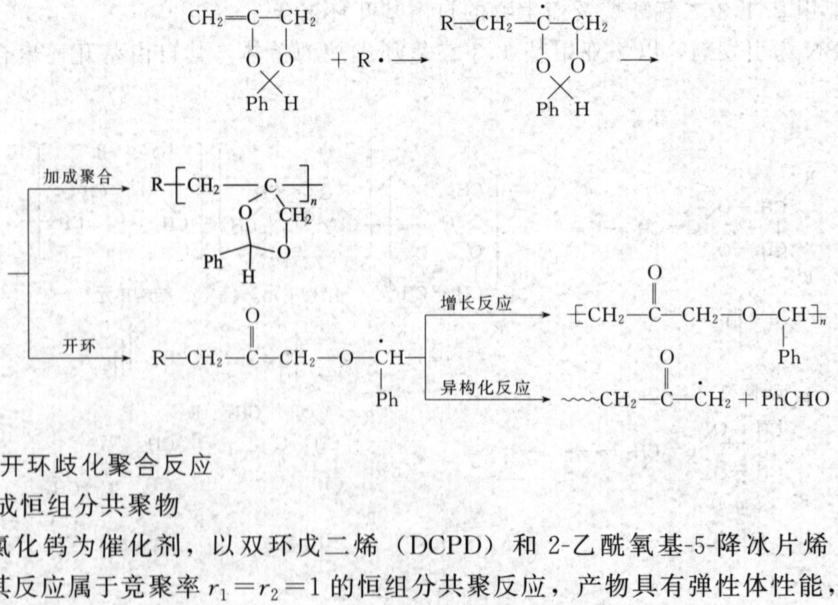

（二）开环歧化聚合反应

1. 合成恒组分共聚物

以六氯化钨为催化剂，以双环戊二烯（DCPD）和 2-乙酰氧基-5-降冰片烯（NBEAc）为单体，其反应属于竞聚率 $r_1 = r_2 = 1$ 的恒组分共聚反应，产物具有弹性体性能，溶于苯和

四氢呋喃，且产物的组成与单体投料比相同。

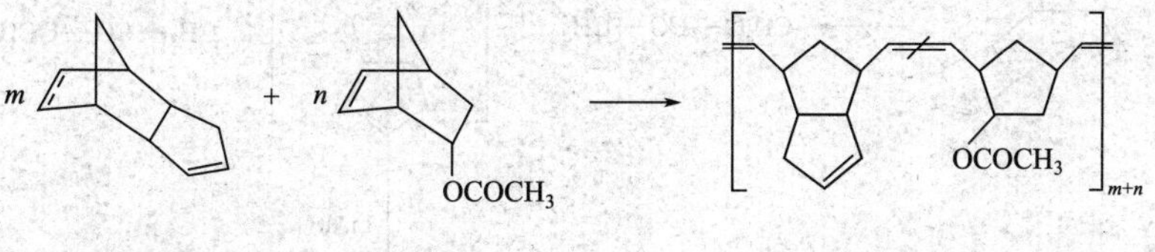

$$\text{endo-DCPD} + \text{NBEAc} \longrightarrow \text{聚合物}$$

2. 合成理想交替共聚物

以钌的卡宾配合物 $(PCy_3)_2Cl_2Ru(=CH-CH=CPh_2)$（Cy 为环己基）为催化剂，以 5-功能基环辛烯为单体，开环聚合后得具有丁二烯-乙烯-功能基代乙烯的 $(ABC)_n$ 型三元理想交替共聚物。

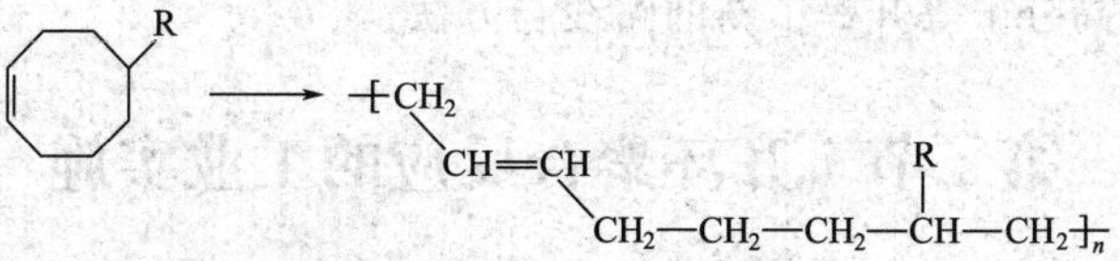

3. 合成全顺式及全反式主链双键聚合物

以 $RuCl_3$ 为催化剂，以降冰片烯（NBE）为单体，开环歧化聚合得反式主链双键（>95%）的具有优良减震性能的聚合物。

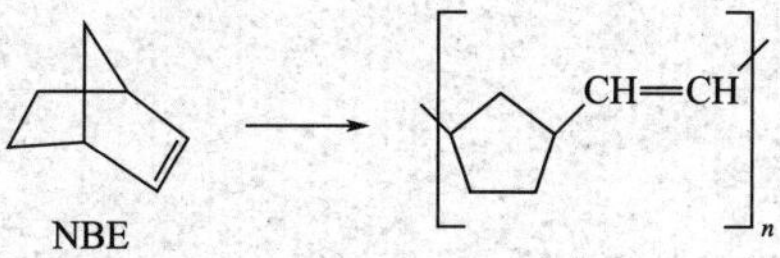

4. 合成全同立构全顺式主链双键聚合物

以钼卡宾配合物 $Mo(CHCMe_2Ph)(NAr)[BIPH(t\text{-}Bu)_4]$（Ar 为 $2,6\text{-}Me_2C_6H_3$）为催化剂，以光活性的 2,3-双取代基降冰片二烯为单体，开环歧化聚合得合成全同立构全顺式主链双键聚合物。

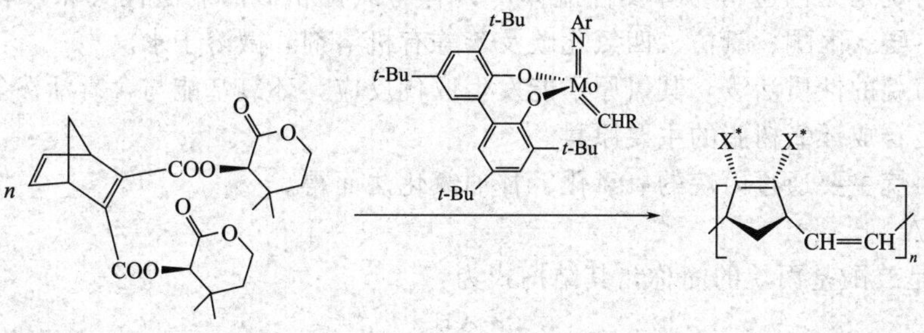

采用钼卡宾配合物 $Mo(CHCMe_2Ph)(NAr)(O\text{-}t\text{-}Bu)_2$（Ar 为 2,6-二异丙基）为催化剂，以光活性的 2,3-双取代基降冰片二烯为单体，开环歧化聚合得合成间同立构全反式主链双键聚合物。

采用钛的夹心配合物为起始催化剂，依次进行降冰片烯-双环戊二烯-降冰片烯的活性开环歧化共聚合，可以合成 ABA 型三元嵌段共聚物。

将活性开环歧化聚合反应与活性基团转移聚合联用，可以合成双亲性嵌段共聚物。

5. 合成反应性高分子

以 $(ArO)_2WCl_4\text{-}SnMe_4$ 为催化剂，3-己烯-1,6-二羧酸甲酯为链转移剂，进行双环戊二烯（DCPD）的开环歧化聚合得到线性寡聚物，再经 $LiAlH_4$ 还原即可得到双羟基末端的远螯聚合物。

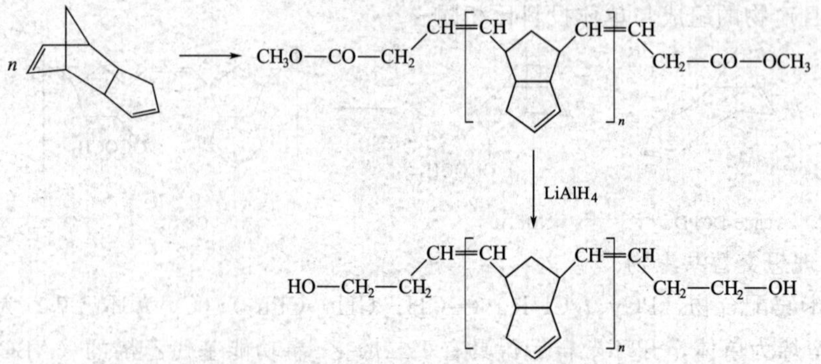

$$n \text{(dicyclopentadiene)} \longrightarrow CH_3O-CO-CH_2-[CH=CH-\underset{}{\overset{}{\text{(cyclopentene)}}}-CH_2]_n-CO-OCH_3$$

$$\downarrow LiAlH_4$$

$$HO-CH_2-CH_2-[CH=CH-\underset{}{\overset{}{\text{(cyclopentene)}}}-CH_2]_n-CH_2-CH_2-OH$$

总之，开环歧化聚合反应为合成特殊嵌段聚合物、全同顺式聚合物、全同反式聚合物、导电高分子、反应性高分子等开辟了新的路线与方法。

第二节 开环聚合反应的工业实施

一、环氧树脂的生产

环氧树脂是指大分子链上含有醚基而在两端含有环氧基团的一类聚合物，简称为 EP。按组成可以分为双酚 A 型、双酚 F 型、双酚 S 型及脂环型多种类型。下面主要介绍最常见的双酚 A 型。

（一）主要原料

1. 环氧氯丙烷

环氧氯丙烷的结构式为：$CH_2-CH-CH_2Cl$
$\qquad\qquad\qquad\qquad\quad\diagdown\!O\!\diagup$

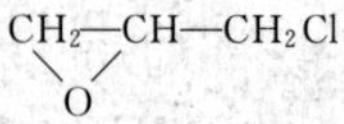

其物理常数为：相对分子质量 92.53；熔点 25.6℃；折射率 1.43585；沸点 115.2℃；相对密度 1.1801。

环氧氯丙烷是无色透明易挥发性流体，具有与氯仿相似的刺激性气味，有毒性和麻醉性，溶于醇、醚、丙酮、氯仿、四氯化碳及苯等有机溶剂，微溶于水。

环氧氯丙烷的性质活泼，其氯原子能发生取代反应，环氧基能与含有活泼氢的物质发生加成反应，是合成环氧树脂的主要原料。

环氧氯丙烷主要通过丙烷的氧氯化、甘油氯化法而得。

2. 双酚 A

双酚 A 是二酚基丙烷的简称，其结构式为：

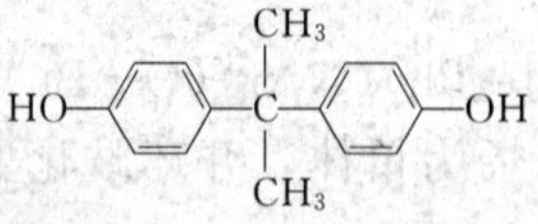

$$HO-\!\!\bigcirc\!\!-\underset{CH_3}{\overset{CH_3}{\underset{|}{\overset{|}{C}}}}-\!\!\bigcirc\!\!-OH$$

双酚 A 的物理常数为：相对分子质量 228.3；熔点 150～155℃；沸点 220℃。

双酚 A 是一种白色粉末或片状结晶体，略有酚味及苦味，不溶于水，微溶于四氯化碳，能溶于醇、醚、丙酮及碱性溶液，在室温下微溶于苯、甲苯、二甲苯。加热时，溶解度急剧增加。

双酚 A 是工业上合成环氧树脂、聚碳酸酯和聚砜的主要原料。

双酚 A 主要由苯酚与丙酮在碱性介质中缩合而得。

（二）环氧树脂的生产工艺

1. 聚合及固化原理

参见前文有关内容。

2. 环氧树脂的生产工艺

环氧树脂按相对分子质量的高低可以分为低相对分子质量环氧树脂、中相对分子质量环氧树脂及高相对分子质量环氧树脂三种类型。

(1) 环氧树脂生产工艺的控制条件

① 原料配比　低、中相对分子质量环氧树脂的原料配比（环氧氯丙烷与双酚A的物质的量的比）理论上是2:1，实际上环氧氯丙烷的量还要大些。对于高相对分子质量环氧树脂生产时，原料配比接近1:1。

② 反应温度与时间　反应温度高，聚合速率快。采用低温度生产工艺，对生成低相对分子质量的环氧树脂有利，反应均匀，且分子大小也均匀，但时间较长。

③ 氢氧化钠的用量与投料方式　合成低相对分子质量环氧树脂时，NaOH要过量，一般配成30%的溶液；合成高相对分子质量环氧树脂时，配成10%的溶液。加入方式，一般分两次滴加为好。

④ 加料顺序　先将双酚A溶解于环氧氯丙烷中，再滴加NaOH时，则生成最低相对分子质量的环氧树脂；若先将双酚A溶解于碱液中，然后将该溶液加到环氧氯丙烷中，树脂的相对分子质量较小；若先将双酚A溶解于碱液中，然后加入环氧氯丙烷，生成的树脂相对分子质量较大。

(2) 低相对分子质量环氧树脂的生产工艺

低相对分子质量环氧树脂的生产工艺流程如图5-1所示。

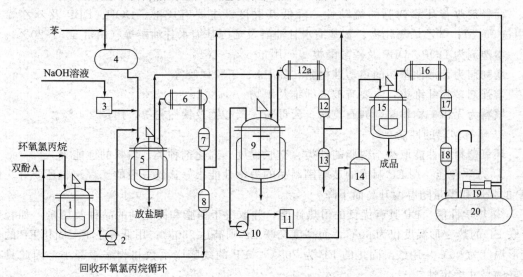

图5-1　低相对分子质量环氧树脂工艺流程
1—溶解釜；2，10—输送泵；3—计量槽；4—苯高位槽；5—聚合釜；6，12a，16—冷凝器；
7，12，17—受槽；8，13，18—中间贮槽；9—回流脱水釜；11—过滤器；14—沉降槽；
15—脱苯釜；19—蒸汽泵；20—苯贮槽

依次将双酚A和环氧氯丙烷加入溶解槽中，加热搅拌使双酚A溶解，然后用齿轮泵送入聚合釜中，并将碱液由计量槽滴加到聚合釜内。升温至50～55℃并保温，反应4～6h后，减压回收未反应的环氧氯丙烷，加苯使树脂溶解，同时滴加余下的碱液，维持反应温度65～70℃3～4h。反应结束后，冷却、静置使物料分层，再将树脂-苯溶液抽吸至回流脱水釜中，下层盐水用苯萃取抽吸一次后放掉。

在回流脱水釜中，利用苯-水共沸原理脱出物料中的水分，再冷却、静置、过滤，然后送至沉降槽中沉降，最后抽入脱苯釜中脱苯（先常压后减压），脱苯后从釜中放出产物环氧树脂。

(3) 中等相对分子质量环氧树脂生产方法

中等相对分子质量环氧树脂的平均相对分子质量为500～1500。生产时，先将双酚A溶解于碱液中，再滴加环氧氯丙烷，维持反应温度85～95℃，保持3～4h。反应产物的相对分子质量取决于环氧氯丙烷的滴加速度，加料快，相对分子质量低；加料慢，相对分子质量高些。反应结束后，反应物静置澄清吸去上层碱液，再水洗数次，常压和减压脱水后即得成品树脂。

(4) 高相对分子质量环氧树脂生产方法

采用低相对分子质量环氧树脂与双酚A进一步反应的方法制取。

(三) 环氧塑料的结构、性能与用途

1. 环氧塑料的结构

环氧树脂固化前属于线性结构，具有热塑性，中、低相对分子质量的环氧树脂多用于黏合剂和涂料，用于塑料必须加入固化剂交联固化后形成网状结构才可以。高相对分子质量的环氧树脂可以直接加工成塑料制品。

环氧塑料由环氧树脂、固化剂、稀释剂、增塑剂、增韧剂、增强剂及填料等组成。

固化剂起交联固化作用，常见的有乙二胺（用量6%～8%）、二乙烯三胺（用量8%～10%）、间苯二胺（用量14%～16%）等。

稀释剂改善环氧树脂的流动性，降低其黏度。主要有戊醇、DOP、DBP及苯乙烯等（用量15%）；苯乙烯氧化物、苯基缩水甘油醚及烯丙基缩水甘油醚等（用量5%～20%）。

增塑剂为DOP、DBP及磷酸酯类等，用量5%～20%。

增韧剂为带活性基团的热塑性树脂，如PA、丁腈橡胶等。

增强剂多为纤维类，主要有玻璃纤维及织物。

填料为无机矿物粉类，如石英粉、云母粉、碳酸钙及钛白粉等，用量200%。

2. 环氧塑料的性能

环氧塑料的性能取决于树脂的种类、交联程度、固化剂种类、填料的性能等。

① 力学性能 用EP制成的玻璃钢制品的力学性能很好，比一般的工程塑料还要好。但EP的强度和模量随温度升高而下降。

② 热学性能 EP具有优良的耐热性能，并取决于树脂和固化剂的品种及用量。如轻度交联EP的热变形温度仅为60℃，而高度交联EP则高达250℃；用低分子PA固化EP的热变形温度为90℃，用酸酐固化的EP为200℃。EP的线膨胀系数和收缩率都小，因此具有良好的尺寸稳定性。

③ 电学性能 EP的电学性能优良，体积电阻率为$10^{14～15}\Omega\cdot cm$，介电损耗角正切值为$(2.58～3)\times10^{-2}$，介电常数为4.03。但受添加剂和环境湿度不同而变。

④ 环境性能 可耐一般的酸和碱。耐化学性能与固化剂种类有关。胺固化的EP耐酸性差，酸酐固化的耐酸性好、耐水性差。

⑤ 加工性能 环氧塑料可以通过压制、注塑、层压、浇铸等进行成型加工。

具体性能参见附录表4（二）。

3. 环氧塑料的用途

① 环氧玻璃钢制品 用作大型壳体，如风力发电扇叶、游船、汽车车身、座椅、快餐桌、发动机罩、后轮罩、仪表盘、化工防腐管、防腐槽、防腐罐、飞机降舵及氧气瓶等。

② 注塑和压制制品　主要用于汽车发动机部件、头灯反射镜、制动用制品、开关壳体、线圈架、家电底座、电动机外壳等。

③ 浇铸制品　各种电子和电器元件的塑封，金属零配件的固定。

④ 泡沫塑料制品　主要用于中低温度绝热材料、轻质高强夹心材料、防震包装材料、漂浮材料及飞机上吸声材料等。

二、聚酰胺-6 的生产

聚酰胺-6 纤维的商品名称是锦纶、尼龙-6、卡普隆等，是由己内酰胺开环聚合反应或 ω-氨基己酸经缩聚反应而制得的一种合成纤维。

（一）主要原料

己内酰胺的结构式为：$NH\text{―}(CH_2)_5\text{―}C\text{=}O$

己内酰胺在室温下为白色结晶体，熔点为 68~70℃，沸点为 292.5℃。手触有润滑感。工业品有微弱的叔胺气味。易溶于水、乙醇、乙醚、氯仿和苯等。

在水存在下，加热开环聚合为聚己内酰胺，主要用于加工成聚己内酰胺纤维。

己内酰胺主要来源，以苯酚为原料，经环己醇、环己酮而得；以环己烷为原料，用光亚硝化法合成；以甲苯为原料，用尼斯亚法合成；不可以糠醛或乙炔为原料合成。

（二）聚酰胺-6 的生产原理与工艺

聚酰胺-6 的聚合机理可以分为：水解聚合、阴离子聚合、固相聚合和插层聚合。

聚酰胺-6 的实施工艺可以分为：高压间隙聚合、常压水解连续聚合、二段连续聚合或高压前聚合、单体浇注聚合、双螺杆挤出聚合、连续固相聚合和间隙固相聚合。

工业应用较多的是水解连续聚合，特点是产品相对分子质量易于调节，适合大规模生产；常压水解聚合的适合生产中、低黏度聚酰胺-6；二段水解聚合及固相聚合适合生产高黏度聚酰胺-6；单体浇注聚合适合生产大型制件；双螺杆挤出聚合的特点是聚合速度快、流程短；插层聚合适合生产纳米级聚酰胺-6。

1. 聚合原理

（1）水解聚合机理

它是 ε-己内酰胺在水存在下，通过开环形成聚酰胺-6，其基元反应如下：

水解

$$\underset{(M)}{NH\text{―}(CH_2)_5\text{―}C\text{=}O} + \underset{(W)}{H_2O} \underset{k_{-1}}{\overset{k_1}{\rightleftharpoons}} \underset{(S_1)}{H_2N\text{―}(CH_2)_5\text{―}COOH}$$

缩合

$$\underset{(S_m)}{\sim\sim COOH} + \underset{(S_n)}{HN\sim\sim} \underset{k_{-2}}{\overset{k_2}{\rightleftharpoons}} \underset{(S_{m+n})}{\sim\sim CONH\sim\sim} + \underset{(W)}{H_2O}$$

加成聚合

$$\underset{(S_n)}{\sim\sim NH_2} + \underset{(M)}{NH\text{―}(CH_2)_5\text{―}C\text{=}O} \underset{k_{-3}}{\overset{k_3}{\rightleftharpoons}} \underset{(S_{n+1})}{\sim\sim NHCONH\sim\sim}$$

酰胺交换

$$\underset{(S_{m+n})}{\sim\sim CONH\sim\sim} + \underset{(S_p)}{H_2N\sim\sim} \underset{k_{-4}}{\overset{k_4}{\rightleftharpoons}} \underset{(S_{m+p})}{\sim\sim CONH\sim\sim} + \underset{(S_n)}{H_2N\sim\sim}$$

（2）阴离子开环聚合

机理参考前面所讲内容。该聚合体系还需要考虑加入催化剂（如金属钠、醇钠、氢氧化钠、碳酸钠等）、助催化剂（乙酰基己内酰胺、异氰酸酯、羧酸酯等），另外控制单体含水量小于 300×10^{-6}。其中，催化剂用量为 $0.001\sim0.01$mol，且助催化剂用量与催化剂相当；聚合温度 $145\sim155$℃。

(3) 固相聚合机理

$$\sim\sim+NH_3(CH_2)_5CO_2^- \cdot +NH_3(CH_2)_5CO_2^- \cdot +NH_3(CH_2)_5CO_2^- \sim\sim \xrightleftharpoons{H_2O}$$
$$\sim\sim\sim NH_3(CH_2)_5CO_2NH_3(CH_2)_5CO_2NH_3(CH_2)_5CO_2\sim\sim$$

(4) 插层聚合原理

插层聚合属于离子聚合，只不过己内酰胺的开环聚合是在硅酸盐的晶格层间进行。

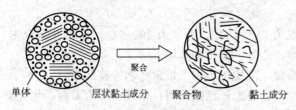

图 5-2　纳米复合材料的聚合分散图

具体是将己内酰胺与有机化硅酸盐（蒙脱土）混合后，在熔融状态下，己内酰胺插入蒙脱土层间使层间距离明显增加，进而破坏硅酸盐的片层结构，剥离成厚度为 1nm，长、宽各为 100nm 的基本单元，在 250℃下己内酰胺开环聚合，得到硅酸盐（蒙脱土）片晶均匀分散于聚合物基体中纳米复合材料。聚合过程中体系分散状态如图 5-2 所示。

插层聚合的特征：是制备纳米尼龙复合的有效方法；硅酸盐离子化处理，扩大层间距，便于单体插入；黏土/ε-己内酰胺分散体系制备；采用间隙高压聚合或催化聚合。聚合实施的关键是制备具有一定层间距的离子化黏土复合体。

2. 聚酰胺-6 的生产工艺

(1) 聚酰胺-6 的常压法、高压法、常减压生产工艺

工业上以水为引发剂，以己内酰胺为单体的连续聚合，可以采用常压法、高压法、常减压并用等方法，这主要根据产品要求的相对黏度来确定。

① 常压法　主要用于生产相对黏度较低（$\eta_r=2.2\sim2.7$，相对分子质量为 $13000\sim14000$）的聚酰胺-6 树脂，所用的反应器为直形 VK 管和 U 形 VK 管。其工艺流程如图 5-3 所示。

直形 VK 管高为 9m 左右，以联苯-联苯醚为载热体，采用分段加热的方式进行加热。一段温度为 $230\sim240$℃；第二段温度为 (265 ± 2)℃；第三段温度为 (240 ± 2)℃。投料前用氮气置换反应器中的空气后，再将熔融的（$90\sim100$℃）的己内酰胺经过滤后，用齿轮泵送入熔体贮罐，并将引发剂和相对分子质量调节剂送入助剂计量槽，然后按比例将物料从 VK 管顶部加入，使其慢慢从管内多孔挡板间曲折流下。单体在第一段被引发剂开环并初步聚合；经过第二段和第三段完成平衡聚合反应。反应过程中产生的水分不断从反应器顶部排出。单体物料在管内的平均停留时间约 20h。聚合后熔融的产物用齿轮泵从直形 VK 管底部送出，可以直接纺丝，也可以铸带切片。

U 形 VK 管是两根并列的双层夹套直管，下端连通，并通过旋塞控制两管之间物料的通过速度，熔融的己内酰胺和助剂通过助剂计量槽进入第一管，经过第一段（220 ± 1）℃和第二段（260 ± 1）℃聚合反应，经旋塞进入第二管，保持（260 ± 1）℃下反应。第二管内有内管，熔融的聚合物溢流通过内管形成膜层以保证充分混合，质量均匀和较好地排除水汽和气泡。聚合时间根据树脂的用途来确定，单丝用树脂为 35h 左右，帘子线用树脂为 $40\sim70$h。聚合好的熔体用齿轮泵送出，可直接纺丝，也可以铸带切片。

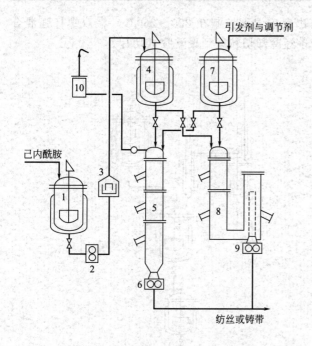

图 5-3 常压连续生产聚酰胺-6 工艺流程
1—己内酰胺熔融釜；2，6，9—齿轮泵；
3—烛筒形过滤器；4—己内酰胺熔体贮罐；
5—直形 VK 管；7—助剂计量槽；
8—U 形 VK 管；10—水封

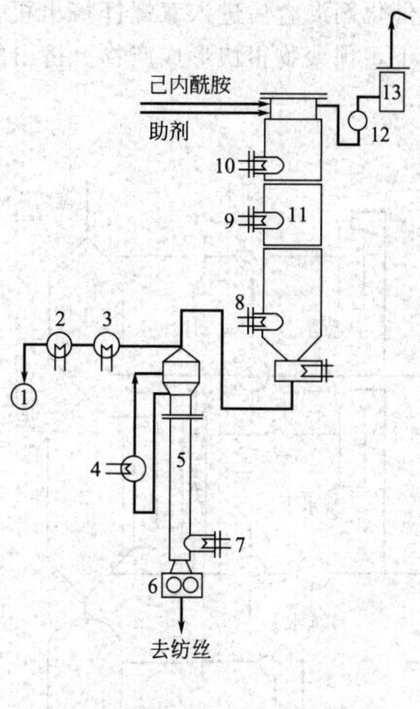

图 5-4 常减压并用聚酰胺-6 流程
1，12—真空系统；2~4—冷凝器；
5—第二反应器；6—齿轮泵；
7~10—加热系统；
11—第一反应器；13—水封

② 高压法 高压法是在 250~260℃、0.98MPa 条件下，采用直管形反应器，助剂用 0.13%的水和 0.05%的己二酸，制备较高黏度（$\eta_r=3.5$ 左右，相对分子质量为 18000~22000）的树脂，聚合时间 70h 左右。聚合后的熔体用齿轮泵送出，可直接纺丝，也可以铸带切片。

③ 常减压并用法 该法中所用的反应器是两直形管，第一管分三段加热使单体聚合，聚合后的熔体用齿轮泵送入第二管的顶部以薄膜的形式通过真空度为 26.7~40kPa 区域，蒸出单体和水分，其中所含的 5%的单体回收使用，然后进入第二管下部的细径管中进一步聚合成高黏度树脂，$\eta_r=3.5$ 或 4.4，前者供纺丝用，后者供注塑成型用，其中含低分子物 7%~10%。生产工艺流程如图 5-4 所示。

(2) 固相聚合生产工艺

固相聚合工艺过程可以分为二段式和三段式，其中，以 Inventa 公司的非连续干燥三段（图 5-5）为例，第一段为干燥塔，第二段为固相聚合塔，第三段为冷却塔。并设置有三个氮气循环系统，塔内氮气温度为 160~180℃，通过调节氮温度，后聚合时间为 8h，可使聚酰胺-6 相对黏度从 2.5 提高到 4。

(3) 阴离子聚合生产聚酰胺-6 工艺

① 浇注成型工艺 如图 5-6 所示，将熔融的己内酰胺和 NaOH 加入预反应釜中，在 120~140℃下反应脱水，并抽真空，釜内压力 1.3Pa。当温度上升至 140℃时，维持 20min，制备活化分子，经计量加入助催化剂如 DTI 等，混合后倒入预热好的模具中，在 145~160℃下反应 0.5~1.0h，即可得到成品。

② 双螺杆挤出成型 预聚反应与浇注成型的活化分子过程相同，后面将活化己内酰胺

与助催化剂混合后进入双螺杆挤出机,挤出反应温度控制在220~260℃,在双螺杆强混合作用下,预聚物很快形成产物。挤出的带条经冷却切粒得到聚酰胺-6切片。

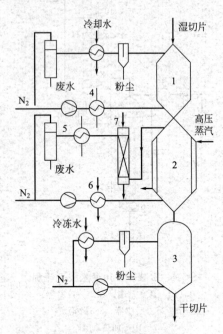

图5-5 固相后缩聚生产流程
1—干燥塔;2—固相后聚塔;3—冷却塔;
4—低压蒸汽;5—冷冻水;
6—中压蒸汽;7—喷淋水

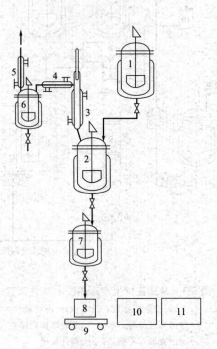

图5-6 浇注成型工艺流程
1—己内酰胺熔融罐;2—预反应釜;
3~5—冷凝器;6—接收器;
7—活化分子贮罐;8—模具;
9—秤;10,11—加热柜

（三）聚酰胺-6的结构、性能与用途

1. 聚酰胺-6的结构

聚酰胺-6的结构为$\mathrm{+HN+CH_2\frac{}{)_5}CO+}$,特点是分子中含有大量极性酰胺基。由于酰胺基的存在,使聚酰胺-6分子间具有较强的作用力,并能形成氢键,使分子链排列整齐,具有结晶性,结晶度可达50%;而亚甲基的存在又使其具有一定柔性。

2. 聚酰胺-6的性能

聚酰胺-6的具体性能参见附录表3（二）。

聚酰胺-6的吸水率是尼龙中最大的,其他与聚酰胺-66等的性能基本相同。

3. 聚酰胺-6的用途

基本与其他尼龙相同。

小 结

开环聚合是除缩聚反应以外获得杂链高聚物的好方法,其产物具有很好的用途。

环氧树脂按相对分子质量的高低可以分为低相对分子质量环氧树脂、中相对分子质量环氧树脂和高相对分子质量环氧树脂三种类型。

聚酰胺-6可以通过水解聚合、阴离子聚合、固相聚合和插层聚合等方法生产。

第五章 开环聚合反应及工业实施

习 题

1. 说明开环聚合的特点与应用。
2. 开环聚合链引发有哪些类型？链终止封端的目的是什么？
3. 简述环氧树脂的生产原理，并说明环氧塑料各组成的作用。
4. 常见的聚酰胺纤维有哪些？其中聚酰胺-6 与聚酰胺-66 的生产原理有何不同？结构与性能如何？

第六章 共聚合反应及工业实施

学习目的与要求

初步掌握共聚合反应的类型与应用,并能分析双组分共聚反应的基本规律。学习并掌握 ABS、SBR、PAN、EPR 的生产原理、生产工艺、结构性能及用途。

由两种或多种单体共同参加的聚合反应称为共聚合反应,简称共聚反应。其产物为含有两种或两种以上不同单体链节的聚合物,称为共聚物。如:

$$nM_1 + mM_2 \longrightarrow \sim M_1M_2M_2M_1M_2M_2M_1M_1M_2M_2M_1 \sim$$

共聚合反应应用非常广泛,产品非常多。如丁苯橡胶、丁腈橡胶、乙丙橡胶、丙烯酸酯类共聚物、ABS 树脂、含氟共聚物塑料、氯乙烯-乙烯-醋酸乙烯酯三元共聚物等,都是通过共聚合反应合成的。通过共聚合反应,可以改变均聚物的组成和结构,进而改变均聚物的使用性能,如聚苯乙烯是抗冲击强度和抗溶剂性能都很差的易碎塑料,因此实际使用受到很大限制;而将苯乙烯与丁二烯共聚,就可以得到高抗冲击聚苯乙烯;将苯乙烯与丙烯腈、丁二烯共聚,就可得到广泛应用的 ABS 工程塑料;又如通过共聚改善材料的染色性能、黏合性能等。通过自由基共聚合反应,还可以使本身不能均聚的单体如顺丁烯二酸酐、反丁烯二酸酐、顺丁烯二酸酯、1,2-二苯基乙烯等参加共聚反应,扩大了单体范围。通过共聚合反应,能够测定单体和活性中心的相对活性,设计、预测的共聚物组成与结构。

(1) 共聚反应的类型

根据参加共聚反应单体的种类多少可以分为:只有两种单体共同参加的二元共聚反应和三种以上单体共同参加的多元共聚反应。如果按聚合反应的活性中心不同,可以分为自由基型共聚、离子型共聚、配位型共聚合。由于多元共聚反应非常复杂,这里着重介绍自由基型二元共聚反应,其他共聚简要介绍。

(2) 共聚物的类型

对于两种单体共同参加共聚反应所形成的共聚物,根据两种结构单元在共聚物大分子链的排列方式不同,可以分为以下四种类型。

无规共聚物

$$\sim M_1M_2M_2M_1M_2M_2M_1M_1M_2M_2M_1 \sim$$

即两种结构单元 M_1、M_2 在共聚物大分子链中的排列是无规则的,一般情况下,多数自由基型共聚物都是属于这种类型。如氯乙烯-醋酸乙烯酯共聚物。

如果用通式表示

$$\sim (M_1)_a(M_2)_b(M_1)_{a'}(M_2)_{b'} \sim$$

则对于无规共聚物而言,式中的 $a \neq b \neq a' \neq b'$,取值在 1 至几十范围内。

交替共聚物

$$\sim M_1M_2M_1M_2M_1M_2M_1M_2M_1M_2 \sim$$

相当于通式中 $a=b=a'=b'=1$,即两种结构单元 M_1、M_2 在共聚物大分子链中严格相互交替排列。如苯乙烯-顺丁烯二酸酐交替共聚物。

嵌段共聚物

$$\sim M_1M_1 \cdots M_1M_1M_2M_2 \cdots M_2M_2M_1M_1 \cdots M_1M_1M_2M_2 \cdots M_2M_2 \sim$$

相当于通式中 $a \neq b \neq a' \neq b'$，取值在几百至几千范围内，即两种结构单元在共聚物大分子链中成段出现。一般有（SB）型嵌段，如苯乙烯-丁二烯嵌段共聚物；有（SBS）型嵌段，如苯乙烯-丁二烯-苯乙烯共聚物。

接枝共聚物

$$\begin{array}{c} M_2 M_2 M_2 M_2 \sim \\ | \\ \sim M_1 M_1 M_1 M_1 M_1 M_1 M_1 M_1 M_1 M_1 M_1 M_1 M_1 M_1 M_1 \sim \\ | \\ M_2 M_2 M_2 M_2 \sim \end{array}$$

即共聚物大分子主链由一种结构单元组成，而支链由另一种结构单元组成。如聚苯乙烯接枝丙烯酸酯共聚物。

(3) 共聚物的命名

对于一般共聚物用"聚"＋单体 1 的名称-单体 2 的名称-单体 3 的名称来命名，如聚氯乙烯-乙烯-醋酸乙烯酯、聚氯乙烯-醋酸乙烯酯。对于已经明确结构单元连接情况的共聚物，称为"聚"＋单体 1 名称-"交或嵌或接"-单体 2 名称。如聚苯乙烯-交-顺丁二酸酐、聚苯乙烯-嵌-丁二烯、聚苯乙烯-接-甲基丙烯酸甲酯。对于共聚物产物为橡胶物质时，常取共聚单体名称中的某一个特征字组合再后加"橡胶"二字来进行命名，如丁苯橡胶、丁腈橡胶等。

(4) 共聚反应的特点

共聚物的组成既与参加反应的单体浓度有关，又与单体的相对活性有关；一般情况下，共聚反应的速率与产物的聚合度小于单体均聚时的数值。

第一节 共聚合反应原理

一、自由基共聚合反应机理

自由基共聚合反应与自由基均聚反应一样也含有链引发、链增长、链终止以及链转移等一系列基元反应。

以两种单体 M_1 和 M_2 共同参加的自由基共聚合反应为例，则存在如下各基元反应和相应的反应速率方程。

链引发

$$I_2 \longrightarrow 2R \cdot$$
$$R \cdot + M_1 \longrightarrow RM_1 \cdot \qquad R_{i1}$$
$$R \cdot + M_2 \longrightarrow RM_2 \cdot \qquad R_{i2}$$

链增长

$$\sim M_1 \cdot + M_1 \longrightarrow \sim M_1 \cdot \qquad R_{11} = k_{11}[M_1 \cdot][M_1] \qquad (6\text{-}1)$$
$$\sim M_1 \cdot + M_2 \longrightarrow \sim M_2 \cdot \qquad R_{12} = k_{12}[M_1 \cdot][M_2] \qquad (6\text{-}2)$$
$$\sim M_2 \cdot + M_2 \longrightarrow \sim M_2 \cdot \qquad R_{22} = k_{22}[M_2 \cdot][M_2] \qquad (6\text{-}3)$$
$$\sim M_2 \cdot + M_1 \longrightarrow \sim M_1 \cdot \qquad R_{21} = k_{21}[M_2 \cdot][M_1] \qquad (6\text{-}4)$$

链终止

$$\sim M_1 \cdot + \cdot M_1 \sim \longrightarrow M_n \text{ 或 } 2M_n \qquad R_{t11} = 2k_{t11}[M_1 \cdot]^2 \qquad (6\text{-}5)$$
$$\sim M_1 \cdot + \cdot M_2 \sim \longrightarrow M_n \text{ 或 } 2M_n \qquad R_{t12} = 2k_{t12}[M_1 \cdot][M_2 \cdot] \qquad (6\text{-}6)$$
$$\sim M_2 \cdot + \cdot M_2 \sim \longrightarrow M_n \text{ 或 } 2M_n \qquad R_{t22} = 2k_{t22}[M_2 \cdot]^2 \qquad (6\text{-}7)$$

链转移

$$\sim M_1 \cdot + M_1 \longrightarrow M_n + M_1 \cdot$$

$$\sim M_1 \cdot + M_2 \longrightarrow M_n + M_2 \cdot$$
$$\sim M_2 \cdot + M_2 \longrightarrow M_n + M_2 \cdot$$
$$\sim M_2 \cdot + M_1 \longrightarrow M_n + M_1 \cdot$$
$$\sim M_1 \cdot + S \longrightarrow M_n + S \cdot$$
$$\sim M_2 \cdot + S \longrightarrow M_n + S \cdot$$

上式中 　R_{11}、R_{22}——链端为 M_1 或 M_2 的链自由基对单体 M_1 或 M_2 的均聚链增长速率；

　　　　R_{12}、R_{21}——链端为 M_1 或 M_2 的链自由基对单体 M_2 或 M_1 的共聚链增长速率；

　　　　k_{11}、k_{22}——链端为 M_1 或 M_2 的链自由基对单体 M_1 或 M_2 的链增长速率常数；

　　　　k_{12}、k_{21}——链端为 M_1 或 M_2 的链自由基对单体 M_2 或 M_1 的共聚链增长速率常数；

　　　　k_{t11}——链端为 M_1 的链自由基（$\sim M_1 \cdot$）双基终止速率常数；

　　　　k_{t22}——链端为 M_2 的链自由基（$\sim M_2 \cdot$）双基终止速率常数；

　　　　k_{t12}——链端为 M_1 的链自由基（$\sim M_1 \cdot$）与链端为 M_2 的链自由基（$\sim M_2 \cdot$）双基终止速率常数；

　　　　$[M_1 \cdot]$——体系内链端为 M_1 自由基的总浓度；

　　　　$[M_2 \cdot]$——体系内链端为 M_2 自由基的总浓度；

　　　　$[M_1]$——体系内单体 M_1 的浓度；

　　　　$[M_2]$——体系内单体 M_2 的浓度；

　　　　$[S]$——溶剂或其他杂质。

显然，在上述反应过程中，存在着 2 个引发反应的竞争；4 个增长反应的竞争；3 个或 6 个终止反应的竞争；4 个向单体转移反应的竞争；2 个向溶剂转移的竞争。这说明了共聚反应过程的复杂性。

进而可知：如果有 n 种单体共同参加共聚反应，则引发反应为 n 个；增长反应为 n^2 个；终止反应为 $n(n+1)/2$ 或 $n(n+1)$ 个；向单体转移反应为 n^2 个；n 个向溶剂转移反应。也就是说，参加反应的单体种类越多，过程越复杂。

下面重点介绍双组分自由基共聚时的共聚物组成、竞聚率、组成曲线等。

二、共聚物组成方程

1. 基本假设

对共聚反应的研究主要是研究共聚物的组成情况。针对共聚反应过程的复杂性，需要采用如下简化处理，即几点基本假设。

第一点假设，自由基的活性与链长无关，即等活性假设。

第二点假设，链自由基的活性仅取决于末端单元的性质，中间单元结构对其链端活性无影响。上述共聚反应就是依据此点假设。

第三点假设，稳态假设，即自由基的总浓度和两种自由基的浓度都不变，则不但链引发速率等于链终止速率，而且两种链自由基（$\sim M_1 \cdot$ 和 $\sim M_2 \cdot$）相互转变的速率也相等。

第四点假设，共聚物的聚合度很大，链引发对共聚物组成无影响，单体主要消耗于链增长反应，即共聚物的组成取决于链增长反应。

2. 共聚物组成微分方程

共聚物组成微分方程是表示共聚物组成最基本方程，又称为 Mayo-Lewis 关系式。用某一瞬间进入共聚物中两种单体单元数的比值表示。通过共聚反应的机理和基本假设可知，进入到共聚物中的单体单元数就是反应中消耗的单体数。其中单体 M_1 和单体 M_1 的消耗数用各自的消耗速率表示。

$$-\frac{d[M_1]}{dt} = R_{11} + R_{21} = k_{11}[M_1 \cdot][M_1] + k_{21}[M_2 \cdot][M_1] \tag{6-8}$$

$$-\frac{d[M_2]}{dt} = R_{12} + R_{22} = k_{12}[M_1\cdot][M_2] + k_{22}[M_2\cdot][M_2] \tag{6-9}$$

由式（6-8）和式（6-9）得：

$$\frac{-\dfrac{d[M_1]}{dt}}{-\dfrac{d[M_2]}{dt}} = \frac{d[M_1]}{d[M_2]} = \frac{[M_1]}{[M_2]} \cdot \frac{k_{11}[M_1\cdot] + k_{21}[M_2\cdot]}{k_{12}[M_1\cdot] + k_{22}[M_2\cdot]} \tag{6-10}$$

根据稳态假设 $R_{12} = R_{21}$ 得：

$$k_{12}[M_1\cdot][M_2] = k_{21}[M_2\cdot][M_1] \tag{6-11}$$

处理得：

$$[M_2\cdot] = \frac{k_{12}[M_2]}{k_{21}[M_1]} \cdot [M_1\cdot] \tag{6-12}$$

将式（6-12）代入式（6-10），并化简得共聚物组成微分方程：

$$\frac{d[M_1]}{d[M_2]} = \frac{[M_1]}{[M_2]} \cdot \frac{r_1[M_1] + [M_2]}{r_2[M_2] + [M_1]} \tag{6-13}$$

式中，$r_1 = k_{11}/k_{12}$，$r_2 = k_{22}/k_{21}$ 为均聚链增长速率常数与共聚链增长速率常数之比，它表示了两种单体的相对活性，定义为单体竞聚率，简称竞聚率。

3. 摩尔分数共聚物组成方程

如果以 F_1、F_2 分别表示某一瞬间进入共聚物中的单体 M_1 和 M_2 的分率，则：

$$F_1 = 1 - F_2 = \frac{d[M_1]}{d[M_1] + d[M_2]} \tag{6-14}$$

并以 f_1、f_2 分别表示该瞬间体系中单体 M_1 和 M_2 占单体混合物的分率，则：

$$f_1 = 1 - f_2 = \frac{[M_1]}{[M_1] + [M_2]} \tag{6-15}$$

将式（6-14）和式（6-15）代入式（6-13）中，整理得摩尔分数共聚物组成方程：

$$F_1 = \frac{r_1 f_1^2 + f_1 f_2}{r_1 f_1^2 + 2 f_1 f_2 + r_2 f_2^2} \tag{6-16}$$

由式（6-15）和式（6-16）可知：如果已知 r_1 和 r_2，则根据某一瞬间体系内单体 M_1 和 M_2 的浓度，可以求出该时刻所形成的共聚物组成。

4. 质量分数共聚物组成方程

设：w_1、w_2 分别为某一瞬间两种单体的质量，$\overline{M_1}$、$\overline{M_2}$ 分别为两种单体的相对分子质量。

则：$[M_1] = w_1/\overline{M_1}$，$[M_2] = w_2/\overline{M_2}$，$d[M_1] = d(w_1/\overline{M_1})$，$d[M_2] = d(w_2/\overline{M_2})$。

如果令 $K = \overline{M_2}/\overline{M_1}$，可得：

$$\frac{d[M_1]}{d[M_2]} = K \times \frac{dw_1}{dw_2} \tag{6-17}$$

再设：$\overline{W_1}$ 为该瞬间所得共聚物中单体 M_1 的质量分数，则

$$\overline{W_1} = \frac{dw_1}{dw_1 + dw_2} \tag{6-18}$$

将式（6-13）和式（6-17）代入式（6-18），整理得质量分数共聚物组成方程：

$$\overline{W_1} = \frac{r_1 K \dfrac{w_1}{w_2} + 1}{1 + K + r_1 K \dfrac{w_1}{w_2} + r_2 \dfrac{w_2}{w_1}} \tag{6-19}$$

该式在工业生产中经常使用。

三、竞聚率

上面引出了一个重要的概念——竞聚率,它的大小直接反映了同一链自由基($\sim M_1 \cdot$ 或 $\sim M_2 \cdot$)对两种单体(M_1 和 M_2)竞争聚合(是均聚还是共聚)的能力大小。

以 $r_1 = k_{11}/k_{12}$ 为例,列表 6-1 说明如下。

表 6-1 竞聚率与聚合能力的关系

r_1 的大小	k_{11} 与 k_{12} 比较	聚 合 倾 向
$r_1 > 1$	$k_{11} > k_{12}$	$\sim M_1 \cdot$ 与 M_1 的均聚倾向大于 $\sim M_1 \cdot$ 与 M_2 的共聚倾向
$r_1 = 1$	$k_{11} = k_{12}$	$\sim M_1 \cdot$ 与 M_1 的均聚倾向等于 $\sim M_1 \cdot$ 与 M_2 的共聚倾向
$r_1 < 1$	$k_{11} < k_{12}$	$\sim M_1 \cdot$ 与 M_1 的均聚倾向小于 $\sim M_1 \cdot$ 与 M_2 的共聚倾向
$r_1 = 0$	$k_{11} = 0, k_{12} \neq 0$	$\sim M_1 \cdot$ 不能与 M_1 均聚,只能与 M_2 共聚

对 r_2 也有一样的结果。

从表中可以看出,$r > 1$ 对共聚是不利的,实践得出的结论是:对自由基型共聚反应,一般只有在 $r_1 r_2 \leqslant 1$ 时,两种单体才能共聚;$r_1 \gg 1$、$r_2 \gg 1$ 时,则两种单体不能共聚;$r_1 > 1$、$r_2 > 1$,但其中一个接近于 1 时,则可能在均聚的同时发生嵌段共聚。更详细的情况在共聚物组成曲线中介绍。

总之,对共聚来说,竞聚率是一个非常重要的参数,它不仅是确定共聚物组成的必要参数,而且又是判断两种单体能否共聚和共聚倾向大小的重要依据。

某一单体的竞聚率不是固定不变的,它随单体的不同组合以及反应条件不同而变化。常用单体组合时竞聚率如附录表 1 所示。

四、共聚物组成曲线

共聚物组成曲线是在竞聚率确定的情况下,反映单体浓度与共聚物组成关系的曲线。用 F_1-f_1 关系曲线表示。其中典型共聚物组成曲线如图 6-1 所示。具体可以分为如下几种情况。

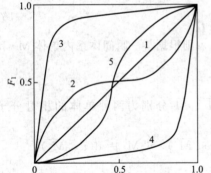

图 6-1 共聚物组成曲线
1— $r_1 = r_2 = 1$;2— $r_1 < 1, r_2 < 1$;
3— $r_1 > 1, r_2 < 1$;4— $r_1 < 1, r_2 > 1$;
5— $r_1 > 1, r_2 > 1$

1. 理想共聚($r_1 r_2 = 1$)

(1) $r_1 r_2 = 1$($r_1 \neq r_2 \neq 1$)

由于 r_1 与 r_2 为倒数关系,即 $k_{11}/k_{12} = k_{12}/k_{22}$,说明两种链自由基与单体 M_1 和 M_2 的反应倾向完全相同。将该关系代入式(6-13)得:

$$\frac{d[M_1]}{d[M_2]} = r_1 \times \frac{[M_1]}{[M_2]} \quad (6-20)$$

上式表明,在某一瞬间共聚物的组成与该瞬间单体的配料比成正比,比例系数为 r_1,称具有这种关系的共聚为理想共聚。

理想共聚的特点之一是两种单体单元在共聚物大分子链中的排列是无规则。如取 $r_1 = 5$,$[M_1]/[M_2] = 1$ 时,则 $d[M_1]/d[M_2] = 5$,表明无论哪种链自由基连接,M_1 和 M_2 的数量之比率总等于 5∶1。但两者的连接次序完全取决于碰撞概率,即为无规连接。

特点之二是共聚物的组成取决于两种单体的配料比。

将 $r_1 r_2 = 1$ 代入式(6-16)得:

$$F_1 = \frac{r_1 f_1}{r_1 f_1 + f_2} \quad (6\text{-}21)$$

其曲线的形式为图 6-2 所示。其中①线为 68℃时，甲基丙烯酸甲酯（$r_1=10$）与氯乙烯（$r_2=0.1$）共聚物组成曲线。②线为 60℃时，丁二烯（$r_1=1.39$）与苯乙烯（$r_2=0.78$）共聚物组成曲线。由图 6-2 可知：两种单体的竞聚率相差越大，则 F_1-f_1 关系曲线越偏离对角线。

(2) $r_1 = r_2 = 1$

这是理想共聚的特例。此时，$k_{11} = k_{12}$，$k_{22} = k_{21}$。d$[M_1]$/d$[M_2] = [M_1]/[M_2]$，$F_1 = f_1$，即共聚物的组成等于两种单体的配料比。其图形为图 6-2 中的对角线，如 60℃时，四氟乙烯与三氟氯乙烯的共聚；75℃时醋酸乙烯酯与醋酸异丙酯的共聚就属于这种情况。

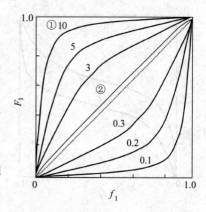

图 6-2 理想共聚 F_1-f_1 关系曲线
图中数据为 r_1 数值

2. 交替共聚（$r_1 = r_2 = 0$）

(1) $r_1 = r_2 = 0$

若要 $r_1 = r_2 = 0$，只能是 $k_{11} = 0$，$k_{12} \neq 0$；$k_{22} = 0$，$k_{21} \neq 0$。说明两种单体都不能自聚，只能共聚。此时，d$[M_1]$/d$[M_2] = 1$，$F_1 = 0.5$。说明共聚物组成与单体浓度无关，配料比的变化不影响共聚物的组成。其曲线形式如图 6-3 中的①所示，为水平直线，其共聚产物的结构为交替共聚物。如 120℃时，顺丁烯二酸酐与醋酸 2-氯烯丙酯的共聚就是典型的交替共聚。

(2) $r_1 \neq 0$（$r_1 \rightarrow 0$），$r_2 = 0$

此时，$k_{11} \neq 0$，$k_{12} \neq 0$；$k_{22} = 0$，$k_{21} \neq 0$，但 k_{11} 很小（趋近于零），说明单体 M_2 不能自聚，只能与 M_1 共聚。由此得：

$$\frac{d[M_1]}{d[M_2]} = 1 + r_1 \times \frac{[M_1]}{[M_2]} \quad (6\text{-}22)$$

$$F_1 = \frac{r_1 f_1 + f_2}{r_1 f_1 + 2 f_2} \quad (6\text{-}23)$$

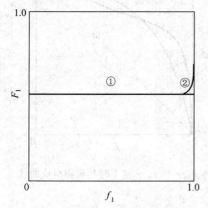

图 6-3 $r_1 = r_2 = 0$ 时共聚物组成曲线

当 $[M_1] \gg [M_2]$ 或 $r_1 \rightarrow 0$ 时，则 d$[M_1]$/d$[M_2] \approx 1$，$F_1 \approx 0.5$，即反应趋于交替共聚。当 $[M_1]$ 增加，而 $[M_2]$ 下降时，则 M_1 自聚倾向增加，使交替共聚倾向减小，反映在 F_1-f_1 关系曲线上就是曲线随 f_1 增大而上翘，如图 6-3 中的②线所示。

3. 非理想共聚（$r_1 r_2 < 1$）

(1) $r_1 < 1$、$r_2 < 1$

由 $r_1 < 1$，$r_2 < 1$ 可知，$k_{11} < k_{12}$，$k_{22} < k_{21}$，说明两种单体自聚能力均小于共聚能力。其 F_1-f_1 关系曲线为"反 S 型"曲线，如图 6-4 所示。该曲线与对角线有一交点，在这一点上共聚物组成与单体组成相等（d$[M_1]$/d$[M_2] = [M_1]/[M_2]$ 或 $F_1 = f_1$），因此，称该点为恒组分共聚点。该点也可以通过下式确定。

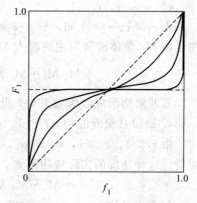

图 6-4 $r_1 = r_2 < 1$ 时共聚物组成曲线

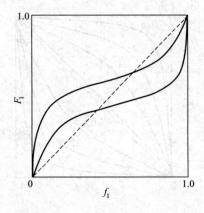

图 6-5 $r_1<1$、$r_2<1$，$r_1\neq r_2$ 时共聚组成曲线

$$\frac{[M_1]}{[M_2]}=\frac{r_2-1}{r_1-1} \quad (6-24)$$

$$F_1=f_1=\frac{1-r_2}{2-r_1-r_2} \quad (6-25)$$

当 $r_1=r_2<1$ 时，恒组分共聚点在 $F_1=f_1=0.5$ 处，如 60℃时，苯乙烯（$r_1=0.5$）与甲基丙烯酸甲酯（$r_2=0.5$）共聚；又如 75℃时，苯乙烯（$r_1=0.1$）与马来酰亚胺（$r_2=0.1$）共聚。

当 $r_1<1$、$r_2<1$，$r_1\neq r_2$ 时，则恒组分共聚点不在 $F_1=f_1=0.5$ 处，如 5℃时，丁二烯（$r_1=0.53$）与甲基丙烯酸甲酯（$r_2=0.06$）的共聚；又如 60℃时，苯乙烯（$r_1=0.06$）与 α-溴代丙烯酸乙酯（$r_2=0.50$）的共聚。如图 6-5 所示。

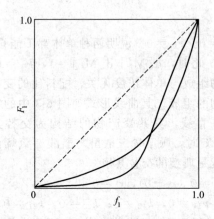

图 6-6 $r_1<1$、$r_2>1$ 时共聚物组成曲线

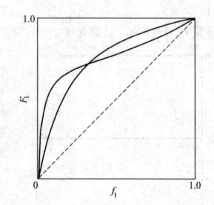

图 6-7 $r_1>1$、$r_2<1$ 时共聚物组成曲线

(2) $r_1<1$、$r_2>1$

由 $r_1<1$、$r_2>1$ 知，$k_{11}<k_{12}$，$k_{22}>k_{21}$，说明两种单体都倾向于与 $\sim M_2\cdot$ 反应，则产物是以 M_2 单体链节为主的嵌入 M_1 单体链节的嵌均共聚物。即：

$$\sim M_2\ M_2\cdots M_2\ M_2\ M_1\ M_2\ M_2\cdots M_2\ M_1\ M_2\ M_2\ M_2\sim$$

其共聚组成曲线如图 6-6 所示。

(3) $r_1>1$、$r_2<1$

由 $r_1>1$、$r_2<1$ 知，$k_{11}>k_{12}$，$k_{22}<k_{21}$，说明两种单体都倾向于与 $\sim M_1\cdot$ 反应，则产物是以 M_1 单体链节为主的嵌入 M_2 单体链节的嵌均共聚物。即：

$$\sim M_1\ M_1\cdots M_1\ M_1\ M_2\ M_1\ M_1\cdots M_1\ M_1\ M_2\ M_1\ M_1\ M_1\sim$$

其共聚物组成曲线如图 6-7 所示。

4. 嵌段共聚或混均（$r_1>1$、$r_2>1$）

由 $r_1>1$、$r_2>1$，$k_{11}>k_{12}$，$k_{22}>k_{21}$，说明两种单体都倾向于自聚，则产物为嵌段共聚物。这种情况的实际应用不多。两种单体一旦聚合，其产物结构为：

$$\sim M_1\cdots M_1\ M_1\ M_2\ M_2\cdots M_2\ M_2\ M_1\ M_1\cdots M_1\ M_1\sim$$

如苯乙烯（$r_1=2.0$）与丙烯（$r_2=3.7$）的共聚物组成曲线如图 6-8 所示。

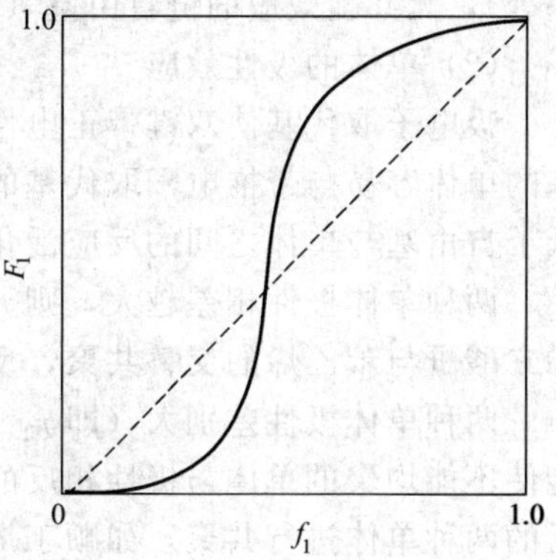

如果 $r_1 \gg 1$、$r_2 \gg 1$，则两种单体只能自聚而不易共聚，其产物就是两种单体均聚物的混合物。真正的嵌段共聚物是通过其他方法获得的。

五、影响共聚物组成的因素

影响共聚物组成的因素主要有两大类，一类是通过影响单体竞聚率影响共聚物组成，如单体结构、反应条件（包括温度、压力、溶剂与介质等）；另一类是通过聚合转化率影响共聚物组成。

（一）影响竞聚率的因素

1. 单体结构的影响

单体结构的影响主要包括单体的共轭效应、极性效应和位阻效应对竞聚率的影响。

图 6-8 $r_1 > 1$、$r_2 > 1$ 时共聚物组成曲线

（1）单体的共轭效应

影响单体和自由基的相对活性。单体的相对活性可以用竞聚率的倒数来表示（$1/r_1 = k_{12}/k_{11}$），即 M_2 单体相对于 M_1 单体对 $\sim M_1 \cdot$ 的活性为 $1/r_1$。同理，M_1 单体相对于 M_2 单体对 $\sim M_2 \cdot$ 的活性为 $1/r_2$。如甲基丙烯酸甲酯（$r_1 = 0.25$）与丁二烯共聚，所以丁二烯相对于甲基丙烯酸甲酯对 $\sim MMA \cdot$ 的活性为 4，说明 $\sim MMA \cdot$ 与丁二烯反应速率比 $\sim MMA \cdot$ 与甲基丙烯酸甲酯反应速率大 4 倍，即 $k_{12} = 4k_{11}$。类似数据整理的结果如表 6-2 所示。

表 6-2 各种单体对不同链自由基的相对活性

单体	链自由基					
	$\sim MMA \cdot$	$\sim VAC \cdot$	$\sim S \cdot$	$\sim VC \cdot$	$\sim MA \cdot$	$\sim AN \cdot$	$\sim B \cdot$
甲基丙烯酸甲酯(MMA)		67	1.9	10	2	6.7	1.3
醋酸乙烯酯(VAC)	0.050		0.019	0.59	0.11	0.24	—
苯乙烯(S)	2.2	100		50	6.7	25	0.4
氯乙烯(VC)	0.10	4.4	0.059		0.25	0.37	0.11
丙烯酸甲酯(MA)	0.52	10	1.4	17		0.67	1.3
丙烯腈(AN)	0.82	20	2.5	25	1.2		3.3
丁二烯(B)	4	—	1.7	29	20	50	

自由基的相对活性用 k_{12} 或 k_{21} 表示，如表 6-3 所示。

表 6-3 自由基的相对活性 k_{12} 单位：L/(mol·s)

单体	链自由基					
	$\sim B \cdot$	$\sim S \cdot$	$\sim MMA \cdot$	$\sim MA \cdot$	$\sim AN \cdot$	$\sim VC \cdot$	$\sim VAC \cdot$
醋酸乙烯酯(VAC)		2.9	35	230	230	7760	2300
氯乙烯(VC)	11	8.7	71	520	720	12300	10100
丙烯酸甲酯(MA)	130	203	367	2090	1310	209000	23000
丙烯腈(AN)	330	435	578	2510	1960	178000	46000
甲基丙烯酸甲酯(MMA)	130	276	705	4180	13100	123000	154000
苯乙烯(S)	40	145	1550	14000	49000	615000	230000
丁二烯(B)	100	246	2820	41800	98000	357000	

由表 6-2 和表 6-3 得知，有共轭效应的单体活泼（如丁二烯、苯乙烯等），无共轭效应的单体不活泼（如醋酸乙烯酯）。有共轭效应的链自由基不活泼（如丁二烯、苯乙烯链自由

基等），无共轭效应的链自由基（如醋酸乙烯酯链自由基）活泼。

(2) 单体的极性效应

吸电子取代基使双键带正电性，推电子取代基使双键带负电性。实践证明带吸电子取代基的单体容易与带推电子取代基的单体共聚，这种效应称为极性效应。其原因是极性效应降低了自由基与单体之间的反应活化能，增加了两者之间的反应活性。

两种单体极性相差越大，则 r_1 与 r_2 的乘积越趋近于零，交替共聚的倾向越大，如顺丁烯二酸酐与苯乙烯的交替共聚，反丁烯二酸二乙酯与乙烯基醚的交替共聚。

两种单体极性差别大（即 r_1 与 r_2 的乘积越小），则越容易共聚。通过合理组合，不但能使不能均聚的单体与极性相反的能均聚的单体进行共聚，而且还能使都不能均聚的极性相反的两种单体进行共聚，如顺丁烯二酸酐与1,2-二苯基乙烯。

表6-4中排列了某些单体的极性顺序和 r_1 与 r_2 的乘积值。负电性的在左上方，正电性的在右下方。

表 6-4 单体的极性顺序和 r_1 与 r_2 的乘积值

乙烯基醚类 $e=-1.3$								
	丁二烯 $e=-1.05$							
0.78		苯乙烯 $e=-0.8$						
0.55			醋酸乙烯酯 $e=-0.22$					
0.31	0.34	0.39		氯乙烯 $e=0.2$				
0.19	0.25	0.30	1.0		甲基丙烯酸甲酯 $e=0.40$			
<0.1	0.16	0.6	0.96	0.56		偏二氯乙烯 $e=0.36$		
	0.10	0.35	0.83		0.99		甲基乙烯基酮 $e=0.68$	
0.0004	0.006	0.016	0.21	0.11	0.18	0.34	1.1	丙烯腈 $e=1.20$
~0		0.021	0.0049	0.056		0.56		反丁烯二酸二乙酯 $e=1.25$
~0.002		0.006	0.00017	0.0024	0.11			顺丁烯二酸酐 $e=2.25$

(3) 单体的位阻效应

如表6-5所示，不能均聚的1,2-双取代基单体能与单取代单体共聚；反1,2-异构体比顺1,2-异构体容易参与共聚。

表 6-5 位阻效应对相对活性的影响

单 体	自由基-单体的 k_{12} 值			单 体	自由基-单体的 k_{12} 值		
	~VAC·	~S·	~AN·		~VAC·	~S·	~AN·
偏二氯乙烯	23000	8.7	720	三氯乙烯	3450	8.6	29
氯乙烯	10100	78	2200	四氯乙烯	460	0.7	4.1
反1,2-二氯乙烯	2300	3.9		顺1,2-二氯乙烯	370	0.6	

2. 综合共轭效应与极性效应的 Q-e 方程

上边分别介绍了共轭效应、极性效应对竞聚率的影响，综合考虑两者对竞聚率的影响就需要利用 Q-e 方程。

以二元共聚反应4种链增长速率常数的 k_{12} 为例，表述成 Q-e 方程的形式为：

$$k_{12}=P_1Q_2e^{(-e_1e_2)} \tag{6-26}$$

式中　P_1——链自由基~M_1·的一般反应活性的量度，取决于自由基的共轭因素；

Q_2——M_2 单体的一般反应活性的量度,取决于自由基的共轭因素;

e_1——链自由基~$M_1 \cdot$ 的极性大小,并假设单体 M_1 与链自由基~$M_1 \cdot$ 有相同的极化效应,则单体 M_1 与链自由基~$M_1 \cdot$ 的极性大小都为 e_1;

e_2——单体 M_2 的极性,同样也等于链自由基~$M_2 \cdot$ 的极性。

同理,其他三个链增长速率常数也可以写成:

$$k_{11} = P_1 Q_1 e^{(-e_1^2)} \tag{6-27}$$

$$k_{21} = P_2 Q_1 e^{(-e_2 e_1)} \tag{6-28}$$

$$k_{22} = P_2 Q_2 e^{(-e_2^2)} \tag{6-29}$$

式中 P_2——链自由基~$M_2 \cdot$ 的一般反应活性的量度,取决于自由基的共轭因素;

Q_1——M_1 单体的一般反应活性的量度,取决于自由基的共轭因素。

根据竞聚率的定义得:

$$r_1 = \frac{k_{11}}{k_{12}} = \frac{P_1 Q_1 e^{(-e_1^2)}}{P_1 Q_2 e^{(-e_1 e_2)}} = \frac{Q_1}{Q_2} e^{-e_1(e_1-e_2)} \tag{6-30}$$

$$r_2 = \frac{k_{22}}{k_{21}} = \frac{P_2 Q_2 e^{(-e_2^2)}}{P_2 Q_1 e^{(-e_1 e_2)}} = \frac{Q_2}{Q_1} e^{-e_2(e_2-e_1)} \tag{6-31}$$

式 (6-30) 和式 (6-31) 是用 Q 和 e 值表示的竞聚率。常见单体的竞聚率是在假设苯乙烯 $Q=1.0$、$e=-0.8$ 条件下,使某种单体与苯乙烯共聚,测出 r_1 和 r_2 后,再利用上两式计算出该单体的 Q 值和 e 值。常见单体的 Q、e 值如附录表 2 所示。

Q 值的大小表示了单体是否易于反应而生成自由基。越大越容易,如苯乙烯、丁二烯等。e 值的正负号表示取代基是吸电子性的,还是推电子性的。吸电子为正,推电子为负。而 e 的绝对值越大则极性越大。

两种单体的 $(e_1-e_2)^2$ 或 $|e_1-e_2|$ 值越大,r_1 与 r_2 乘积越小,则两单体越趋向交替共聚。两种单体 Qe 值相差过大,则不易共聚;单体 Qe 值相近,则易发生理想共聚。

3. 反应条件的影响

(1) 温度的影响

因为链增长的活化能较小,所以温度对竞聚率的影响是比较小的。当 $r_1<1$ 时,由 $k_{11}<k_{21}$ 知 $E_{11}>E_{12}$,当温度升高时,k_{11} 增大较快,而 k_{21} 增大较慢,综合效果是 r_1 数值逐渐升高,最后趋近于 1。反之,当 $r_1>1$ 时,随温度的升高 r_1 逐渐下降而接近于 1。因此,总的效果是竞聚率随温度的上升而逐渐趋近于 1,即温度升高,使共聚反应逐步向理想共聚转变。如表 6-6 所示。

表 6-6 温度对竞聚率的影响

M_1	M_2	聚合温度/℃	r_1	r_2	$r_1 r_2$
苯乙烯	甲基丙烯酸甲酯	35	0.50	0.44	0.22
		60	0.52	0.46	0.24
		131	0.59	0.54	0.32
苯乙烯	丁二烯	5	0.44	1.40	0.62
		50	0.58	1.36	0.79
		60	0.78	1.39	1.08

(2) 压力的影响

压力对聚合的影响与温度影响基本相似,如表 6-7 所示。

表 6-7 压力对竞聚率的影响

M_1-M_2	p/MPa	r_1	r_2	$r_1 r_2$	M_1-M_2	p/MPa	r_1	r_2	$r_1 r_2$
MMA-AN (70℃)	0.1	1.34	0.12	0.16	E-VAC (80~90℃)	15	0.47	1.0	0.47
	10	1.46	0.37	0.54		40	0.77	1.02	0.79
	100	2.01	0.45	0.91		100	1.07	1.04	1.11

(3) 溶剂的影响

溶剂对竞聚率的影响虽然有，但比较小，如表 6-8 所示。

表 6-8 溶剂对苯乙烯-甲基丙烯酸甲酯共聚的影响

溶 剂	r_1	r_2	溶 剂	r_1	r_2
苯	0.57±0.032	0.46±0.032	苯甲醇	0.44±0.054	0.39±0.054
苯甲腈	0.48±0.045	0.49±0.045	苯酚	0.35±0.024	0.35±0.024

(4) 其他因素的影响

① 介质的 pH 值　介质的 pH 值变化，对于可以解离的某些单体的竞聚率有一定的影响。如甲基丙烯酸 [M_1] 与 N-二乙氨基乙酯 [M_2] 共聚，在 pH=1.2 时，r_1=0.98，r_2=0.90；在 pH=7.2 时，r_1=0.08，r_2=0.65。

② 盐类化合物　在共聚体系加入氯化锌、三氯化铝、四氯化锡等盐类物质时，对竞聚率也有影响。如 50℃下，用偶氮二异丁腈引发甲基丙烯酸甲酯与苯乙烯，在不同浓度的氯化锌存在下，r_1 与 r_2 的乘积由 0.212（无氯化锌）逐渐降至 0.014。即反应趋向于交替共聚。

(二) 转化率对共聚物组成的影响

由共聚物组成曲线分析得知：除交替共聚和恒组分共聚（包括有恒组分点所得的共聚物）外，其他各种共聚物的组成与单体的组成随反应的进行（转化率的增加）而不断变化。这样，势必造成共聚物组成的不均匀性，进而影响共聚物的使用性能。

苯乙烯-丙烯腈共聚物组成与转化率的关系曲线如图 6-9 所示。由于共聚物中苯乙烯含量为 70%（质量分数）时，具有较好的透明性、冲击强度、抗拉强度和抗弯曲强度等性能。因此，从图 6-10 中得知，要控制产物中苯乙烯含量在 70%（质量分数）左右时，其投料时苯乙烯单体的质量分数就应控制在 65% 左右，而转化率控制在 80% 左右。即采用一次性投料，合理控制反应的转化率来控制共聚物组成的均匀性。

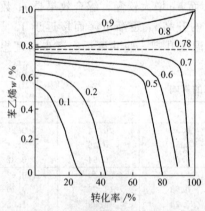

图 6-9　苯乙烯-丙烯腈共聚物组成与转化率关系
（图中各曲线数字为起始时单体质量配料比）

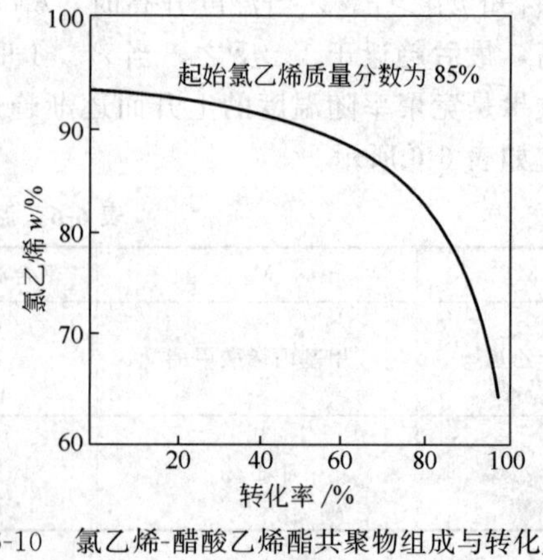

图 6-10　氯乙烯-醋酸乙烯酯共聚物组成与转化关系

又如质量分数为 85%~87% 的氯乙烯与质量分数为 13%~15% 的醋酸乙烯酯的共聚物，

具有不加增塑剂就能加工成唱片等硬制品的特性。但按 85% 质量分数投入氯乙烯后，其共聚物组成随转化率的变化如图 6-25 所示，即转化率改变不大时，F_1 却变化较大。因此，不能采用控制转化率的方法控制共聚物的组成，只能采用不断添加氯乙烯单体的方法控制组成。

六、接枝共聚与嵌段共聚

前面主要介绍了无规共聚和交替共聚，下面介绍接枝共聚和嵌段共聚。

（一）接枝共聚

以自由基为活性中心的接枝共聚主要有共聚接枝、向大分子链转移接枝、直接接枝、化学接枝等方法。

1. 共聚接枝

共聚接枝是将能形成不饱和高聚物的单体与接枝单体共聚，通过不饱和高聚物的双键接枝，形成接枝共聚物的共聚反应。如丁二烯与苯乙烯共聚接枝制备高抗冲接枝共聚物。

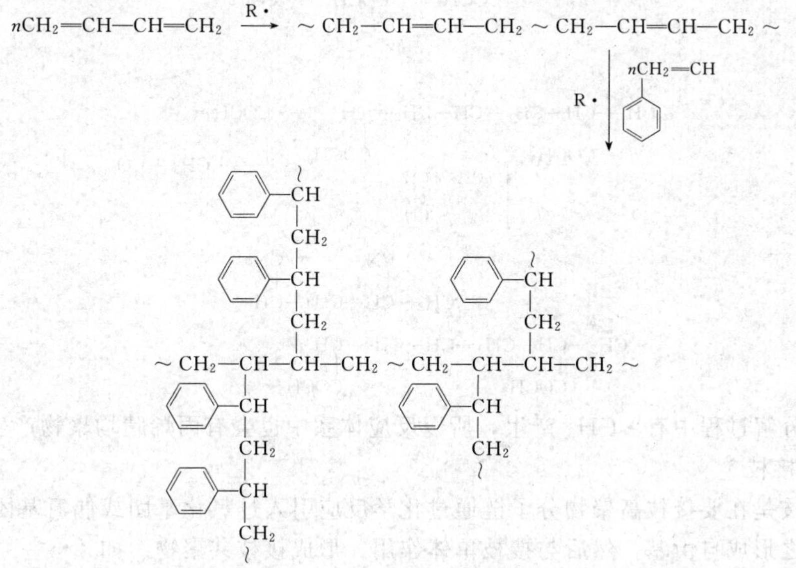

$$nCH_2=CH-CH=CH_2 \xrightarrow{R\cdot} \sim CH_2-CH=CH-CH_2\sim CH_2-CH=CH-CH_2\sim$$

2. 链转移接枝

链转移接枝是接枝单体经引发剂引发，向原始高聚物分子链进行转移，形成接枝共聚物的共聚反应。如聚丙烯酸酯类与苯乙烯的链转移接枝。具体过程是：先将聚丙烯酸酯类溶于单体苯乙烯中，加入引发剂引发苯乙烯聚合，随着苯乙烯链自由基向聚丙烯酸酯发生链转移，形成自由基接枝点，然后，苯乙烯在此点上进行增长反应，形成接枝共聚物与单体均聚物的混合物。但这种接枝的效率并不高。

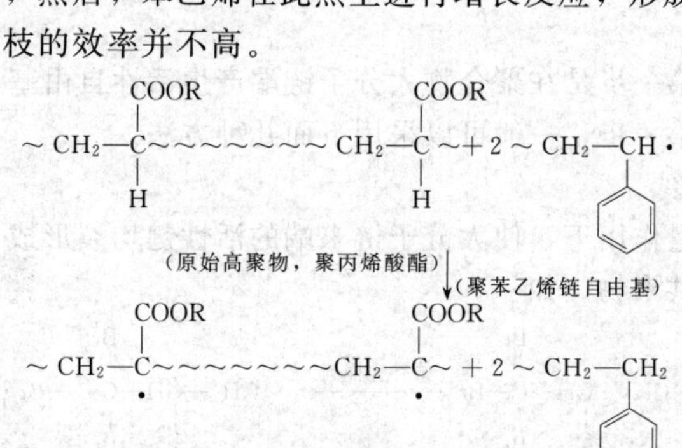

（原始高聚物，聚丙烯酸酯）　　（聚苯乙烯链自由基）

(形成自由基接枝点的聚丙烯酸酯)

$$\sim CH_2-\overset{COOR}{\underset{\underset{\phenyl}{CH_2}}{C}}\sim\sim\sim\sim\sim CH_2-\overset{COOR}{\underset{\underset{\phenyl}{CH_2}}{C}}+2\sim CH_2-\overset{\phenyl}{CH_2}\xrightarrow{nCH_2=CH-\phenyl}$$

3. 直接接枝

直接接枝的方法是在要接枝的高聚物分子链上，利用光或辐射的作用，在某位上发生分解产生自由基，再直接与单体作用进行共聚。如聚乙烯基酮在紫外光照射下分解产生自由基，当有丙烯腈存在时，则可以直接接枝。

$$\sim CH_2-\underset{COCH_3}{CH}-CH_2-\underset{COCH_3}{CH}-CH_2-\underset{COCH_3}{CH}\sim$$

$$\downarrow h\nu$$

$$\sim CH_2-\underset{COCH_3}{CH}-CH_2-\overset{\cdot}{CH}-CH_2-\underset{COCH_3}{CH}\sim +\cdot COCH_3 \rightarrow \cdot CH_3+CO$$

$$\downarrow nCH_2=\underset{CN}{CH}$$

$$\sim CH_2-\underset{COCH_3}{CH}-CH_2-\underset{\underset{\underset{\underset{CH\sim}{|}}{CH_2}}{\underset{CN}{|}}}{\overset{\underset{CH_2}{|}}{\overset{\underset{CN}{|}}{C}}}-CH_2-\underset{COCH_3}{CH}\sim$$

由于在分解过程中有 $\cdot CH_3$ 产生，所以反应体系中也会有丙烯腈均聚物产生。

4. 化学接枝

化学接枝是在要接枝高聚物分子链通过化学反应引入过氧化基团或偶氮基团，通过热分解的办法使之形成自由基，然后与接枝单体作用，形成接枝共聚物。如

$$\sim CH_2-\underset{\phenyl}{CH}\sim \xrightarrow[AlCl_3]{(CH_3)_2CHCl} \sim CH_2-\underset{\underset{CH_3}{\underset{|}{\underset{CH}{|}}}-\phenyl}{CH}\sim \xrightarrow{O_2} \sim CH_2-\underset{\underset{CH_3}{\underset{|}{\underset{C-OOH}{|}}}-\phenyl}{CH}\sim \xrightarrow[\Delta]{+nM} \sim CH_2-\underset{\underset{CH_3}{\underset{|}{\underset{C-O-MMM\sim}{|}}}-\phenyl}{CH}\sim +HO-MMM\sim$$

（二）嵌段共聚

合成嵌段共聚物的第一步是在聚合物大分子链端产生活性自由基，然后将另一种单体接聚上去。这里的关键是第一步，一般可以采用下面几种方法。

1. 链端的活性键均裂

在光、热等外界能量作用下，使大分子链末端的活性键均裂形成自由基，再与另外一种单体进行聚合形成接枝共聚物。如

$$\sim CH_2-\underset{\phenyl}{CH}-\overset{Br}{\underset{Br}{\overset{|}{C}-Br}} \xrightarrow{紫外光照射} \sim CH_2-\underset{\phenyl}{CH}-\overset{Br}{\underset{Br}{\overset{|}{C}\cdot}}+Br\cdot$$

$$\xrightarrow{+nM} \sim CH_2-CH-\underset{\underset{Br}{\overset{Br}{|}}}{C}-MMMM \sim + BrMMM \sim$$
$$|$$
$$C_6H_5$$

2. 利用多官能团引发剂接枝

$$HOOC-CH_2-CH_2-\underset{\underset{CH_3}{\overset{CH_3}{|}}}{C}-N=N-\underset{\underset{CH_3}{\overset{CH_3}{|}}}{C}-CH_2-CH_2-COOH \xrightarrow[\triangle]{nM}$$

$$HOOC-CH_2-CH_2-\underset{\underset{CH_3}{\overset{CH_3}{|}}}{C}-M_n-H \xrightarrow{PCl_5} ClOC-CH_2-CH_2-\underset{\underset{CH_3}{\overset{CH_3}{|}}}{C}-M_n-H \xrightarrow{ROOH}$$

$$RO-\underset{\underset{O}{\overset{}{\|}}}{O}-CH_2-CH_2-\underset{\underset{CH_3}{\overset{CH_3}{|}}}{C}-M_n-H \xrightarrow[\triangle]{nM'} H-M'_n-O-\underset{\underset{O}{\overset{}{\|}}}{C}-CH_2-CH_2-\underset{\underset{CH_3}{\overset{CH_3}{|}}}{C}-M_n-H$$

3. 物理嵌段共聚

将聚合物研磨产生自由基，再与单体作用进行嵌段共聚。如对一种均聚物进行研磨时，

$$\sim M_1\ M_1\ M_1\ M_1-M_1\ M_1\ M_1 \sim \xrightarrow{研磨} \sim M_1\ M_1\ M_1 \cdot + \cdot M_1\ M_1\ M_1 \sim$$

当有第二种单体存在时，就会发生反应形成嵌段共聚物。

$$\sim M_1\ M_1\ M_1 \cdot + nM_2 \longrightarrow \sim M_1\ M_1\ M_1\ M_2\ M_2\ M_2 \sim$$

如果将两种均聚物混合共同研磨，则也可以形成嵌段共聚物。

$$\begin{array}{c}\sim M_1-M_1\sim \\ \sim M_2-M_2\sim\end{array} \longrightarrow \begin{array}{c}2\sim M_1\cdot \\ 2\sim M_2\cdot\end{array} \longrightarrow 2\sim M_1-M_2\sim$$

七、拓展知识

（一）几种嵌段共聚介绍

1. 大分子光引发-转移-终止剂的嵌段共聚

由聚乙二醇（PEG）和聚四氢呋喃（PTHF）经两步反应分别合成带有 DC 基团的聚合物 PEG-Ⅰ和 PTHF-Ⅰ，在紫外光照大分子引发剂的端基断裂形成两端为碳中心的自由基，由此可以引发苯乙烯、甲基丙烯酸甲酯、醋酸乙烯酯等单体聚合，得 ABA 型嵌段共聚物。

$$H \!\!-\!\! (OCH_2)_m \!\!-\!\! OH \xrightarrow[C_6H_5]{ClOCCH_2Cl} Cl-CH_2-\underset{\underset{O}{\overset{}{\|}}}{C}-O-(CH_2)_m-O-\underset{\underset{O}{\overset{}{\|}}}{C}-CH_2-Cl$$

$$\xrightarrow[C_2H_5OH]{NaSSCN(CH_2CH_3)_2} (C_2H_5)_2N-\underset{\underset{S}{\overset{}{\|}}}{C}-S-CH_2-\underset{\underset{O}{\overset{}{\|}}}{C}-O-(CH_2)_m-O-\underset{\underset{O}{\overset{}{\|}}}{C}-CH_2-S-\underset{\underset{S}{\overset{}{\|}}}{C}-N(C_2H_5)_2$$

$$n=2\ 为\ PEG\text{-}Ⅰ$$
$$n=4\ 为\ PTHF\text{-}Ⅰ$$

$$PEG\text{-}Ⅰ\ 或\ PTHF\text{-}Ⅰ \xrightarrow{h\nu} \cdot CH_2-\underset{\underset{O}{\overset{}{\|}}}{C}-O-(CH_2)_m-O-\underset{\underset{O}{\overset{}{\|}}}{C}-CH_2 \cdot + 2\cdot S-\underset{\underset{S}{\overset{}{\|}}}{C}-N(C_2H_5)_2$$

$$\downarrow M$$

$$M_n-CH_2-\underset{\underset{O}{\overset{}{\|}}}{C}-O-(CH_2)_m-O-\underset{\underset{O}{\overset{}{\|}}}{C}-CH_2-M_n$$

2. 用非极性单体合成嵌段共聚物

主要用双锂活性对苯乙烯、丁二烯、异戊二烯等单体进行引发、聚合，得到三嵌段以上的聚合物，如 SBS、SIS、SISIS、SBSBS 等，这类聚合物多作为非硫化用的热塑性弹性体。

3. 用极性单体和非极性单体合成嵌段共聚物

① 双嵌段共聚物　在通用烷基锂为引发剂；先非极性单体聚合，再使极性单体聚合；合理使用溶剂；保护活性离子对；控制常温或较高温度等条件下，可以得到 P（S-b-TBMA）、P（B-b-TBMA）、P（Ip-b-TBMA）、P（S-b-IBMA）及 P（B-b-MMA）等双嵌段共聚物。

② 三嵌段共聚物　在使用双锂引发剂；非极性单体聚合成中段，保护活性离子对，再极性单体聚合；极性溶剂或极性添加剂；尽量多的添加极性物质等条件下，可得到使用温度高，耐油性强，对极性物质黏结力大的热塑性弹性体 P(MMA-b-Bd-b-MMA)、P(TBMA-b-Bd-b-TBMA)、P(IBMA-b-Bd-b-IBMA)、P(TBMA-b-Ip-b-TBMA) 和非弹性体 P（TBMA-b-S-b-TBMA）、P（TBA-b-S-TBA）等三嵌段共聚物。

（二）泡沫体系分散聚合方法

泡沫体系分散聚合是用气体将聚合体系分隔成无数细小的泡沫，使聚合组分转化为泡沫的表面液膜和连续多个液膜的"多面边界液胞"，形成特殊分散相进行聚合的方法。或者是对于以气体为分散介质，以含有单体、共聚单体、接枝骨架、链转移剂、泡沫稳定剂、分散剂及引发剂等聚合组分的特定分散形式液膜及液胞为分散相，在分散相内完成链引发、链增长、链转移、链终止反应等过程。

泡沫体系分散聚合是对本体聚合、溶液聚合的改造，兼具备本体聚合（优点是单体浓度大，产品纯度高）和溶液聚合（优点是溶剂分散作用大，聚合热容易导出）的双重优点；还具有由于液胞被界面隔离和固定，组成液胞的单体组分和聚合过程中生成的链自由基基本上不扩散，也很难从一个液胞向另一个液胞迁移的独特特点。与其他分散聚合相比，具有分散介质容易分离、聚合过程不需要搅拌、聚合热能够充分利用、脱除气体易分离和纯化、无废液污染、易连续化生产的优点。

1. 泡沫体系分散聚合的适用范围

泡沫体系分散聚合方法主要适用于水溶性单体在高浓度液体、溶胶、凝胶、淤浆分散体系中进行的均聚合、共聚合、调节聚合和接枝共聚。

特别适用于高浓度单体、避免高黏度聚合的体系；聚合热快速上升难以控制的体系；由单体水溶液直接制备含水量低的固体聚合物的聚合体系。

这些水溶性单体主要包括：丙烯酸、丙烯磺酸、2-丙烯酰胺-2-甲基丙磺酸、甲基丙烯酸、甲基丙烯酸聚乙二醇酯、4-乙烯基苯磺酸、丙烯酰胺、甲基丙烯酰胺、2-氨基丙烯腈、二甲基二烯丙基氯化铵、乙烯基吡咯等；水溶性接枝骨架主要有水溶性淀粉、缩甲基淀粉、缩甲基纤维素、淀粉及纤维素的其他水溶液；水分散性接枝骨架主要是淀粉、玉米粉、小麦粉、纸纤维、膨润土、水化蒙脱石等。

2. 泡沫体系分散聚合场所

先液膜引发，后液胞增长、转移、终止。

3. 泡沫体系分散聚合动力学特征

转化率-时间曲线由两段不同的聚合速率组成，其中前段斜率小，后段斜率大。

4. 泡沫体系分散聚合工艺特征

① 充分利用 Norrish-Trmasdorf 效应（凝胶效应）　利用骨架预凝胶化技术使聚合体系增稠，一是可以便于形成均匀的泡沫体系；二是可以使骨架自由基分散在位置固定的黏稠液

胞内；三是由于黏稠使骨架自由基扩散受阻但对单体扩散影响较小，使 Norrish-Trmasdorf 效应在反应开始时就出现，以便实现高速聚合。

② 充分利用气体分散介质的作用　聚合初期利用气体的膨胀和扩散控制和调节聚合热的散发，使聚合在恒定的温度下进行；聚合中期利用气体的膨胀和部分气体逸出带走聚合热，控制聚合反应，实现高浓度下的快速聚合；聚合后期利用气体的大量逸出带走体系的小分子和加速水分挥发，从而浓缩单体，提高单体最终转化率，同时可以防止聚合物的氧化。

③ 充分利用聚合热　利用聚合所放出的热量维持聚合反应的高速度、脱除单体和小分子产物纯化产物、利用脱出的气体用于产物干燥。

④ 充分利用新聚合技术的高效特征　聚合时间短（一般需要 10～20min），节能、高效。

5. 泡沫体系分散聚合工艺设计原则与工业实施方法

(1) 泡沫体系分散聚合工艺设计原则

充分利用 Norrish-Trmasdorf 效应、气体分散介质的作用、聚合热及体现高效率的特征；同时，聚合体系初始阶段设计成黏稠液体系、溶胶体系、凝胶体系或淤浆体系；聚合场所为黏稠液胞、溶胶胞、凝胶胞、淤浆胞；最好采用 CO_2 气体作为分散介质。工艺过程可以分为连续化和两段化聚合过程。

(2) 泡沫体系分散聚合工业实施方法

① 铸带式连续化两段法聚合　这是将泡沫化聚合体系分布在连续传动带上进行聚合，通过控制发泡速度的脱气时间，使聚合过程分为铸带式产物形成阶段和产物粉碎阶段。

② 前缘式连续化聚合　这是通过低速离心方法将泡沫化的聚合体系洒布于容积较大的反应器中进行聚合的方法，可以直接得到粉状产品。

6. 泡沫体系分散聚合的应用研究

主要包括泡沫体系 $Ce^{4+} \rightarrow Ce^{3+}$ 循环引发丙烯基单体与淀粉的分散接枝聚合；丙烯基单体与羟基侧基水溶性高分子骨架的泡沫体系分散接枝聚合；泡沫体系水溶性单体原子转移自由基分散聚合；泡沫体系中水溶性单体催化链转移自由基分散聚合等方面的应用研究。

7. 泡沫分散聚合工业化应用研究

主要包括丙烯酸钠高浓度淤浆的泡沫分散共聚合；水溶性单体两性离子聚合物泡沫体系分散聚合；淀粉接枝吸水树脂的泡沫体系分散接枝聚合；生产纸纤维接枝共聚物吸水材料的泡沫体系分散聚合；生产钠膨润土层间吸附聚合物的泡沫体系分散聚合；生产 CMC 接枝聚阴离子纤维素的泡沫体系分散聚合等方面的工业化应用研究。

第二节　自由基共聚合反应的工业实施

一、ABS 树脂的生产

ABS 树脂是丙烯腈-丁二烯-苯乙烯的三元共聚物，由于它具有优良的耐冲击韧性和综合性能，是重要的工程塑料之一，应用非常广泛。

（一）主要原料

单体中的丁二烯见第四章顺丁橡胶生产部分内容；苯乙烯见第二章聚苯乙烯生产部分内容；丙烯腈见本章腈纶纤维生产的部分内容。

（二）ABS 树脂的生产工艺

合成 ABS 树脂的方法很多，大体上可以分为掺合法和接枝共聚法两大类，如图 6-11 所示。

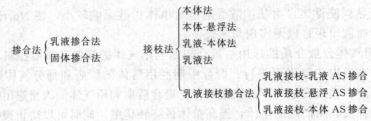

图 6-11　ABS 树脂的工业制法图

1. 掺合法

这是将苯乙烯-丙烯腈共聚物树脂与橡胶及其他添加剂一起进行熔融混炼掺合。其中苯乙烯-丙烯腈共聚物树脂是通过悬浮聚合或乳液聚合而制得的含 20%～30%丙烯腈的共聚物；而所用的橡胶是低温乳液聚合得到的丁苯橡胶、顺丁橡胶、丁腈橡胶和异二烯橡胶等。使用最多的是含 20%～40%丙烯腈的丁腈橡胶。

掺合有两种方法，一种是两种乳液及其他添加剂掺合，再加入电解质破乳、沉淀、分离、干燥，在螺杆挤出机熔融混炼造粒。另一种方法是将固体树脂、橡胶及添加剂，在混炼机上熔融混炼掺合。例如将 65～70 份含丙烯腈-苯乙烯共聚物树脂，在混炼机上加热到 150～200℃，直至树脂完全熔融，再加入 30～35 份含丙烯腈 35%的丁腈橡胶和适当的硫化剂、添加剂，在 150～180℃ 混炼 20min，得到均匀的混合物。可直接在 150～170℃，1.37～13.7MPa 压力下压延成表面光滑的 ABS 板材。如果改用顺丁橡胶代替部分丁腈橡胶，如 62～80 份苯乙烯-丙烯腈共聚树脂，8～26 份丁腈橡胶，8～26 份顺丁橡胶进行混炼，得到弹性模量、硬度、低下耐冲击强度更好的 ABS 塑料。

2. 接枝共聚法

通过改变接枝共聚单体配比和组合方式，用不同的聚合方法，可以得到产品性能变化范围很大的不同规格的 ABS 树脂。根据产物中橡胶含量的多少，可以分为高抗冲击型、中冲击型、通用型和特殊性能型几种。

下面介绍工业上应用较多的苯乙烯、丙烯腈在丁二烯橡胶上接枝的 ABS 树脂生产过程。如图 6-12 所示。

其中一例：将 100 份丁二烯、180 份水、5 份油酸钠、0.56 份过氧化异丙苯引发剂及其他添加剂在聚合釜中分散成乳液，在 10℃ 进行聚合，直到 75%的丁二烯转化，未反应的丁二烯用水蒸气蒸馏除去，得丁二烯橡胶乳液。

然后，按固体计取丁二烯橡胶乳液 30 份，与 300 份水、50 份苯乙烯、20 份丙烯腈、0.5 份过硫酸钾引发剂、0.5 份油酸钠和 0.1 份链转移剂，在不锈钢聚合釜中，于氮气保护下，高速搅拌，于 50℃左右进行接枝共聚。未反应的单体用水蒸气蒸馏除去，加盐类（如 $CaCl_2$）水溶液破乳沉淀，离心分离，用热空气或真空干燥得 ABS 树脂。

（三）ABS 树脂的结构、性能及用途

1. ABS 树脂的结构

ABS 大分子主链由三种结构单元重复连接而成，不同的结构单元赋予其不同的性能：丙烯腈耐化学腐蚀剂性好、表面硬度高；丁二烯韧性好；苯乙烯透明性、着色性、电绝缘性及加工性好。三种单体结合在一起，就形成了坚韧、硬质、刚性的 ABS 树脂。不同厂家生产的 ABS 树脂因结构差异较大，所以性能差异也较大。

2. ABS 树脂的性能

ABS 树脂的具体性能参见附录表 3（二）。

① 一般性能　ABS 的外观为不透明呈象牙色的粒料，其制品可着成五颜六色，并具有

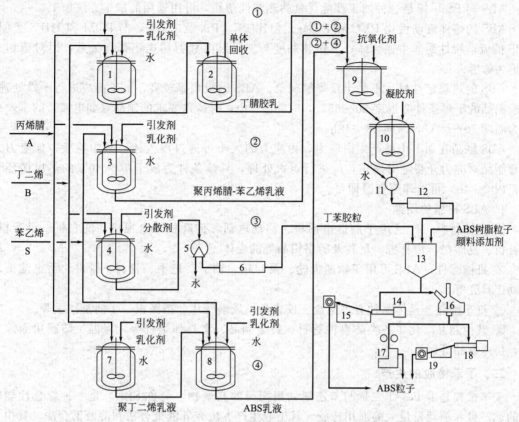

图 6-12 间歇法制造 ABS 树脂的几种工艺流程
①+②：二元无规共聚物的掺合
②+④：接枝共聚物与无规的掺合

1，2，3，4，7，8—聚合釜；5—离心机；6，12—干燥器；9—胶乳混合罐；10—凝胶罐；
11—过滤器；13—料斗；14，18—挤出机；15，19—切粒机；16—密闭式混炼机；17—粉碎机

90%的高光泽度。ABS 的相对密度为 1.05，吸水率低。ABS 同其他材料的结合性好，易于表面印刷、涂层和镀层处理。ABS 的氧指数为 18.2，属易燃聚合物，火焰呈黄色，有黑烟，烧焦但不落滴，并发出特殊的肉桂味。

② 力学性能　ABS 有优良的力学性能，其冲击强度极好，可以在极低的温度下使用；即使 ABS 制品被破坏也只能是拉伸破坏而不会是冲击破坏。ABS 的耐磨性优良，尺寸稳定性好，又具有耐油性，可用于中等载荷和转速下的轴承。ABS 的耐蠕变性比 PSF 及 PC 大，但比 PA 及 POM 小。ABS 的弯曲强度和压缩强度属塑料中较差的。ABS 的力学性能受温度的影响较大。

③ 热学性能　ABS 的热变形温度为 93~118℃，制品经退火处理后还可提高 10℃ 左右。ABS 在 -40℃ 时仍能表现出一定的韧性，可在 -40~100℃ 的温度范围内使用。

④ 电学性能　ABS 的电绝缘性较好，并且几乎不受温度、湿度和频率的影响，可在大多数环境下使用。

⑤ 环境性能　ABS 不受水、无机盐、碱及多种酸的影响，但可溶于酮类、醛类及氯代烃中，受冰乙酸、植物油等侵蚀会产生应力开裂。ABS 的耐候性差，在紫外光的作用下易产生降解；于户外半年后，冲击强度下降一半。

3. ABS 树脂的加工性能

ABS同PS一样是一种加工性能优良的热塑性塑料,可用通用的加工方法加工。

ABS的熔体流动性比PVC和PC好,但比PE、PA及PS差,与POM和HIPS类似;ABS的流动特性属非牛顿流体;其熔体黏度与加工温度和剪切速率都有关系,但对剪切速率更为敏感。

ABS的热稳定性好,不易出现降解现象。ABS的吸水率较高,加工前应进行干燥处理。一般制品的干燥条件为温度80~85℃,时间2~4h;对特殊要求的制品(如电镀)的干燥条件为温度70~80℃,时间18~18h。

ABS制品在加工中易产生内应力,内应力的大小可通过浸入冰乙酸中检验;如应力太大和制品对应力开裂绝对禁止,应进行退火处理,具体条件为放于70~80℃的热风循环干燥箱内2~4h,再冷却至室温即可。

4. ABS树脂的用途

① 壳体材料 广泛用于制造电话机、移动电话、传呼机、电视机、洗衣机、录音机、收音机、复印机、传真机、玩具及厨房用品等的壳体。

② 机械配件 ABS可用于制造齿轮、泵叶轮、轴承、把手、管材、管件、蓄电池槽及电动工具壳等。

③ 汽车配件 具体品种有方向盘、仪表盘、风扇叶片、挡泥板、手柄及扶手等。

④ 其他制品 化工各类防腐蚀管材、镀金制品、文具如笔杆等,保温、防震用泡沫塑料,仿木制品等。

二、丁苯橡胶的生产

丁苯橡胶是由1,3-丁二烯与苯乙烯共聚而得的高聚物,简称SBR,是一种综合性能较好的、产量和消耗量最大的通用橡胶。其工业生产方法有乳液聚合法和溶液聚合法,其中主要是采用乳液聚合生产的丁苯橡胶。其品种有低温丁苯橡胶、高温丁苯橡胶、低温丁苯橡胶炭黑母炼胶、低温充油丁苯橡胶、高苯乙烯丁苯橡胶、液体丁苯橡胶等。采用溶液聚合生产的丁苯橡胶有烷基锂引发、醇烯配合物引发、锡偶联、高反式等丁苯橡胶。下面重点介绍低温丁苯橡胶的生产工艺技术。

(一) 主要原料

1. 1,3-丁二烯

参看第四章第二节部分内容。

2. 苯乙烯

参看第二章第二节内容。

(二) 丁苯橡胶的生产工艺

1. 聚合原理

丁二烯与苯乙烯在乳液中按自由基共聚合反应机理进行聚合反应。其反应式与产物结构式为:

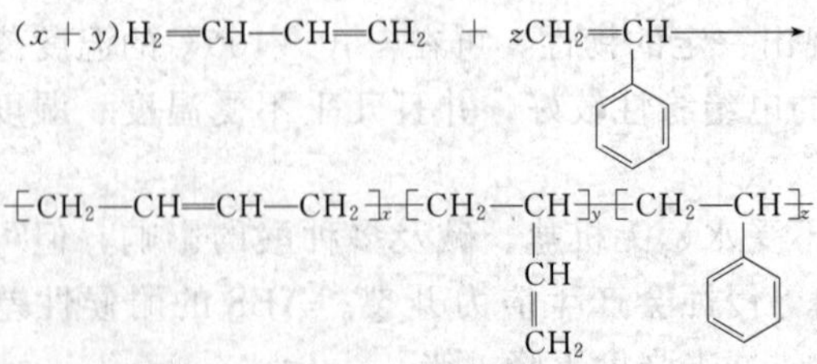

$$(x+y)H_2=CH-CH=CH_2 + zCH_2=CH-C_6H_5 \longrightarrow$$

$$[CH_2-CH=CH-CH_2]_x[CH_2-CH(CH=CH_2)]_y[CH_2-CH(C_6H_5)]_z$$

在典型的低温乳液聚合共聚物大分子链中顺式约占9.5%,反式约占55%,乙烯基约占12%。如果采用高温乳液聚合,则其产物大分子链中顺式约占16.6%,反式约占46.3%,

乙烯基约占13.7%。

2. 低温乳液聚合生产丁苯橡胶工艺

(1) 典型配方

典型低温乳液聚合生产丁苯橡胶配方及工艺条件如表6-9所示。

表6-9 典型低温乳液聚合生产丁苯橡胶配方及工艺条件

原料及辅助材料				配方Ⅰ	配方Ⅱ
单体			丁二烯	70	72
			苯乙烯	30	28
相对分子质量调节剂			叔十二烷基硫醇	0.20	0.16
介质			水	200	195
乳化剂			歧化松香酸钠	4.5	4.62
			烷基芳基磺酸钠	0.15	—
引发剂体系	过氧化物		过氧化氢对蓝烷	0.08	0.06~0.12
	活化剂	还原剂	硫酸亚铁	0.05	0.01
			雕白粉	0.15	0.04~0.10
		螯合剂	EDTA	0.035	0.01~0.025
缓冲剂			磷酸钠	0.08	0.24~0.45
反应条件			聚合温度/℃	5	5
			转化率/%	60	60
			聚合时间/h	7~12	7~10

(2) 条件确定

① 分散介质 一般以水为分散介质。要求必须采用去离子水,以保证乳液的稳定和聚合产物的质量。用量一般为单体量的60%~300%,水量多少对体系的稳定性和传热都有影响,水量少,乳液稳定性差,不利于传热;尤其在低温下聚合这种影响更大。因此,低温乳液聚合生产丁苯橡胶要求乳液的浓度低一些为好,一般控制单体与水的物质的量比为(1:1.05)~(1:1.8),而高温乳液聚合则为(1:2.0)~(1:2.5)。

② 单体纯度 丁二烯的纯度≥99%。对于由丁烷、丁烯氧化脱氢制得的丁二烯中丁烯含量≤1.5%,硫化物≤0.01%,羰基化合物≤0.006%;对于石油裂解得到的丁二烯中炔烃的含量≤0.002%,以防止交联增加丁苯橡胶的门尼黏度。阻聚剂低于0.001%时对聚合没有明显影响,当高于0.01%时,要用浓度为10%~15%的NaOH溶液于30℃进行洗涤除去。苯乙烯的纯度≥99%,并且不含二乙烯基苯。

③ 聚合温度 与聚合采用的引发剂体系有关。低温乳液聚合生产丁苯橡胶采用氧化-还原引发体系,可以在5℃或更低温度下(-10~-18℃)进行,同时,链转移少,产物中低聚物和支链少,反式结构可达70%左右。低温乳液聚合所得到的丁苯橡胶又称为冷丁苯橡胶。如果采用$K_2S_2O_8$为引发剂,反应温度为50℃,反应转化率为72%~75%。低温下聚合的产物比高温下聚合的产物性能好。

④ 转化率与聚合时间 为了防止高转化下发生的支化、交联反应,一般控制转化率为60%~70%,多控制在60%左右。未反应的单体回收循环使用。反应时间控制在7~12h,反应过快会造成传热困难。

(3) 低温乳液聚合生产丁苯橡胶工艺过程

低温乳液聚合生产丁苯橡胶工艺流程如图6-13所示。

用计量泵将规定数量的相对分子质量调节剂叔十烷基硫醇与苯乙烯在管路中混合溶解,再在管路中与处理好的丁二烯混合。然后与乳化剂混合液(乳化剂、去离子水、脱氧剂等)等在管路中混合后进入冷却器,冷却至10℃。在与活化剂溶液(还原剂、螯合剂等)混合,从第一个釜的底部进入聚合系统，氧化剂直接从第一个釜的底部直接进入。聚合系统由8~12台聚合釜组成，采用串联操作方式。当聚合当到规定转化率后，在终止釜前加入终止剂终止反应。聚合反应的终点主要根据门尼黏度和单体转化率来控制，转化率是根据取样测定固体含量来计算，门尼黏度是根据产品指标要求实际取样测定来确定。虽然生产中转化率控制在60%左右，但当所测定的门尼黏度达到规定指标要求，而转化率未达到要求时，也就加终止剂终止反应，以确保产物门尼黏度合格。

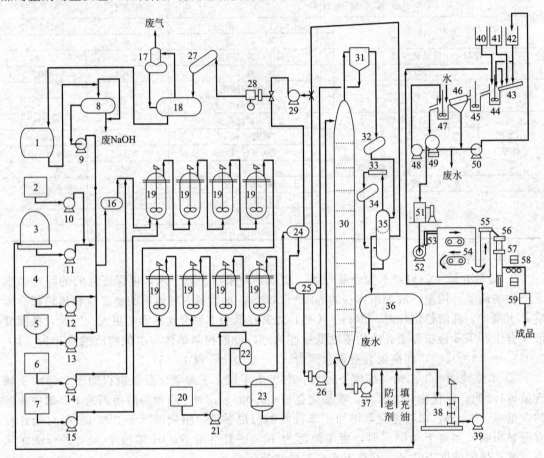

图 6-13 乳液聚合生产丁苯橡胶工艺流程

1—丁二烯原料罐；2—调节剂槽；3—苯乙烯贮罐；4—乳化剂槽；5—去离子贮槽；6—活化剂槽；
7—过氧化物贮罐；8~15，21，39，48，49—输送泵；16—冷却器；
17—洗气罐；18—丁二烯贮罐；19—聚合釜；20—终止贮罐；22—终止釜；23—缓冲罐；
24，25—闪蒸器；26，37—胶液泵；27，32，34—冷凝器；28—压缩机；29—真空泵；
30—苯乙烯汽提塔；31—气体分离器；33—喷射泵；35—升压器；36—苯乙烯罐；38—混合槽；
40—硫酸贮槽；41—食盐水贮槽；42—清浆液贮槽；43—絮凝槽；44—胶粒化槽；45—转化槽；
46—筛子；47—再胶浆化槽；50—真空旋转过滤器；51—粉碎机；52—鼓风机；53—空气输送带；
54—干燥机；55—输送器；56—自动计量器；57—成型机；58—金属检测器；59—包装机

从终止釜流出的终止后的胶液进入缓冲罐。然后经过两个不同真空度的闪蒸器回收未反应的丁二烯。第一个闪蒸器的操作条件是22~28℃，压力0.04MPa，在第一个闪蒸器中蒸出大部分丁二烯；再在第二个闪蒸器中（温度27℃，压力0.03MPa）蒸出残存的丁二烯。回收的丁二烯经压缩液化，再冷凝除去惰性气体后循环使用。脱除丁二烯的乳胶进入苯乙烯汽提塔（高约10m，内有十余块塔盘）上部，塔底用0.1MPa的蒸汽直接加热，塔顶压力为

12.9kPa，塔顶温度50℃，苯乙烯与水蒸气由塔顶出来，经冷凝后，水和苯乙烯分开，苯乙烯循环使用。塔底得到含胶20%左右的胶乳，苯乙烯含量<0.1%。

经减压脱出苯乙烯的塔底胶乳进入混合槽，在此与规定数量的防老剂乳液进行混合，必要时加入充油乳液，经搅拌混合均匀后，送入后处理工段。

混合好的乳胶用泵送到絮凝器槽中，加入24%~26%食盐水进行破乳而形成浆状物，然后与浓度0.5%的稀硫酸混合后连续流入胶粒化槽，在剧烈搅拌下生成胶粒，溢流到转化槽以完成乳化剂转化为游离酸的过程，操作温度均为55℃左右。

从转化槽中溢流出来的胶粒和清浆液经振动筛进行过滤分离后，湿胶粒进入洗涤槽用清浆液和清水洗涤，操作温度为40~60℃。洗涤后的胶粒再经真空旋转过滤器脱除一部分水分，使胶粒含水低于20%，然后进入湿粉碎机粉碎成5~50mm的胶粒，用空气输送器送到干燥箱中进行干燥。

干燥箱为双层履带式，分为若干干燥室分别控制加热温度，最高为90℃，出口处为70℃。履带为多孔的不锈钢板制成，为防止胶粒黏结，可以在进料端喷淋硅油溶液，胶粒在上层履带的终端被刮刀刮下落入第二层履带继续通过干燥室干燥。干燥至含水<0.1%。然后经称量、压块、检测金属后包装得成品丁苯橡胶。

(4) 生产中注意的问题

① 聚合釜的传热问题 由于低温乳液聚合的温度要求在5℃左右，因此，对聚合釜的冷却效率要求很高，工业生产中多采用在聚合釜内安装垂直管式氨蒸发器的方法进行冷却。如图6-14所示。

聚合釜搅拌器转速为105~120r/min。

② 单体回收中的问题 在闪蒸过程中，为防止胶乳液沸腾产生大量气泡，需要加入硅油或聚乙二醇等消泡剂，并采用卧式闪蒸槽以增大蒸发面积。在脱苯乙烯塔中容易产生凝集物而造成堵塞筛板降低蒸馏效率，因此要定期清洗黏附在器壁上的聚合物。为了防止在回收系统产生爆聚物，可采用药剂处理或加入亚硝酸钠、碘、硝酸等抑制剂。

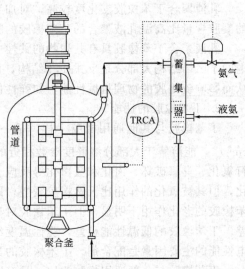

图6-14 氨冷却式聚合釜

(三) 丁苯橡胶的结构、性能及用途

1. 丁苯橡胶的结构

典型丁苯橡胶的结构特征如表6-10所示。

表6-10 典型丁苯橡胶的结构特征

丁苯橡胶类型	宏观结构					微观结构/%		
	支化	凝胶	$\overline{M}_n$	HI	聚苯乙烯含量/%	顺式	反式	乙烯基
低温乳液聚合丁苯橡胶	中等	少量	100000	4~6	23.5	9.5	55	12
高温乳液聚合丁苯橡胶	大量	多	100000	7.5	23.4	16.6	46.3	13.7

大分子宏观结构包括：单体比例、平均相对分子质量及分布、分子结构的线性或非线性、凝胶含量等。微观结构主要包括：丁二烯链段中顺式-1,4、反式-1,4和1,2-结构（乙烯

基)的比例,苯乙烯、丁二烯单元的分布等。其中乙烯基含量对性能影响较大,含量越低,丁苯橡胶的玻璃化温度越低。

丁苯橡胶的玻璃化温度取决于苯乙烯均聚物的含量。苯乙烯和丁二烯可以按需要的比例从100%的聚丁二烯(顺式、反式的玻璃化温度都是−100℃)到100%的聚苯乙烯(玻璃化温度为90℃)。玻璃化温度对硫化胶的性质起重要作用。大部分乳液聚合丁苯橡胶含苯乙烯为23.5%,这种含量的丁苯橡胶具有较好的综合物理机械性能。

非充油乳液聚合丁苯橡胶的数均相对分子质量约为100000。低于该值的丁苯橡胶在贮存时易发生冷流现象;高于该值的加工困难。对于充油丁苯橡胶的相对分子质量可相对高一些。

乳液聚合丁苯橡胶的相对分子质量分布比溶液聚合丁苯橡胶宽。前者的相对分子质量分散系数为4~6,而溶液聚合丁苯橡胶的相对分子质量分散系数为1.5~2.0。

乳液聚合丁苯橡胶支化度较高,对加工有利。从凝胶的含量看,低温乳液聚合丁苯橡胶的凝胶含量比高温乳液聚合的丁苯橡胶的凝胶含量低。

乳液聚合丁苯橡胶具有共聚物的共性——单体单元无规排列,不能结晶。并且橡胶主链上的丁二烯结构大部分是反式-1,4结构,加之又有苯环,因而体积效应大,分子链柔性低,从而影响硫化胶的物理机械性能,如弹性低、生热高等。

2. 丁苯橡胶的性能

丁苯橡胶与其他通用橡胶一样,是一种不饱和烯烃高聚物。溶解度参数约为 8.4 $(J/cm^3)^{\frac{1}{2}}$,能溶解于大部分溶解度参数相近的烃类溶剂中,而硫化胶仅能溶胀。丁苯橡胶能进行氧化、臭氧破坏、卤化和氢卤化等反应。在光、热、氧和臭氧结合作用下发生物理化学变化,但其被氧化的作用比天然橡胶缓慢,即使在较高温下老化反应的速度也比较慢。光对丁苯橡胶的老化作用不明显,但丁苯橡胶对臭氧的作用比天然橡胶敏感,耐臭氧性比天然橡胶差。丁苯橡胶的低温性能稍差,脆性温度约为−45℃。与其他通用橡胶相似,影响丁苯橡胶电性能的主要因素是配合剂。丁苯橡胶的具体性能参见附录表6(一)。

丁苯橡胶与一般通用橡胶相比,具有以下优缺点。

① 缺点 纯丁苯橡胶强度低,需要加入高活性补强剂后方可使用;丁苯橡胶加配合剂比天然橡胶难度大,配合剂在丁苯橡胶中分散性差;反式结构多,侧基上带有苯环,因而滞后损失大,生热高,弹性低,耐寒性也稍差,但充油后可以降低生热;收缩大,生胶强度低,黏性差;硫化速度慢;耐屈挠龟裂性比天然橡胶好,但裂纹扩展速度快,热撕裂性能差。

② 优点 硫化曲线平坦,胶料不易烧焦和过硫;耐磨性、耐热性、耐油性和耐老化性等均比天然橡胶好,高温耐磨性好,适用于车用胎;在加工过程中相对分子质量降低到一定程度后就不再降低,因而不易过炼,可塑度均匀,硫化橡胶硬度变化小;提高相对分子质量可以实现高填充,充油橡胶的加工性能好;容易与其他高不饱和通用橡胶并用,尤其是与天然橡胶或顺丁橡胶并用,经配合调整可以克服丁苯橡胶的缺点。

3. 丁苯橡胶的用途

按国际合成橡胶生产协会(IISRP)的规定,可以用数字表示六大丁苯橡胶系列,即1000系列(高温乳聚丁苯胶)、1100系列(高温乳聚丁苯胶炭黑母炼胶)、1500系列(低温乳聚丁苯胶)、1600系列(低温乳聚丁苯胶炭黑母炼胶)、1700系列(低温乳聚充油丁苯胶)、1800系列(低温乳聚丁苯胶炭黑母炼胶),其中以1500系列产品为主。

绝大多数丁苯橡胶用于轮胎工业,其次是汽车零件、工业制品、电线和电缆包皮、胶管和胶鞋等。

三、腈纶纤维的生产

腈纶纤维学名聚丙烯腈纤维,是三大合成纤维之一。一般是以丙烯腈为主要单体(含量大于85%)与少量其他单体共聚而得的。由于在外观、手感、弹性、保暖性等方面类似于羊毛,所以有"合成羊毛"之称。用途广泛,原料丰富,发展速度很快。

(一)主要原料

1. 主要单体——丙烯腈

丙烯腈的结构式为:$CH_2=CH-C\equiv N$

丙烯腈在常温常压下是具有独特气味的无色透明、易流动液体。相对分子质量为53.06,沸点为77.3℃,凝固点为-83.6℃,相对密度为0.8060,易燃、易爆,在空气中的爆炸极限为3.05%~17.0%(体积分数)。

丙烯腈能与苯、甲苯、四氯化碳、甲醇、乙醇、乙醚、丙酮、醋酸乙酯等许多有机溶剂以任何比例互溶,丙烯腈也能溶于水,其相互溶解度如表6-11所示。

表6-11 丙烯腈与水的相互溶解度(质量分数)

温度/℃	0	10	20	30	40	50	60	70	80
丙烯腈在水中/%	7.15	7.17	7.30	7.51	7.90	8.41	9.10	9.90	11.10
水在丙烯腈中/%	2.10	2.55	3.08	3.82	4.85	6.15	7.65	9.21	10.95

丙烯腈能与水、苯、甲醇、异丙醇、四氯化碳等形成二元共沸物。其中丙烯腈与水的共沸温度为71℃,含水12%(质量分数)。

丙烯腈分子中含有碳-碳双键和腈基,化学性质很活泼,能进行聚合反应(均聚和共聚)、加成反应、氰乙基化反应等。贮存、运输过程要加入酚类、胺类阻聚剂。

丙烯腈主要用于生产合成纤维、塑料、橡胶等高分子产品。

丙烯腈可以通过环氧乙烷与氢氰酸的合成法、乙炔与氢氰酸合成法、乙醛与氢氰酸合成法、丙烯氨氧化等方法合成,其中以丙烯氨氧化法为主。丙烯氨氧化法生产的丙烯腈质量指标如下:

纯度	<99%	外观	无色透明
沸点范围	75~78℃	折射率	1.3882~1.3892
水分	<0.5%	氢氰酸	<0.0005%
醛(乙醛)	<0.002%	不挥发组分	<0.05%
(丙烯醛)	<0.002%	铁	<0.00001%
过氧化物	0.0005%		

2. 其他单体

商品聚丙烯腈纤维大多数是以丙烯腈为主体的三元共聚物。工业生产中主要以丙烯酸酯、甲基丙烯酸酯、醋酸乙烯酯等为第二单体,用量5%~10%就可以减少聚丙烯腈分子间力,消除其脆性,从而可纺制成具有适当弹性的合成纤维——腈纶纤维。第三单体用量很少,一般是低于5%,主要是改进腈纶纤维的染色性能,为此,第三单体多是带有酸性基团的乙烯基单体,如乙烯基苯磺酸、甲基丙烯酸、亚甲基丁二酸(又称衣康酸)等;或者是带有碱性基团的乙烯基单体,如2-乙烯基吡啶、2-甲基-5-乙烯基吡啶等。为了便于控制,最好选择第二单体与第三单体的竞聚率都接近于1。

(二)聚丙烯腈的生产工艺

1. 原理与方法

聚合原理属于自由基共聚合反应,采用的引发剂可以是有机过氧化物、无机过氧化物和偶氮类化合物。

工业上采用的聚合方法有溶液聚合法（又称"一步法"）和水相沉淀聚合法（又称"二步法"）。一步法采用油溶性引发剂，单体和聚合产物都溶解于溶剂之中。其优点在于，反应热容易控制，产品均一，可以连续聚合，连续纺丝。但溶剂对聚合有一定的影响，同时还要有溶剂回收工序。二步法是采用水为介质，采用水溶性引发剂，聚合产物不溶解于水相而沉淀出来。其优点在于，反应温度低，产品色泽洁白，可以得到相对分子质量分布窄的产品，聚合速度快，转化率高，无溶剂回收工序等。缺点是在纺丝前，要进行聚合物的溶解工序。

2. 以丙烯腈为主的共聚物生产工艺

（1）以丙烯腈为主的共聚物溶液聚合生产工艺

① 投料配方　以丙烯腈、丙烯酸甲酯、亚甲基丁二酸为单体，以硫氰酸钠的水溶液为溶剂，单体按丙烯腈：丙烯酸甲酯：亚甲基丁二酸＝91.7：7：1.3 配比投料，采用配方如下：

单体（三元）	17%	浅色剂（二氧化硫脲）	0.75%
偶氮二异丁腈	0.75%	溶剂（51%～52%硫氰	80%～80.5%
调节剂（异丙醇）	1%～3%	酸钠水溶液）	

② 聚合条件　聚合温度76～80℃，聚合时间1.2～1.5h，高转化率控制在70%～75%，低转化率控制在50%～55%，搅拌速度55～80r/min，高转化率时溶液中聚合物浓度为11.9%～12.7%，低转化率时溶液中聚合物浓度为10%～11%。

③ 生产工艺　如图6-15所示。

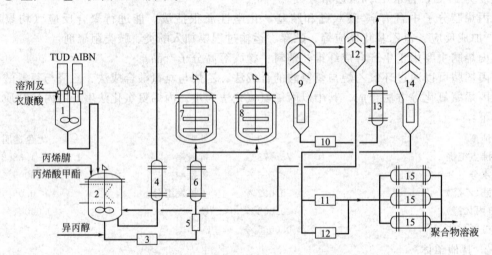

图6-15　以丙烯腈为主的共聚物溶液聚合生产工艺流程图
1—搅和器；2—混合器；3，10～12—过滤器；4，6—热交换器；5—计量；
7，8—聚合釜；9，14—脱单体塔；13—喷水冷凝器；15—冷凝器

将第三单体衣康酸与4%的NaOH配成13.5%的衣康酸钠溶液，并与偶氮二异丁腈、二氧化硫脲混合后，送入混合器与丙烯腈、丙烯酸甲酯进行混合，调节pH值为4～5。混合好的物料与异丙醇一起经过滤器过滤，通过热交换器控制进料温度后，进行聚合釜，并根据工艺条件进行聚合。聚合后的浆液在两个脱单体塔内真空脱单体，真空度为0.091MPa。从混合器抽出一部分混合液冷却至9℃送入喷淋冷凝器作为喷淋液使用，由两个脱单体塔出来的混合蒸气被喷淋液冷凝成液体，一起返回到混合器循环使用。蒸气被冷凝成液体，体积减小而形成真空，聚合物中最终单体含量小于0.2%，可以直接送去纺丝。

④ 主要设备　聚合釜与脱单体塔示意图如图6-16和图6-17所示。

从混合器来的混合液，在进入聚合釜前，先进入由分段加热器和冷凝器组成的进料温度控制器，下段用1℃水冷却，上段用60℃热水加热，控制进料温度为15～18℃。聚合采用满釜操作，物料从底部进入，从上面出料。釜的高径比为（2∶1）～（1∶1）。用夹套调节聚合温度。第一、三搅拌叶使聚合液向下流动，第二搅拌叶使聚合液向上流动。

脱单体塔内有五层伞，最上层起阻挡作用，防止物液直冲喷淋冷凝器或真空管道。第二至第五层伞是确保浆液在伞上形成薄膜以增加蒸发面积，使浆液内的单体和气体易于逸出。伞圆锥角一般为120°角。浆液进入脱单体塔时采用同心套管，内外管各通两层伞，以保证浆液均匀。

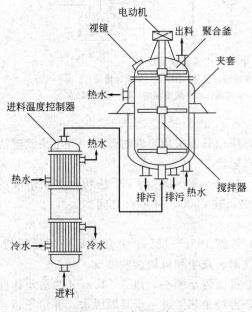

图 6-16 聚合釜示意图

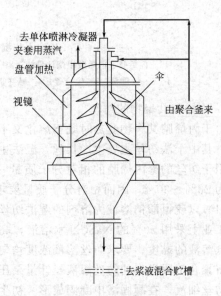

图 6-17 脱单体塔示意图

(2) 以丙烯腈为主共聚物的连续水相沉淀聚合生产工艺

以丙烯腈为主共聚物的连续水相沉淀聚合生产工艺如图 6-18 所示。其主要优点是可以采用水溶性氧化-还原引发体系引发，使聚合在 30～50℃ 之间甚至更低温度下进行，所得产物色泽较白；反应热容易移出，便于控制聚合温度，产物相对分子质量分布较窄；聚合速度快，粒子大小均一，聚合转化率比较高，聚合物含水率低，浆液好处理，对纺丝溶剂-硫氰酸钠浓水溶液纯度的要求低于一步法，回收工序简单。

将贮槽 2 中的水、引发剂、表面张力调节剂等用计量泵 5 连续送入聚合釜。同时，由计量泵 4 和 6 连续加入第一、第二和第三单体（单体总量为水量的 15%～40%，其中丙烯腈占 85% 以上），调节好 pH 值。反应物料在聚合釜中停留一定时间以确保转化率为 70%～80%。从聚合釜出来的含单体的高聚物淤浆流入终止釜，用 NaOH 水溶液改变高聚物淤浆的 pH 值使反应终止。再将高聚物淤浆送至脱单体塔，用低压蒸汽在减压下除去未反应的单体，单体回收后可以循环使用。脱除单体的高聚物淤浆经离心脱水、洗涤、干燥即得聚丙烯腈共聚物。

聚合采用的条件是：氧化剂与还原剂的比例为 0.1～1.0，引发剂的用量为单体质量的 0.1%～4%，pH 值维持在 2～3.5 之间，聚合温度 35～55℃，反应时间 1～2h，高聚物产率 80%～85%。为了降低表面张力以使相对分子质量稳定，一般要向反应混合物中加入硫醇及其他物质。

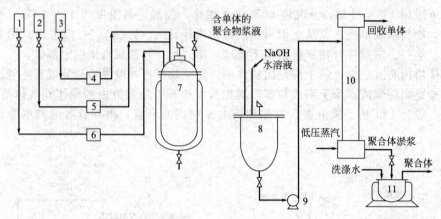

图 6-18　连续水相沉淀聚合生产工艺流程示意图

1—丙烯腈、丙烯酸甲酯计量槽；2—引发剂水溶液计量槽；3—第三单体计量槽；
4~6—计量泵；7—聚合釜；8—碱终止釜；9—淤浆泵；10—脱单体塔；11—离心机

3. 丙烯腈共聚物的纺丝

由于丙烯腈共聚物受热时既不熔化又不熔融，所以只能采用溶液纺丝法——干法及湿法纺丝。其中干法纺丝主要生产长丝，湿法主要生产短丝。

用于纺丝的聚丙烯腈的相对分子质量一般为 25000~80000。由于干法纺丝要求溶液的浓度为 28%~30%，因而相对分子质量要求低一些，在 25000~40000 之间。

（1）以硫氰酸钠溶液为溶剂的湿法纺丝

工业上采用 50% 的 NaSCN 水溶液，高聚物的浓度 10%~13%。并加入适当的稀释剂，以降低溶液的黏度。要求纺丝溶液浓度均匀，含气泡、灰尘和机械杂质极少。

将聚合工段送来的纺丝溶液经计量泵压入烛形过滤器至喷头，以 5~10m/s 的纺丝速度喷出纺丝细流，在凝固浴中凝固成形。初生的丝条再经预热浴进一步凝固脱水，并给予适当的拉伸后，于蒸汽加热下进行高倍率拉伸。拉伸后的纤维再经水洗、上油、干燥、热定型、卷曲、切断、打包等工序制得聚丙烯腈短纤维。

（2）以二甲基甲酰胺为溶剂的干法纺丝

以二甲基甲酰胺为溶剂的干法纺丝要求聚丙烯腈的相对分子质量不大于 50000。基本过程是将丙烯腈共聚物和二甲基甲酰胺加入溶解釜中溶解，制得浓度为 26%~30%、黏度为 600~800s（落球法）的纺丝溶液，经过滤及脱泡后，将纺丝液预热，并加入还原性稳定剂。纺丝液经计量泵压入喷丝头，在加热条件下喷出，挥发的溶剂送回收装置，凝固后的丝束经高速拉伸后，洗涤、上油、加捻、定型、卷绕即得聚丙烯腈长丝。干法制得的纤维具有柔性、弹性、耐磨性较好的优点。干法纺丝具有纺丝速度较高、溶剂回收过程简单的特点。不足之处是高温纺丝操作设备复杂，生产效率比湿法低。

（三）聚丙烯腈的结构、性能及用途

1. 聚丙烯腈的结构、性能

聚丙烯腈为白色粉末状物质，相对密度为 1.14~1.15。由于聚丙烯腈大分子中含有负电性的氰基（—CN），它能与 α-碳原子上的 H 原子成型牢固的氢键。因此，聚丙烯腈不溶于一般的溶剂，并具有很高的软化点，其理论熔点（267℃）超过分解温度 230℃。所以聚丙烯腈不能用熔融纺丝法纺丝。工业上采用的是强极性溶剂或浓无机盐溶液，如二甲基甲酰胺、二甲基亚砜、二乙基乙酰胺、51.7% NaSCN 水溶液、60% $ZnCl_2$ 等。

含有85%以上的丙烯腈共聚物，大分子间的极性虽然有所下降，但仍保持聚丙烯腈原有的基本特性。

聚丙烯腈在酸或碱的作用下将部分或全部皂化生成聚丙烯酰胺或聚丙烯酸盐。

通过共聚、混合纺丝、复合纺丝等方法可以改进聚丙烯腈纤维的染色性、耐热性、蓬松性与提高回弹性等性能。

2. 聚丙烯腈纤维的主要用途

由于聚丙烯纤维具有优良的耐光、耐气候性，所以除做衣服及毛毯之外，最适宜作室外织物，如帐篷、苫布等。

将聚丙烯腈纤维（共聚组分尽量少）经过高温处理可以得到碳纤维和石墨纤维。如在200℃左右的空气中保持一定时间，使其碳化，可以获得含碳93%左右的耐高温1000℃的碳纤维。若在2500~3000℃下继续进行热处理，可以获得分子结构为六方晶格的石墨纤维。石墨纤维是目前已知的热稳定性最好的纤维之一，可耐3000℃的高温。在高温下能经久不变形，并具有很高的化学稳定性，良好的导电性和导热性。因此，碳纤维是宇宙飞船、火箭、喷气技术以及工业上耐高温、防腐蚀领域的良好材料。在医疗上，还可以用于人工肋骨和肌腱韧带等。

小 结

自由基共聚合反应是对高聚物化学改性的主要方法。参加共聚合的单体越多，反应越复杂，最简单的是双组分共聚合，其产物结构可以分为无规、交替、嵌段、接枝等形式。共聚物的组成不但取决于单体的相对活性，还取决于单体的相对浓度。

ABS、丁苯橡胶、聚丙烯腈的生产工艺。

习 题

1. 双组分共聚物按两种单体在共聚物高分子链中的排列情况分为具体几种类型。
2. 解释理想共聚与交替共聚，它们的竞聚率关系怎样？并说明它们的意义。
3. 举例说明两种单体进行理想共聚、恒组分共聚和交替共聚的必要条件。
4. 在共聚反应中，单体对的竞聚率如下：

    r_1 0.05   0.01   0.01   0   0.2
    r_2 0.10   0.01   0   0   5

试绘制出各对单体形成的共聚物组成曲线，并说明前两情况的特征。计算 $f_1=0.5$ 时，低转化率下的 F_1。

5. 解释为什么要控制共聚物的组成？有哪几种控制方法？
6. 已知 $r_1=0.02$、$r_2=0.03$，求恒组分共聚点的配料比。
7. 简述 Q、e 概念，并解释如何根据 Q、e 来判断单体间的共聚性质。
8. 比较 ABS 的生产方法，并简述 ABS 树脂的主要性能与应用。
9. 简述低温丁苯橡胶的生产工艺条件。
10. 丁苯橡胶的结构、性能和用途。
11. 制备腈纶的主体原料是由哪些单体聚合而成？为什么不能单独用丙烯腈？
12. 简述腈纶的主体原料的生产过程。

第七章 缩聚反应与逐步加聚反应的原理及工业实施

学习目的与要求

通过本章的学习使学生掌握缩聚反应的基本概念、基本特点和类型，进而掌握缩聚反应的基本规律和应用。具体要求是：通过与加聚反应（如自由基聚合反应）的对比初步了解并掌握缩聚反应的基本特点与类型。初步了解并掌握缩聚反应单体的类型、特点及反应能力大小对缩聚反应的影响。掌握单体官能度与平均官能度的定义、区别与应用。初步掌握如何控制单体成环反应的发生。初步掌握线型缩聚反应的机理。正确理解官能团等活性理论的实质与应用。掌握反应程度与平均聚合度的定义与关系，并能正确计算缩聚反应产物的相对分子质量。掌握线型缩聚反应相对分子质量的控制原理与方法。初步掌握不平衡缩聚反应的特点、类型及主要的不平衡缩聚反应。掌握体型缩聚反应的基本特点及应用。掌握凝胶点的理论预测方法与实际测试方法。初步掌握典型逐步加聚反应及应用。学习并掌握聚酯、聚酰胺、酚醛树脂、聚氨酯、聚碳酸酯的生产工艺、结构、性能与用途。

第一节 缩聚反应与逐步加聚反应的原理

一、缩聚反应的特点与分类

缩聚反应是由含有两个或两个以上官能团的单体或各种低聚物之间的缩合反应，如下式所示：

$$\text{─[M]}_m + \text{─[M]}_n \rightleftharpoons \text{─[M]}_{m+n}$$

式中，m 和 n 可取 1，2，3，4，……等任意正整数值；M 为单体残基。

缩聚反应是合成高聚物的主要反应之一。通过缩聚反应合成的高聚物广泛用于工程塑料、纤维、橡胶、黏合剂和涂料。其主要产品有：尼龙、涤纶、酚醛树脂、脲醛树脂、氨基树脂、醇酸树脂、不饱和聚酯、环氧树脂、硅橡胶、聚硫橡胶、呋喃树脂、聚碳酸酯等。

缩聚反应还包括逐步加聚反应，其主要产品有聚氨酯、聚脲和梯型高聚物等。

（一）缩聚反应的特点

1. 缩聚反应的特点

（1）缩聚反应的逐步性

缩聚反应的链增长过程是逐步进行的，即缩聚反应是单体分子经过一系列缩合反应逐步完成的，而且，每一步都能形成稳定的化合物。在缩聚体系中，反应一开始单体就很快消失，转变成低聚物，然后，低聚物之间再发生缩合形成更高相对分子质量的聚合物。因此，缩聚反应转化率在反应一开始就急剧增加，随后变化不大，而缩聚物的相对分子质量却随反应时间的延长而逐步增加。

（2）缩聚反应的可逆性

多数缩聚反应为可逆平衡反应。即当反应进行到一定程度就达到平衡状态，这时，产物的相对分子质量不再随反应时间的延长而增加，要使产物的相对分子质量增加，必须将形成分子物不断从反应体系中移出，打破平衡，使反应向生成聚合物方向移动。

（3）缩聚反应的复杂性

缩聚反应是一个复杂的反应过程，除了链增长反应外，还有链裂解、交换和其他副反应发生。

其他特点可以通过缩聚反应与加聚反应的比较得出。

2. 缩聚反应与加聚反应的比较

缩聚反应与加聚反应（包括自由基聚合、离子型聚合等反应）的比较如表7-1所示。

表 7-1 缩聚反应与加聚反应的比较

比较项目	加聚反应	缩聚反应
大分子链形成的特点	按链节进行	按链段进行
聚合度与反应级数的关系	算术级数	几何级数
反应过程中活性大分子数目	不变	减少
活性大分子反应中心结构	不同于单体	类似于单体结构
聚合产物组成与单体组成	与单体组成相同	多数不同于单体组成
引发剂或催化剂	必需	不必需
聚合机理及增长速率	分为链引发、链增长、链终止三个不同的基元反应。增长反应活化能较小，反应速率极快，以秒计	无明显的链引发、链增长、链终止反应，反应活化能较高，反应速率慢，以小时计
热效应及反应平衡	反应热效应较大，$-\Delta H$ 约为 84kJ/mol；聚合极限温度高(200～300℃)；在一般温度下为不可逆反应	反应热效应较小，$-\Delta H$ 约为 21kJ/mol；聚合临界温度低(40～50℃)；在一般温度下为可逆反应
单体转化率与时间的关系	（图：x/% 对 t 曲线，S型上升）	（图：x/% 对 t 曲线，快速上升后趋平）
产物相对分子质量与时间的关系	（图：M_r 对 t 曲线，快速上升后趋平）	（图：M_r 对 t 曲线，线性上升）

（二）缩聚反应的分类

1. 按产物大分子的几何形状分类

（1）线型缩聚

参加反应的单体都带有两个官能团，反应中形成的大分子向两个方向发展，得到的产物为线型结构。如二元酸与二元醇生成聚酯的反应，二元酸与二元胺生成聚酰胺的反应。

$$n\text{HOOC}-\text{R}-\text{COOH} + n\text{HO}-\text{R}'-\text{OH} \rightleftharpoons \text{HO}\!-\![\text{OC}-\text{R}-\text{OC}-\text{O}-\text{R}'-\text{O}]_n\!\text{H} + (2n-1)\text{H}_2\text{O}$$
聚酯

$$n\text{HOOC}-\text{R}-\text{COOH} + n\text{H}_2\text{N}-\text{R}'-\text{NH}_2 \rightleftharpoons \text{HO}\!-\![\text{OC}-\text{R}-\text{OC}-\text{NH}-\text{R}'-\text{NH}]_n\!\text{H} + (2n-1)\text{H}_2\text{O}$$
聚酰胺

这类单体缩聚反应的通式为：

$$n\,\text{aAa} + n\,\text{bBb} \rightleftharpoons \text{a}\!-\![\text{AB}]_n\!\text{b} + (2n-1)\,\text{ab}$$

式中，a、b 代表官能团，A、B 代表残基。

又如 ω-羟基酸（HO—R—COOH）形成线型聚酯反应。

$$n \text{ HO—R—COOH} \rightleftharpoons \text{H}\mathord-\!\![\text{O—R—CO}]_n\!\!\mathord-\text{OH} + (n-1)\text{H}_2\text{O}$$

这类单体缩聚反应的通式为：

$$n\text{aAb} \rightleftharpoons \text{a}[\text{A}]_n\text{b} + (n-1)\text{ab}$$

（2）体型缩聚

参加反应的单体中至少有一种单体带有两个以上官能团，反应中大分子向三个方向发展，产物为体型结构。如丙三醇与邻苯二酸酐、苯酚与甲醛等的反应。通式为：

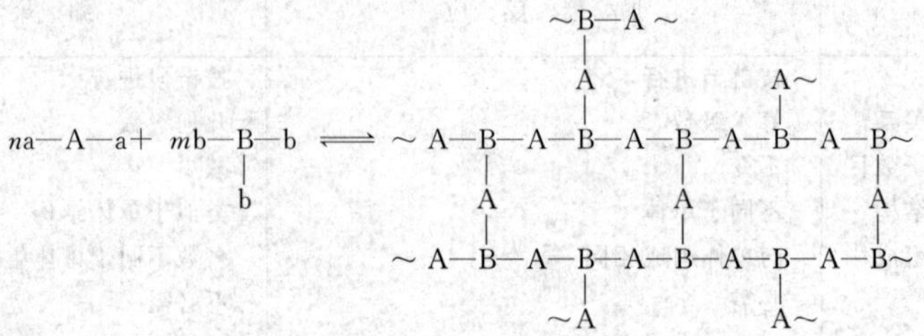

$$n\text{a—A—a} + m\text{b—B—b} \rightleftharpoons \text{体型结构}$$

2. 按参加反应的单体种类分类

（1）均缩聚

只有一种单体参加的缩聚反应，这种本身就带有两个可以相互反应的不同官能团，如 ω-氨基酸（$\text{H}_2\text{N—R—COOH}$）、$\omega$-羟基酸（HO—R—COOH）参加的缩聚反应。

（2）混缩聚

两种分别带有两个相同官能团的单体进行的缩聚反应。上面提到的二元酸与二元醇、二元胺与二元酸等。

（3）共缩聚

在均缩聚体系加入第二种单体或在混缩聚体系加入第三种单体（或第四种单体）进行的缩聚反应。

3. 按反应中生成的键合基团分类

按反应中生成的键合基团分类如表 7-2 所示。

表 7-2 缩聚物中常见的键合基团

反应类型	键合基团	典型产品
聚酯化反应	—C(=O)—O—	涤纶,聚碳酸酯,不饱和聚酯,醇酸树脂
聚酰胺化反应	—C(=O)—NH—	尼龙-6,尼龙-66,尼龙-1010,尼龙 610
聚醚化反应	—O—,—S—	聚苯醚,环氧树脂,聚苯硫醚,聚硫橡胶
聚氨酯化反应	—O—C(=O)—NH—	聚氨酯类
酚醛缩聚	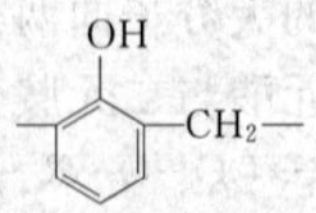 邻羟基苯—CH$_2$—	酚醛树脂
脲醛缩聚	—NH—C(=O)—NH—CH$_2$—	脲醛树脂
聚烷基化反应	$[\text{CH}_2]_n$	聚烷烃
聚硅醚化反应	—Si—O—	有机硅树脂

4. 按反应热力学的特征分类

(1) 平衡缩聚

一般指平衡常数小于 10^3 的缩聚反应，如聚对苯二甲酸乙二酯（涤纶）的生成反应。

(2) 不平衡缩聚

一般指平衡常数大于 10^3 的缩聚反应，这类反应多使用高活性单体或采取其他办法实现的。如二元酰氯与二元胺生成聚酰胺的反应。

二、缩聚反应的单体

参加缩聚反应的单体都带有两个或两个以上官能团，所谓官能团是指单体分子中能参加反应并能表征反应类型的原子团，其中直接参加反应的部分称为活性中心。官能团决定化学反应的行为，常见官能团有 —OH、—NH_2、—COOH，活泼原子（如活泼 H、Cl 等）；而聚合物链节的形成是活性中心作用的结果，如 —NH_2 与 —OH 中的氢原子是活性中心，官能团 —N=C=O 中活性中心是氮原子。但在不同的条件下和不同的反应中，同一个官能团中可能有不同的活性中心，例如，在中和反应中，—COOH 中的活性中心是氢原子，而酯化反应中，活性中心就是羟基。缩聚反应的单体及实际应用情况如表 7-3 所示。

表 7-3　缩聚反应的单体及应用

单体名称	单体	官能度	实际应用
乙二醇	HO—$(CH_2)_2$—OH	2	聚酯，聚氨酯
丙二醇	HO—$(CH_2)_3$—OH	2	聚酯，聚氨酯
丙三醇	HO—CH_2—CH(OH)—CH_2—OH	3	醇酸树脂，聚氨酯
丁二醇	HO—$(CH_2)_4$—OH	2	聚酯，聚氨酯
季戊四醇	HO—CH_2—C($CH_2OH)_2$—CH_2—OH	4	醇酸树脂
双酚 A	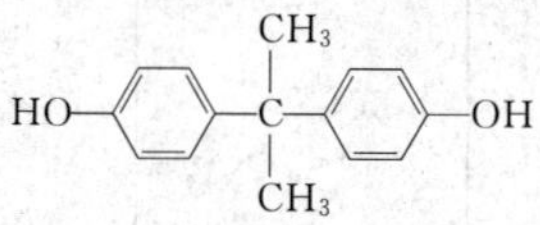 HO—C$_6$H$_4$—C(CH$_3$)$_2$—C$_6$H$_4$—OH	2	聚碳酸酯、聚芳砜，环氧树脂
苯酚	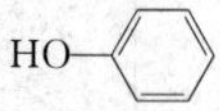 HO—C$_6$H$_5$	2（酸催化） 3（碱催化）	酚醛树脂
甲酚	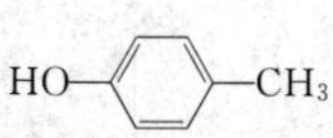 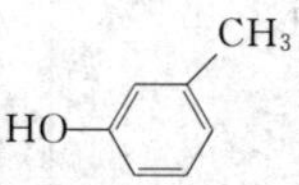 HO—C$_6$H$_4$—CH$_3$ 　 HO—C$_6$H$_4$—CH$_3$	3	酚醛树脂
2,6-二甲酚	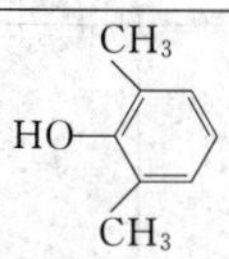 HO—C$_6$H$_3$(CH$_3$)$_2$	2	聚苯醚
间苯二酚	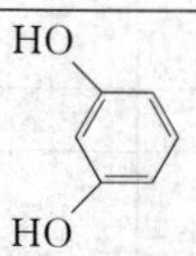 HO—C$_6$H$_4$—OH	3	酚醛树脂
己二酸	HOOC—$(CH_2)_4$—COOH	2	聚酰胺，聚氨酯
癸二酸	HOOC—$(CH_2)_8$—COOH	2	聚氨酯
ω-氨基十一酸	HOOC—$(CH_2)_{11}$—NH_2	2	聚酰胺

续表

单 体		官能度	实际应用
对苯二甲酸	 HOOC—⟨⟩—COOH	2	聚酯
均苯四甲酸	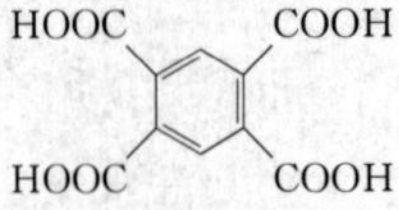 HOOC, COOH, HOOC, COOH (苯环1,2,4,5位)	4	聚酰亚胺
己二胺	$H_2N-(CH_2)_6-NH_2$	2	聚酰胺
癸二胺	$H_2N-(CH_2)_{10}-NH_2$	2	聚酰胺
对苯二胺	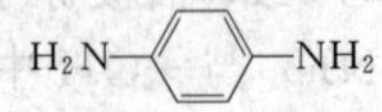 $H_2N-⟨⟩-NH_2$	2	芳族聚酰胺,聚酰亚胺
间苯二胺	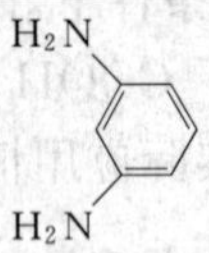 1,3-(H_2N)$_2$C$_6$H$_4$	2	芳族聚酰胺
4,4′-二氨基二苯醚	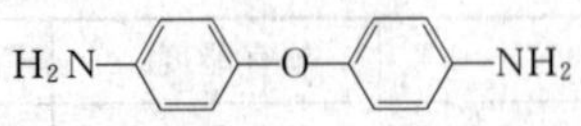 $H_2N-⟨⟩-O-⟨⟩-NH_2$	2	聚酰亚胺
3,3′-二氨基联苯二胺	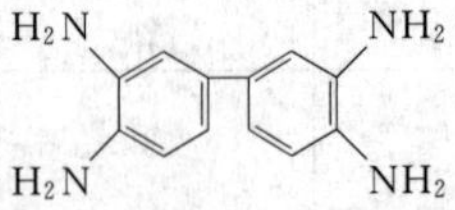 联苯-3,3′,4,4′-四胺	4	聚苯咪唑,吡龙
均苯四胺	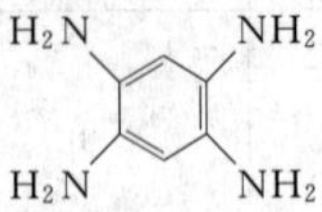 苯-1,2,4,5-四胺	4	吡龙梯形高聚物
尿素	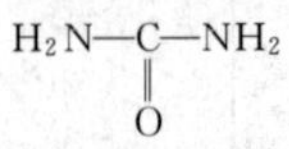 $H_2N-\underset{\underset{O}{\parallel}}{C}-NH_2$	4	脲醛树脂
三聚氰胺	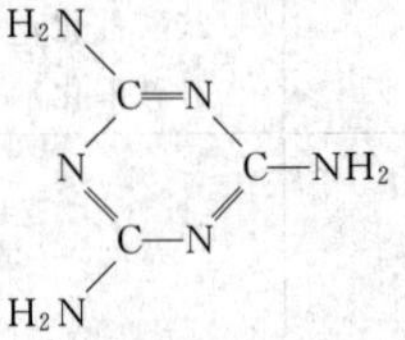 三嗪-2,4,6-三胺	6	氨基树脂
间苯二甲酸二苯酯	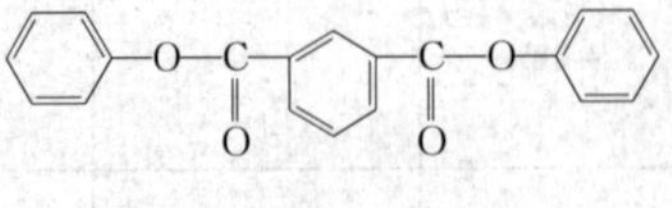 PhOOC—⟨⟩—COOPh	2	聚苯并咪唑
六亚甲基二异氰酸酯	$O=C=N-(CH_2)_6-N=C=O$	4	不饱和聚酯
甲苯二异氰酸酯	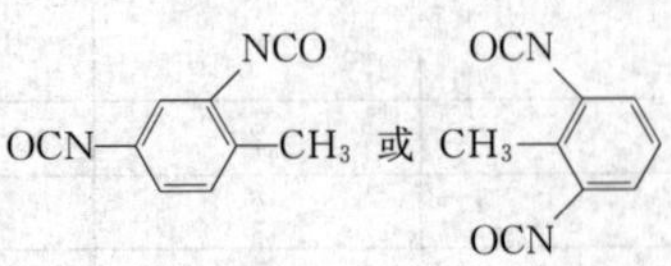 2,4-TDI 或 2,6-TDI	4	聚氨酯

续表

单体		官能度	实际应用
邻苯二甲酸酐	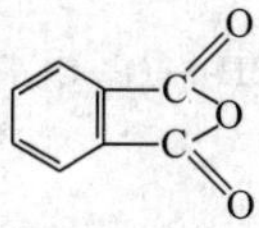 (结构式)	2	醇酸树脂
顺丁烯二酸酐	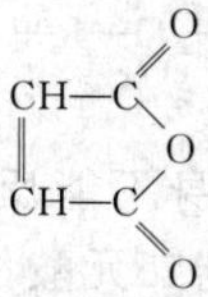 (结构式)	4	不饱和聚酯
均苯四甲酸酐	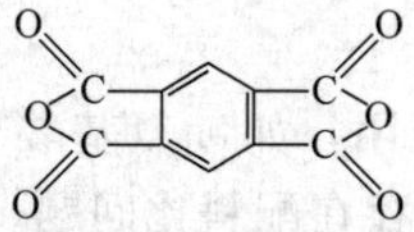 (结构式)	4	聚酰亚胺,吡龙
二氯乙烷	Cl—CH$_2$—CH$_2$—Cl	2	聚硫橡胶
己二酰氯	ClOC—(CH$_2$)$_4$—COCl	2	聚酰胺
癸二酰氯	ClOC—(CH$_2$)$_8$—COCl	2	聚酰胺
光气	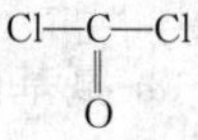 Cl—C(=O)—Cl	2	聚碳酸酯,聚氨酯
二氯二苯砜	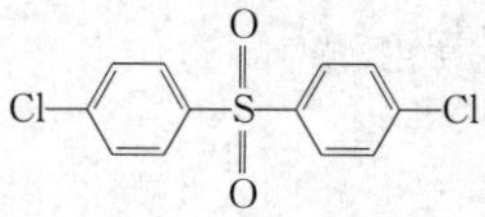 Cl—C$_6$H$_4$—SO$_2$—C$_6$H$_4$—Cl	2	聚芳砜
二甲基二氯硅烷	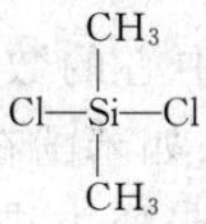 (CH$_3$)$_2$SiCl$_2$	2	聚硅氧烷
环氧氯丙烷	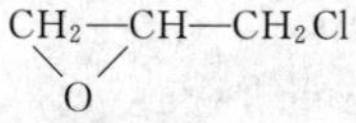 CH$_2$(O)CH—CH$_2$Cl	2	环氧树脂
甲醛	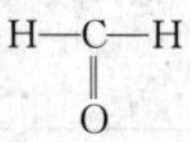 HCHO	2	酚醛树脂
糠醛	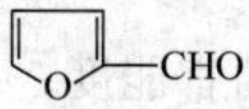 (结构式)—CHO	2	糠醛树脂

(一) 单体的类型与特点

1. 按官能团相互作用分类

以线型缩聚反应所用双官能团单体为例,根据它们相互作用情况可以分为如下几种类型。

(1) a′-R-a′型单体

单体带有相同的可以相互作用的官能团 (a′),反应发生在同类分子之间,这类缩聚反应不存在配料比问题。如以对苯二甲酸双羟基乙酯为单体合成"的确良"的反应如下:

$$n\text{HO—CH}_2\text{—CH}_2\text{—O—C(=O)—C}_6\text{H}_4\text{—C(=O)—O—CH}_2\text{—CH}_2\text{—OH}$$

$$\xrightarrow{-\text{HO—CH}_2\text{—CH}_2\text{—OH}} \{\text{O—CH}_2\text{—CH}_2\text{—O—C(=O)—C}_6\text{H}_4\text{—C(=O)}\}_n$$

又如：

$$n\text{HO—R—OH} \xrightleftharpoons{-\text{H}_2\text{O}} \{\text{O—R}\}_n$$

（2）a-R-a 型单体

这种单体带有不能进行反应的同类官能团，自身不能反应，只能与另外单体（b-R-b）进行反应，如前面提到的二元酸与二元醇、二元胺与二元酸都属于这种类型。这类反应存在配料比问题，如要获得高相对分子质量产物，则需严格控制两种单体的物质的量的比。

（3）a-R-b 型单体

单体本身带有可以相互作用的不同类型官能团，如 ω-氨基酸（H_2N—R—COOH）和 ω-羟基酸（HO—R—COOH），这类单体反应也不存在配料比问题。

（4）a'-R-b' 型单体

虽然单体本身带有不同类型官能团，但它们之间不能相互反应，如氨基醇（H_2N—R—OH），这类单体只与其他单体进行共缩聚反应。

2. 按单体所带官能团数目分类

① 二官能团单体　如二元醇、二元酸、二元胺、ω-氨基酸等。

② 三官能团单体　如甘油、偏苯三酸等。

③ 四官能团单体　如季戊四醇、均苯四酸等。

④ 多官能团单体　如山梨醇、苯六甲酸等。

（二）单体的官能度与平均官能度

1. 单体的官能度

单体的官能度是指在一个单体分子上反应活性中心的数目，用 f 表示。在形成大分子的反应中，不参加反应的官能团不计算在官能度内。如苯酚在进行酰化反应时，只有一个羟基（—OH）参加反应，所以官能度为 1；而当苯酚与醛类进行缩合时，参加反应的是羟基的邻、对位上的三个活泼氢原子，此时官能度为 3。

2. 单体的平均官能度

单体的平均官能度是指每种单体分子平均带有官能团数，用 $\bar{f}$ 表示。其定义式为：

$$\bar{f}=\frac{f_A N_A + f_B N_B + f_C N_C + \cdots}{N_A + N_B + N_C + \cdots} \tag{7-1}$$

式中　f_A，f_B，$f_C \cdots$——分别为单体 A，B，C $\cdots$ 的官能度；

N_A，N_B，$N_C \cdots$——分别为单体 A、B、C $\cdots$ 的摩尔数。

由式(7-1) 可知，单体的平均官能度不但与体系内各种单体的官能度有关，而且还与单体的配料比有关。

通过单体的平均官能度数值可直接判断缩聚反应所得产物的结构和反应类型如何。

当 $\bar{f} > 2$ 时，则产物为支化或网状结构，属于体型缩聚反应。

当 $\bar{f} = 2$ 时，则生成的产物为线型结构，属于线型缩聚反应。

当 $\bar{f} < 2$ 时，则反应体系有单官能团原料，不能生成高相对分子质量的聚合物。

例如：在酚醛树脂生产中，取苯酚与甲醛的摩尔比为 2∶3（即 $N_{苯酚} = \frac{2}{3} \times N_{甲醛}$）时，则它们的平均官能度为：

$$\bar{f}=\frac{3\times\frac{2}{3}\times N_{甲醛}+2\times N_{甲醛}}{\frac{2}{3}\times N_{甲醛}+N_{甲醛}}=2.4>2$$

说明该反应为体型缩聚反应，产物为网状结构。

又如：二元酸与二元醇以等摩尔比（$N_A=N_B$）进行反应，则单体的平均官能度为：

$$\bar{f}=\frac{2N_A+2N_A}{N_A+N_A}=2$$

说明二元酸与二元醇的反应为线型缩聚反应，产物为线型结构。

（三）单体的反应能力

1. 单体的反应能力对聚合速率的影响

单体的反应能力对缩聚反应聚合速率有直接影响，反应能力越大，聚合速率越大。单体的反应能力取决于单体所带官能团的活性。如下面诸官能团都能与羟基（—OH）发生反应而生成酯键。

$$\left.\begin{array}{l}—COCl\\—COOH\\—COOR\\—N=C=O\\>C=C=O\end{array}\right\}+HO— \longrightarrow —\underset{\underset{O}{\|}}{C}—O—$$

但反应能力却不同，其顺序为：酰氯＞酸酐＞羧酸＞酯。其原因可以从下面的醇类酰基化作用过程得出。

$$R—\underset{\underset{O}{\|}}{\overset{X}{C}}{}^{\delta^+}+R'—\ddot{O}—H \longrightarrow \begin{array}{c}R'—\ddot{O}\cdots H\\|\\R—\underset{\underset{O}{\|}}{C}\cdots X\end{array} \longrightarrow R—\underset{\underset{O}{\|}}{C}—O—R'+H^++X^-$$

过渡状态

从上述过程看出，醇类酰基化作用随羰基上碳原子的正电性的增强而加速。当 R 相同，δ^+ 的大小取决于 X 电负性的大小，X 的电负性越大，则 δ^+ 越大。

酰基化物（RCOCl）	酰氯	酸酐	羧酸	酯
X	—Cl	—OOR'	—OH	—OR'
氢化物	HCl	HCOOR'	HOH	HOR
酸性	强			弱
电负性	大			小

结果说明，用二元酰氯与二元醇反应生成聚酯的速率最快，酸酐次之，然后是羧酸和酯类。进而表明合成某种高聚物可以有多种路线，如何选择要视原料来源、纯化难易、成本高低、技术水平等具体情况而定。

2. 同一单体中反应活性中心的相对活性

缩聚反应中的某些单体带有几个相同的反应活性中心，如甘油、苯酚都具有三个反应活性中心，但由于每个活性中心在单体分子中所处的位置不同，受到的空间位阻效应和邻近原子或基团的作用也不同，所以反应活性也就不同。同时反应条件不同活性也有差别。像苯酚与醛类缩聚时，在酸催化作用时，羟基的邻位上的两个氢原子比对位上的氢原子活性大，因此先发生反应形成线型产物，再通过对位上氢原子参加反应形成网状结构产物。即利用反应活性中心的不同活性，可控制反应的阶段性。

3. 单体中官能团的空间分布对产物结构与性能的影响

如对苯二胺与对苯二甲酰氯的缩聚产物——聚对苯二甲酰对苯二胺为结晶性高聚物，只溶解于浓硫酸中，不溶解于有机溶剂；而间苯二胺与间苯二甲酰氯的缩聚产物——聚间苯二甲酰间苯二胺为非结晶性高聚物，可以溶解于二甲基乙酰胺等许多有机溶剂之中。

（四）单体成环与成链反应

用二官能团单体进行缩聚反应时，除了生成线型缩聚产物外，也有形成环状低分子产物的可能性。如 ω-氨基酸（$H_2N-R-COOH$）、ω-羟基酸 $[HO-(CH_2)_n-COOH]$ 反应时，其成链产物为聚酯，而成环产物为内酯。即存在成链与成环的竞争反应，究竟如何进行，不但取决于环状产物的稳定性，还取决于 ω-羟基酸的种类和反应条件。

1. 环的稳定性

环的稳定性与环的结构有关，三节环、四节环由于键角的弯曲，环张力最大，稳定性最差；五节环、六节环键角变形很小，甚至没有，所以最稳定。如果用数字表示环的大小，其稳定顺序为：3、4、8～11＜7、12＜5＜6。如果选用的单体容易形成稳定的环状产物，则对成环反应有利。

2. 单体的种类

以 ω-羟基酸 $[HO-(CH_2)_n-COOH]$ 为例：

当 $n=1$ 时，则容易发生双分子缩合形成正交酯。当 $n=2$ 时，则由于 β 羟基易失水，容易生成丙烯酸 $CH_2=CH-COOH$。当 $n=3$ 或 4 时，容易发生分子内缩合，形成五元环和六元环的内酯。当 $n\geqslant 5$ 时，主要是分子间缩合形成线型聚酯。

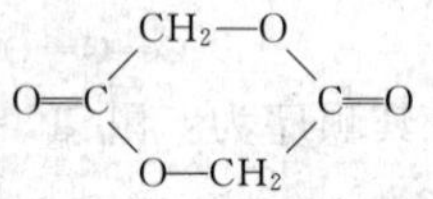

3. 反应条件

反应条件主要指单体浓度和温度。从单体浓度上看，由于单体成环反应是分子内反应，缩聚反应是分子间反应，因此，提高单体浓度有利于分子间反应形成线型产物。反应温度的控制要视两种反应的活化能高低来确定。

综合考虑的结果是：选择 $n\geqslant 5$ 的 ω-羟基酸或 ω-氨基酸，增加单体的浓度，适当控制反应温度，有利于形成线型产物。

三、线型缩聚反应

（一）线型缩聚反应的机理

1. 线型大分子的生长过程

如果以 a-A-b 表示 ω-羟基酸，则线型聚酯反应的机理描述如下：开始阶段，两种单体分子相互作用形成二聚体；然后二聚体与单体作用形成三聚体或二聚体之间相互作用形成四聚体；继而，三聚体和四聚体可以与单体或二聚体及它们之间相互作用形成不同链长的四聚体、五聚体、六聚体、七聚体、八聚体；然后，各种低聚物之间相互反应形成高聚物，高聚物与高聚物之间相互反应形成更高相对分子质量的高聚物。即缩聚反应中大分子的生长过程属于叠加方式。

$$a\text{-}A\text{-}b + a\text{-}A\text{-}b \rightleftharpoons a\text{-}[A]_2\text{-}b + ab$$
$$a\text{-}[A]_2\text{-}b + a\text{-}A\text{-}b \rightleftharpoons a\text{-}[A]_3\text{-}b + ab$$
$$a\text{-}[A]_2\text{-}b + a\text{-}[A]_2\text{-}b \rightleftharpoons a\text{-}[A]_4\text{-}b + ab$$
$$a\text{-}[A]_3\text{-}b + a\text{-}A\text{-}b \rightleftharpoons a\text{-}[A]_4\text{-}b + ab$$
$$a\text{-}[A]_3\text{-}b + a\text{-}[A]_2\text{-}b \rightleftharpoons a\text{-}[A]_5\text{-}b + ab$$

第七章 缩聚反应与逐步加聚反应的原理及工业实施

$$a\text{-}(A)_{\overline{1}}b + a\text{-}(A)_{\overline{3}}b \rightleftharpoons a\text{-}(A)_{\overline{4}}b + ab$$

$$a\text{-}(A)_{\overline{4}}b + a\text{-}A\text{-}b \rightleftharpoons a\text{-}(A)_{\overline{5}}b + ab$$

$$a\text{-}(A)_{\overline{3}}b + a\text{-}(A)_{\overline{2}}b \rightleftharpoons a\text{-}(A)_{\overline{5}}b + ab$$

$$a\text{-}(A)_{\overline{4}}b + a\text{-}(A)_{\overline{3}}b \rightleftharpoons a\text{-}(A)_{\overline{5}}b + ab$$

$$a\text{-}(A)_{\overline{2}}b + a\text{-}(A)_{\overline{3}}b \rightleftharpoons a\text{-}(A)_{\overline{5}}b + ab$$

$$\cdots\cdots$$

$$a\text{-}(A)_{\overline{n}}b + a\text{-}(A)_{\overline{m}}b \rightleftharpoons a\text{-}(A)_{\overline{n+m}}b + ab$$

图 7-1 是己二醇与癸二酸的线型缩聚反应变化曲线。由图 7-1 可知,反应开始时,单体消失很快(曲线 4),形成大量低聚物(曲线 3)和极少量的高相对分子质量聚酯(曲线 2)。反应 3h 后,体系内只存 3% 左右的单体和 10% 左右的低聚物,高相对分子质量聚酯占 80% 左右(曲线 2),聚酯产物的相对分子质量随时间逐步增加(曲线 5 的 ab 段)。10h 后,聚酯相对分子质量缓慢增加(曲线 5 的 bc 段),缩聚反应趋向平衡。

2. 线型大分子生长过程的停止

从上面线型大分子生长过程来看,体系内不同链长的大分子链端都带有可供反应的官能团,只要官能团不消失,就应该一直反应下去,形成相对分子质量无限大的高聚物大分子。但事实并非如此,如表 7-4 所示。实际线型缩聚反应产物的相对分子质量比加聚反应产物的相对分子质量要小很多,其主要原因是平衡因素及官能团失活所致。

表 7-4 线型缩聚物与加聚物相对分子质量的比较

类 型	聚合物名称	相对分子质量	聚 合 度
线型缩聚物	聚己二酸己二酯	5000	29
	聚己二酰己二胺	38000	167
	聚对苯二甲酸乙二酯	10000~20000	83~104
加聚物		$10^5 \sim 10^6$	—

与平衡有关的因素包括:随着反应的进行,体系内反应物浓度降低,而产物,特别是副产物(析出的小分子物质)浓度增加;同时由于在高温下进行的缩聚反应容易发生降解反应(如水解、醇解、胺解、酚解、酸解、链交换等)使逆反应速率越来越明显,以致达到平衡而使过程停止。此外,随着反应的进行,缩聚产物浓度增大,体系黏度随之增加,使小分子副产物排出困难;黏度增大后使官能团反应的概率降低,对正反应不利而造成过程停止。

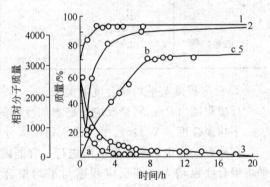

图 7-1 己二醇与癸二酸的线型缩聚反应变化曲线
1—聚酯总含量;2—高相对分子质量聚酯含量;
3—低聚体含量;4—癸二酸含量;5—聚酯相对分子质量(黏度法),其中 ab 段在 200℃氮气流下反应,bc 在 200℃真空下反应

造成官能团失活的因素包括:其一是原料(或官能团)配比不同(一种官能团多,另一种官能团少),造成反应到一定阶段后,体系内所有"大"分子两端带相同的官能团,而失去再反应的对象,即封端失活。其二是虽然配比相同,但由于单体的挥发度不同,造成而单体挥发而破坏配比。其三是在缩聚反应条件下,官能团发生其他化学变化(如脱羧、脱胺、水解、成盐、成环等)而失去缩聚反应活性。其四是催化剂耗尽或反应温度降低也会使官能团失去活性。

(二) 缩聚反应的平衡问题

1. 官能团等活性概念

对于多数缩聚反应从单体到高聚物每一步都存在平衡问题。如产物的聚合度为 n 缩聚物，要经过 $n-1$ 次缩合反应，也就有 $n-1$ 个平衡常数。平衡常数的大小与反应官能团的活性有关，那么，单体所带官能团活性与低聚物所带官能团的活性以及高分子链所带的官能团活性是否相等？这是缩聚反应平衡问题的关键。

前人通过大量的实践和理论分析得出，在缩聚反应过程中，官能团的活性基本不变，即官能团的反应活性与链长无关，这就是缩聚反应中官能团的等活性概念。根据这一理论可以用一个平衡常数描述整个缩聚反应，也可用两个官能团之间的反应来描述整个缩聚反应过程，而不必考虑各种具体的反应步骤。如聚酯反应可以表示为：

$$\sim COOH + HO \sim \rightleftharpoons \sim OCO \sim + H_2O$$

其平衡常数为：

$$K = \frac{[-OCO-][H_2O]}{[-COOH][-OH]}$$

聚酰胺可以表示为：

$$\sim COOH + \sim NH_2 \rightleftharpoons \sim CONH \sim + H_2O$$

其平衡常数为：

$$K = \frac{[-CONH-][H_2O]}{[-COOH][-NH_2]}$$

工业上常见线型缩聚反应的平衡常数如表 7-5 所示。

表 7-5 工业上常见线型缩聚反应的平衡常数

缩聚物	$T/℃$	K	缩聚物	$T/℃$	K
涤纶	223	0.51	尼龙-66	221.5	365
	254	0.47		254	300
	282	0.38	尼龙-1010,尼龙 610	235	477
尼龙-6	221.5	480		256	293
	253.5	360	尼龙-12	221.5	525
尼龙-7	223	475		254	370
	258	375			

2. 反应程度与平均聚合度的关系

反应程度 (P)：缩聚反应中已参加反应的官能团数目与起始官能团数目的比值。

平均聚合度 ($\overline{X}_n$)：已平均进入每个大分子链的单体数目。

在缩聚反应中，随着反应的进行，官能团的数目不断减少，反应程度不断增加，产物的平均聚合度也增大，即反应程度与平均聚合度之间存在一定的依赖关系。以均缩聚反应为例：

$$n \; HO-R-COOH \rightleftharpoons H \, [-ORCO-]_n \, OH + (n-1)H_2O$$

设起始官能团数为 N_0，当反应进行到一定程度 P 时，剩余的官能团数为 N，则：

$$P = \frac{\text{已参加反应的官能团数}}{\text{起始官能团数}} = \frac{N_0 - N}{N_0} \tag{7-2}$$

$$\overline{X}_n = \frac{\text{单体的分子数}}{\text{生成的大分子数}} = \frac{N_0/2}{N/2} = \frac{N_0}{N} \tag{7-3}$$

式中的数字 2 表示每单体分子或大分子上都带有两个官能团。

由式 (7-2) 和式 (7-3) 可得：

$$\overline{X}_n = \frac{1}{1-P} \tag{7-4}$$

这种关系如图 7-2 和表 7-6 所示。

表 7-6 缩聚反应中反应程度与平均聚合度的关系

反应程度 P	$1-P$	平均聚合度 $\overline{X}_n$	反应程度 P	$1-P$	平均聚合度 $\overline{X}_n$
0	1	1	0.985	0.015	64
0.5	0.5	2	0.992	0.008	128
0.75	0.25	4	0.996	0.004	256
0.88	0.12	8	0.998	0.002	512
0.94	0.06	16	0.999	0.001	1024
0.97	0.03	32			

由表 7-6 可知，在反应初期，P 的变化很大，但 $\overline{X}_n$ 增加不多；反应后期，当 P 由 99.5% 增加至 99.9% 时，$\overline{X}_n$ 却由 512 增至 1024。

由图 7-2 可以看出，当反应程度不高时，尽管平均聚合度随着反应程度的增加而增大，但变化不大；而在反应后期，反应程度虽然提高不大，可平均聚合度却急剧增加。

通过表 7-6 和图 7-2 进一步说明了缩聚反应是逐步的叠加式增长机理。

表 7-7 说明了缩聚反应体系单体、官能团、反应程度与平均聚合度之间变化情况。

其中：

$$\overline{X}_n = 2^m \tag{7-5}$$

$$(1-P) = \left(\frac{1}{2}\right)^m \tag{7-6}$$

式中 m——理想缩聚的反应步数。

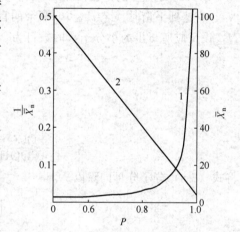

图 7-2 缩聚过程中反应程度 P 与平均聚合度 $\overline{X}_n$ 的关系

1—$\overline{X}_n$ 与 P 的关系；2—$\frac{1}{\overline{X}_n}$ 与 P 的关系

另外，从表 7-7 中还可以得出，反应程度与转化率不同，当单体两两结合后，转化率已达 100%，而反应程度只为 50%，而后，反应程度增加，生成物的平均聚合度增大，而转化率不变。这主要是由于两者的定义角度不同造成的，因此，在缩聚反应中用反应程度表示反应的进展情况，而不用转化率描述。

表 7-7 缩聚反应过程中体系各种成分的变化

反应步数 m	分子数 总数	分子数 产物分子数	端基总数	单体转化率 /%	官能团反应程度 P	$1-P$	$\overline{X}_n$
0	8		16	0	0	1.0	1
1	4	4	8	100	0.50	0.5	2
2	2	2	4	100	0.75	0.25	4
3	1	1	2	100	0.875	0.125	8

式(7-4) 中的 P 在 0~1 之间，极限值是 $P \to 1$，但不等于 1。因为即使反应到最后形成一个大分子，其链端也要残留两个未反应的官能团。

如果通过 $\overline{X}_n$ 计算某已知化学组成缩聚物的平均相对分子质量（$\overline{M}_n$），可采用如下关系式：

$$\overline{M}_n = M_0 \overline{X}_n + M_{端} \tag{7-7}$$

式中 M_0——重复结构单元平均相对分子质量,对均缩聚为重复结构单元相对分子质量;

对于两种单体参加混缩聚或共缩聚,$M_0 = M/2$;

对三种单体参加的混缩聚或共缩聚 $M_0 = M/3$;

$M_{端}$——缩聚大分子端基相对分子质量。

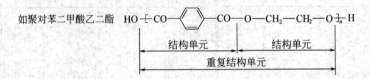

其 $M = 192$,$M_0 = 192/2 = 96$,而 $M_{端} = 18$。

3. 平衡常数与平均聚合度的关系

以聚酯反应为例,设反应开始时($t=0$),起始官能团—COOH 和—OH 的总数各为 N_0,当达到平衡时($t = t_{平衡}$),剩余的官能团数各为 N,通过反应形成酯键的数目为 $N_0 - N$,设反应所析出的小分子水的数目为 N_W,则有:

$$\begin{array}{cccc} \sim\text{COOH} + \text{HO}\sim & \rightleftharpoons & \sim\text{OCO}\sim + & \text{H}_2\text{O} \\ t=0 \quad N_0 \quad N_0 & & 0 & 0 \\ t=t_{平衡} \quad N \quad N & & N_0-N & N_W \end{array}$$

$$K = \frac{[-\text{OCO}-][\text{H}_2\text{O}]}{[-\text{COOH}][-\text{OH}]} = \frac{(N_0-N)N_W}{N^2} \tag{7-8}$$

将式(7-8)分子分母同除以 N_0^2 得:

$$K = \frac{\left(\dfrac{N_0-N}{N_0}\right)\left(\dfrac{N_W}{N_0}\right)}{\left(\dfrac{N}{N_0}\right)^2} \tag{7-9}$$

式中 $\dfrac{N_0-N}{N_0}$——平衡时已参加反应的官能团的分子分数,用 n_z 表示;

$\dfrac{N_W}{N_0}$——平衡时析出的小分子的分子分数,用 n_w 表示;

$\dfrac{N}{N_0}$——平衡时聚合物的平均聚合度倒数,即 $\dfrac{1}{\overline{X}_n}$。

据此,式(7-9)可以进一步改写成:

$$\overline{X}_n = \sqrt{\frac{K}{n_z n_w}} \tag{7-10}$$

如果反应在密闭的系统中进行,则 $n_z = n_w$,代入式(7-10)中得:

$$\overline{X}_n = \sqrt{\frac{K}{n_w^2}} = \frac{1}{n_w}\sqrt{K} \tag{7-11}$$

由式(7-10)得知,密闭体系中,缩聚产物的平均聚合度与反应析出的小分子浓度成反比,因此,对平衡常数不大的缩聚反应,在密闭体系中得不到高相对分子质量的聚合物。

为了提高缩聚产物的相对分子质量,必须设法除去反应体系中的小分子物质。当缩聚产物相对分子质量很大时,$N_0 \gg N$。

故

$$n_z = \frac{N_0 - N}{N_0} = 1 - \frac{N}{N_0} \approx 1$$

所以式（7-11）变为：

$$\overline{X}_n = \sqrt{\frac{K}{n_w}} \tag{7-12}$$

该式为近似表示缩聚反应中平均聚合度、平衡常数和副产物小分子含量三者之间定量关系的缩聚平衡方程。该式说明缩聚产物的平均聚合度与平衡常数的平方根成正比，与反应体系中小分子产物的浓度平方根成反比。

值得注意的有以下几点：

其一，该方程的限制条件为，官能团等活性理论；体积变化不大的均相反应体系；反应程度较高。

其二，在一定的反应温度下，即 K 一定，则产物的平均聚合度随小分子浓度的降低而升高，也就是说 $\overline{X}_n$ 与 $n_w^{-1/2}$ 为线性关系，如图 7-3 所示。

其三，在不同 n_w 下，将 $\overline{X}_n$ 对 K 作图，可以得到如图 7-4 所示的一组曲线。并从该图得知，在同一平衡常数 K 下，缩聚产物的平均聚合度越大，要求反应体系中小分子副产物的浓度就越小；而在同一个 n_w 下，平衡常数越大，缩聚产物的平均聚合度越大。

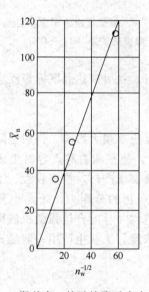

图 7-3 ω-羟基十一烷酸缩聚反应中，产物平均聚合度与小分子浓度的关系

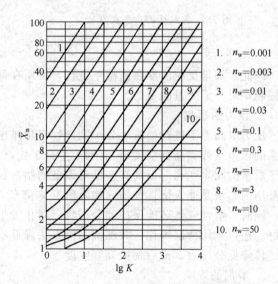

图 7-4 缩聚反应中平均聚合度与平衡常数及小分子副产物含量的关系曲线

（三）影响平衡的因素

1. 温度的影响

温度对平衡常数的影响一般用下式表示：

$$\ln \frac{K_2}{K_1} = \frac{\Delta H}{R}\left(\frac{1}{T_1} - \frac{1}{T_2}\right) \tag{7-13}$$

式中 ΔH——缩聚反应的热效应。

对于吸热反应，$\Delta H > 0$。若 $T_2 > T_1$，则 $K_2 > K_1$，即温度升高，平衡常数增大。对放热反应，$\Delta H < 0$。若 $T_2 > T_1$，则 $K_2 < K_1$，即温度升高，平衡常数减小。

由于缩聚反应多是放热反应，所以升高温度使平衡常数减小，对生成高相对分子质量的产物不利。但它们的热效应不大，一般 $\Delta H = -33.5 \sim 41.9 \text{kJ/mol}$。故温度对平衡常数的影响不大，如图 7-5 所示。然而，温度升高可使体系的黏度降低，有利于小分子的排出，因此，平衡缩聚反应经常是在较高的温度下进行。

对于平衡缩聚反应，高温可以加快反应速率，缩短达到平衡的时间，因此对于相同的反应时间而言可提高相对分子质量，但达到平衡之后，却是低温易得高相对分子质量的产物，如图 7-6 所示。

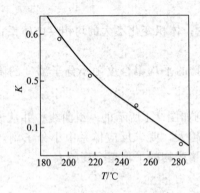

图 7-5 涤纶生产中平衡常数与温度和关系

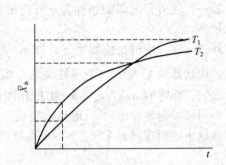

图 7-6 缩聚反应中聚合度与温度的关系（$T_2 > T_1$）

因此，如果反应前期在高温下进行，后期在低温下进行，就可以达到既缩短反应时间又能提高相对分子质量的目的。

2. 压力的影响

压力对高温下进行的有小分子副产物气化排出的缩聚反应有很大影响。一般是降低反应体系的压力（或提高真空度），有利于小分子副产物的排出，使平衡右移，容易生成高相对分子质量的缩聚产物。但高真空度对设备的制造、加工精度要求严格，投资较大。工业生产中常用的办法是通入惰性气体（如氮气）来降低小分子副产物的分压力，带走小分子副产物，同时，惰性气体还能保护缩聚产物，防止发生氧化变色。并且配合较强的机械搅拌效果更好。还可采用薄层操作、共沸蒸馏等方法降低小分子的浓度。工业生产中一般是先通入惰性气体降低分压力，最后是提高真空度。

3. 溶剂的影响

采用溶液缩聚的方法生产缩聚物时，不同的溶剂对聚合的影响较大，如表 7-8 所示的苯胺与邻苯二甲酸酐的缩聚反应。

表 7-8 苯胺与邻苯二甲酸酐缩聚时不同溶剂对平衡常数的影响

溶剂	pK_a	$K/(\text{L/mol})$	溶剂	pK_a	$K/(\text{L/mol})$
乙腈	10.13	19.70	二甲基甲酰胺	0.2	$>10^5$
甲乙酮	7.2	25.50	二甲基亚砜	0	$>10^6$
四氢呋喃	2.1	176.00			

4. 反应程度的影响

按照官能团等活性理论的观点，平衡常数应与反应程度无关。但实际上，随着反应程度的增加，官能团的活性与等活性理论会产生偏差，如涤纶树脂生产的过程中，平衡常数 K 随反应程度 P 的增加而增大，如图 7-7 所示。

5. 官能团性质的影响

不同的官能团反应能力不同，选择不同官能团的组合可以合成同一种缩聚产物，但情况却截然不同，如用二元羧酸与二元醇缩聚生成聚酯是平衡常数较小的可逆反应，而选用二元酰氯与二元醇进行反应，就是不可逆的缩聚反应。

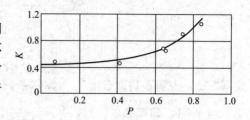

图 7-7　涤纶树脂生产中平衡常数 K 与反应程度 P 的关系

（四）线型缩聚产物相对分子质量的控制

控制线型缩聚产物的相对分子质量就是控制产物的使用与加工性能。换句话说，高聚物的性能是某一范围内相对分子质量的高分子聚合物的宏观体现。如涤纶树脂的相对分子质量只有在 15000 以上才有较好的可纺性；低相对分子质量的环氧树脂适宜做黏合剂，而高相对分子质量的环氧树脂则适宜制备烘干型清漆。因此，对高聚物的相对分子质量必须加以适当控制。

线型缩聚产物相对分子质量的控制方法，有控制反应程度法、官能团过量法和加入单官能团法。其中控制反应程度法不是有效的方法，因为，通过控制反应程度虽然可以控制产物的相对分子质量，但由于在大分子链端仍然存在可再反应的官能团，使得产物在加热成型时，还会发生缩聚反应，造成最后产物的相对分子质量发生变化而影响性能。所以工业生产中经常采用的有效控制方法是后两种方法。

1. 官能团过量法

该方法适用于混缩聚和共缩聚体系，其控制原理如下。

以 a-R-a+b-R-b 型混缩聚体系为例，当 b 官能团过量（或 b-R-b 单体过量）时，则反应进行到某一程度（a 官能团全部消耗掉）时，体系内形成的大分子两端均为 b 官能团所占据，大分子推失去反应对象而稳定。

设 N_a 为起始官能团 a 的总数，N_b 为起始 b 官能团的总数；若 b 官能团过量，则 $N_b > N_a$。令 $\dfrac{N_a}{N_b} = \gamma$，$\gamma$ 即为摩尔系数。显然，$\gamma < 1$。

因为，体系内每种单体都带有两个官能团（即 $f=2$），所以起始时体系内单体分子总数为：

$$\frac{N_a + N_b}{2} \text{ 或 } \frac{N_a\left(1+\dfrac{1}{\gamma}\right)}{2}$$

设某一时刻 a 官能团的反应程度为 P，则反应掉的 a 官能团数目为 $N_a P$；剩余的 a 官能团数目为 $N_a(1-P)$。

设同一时刻 b 官能团的反应程度为 P_b，则反应掉的 b 官能团数目为 $N_b P_b$；

因为反应过程中，a 官能团与 b 官能团成对消耗，也就是在某时刻反应掉的 a 官能团总数与反应掉的 b 官能团总数相等，即 $N_a P = N_b P_b$，所以 $P_b = \gamma P$；

则剩余的 b 官能团数目为 $N_b(1-P_b) = N_b(1-\gamma P)$。

由于剩余的官能团都连在大分子链的两端，所以，该时刻体系内的大分子数为：

$$\frac{N_a(1-P) + N_b(1-\gamma P)}{2} = \frac{\dfrac{N_a(1+\gamma-2\gamma P)}{\gamma}}{2}$$

根据平均聚合度的定义，则有：

$$\overline{X}_n = \frac{\dfrac{N_a\left(1+\dfrac{1}{\gamma}\right)}{2}}{\dfrac{N_a(1+\gamma-2\gamma P)}{2\gamma}} = \frac{1+\gamma}{1+\gamma-2\gamma P} \tag{7-14}$$

或
$$\overline{X}_n = \frac{1+\gamma}{2\gamma(1-P)+(1-\gamma)} \tag{7-15}$$

式 (7-15) 表明平均聚合度 $\overline{X}_n$ 与摩尔系数 γ 及反应程度 P 三者之间的关系。

当 $\gamma=1$，即等摩尔比时，$\overline{X}_n = \dfrac{1}{1-P}$，就是式 (7-4)，或者说式 (7-4) 的前提是等摩尔配比。

当 $P=1$（相当于 a 官能团全部参加反应），则有：
$$\overline{X}_n = \frac{1+\gamma}{1-\gamma} \tag{7-16}$$

显然，当 $\gamma=0.5$ 时，$\overline{X}_n=3$；当 $\gamma=0.9$ 时，$\overline{X}_n=19$；当 $\gamma=0.99$ 时，$\overline{X}_n=199$；当 $\gamma=0.999$ 时，$\overline{X}_n=1999$；当 $\gamma\to 1$ 时，$\overline{X}_n\to\infty$。说明 b 官能团过量的越少（越趋近于等摩尔比），产物的平均聚合度越大。如图 7-8 所示。

根据 γ 的定义，将式 (7-16) 变形得：
$$\overline{X}_n = \frac{N_b+N_a}{N_b-N_a} = \frac{1}{Q} \tag{7-17}$$

式中，$Q = \dfrac{N_b-N_a}{N_b+N_a}$，表示 b 官能团过量的分子分数。

式 (7-17) 表示的关系曲线如图 7-9 所示。说明当 $P=1$ 时，Q 越小，$\overline{X}_n$ 越大。

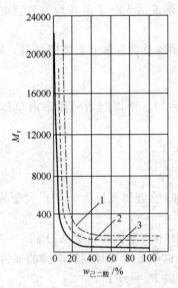

图 7-8 己二酸与己二胺缩聚反应中，
己二酸过量分子分数对产物相对分子质量的影响
1—黏度法测定值；2—端基滴定法测定值；
3—按式 (7-16) 计算值

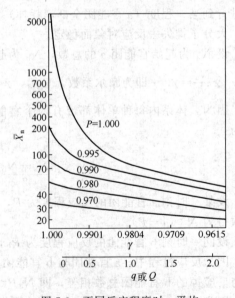

图 7-9 不同反应程度时，平均
聚合度与摩尔系数的关系
Q—b-B-b 型单体过量的分子分数；
q—$N_a=N_b$ 时，单官能团物质 b 过量的分子分数

2. 加入单官能团物质法

(1) 混缩聚体系中加入单官能团物质

仍以 a-R-a＋b-R-b 型混缩聚体系为例，在未加入单官能团物质（b-R′）时，$N_a=N_b$。如果加入 N_b' 单官能团物质时，则摩尔系数 $\gamma=\dfrac{N_a}{N_b+2N_b'}$，当 $P=1$（a 官能团全部消耗掉）时，代入式（7-16）中得：

$$\overline{X}_n=\dfrac{N_a+N_b'}{N_b'}=\dfrac{1}{q} \tag{7-18}$$

其 q 的影响与 Q 相同，如图 7-9 所示。

(2) 均缩聚体系加入单官能团物质

以 a-R-b 均缩聚体系为例，由于这种单体本身就是严格的等摩尔比，为了控制其产物相对分子质量，必须加入单官能团物质（b-R′）才可以。如果加入量仍用 N_b' 表示，则摩尔系数 $\gamma=\dfrac{N_{ab}}{N_{ab}+2N_b'}$，当 a 官能团全部消耗掉时，即 $P=1$，代入式（7-16）中得：

$$\overline{X}_n=\dfrac{N_{ab}+N_b'}{N_{ab}'}=\dfrac{1}{q'} \tag{7-19}$$

其影响同上。

总之，要想得到高相对分子质量的缩聚产物，必须保证官能团的等摩尔比。事实上，无论怎样精确称量，也很难保证严格的等摩尔比。所以工业上常采取其他方法，如合成尼龙-66 时，先将己二酸和己二胺制成盐 $H_3^+N(CH_2)_6N^+H_3^-OOC(CH_2)_4COO^-$，再进行缩聚的方法，便可以保证原料官能团的等摩尔比。又如合成涤纶时，将单体对苯二甲酸与乙二醇制成对苯二甲酸双羟乙酯，也是为确保等摩尔比。

（五）不平衡缩聚反应

1. 不平衡缩聚的特点

不平衡缩聚反应是指在缩聚反应条件下，不发生逆反应的缩聚反应，其特点如下。

① 反应速率快，平衡常数大　如表 7-9 所示。

表 7-9　平衡与不平衡缩聚有关参数比较

指标	平衡缩聚反应	不平衡缩聚反应
平衡常数 K	<10	可达 10^{23}
反应热/(kJ/mol)	130 左右	340 左右
速率常数/(L/mol)	$10^{-7}\sim10^{-3}$	$>10^{-3}$，可达 10^5
反应活化能/(kJ/mol)	$40\sim65$	$4\sim65$

② 产物聚合度取决于动力学（单体活性、浓度、催化剂等）因素　不受低分子副产物影响，一般单体活性越大，产物相对分子质量越大。同时加料顺序与速度对产物聚合度影响较大。

③ 产物的物理结构与反应条件有关　这是不平衡缩聚反应的一个重要特点。

通过不平衡缩聚反应可以合成聚碳酸酯、聚芳砜、聚苯醚、聚酰亚胺、聚苯并咪唑、吡龙、聚硅氧烷、聚硫橡胶等重要缩聚物。

2. 不平衡缩聚的类型

(1) 不平衡缩聚的类型

① 化学因素引起的不平衡缩聚反应　当单体具有活性很大的官能团或活性中心而反应产物又十分稳定，基本上无降解反应或其他逆反应发生时，就属于化学因素所引起的不平衡缩聚反应。主要包括：二元酰氯与二元酸或二元醇的缩聚反应、脱氢缩聚、自由基缩聚、环化缩聚等。

② 物理因素引起的不平衡缩聚反应　通过控制一定的物理条件，使逆反应不发生或速度很小时而完成的缩聚反应属于物理因素引起的不平衡缩聚反应。主要有低温（<100℃）溶液缩聚、界面缩聚等。

(2) 重要的不平衡缩聚反应

① 形成聚碳酸酯的不平衡缩聚反应　单体为双酚A的钠盐和光气。

$$n\,NaO-\!\!\!\!\bigcirc\!\!\!\!-C(CH_3)_2-\!\!\!\!\bigcirc\!\!\!\!-ONa + nCl-CO-Cl \longrightarrow [-O-\!\!\!\!\bigcirc\!\!\!\!-C(CH_3)_2-\!\!\!\!\bigcirc\!\!\!\!-O-CO-]_n + 2nNaCl$$

聚碳酸酯具有透明、抗冲、耐蠕变、耐老化等性能，熔点为270℃，可以在130℃下长期使用，多作为工程塑料使用。

② 形成聚芳砜的不平衡缩聚反应　单体为双酚A钠盐和二氯二苯砜。

$$n\,NaO-\!\!\!\!\bigcirc\!\!\!\!-C(CH_3)_2-\!\!\!\!\bigcirc\!\!\!\!-ONa + nCl-\!\!\!\!\bigcirc\!\!\!\!-SO_2-\!\!\!\!\bigcirc\!\!\!\!-Cl \longrightarrow$$

$$[-O-\!\!\!\!\bigcirc\!\!\!\!-C(CH_3)_2-\!\!\!\!\bigcirc\!\!\!\!-O-\!\!\!\!\bigcirc\!\!\!\!-SO_2-\!\!\!\!\bigcirc\!\!\!\!-]_n Cl + 2nNaCl$$

聚芳砜除不透明外，其他各种性能都优于聚碳酸酯，耐辐射，能在150℃下长期使用，广泛用于工程塑料。

③ 形成聚醚的不平衡缩聚反应　原料为2,6-二甲基酚，属于脱氢缩聚。

$$n\,(CH_3)_2C_6H_3OH + \frac{n}{2}O_2 \xrightarrow{CuCl-吡啶} [-\!\!\!\!\bigcirc(CH_3)_2-O-]_n + nH_2O$$

聚苯醚的耐热性、耐水性和机械强度均比聚碳酸酯、聚芳砜好，广泛用于结构材料。

④ 形成聚酰亚胺的不平衡缩聚反应　单体为均苯四甲酸酐与4,4′-二氨二苯醚。

$$n\,\text{(均苯四甲酸酐)} + n\,H_2N-\!\!\!\!\bigcirc\!\!\!\!-O-\!\!\!\!\bigcirc\!\!\!\!-NH_2 \xrightarrow{室温}$$

$$[\cdots HOOC-C_6H_2(COOH)-CO-NH-\!\!\!\!\bigcirc\!\!\!\!-O-\!\!\!\!\bigcirc\!\!\!\!-NH\cdots] \xrightarrow[-H_2O]{300℃}$$

$$[-N(CO)_2C_6H_2(CO)_2N-\!\!\!\!\bigcirc\!\!\!\!-O-\!\!\!\!\bigcirc\!\!\!\!-NH-]_n$$

聚酰亚胺的性能特点是：熔点高、强度高、耐磨、耐辐射、耐溶剂、电绝缘。能在250～300℃长期使用，可用于宇航和电子工业。

⑤ 形成聚苯并咪唑的不平衡缩聚反应 单体为3,3′-二氨基联苯二胺与间苯二甲酸二甲苯酯,属于环化缩聚。

$$n\ \text{H}_2\text{N}\underset{\text{H}_2\text{N}}{\bigcirc}\underset{\text{NH}_2}{\bigcirc}\text{NH}_2 + n\ \phi\text{OOC}\bigcirc\text{COO}\phi \xrightarrow{300\sim400℃}$$

$$\left[\underset{\underset{\text{NH}}{|}}{\text{C}}\bigcirc\bigcirc\underset{\underset{\text{NH}}{|}}{\text{C}}\bigcirc\right]_n + 2n\ \phi\text{—OH} + 2n\text{H}_2\text{O}$$

聚苯并咪唑简称 PBI,热稳定性极高,900℃下失重仅为30%,在氮气保护下可耐600℃,305℃可连续使用200h,600℃可使用10min。化学稳定性好,不燃,对玻璃和金属具有高的黏结能力,主要用于宇航耐高温增强塑料,烧蚀材料和黏合剂,纤维制品可用作防原子辐射工作服。

⑥ 形成聚苯并咪唑吡咯酮(吡龙)的不平衡缩聚反应 单体为均苯四胺和均苯四甲酸酐,也属于环化缩聚。

$$n\ \text{(均苯四甲酸酐)} + n\ \text{H}_2\text{N—Ar—NH}_2 \longrightarrow$$

$$\longrightarrow \left[\cdots\right]_n \longrightarrow \left[\text{吡龙结构}\right]_n$$

吡龙为最耐热性的梯形高聚物,900℃下仅失重25%,315℃下可连续使用1000h。它具有良好的耐辐射性、抗张强度、弹性模量和电绝缘性,可制成薄膜、层压板、黏合剂、纤维、绝缘漆及模塑制件等,目前主要用于空间技术和航空领域。

⑦ 形成聚硅氧烷的不平衡缩聚反应 原料为二甲基硅氧烷和水。

$$n\text{Cl—Si(CH}_3)_2\text{—Cl} + n\text{H}_2\text{O} \longrightarrow \left[\text{Si(CH}_3)_2\text{—O}\right]_n + 2n\text{HCl}$$

聚硅氧烷耐老化、耐溶剂、抗水、不燃、电绝缘,能在-115~300℃长期使用,主要用作增强塑料、硅橡胶、黏合剂、涂料等。

⑧ 形成聚硫橡胶的不平衡缩聚反应 原料1,2-二氯乙烷与四硫化钠。

$$n\text{Cl—CH}_2\text{—CH}_2\text{—Cl} + n\text{Na}_2\text{S}_4 \longrightarrow \left[\text{CH}_2\text{—CH}_2\text{—S—S}\right]_n \!\!\!\!\!\!\!\!\!\!\!\!{}_{\substack{|\ |\\ \text{S S}}} + 2n\text{NaCl}$$

聚硫橡胶耐老化、耐油、耐有机溶剂,透气率很低,主要用作隔膜、密封圈、密封用材料。

四、体型缩聚反应

(一) 体型缩聚反应的特点

体型缩聚反应是能够生成三维体型缩聚物的缩聚反应，简称体型缩聚。

体型缩聚的必要条件是，参加反应的单体中，至少有一种单体的官能度大于 2，而平均官能度大于 2 是产生体型缩聚物的必要条件。

体型缩聚反应的特点是当缩聚反应进行到一定程度时，反应体系的黏度突然增加，出现不溶不熔的弹性凝胶现象，该现象称为凝胶化。此时的反应程度为凝胶点，用 P_c 表示。这种不溶不熔的弹性凝胶就是体型（微观上为网状）高聚物。

体型缩聚物具有不溶、不熔、耐高温、高强度、尺寸稳定等优良性能，即具有热固性的结构材料。

正是由于体型缩聚反应的特点与体型缩聚物的特殊性能，才使得体型高聚物最终产品的生产不能像线型高聚物等热塑性材料那样先合成出高聚物树脂再成型加工成制品。一般用体型缩聚反应制得的产品分两步进行，第一步生成线型聚合物或者具有反应活性的低聚物（在反应器中进行，控制一定的反应程度），然后再通过加热或者加入固化剂等方法使其转变为体型缩聚物的最终产品（在模具中进行）。

根据反应进行的程度，工艺上将体型缩聚反应分为甲、乙、丙三个阶段。反应程度 $P<P_c$ 的缩聚物为甲阶树脂；反应程度 $P \to P_c$ 的为乙阶树脂；反应程度 $P>P_c$ 的为丙阶树脂。一般情况下甲阶树脂有良好的溶解性和熔融性；乙阶树脂溶解性较差，能软化，但难熔融；丙阶树脂已经交联固化，不能溶解，也不能熔融和软化。前两种是常说的预聚物，后一种一般是在成型过程（又称固化或熟化）中形成的体型缩聚物。

从微观结构上看，甲阶树脂、乙阶树脂属于线型结构和支链结构，相对分子质量为 500～5000；丙阶树脂为网状结构。如甘油与邻苯二甲酸酐的缩聚反应：

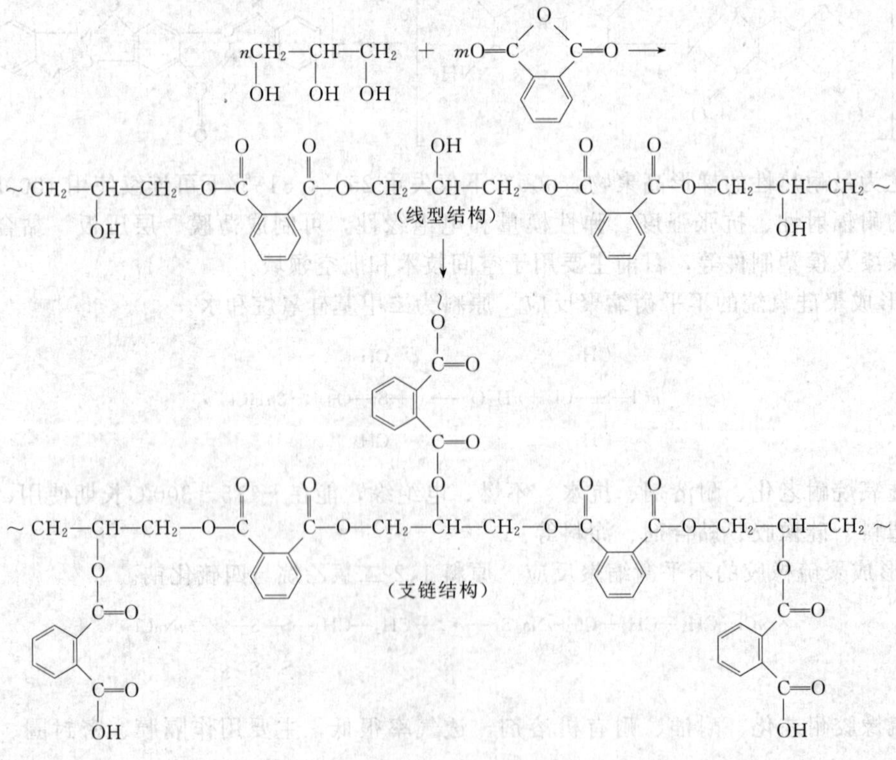

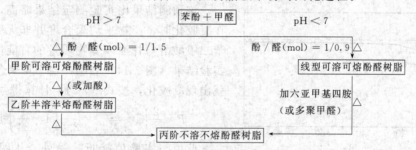

(巨型网状结构)

在体型缩聚过程中，预聚物的制备非常重要，尤其预聚物的结构如何对后续固化时产品结构的控制至关重要。从预聚物中官能团的排布情况看，可以分为无规预聚物（碱催化酚醛树脂、脲醛树脂、醇酸树脂等）和有规预聚物（酸催化酚醛树脂、环氧树脂、不饱和聚酯树脂等）两种情况，其中有规预聚物又分为定端基预聚物和定侧基预聚物。对于无规预聚物的固化只能凭经验进行控制，有规预聚物的固化可以通过催化剂和其他反应性物质进行控制。图 7-10 所示为碱催化法和酸催化法制备的酚醛树脂预聚物的固化过程。

图 7-10 碱催化法和酸催化法制备的酚醛树脂预聚物的固化过程

（二）凝胶点的预测

凝胶点的预测对体型缩聚物的生产具有重要的意义。一是可以防止预聚阶段反应程度超过凝胶点而使预聚物在反应釜内发生"结锅"事故。二是固化阶段合理控制固化时间，确保产品质量。如热固性泡沫塑料制品生产中，固化速率太慢，因泡沫破灭而使泡沫结构发生塌陷，造成产品性能下降，因此，必须快速固化，防止泡沫破灭。又如热固性增强塑料及层压板制品生产中．固化速度太快，会造成制品强度下降。

凝胶点的预测方法有理论预测法和实验测定法两种。

1. 凝胶点的理论预测

卡罗瑟斯方程是最常用的凝胶点预测方法，他的理论基础是出现凝胶时，产物的聚合度为无穷大。

（1）官能团等物质的量反应时的凝胶点理论预测——卡罗瑟斯方程

官能团等物质量反应是指参加反应的 a 官能团总数等于 b 官能团的总数，对两种单体参加的体型缩聚反应即为 $N_A f_A = N_B f_B$。

设 A、B 两种单体以等物质量的官能团进行缩聚反应，$\bar{f}$ 为参加反应单体的平均官能度，N_0 为起始单体分子总数，N 为 t 时体系内的分子总数。

则 $N_0 \bar{f}$ 为起始单体的官能团总数，$2(N_0 - N)$ 为 t 时已消耗的官能团数。数字 2 表示每步反应消耗 2 个官能团。

因此，t 时的反应程度为：

$$P = \frac{2(N_0 - N)}{N_0 \bar{f}} = \frac{2}{\bar{f}}\left(1 - \frac{N}{N_0}\right) \tag{7-20}$$

将式（7-3）代入上式得：

$$P = \frac{2}{\bar{f}}\left(1 - \frac{1}{\overline{X}_n}\right) \tag{7-21}$$

出现凝胶时，$\overline{X}_n \to \infty$，则凝胶点 P_c 为：

$$P_c = \frac{2}{\bar{f}} \tag{7-22}$$

该式即为卡罗瑟斯方程。式中的 $\bar{f}$ 由式（7-1）计算。

如 A、B 两种单体进行缩聚反应，若 $N_A = 2$，$N_B = 3$，$f_A = 3$，$f_B = 2$，则平均官能度根据式（7-1）计算得：

$$\bar{f} = \frac{2 \times 3 + 3 \times 2}{2 + 3} = \frac{12}{5} = 2.4$$

代入式（7-22）求出凝胶点 P_c 为：

$$P_c = \frac{2}{\bar{f}} = \frac{2}{2.4} = 0.833$$

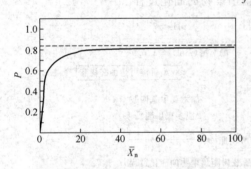

图 7-11 邻苯二甲酸酐与甘油缩聚反应时反应程度与聚合度的关系

该预测结果比实验测定结果略高，其原因是在凝胶化时，产物平均聚合度并非无穷大。像邻苯二甲酸酐与甘油以等物质量的官能团反应时的实验结果（图 7-11）表明，当平均聚合度接近 24 就出现凝胶化，按式（7-21）计算得：

$$P = \frac{2}{\bar{f}}\left(1 - \frac{1}{\overline{X}_n}\right) = \frac{2}{2.4}\left(1 - \frac{1}{24}\right) \approx 0.8$$

此值与实验值接近。另外，从图 7-11 中看出，当接近凝胶点时，只要反应程度稍微增加，其聚合度就增加很大。这就是凝化突然出现的原因。

（2）官能团非等物质量反应时的凝胶点理论预测——卡罗瑟斯方程的引申

官能团非等物质量反应时，平均官能度不能按式（7-1）计算，此时的平均官能度等于两倍于官能团数少官能团数除以体系中的分子总数。如有三种单体 A_{fA}、B_{fB}、A_{fC}，其中 A_{fA}、A_{fC} 为带有相同的官能团 A 的两种单体，f_A、f_B、f_C 表示相应单体的官能度，N_A、N_B、N_C 为相应的单体分子数，并且，$(N_A f_A + N_C f_C) < N_B f_B$。则平均官能度为：

$$\bar{f} = \frac{2(N_A f_A + N_C f_C)}{N_A + N_B + N_C} \tag{7-23}$$

然后，再按式（7-22）计算凝胶点。

2. 凝胶点的实验测定

实验方法一般是用出现凝胶时的时间（凝胶时间）来衡量体型缩聚中的凝胶点。具体方法较多，下面介绍几种简便的测定方法。

(1) 黏度法

将体型缩聚反应过程中，体系黏度突然增大时所对应的时间定义为凝胶时间。例如，用落球黏度计在一定温度下测定环氧树脂体系（已加入固化剂）的黏度与时间曲线（见图7-12）。用这种方法可以测定不同温度下的凝胶时间，为制定成型工艺条件提供可靠的依据。

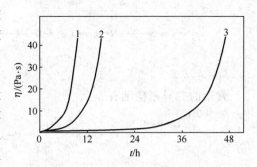

图 7-12　30℃下咪唑-环氧树脂固化体系的黏度变化曲线

1—咪唑；2—2-甲基咪唑；3—2-乙基-4-甲基咪唑

(2) 差示扫描量热法（DSC）和差热分析法（DTA）

体型缩聚物的形成过程也就是树脂固化过程。一般来说，固化过程是放热反应。因此，利用差示扫描量热法（DSC）和差热分析法（DTA）测得的曲线上的固化放热峰所对应的时间来确定凝胶点。图 7-13 是不同固化剂固化 618 环氧树脂时的 DSC 曲线，曲线 A 在 150℃时有最高放热峰，所对应的时间为 14min。这说明将二乙烯三胺与 618 环氧树脂混合后于 150℃下进行固化，14min 即产生凝胶化。

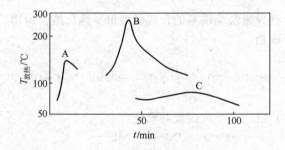

图 7-13　不同固化剂固化 618 环氧树脂的放热温度曲线

A—二乙烯三胺；B—间苯二胺；C—DMP-30

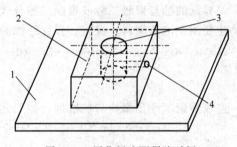

图 7-14　固化板法测凝胶时间

1—加热板；2—固化板；3—被测样品型腔；4—热电偶或温度计

(3) 固化板法

固化板法是更方便的测定方法，它是采用金属固化板来测定凝胶时间（图 7-14）。称取一定量的已加入固化剂的待测聚合物，在一定温度下，将其置于固化板上开始计时，同时不断地搅拌聚合物，直至聚合物拉丝时所需的时间即为凝胶时间。

凝胶时间的测定，可以为树脂基体配方及制品成型工艺条件的确定提供可靠数据。

五、逐步加聚反应

逐步加聚反应是单体分子通过逐步加成，在分子间形成共价键高聚物的反应。这种反应多是不可逆缩聚反应。通过逐步加聚反应可以获得含有氨基甲酸酯（—NHCOO—）、硫脲（—NHCSNH—）、脲（—NHCONH—）、酯、酰胺等键合团的高聚物。

(一) 氢转移逐步加聚反应

顾名思义这反应是通过氢原子转移来完成逐步加成聚合的。并且反应时无小分子析出，产物的化学组成与单体的化学组成相同。下面以聚氨酯为例加以介绍。

聚氨酯是聚氨基甲酸酯的简称，是由二异氰酸酯与二元醇逐步加聚反应而得。

$$n\text{O}=\text{C}=\text{N}-\text{R}-\text{N}=\text{C}=\text{O} + n\text{HO}-\text{R}'-\text{OH} \longrightarrow \left[\begin{matrix}\text{C}-\text{NH}-\text{R}-\text{NH}-\text{C}-\text{O}-\text{R}'-\text{O}\\ \|\\ \text{O}\end{matrix}\right]_n$$

常用的二异氰酸酯有：

2,4-甲苯二异氰酸酯　　2,6-甲苯二异氰酸酯　　六亚甲基二异氰酸酯　　萘二异氰酸酯

常用二元醇为 1,4-丁二醇，聚醚二醇、聚酯二醇等。其中聚醚二醇由环氧乙烷、环氧丙烷、四氢呋喃等开环聚合而得；聚酯二醇由稍过量的乙二醇、丙二醇等与己二酸缩聚而得。两者相对分子质量为 2000～4000，通式可以写成 HO～OH。

1. 线型聚氨酯的逐步加聚反应

六亚甲基二异氰酸酯与 1,4-丁二醇等物质量配比的合成线型聚氨酯反应。所得产物主要用于合成纤维。

$$n\text{O}=\text{C}=\text{N}\text{--}(\text{CH}_2)_6\text{--}\text{N}=\text{C}=\text{O} + n\text{HO}\text{--}\text{CH}_2\text{--}\text{CH}_2\text{--}\text{CH}_2\text{--}\text{CH--OH} \longrightarrow$$
$$\left[\begin{matrix}\text{C}\text{--}\text{NH}\text{--}(\text{CH}_2)_6\text{--}\text{NH}\text{--}\text{C}\text{--}\text{O}\text{--}(\text{CH}_2)_4\text{--}\text{O}\\ \|\\ \text{O}\end{matrix}\right]_n$$

二异氰酸酯与聚醚二醇或聚酯二醇合成带有异氰酸酯端基的合成线型聚氨酯反应。所得产物主要用于泡沫塑料、橡胶、弹性纤维的预聚物。

$$(n+1)\text{O}=\text{C}=\text{N}-\text{R}-\text{N}=\text{C}=\text{O} + n\text{HO}\sim\text{OH} \longrightarrow$$
$$\text{O}=\text{C}=\text{N}\text{--}[\text{R}\text{--}\text{NH}\text{--}\underset{\underset{\text{O}}{\|}}{\text{C}}\text{--}\text{O}\sim\text{O}\text{--}\underset{\underset{\text{O}}{\|}}{\text{C}}\text{--}\text{NH}]_n\text{--}\text{R}\text{--}\text{N}=\text{C}=\text{O}$$

经线型聚氨酯预聚物与扩链剂（如二元胺）反应，形成嵌段共聚物。

$$2\text{O}=\text{C}=\text{N}\text{--}[\text{R}\text{--}\text{NH}\text{--}\underset{\underset{\text{O}}{\|}}{\text{C}}\text{--}\text{O}\sim\text{O}\text{--}\underset{\underset{\text{O}}{\|}}{\text{C}}\text{--}\text{NH}]_n\text{--}\text{R}\text{--}\text{N}=\text{C}=\text{O} + \text{H}_2\text{N}-\text{R}'-\text{NH}_2 \longrightarrow$$

$$\text{O}=\text{C}=\text{N}\text{--}[\text{R}\text{--}\text{NH}\text{--}\underset{\underset{\text{O}}{\|}}{\text{C}}\text{--}\text{O}\sim\text{O}\text{--}\underset{\underset{\text{O}}{\|}}{\text{C}}\text{--}\text{NH}]_n\text{--}\text{R}\text{--}\text{NH}\text{--}\underset{\underset{\text{O}}{\|}}{\text{C}}\text{--}\text{NH}\text{--}\text{R}'\text{--}\text{NH}\text{--}$$
$$\text{O}=\text{C}=\text{N}\text{--}[\text{R}\text{--}\text{NH}\text{--}\underset{\underset{\text{O}}{\|}}{\text{C}}\text{--}\text{O}\sim\text{O}\text{--}\underset{\underset{\text{O}}{\|}}{\text{C}}\text{--}\text{NH}]_n\text{--}\text{R}\text{--}\text{N}=\text{C}=\text{O}$$

2. 体型聚氨酯的逐步加聚反应

（1）用以制备聚氨酯橡胶和弹力纤维的体型聚氨酯逐步加聚反应

是通过异氰酯端基与线型聚氨酯预聚物的交联来完成的。主要有以下两种方式：

$$\sim\text{NH}-\underset{\underset{\text{O}}{\|}}{\text{C}}-\text{O}\sim + \text{O}=\text{C}=\text{N}\sim \longrightarrow \sim\underset{\underset{\underset{\underset{\underset{\sim}{\text{NH}}}{|}}{\underset{\text{O}}{\|}}}{|}}{\text{N}}-\underset{\underset{\text{O}}{\|}}{\text{C}}-\text{O}\sim$$

$$\sim\text{NH}-\underset{\underset{\text{O}}{\|}}{\text{C}}-\text{NH}\sim + \text{O}=\text{C}=\text{N}\sim \longrightarrow \sim\text{NH}-\underset{\underset{\underset{\underset{\underset{\sim}{\text{NH}}}{|}}{\underset{\text{O}}{\|}}}{|}}{\text{C}}-\underset{\underset{\underset{\text{O}}{\|}}{|}}{\text{N}}\sim$$

(2) 用以制备聚氨酯硬泡沫塑料的体型聚氨酯逐步加聚反应

是通过异氰酸酯端基与含多羟基预聚物（由适量甘油合成的聚酯预聚物）中侧羟基的交联来完成的。

$$\sim\!\!\underset{OH}{C}\!\!\sim \;+\; O\!\!=\!\!C\!\!=\!\!N\!\sim \;\longrightarrow\; \sim\!\!\underset{\underset{NH}{\overset{\overset{O}{\parallel}}{O\!\!-\!\!C}}}{C}\!\!\sim$$

显然，侧羟基愈多，则交联密度愈大，泡沫塑料也愈硬。

制备泡沫塑料时，加入适量的水可以产生 CO_2 进行发泡，并通过脲键的形成而扩键。再与异氰酸酯端基发生交联反应而固化。

$$2O\!\!=\!\!C\!\!=\!\!N\!\sim\!N\!\!=\!\!C\!\!=\!\!O \;+\; H_2O \;\longrightarrow\; O\!\!=\!\!C\!\!=\!\!N\!\sim\!NH\!-\!\!\underset{\overset{\parallel}{O}}{C}\!-\!O\!-\!\!\underset{\overset{\parallel}{O}}{C}\!-\!NH\!\sim\!N\!\!=\!\!C\!\!=\!\!O$$

$$\longrightarrow\; O\!\!=\!\!C\!\!=\!\!N\!\sim\!NH\!-\!\!\underset{\overset{\parallel}{O}}{C}\!-\!NH\!\sim\!N\!\!=\!\!C\!\!=\!\!O \;+\; CO_2\uparrow$$

$$\downarrow {+O\!\!=\!\!C\!\!=\!\!N\!\sim}$$

$$\sim\!NH\!-\!\!\underset{\overset{\parallel}{O}}{C}\!-\!\underset{\underset{NH}{\overset{\overset{O}{\parallel}}{C}}}{N}\!\sim$$

(二) 生成环氧树脂的逐步加聚反应

1. 环氧氯丙烷、双酚 A 在 NaOH 作用下的线型加成反应

$$(n+1)HO\!\!-\!\!\phi\!\!-\!\!\underset{\underset{CH_3}{|}}{\overset{\overset{CH_3}{|}}{C}}\!\!-\!\!\phi\!\!-\!\!OH \;+\; (n+2)CH_2\!-\!CH\!-\!CH_2 \;+\; (n+2)NaOH \longrightarrow$$

$$CH_2\!-\!CH\!-\!CH_2\!\!-\!\![O\!-\!\phi\!-\!\underset{\underset{CH_3}{|}}{\overset{\overset{CH_3}{|}}{C}}\!-\!\phi\!-\!O\!-\!CH_2\!-\!CH\!-\!CH_2]_n\!-\!O\!-\!\phi\!-\!\underset{\underset{CH_3}{|}}{\overset{\overset{CH_3}{|}}{C}}\!-\!\phi\!-\!O\!-\!CH_2\!-\!CH\!-\!CH_2$$

$$+\;(n+2)NaCl\;+\;(n+2)H_2O$$

其中原料配比对产物的相对分子质量有显著的影响，如表 7-10 所示。

表 7-10 原料配比对环氧树脂相对分子质量的影响

环氧氯丙烷/双酚A（摩尔比）	氢氧化钠/双酚A（摩尔比）	软化点	相对分子质量	环氧当量	每分子所带环氧基数
2.0	1.1	43	451	314	1.39
1.4	1.3	84	791	592	1.34
1.33	1.3	90	802	730	1.10
1.25	1.3	100	1133	860	1.32
1.2	1.3	112	1420	1176	1.21

2. 线型加成产物的固化反应

用于环氧树脂的固化剂很多，有无机化合物如 FB_3、$SnCl_4$、$ZnCl_2$、$AlCl_3$ 等；有机多元胺类如二乙烯三胺、三乙烯四胺、三乙胺、苯二甲胺等；有机多元酸及酸酐、苯酐、均苯四酐等；还有酚醛树脂、脲醛树脂和聚酯等。这里重点介绍胺类和羧酸类固化反应。

（1）胺类固化剂引发固化反应

$$R-NH_2 + CH_2-CH-CH_2\sim \longrightarrow RNH-CH_2-CH-CH_2\sim$$
$$\underset{O}{\diagdown\diagup}\underset{OH}{|}$$

经交联、醚化等反应，最终生成网状结构。

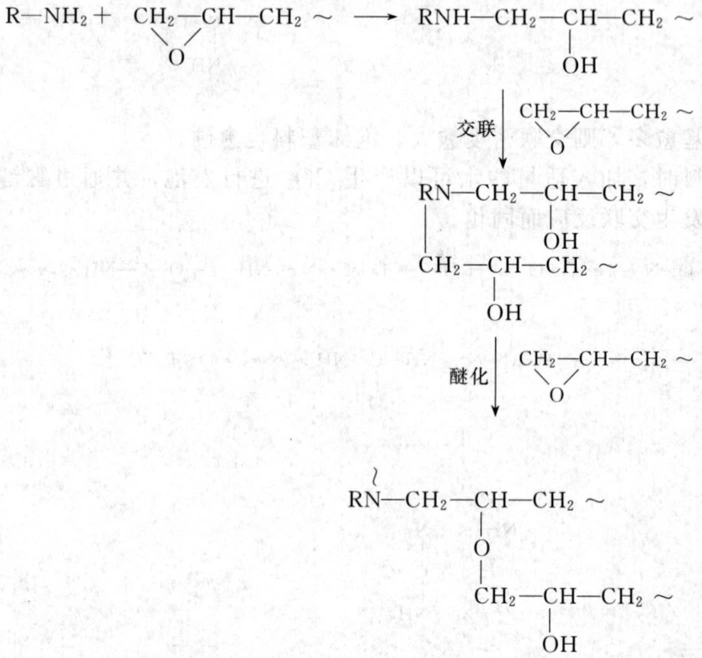

（2）羧酸类固化剂引发固化反应

$$R-COOH + CH_2-CH-CH_2\sim \longrightarrow R-COOCH_2-CH-CH_2\sim$$

经醚化反应，最终生成网状结构。

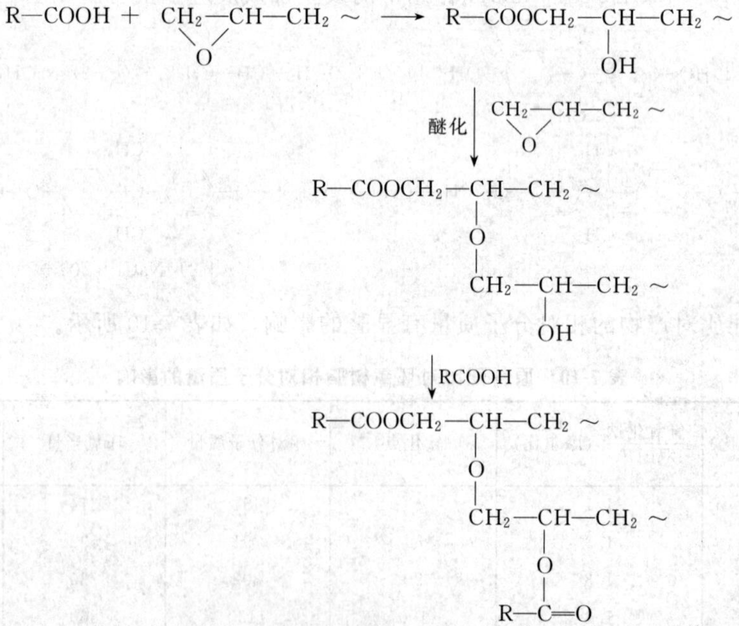

3. 形成梯形高聚物的逐步聚合反应——Diels-Alder 反应

这种反应是共轭双烯烃与一类烯类化合物发生的 1,4-加成反应。如乙烯基丁二烯自身反应可以生成如下产物：

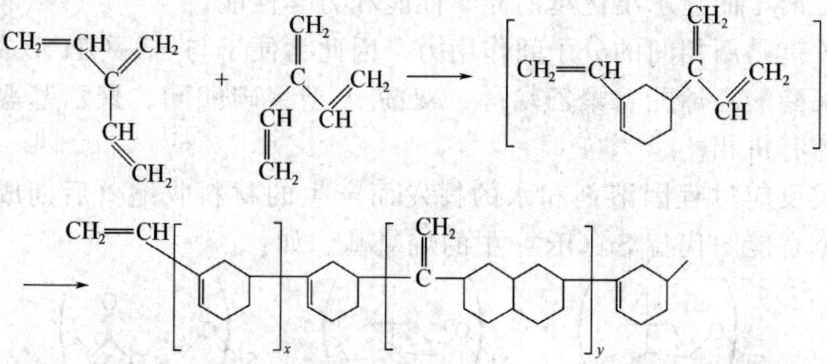

[反应式图：丁二烯与异戊二烯类单体的Diels-Alder反应及聚合产物结构]

如果与苯醌反应，则生成可溶性梯型高聚物。

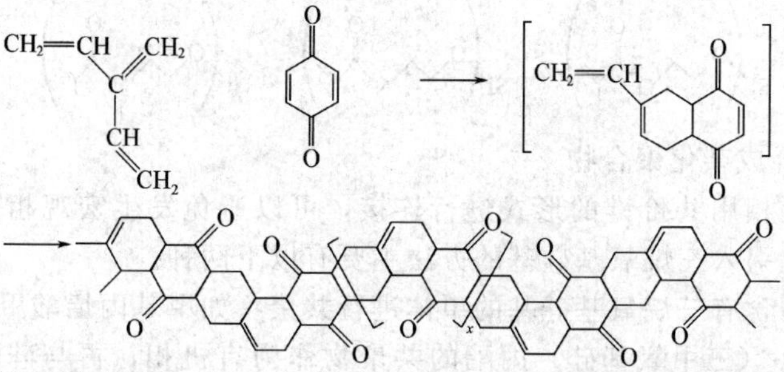

[反应式图：丁二烯与苯醌的Diels-Alder反应及所得梯型聚合物结构]

该高聚物能结晶，能溶解，但不熔化，加热时可分解成石墨状物质。具有很高的耐热性，在900℃加热时只失重30%。

六、拓展知识

(一) 杂化聚合物的合成

1. 通过溶胶-凝胶法合成杂化聚合物

该过程主要包括两个过程，第一步是烷氧基金属化合物 M(OR)$_z$ 的水解过程（M=Si、Ti、Zr、Al、Mo、V、W、Ce）；第二步是水解后的羟基化合物的缩合过程。通过溶胶-凝胶过程形成溶剂溶胀的分枝状三维无机网络，经过干燥、陈化得到无机氧化物。

以 Si(OR)$_4$ 为例，其溶胶-凝胶过程如下：

水解过程

$$\equiv\!\!Si\!-\!OR + H_2O \xrightarrow{H^+ \text{或} OH^-} \equiv\!\!Si\!-\!OH + ROH$$

缩合过程

$$\equiv\!\!Si\!-\!OH + HO\!-\!Si\!\equiv \xrightarrow{H^+ \text{或} OH^-} \equiv\!\!Si\!-\!O\!-\!Si\!\equiv + H_2O$$

用溶胶-凝胶法制备杂化聚合物时，通常是将有机聚合物（或单体原位聚合）溶于能与水混溶的有机溶剂（如四氢呋喃、N,N-二甲基甲酰胺等）中；将无机前驱体［如 Si(OR)$_4$］溶于水中，两者混合后，在有机聚合物存在下，Si(OR)$_4$ 水解缩合形成无机网络，干燥除去溶剂的反应产生的水、醇等小分子后就可以得到杂化聚合物。并且可以通过控制反应条件，控制所得材料的结构与性能。

2. 通过相间相互作用合成杂化聚合物

此时借用的是有机聚合物与无机组分间的氢键、范德华力或亲水-憎水平衡等的作用，形成杂化聚合物。合成起始时的有机相既可以是可溶的有机聚合物，也可以是单体，再经过聚合形成有机/无机杂化聚合物网络。根据两相的形态不同，可以分为可溶性有机聚合物/无机网络和互穿网络型有机聚合物/无机杂化材料。由于这类材料是通过氢键形成的，所以宏观上无明显的相分离，而显示出优越的光学性能和力学性能。

此种合成的关键是两相间的分子间作用力，因此为便于与 Si—OH 形成氢键而选择聚甲基丙烯酸甲酯、聚醋酸乙烯酯、聚乙烯醇、双酚 A 型聚碳酸酯、聚乙基恶唑啉、聚甲基恶唑啉等聚合物作为有机相。

为了防止此类反应过程因溶剂和水的挥发而产生的材料收缩（后期成型龟裂）现象发生，而采用烃氧基官能团代替 Si(OR)$_4$ 中的烷氧基。如：

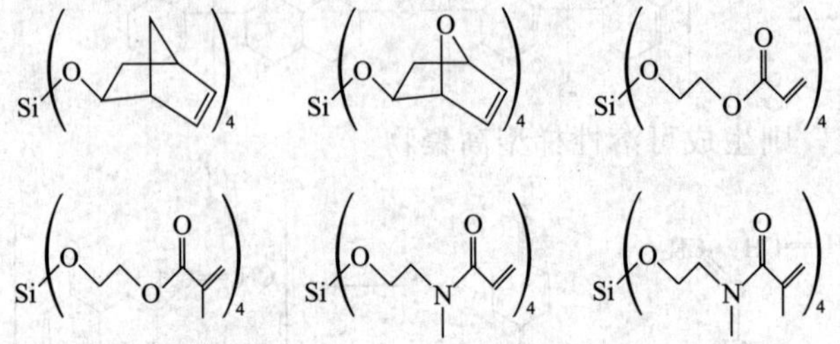

3. 通过共价键合成杂化聚合物

将有机相与无机相用共价键的形式进行连接，可以避免发生宏观相分离，提高材料性能。对于高分子链上引入三烷氧基硅基的方法主要有以下两种。

一种方法是采用含有三烷氧基硅基的单体进行共聚。如甲基丙烯酸甲酯、苯乙烯、丙烯腈等与甲基丙烯酸-3-（三甲氧基硅）丙酯的共聚物作为有机相，再与硅酸四乙酯水解缩合反应制备杂化聚合物材料。其过程如下：

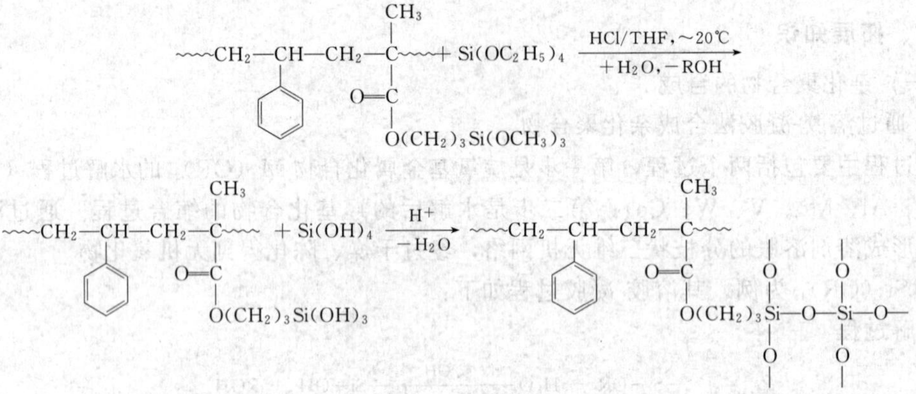

另一种方法是在已有的高分子链的端基或侧基上引入三烷氧基硅基，也可以用含三烷氧基硅基的有机硅偶联剂对高分子进行端基或侧基的功能化处理。常用的有机硅偶联剂有 3-氨丙基三乙基氧基硅烷（APTES）、3-缩水甘油丙基醚三甲氧基硅烷（GOTMS）、3-异氰酸酯丙基三甲氧基硅烷（IPTMS）、4-氨苯基三甲氧基硅烷（APTMS），其结构式如下：

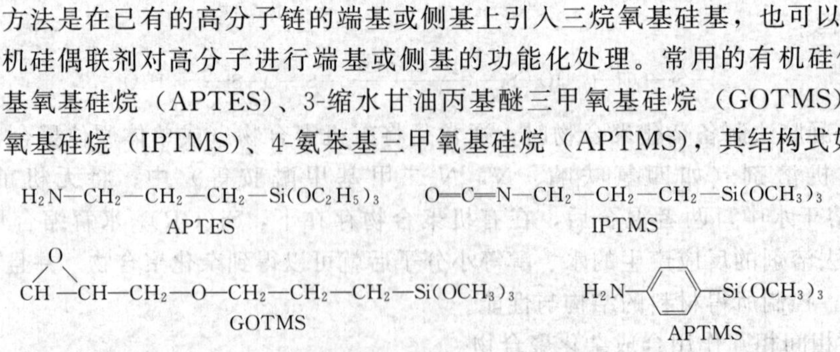

此外，还可以合成有机聚合物/金属杂化材料、有机聚合物/半导体杂化材料、有机聚合物/复合氧化物杂化材料及中孔杂化材料。

（二）纳米尼龙合成

见第五章拓展知识内容。

（三）工程塑料合金

工程塑料合金泛指工程塑料（树脂）的共混物，主要包括聚碳酸酯（PC）、聚对苯二甲酸丁二醇酯（PBT）、尼龙（PA）、聚甲醛（POM）、聚苯醚（PPO 或 PPE）、聚四氟乙烯（PTFE）、ABS 等为主的共混体系。

通过工程塑料合金的开发，一可以改进主体聚合物的某些性能；二可以改善难以加工聚合物的成型加工性能；三可以使材料成为"功能化"塑料合金；四可以降低成本、节约资源、减少污染。

工程塑料合金的生产方法主要包括：普通机械共混法（粉料共混、溶液共混、乳液共混、熔体共混等）、接枝共聚法、嵌段共聚法、多层乳液共聚法、反应增容共混法、互穿网络共聚法（IPN 法）、反应挤出法、动态硫化法、分子复合法等。

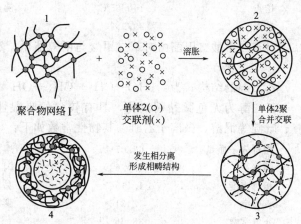

图 7-15 IPN 典型制造过程及结构示意

其中，典型互穿衣网络共聚法的制备过程与结构如图 7-15 所示。

第二节 缩聚反应与逐步加聚反应的工业实施

一、聚酯的生产

聚酯是制造聚酯纤维、涂料、薄膜及工程塑料的原料，是由饱和的二元酸与二元醇通过缩聚反应制得的一类线性高分子缩聚物。这类缩聚物的品种因随使用原料或中间体而异，故品种繁多数不胜数。但所有品种均有一个共同特点，就是其大分子的各个链节间都是以酯基
"$-\overset{O}{\overset{\|}{C}}-O-$" 相联，所以把这类缩聚物通称为聚酯。以聚酯为基础制得的纤维称为涤纶，是三大合成纤维（涤纶、聚酰胺、腈纶）之一，是最主要的合成纤维。下面主要介绍对苯二甲酸乙二醇酯（简称 PET）生产工艺。

（一）主要原料

1. 对苯二甲酸（TPA）

对苯二甲酸的结构式为：HOOC—⌬—COOH

对苯二甲酸是芳香族二元羧酸的一种，在常温下，外观为白色晶体，无毒，易燃。稍溶于热乙醇，微溶于水，不溶于氯仿、乙醚、醋酸，能溶于碱。物性常数如下：

相对分子质量	166.13	相对密度	1.55
熔点	384～421℃	升华点	402℃
自燃点	680℃	升华热	98.4kJ/mol
燃烧热	3227.8kJ/mol		

对苯二甲酸由对二甲苯、苯酐或甲苯制得，主要用于制造聚酯纤维和塑料。

2. 对苯二甲酸二甲酯（DMT）

对苯二甲酸二甲酯的结构式为：H_3COOC—⌬—$COOCH_3$

对苯二甲酸二甲酯是芳香族二元酯的一种，在常温下，外观为白色结晶粉末，无毒、易

燃，其蒸气或粉尘与空气混合至一定比例，遇为能发生爆炸。物性常数如下：

相对分子质量	194.18	相对密度	1.065
熔点	140.65℃	沸点	288℃
纯度	99.9%		

对苯二甲酸二甲酯由对苯二甲酸与甲醇酯化，然后经重结晶或真空蒸馏制得。

3. 乙二醇

乙二醇的结构式为： HO—CH$_2$—CH$_2$—OH

乙二醇为无色微黏稠液体，具有较强的吸湿性，有醇味但不能饮用，可以和水、醇、醛、吡啶等混溶，微溶于乙醚。其物性常数如下：

相对分子质量	62.07	熔点	−13℃
沸点	197.6℃	闪点（开口）	116℃
相对密度	1.1154	黏度（20℃）	20.93cP
折射率	1.4316	膨胀系数	0.00062
介电常数	38.66		

乙二醇主要由环氧乙烷水合制取，其用途广泛，在合成工业上主要用于生产合成纤维、不饱和聚酯和增塑剂等。

其中直接酯化聚酯法对对苯二甲酸和乙二醇的质量要求实例如表 7-11 所示。

表 7-11　直接酯化聚酯法对对苯二甲酸和乙二醇的质量要求

对苯二甲酸		乙 二 醇	
纯度	>99.9%	相对密度	1.1130~1.1136
光学密度(NH$_4$OH 溶液,380μm)	<0.006	沸点	(140±0.7)℃
铂钴比色值(NaOH 溶液)	<10	铂钴比色	<10
含水量	<0.1%	二缩、三缩乙二醇	<0.05%
灰分	<0.001%	水分	<0.1%
钾	<0.003%	酸度	<0.001%
铁	<0.0001%	灰分	<0.0005%
醛	0	铁	<0.00001%
纯度	99.8%	外观	无色透明

4. 环氧乙烷

环氧乙烷的结构式为：CH$_2$—CH$_2$
$\qquad\qquad\qquad\quad\diagdown\;\diagup$
$\qquad\qquad\qquad\quad\;\;$O

环氧乙烷又称氧化乙烯，就最简单的环醚。在常温下是无色气体，在低温下是无色易流动液体。有乙醚气味，有毒。溶于水、乙醇和乙醚等。化学性质非常活泼，能与许多化合物发生加成反应。能与空气形成爆炸性混合物，爆炸极限为 3.6%~78%（体积分数）。其物性常数如下：

相对分子质量	44.050	相对密度	0.8711
熔点	−111.3℃	沸点	13~14℃
临界温度(气体)	195.8℃	临界压力(气体)	7.33MPa
闪点	<−17.8℃		

环氧乙烷由乙烯直接或间接氧化制得。主要用于制乙二醇、非离子型表面活性剂、食品及纺织工业的熏蒸剂等。

（二）聚酯的生产工艺

1. 聚酯合成的工艺路线

按合成聚酯所用的中间体种类来分，主要有三条聚酯合成路线，即酯交换聚酯路线、对苯二甲酸用乙二醇直接酯化聚酯路线和环氧乙烷酯化聚酯路线。

(1) 酯交换聚酯路线（酯交换聚酯法）

这是最早（1953年）实现工业的聚酯路线。具体方法是将对苯二甲酸二甲酯与乙二醇按1:2.5（摩尔比）比例混合，在醋酸锌、醋酸锰和醋酸钴催化剂的作用下，发生酯交换反应，生成对苯二甲酸双羟乙酯。

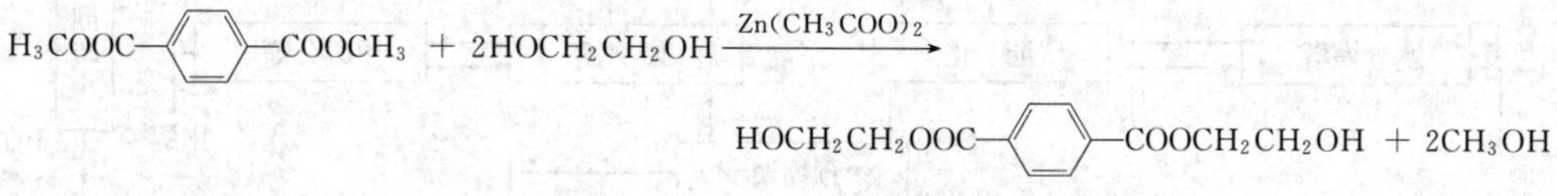

$$H_3COOC-\bigcirc-COOCH_3 + 2HOCH_2CH_2OH \xrightarrow{Zn(CH_3COO)_2} HOCH_2CH_2OOC-\bigcirc-COOCH_2CH_2OH + 2CH_3OH$$
对苯二甲酸双羟乙酯

(2) 对苯二甲酸用乙二醇直接酯化聚酯路线（直接酯化聚酯法）

这是1963年以后才实现工业化生产的聚酯路线。其反应如下：

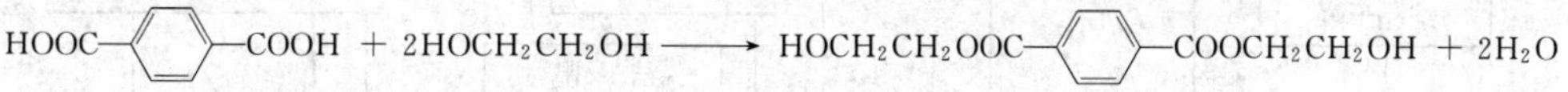

$$HOOC-\bigcirc-COOH + 2HOCH_2CH_2OH \longrightarrow HOCH_2CH_2OOC-\bigcirc-COOCH_2CH_2OH + 2H_2O$$
对苯二甲酸双羟乙酯

该路线对原料对苯二甲酸和乙二醇的纯度要求较高。

(3) 环氧乙烷酯化聚酯路线（环氧乙烷法）

该路线是1973年开始工业化生产的。其反应如下：

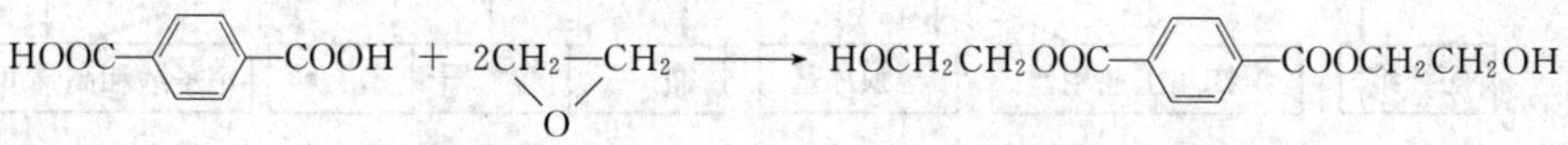

$$HOOC-\bigcirc-COOH + 2CH_2\underset{O}{-}CH_2 \longrightarrow HOCH_2CH_2OOC-\bigcirc-COOCH_2CH_2OH$$
对苯二甲酸双羟乙酯

该反应在饱和低分子脂肪胺或季铵盐存在下，进行极为顺利。该路线具有成本低，产物低聚物少，容易精制，设备利用率高，辅助设备少等优点。如果采用高纯度的对苯二甲酸和环氧乙烷进行反应，其产物可不经过精制就可以直接用于缩聚成聚酯。

(4) 聚酯合成原理

用精制后的对苯二甲酸双羟乙酯或它与苯甲酸混合的反应物进行缩聚反应，分离出乙二醇后即得聚对苯二甲酸乙二醇酯，其反应如下：

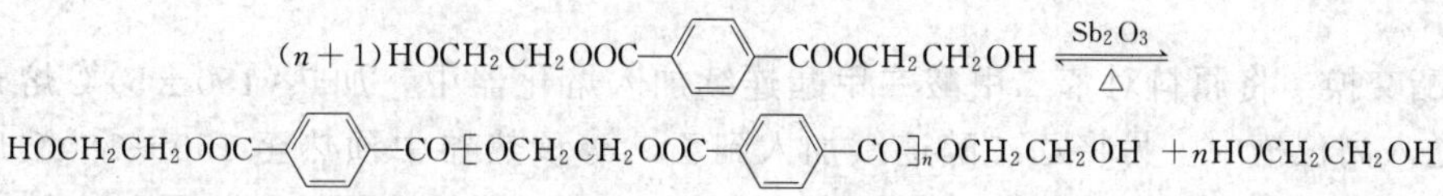

$$(n+1)HOCH_2CH_2OOC-\bigcirc-COOCH_2CH_2OH \xrightleftharpoons[\triangle]{Sb_2O_3}$$
$$HOCH_2CH_2OOC-\bigcirc-CO{\left[OCH_2CH_2OOC-\bigcirc-CO\right]}_n OCH_2CH_2OH + nHOCH_2CH_2OH$$

由于缩聚反应属于可逆反应，为了使缩聚反应进行完全，必须排出反应生成的低分子物质（乙二醇），为此必须采用真空及强力搅拌。缩聚反应最终压力不大于266.6Pa，才能获得高相对分子质量的聚酯，一般产品的平均相对分子质量不低于20000，用于制造纤维、薄膜的相对分子质量约为25000。

在三种合成路线中，酯交换聚酯法和直接酯化聚酯法现在依然是合成聚酯的两大主要工艺路线，其生产过程如图7-16所示。

酯交换聚酯路线是传统的方法，因工艺技术成熟，所以至今在工业生产中仍占有相当的地位。直接酯化聚酯路线虽然起步较晚，但与酯交换聚酯路线相比，因具有消耗定额低、乙二醇配料比低、无甲醇回收、生产控制稳定、流程短、投资低等优点而发展迅速。目前国内引进的聚酯装置多以后者为主，其生产能力1997年就已达到1.52万吨/年。

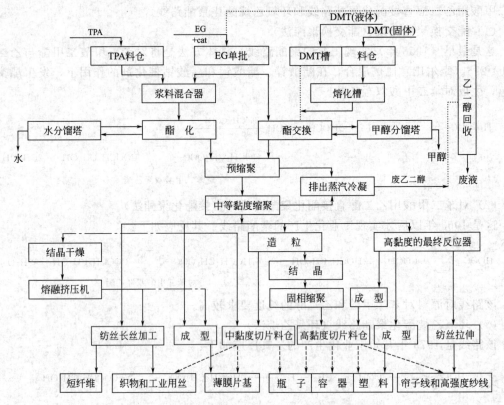

图 7-16 酯交换和直接酯化聚酯工艺路线的生产过程

2. 聚对苯二甲酸乙二醇酯的生产工艺

从操作方式上看，聚对苯二甲酸乙二醇酯的两种主要生产路线都有间歇操作和连续操作之分。相比较而言，直接酯化法聚酯连续法比间歇法的成本低 20%；酯交换法聚酯连续比间歇的成本低 10%。下面主要介绍酯交换法和直接酯化法聚酯的生产工艺。

(1) 酯交换法连续生产聚酯工艺

酯交换法连续生产聚酯工艺包括酯交换、预缩聚、缩聚等过程，其原则工艺流程如图 7-17 所示。

① 酯交换 将原料对苯二甲酸二甲酯连续加入熔化器中，加热(150±5)℃熔化后，用齿轮泵送入高位槽中。另将乙二醇连续加入到乙二醇预热器中预热至 150~160℃后，用离心泵送入高位槽中。将上述两种原料按摩尔比 1：2 分别用计量泵连续定量加入酯交换塔上部，分别将催化剂醋酸锌和三氧化二锑按 DMT 的 0.02% 加入量，用过量 0.4mol 的乙二醇配制成液体加入高位槽中，并连续定量送入连续酯交换塔上部。

连续酯交换塔是一个塔顶带有乙二醇回流的填充式精馏柱的立式泡罩塔。控制酯交换温度为 190~220℃，反应所生成的甲醇蒸气通过塔内各层塔板上的泡罩齿缝上升，进行气液交换后进入冷凝器冷凝后流入甲醇贮槽中。

原料由塔顶加入后，经 16 个分段反应室流到最后一块塔板，完成酯交换反应，酯交换的生成物由塔底再沸器加热后流入混合器中。

② 预缩聚 混合器中的单体经过滤器过滤后，经计量泵、单体预热器送入预缩聚塔底部。预缩聚塔由 16 块塔板构成，控制塔内温度在(265±5)℃。单体由塔底进入后，沿各层塔板的升液管逐层上升，在上升过程中进行缩聚反应，反应所生成的乙二醇蒸气起搅拌作

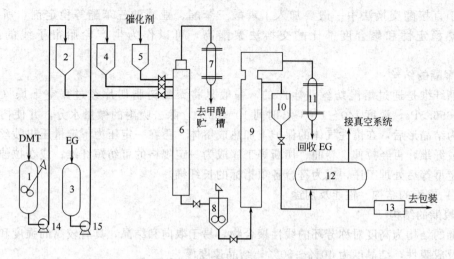

图 7-17　酯交换法连续生产聚酯原则工艺流程

1—DMT熔化器；2—DMT高位槽；3—EG预热器；4—EG高位槽；5—催化剂高位槽；
6—连续酯交换塔；7—甲醇冷凝器；8—混合器；9—预缩聚塔；10—预聚物中间贮槽；11—冷凝器；
12—卧式连续真空缩聚釜；13—连续纺丝、拉膜或造粒系统；14—齿轮泵；15—离心泵

用，可以加快反应速率。当物料到达最上一层塔板后，便得到特性黏度 $[\eta]=0.2\sim0.25$ 的预聚物，预聚物由塔顶物料出口流出，进入预聚物中间贮槽中。

③ 缩聚　预聚物由计量泵定量连续输送到卧式连续真空缩聚釜的入口。该釜为圆筒形的内有49枚圆盘轮的单轴搅拌器，釜的底部有与圆盘轮交错安装的隔板隔成的多段反应室，如图7-18所示。以锌为催化剂时，釜内缩聚反应温度不超过270℃，加入稳定剂后可控制275～278℃，压力小于133.3Pa。在搅拌器的作用下，物料由缩聚釜的一端向另一端移动，在移动过程中进行缩聚反应。当物料到达另一端时，聚酯树脂的特性黏度逐渐增加到0.64～0.68。然后经过连续纺丝、拉膜或造粒即得其产品。

(2) 直接酯化聚酯法生产工艺

直接酯化聚酯法生产工艺所用的原料对苯二甲酸与乙二醇的质量要求如表7-11所示。其工艺过程包括酯化与缩聚。

① 酯化反应　对苯二甲酸与乙二醇按摩尔比1：1.33配料，以三氧化二锑为催化剂，在搅拌下，控制酯化温度在乙二醇沸点以上。酯化反应在如图7-18所示的反应釜中进行。用平均聚合度为1.1的酯化物在反应器中循环，酯化物与对苯二甲酸的摩尔比为0.8。控制釜的夹套温度为270℃，物料在釜内第一区室内充分混合，制成黏度为2Pa·s的浆液。这种浆液穿过区室间挡板上的小孔进入下一个区室，物料在前进中进行反应，最后获得均一低聚物。反应产生的水，经蒸馏排出设备外。

② 缩聚反应　缩聚反应设备与酯交换基本相同，连续酯化后的产物进入缩聚设备进行连续缩聚反应，即得聚对苯二甲酸乙二醇酯。

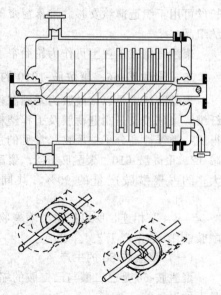

图 7-18　卧式连续真空缩聚釜

由于直接酯交换法中一般要加入了磷酸三苯酯、亚磷酸三苯酯等稳定剂，所以聚酯产物的热稳定性和聚合度都比酯交换法聚酯高，可以作为生产轮胎帘子线的高质量纤维。

3. 聚酯的纺丝

聚酯纤维是通过熔融纺丝法生产的，一般是将聚酯树脂切片经过真空干燥（真空度 266.6～666.5Pa，温度 140～150℃，时间 10～20h），除去吸附的微量水分，并使树脂由无定形变为结晶形后，在惰性气体的保护下加热成熔体。再在一定压力下定量压出喷丝孔，冷却后形成纤维，再经拉伸、卷曲、切断等工序成为一定规格的可纺短纤维；或在拉伸后进行加捻、定型等后处理工序，成为符合各项指标的长纤维。

（三）聚酯的结构、性能及用途

1. 聚酯的结构

聚酯的结构为高度对称芳环的线性聚合物，易于取向和结晶，具有较高的强度和良好的成纤性及成膜性，结晶度为 40%～60%，结晶速度慢。

2. 聚酯的性能

用于聚酯的具体性能参数参见附录表 3（三）。

聚酯一般为乳白色，相对密度为 1.38～1.4，回潮率很低，具有易洗快干的特性。在纺织时，容易产生静电，其纺织品在使用过程中易积累静电荷而吸灰尘。

聚酯的熔点为 255～265℃，软化温度 230～240℃。遇明火能燃烧，有黑烟并有芳香气味，离火后自熄。

聚酯作为纤维使用时，在承受外力时不易发生变形，纺织品尺寸稳定性好，使用过程中褶裥持久。耐磨性仅次于聚酰胺纤维。

在室温下，聚酯能耐弱酸、弱碱和强酸，但不耐强碱；对丙酮、苯、卤代烃等有机溶剂较稳定，但在酚类及酚类与卤代烃的混合溶剂中能溶胀。

3. 聚酯的用途

主要用于纤维使用。既可以纯纺也可以与其他纤维混纺制成各种机织物和针织物。聚酯长丝可用于织造薄纱女衫、帷幕窗帘等，与其他纤维混纺可制成各种棉型、毛型及中长纤维纺织品。

聚酯纤维在工业上可作为轮胎帘子线，制作运输带、篷帆、绳索等。

二、聚酰胺-66、聚酰胺-1010 的生产

聚酰胺纤维是以聚酰胺为基础制得的纤维，是三大合成纤维之一，也是一种主要的合成纤维。聚酰胺又是制造薄膜及工程塑料的原料，是由饱和的二元酸与二元胺通过缩聚反应制得的一类线性高分子缩聚物。常见的这类缩聚物有聚酰胺-6、聚酰胺-66、聚酰胺-11、聚酰胺-12、聚酰胺-610、聚酰胺 612、聚酰胺-1010 等，其中以聚酰胺-6 和聚酰胺-66 的产量最大，约占聚酰胺产量的 90%。共同特点，就是其大分子的各个链节间都是以酰胺基"$-\overset{O}{\underset{}{C}}-\overset{H}{\underset{}{N}}-$"相连，所以把这类缩聚物通称为聚酰胺或尼龙。下面主要介绍聚酰胺-66 与聚酰胺-1010 的生产工艺。

（一）聚酰胺-66 的生产

聚酰胺-66 是己二酸与己二胺的缩聚物，是最早实现工业生产的聚酰胺品种，也是产量最大的聚酰胺。

1. 主要原料

（1）己二酸

己二酸的结构式为：$HOOC(CH_2)_4COOH$

己二酸的相对分子质量为 146.14，常温常压下为白色晶体。熔点 153℃，沸点 337℃，固体相对密度 1.344（18℃）。溶于甲醇、乙醇、丙酮，微溶于环己烷，不溶于苯和石油醚，易溶于热水。

己二酸属于有机二元羧酸，具有二元羧酸的通性，包括成盐反应、酯化反应、酰胺化反应等。最主要的性质是能与二元胺缩聚生成高分子聚合物，是合成聚己二酰己二胺纤维和树脂的原料，此外，还可用于生产增塑剂、润滑剂、食品添加剂等。

己二酸主要通过苯酚法和环己烷法合成。

(2) 己二胺

己二胺结构式为：$H_2N(CH_2)_6NH_2$

己二胺的相对分子质量为 116.21，常温常压下为白色片状结晶。熔点为 40~41℃，沸点为 196℃，固体相对密度 0.8313（60℃）。具有吡啶气味，在空气中存放易吸收水和 CO_2，易溶于水，能溶于乙醇和苯。

己二胺的化学性质与一元胺相同，在不同的条件下，可以一个氨基参加反应，也可以两个氨基参加反应。

己二胺主要用于合成聚己二酰己二胺纤维和树脂的原料，另一小部分用于合成聚癸二酰己二胺纤维的合成。

合成己二胺的主要方法有己二酸法、丁二烯法、丙烯腈电解二聚法、己内酰胺法和己二醇法。

2. 原理与工艺

(1) 聚合原理

理论上己二酸与己二胺的缩聚反应为：

$$nHOOC(CH_2)_4COOH + nH_2N(CH_2)_6NH_2 \rightleftharpoons$$
$$HO[OC(CH_2)_4COHN(CH_2)_6NH]_nH + (2n-1)H_2O$$

但该缩聚反应需要严格控制两种单体原料的物质的量比，才能得到高相对分子质量的高聚物。生产中一旦某一单体过量时，就会影响产物的相对分子质量。因此，在进行缩聚反应前，先将己二酸和己二胺混合制成己二胺-己二酸盐（简称 66 盐），再分离精制，确保没有过量的单体存在，再进行缩聚反应。

$$nHOOC(CH_2)_4COOH + nH_2N(CH_2)_6NH_2 \longrightarrow nNH_3^+(CH_2)_6NH_3OOC(CH_2)_4COO^-$$
$$nNH_3^+(CH_2)_6NH_3OOC(CH_2)_4COO^- \longrightarrow$$
$$HO[OC(CH_2)_4COHN(CH_2)_6NH]_nH + (2n-1)H_2O$$

(2) 聚酰胺-66 的生产

聚酰胺-66 的生产过程主要有 66 盐的制备和 66 盐的缩聚。

① 66 盐的制备　制备 66 盐时，分别将己二胺和己二酸配制成溶液，然后再混合成 66 盐溶液。如果将己二胺与己二酸分别配制成水溶液，控制反应温度为 98℃，可以生产含 63% 66 盐的水溶液，直接用于生产聚酰胺-66，收率 99.9%，这是最理想的工艺。如果以甲醇为溶剂，将两种单体分别配制溶液，在 60~70℃ 下搅拌混合，中和成盐，再冷却析出 66 盐，过滤，在 70℃ 下真空干燥，得白色结晶粉末状 66 盐，缩聚时再配制成 60% 的水溶液。

② 聚酰胺-66 的生产工艺　聚酰胺-66 的生产工艺可以分为间歇溶液缩聚法和连续溶液缩聚法两种。

间歇溶液缩聚法 间歇缩聚的主要设备是高压聚合釜,它是以不锈钢不材质,釜外有加热夹套或盘管,釜内有加热盘管,底部呈圆锥形的圆柱形耐压釜。其生产工艺流程如图7-19所示。

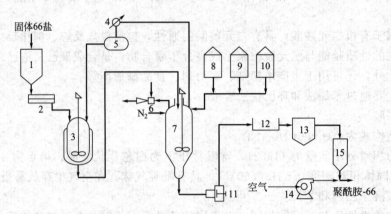

图7-19 间歇溶液法生产聚酰胺-66工艺流程
1—66盐贮罐;2—螺杆输送机;3—溶解釜;4—热交换器;5—冷凝物接收罐;6—蒸汽喷射器;7—缩聚釜;
8—乙酸罐;9,10—添加剂罐;11—挤出机;12—水浴槽;13—切粒机;14—鼓风机;15—树脂贮罐

将66盐配制成50%~60%的水溶液,加入缩聚釜中;同时,根据产物相对分子质量要求加入相对分子质量调节剂乙酸或己二酸,如产物相对分子质量为13000时,加入量为66盐的0.5%(质量分数);控制反应温度为230℃左右,压力1.7~1.8MPa,保压2h左右,进行预缩聚成低相对分子质量的聚合体(注意时间不要太长,太长容易脱羧)。然后,逐步泄压,排出水蒸气,随着水分的不断排出,温度逐步提高、压力逐步下降,从1.8MPa下降到一定压力时,抽真空使压力达到0.1MPa左右,保持45min,温度控制在280℃以下,防止热降解,排出水分进行最后缩聚。缩聚反应完成后,将物料压出、铸带、切粒、干燥,得聚酰胺-66树脂。该树脂可以作为纺丝或工程塑料的原料。

连续溶液缩聚法 其工艺流程如图7-20所示。将制备好的63%66盐水溶液和相对分子质量调节剂乙酸和己二酸等一起加入静态混合器中混合后,送入蒸发反应器,在温度

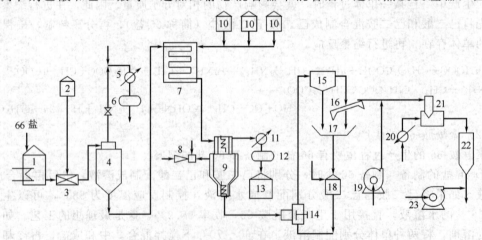

图7-20 连续溶液缩聚法生产聚酰胺-66工艺流程
1—66盐溶解槽;2—乙酸罐;3—静态混合器;4—蒸发反应器;5,11,20—热交换器;6,12—冷凝液接受器;
7—管式反应器;8—蒸汽喷射器;9—最终反应器;10—添加剂罐;13—废水罐;14—挤出机;15—切粒机;
16—水预分器;17—脱水筛;18—水罐;19,23—鼓风机;21—进料贮槽;22—树脂贮罐

232℃、压力1.8MPa下,保压3h。然后,将物料送入管式反应器,温度从230℃升高到285℃,压力从1.7MPa逐步降至0.28MPa左右,反应3h。再将物料送入后反应器,进行后缩聚反应。制得的聚合物经挤压铸带、切粒、干燥,得聚酰胺-66树脂。该树脂可以作为纺丝或工程塑料的原料。

3. 聚酰胺的纺丝

一般聚酰胺纺丝采用间接熔融纺丝和直接熔融纺丝。间接熔融纺丝法是将聚酰胺切成片状颗粒,再进行纺丝,即切片熔融纺丝。普遍采用的设备是螺杆挤出机。直接纺丝法即为熔体直接纺丝,该法具有省去铸带、切片、萃取、熔融等工序和设备,缩短生产周期,提高劳动生产率,成本低等优点。

熔融纺丝主要包括纺丝和纤维的后加工两个基本操作过程。

纺丝过程包括熔体制备、熔体从喷丝孔挤出、丝条拉伸、冷却固化及丝条上油和卷绕等。聚酰胺长丝的后加工包括初捻、拉伸、后加捻、热定型及络丝等工序。短纤维的后加工包括集束、拉伸、卷曲、切断、洗涤、上油、干燥和调湿等工序。

4. 聚酰胺-66的结构、性能及用途

(1) 聚酰胺的结构

聚酰胺中酰胺基的存在,可以在大分子中间形成氢键,使分子间作用力增大,赋予聚酰胺以高熔点和力学性能,同时,也使其吸水率增大。

聚酰胺基之间的亚甲基赋予其柔性和冲击性,聚酰胺中的亚甲基与酰胺基的比例越大,分子间作用力小,柔性越大,吸水率越低。

聚酰胺中的酰胺基排列规整,因此它在适当条件下可以结晶,结晶度达50%~60%。聚酰胺-6的晶体为α、γ晶型;聚酰胺-66的晶体为α、β晶型。

另外聚酰胺的性能还受亚甲基的奇偶数影响,偶数聚酰胺的熔点比奇数聚酰胺的熔点高。

(2) 聚酰胺-66的性能与用途

聚酰胺的原料性能参见附录表3(二)。

聚酰胺用于纤维具有耐磨性好、耐疲劳强度和断裂强度高、抗冲击负荷性能优异、容易染色及与橡胶的附着力好等突出性能,因此,聚酰胺纤维多用于作衣料和轮胎帘子线,其产量仅次于聚酯纤维,居第二位。

(二) 聚酰胺-1010的生产

聚酰胺-1010学名聚癸二酰癸二胺,俗称尼龙1010,英文名poly (decamethylene sebacamide),简称PA1010,结构式:$-[NH(CH_2)_{10}NHCO(CH_2)_8CO]_n-$,是我国利用蓖麻油为主要原料的独特尼龙品种。

1. 主要原料

(1) 癸二酸

癸二酸结构式为:$HOOC(CH_2)_8COOH$

癸二酸的相对分子质量为202,常温常压下为白色片状结晶,可燃,熔点134~135℃,沸点352.3℃(分解),相对密度1.20(25℃),折射率1.422(135.3℃),微溶于水,易溶于乙醇和乙醚,在碱性溶液中能析出结晶。

癸二酸主要用于合成增塑剂、尼龙1010、橡胶软化剂、润滑油添加剂、表面活性剂、涂料、香料等的原料。

合成癸二酸的主要方法有蓖麻油高温裂解法、蓖麻油催化碱解法、石油正癸烷发酵法、环癸二烯加氢法、新环戊酮法。

(2) 癸二胺

癸二胺结构为：$H_2N(CH_2)_{10}NH_2$

癸二胺的相对分子质量为172.21，常温常压下为白色固体，熔点61.5℃，沸点140℃，溶于醇类，在空气中与二氧化碳迅速成盐。

癸二胺主要用于合成尼龙1010及药物的精制。

合成癸二胺的主要方法有癸二腈催化加氢法。

2. 尼龙1010的生产原理与工艺

(1) 生产原理

先将癸二酸与癸二胺配制成乙醇溶液，再进行中和反应，制备尼龙1010盐，其反应如下：

$$H_2N(CH_2)_{10}NH_2 + HOOC(CH_2)_8COOH \xrightarrow[\text{乙醇}]{75℃} H_3^+N(CH_2)_{10}N^+H_3 \cdot {}^-OOC(CH_2)_8COO^-$$

尼龙1010盐缩聚得尼龙1010，缩聚时需要加入少量相对分子质量调节剂、抗氧剂和防老剂等。其反应如下：

$$nH_3^+N(CH_2)_{10}N^+H_3 \cdot {}^-OOC(CH_2)_8COO^- \longrightarrow [HN(CH_2)_{10}NHOC(CH_2)_8CO]_n + (2n-1)H_2O$$

(2) 聚合工艺过程

尼龙1010盐制备工艺流程主要由癸二酸精制、中和反应、溶剂回收三部分组成，其流程如图7-21所示。

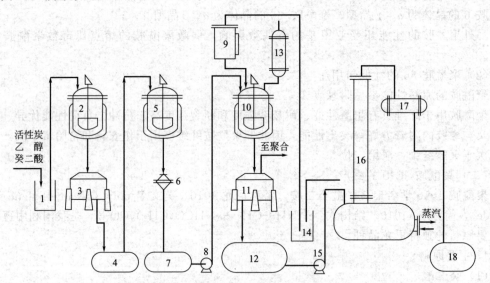

图7-21 尼龙1010盐制备工艺流程

1,14—配料槽；2—溶解釜；3,11—离心机；4,7—酸槽；5—保温釜；6—过滤器；8,15—离心泵；9—胺高位槽；10—中和釜；12,18—乙醇储槽；13,17—冷凝器；16—回收塔

缩聚过程中关键是如何尽快排出体系中生成的副产物水。初期反应温度220℃，初期反应压力1.2MPa；最高反应温度控制在240～250℃，充入CO_2气体进行系统保护。其缩聚流程如图7-22所示。

3. 尼龙1010的结构、性能与用途

尼龙1010是一种半透明白色或微黄色坚韧固体，具有一般尼龙的共性，密度在1.04～

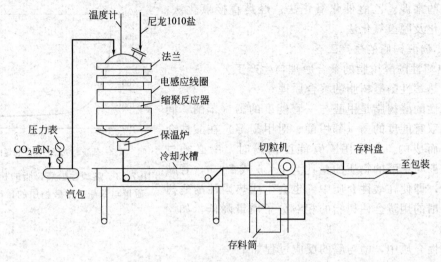

图 7-22 尼龙 1010 缩聚工艺流程图

1.05g/cm³ 之间,对霉菌的作用非常稳定,无毒,对光的作用也很稳定。最大特点是高度延展性,不可逆拉伸能力高,在拉力作用下,可拉伸至原长的 3~4 倍,同时,还具有优良的抗冲击性能和低温冲击性能,-60℃ 下不脆,但高于 100℃,且长期接触氧会变黄,强度下降。

三、酚醛树脂的生产

酚醛树脂是酚类化合物与醛类化合物在酸性或碱性条件下,经缩聚反应而制得的一类聚合物的统称。其中以苯酚和甲醛为单体缩聚的酚醛树脂最为常用,简称为 PF,是第一个工业化生产的树脂品种。以酚醛树脂为主要成分并添加大量其他助剂而制得的制品称为酚醛塑料,包括 PF 模塑料制品、PF 层压制品、PF 泡沫塑料制品、PF 纤维制品、PF 铸造制品及 PF 封装材料六种,并以前三种最为常用。

（一）主要原料

苯酚:HO—⏣,俗称石炭酸,无色或白色晶体,有特殊气味。有毒！且有腐蚀性。在空气中变粉红色。在室温下稍溶于水,在 65℃ 以上能与水混溶；易溶于乙醇、乙醚、氯仿、甘油、二硫化碳等,几乎不溶于石油醚。水溶液与三氯化铁作用呈紫色。

由于苯环上羟基 (—OH) 的作用,使其邻位和对位氢原子很活泼,成为多官能团化合物,与醛类缩合生成酚醛树脂。

苯酚的基本物理常数为:相对分子质量 94.11；沸点 182℃；相对密度 1.071；熔点 40.9℃。

苯酚的来源：由煤焦油经分馏,由苯磺酸经碱精熔,由氯苯经水解,由异丙苯经氧化和水解,或由甲苯经氧化和水解而制得。

甲醛: H—C̈=O,无色气体,有特殊的刺激气味,对人的眼鼻等有刺激作用。甲醛能溶于水及甲醇,含甲醛 37% 的水溶液称为"福尔马林",是有刺激性的无色液体。甲醛在水中以甲二醇形式存在,同时还有部分聚合体。60%~70% 的浓甲醛在硫酸或阳离子交换树脂的催化下加热反应,可得到三聚甲醛,后者精制提纯后是聚甲醛的单体。

甲醛的基本物理常数如下:相对分子质量 31.03；沸点 -21℃；相对密度 0.815；熔点 -92℃。

甲醛的来源：乙醚催化氧化法；烃类直接氧化法；甲醇的氧化及脱氢氧化法。

（二）酚醛树脂的生产工艺

1. 热塑性酚醛树脂的聚合原理与生产工艺

（1）热塑性酚醛树脂的聚合原理

热塑性酚醛树脂是甲醛与三官能度的酚（苯酚、间甲酚）或双官能度的酚（邻甲酚、对甲酚等）在酸性介质中缩聚而成的。当采用三官能度的酚时，酚必须过量，一般酚与甲醛的物质的量比为6∶5或7∶6，若减少酚的量，即使在酸性介质中，也会生成热固性酚醛树脂，增加酚的用量会使树脂的相对分子质量降低，如图7-23所示。

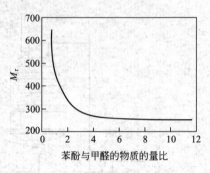

图 7-23 热塑性酚醛树脂的相对分子质量与苯酚、甲醛物质的量比关系

在酸性介质中，酚与醛的反应过程如下：

（反应式：苯酚 + CH₂O → 邻羟甲基苯酚，再与苯酚缩合脱水生成二羟二苯基甲烷）

二羟二苯基甲烷

（反应式：n 邻羟甲基苯酚 → 热塑性酚醛树脂）

热塑性酚醛树脂

式中的 n 一般为 4~12，其数值的大小与反应物中苯酚的过量程度有关。固化时，利用树脂中酚基上未反应的对位活泼氢与甲醛或六甲基四胺作用，形成不溶不熔的热固性酚醛树脂。

（2）热塑性酚醛树脂的生产工艺

热塑性酚醛树脂主要用于制备模塑粉。工业上采用的生产方法有间歇法和连续法两种，其中以间歇法为主。其典型生产配方如下：

苯酚　　100 份
甲醛　　26.5~27.5 份
盐酸　　第一次加入使 pH 值达到 1.6~2.3；第二次加入量为 0.056 份
油酸　　1.5~2.0 份

热塑性酚醛树脂的生产过程主要包括：原料准备、溶液缩聚与树脂干燥、卸料与冷却、树脂的粉碎等。

① 原料准备　桶装（或槽装）苯酚熔化后，用真空管路或离心泵送入钢制保温贮槽。

用真空管路或离心泵将桶装（或槽装）甲醛送入铝制贮罐，在送入计量槽前，必须加热搅拌，溶解其中的多聚甲醛。

各种原料必须经过准确计量方可投料。

② 溶液缩聚与树脂干燥　苯酚与甲醛溶液缩聚的装置如图7-24所示。

溶液缩聚　按配方将计量的苯酚与甲醛加入反应釜内，搅拌混合均匀（约5min），加入第一批盐酸，使釜内混合物料的 pH 达到 1.6~2.3。然后向反应釜夹套通蒸汽加热，当物料温度升至 55~65℃时，停止加热。由于反应的放热效应使物料温度会自行上升至 95~

98℃而开始沸腾,此时,打开冷凝器,使反应物的蒸气冷凝回流,同时停止搅拌并向夹套内通入冷却水,以防止反应过于激烈。沸腾20min后,再启动搅拌器搅拌,并加入第二批盐酸,继续保持45min左右,直到树脂密度达到1.15~1.18时为止。

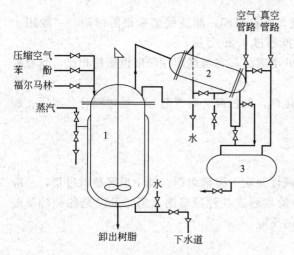

图7-24 溶液缩聚法生产酚醛
树脂装置示意图
1—反应釜;2—冷凝器;3—受槽

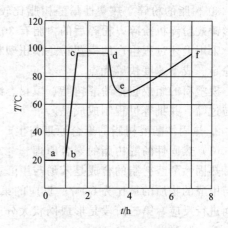

图7-25 热塑性酚醛树脂
的缩聚与脱水温度曲线
ab—装料阶段;bc—加热阶段;
cd—沸腾阶段;dfe—脱水阶段;f—卸料

聚合过程可以参照图7-25进行控制。

树脂的干燥 缩聚完毕后,停止搅拌,使树脂分层并吸出树脂上层水,以热水洗涤数次;再对树脂进行真空干燥,以除去树脂中所含的水分、甲醇、催化剂及未反应的甲醛和苯酚。

在进行真空脱水时,一般采用53.3kPa的真空度,并在夹套中通入蒸汽加热。因此,容易使树脂发泡,尤其树脂黏度越大(或卸料阀不严密),发泡越严重,充满整个反应器,甚至上冲至冷凝器,所以要严格控制真空度。

当大部分水分和未反应的单体、催化剂被蒸出来后,立即取样测定树脂的滴落温度,如符合规定值95~105℃,真空脱水结束。润滑油(油酸)可在卸料前20min加入反应釜内并搅拌使之混合均匀。

卸料与冷却 经真空脱水后的树脂很黏稠,应趁热及时出料。卸料采用最多的装置如图7-26所示。

树脂由反应釜卸出后,通过以蒸汽

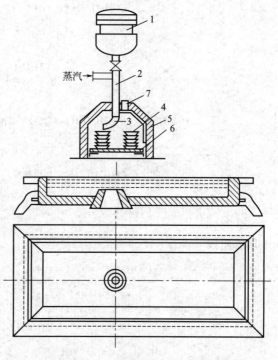

图7-26 酚醛树脂的卸料装置
1—反应釜;2—蒸汽保温出料管;3—可移动部分;
4—出料盘;5—通风室;6—铁盘支架;
7—连接通风管的接管

保温的料管 2，流入卸料室 5 内相互叠置在一起的铁盘 4 中。所有铁盘除最下层外都设有溢流管，便于树脂由上一盘流到下一盘。铁盘高度一般不超过 120mm，便于水蒸气与气体从树脂中逸出，而且冷却效果好。当第一列各盘都装满后，转动管 2 的活动部分 3 树脂即注入第二列盘内。待室内各盘都盛满树脂后，即可将各盘运出，经强制吹风冷却或自然冷却，最后送往粉碎工段。

③ 树脂的粉碎　热塑性酚醛树脂比较脆，极易粉碎。制造模塑粉用的树脂，一般用十字形锤式粉碎机粉碎，粉碎后的树脂有 30% 能通过 0.25 号筛。

采用上述过程生产的模塑粉是模压塑料的半成品，它与热固性酚醛模塑粉相比，具有贮存稳定、成型速度快等优点。

模塑粉的组成包括酚醛树脂、填料、固化剂、着色剂、润滑剂等。经过混合、辊压、粉碎与过筛、并批等过程制成成品。

2. 热固性酚醛树脂的聚合原理与生产工艺

(1) 热固性酚醛树脂的聚合原理

热固性酚醛树脂的合成是苯酚与甲醛在碱性介质中缩聚而得。其中甲醛稍微过量，一般酚与甲醛的物质的量比为 6∶7。反应的第一阶段形成各种羟基酚，第二阶段是各种羟基酚之间进行反应，第三阶段是形成网状大分子的反应。

第一阶段

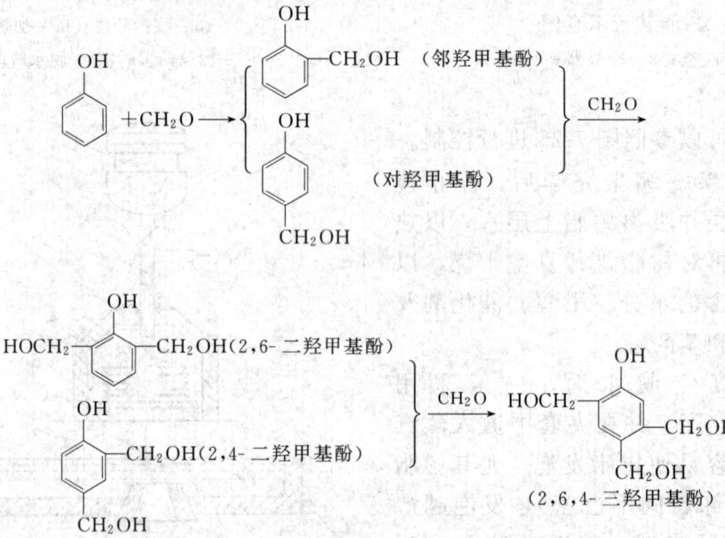

$$\text{C}_6\text{H}_5\text{OH} + \text{CH}_2\text{O} \longrightarrow \begin{Bmatrix} \text{邻羟甲基酚} \\ \text{对羟甲基酚} \end{Bmatrix} \xrightarrow{\text{CH}_2\text{O}}$$

$$\longrightarrow \begin{Bmatrix} \text{2,6-二羟甲基酚} \\ \text{2,4-二羟甲基酚} \end{Bmatrix} \xrightarrow{\text{CH}_2\text{O}} \text{2,6,4-三羟甲基酚}$$

第二阶段

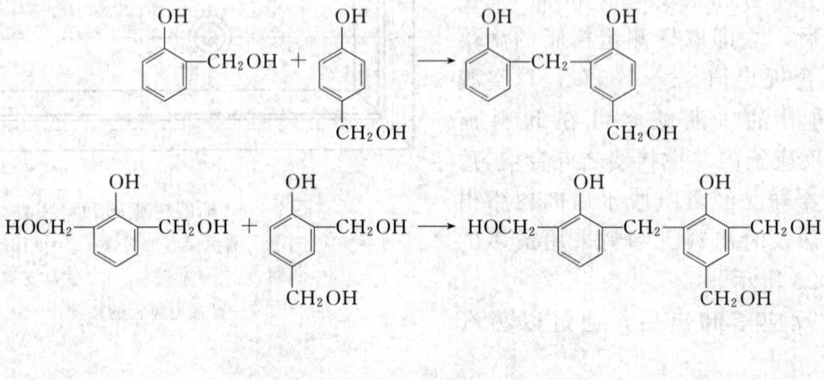

（反应式：邻羟甲基酚 + 对羟甲基酚 → 通过亚甲基连接的二聚体；2,6-二羟甲基酚 + 2,4-二羟甲基酚 → 通过亚甲基连接的二聚体）

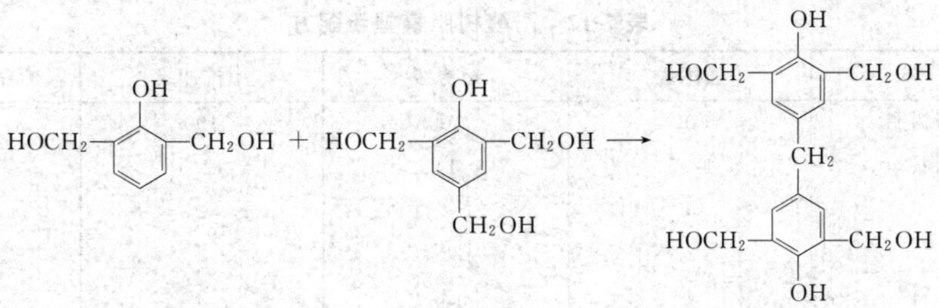

$$\text{HOCH}_2\text{-C}_6\text{H}_3(\text{OH})\text{-CH}_2\text{OH} + \text{HOCH}_2\text{-C}_6\text{H}_2(\text{OH})(\text{CH}_2\text{OH})\text{-CH}_2\text{OH} \longrightarrow$$

除此之外，还有许多类似的反应。

第三阶段

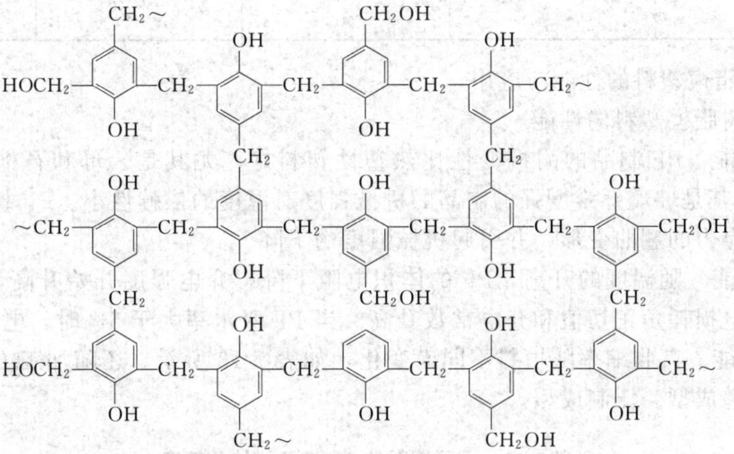

[交联网状结构示意图]

(2) 热固性酚醛树脂的生产工艺

热固性酚醛树脂的生产设备与工艺基本上与生产热塑性酚醛树脂时的设备与工艺相同。不同的是酚与醛的配比不同，催化剂为碱性物质，并且不同牌号的热固性酚醛树脂性能不同。

用于生产层压塑料或玻璃纤维增强塑料的热固性层压酚醛树脂，一般制成液体树脂，如乳液树脂或乙醇溶液。其中乳液热固性酚醛树脂是经部分脱水后的黏稠缩聚物，主要用于浸渍纤维状填料（如木粉、棉纤维、布、石棉纤维等），具有节省溶剂、价廉、安全、浸渍后的物料经干燥后便可热压成型的优点。而乙醇溶液是在树脂真空脱水操作结束后立即加入乙醇，进行回流搅拌，使树脂均匀溶解后，冷却而成。

（三）酚醛树脂的结构、性能及用途

纯酚醛树脂因性脆、机械强度低、耐热性及抗氧化性能力不高、易吸水、高频绝缘性和耐电弧性不好等原因，很少单独加工成制品，因此要对酚醛树脂进行改性后再使用。改性的方法：一是化学方法改性（如封锁酚羟基、引入其他基团包围酚羟基、与多价元素形成配合物、用杂原子取代亚甲基键合基团、与其他高聚物共混等），其品种有聚乙烯醇改性 PF、环氧树脂改性 PF、有机硅改性 PF、硼改性 PF、磷改性 PF、共混 PF 等；另一种是物理改性，即在酚醛树脂中加入大量填料进行改性，因填料的品种不同而具有不同的性能，并应用在不同领域。下面主要介绍后一种改性制品的性能。

热塑性酚醛树脂多适用于 PF 模压粉和泡沫塑料的原料。热固性酚醛树脂多适用于层压、泡沫及铸造等制品的原料。典型的酚醛树脂模塑粉配方如表 7-12 所示。

表 7-12　酚醛树脂模塑粉配方

组　分/份	通用级	绝缘级	中抗冲级	高抗冲级
热塑性酚醛树脂	100	100	100	100
六亚甲基四胺	12.5	14	12.5	17
氧化镁	3	2	2	2
硬脂酸镁	2	2	2	3.3
对氟蒽黑染料	4	3	3	3
木粉	100	—	—	—
云母	—	120	—	—
织物碎片	—	—	—	150
棉纤维	—	—	110	—
石棉	—	40	—	—

1. 酚醛树脂模塑料的性能与应用

（1）酚醛树脂模塑料的性能

① 机械性能　PF 制品的耐蠕变性比热塑性塑料好，尤其是云母和石棉填充的制品更好。PF 制品尤其是玻璃纤维增强的制品的机械强度对温度的依赖性小。PF 树脂及填料都易吸水，产生内应力的翘曲变形，并引起机械强度的下降。

② 电器性能　随温度的升高，PF 的体积电阻下降，介电强度开始升高，达到 100℃ 后迅速下降；介电损耗角正切值和介电常数升高。当 PF 吸水率大于 5% 时，电性能迅速下降。

③ 物理性能　其收缩率随填料不同而变化，如表 7-13 所示。还随加工方法而变化，一般是注塑＞传递成型＞压制成型。

表 7-13　不同填料的 PF 模塑料的收缩率

材　料	玻璃纤维	石棉＋云母	木粉＋石棉	石　棉	木粉、纸粉、布粉	合成纤维
收缩率/%	0.05~0.2	0.2~0.4	0.5~0.6	0.3~0.5	0.6~0.8	1~1.4

线膨胀系数是塑料中较小的，一般为 $(2\sim4.5)\times10^{-5}/K$。

④ 耐热性　PF 塑料的耐热性在热固性塑料仅次于 SI，但不同填料 PF 的耐热性不同，无机填充为 160℃，有机填充为 140℃，玻璃纤维和石棉填充为 160~180℃。

⑤ 耐腐蚀性　不耐酸、碱介质。

（2）酚醛树脂模压塑料的应用

PF 模压塑料主要用于电器绝缘件，日用品、汽车电器和仪表零件等。具体产品有电器开关、灯头、电话机外壳、瓶盖、纽扣、手柄、电熨斗及电饭锅零件及刹车片等。

2. 酚醛树脂层压制品的性能与应用

不同层压酚醛树脂制品的具体性能参见附录表 4（一）。

① 纸基层压板　对强酸的稳定性不高，不耐碱，但耐矿物油，绝缘耐热 E 级。可用于制造电器绝缘结构零件如接线板绝缘垫圈等。

② 布基层压板　机械强度和耐油性好于纸基层压板。多用于垫圈、轴瓦、轴承、皮带及无声齿轮等机械零件，以及电话、无线设备和要求不高的绝缘体等。

③ 玻璃布基层压板　比其他层压板具有耐热性、机械强度高、介电性能好、化学稳定性好等优点。其马丁耐热温度达 200℃ 以上，属于 B 级绝缘耐热，是重要的电器工业绝缘材料，广泛用于电机、电器及无线电工程中。

④ 石棉层压板　耐热性和耐摩擦性突出，多用于刹车片及离合器等耐磨材料及要求高机械强度及耐热的机械零件。

⑤ 超级纤维层压板　用聚酰胺纤维、碳纤维、石墨等为基材制成的层压制品具有优异的耐热性能，可作为耐烧蚀导弹外壳、宇宙飞船的耐热面层等。

⑥ 层压管　以卷绕的纸、棉布及玻璃布等为基材，以酚醛乳液为黏合剂，经热卷、烘焙而制成，主要用于电器绝缘结构零件。

⑦ 敷铜层压板　在纸或玻璃纤维层压板的一面或两面敷上铜箔，以赋予其导电性，主要用于印刷电路板。

四、聚氨酯的生产

聚氨酯为大分子链中含有氨酯型重复结构单元的一类聚合物，全称为聚氨基甲酸酯，简称 PU 或 PUR。它是由多异氰酸酯与聚醚型或聚酯型多羟基化合物在一定比例下反应的产物。一般分为热塑性和热固性两大类，或分为弹性体和泡沫塑料两大类。

（一）主要原料

1. 异氰酸酯

依据产品的用途不同选用不同的异氰酸酯，如甲苯二异氰酸酯（TDI），分为 2,4-和 2,6-两种异构体，混合比例为 80/20（TDI-80）和 65/35（TDI-65）两种，可用于软质到硬质泡沫制品；二苯基甲烷二异氰酸酯（MDI），用于半硬和硬质泡沫制品；多亚甲基对苯基多异氰酸酯（PAPI），它含有三官能度，可用于热固型的硬质泡沫、混炼及浇铸 PU 制品。其中甲苯二异氰酸酯的主要规格如表 7-14 所示。

表 7-14　甲苯二异氰酸酯的主要规格

规　格	2,4-体	TDI-65	TDI-80
2,4-体含量/%	65	65±2	80±2
2,6-体含量/%	≤2.5	35±2	20±2
纯度/%	≥99.5	≥99.5	≥99.5
凝固点/℃	≥21	4～6	12～14
沸点/℃	246～247	246～247	246～247
折射率	1.5654	1.5666	1.5663
相对密度	1.22	1.22	1.22
外观	透明或微黄色液体		

异氰酸酯具有毒性，能与人体的蛋白质反应，空气中的极限允许浓度为 0.0002%，故此，生产时要特别注意。

异氰酸酯是一类反应性极强的化合物，因其含有"—N=C=O"基团，性质非常活泼，不但可以与有活泼氢的化合物发生加成反应，而且还能在受热或催化剂作用下发生自聚和脱羰等反应。

异氰酸酯主要由伯胺光气化法生产。

2. 多羟基化合物

（1）聚醚

常用的聚醚是以环氧乙烷、环氧丙烷或四氢呋喃等环氧化合物为单体。用丙二醇、丁二醇、甘油等多元醇或乙二胺、三乙胺等胺类化合物为起始剂，进行开环聚合而制得的产物。如：

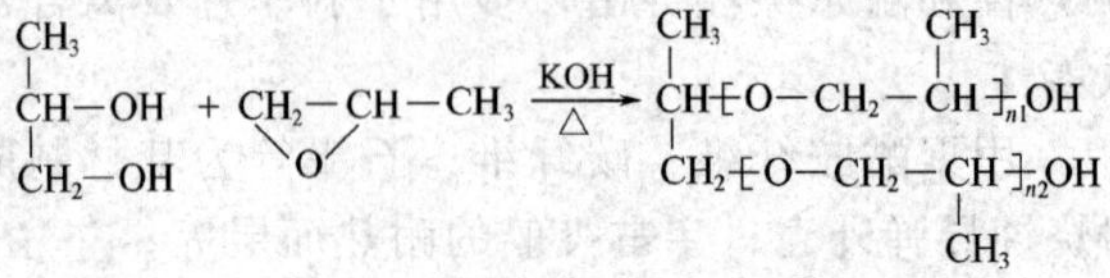

$$\text{CH}_3\text{-CH(OH)-CH}_2\text{OH} + \text{CH}_2\text{-CH-CH}_3 \xrightarrow{\text{KOH}}_{\Delta} \begin{array}{l} \text{CH(O-CH}_2\text{-CH)}_{n_1}\text{OH} \\ | \\ \text{CH}_3 \\ \text{CH}_2\text{(O-CH}_2\text{-CH)}_{n_2}\text{OH} \\ | \\ \text{CH}_3 \end{array}$$

聚氧化丙烯醚

又如：

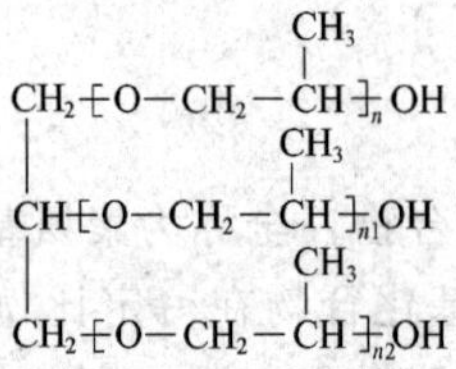

三羟基聚氧化丙烯醚 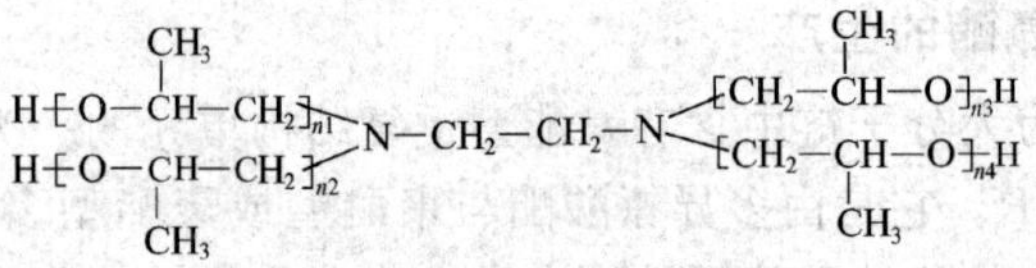　　　　　　　四羟基聚氧化丙烯醚

上述几种聚醚配合后，用于制造软质或硬质聚氨酯泡沫塑料。而下面形式的聚醚主要用于制造交联度大的硬质泡沫塑料。

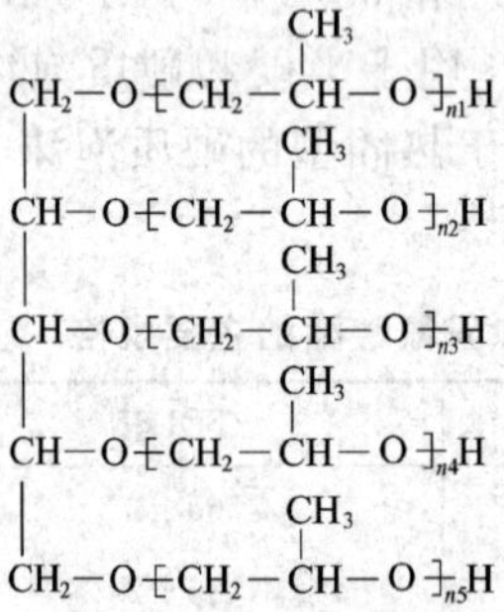

五羟基聚氧化丙烯醚

对于上述以环氧丙烷为单体的聚醚，链的末端是仲羟基，为了提高这种聚醚的活性，可以在开环聚合结束时，加入少量环氧乙烷，继续聚合，以增加聚醚中伯羟基的含量。

（2）聚酯

以羟基为端基的聚酯是相对分子质量在 1000～3000 之间的过量多元醇与二元酸反应的液体产物。常用的二元酸有己二酸、顺丁烯二酸酐、邻苯二甲酸酐等。常用的多元醇有乙二醇、一缩乙二醇、丁二醇、丙三醇、季戊四醇等。其中二元醇与二元酸合成的线型聚酯主要用于软质 PU，二元醇与多元醇合成的支链型聚酯主要用于硬质 PU。还有蓖麻油及其衍生物多羟基化合物，并且用此类化合物制得的聚氨酯制品具有耐性水及柔软性。

（3）其他

① 催化剂　有胺类和锡类。胺类如三乙烯二胺、N-烷基吗啡啉等，有机锡类如二月桂酸二丁锡，一般两者复合加入。

② 发泡剂　用于发泡制品。具体有水、液态二氧化碳、氟氯烷烃、氢氟酸、戊烷及环戊烷等。

③ 泡沫稳定剂　常用的是水溶性聚醚硅氧烷。

④ 交联剂及扩链剂　常用的有甘油、三羟基甲基丙烷及季戊四醇等。

（二）聚氨酯的生产工艺

1. 聚氨酯的合成反应原理

参照本章前面相关内容。

2. 聚氨酯泡沫塑料的生产工艺

聚氨酯泡沫塑料的生产方法按化学反应的过程可以分为一步法和二步法；按产品的形状和操作方法可以分为块状法、喷涂法和浇铸法。

其中一步法的采用最为普遍，其工艺流程如图 7-27 所示。优点是物料黏度小，输送容易；利用反应的放出热量对产品进行熟化；工艺简单，设备投资少；易于操作管理。多用于生产低密度模塑制品。

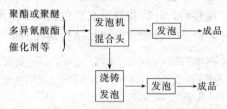

图 7-27 一步法生产聚氨酯泡沫塑料工艺流程示意图

二步法生产方法又分为预聚法和半预聚法两种，其预聚法工艺流程如图 7-28 所示，多用于聚醚型泡沫塑料的生产。半预聚法多适用于生产硬质泡沫塑料，其工艺流程如图 7-29 所示。

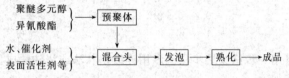

图 7-28 预聚法生产聚氨酯泡沫塑料工艺流程示意图

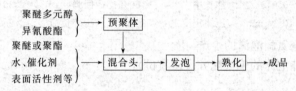

图 7-29 半预聚法生产聚氨酯泡沫塑料工艺流程示意图

喷涂法用于现场发泡的建筑、化工设备和车辆等绝缘保温和隔声材料的施工方面。块状法用于生产块状泡沫塑料。浇铸法是在模具中进行发泡固化，去模后得成品。

3. 硬质聚氨酯泡沫的生产工艺

（1）硬质聚醚型聚氨酯泡沫的生产

典型的硬质聚醚型聚氨酯泡沫的生产配方（质量份）：

山梨醇聚醚（羟基 500mgKOH/g）　　100 份	粗制甲苯二异氰酸酯　　100 份
泡沫稳定剂　　1.5 份	一氟三氯甲烷　　30 份
二乙醇胺　　1.0 份	二月桂酸二丁基锡　　0.5 份

生产工艺方法：采用一步发泡法，以喷涂或浇铸法成型。具体是聚醚型多元醇、泡沫稳定剂、催化剂、发泡剂混合后作为 A 组分，以多异氰酸酯为 B 组分，按比例分别经过计量泵送至混合头或喷枪，浇注在模具中或喷涂在工作面上发泡，再熟化后得闭孔硬质泡沫塑料。

其产品为黄色。有关的物理性质如下：

相对密度	0.033	尺寸稳定性	1.04%	吸水率	0.2kg/m²
抗压强度	$2.57×10^5$ N/m²	使用温度	-60~120℃	热导率	0.92W/(m·K)

（2）硬质聚酯型聚氨酯泡沫的生产

硬质聚酯型聚氨酯泡沫的生产配方（质量份）：

聚酯多元醇（羟值 475~495mgKOH/g）	100 份
TDI 和一缩乙二醇预聚体（含 30% 的—NCO）	141.6 份
三乙胺	0.4 份
水	1.4 份
一氟三氯甲烷	25 份

生产工艺方法：将聚酯多元醇和含30%—NCO基的预聚体混合后再加入催化剂及其他助剂，搅拌均匀，待物料呈乳白色且略有上涨时，停止搅拌，将其注入模具中，4～5min后形成泡沫，经24h得浅黄色闭孔结构的硬质泡沫塑料。其物理性能如下：

相对密度	0.03～0.04	尺寸稳定性	<2%	吸水率	0.2～0.4kg/m²
抗压强度	22.6×10⁴ N/m²	使用温度	−83～70℃	热导率	12W/(m·K)
闭孔率	95%				

4. 软质聚氨酯泡沫的生产工艺

(1) 软质聚醚型聚氨酯泡沫的生产

软质聚醚型聚氨酯泡沫的生产配方（质量份）：

三羟基聚醚(羟值56mgKOH/g)	100 份	TDI	37.5 份
有机锡催化剂	0.1～0.3 份	二氯甲烷	1.0～2.0 份
1,6-乙二胺	0.2～0.5 份	防老剂	0.2～0.6 份
有机硅泡沫稳定剂	1～2 份	水	2.7 份

生产工艺方法：采用一步法或二步法。多用连续块状法或浇注法成型。

其产品的物理性能如下：

相对密度	0.035～0.045	伸长率	≥150%	回弹	≥35%
抗压强度	9.81×10⁴ N/m²	压缩定变	<15%	压缩负荷	>2.94×10⁴ N/m²

(2) 软质聚酯型聚氨酯泡沫的生产

软质聚酯型聚氨酯泡沫的生产配方（质量份）：

己二酸——缩乙二醇酯(羟值56mg KOH/g)	100 份	TDI	1.05 份
水	2.8 份	吐温-80	3 份
1,6-乙二胺	0.1～0.2 份	二甲基乙醇胺	0.2～0.4 份

生产工艺方法：采用一步法，以块状法或浇注法成型。一般是将配方中的物料分成两个或两个以上组分，分别由几组计量泵按比例送入高度搅拌混合头中混合均匀，喷涂于传送带上或注入模具中进行发泡。搅拌1～5s，模具内发白时间4～5s，发泡时间60～70s。待泡沫凝固后，在100℃下熟化2h即得泡沫塑料成品。其物理性能如下：

相对密度	0.036～0.042	伸长率	250%～400%	回弹	>25%
抗张强度	1.76×10⁵ N/m²	压缩定变	<8%	50%压缩负荷	>7.8×10³ N/m²
孔数	200～300 孔/cm²				

5. 聚氨酯弹性体的生产

聚氨酯弹性体是一种PU的密实制品，其性能介于橡胶与塑料之间，具有高回弹性、吸震性、耐磨性、耐油性、耐撕裂、耐化学腐蚀及耐辐射等性能。由于其加工方法越来越简单，应用越来越广泛，已发展成为PU的主导制品。

PU弹性体可以分为混炼型、浇铸型和热塑型三种。其中浇铸型制品是将混合后的液体注入到模具之中，经过加热即可固化形成各种复杂制品，特别适合于生产大型PU制品。热塑型PU弹性体制品是将市售线型或部分交联型聚合物，通过注塑、挤出、吹塑和压延等方法制取，也可将其溶剂化后涂覆加工成革制品。

混炼型PU弹性体制品，一般是在—NCO/—OH为1～1.02配比下并加入交联剂组成，典型的配方（质量份）如下：

乙二醇己二酸酯混聚酯二醇	80 份	MDI	60 份

1,4-丁二醇	10～11 份	炭黑	8 份
三乙烯二胺	0.2～0.5 份	云母粉	0.5～1 份
二月桂酸二丁酯	0.2～0.7 份	一氟二氯甲烷	0～15 份
硅酮共聚物	1 份	水	适量

生产时以一步法为，所有反应组分先生成黏流状胶料，送入烘箱固化制得生胶；再加入混炼机中，在 40～60℃，混炼时间 15～25min，混炼好的胶料注入模具中交联成型即可。

(三) 聚氨酯的结构、性能与用途

1. 聚氨酯泡沫塑料的结构、性能与用途

(1) 软质聚氨酯泡沫塑料

软质聚氨酯泡沫塑料具有轻度交联结构，其相对密度为 0.02～0.04，回弹性高。软质聚氨酯泡沫塑料主要用于家具（如床垫、座垫、沙发）、体育防震用品及防震包装材料。

(2) 半硬质聚氨酯泡沫塑料

半硬质聚氨酯泡沫塑料的交联度高于软质聚氨酯泡沫塑料，开孔率为 90%，具有更高的压缩强度。主要用于防震缓冲材料和包装材料。

(3) 硬质聚氨酯泡沫塑料

硬质聚氨酯泡沫塑料为高度交联结构，开孔率为 5%～15%；热导率为 0.008～0.025W/(m·K)，是一种优质绝热保温材料；可以在 -200～150℃ 下使用，耐化学稳定性好，但不耐强酸、强碱。

由于硬质聚氨酯泡沫塑料冲击强度低，故常加入环氧树脂和有机纤维进行改性。

硬质聚氨酯泡沫塑料主要用于绝热制冷材料（如冰箱、冷藏柜、冷库、输送冷、热介质管道保温材料）；用于建筑隔热保温材料；用于结构材料（如椅子骨架、桌子、门框及窗框等）。

2. 聚氨酯弹性体的结构、性能与用途

(1) 聚氨酯弹性体的结构

聚氨酯弹性体的结构主要为聚酯或聚醚二元醇与二异氰酸酯反应生成的软段和由低分子二元醇和二异氰酸酯反应生成的硬段构成的嵌段聚合物。不同 PU 弹性体的差别只在于柔性链段与刚性链段的比例、连接和排列方式不同，从而导致整体性能的差异。同时，聚氨酯弹性体也有不同程度的交联结构。

软段影响制品的弹性及低温性能，硬段影响模量、硬度和撕裂强度等。

(2) 聚氨酯弹性体的性能

聚氨酯弹性体的性能介于塑料与橡胶之间。其中聚酯型 PU 的力学性能高、耐油性好，但耐水性差；聚醚型 PU 的耐低温性能及耐水性优于聚酯型 PU，但耐油性、力学性能稍差一些。

(3) 聚氨酯弹性体的用途

① 汽车工业 以聚酯型 PU 热塑性弹性体主，加入 6%～8% 的玻璃纤维或玻璃微球增强。具体有保险杠、挡泥板、方向盘、阻流板、行李箱盖、门把手、扶手、仪表盘及防滑链等。还可用作低速行驶的汽车（叉车、小平车等）轮胎。

② 建筑材料 主要用于运动场人造跑道、地下管密封件、防水材料、建筑混凝土墙壁和天花板浮雕的模板等。

③ 合成革 用于服装、家具、箱包及车辆座椅等。

④ 医疗器材 制作绷带、心脏助动器、血泵、人造血管、人工肾及人造心室等。

⑤ 其他方面 用于高承重和高耐磨的钢铁及造纸工业中的轧辊；油田、冶金工业中的高耐磨和高强度的结构材料，如油田旋转除砂器、选煤筛网、浮选机、螺旋选矿机、矿砂输送管和转送带等。

五、聚碳酸酯的生产

聚碳酸酯英文名称为 Polycarbonate，简称 PC。它是分子链中含有" $-O-R-O-\overset{O}{\overset{\|}{C}}-$ "链节的高分子化合物及其他来源的各种材料的总称。根据链节中 R 基团的不同，聚碳酸酯可以分为脂肪族、脂环族、芳香族和脂肪-芳香等几大类型。

其中，以双酚 A 型聚碳酸酯最为主要。由于聚碳酸酯具有的突出冲击性、透明性和尺寸稳定性，优良的机械强度和电绝缘性，较宽的使用温度范围（-60~120℃）等，是其他工程塑料无法比拟的。因此，下面重点以双酚 A 型聚碳酸酯为例进行介绍。

（一）主要原料

1. 碳酸二苯酯

碳酸二苯酯简称 DPC，化学结构为：

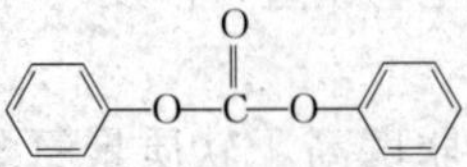

碳酸二苯酯物理性质：常温常压下为纯白色片状晶体，相对分子质量为 214.22；熔点 78℃，沸点 302℃；液体相对密度 1.1215；不溶于水，可溶于乙醇、乙醚、苯、四氯化碳、冰醋酸等。

碳酸二苯酯化学性质：比较稳定。但加热情况下，可以被碱液分解、氨水氨解、酸性介质水解；在催化剂作用下能发生酯交换；适当条件下，苯环上的氢原子可以被硝基、卤素取代。

酯交换用碳酸二苯酯的主要规格：外观白色片状结晶，色度≤30，熔点（79±1）℃，pH6.8~7.2，苯酚≤0.1%，铁≤3×10^{-6}。

碳酸二苯酯的用途：主要用于酯交换法生产聚碳酸酯和二步法合成聚苯酯。

碳酸二苯酯的来源：苯酚与光在碱性介质作用下缩合反应而得，或苯酚与碳酸二甲酯的酯交换而得，或苯酚的氧化羰基法而得。

2. 双酚 A

简称 BPA，学名 2,2-双（4-羟基苯基）丙烷，又称二酚基丙烷。

双酚 A 的化学结构：

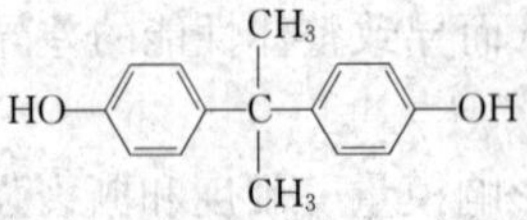

双酚 A 的物理性质：纯净的双酚 A 为白色针状结晶或片状粉末，微带苯酚味，相对分子质量 228.28，熔点 156~158℃，沸点 224.2℃，相对密度 1.195；几乎不溶于水，可溶于甲醇、乙醇、丙酮、乙醚、冰醋酸和稀碱液等，稍溶于苯、甲苯、二甲苯及四氯化碳等卤代烃化合物。可燃，燃烧热 7816.5kJ/mol，闪点 79.4℃，它可与许多物质如苯酚、异丙醇、氨、胺等形成等摩尔比的结晶性加合物，但不稳定，水洗或遇热即分解。

双酚 A 的化学性质：由于羟基的作用，呈弱酸性，易与稀酸溶液作用而生成相应的金属盐，长期暴露于空气中会被氧化，颜色逐渐变黄甚至泛红。在高温或酸碱作用下，易分解生成苯酚和对异丙烯基苯酚。羟基邻位上的氢较活泼，易被卤化、磺化、硝化、烃化、羧化等；在碱性物质中可与甲醛缩合，生成甲阶酚醛树脂；在酸性介质中可与丙酮缩合，生成聚酚。酚型羟基中的氢易被烃基、羰基取代而生成醚或酯。

聚合用双酚 A 的规格如表 7-15 所示。

双酚 A 的用途：是生产聚碳酸酯和环氧树脂的重要原料，也是合成聚芳砜、聚芳酯、酚醛树脂、不饱和聚酯、聚醚酰亚胺和聚磺酸酯等高分子材料的重要单体。此外，它还适用于合成稳定剂、防老剂、增塑剂、阻燃剂、杀菌剂、油漆、油墨抗氧剂等多种化工产品。

表 7-15 聚合用双酚 A 的规格

项目	聚碳酸酯级	环氧级	项目	聚碳酸酯级	环氧级
外观	白色结晶	白色结晶	游离酚含量/%	≤0.03	≤0.1
结晶温度/℃	≥156	≥154	含水量/%	≤0.2	≤0.3
色度(钠~钴)号	≤25	≤50	灰分/%	≤0.01	—
(20g样品溶于35mL甲醇)			异构体/%	≤0.2	≤0.5
含铁量/(mg/kg)	≤1	≤2			

双酚 A 的来源：以苯酚和丙酮为原料，采用硫酸催化剂的缩合法、氯化氢法、离子交换树脂法。

3. 光气

光气学名碳酰氯或氯代甲酰氯。化学结构为 $Cl-\overset{O}{\underset{}{C}}-Cl$。

光气的物理性质：纯净光气在常温下为无色有特殊气味的气体，在低温下为无色无色低沸点液体；剧毒；相对分子质量 98.92；熔点 -127.84℃，沸点 7.48℃；相对密度 1.37；临界温度 182℃，临界压力 5.67MPa。易溶于甲苯、二甲苯、氯苯、二氯苯、氯仿、四氯乙烷、煤油等，微溶于苯、汽油、乙酸、四氯化碳等溶剂。

光气的化学性质：光气分子中具有两个酰氯基团，是一种极基活泼的化合物，极易与多种胺类、醇类及其他一些化合物反应，生成酮、酯、酸等；遇热（200℃）后可分解为一氧化碳和氯气；遇水后发生强烈反应，极易水解生成二氧化碳和氯化氢，有很强的腐蚀性等。可与一些金属的盐类在加热的情况下进行反应等。

光气的规格：外观为淡黄色液体，含量≥98%，游离氯≤0.1%，盐酸≤0.1%。

光气的用途：用于合成聚碳酸酯、聚氨酯等高分子材料；合成染料、医药、农药。

光气的来源：主要是以一氧化碳和氯气为原料，经催化而合成。

4. 一氧化碳

一氧化碳是碳的低级氧化物，由碳或含碳化合物的不完全燃烧而产生。

一氧化碳的物理性质：纯净一氧化碳为无色、无嗅、有毒气体，相对分子质量 28.01，熔点 -207℃，沸点 -199.5℃，气体密度 $1.161 kg/m^3$，液体密度 $790.8 kg/m^3$；可溶于乙醚、庚烷、丙酮、四氯化碳、甲基环己烷、环己烷、乙醇、氯仿、甲苯、苯、乙酸等有机溶剂，微溶于水。

一氧化碳易燃，燃烧热（25℃）10103kJ/kg，闪点 <-50℃，引燃温度 610℃；与空气混合可形成爆炸性气体，爆炸极限 12.5%~74.2%（体积分数），遇明火、高温等都能引起燃烧爆炸，最大爆炸压力 0.72MPa。

一氧化碳化学性质：由于它是一种不饱和的亚稳态分子，因此，一般情况下比较稳定。但在高温高压下却具有极高的化学活性，能与 N_2、Cl_2、O_2、过渡金属等和醇、不饱和烃、醛、醚、酯、胺等进行反应；在活性炭催化下，可与氯气迅速反应生成光气；还具有较强的还原性。

一氧化碳的规格：工业级纯度≥98.5%，化学纯纯度≥99.5%，超高纯纯度≥99.9%，研究级纯度≥99.99%。

一氧化碳的用途：广泛用于化学工业和冶金工业。可合成一系列基本有机化工产品和中间体的重要原料及催化剂；可以适用于高纯金属粉末制取、合成氨和特种钢的炼制和燃料等。

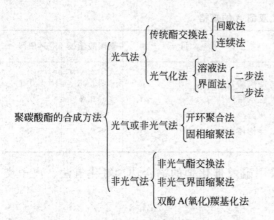

图 7-30　聚碳酸酯的合成路线与生产工艺

(二) 聚碳酸酯的生产工艺

聚碳酸酯的合成路线与生产工艺有许多种，如图 7-30 所示。

光气法是指在原料或树脂合成过程中使用光气的方法；光气化法是树脂合成过程中直接使用光气；非光气法是指在原料或树脂合成过程均不使用光气的方法。

1. 传统酯交换法

(1) 传统酯交换法的原理

在碱性催化剂存在下，通过双酚 A 与碳酸二苯酯在高温、高真空条件下的熔融缩聚，完成酯交换反应和缩聚反应。其反应式如下：

$$n\text{HO}-\underset{\underset{CH_3}{|}}{\overset{\overset{CH_3}{|}}{C}}\text{-OH} + n\ \text{PhO-CO-OPh} \longrightarrow \left[\text{O}-\underset{\underset{CH_3}{|}}{\overset{\overset{CH_3}{|}}{C}}\text{-O-C}\right]_n + 2n\ \text{PhOH}$$

投料时控制双酚 A/碳酸二苯酯 $=1/(1.05\sim1.10)$，即控制碳酸二苯酯过量；催化剂醋酸锂 5.59×10^{-5}；一次投料双酚 A 90kg，碳酸二苯酯 88.74kg，醋酸锂 2.25×10^{-3}kg。

(2) 传统酯交换法的工艺过程

如图 7-31 所示，传统酯交换合成聚碳酸酯的工艺过程分为酯交换过程和缩聚过程。

① 酯交换过程　对装有搅拌系统、进料管、氮气系统、抽真空系统和调温系统的不锈钢酯交换反应釜进行气密性试验合格后，先后加入规定量的碳酸二苯酯、催化剂、双酚 A，升温至 150～

图 7-31　传统酯交换法合成聚碳酸酯工艺流程示意图

180℃使物料熔融，启动搅拌，并将反应系统内余压降到 6666Pa 左右。物料开始进行酯交换反应，生成碳酸酯低聚物及副产物苯酚；苯酚立即抽出至受器内。随着反应的不断进行，苯酚馏出物逐渐减少。为保证反应速率和体系真空度，需要将反应温度提高到 200～300℃。当苯酚馏出物达到理论量的 80%～90%时，应在 30min 内将余压降至 133.32Pa 以下，温度升至 (298±2)℃，继续反应 2h 左右。然后，用氮气消除体系的真空，并加压将微带浅黄色的透明黏性液态产物送入缩聚釜。

② 缩聚过程　在系统条件与酯交换釜相类似的缩聚受料后，启动搅拌并抽真空，将釜内温度控制在 295～300℃、余压控制在 133.32Pa 以下，使物料碳酸酯低聚物进行缩聚反应，同时脱出副产苯酚和携带出来的碳酸二苯酯。随着反应的进行，产物分子链逐渐增长，釜内熔体黏度变大，这时应加大搅拌力度，促使反应顺利进行。当达到所需要的相对分子质量范围时，反应即告结束，停止搅拌，用氮气消除体系真空。将物料静置 10min，然后用氮气将物料从缩聚釜中压出。物料经釜底铸型孔被挤压成条状或片状，冷却后通过切粒机切成颗粒。

目前，已经将间歇酯交换法转化为利用螺杆式连续挤出缩聚。

2. 光气化法

(1) 光气化法合成聚碳酸酯的原理

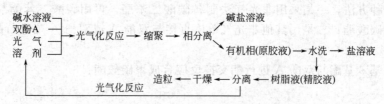

(2) 光气化法合成聚碳酸酯的生产工艺

主要包括溶液缩聚法和界面缩聚法。其中，由于溶液缩聚需要使用吡啶溶液而工艺复杂、环境恶劣、难于操作，故一般不用此法生产聚碳酸酯，下面以界面缩聚为主进行介绍。

光气界面缩聚法生产聚碳酸酯的生产工艺流程如图 7-32 所示。

图 7-32　光气界面缩聚法合成聚碳酸酯的流程示意图

光气界面缩聚法生产聚碳酸酯的工艺过程主要包括两个主要工序：一是树脂合成，界面缩聚树脂合成过程，按工艺不同又分为二步法和一步法；二是后处理，按精胶液中分离树脂的工艺不同分为沉析法、汽析法和薄膜蒸发法等几种。

① 树脂合成

树脂合成"二步法"　主要包括双酚 A 盐的制备、光气化法、界面缩聚反应等步骤。

第一步，将配制好的双酚 A 钠盐加入光气化釜，然后加入二氯甲烷（或二氯乙烷）溶剂，启动搅拌，当釜内温度降至 20℃ 左右时，恒速通入光气，进行光气化反应。当反应体系内的 pH 达到 7～8 时，停止通光气。即得低相对分子质量的聚碳酸酯。

第二步，将低相对分子质量的聚碳酸酯送入缩聚釜，并加入 25% 的氢氧化钠水溶液、催化剂三甲基苄基氯化铵和相对分子质量调节剂苯酚等。在搅拌下于 20～30℃ 之间进行缩聚反应。当反应停止后，静置破乳分层，除去上层碱盐水溶液；向有机相中加入 5% 的甲酸水溶液，使物料呈微酸性（pH＝3～5），通过虹吸吸走上层含酸水相；下层黏性树脂溶液送入树脂后处理工序。

树脂合成"一步法"　将配制好的双酚 A 钠盐和催化剂、相对分子质量调节剂加入反应釜中，加入氯代烷溶剂，在搅拌下通入光气，一步进行界面缩聚反应，制取高分子量的聚碳酸酯树脂，这是应用比较多的工艺。该工艺也可分为间歇法和连续法，间歇采用单釜生产，可多品种；连续采用多釜串联生产，产量大。

② 树脂后处理　聚合获得的树脂中除含有有机溶剂外，还含有来自于原料的光气、双酚 A、溶剂、除酸剂等中的杂质；还有反应中生成的副产物及未反应的物料如氯化钠、氢氧化钠、双酚 A 等；另外是机械设备及管道等附带和杂质等。这些杂质虽然含量不一多，但都会影响产品的质量与性能。因此，必须清除。

一般情况，体积较大的机械杂质用抽吸过滤的方法；用酸中和残留于有机相中的碱，再用去离子水在搅拌下反复洗涤，直至洗涤水中不含电解质。分离出含盐水相后，将溶于有机溶剂中的聚碳酸酯树脂离析分离才能获得纯净产物。

可以采用的离析方法，一是沉析法：在强烈搅拌下，向树脂溶液中加入惰性溶剂如甲醇、乙醇乙酯、丙酮、石油醚等，使树脂呈粉状或粒状全部析出；再进行真空过滤，除去混合溶剂；再加水反复清洗树脂，脱水后进行干燥、挤出造粒等得成品。二是汽析法：将聚碳酸酯胶液浓缩后,用水蒸气喷雾成粉,将有机溶剂迅速蒸发、析出粉状树脂,经干燥、挤出造粒等得成品中。三是薄膜蒸发脱溶剂法:将聚碳酸酯胶液经多级薄膜蒸发器脱除溶剂,再挤出造粒得成品。

合成时注意:光气化阶段,理论上,光气:双酚A:碱=1:1:2(摩尔比),实际上光气:双酚A:碱=1.2:1:2.5(摩尔比);缩聚阶段,双酚A:碱=1:2。有机相的溶剂选择时,一要对聚碳酸酯有良好的溶解性或溶胀性,二要对光气有良好的溶解性。严格控制反应过程的pH值,确保体系在碱性环境下进行,确保聚碳酸酯的萃取精制操作。

3. 非光气酯交换法

具体有两种方法,一是采用非光气法制备碳酸二苯酯,再用碳酸二苯酯与双酚A进行酯交换生成聚碳酸酯;二是用其他非光气单体直接与双酚A或双酚A酯进行酯交换反应制备聚碳酸酯。

由碳酸烷基苯基酯与双酚A进行酯交换反应合成聚碳酸酯:

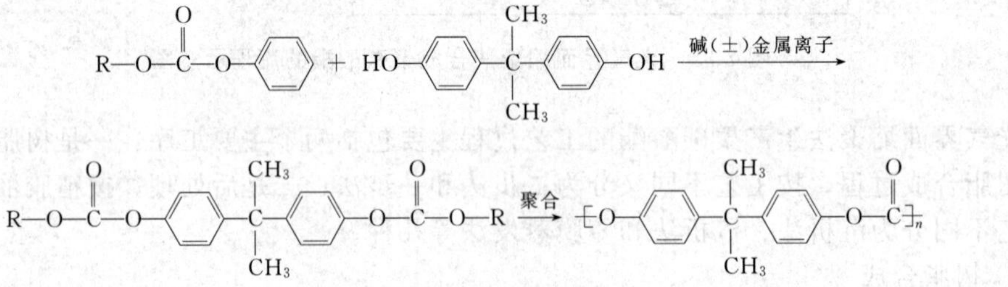

由碳酸二甲酯与双乙酸双酚A酯进行酯交换反应直接制备聚碳酸酯:

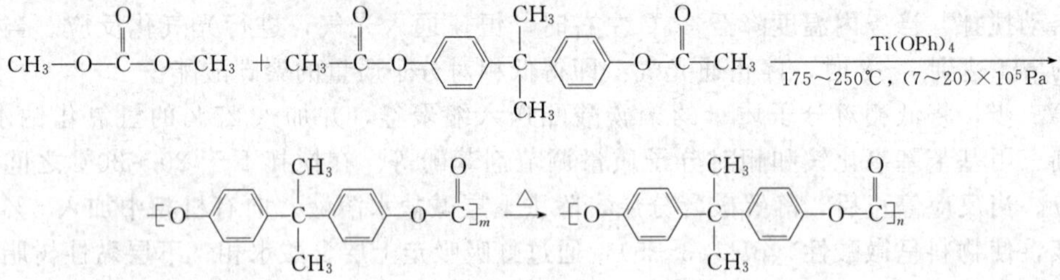

($m=2\sim4$)　　($M_n=20000\sim30000$)

4. 非光气界面缩聚法

在供电子胺类催化剂作用下,使双酚和双(2,4,6-三氯苯基)碳酸酯或双(2,4-二氯苯基)碳酸酯、双(2-氰基苯基)碳酸酯进行界面缩聚反应制得无色透明、不含氯离子的高分子量聚碳酸酯。

5. 双酚A羰基化法

在催化剂(如氯化钯)作用下,由双酚A经一氧化碳或二氧化碳作用而羰基化,直接缩聚生成高分子量聚碳酸酯。

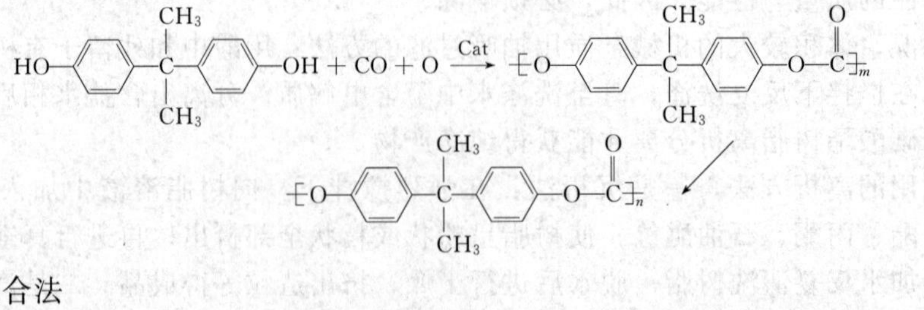

6. 开环聚合法

将双酚 A 与光气反生成双氯甲酸双酚 A 酯，再经水解、缩合而得到的聚合度为 2~20 的环状碳酸双酚 A 酯低聚物，或双酚 A 经一氧化碳羰基化而生成的环状碳酸双酚 A 酯，在阴离子型催化剂（如酚基锂、苯乙酸锂等）作用下或无催化剂存在下，加入相对分子质量调节剂，开环聚合，便可得到高分子量聚碳酸酯。

$$\left(O-\bigcirc-\underset{CH_3}{\overset{CH_3}{C}}-\bigcirc-O-\underset{O}{\overset{O}{C}}\right)_n \quad n=2\sim20 \longrightarrow \left(O-\bigcirc-\underset{CH_3}{\overset{CH_3}{C}}-\bigcirc-O-\underset{}{\overset{O}{C}}\right)_n$$

该反应具有活性聚合特征，可以补加单体继续反应，工艺简单，相对分子质量可控。

7. 固相缩聚法

特点是产物相对分子质量高，结晶度也高。碳酸二苯酯和双酚 A 在特定催化剂（如四苯基钛酸酯）存在下，在加热减压情况下，经熔融酯交换和缩合反应制得相对分子质量为 3500 左右的预聚物，再经固相缩聚得聚碳酸酯产物。

（三）聚碳酸酯的结构、性能与用途

1. 聚碳酸酯的结构

目前，具有工业价值的聚碳酸酯是芳香族聚碳酸酯，其分子结构为：

$$\left(O-\bigcirc-R-\bigcirc-O-\underset{}{\overset{O}{C}}\right)_n$$

（1）链节结构

① 主链上除 R 基外的基团　还有苯基、氧基（醚键）、羰基和酯基。其中，苯基提高分子链刚性，提高强度与耐热性；氧基（醚键）赋予高分子链柔软性；羰基增大分子间的作用力，刚性增大；酯基是分子链中较弱的部分，赋予溶解性。

② 苯基上的取代基　苯环的氢被非极性烃基取代，则减小分子间作用力，增加刚性；被极性分子取代，则增加分子间作用力，刚性更大；被卤素取代时，则增加阻燃性能。

③ 主链上的 R　当 R 为烃基时，随中心碳原子两旁的侧基体积增大而刚性增大，对称时容易结晶，否则结晶度下降；当 R 为 —O—、—S—、—SO$_2$—、—NH— 时，所得到的均是特种聚碳酸酯。

④ 端基　未封端时，酯交换法聚碳酸酯分子链末端为羟基和苯氧基，光气化法聚碳酸酯分子链末端为酰氯基。因此未封端时的末端基团容易发生醇解、水解等反应。因此必须要封基处理，即加入封端剂。

⑤ 相对分子质量　熔融酯交换法合成的聚碳酸酯，一般为 25000~50000；光气化法合成的聚碳酸酯，在 100000 以内。

（2）聚集态结构

视合成方法、工艺条件、加工方法不同而变化，可以是无定型（非晶）态，也可以是结晶态，也可能是非晶与结晶共存。

产物结构与性能关系非常密切，为此人们不断研究和开发了许多新型聚碳酸酯，如卤代双酚 A 型聚碳酸酯、聚酯碳酸酯、有机硅-聚碳酸酯、环己烷双酚型聚碳酸酯等。

2. 聚碳酸酯的性能

聚碳酸酯的性能参见附录表 3（三）。

3. 聚碳酸酯的用途

光盘级聚碳酸酯：信息储存。

汽车用聚碳酸酯：前灯、侧灯、尾灯、镜面、透镜、车窗玻璃、内外装饰件、仪表板、复合保险杠等。

电子电器领域：绝缘材料如绝缘接插件、套管、开关、外壳、办公设备部件、电视机、摄像机、计算机等。

机械传动设备部件：齿轮、齿条、蜗轮等。

民用材料：水杯、箱子、盆子等。

小　结

缩聚反应是合成高聚物尤其是杂链高聚物的主要方法之一。通过缩聚反应不但可以合成线型缩聚物，也可以合成体型缩聚物。这类反应除了具有逐步性、可逆性、复杂性外，还有与加聚反应不同之处。

这类反应是通过单体或低聚物所带官能团之间的缩合来完成的，其中直接参加反应的部分称为活性中心。

官能团与官能度是截然不同概念，前者是质，后者是量。而平均官能度的大小不但取决于单体的官能度，而且还取决于单体的含量。平均官能度越大于 2，就越容易形成支化结构甚至形成体型结构。

单体的反应能力取决于官能团的活性，而活性取决于单体的结构。活性不同，反应速率不同，聚合过程和产物性能也不同。

单体成环与成链的可能性取决于环的稳定性与反应条件。

线型缩聚反应的机理属于叠加式，并受平衡因素控制。

官能团等活性理论是处理线型缩聚平衡问题的重要理论，但有一定的局限性。

反应程度与平均聚合度的基本关系是建立在等物质的量配比前提下。反应程度与一般转化率的意义完全不同。

线型缩聚平衡方程是应用官能等活性理论，采用基础化学平衡方法处理线型缩聚的结果，其影响因素主要有温度、压力等。

线型缩聚反应产物的相对分子质量必须加以控制，才能保证产物的性能，其控制原理就是控制相互反应的官能团数目。具体是通过一种官能团过量，或加以单官能团物质。

不平衡缩聚反应是通过物理或化学因素实现的。利用不平衡缩聚反应可以合成聚碳酸酯、聚芳砜、聚苯醚、聚酰胺、聚苯并咪唑、吡龙、聚硅氧烷等。

体型缩聚反应是获得热固性材料的主要方法，一般分为几个阶段来完成，其中必须严格控制凝胶点。

逐步加聚反应主要用于合成聚氨酯、硫脲、脲、酯、酰胺等。并且这类反应也多属于不平衡缩聚反应之列。

聚酯、聚酰胺、酚醛树脂、聚氨酯、聚碳酸酯的典型生产工艺。

习　题

1. 写出由下列单体经缩聚反应形成的聚酯的结构。
  (1) HO—R—COOH
  (2) HOOC—R—COOH+HO—R′—OH
  (3) HOOC—R—COOH+R″(OH)$_3$
  (4) HOOC—R—COOH+HO—R′—OH+R″(OH)$_3$

2. 讨论 HOOC—(CH$_2$)$_m$—NH$_2$ 单体缩聚时如何避免成环反应。

第七章 缩聚反应与逐步加聚反应的原理及工业实施

3. 比较转化率与反应程度、官能团与官能度的异同。

4. 计算己二酸和己二胺以等物质量配料，求反应程度为 0.500、0.800、0.900、0.950、0.970、0.990、0.995、0.999 时的平均聚合度及平均相对分子质量。

5. 对苯二甲酸和乙二醇以等物质量配料，在 280℃下进行缩聚反应，已知 K 为 4.9。若达到平衡时所得聚酯的平均聚合度为 20，试计算此时体系内残存副产物控制在多少以下？

6. 如何控制平衡缩聚反应的温度与压力。

7. 由己二酸和己二胺缩聚合成聚酰胺，若产物相对分子质量为 20000，反应程度为 0.998。试求两种单体的配料比，并分析产物的端基是什么基团？

8. 以 HOOC—$(CH_2)_6$—OH 为单体合成聚酯，若反应过程中—COOH 的解离度一定，测得反应开始时的 pH 值为 2，反应至某一时刻后 pH 为 4。求此时的反应程度和产物平均聚合度。

9. 加多少苯甲酸于等物质量配比的己二酸和己二胺之中，能使产物的平均相对分子质量为 20000？

10. 说明预测凝胶点意义与实际测试方法。

11. 计算下列混合物的凝胶点。
   (1) 邻苯二甲酸和甘油的摩尔比为 1.50：0.98。
   (2) 邻苯二甲酸、甘油和乙二醇的摩尔比为 1.50：0.99：0.002。

12. 用苯酚与甲醛合成酚醛树脂时，若采用等物质量配比和 2：4，分别预测上述两种情况的凝胶点。若实际控制的反应程度为 0.82，判断哪种情况出现凝胶现象；如果不出现凝胶，则此时的平均聚合度是多少？

13. 给出合成聚酰亚胺、聚苯醚、聚苯砜的单体，并写出反应方程式、产物的主要特性和用途。

14. 写出环氧树脂的反应方程式。

15. 聚酯纤维的生产方法有几种？其压力如何控制？

16. 简述聚酯的生产过程。

17. 聚酯纤维的结构与用途。

18. 常见的聚酰胺纤维有哪些？其中聚酰胺-6 与聚酰胺-66 的生产原理有何不同？结构与性能如何？

19. 热塑性酚醛树脂与热固酚醛树脂的生产工艺条件有何区别？两种的应用如何？

20. 简述环氧树脂的生产原理，并说明环氧塑料各组成的作用。

21. 简述软质、硬质聚氨酯泡沫塑料的生产过程与用途。

22. 简述聚碳酸酯的生产原理与过程。

第八章 高聚物的结构与性能

学习目的与要求

学习并掌握高分子的结构形式、构象与柔性、热运动的形式。学习并掌握高聚物聚集态的形成与结构。掌握高聚物的物理状态类型应用，能够正确分析线型非晶态高聚物与晶态高聚物的形变-温度曲线。掌握高聚物各种特征温度的定义、影响因素与测定方法。掌握高聚物的各种力学性能，能够正确分析各种应力-应变曲线，熟悉影响强度的因素。掌握高聚物的松弛性质。初步掌握蠕变及应力松弛的影响因素。掌握复合材料的力学性质与各组成的关系。掌握高聚物的黏流特性、影响因素及实际应用。初步掌握高聚物的电性能、光学性能、透气性能、热物理性能及应用。初步掌握高聚物化学反应的特点、类型及应用。初步掌握高聚物的各种基团反应形式与应用。初步掌握交联反应的形式与应用。初步掌握降解反应的类型与应用。掌握高聚物老化的原因与防老化的方法。

第一节 高分子的链结构与形态

高聚物的结构主要包括高分子的链结构和聚集态结构，前者由原子在分子中的排列及运动所决定，后者则由分子间的相互排列及运动所决定。聚集态结构根据分子排列情况的不同，又可以分为晶态与非晶态，晶态结构包括折叠链片晶、单晶、球晶等；非晶态结构包括无规线团、链结、链球等；同时聚集态结构还要研究取向态结构与织态结构。一般高聚物的结构层次如图 8-1 所示，可以分为链结构（一次结构）、高分子的形态（二次结构）、聚集态结构（三次结构）三个层次。三次结构以上的结构又可称为高次结构。

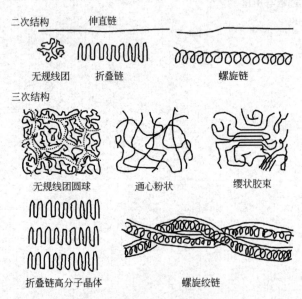

图 8-1 高聚物的结构示意图

高分子链结构是决定高聚物基本性质的主要因素。各种高聚物由于链结构不同，其性质差异很大。例如，聚乙烯柔软能结晶；无规立构聚苯乙烯硬而脆，不能结晶；全同立构聚丙烯常温下是结晶固体，而无规立构聚丙烯常温下却为黏稠性的液体。

高聚物聚集态结构取决于成型加工的过程，它是决定高聚物制品使用性能的主要因素。即使具有同样链结构的同一种高聚物，由于成型加工的条件不同，其制品的使用性能会有很大的差别。例如结晶取向的程度不同，直接影响纤维和薄膜的力学强度；晶粒的大小和形态会影响塑料制品的冲击强度、开裂性能和薄膜的透明度。

研究高聚物结构的目的在于了解高分子内和高分子间相互作用力的本质，从而了解高分子运动，并建立高分子结构与性能的联系。结构是分子运动的基础，分子运动是分子内和分子间相互作用的表现。掌握了结构与性能的关系,对于合成具有指定性能的高聚物与成型加工具有重要的意义。

一、高分子链的化学结构及构型

高分子链的化学结构不但与重复结构单元的化学组成有关,而且还与重复结构单元的连接方式、几何形状、旋光异构与几何异构等有关。

1. 化学组成

如像聚乙烯、聚丙烯、聚苯乙烯、聚氯乙烯、聚丙烯腈等主链由碳原子组成的碳链高聚物,由于取代基的不同,性能相差很大。

又如聚酰胺、聚酯、聚砜等主链上不但有碳原子,还引入了O、N、Si、P、S、B等元素的杂链高聚物或元素有机高聚物,它们与碳链高聚物的性能明显不同。不但如此,还与重复结构单元的连接方式有关。

2. 重复结构单元的连接方式

对于均聚物而言,重复结构单元的连接方式有头-头、头-尾、尾-尾,其中由于能量与位阻的原因,造成以头-尾连接为主要方式。

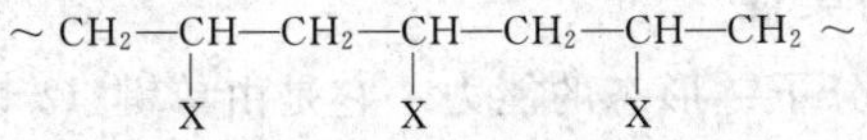

$$\sim CH_2-CH-CH_2-CH-CH_2-CH-CH_2 \sim$$
$$\qquad\quad | \qquad\quad | \qquad\quad |$$
$$\qquad\quad X \qquad\quad X \qquad\quad X$$

对于双组分共聚物而言,其两种单体链节的连接形式有无规、交替、嵌段、接枝等形式相应产生了四种不同的共聚物,即无规共聚物、交替共聚物、嵌段共聚物、接枝共聚物。进而,造成了性能上很大差异。无规共聚物的分子链中,两种单体无规则排列,造成分子链的不均匀性;交替共聚物的分子链节是均匀的,而嵌段共聚物和接枝共聚物,则是由聚合物 A 包围聚合物 B,或由聚合物 B 包围聚合物 A,造成聚集态的不均一性。如乙烯、丙烯的交替共聚物呈橡胶性质,而乙烯、丙烯的嵌段共聚物由于还保留各段的结晶能力,呈塑料性质。

无规共聚物	~AABABBABBBAAABAABBB~
交替共聚物	~ABABABABABABABABABA~
嵌段共聚物	~AAAAAAAAABBBBBBBBBB~ (两段)
	~SSSSSSSBBBBBBBAAAAAA~ (三段)
接枝共聚物	~AAAAAAAAAAAAAAAAAA~

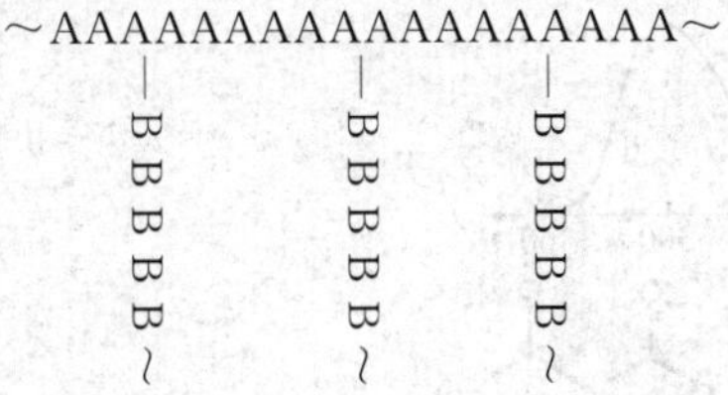

```
         |        |        |
         B        B        B
         B        B        B
         B        B        B
         B        B        B
         B        B        B
         ~        ~        ~
```

3. 几何形状

高分子链的几何形状可以分为线型、支链型、网型、梯型、体型等,其中支链型还包括梳型、筐型和星型,如图 8-2 所示。

4. 旋光异构与几何异构

旋光异构是由不对称碳原子存在于分子中而引起的异构现象。每一个不对称碳原子的存在,能构成互为镜影的左旋 L-和右旋 D-两种异构体。它们的化学性质相同而旋光性不同,称为旋光异构体。例如乙烯基类聚合物的高分子中,由于不对称碳原子两端链节数不完全相等,这样,在一个链节中若有一个不对称碳原子就有两个旋光异构单元存在,它们在高分子

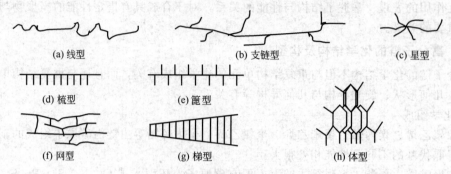

图 8-2　高分子链的几何构型

链中有三种立构排列方式,即全同立构、间同立构、无规立构,如图 4-2 所示。对于 $RHC=CHR'$ 型单体聚合而成的大分子链则形成双等规立构体。

几何异构是由于双键不能内旋转而引起的异构现象。如顺式聚 1,4-丁二烯和反式聚 1,4-丁二烯。

二、高分子链的构象与柔性

柔性是指大分子有改变分子链形态的能力。它是由单键（σ 键）的内旋转造成的。

（一）分子链的内旋转

以小分子的内旋转为例,如二氯乙烷碳-碳单键旋转产生的结果（图 8-3）是构象不断发生变化,反式→旁式→重式→顺式→……,势能也不断变化。旋转的难易取决于旋转的位能（U）,愈低愈易。U 与结构有关,结构不同 U 不同,一般电负性大、取代基数量多,位能就大。

与小分子的内旋转相比,高分子链的内旋转的本质是一样的。只不过是高分子链-碳单键多,内旋转复杂,构象多而已。从图 8-4 所示可以看出,构象就是因碳-碳单键内旋而产生的异构现象。

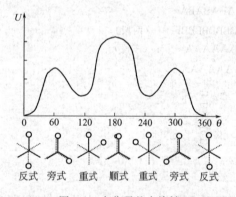

图 8-3　小分子的内旋转

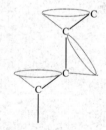

图 8-4　大分子的内旋转

若键角不变且每个键都能绕前一个键旋转,结果使高分子链易卷曲,具有柔软性,微观上为一无规线团。高分子链可以分为绝对柔性链、绝对刚性链和实际高分子链三种。第一种是指单个高分子链上没有任何取代基的阻碍,构象间势能差很小,内旋转完全自由（θ 角为任意值）,这时一个链节就是一个运动单元,最后形成无规的线团。第二种是指高分子链伸直成锯齿状,保持一定键角,内旋转不能表现出来,这时整个高分子链为一个运动单元。这是两种极限情况下的高分子链。实际的高分子链是指高分子链上因取代基、非键合原子或原子团接近时有阻碍作用，所以造成一定的柔性，呈一定的卷曲性，其运动单元是由若干个链节组成的链段，即链节分组运动。

链段是由于分子内旋受阻而在高分子链中能够自由转动的单元长度。这是一个非常重要的概念。

对于不同的高聚物而言，在相同的温度下，链段越短（即链段含的链节数少），则高分子链的柔性越大；链段越长（即链段含的链节数多），则高分子链的柔性越小。如：聚异丁烯的链段由 20～25 个链节组成，而聚氯乙烯的链段由 75～125 个链节组成，所以前者的柔性比后者大得多。

链段的长短与大分子的结构有直接关系，也是描述大分子链柔性的尺度。

（二）影响高分子链柔性的主要因素

1. 主链结构的影响

主链结构对高分子链的柔性起决定性作用。如果主链全部由单键组成，由于链上每个键都能够内旋转，所以柔性很大。但不同的单键因键长、键角不同，使得旋转时的内阻不同，造成柔性不同。规律是键角越大，键长越长，旋转时的内阻就越小，则柔性就越大。如：

```
—O—Si—O—Si—O—    大  小  大  大
—O—C—O—C—O—     ↑   ↓   ↑   ↑
—C—C—C—C—C—     小  大  小  小
                 键角 内阻 键长 柔性
```

即单键的内旋与键角、键长有关。

主链中如含有苯环结构，则因苯环不能内旋转，所以这类高分子的柔性下降，刚性增加，耐高温性能优良，如聚碳酸酯、聚砜、聚苯醚都是很好的工程塑料。

主链中含有双键的大分子分两种情况。一种是双键孤立存在，虽然双键本身不能旋转，但由于它的存在使非键合原子间的距离增大，进而使它们之间的排斥力减弱，内旋转容易。如聚丁二烯 $+CH_2—CH=CH—CH_2+_n$ 中与双键相邻的 σ 键，其内旋势垒只有 2092J/mol，比聚乙烯中的 σ 键的旋转势垒要小得多，在室温下就可以内旋转，所以聚丁二烯比聚乙烯的柔性还要好。另一种是共轭双键 $+C=C—C=C+_n$ 的高分子，因其电子云相互交盖形成大键，没有轴对称性，分子不能内旋转，刚性很大，耐热性能优良，但脆性也大。如聚乙炔、聚对亚苯基等。

~CH=CH—CH=CH—CH=CH~   聚乙炔

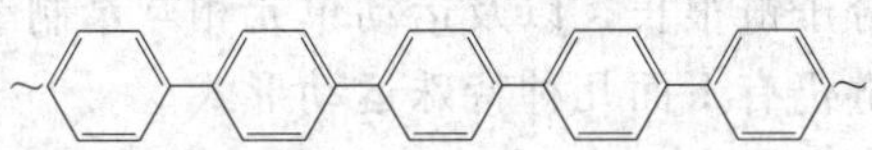

聚对亚苯基

常见高分子主链的柔性规律如下：

$$-O- > -S- > -N- > C\equiv C-C > C=C-C >$$
$$-C-O- > -CH_2- > -C- > -O-C-NH- > -NH-C-NH-$$
$$O O O O$$

2. 取代基的影响

取代基的性质、体积、数量和位置对高分子链的柔性均有影响。

取代基极性大小决定着分子内的吸引力和势垒，也决定分子间力的大小。取代基极性越小，作用力也越小，势垒越小，分子容易内旋，因此分子链柔性好。如聚乙烯、聚丙烯、聚异丁烯等。取代基极性越大，作用力越大，内旋阻力也越大，难于内旋转，因此柔性越差。如聚氯乙烯、聚丙烯腈等。下面是聚丙烯、聚氯乙烯和聚丙烯腈的比较。

	取代基	极性	分子间力	柔性	刚性系数	T_g/K
PE	—H	小	小	大	1.63	160
PVC	—Cl	↓	↓	↓	2.32	355
PAN	—CN	大	大	小	2.37	369

取代基的数量少，则在链上的间隔距离较远，它们之间的作用力及空间位阻的影响也降低，内旋转比较容易，柔性较好。如聚氯丁二烯的柔性好于聚氯乙烯的柔性。

取代基的体积大小决定着位阻的大小，如聚苯乙烯分子中苯基的极性虽小，但因其体积大，位阻大，所以内旋势垒大，不容易内旋。故聚苯乙烯大分子链的刚性较大。

当取代基为长链脂肪烃时，由于支链本身也能内旋，同时支链增加了大分子间的距离，使分子间的吸引力减小，从而使高聚物柔性增加。如甲基丙烯酸丁酯的柔性大于甲基丙烯酸甲酯。

取代基的位置对分子链的柔性也有一定影响，同一碳原子上连有两个不相同的取代基时，因对称性不好，难于内旋，分子链的柔性降低。同一碳原子上连有两个相同的取代基时，因对称性好，易于内旋，分子链的柔性增加。如聚偏二氯乙烯的柔性大于聚氯乙烯的柔性。

交联对柔性有很大的影响。交联度低时，交联点的距离大于链段的长度则保持柔性。交联度高时交联点的距离小于链段的长度，则无柔性。如橡胶硫化时，当交联度达到30%以上，因为交联点之间不能有内旋转而变成了硬橡胶了。

主链结构、取代基和交联等因素是决定大分子链柔性的内因。高聚物的许多物理-机械性能如耐热性、高弹性、机械强度等则是分子的柔性和分子间力的综合影响结果，环境温度则是使大分子内旋而表现出柔性的外因。对同一高分子链而言，柔性大小随外界温度而变。高温时，热运动能量大，内旋自由，链段短，构象多，柔性大。低温时，热运动能量小，内旋难，链段长，构象少，柔性小。如塑料冬天硬、夏天软就是这个原因。

三、高分子的热运动

高分子热运动的形式与低分子一样，也有位移、转动和振动三种形式。但在能量不足以破坏次价键时，原子间的共价键和次价键都有振动，如小侧基的摇摆或颤动等，但此时振动变化只在平衡距离附近，不足以影响结构的稳定。分子发生转动及位移是更大的变化，这种变化在高分子中比较复杂，因高分子链很长，以及运动单元相互牵制等原因，使这些运动比较难于发生。尽管如此，高分子链仍有下面几种特殊运动形式。

1. 曲柄运动

如图8-5所示，在碳链中当第一键与第七键共线时，包括在中间的碳键会像曲柄那样绕此线转动，一般说来，牵动运动的共有八个碳原子，所以称为 C_8-链节运动。这种运动的范

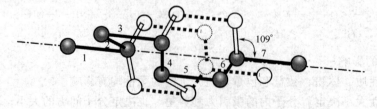

图8-5 聚乙烯 C_8-链节曲柄运动模型

围小，能保持正常的键长和键角，需要能量低，可以在较低温度下观察到。现已证明这种运动对材料的低温力学性能有影响。

2. 链段运动

高分子链的一部分绕链轴的转动，称为链段运动。如图 8-6 所示。

3. 整个分子链的运动

上面所说的运动均不能使分子产生位

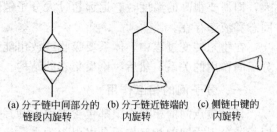

(a) 分子链中间部分的　(b) 分子链近链端的　(c) 侧链中键的
　　链段内旋转　　　　　　内旋转　　　　　　　内旋转

图 8-6　链段运动

移，所谓的整个分子位移是指分子质量重心的位移。要使分子产生位移，需要整个分子链运动。因为分子链很长，而且在聚集态中还有分子链间的相互干扰、纠缠等（图 8-7），所以困难很大。高分子的位移运动，一般在溶液中（图 8-8）或在熔融状态下才能实现，而且需要链段向同一方向运动，互相协调，否则，就会由于相互干扰和抵消而不能实现。

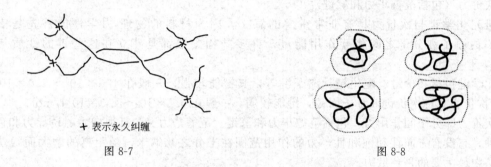

✛ 表示永久纠缠

图 8-7　　　　　　　　　　　　　　　　图 8-8

第二节　高聚物的聚集态结构

聚集态是动力学概念，是根据力学特征与分子热运动特征来划分的。一般低分子物质可以三种聚集态存在，即气态、液态和固态。气体中，分子间距离大，彼此吸引能小，内摩擦可以忽略，分子能够自由振动、转动和位移运动，表现出能流动、扩散、没有固定的体积和形状，密度小、能压缩等性质。固体中，分子和原子堆砌紧密，彼此距离小，吸引能大，分子不能自由转动和移动，只能以每秒 $10^{13} \sim 10^{14}$ 次的频率绕平衡中心振动，因此表现出不能流动、不能扩散、有固定的体积和形状、难以压缩、具有硬度等特性。液相介于气体与固体之间，分子堆砌也相当紧密，难以压缩，分子间作用能与热运动能同数量级，有内摩擦，但分子能转动和移动，表现出有一定的体积而无固定形状，能够流动和扩散。加热或冷却时，这三种物理聚集态可以互相转变。

相态是热力学概念。根据热力学和结构学的特征，低分子物质可以有气相、液相和晶相。相态取决于自由能、温度、压力、体积等热力学参量，从一相转变到另一相，热力学函数应当有突跃变化。相的区别主要根据结构学来判断。气相分子的排列是完全无序的。液相分子排列是近程有序，远程无序。晶相存在一定对称性的远程有序，分子排列是三维规则排列，有一定的晶格。

根据上面所述，聚集态和相态是两种不同的概念。气相和气态是一致的。液态肯定是液相，但液相不一定是液态。晶相是固态，但固态却有晶相与非晶相之分，玻璃就是非晶相的固体。非晶相固态（无定形或玻璃态）属于液相。

高聚物由于分子链很长，分子间总的吸引能很大，要使它们气化，需要供给的能量太大,即需要很高的温度,它远远超过大分子链断裂的温度,所以高聚物不存在气态,都是以固态和液态存在。

在物态转变过程中,体系要吸收或放出能量,这是分子间相互作用的结果,下面先讨论分子间作用的关系,然后讨论聚集态的结构。

一、分子间的相互作用

任何质点间的相互作用都包含着引力和斥力。若将原子或分子看成这样的质点,那么,原子或分子之间的相互作用是以引力为主,还是以斥力为主,关键是取决于原子或分子之间的距离。一般情况,当两个原子或分子分开 3～4 倍原子或分子直径的距离时,以引力为主;当两个原子或分子之间的距离非常小时,则以斥力为主。当原子或分子之间的引力和斥力相等时(相互作用为零时),这时原子或分子之间的几何排列处于平衡状态,其结构就是分子结构或聚集态结构,体系处于能量最低的稳定状态。处于平衡状态分子中的键合原子间的强烈相互作用称为化学键(又称主价力),非键合的原子间,基团之间和分子之间的相互作用称为次价力(包括范德华力和氢键)。

研究化学键与次价力具有非常重要的意义,因为材料的物理-力学性能首先是依赖于它们的原子和分子之间相互作用能量,许多结构参数都是建立在这些键的性质基础上的。

化学键包括共价键、配位键、离子键等,其键能较强,一般在 $1.0\times 10^5\sim 2.0\times 10^5$ J/mol。次价力又称次价键或分子间键,键能较弱,一般在 $0.1\times 10^3\sim 4.0\times 10^4$ J/mol。

次价力即分子间作用力,包括范德华力和氢键。范德华力又包括取向力、诱导力和色散力三种,它没有方向性和饱和性,力的作用范围在十分之几纳米,随距离的增大而很快衰减,其中最主要的是色散力。

1. 取向力

取向力是极性分子永久偶极之间的静电相互作用所产生的引力。其本质是静电引力。它与分子的偶极距平方成正比,即分子的极性越大,取向力越大。还与绝对温度成反比,温度越高,取向力就越弱。此外,取向力与分子间的距离的 6 次方成反比,即随分子距离的加大,取向力衰减非常快。取向力的大小为 $4.2\times 10^4\sim 2.1\times 10^4$ J/mol。

2. 诱导力

在极性分子和非极性分子之间以及极性分子和极性分子之间都存在诱导力。

在极性分子和非极性分子之间,由于极性分子对非极性分子的影响,使电子云发生变形,形成了非永久性偶极,即诱导偶极,这种诱导偶极与极性分子中的偶极之间的作用力叫做诱导力。

在极性分子与极性分子之间,除了取向力外,由于极性分子的相互影响,每个分子也会发生变形,产生诱导偶极,其结果是使极性分子的偶极距增大,从而使分子之间出现了除取向力外的吸引力——诱导力。

诱导力也会出现在离子和分子以及离子和离子之间。

诱导力的本质是静电引力。它与极性分子偶极距的平方成正比,与被诱导分子的变形性成正比,也与分子间距离的 6 次方成反比,与温度无关,大小为 $0.6\times 10^4\sim 1.2\times 10^4$ J/mol。

3. 色散力

色散力是分子的"瞬间偶极距"相互作用的结果,即由于电子的运动产生瞬间偶极。这种瞬间偶极会诱导邻近分子也产生和它相吸引的"瞬间偶极",而且,这种作用不是单方向而是相互,这种相互作用便是色散力。色散力与相互作用分子的变形性有关,变形性越大，色散力越大；色散力还与相互作用分子的电离有关，越容易电离，色散力越大；色散力与分子间距离的 6 次方成反比。

色散力具有普遍性、加和性，与温度影响无关。色散力存在于所有极性和非极性分子中，是范德华中最普遍、最主要的一种。一般小分子的色散力较弱，大小只有 $0.8\times10^3 \sim 8.4\times10^3$ J/mol。但由于色散力具有加和性，随着相对分子质量的增加而增加，因此，高分子之间的色散力就相当可观了。在一切非极性高分子中，色散力可占分子间力总值的 $80\% \sim 100\%$。

4. 氢键

氢键是特殊的范德华力。氢键的产生条件是，一个电负性较强而半径又较小的原子和氢原子形成共价键（H—X），而这个氢原子又与另一邻近的电负性强的原子（Y）以一种特殊的偶极作用结合成氢键（Y···H—X）。氢键具有方向性、饱和性。

氢键的强弱取决于与 X、Y 两原子的电负性大小，电负性越大，则氢键越强。同时又与 Y 的半径有关，Y 的半径越小，越能接近 H—X，所形成的氢键也愈强。几种常见氢键的强弱顺序如下：

$$F—H\cdots F > O—H\cdots O > O—H\cdots N > N—H\cdots N$$

氢键可以在分子内生成，也可以在分子间形成。前者形成的氢键叫做分子内氢键，后者形成的氢键叫做分子间氢键。能形成分子间氢键的高聚物有聚丙烯腈、聚丙烯酸、聚乙烯醇、聚酰胺等。图 8-9 是聚酰胺分子间形成的氢键结构示意图。

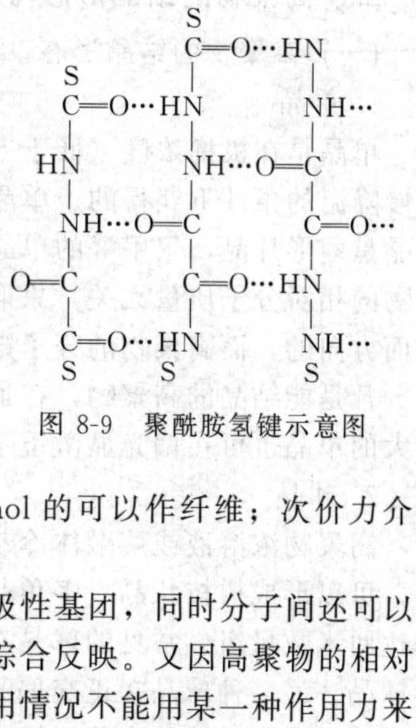

次价力的性质与特性，不仅决定着物质所处的聚集状态，而且在大多数情况下导致结构变弱，使材料易于断裂，引起黏性或塑性形变。次价键的大小对高聚物的耐热性、溶解性、电性能、机械强度等都有很大影响。若按次价力的大小来划分高聚物的应用领域，则次价力小于 4.4×10^3 J/mol 的高聚物可以作橡胶；次价力大于 2.1×10^5 J/mol 的可以作纤维；次价力介于两者之间的可以作为塑料。

图 8-9 聚酰胺氢键示意图

在高聚物的分子链中，如聚酰胺，既有极性基团又有非极性基团，同时分子间还可以形成氢键，这样，整个分子间的作用力实际上是各种作用力的综合反映。又因高聚物的相对分子质量很大，又具有多分散性，所以，大分子链间的相互作用情况不能用某一种作用力来表示，一般常用内聚能或内聚能密度来衡量大分子间作用力的大小。内聚能是指 1mol 分子聚集在一起的总能量，也等于同样数量分子分离的总能量。内聚能密度简称 CED，是单位体积的内聚能。部分高聚物的内聚能密度如表 8-1 所示。

由表 8-1 可知，高聚物内聚能密度在 290J/cm³ 以下，说明分子间作用力比较小，分子链较柔顺，容易变形，具有较好的弹性，通常可作为橡胶使用；内聚能密度较高的高聚物，分子链刚性较大，属于典型的塑料；当内聚能密度达到 400 以上，则具有较高的强度，一般可作为纤维使用。

通过以上的内容可以得知，分子间作用力是使高分子聚集而成聚集态的主要原因之一，作用的大小也决定高聚物的类型和使用性能。但是，生成聚集态还与高分子的各层次结构有密切关系，因此，也不能简单地将内聚能密度数值作为高聚物分类的唯一判据。例如，聚乙烯的内聚能密度比较小，似应归属于橡胶类，但由于它的分子结构比较简单和规整，易于结晶，弹性反而不好，所以它不是橡胶，而是典型的热塑性塑料。

表 8-1 部分高聚物的内聚能密度

高聚物名称	高聚物结构式	内聚能密度 /(J/cm³)	高聚物名称	高聚物结构式	内聚能密度 /(J/cm³)

聚乙烯	$\pmb{\vdash}CH_2-CH_2\pmb{\dashv}_n$	259	聚乙酸乙烯酯	$\pmb{\vdash}CH_2-CH\pmb{\dashv}_n$
				       |
				     $OCOCH_3$
					368

聚异丁烯	$\pmb{\vdash}CH_2-\underset{\underset{CH_3}{\|}}{\overset{\overset{CH_3}{\|}}{C}}\pmb{\dashv}_n$	272	聚氯乙烯	$\pmb{\vdash}CH_2-CH\pmb{\dashv}_n$
				       |
				      Cl
					380

聚异二烯	$\pmb{\vdash}CH_2-\underset{\underset{CH_3}{\|}}{C}=CH-CH_2\pmb{\dashv}_n$	280	聚对苯二甲酸乙二醇酯	$\pmb{\vdash}CH_2CH_2-OCOC_6H_4COO\pmb{\dashv}_n$	477

聚苯乙烯	$\pmb{\vdash}CH_2-CH\pmb{\dashv}_n$
	       |
	     C_6H_5
		309	聚酰胺-66	$\pmb{\vdash}NH(CH_2)_6NHOC(CH_2)_4CO\pmb{\dashv}_n$	773

聚甲基丙烯酸甲酯	$\pmb{\vdash}CH_2-\underset{\underset{COOCH_3}{\|}}{\overset{\overset{CH_3}{\|}}{C}}\pmb{\dashv}_n$	347	聚丙烯腈	$\pmb{\vdash}CH_2-CH\pmb{\dashv}_n$
				       |
				      CN
					991

二、高聚物的结晶形态与结构

(一) 高聚物的结晶形态

1. 单晶

单晶是在极稀浓度（低于0.01%）的高聚物溶液，加热到高聚物熔点以上，然后十分缓慢降温的条件下获得的。单晶是细小的薄片状晶体，有规则的外形。如聚乙烯和尼龙6的单晶是菱形片晶，聚甲醛的单晶是六角形片晶。单晶的晶片厚度约为10nm数量级，且与高聚物的相对分子质量无关，只取决于结晶时的温度和热处理条件，晶片中的分子链是垂直于晶面方向的，而高聚物的分子链一般有几百纳米以上，因此，认为晶片中分子链是折叠排列的。凡是能结晶的高聚物，在适当的条件下都可以形成单晶。可以用电子显微镜观察单晶，较大的单晶也可在偏光显微镜下观察到。

2. 球晶

高聚物浓溶液或熔融体冷却时，形成的不是单晶，而形成多晶的聚集体，依外界条件不同，可以形成树枝状晶、多角晶等。通常呈圆球形的称为高聚物球晶。球晶一般较大，最大的达厘米数量级。常见的球晶有两种图像，一种是球晶中链带或晶片呈放射性排列，如聚丙烯球晶。另一种球晶在正交偏光显微镜下除观察到黑十字消光图形外，还有许多消光圈或锯齿形消光图形。球晶中分子链垂直于球晶半径方向，球晶由长条扭曲的链带构成。

3. 纤维状晶体

高聚物在挤出、吹塑、拉伸等应力下结晶，形成的晶体为纤维状。高聚物晶体由两种结构单元组成，其中心为伸直链所成的微纤束结构，周围串着许多折叠链晶片，形象地称为"糖葫芦"或"羊肉串"结构。

4. 柱晶

高聚物熔体在应力作用下冷却结晶时，若是沿应力方向成行地形成晶核，则四周会生成折叠链片晶。由于晶体生长在应力方向上受到阻碍，不能形成完整球晶，而只能朝垂直于应力方向生长成柱状晶体，因此称为柱晶。如图8-10所示。当施加的应力较低时，晶片发生扭曲而螺旋形地生长，应力较

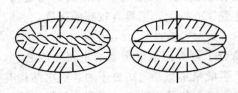

图 8-10 低应力下和高应力下形成的柱晶结构示意图

高时，形成的晶片互相平行。在纤维和薄膜中可观察到这种晶体。

5. 伸直链晶体

高聚物在极高压力下慢慢结晶，可以得到完全由伸直链所组成的晶片，称为伸直链晶片。完全由伸直链组成的晶体很脆，甚至可以用研砵研碎。但由于伸直链的存在可以提高制品的力学强度。

（二）晶态高聚物的结构

1. 晶态高聚物的结构模型

（1）缨状胶束模型

缨状胶束模型是由杰尔格斯-赫尔曼（Gerngross-Herrmann）早在 1980 年提出来的，它是晶相及非晶相并存的两相结构模型的一种（图 8-11）。这种模型认为：每一个高分子链同时可以贯穿几个晶区和非晶区，于是没有明确的晶体相界面，在晶区分子链排列比较规整，而在非晶区分子链是卷曲的，互相缠结的。

（2）折叠链片晶结构模型

折叠链片晶结构模型（图 8-12）是由凯勒（Keller）、费希尔（Fischer）、弗洛里（Flory）等人提出的。其共性是：在晶体中大分子可以不改变原来的键角、键长而很有规则地反复折叠成链带，其厚度相当于折叠周期，大约为 10nm。他们的差异在于非晶区分子链的排列上，图 8-12 中的（a）是凯勒提出的近邻规则折叠链结构模型；（b）是费希尔提出的松散环圈折叠链结构模型；（c）是弗洛里得出的接线板折叠结构模型。

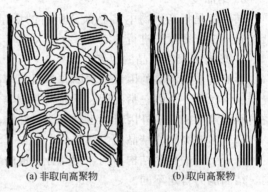

图 8-11　缨状胶束结构模型
（平行线表示晶区，弯曲线表示非晶区）

片状晶体常常是多层的（图 8-13）。在多层片晶中，分子链可以跨层折叠，即在这一层折叠几个来回以后，转到另一层中去再折叠。处于两层之间的那段链习惯上称为连接线。

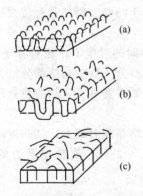

图 8-12　折叠链片晶结构模型

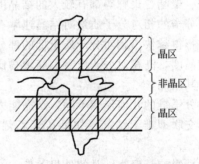

图 8-13　多层片晶的折叠链模型

2. 结晶过程

高聚物的结晶过程如图 8-14 所示，先由高分子链折叠成链带，由链带砌成晶片，再由晶片堆砌成单晶、球晶或其他多晶体，并取决于成晶的条件。从动力学角度可分为成核过程与结晶成长过程。

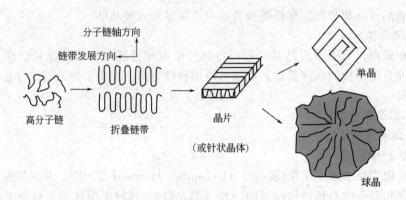

图 8-14　高聚物的结晶过程示意图

3. 结晶度

结晶度是指高聚物中结晶部分所占的质量分数或体积分数。一般可用 X-线衍射线法、红外光谱法、密度法进行测定。

4. 影响高聚物结晶的因素

影响高聚物结晶的因素有内因和外因。内因包括高分子链的化学结构、相对分子质量、分子链形状等，外因包括温度、压力、杂质等。内因是变化的根据，但是。高聚物如果只具备内因而没有相应的外因时，也是不能很好结晶的，所以外界条件是必要的。

(1) 影响高聚物结晶的内部条件

高分子链的化学结构不同，则高分子链的对称性不同，规整性不同，分子间的作用力不同，结晶能力肯定不同。

高分子链的化学结构越简单，链节的对称性越高，取代基越小，分子链就越柔顺，也就越容易结晶。因为结晶过程是分子链规则排列的过程，结晶时分子链力求形成紧密堆砌结构。如聚乙烯、聚四氟乙烯、聚偏二氯乙烯等就容易结晶。

高分子链的规整性越好，越容易结晶。如全同立构、间同立构的高聚物就容易结晶，并结晶度较高。如全同立构聚丙烯就是如此。

分子链间作用力大，则有利于分子链敛集紧密，有利于结晶。例如具有较强极性基团的聚酰胺、聚酯、聚脲等都有较大的结晶度。

高分子的相对分子质量对结晶速率有很大影响。在相同的温度下，相对分子质量越低，结晶进行得越快。相对分子质量低的部分其结晶度大于相对分子质量高的部分。为了得到同样的结晶度，高相对分子质量的高聚物比低相对分子质量的需要更长时间的热处理或退火处理以助其结晶。

高分子链的几何形状不同，结晶能力不同。其中线型结晶能力最大，结晶度高；支链型次之；交联型难于结晶。如低压聚乙烯的结晶度为 85%～95%；支链型聚乙烯的结晶度为 60%。

(2) 影响高聚物结晶的外界条件

温度是影响高聚物结晶的主要外界条件。因为高分子链由无规则排列转变为有规则排列只有在链段可以运动的情况下才能实现。结晶性高聚物的结晶温度，必须高于它的玻璃化温度，但不能高于熔点。在两个温度之间有一个最大结晶速率的温度，如聚甲醛在 90℃ 结晶速率最快，天然橡胶在 −25℃ 结晶速率最快。一般情况下，高聚物的最大结晶速率对应的温度 $T_{max}=0.85T_m$。图 8-15 是高聚物结晶速率对温度的关系曲线。

三、非晶高聚物的形态与结构

非晶高聚物的结构是指玻璃态、橡胶态、熔融态及结晶高聚物中的非晶区结构。非晶态高聚物中的分子排列无远程有序。其结构模型除了缨状胶束模型外,还有如图 8-16 所示的几种情况。其中无规线团是最普遍的。

四、高聚物的取向态结构

取向是高分子材料成型加工和使用过程中经常遇到的问题。高分子材料取向以后,在力学性能、热学性能和光学性能等方面都与取向前的材料有很大的不同。正确利用材料的取向效应,可以提高制品的使用性能。

1. 取向机理与特征

取向是指非晶高聚物的分子链段或整个分子链,结晶高聚物的晶带、晶片、晶粒,在外力作用下,沿外力作用的方向进行有序排列的现象。

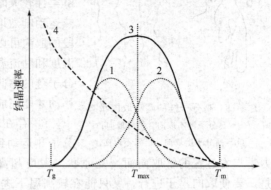

图 8-15　高聚物结晶速率对温度的关系曲线
1—晶核生成速率；2—晶体成长速率；
3—结晶总速率；4—黏度

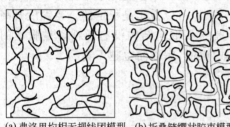

(a) 弗洛里均相无规线团模型　(b) 折叠链缨状胶束模型　(c) 可折叠球模型　(d) 回文波形模型

图 8-16　高聚物的几种非晶结构模型

取向的实施方法分单轴取向（又叫单轴拉伸）和双轴取向（又叫双轴拉伸）两种。单轴取向主要用于纤维的成型加工；双轴取向用于薄膜的成型加工。图 8-17 是理想的高聚物取向模型。

"取向"和"结晶"虽然都与高分子链的有序排列有关,但取向是"单向"有序或"双向"有序,而"结晶"却是"三向"有序。能结晶的高聚物必定能取向,但能取向的高聚物不一定能结晶。例如聚酰胺纤维能很好取向,也能很好结晶,聚氯乙烯和聚丙烯腈纤维能很好取向,但结晶性很差。

高分子的取向机理与小分子的取向机理虽有共性,但由于高分子链是一条长链,所以它的取向特征有以下几点。

① 存在链段和高分子链取向两种取向单元　如图 8-18 所示,其中链段取向进行得很快,相当于高弹形变；高分子链取向进行得很慢,相当于黏性流动。

② 取向是一个松弛过程　无论是链段取向还是整个分子链取向,都会遇到黏滞阻力,因此,要完成取向过程就需要一定的时间,所以取向是一个松弛过程。

(a) 理想的单轴取向

(b) 理想的双轴取向

图 8-17　高聚物取向模型

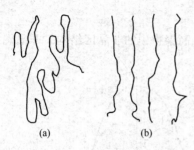

图 8-18 高分子链的两种取向状态
(a) 高分子链不取向，链段取向；
(b) 高分子链取向，链段不取向

当分子链的刚性越大（或柔性越差）时，取向越慢，完成取向的时间越长。甚至不可能实现整个分子链的取向。当分子链柔性较大时，链段运动较快，链段的取向较容易，但由于热运动剧烈地对抗着取向，整个分子链的取向也不容易。链段的取向可以通过链段的转动来完成，所以高聚物在玻璃化温度和黏流温度之间的高弹态就可以实现链段取向。整个高分子链的取向不仅要通过链段的转动，而且还要通过链段的移动才能完成，所以要求高聚物处于黏流态。

③ 存在着取向与解取向的平衡　取向的有序化过程与分子热运动致使的紊乱无序相对抗，因此这种体系会因热力学自发过程的解取向而恢复原状，温度超高，链段活动能力越强，越有利于解取向。但是，要使取向易于进行，又只能在较高温下进行。所以必须在取向后迅速降温冷却，或迅速除去溶剂，使取向的状态"冻结"下来，以便在长期的分子热运动下不至于使取向遭到破坏。若温度降到玻璃化温度以下，可得到各向异性的非晶态高聚物。如果高分子链是柔性的，得到的各向异性的非晶态高聚物是不稳定的，当温度升高或在溶剂中溶胀时就会自动地解取向。如果高分子链是刚性的，则所得到的取向高聚物原则上也是不平衡的，但是由于刚性高聚物的活动性小，解取向速度实际上等于零，所以可以看作是稳定的。当温度升高或溶胀时，高分子材料不会因解取向而收缩变形，但是这种取向结构没有弹性，是脆性的。总之，越容易取向的，解取向也越容易；越不容易取向的，解取向也越不容易。

2. 非晶高聚物、结晶高聚物的取向过程

非晶高聚物取向过程如图 8-19 所示。

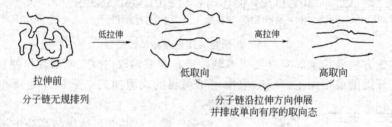

图 8-19　非晶高聚物的取向过程

橡皮也是非晶态高聚物的一种，在拉伸时成取向态，而且可以发生结晶。但因为有交联键的牵制和熵的关系，除去外力后立即恢复非晶态，如图 8-20 所示。

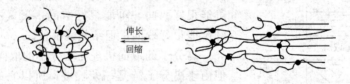

图 8-20　橡胶的取向示意图

晶态高聚物的取向过程如图 8-21 所示。先是组成折叠链晶体的小晶片发生倾斜、晶面滑动和转动，继而发生晶片破裂，且有些分子链在拉伸中伸直了，然后沿着拉伸方向，重新由伸直链和破裂的小晶片组成纤维结构的晶体。

注意非晶态高聚物的取向过程无相变化，试样在拉伸张力作用下连续伸长，其横截面缓慢收缩；而且，升温和溶胀能够降低黏度并加速其解取向过程。然而，晶态高聚物的取向过程有相转变，拉伸有"细颈"突跃变化现象，而且在熔点以下加热和溶胀都不影响取向结构

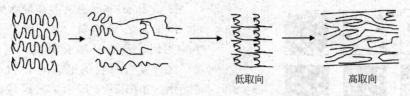

图 8-21 晶态高聚物的取向过程

的稳定性。这是非晶态高聚物和结晶高聚物的取向与解取向过程的区别。

3. 高聚物的取向态结构与各向异性

经过取向后的高聚物结构如图 8-22 所示。

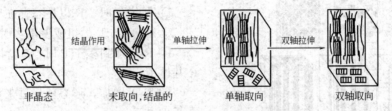

图 8-22 高聚物取向态的结构示意图

取向的程度（图 8-23）可以用取向度 f 表示：

$$f=1/2(3\cos^2\theta-1)=1-3/2\sin 2\theta \qquad (8-1)$$

取向度可以用 X 射线衍射、光双折射、红外二色性、小角光散射、偏振荧光等方法测定。

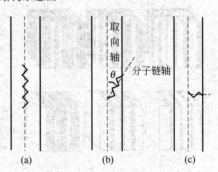

图 8-23 几种特殊的取向形式
(a) 完全取向 $\theta=0°$ $f=1$
(b) 无规取向 $\theta=54.5°$ $f=0$
(c) 垂直取向 $\theta=90°$ $f=-1/2$

取向之前的高聚物的性质是各个方向平均相同；取向后，高聚物的性质会出现各向异性，即纵向与横向的性质有差异。如力学性质的各向异性，平行于轴向的力学强度和模量增大，而垂直于轴向的强度和模量减弱。又如光学性质的各向异性，当光线通过各向同性的物体时无双折射现象，而通过取向后的材料时，出现双折射现象，并且，双折射的量与取向度成正比。另外，热的传导在取向材料上也各向不同。

通常为了提高纤维、薄板、膜片和薄膜在取向方向的强度需要采用取向工艺，所以了解取向结构有其重要的意义。

五、高聚物复合材料的结构

高聚物复合材料又称"高分子合金"。它包括嵌段共聚物、接枝共聚物和共混高聚物。这里重点介绍共混高聚物的结构。

共混高聚物 { 物理共混 { 机械共混 / 溶液浇铸共混 / 胶乳共混 } 化学共混 { 互穿网络（两种高聚物的网络互相贯穿）/ 溶液接枝 } 渐变高聚物（共混物的剖面能观察到组成和结构渐变）

共混高聚物的性能取决于其区域结构。如果两种高聚物完全不互溶，则形成两个完全分离的结构区域；如果两种高聚物完全互溶，则形成一个均匀的结构。这两种情况的材料，其性能均不好，只有在半互溶的情况下，形成分相而不分离的区域结构时，性能最好。

高聚物复合材料的微观结构形态随组成而变化。

1. 非晶态-非晶态共混高聚物的结构

以聚苯乙烯塑料（P）和丁二烯类橡胶（R）为例，若把 P 和 R 共混，用电子显微镜观察这种复合材料的形态随 P 和 R 组成比例而变化，如图 8-24 所示，其区域结构通常呈球状分散、柱状分散和层状分散三种形式。而且，三种区域结构的材料所表现的性质各不相同。若以白色表示 P，黑色表示 R，则：

① 若 P 很多，R 少，则 P 中包含了球状 R；
② R 增加时，R 以柱态存在于 P 中；
③ 当 R 与 P 的组成差不多时，成为层状；
④ R 增加到多于 P 时，P 就以柱形存在于 R 基体中；
⑤ R 再增加，形态就反过来，P 以球状存在于 R 中。

2. 晶态-非晶态共混高聚物的结构

这类共混高聚物中，有一种是结晶的，如全同立构聚苯乙烯-无规立构聚苯乙烯共混物、全同立构聚苯乙烯-聚苯醚共混物、聚偏氟乙烯-聚甲基丙烯酸甲酯共混物等。这种晶态-非晶态共混物的形态如图 8-25 所示，可以分为四种不同类型。

3. 晶态-晶态共混高聚物的结构

结晶性高聚物的共混物具有更多的分散状态，其结晶区可成为混晶型结构并形成分别的晶区，其非晶区既可以是互相混溶的，也可以是不相混溶的。由分别结晶的高聚物组成的共混物大致可生成如图 8-26 所示的四种不同形态的结构。

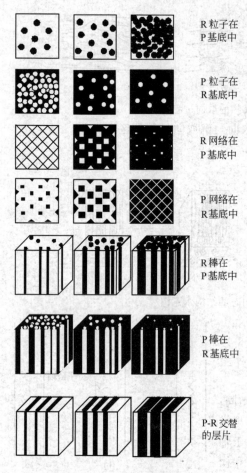

图 8-24　由塑料（P）和橡胶（R）组分复合的某些两相结构的示意图（由左至右增加 R 组分）

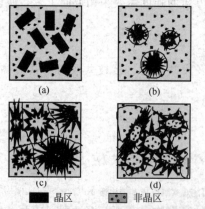

图 8-25　晶态-非晶态共混物的形态结构示意图
(a) 晶粒分散在非晶区中；(b) 球晶分散在非晶区；
(c) 非晶区分散在球晶中；(d) 非晶区聚集成较大的区域结构分布在球晶中

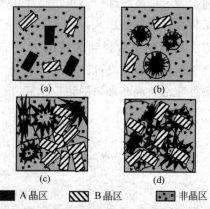

图 8-26　晶态-晶态共混物的形态结构示意图
(a) 两种晶粒分散在非晶区中；(b) 球晶和晶粒分散在非晶区；
(c) 分别生成两种不同的球晶；(d) 共同生成混合型的球晶

第三节 高聚物的物理状态

随着温度的变化，高聚物可以呈现不同的物理力学状态，在应用上，对材料的耐热性、耐寒性有着重要的意义。高聚物的物理状态不但取决于大分子的化学结构及聚集态结构，而且还与温度有直接关系。因此，本节将通过热-机械曲线对高聚物的物理状态进行讨论，了解高聚物物理状态与结构的关系，掌握一般的实验方法，并学习通过改变结构进行改性的方法。

热-机械曲线又称形变-温度曲线，是表示高聚物材料在一定负荷下，形变大小与温度的关系曲线。按高聚物的结构可以分为：线型非晶态高聚物形变-温度曲线、结晶态高聚物形变-温度曲线和其他类型的形变-温度曲线三种。

一、线型非晶态高聚物的物理状态

在匀速升温（1℃/min），每5℃以给定负荷压试样10s，以试样的相对形变对温度作图，即可得到热-机械曲线。典型的非晶态高聚物的形变-温度曲线如图8-27所示。随着温度的升高，在一定的作用力下，整个曲线可以分为五个区，各区的特点如下。

A区：当施加负荷时，相应的形变马上发生，10s内觉察不到形变的增大，形变值较小。这是一般固体的共有性质，内部结构类似玻璃，故称玻璃态。在除去外力后，形变马上消失而恢复原状。这种可逆形变称为普弹性形变。

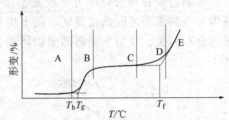

图8-27 高聚物在定负荷下的形变-
温度曲线（定作用速率）
A—玻璃态；B—过渡区；C—高弹态；
D—过渡区；E—黏流态；
T_b—脆化温度；T_g—玻璃化温度；
T_f—黏流温度

C区：当施加负荷时，马上发生部分形变后，随负荷时间增加，形变缓慢增大，形变值明显较A区大，但10s后的形变值在一定的温度范围内基本相同。此时材料呈现出类似橡胶的弹性，称为高弹态或橡胶态。形变的发生，除了普弹形变外，主要发生了大分子的链段位移（取向）运动。但整个大分子间并未发生相对位移，因此在除去外力后，经过一段时间，形变也可以消除，所以是可逆的弹性形变。这种弹性形变称为高弹性形变，所谓高弹性是对普弹性而言的，指在同样的作用力下形变比较大，而且松弛性质较普弹形变明显。

E区：当施加负荷时，高聚物像黏性液体一样，发生分子黏性流动，呈现出随时间不断增大的形变值。由于发生了大分子间质量重心相对位移，不但形变数值大，而且负荷除去后，形变不能自动全部消除，这种不可逆特性，称为可塑性。此时，高聚物所处的状态，称为黏流态或塑化态。

A、C、E相应为玻璃态、高弹态、黏流态，是一般非晶态高聚物所共有的，统称为物理力学三态。

B区和D区：为过渡区。其性质介于前后两种状态之间。

从A区向C区转变的温度（通常以切线法求出），称为玻璃化温度，用 T_g 表示。从C区向E区转变的温度，称为黏流温度，用 T_f 表示。一般过渡区有20~30℃，而确定转折点又有各种不同的方法，不同的文献中同一高聚物往往有不同的 T_g 和 T_f 值。

线型非晶态高聚物的物理力学状态与相对分子质量的关系，也可以在形变-温度曲线上体现出来。如图8-28所示的不同相对分子质量的聚苯乙烯的形变-温度曲线，图中前七条曲线说明当平均相对分子质量较低时，链段与整个分子链的运动是相同的，T_g 与 T_f 重合，即无高弹态。这种聚合物称为低聚物。随着平均相对分子质量的增大，出现高弹态，而且 T_g 基本不随平均相对分子质量的增大而增高，但 T_f 却平均相对分子质量的增大而增高，因此，高弹区随平均相对分子质量的增大而变宽。

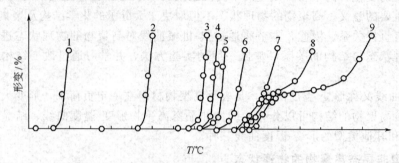

图 8-28　不同相对分子质量的聚苯乙烯的形变-温度曲线
相对分子质量为：1—360；2—440；3—500；4—1140；5—3000；
6—40000；7—12000；8—550000；9—638000

非晶态聚合物的物理力学状态与平均相对分子质量及温度的关系，可用图 8-29 表示。高弹态与黏流态之间的过渡区，随平均相对分子质量的增大而变宽，这主要是与相对分子质量的分布有关。线型非晶态高聚物物理力学三态的特性与材料应用的关系如下。

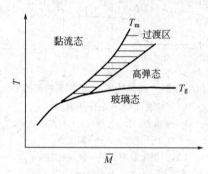

图 8-29　非晶态聚合物的物理力学状态
与平均相对分子质量、温度的关系

1. 玻璃态

在受外力作用时，一般只发生键长、键角或基团的运动，链段及大分子链的运动均被冻结，具一般固体的普弹性能。但从结构上说，它是液态—过冷液体，具有相当稳定的近程有序。有一定的机械性能，如刚性、硬度、抗张强度等。弹性模量比其他区大，在强力作用下，可以发生强迫高弹形变或发生断裂。不能发生强迫高弹形变的温度上限，称为脆化温度 T_b。在常温下处于玻璃态的高聚物材料，一般作塑料作用。其使用范围一般在 T_b 和 T_g 之间。取向较好的高聚物可作纤维使用。

2. 高弹态

在此状态下，高聚物除具有普弹性能外，还具有高弹性能。在受力作用下，高聚物可以发生链段运动，所以具有较大的形变，但因整个分子不能发生位移，所以在外力除去后，这种形变可以全部恢复。因此可以作高弹性材料使用。其弹性模量比塑料小两个数量级，所以比塑料软。高弹材性料的使用温度范围在 T_g 和 T_f 之间。由此可见，高聚物在常温下处于高弹态的一般都可以作弹性体使用。如各种橡胶及橡皮。

3. 黏流态

此时，在受外力作用下，通过链段的协同运动，可以实现整个大分子的位移，这时的高聚物虽有一定的体积，但无固定的形状，属黏性液体。机械强度极差，稍一受力即可变形，因而有可塑性。常温下处于黏流态的高聚物材料可作黏合剂、油漆等使用。黏流态在高聚物材料的加工成型中，处于非常重要的地位。其使用温度范围在 T_f 和 T_d（化学分解温度）之间。

二、结晶态高聚物的物理状态

结晶态高聚物按成型工艺条件的不同可以处于晶态和非晶态。晶态高聚物的形变-温度曲线可以分为一般相对分子质量和相对分子质量很大的两种情况。一般相对分子质量的晶态高聚物的形变-温度曲线如图 8-30 中的曲线 1 所示。在低温时，晶态高聚物受晶格能的限制，高分子链段不能活动（即使温度高于 T_g），所以形变很小，一直维持到熔点 T_m；这时由于热运动克服了晶格能，高分子突然活动起来，便进入了黏流态，所以 T_m 又是黏性流动温度。如果高聚物的相对分子质量很大，如曲线 2，温度到达 T_m 时，还不能使整个分子发生流动，只能使之发生链段运动，于是进入高弹态，等到温度升高到 T_f 时才进入黏流态。由此可知，一般结晶高聚物只有两态：在 T_m 以下处于晶态，这时与非晶态的玻璃态相似，可以作塑料或纤维使用；在 T_m 以上时处于黏流态，可以进行成型加工。而相对分子质量很大的晶态高聚物则不

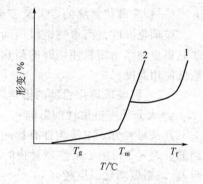

图 8-30　晶态高聚物的形变-温度曲线
1—一般相对分子质量；
2—相对分子质量很大

同，它在温度到达 T_m 时进入高弹态，到 T_f 才进入黏流态。因此，这种高聚物有三种物理力学状态：温度在 T_m 以下时为玻璃态，温度在 T_m 与 T_f 之间时为高弹态，温度在 T_f 以上时为黏流态。这时可以进行成型加工，但由于高弹态一般不便成型加工，而且温度高了又容易分解，使成型产品的质量降低，为此，晶态高聚物的相对分子质量不宜太高。

对于结晶性高聚物由熔融状态下突然冷却能生成非晶态结晶性高聚物（玻璃体）。这种状态下的高聚物形变-温度曲线如图 8-31 中的曲线 3。在温度达到 T_g 时，分子链段便活动起来，形变突然变大，同时链段排入晶区为晶态高聚物，于是在 T_m 和 T_g 之间，曲线出现一个峰后又降低，一直到 T_m，如果相对分子质量很大，便与图 8-31 中曲线 2 后部一样，先进入高弹态，最后进入黏流态。

晶态高聚物的物理力学状态与相对分子质量及温度的关系如图 8-32 所示。T_m 和 T_g 一样，平均相对分子质量小时，随平均相对分子质量增大而增高，但平均相对分子质量足够大时，则几乎不变。过渡区也随平均相对分子质量的增大而变宽。

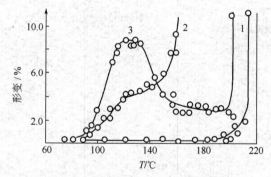

图 8-31　聚苯乙烯的形变-温度曲线
1—晶态等规 PS；2—无规 PS；3—非晶态等规 PS

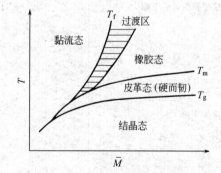

图 8-32　晶态高聚物的物理力学状态
与平均相对分子质量及温度的关系

第四节　各种特征温度与测定

常见的高聚物特征温度有 T_g、T_m、T_f、T_d、T_b、T_s 等，下面综合介绍它们的概念、实际意义和测定方法。

一、玻璃化温度

(一) 玻璃化温度的定义及应用

玻璃化温度是高聚物链段运动开始发生（或被冻结）的温度，用 T_g 表示。因此，它是非晶高聚物作为塑料使用时的耐热温度（或最高使用温度）和作为橡胶使用的耐寒温度（或最低使用温度）。

(二) 影响玻璃化温度的因素

1. 大分子主链柔性的影响

凡是对大分子主链柔性有影响的因素，对玻璃化温度都有影响。柔性越大，玻璃化温度越低。表 8-2 列出了某些高聚物的玻璃化温度与刚性系数的关系。说明刚性系数越大（柔性越差），则玻璃化温度越高。

2. 分子间作用力的影响

分子间作用力的影响越大，则玻璃化温度越大。能够在分子间形成氢键的聚酰胺、聚乙烯醇、聚丙烯酸、聚丙烯腈等的玻璃化温度都较高。表 8-3 中列出部分高聚物的玻璃化温度与分子间作用力的关系。

表 8-2　某些高聚物的玻璃化温度与刚性系数的关系

高聚物	链节结构	T_g/K	刚性系数
聚乙烯	$-CH_2-CH_2-$	160	1.63
聚丙烯	$-CH_2-CH(CH_3)-$	238	1.87
聚三氟氯乙烯	$-CF_2-CF(Cl)-$	318	2.03
聚苯乙烯	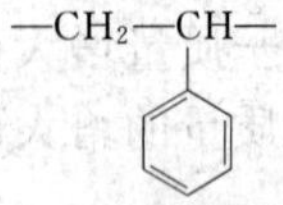 $-CH_2-CH(C_6H_5)-$	360	2.3
聚甲基丙烯酸甲酯	$-CH_2-C(CH_3)(COOCH_3)-$	318(全同) 378(间同)	2.14 2.4
聚异戊二烯(顺式)	$-CH_2-C(CH_3)=CH-CH_2-$	201	1.67
聚异丁烯	$-CH_2-C(CH_3)_2-$	203	1.8
聚甲基丙烯酸正丁酯	$-CH_2-C(CH_3)(COOC_4H_9)-$	295	1.98
聚丙烯酸甲酯	$-CH_2-CH(COOCH_3)-$	282	2.05
聚醋酸乙烯酯	$-CH_2-CH(OCOCH_3)-$	302	2.16

续表

高聚物	链节结构	T_g/K	刚性系数
聚氯乙烯	—CH$_2$—CH(Cl)—	355	2.32
聚丙烯腈	—CH$_2$—CH(CN)—	369	2.37
聚环氧乙烷	—CH$_2$—CH$_2$—O—	206	1.63
聚环氧丙烷	—CH$_2$—CH$_2$—CH$_2$—O—	198	1.62
聚己二酸乙二醇酯	—O—CH$_2$—CH$_2$—OCO(CH$_2$)$_4$CO—	216	1.68

表 8-3 部分高聚物的玻璃化温度与分子间作用力的关系

高聚物	链节结构	单体蒸发热 / (J/mol)	T_g/K
聚乙烯咔唑	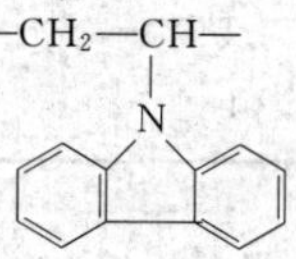 —CH$_2$—CH(carbazolyl)—	40000	473
聚 α-甲基苯乙烯	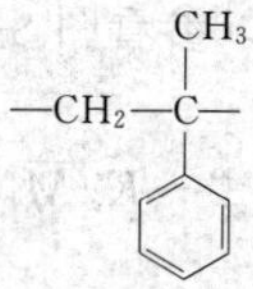 —CH$_2$—C(CH$_3$)(C$_6$H$_5$)—	37400	448
聚乙烯环己烷	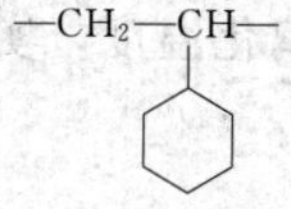 —CH$_2$—CH(C$_6$H$_{11}$)—	36500	413
聚苯乙烯	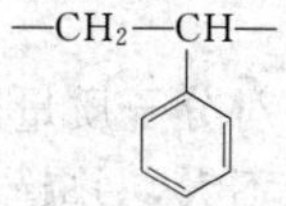 —CH$_2$—CH(C$_6$H$_5$)—	36500	360
聚甲基丙烯酸甲酯	—CH$_2$—C(CH$_3$)(COOCH$_3$)—	32700	373
聚醋酸乙烯酯	—CH$_2$—CH(OCOCH$_3$)—	30200	302
聚丙烯酸环己酯	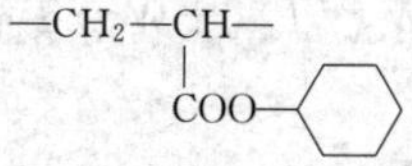 —CH$_2$—CH(COO—C$_6$H$_{11}$)—		313
聚丙烯酸甲酯	—CH$_2$—CH(COOCH$_3$)—	31000	273
聚丙烯酸正丁酯	—CH$_2$—CH(COOC$_4$H$_9$)—	36800	223
聚乙烯异丁醚	—CH$_2$—CH(OCH$_2$CH(CH$_3$)$_2$)—	31400	213

续表

高聚物	链节结构	单体蒸发热/(J/mol)	T_g/K
聚异丁烯	$-CH_2-\underset{\underset{CH_3}{\|}}{\overset{\overset{CH_3}{\|}}{C}}-$	23500	203
聚异戊二烯（顺式）	$-CH_2-\underset{\underset{CH_3}{\|}}{C}=CH-CH_2-$	27300	201
聚氯丁二烯	$-CH_2-\underset{\underset{Cl}{\|}}{C}=CH-CH_2-$		213
聚丁二烯	$-CH_2-CH=CH-CH_2-$	24000	173（顺式） 418（反式）
聚氯乙烯	$-CH_2-\underset{\underset{Cl}{\|}}{C}H-$	24300	355

3. 相对分子质量的影响

相对分子质量对玻璃化温度的影响，可以参看图 8-2 曲线及相关的解释。也可以用数学经验公式来表示：

$$T_g = T_g^\infty - K/\overline{M} \tag{8-2}$$

式中　T_g——高聚物的玻璃化温度；

　　　T_g^∞——相对分子质量无限大时的玻璃化温度，实际上为与相对分子质量有关的玻璃化温度上限值；

　　　K——常数；

　　　$\overline{M}$——高聚物的平均相对分子质量。

该式说明，玻璃化温度随高聚物平均相对分子质量的增加而增大，当高聚物平均相对分子质量增加到一定数值后，玻璃化温度变化不大，并趋于某一定值。

4. 共聚的影响

通过共聚合的方法，可以对高聚物的玻璃化温度进行调整。共聚物的玻璃化温度总是介于组成该共聚物的两个或若干个不同单体的均聚物玻璃化温度之间。对于双组分无规共聚物的玻璃化温度，通常可用下式表示：

$$T_g = V_A T_{gA} + V_B T_{gB} \tag{8-3}$$

$$1/T_g = W_A/T_{gA} + W_B/T_{gB} \tag{8-4}$$

式中　T_g——共聚物的玻璃化温度；

　　　T_{gA}——A 单体均聚物的玻璃化温度；

　　　T_{gB}——B 单体均聚物的玻璃化温度；

V_A，V_B——A、B 单体共聚时的体积分数；

W_A，W_B——A、B 单位共聚时的质量分数。

接枝共聚物、嵌段共聚物和两种均聚物的共混物，一般都有两个或多个玻璃化温度值。

5. 交联的影响

分子间的化学键交联对玻璃化温度的影响，如表 8-4 所示。当交联度不大时，玻璃化温度变化不大；当交联度增大时，玻璃化温度随之增大。

表 8-4 交联剂用量对高聚物玻璃化温度的影响

硫/%	0	0.25	10	20	
硫化天然橡胶 T_g/K	209	208	233	240	
二乙烯基苯/%	0	0.6	0.8	1.0	1.5
交联聚苯乙烯 T_g/K	360	362.5	365	367.5	370
交联链的平均链节数	0	172	101	92	58

也可以用下式进行计算。

$$T_{gx} = T_g + K_x \rho \tag{8-5}$$

式中 T_{gx}——交联高聚物的玻璃化温度；

T_g——未交联高聚物的玻璃化温度；

K_x——常数；

ρ——单位体积的交联度。

6. 增塑剂的影响

为便于成型加工或改进高聚物的某些物理力学性能，常常在高聚物中加入某些低分子物质，以降低高聚物的玻璃化温度和增加其流动，这就是增塑作用。通常加入的低分子物质多数是沸点高，能与高聚物混溶的低分子液体物质，称为增塑剂。增塑剂的加入一般分两种情况。

一是极性增塑剂加入到极性高聚物之中。这时加入后，玻璃化温度的降低值与增塑剂的摩尔数成正比。即：

$$\Delta T_g = Kn \tag{8-6}$$

式中 ΔT_g——玻璃化温度降低值；

K——比例常数；

n——增塑剂的摩尔数。

二是非极性增塑剂加入到非极性高聚物之中。这时加入后，玻璃化温度的降低值与增塑剂的体积分数成正比。即：

$$\Delta T_g = \beta V \tag{8-7}$$

式中 β——比例常数；

V——增塑剂的体积分数。

7. 外界条件的影响

首先是外力大小的影响。外力大小对玻璃化温度的影响如图 8-33 所示。施加的外力越大，玻璃化温度降低得越多，即施加外力有利于链段的运动。

另外，外力作用的时间、升温的速率对玻璃化温度都有影响。

(三) 玻璃化温度的测定方法

玻璃化温度测定的主要依据：高聚物在发生玻璃化转变的同时，高聚物的密度、比体积、热膨胀系数、比热容、折射率等物性参数发生变化，因此，通过相应的实验，对高聚物试样进行测试，

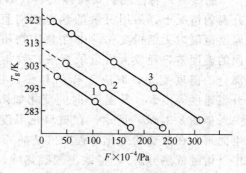

图 8-33 外力大小对玻璃化温度的影响
1—聚醋酸乙烯酯；2—聚苯乙烯（增塑）
3—聚乙烯醇缩丁醛

就可以测出玻璃化温度值。最常用的方法有热-机械曲线法、膨胀计法、电性能测试法、差热分析法和动态力学法等。如图 8-34 是聚醋酸乙烯酯的热膨胀-温度曲线，图 8-35 是天然橡胶的比热容-温度曲线。从中可求取玻璃化温度值。

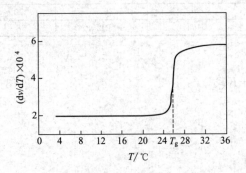

图 8-34　聚醋酸乙烯酯的热膨胀-温度曲线

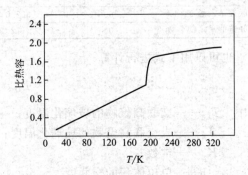

图 8-35　天然橡胶的比热容-温度曲线

鉴于差热分析的方法不但可以测定玻璃化温度，还可以测定结晶温度、熔点、热分解温度等。下面作以适当的介绍。

差热分析（DTA）的原理：是基于高聚物结构随外界温度变化，发生某种物理转变或化学变化时，常伴有热效应的变化。

其测试装置示意图如图 8-36 所示。

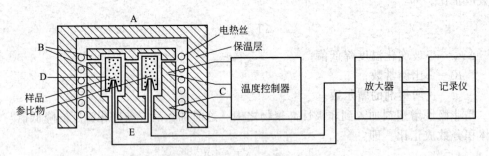

图 8-36　差热分析装置示意图

A—加热电炉；B—有盖的保温座；C—加热炉控温热电偶对；D—样品池；E—测温热电偶对

测试时，将待测高聚物样品装入测试样品池中，将参比物装入参比样品池。在等速升温的情况下，采用灵敏的热电偶对直接进行量热，经电学控制系统，把插入在测试温度范围内无结构变化的中性参比物质中的热电偶的温度和插入高聚物中的另一热电偶的温度差，经放大后记录下来，就能得到温差-温度曲线或称为差热分析谱线。测定部分的温度变化，取决于样品和参比物的密度、比热、热传导性、热扩散、试样量、升温速度等因素。其温度-时间变化如图 8-37(a) 所示，对应记录下来的温差与温度的关系如图 8-37(b) 所示。在玻璃化温度处由于高聚物的热容发生突然变化，故谱线发生曲折。在放热的变化过程中（结晶、氧化或交联），谱线出现放热峰，而在吸热过程中（熔融或热分解），谱线出现吸热峰。

图 8-38 是等规聚丙烯和无规聚丙烯的差热分析谱线。图 8-39 是低密度聚乙烯和高密度聚乙烯的差热分析谱线，从图中可以看出低密度聚乙烯的熔点低、熔限宽。图 8-40 是尼龙-6 和尼龙-66 的差热分析谱线，其中玻璃化温度比较接近，在 50℃ 左右，但熔点相差较多。

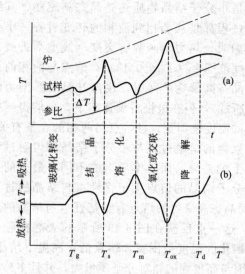

图 8-37　DTA 信号对时间 t（a）
和温度 T（b）的关系

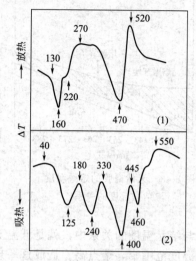

图 8-38　聚丙烯的 DTA 谱线
(1) 等规 PP　(2) 无规 PP

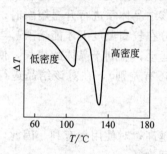

图 8-39　低密度聚乙烯和高密度聚
乙烯的差热分析谱线

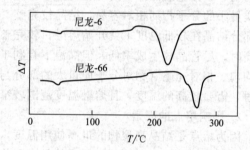

图 8-40　尼龙-6 和尼龙-66 的
差热分析谱线

二、熔点

1. 熔点的定义与应用

晶态高聚物的熔点是在平衡状态下晶体完全消失的温度，一般用 T_m 表示。对于晶态高聚物的塑料和纤维来说，T_m 是它们的最高使用温度，又是它们的耐热温度，还是这类高聚物成型加工的最低温度。

为了便于研究熔点，可以把小分子物质结晶与晶态高聚物的熔融过程进行比较，如图 8-41 和图 8-42 所示。

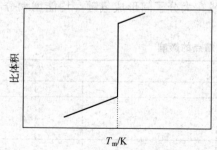

图 8-41　小分子物质结晶的比体积随温度的变化

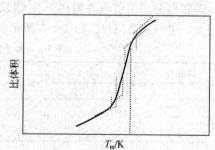

图 8-42　晶态高聚物的比体积随温度的变化

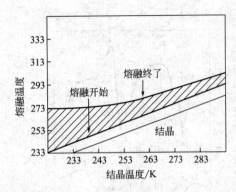

图 8-43 天然橡胶的熔融温度与结晶温度的关系

无论是小分子结晶物质还是晶态高聚物,其结晶的熔融过程都是从晶相到液相的转变过程。小分子结晶熔融时,热力学函数有突变(线型为折线);熔化的温度范围窄($T_m \pm 0.1$℃);熔点与两相的含量无关。晶态高聚物熔融时,快速升温的线型为渐进线(非折线),但在极慢升温速率下,也能得到折线;熔化的温度范围宽;且熔点与两相的含量有关。即晶态高聚物的熔融过程与小分子结晶的熔融过程只有程度上的差异,而无本质上的不同。最大的差别是,小分子结晶的熔点无记忆性(与结晶的过程无关),而晶态高聚物的熔点有记忆性(与结晶的过程有关)。这一点反映在图 8-43 所示的天然橡胶熔融温度与结晶温度的关系中,就是低温下结晶,熔化的温度范围宽,熔点低;高温下结晶,熔化的温度范围窄,熔点高。造成这一现象的原因与高聚物的相对分子质量大,并且多分散性等有关。当结晶温度低时,晶核的生成率高,但晶体成长慢,容易导致数量多、尺寸小、不均匀、不完整的晶体。同时相对分子质量大的分子低温排列困难,结晶不完整;而相对分子质量小的分子排列相对容易,结晶较完整。因此,对该结晶体系进行升温熔融时,不完整的部分结晶在较低温度下就开始熔融,较完整的结晶部分在较高温度下才能熔融。当结晶温度高时,尽管晶核生成率低,但高温下有利于分子链的运动,有利于晶体的成长,使结晶大小均匀、相对完整(相对分子质量大的部分与小的部分还有差别),在对该结晶进行升温熔融时,需要较高的温度,且熔融温度范围较窄。

2. 影响熔点的因素

因为熔点是结晶高聚物的最高使用温度,所以熔点越高,对使用越有利。因此,通过影响熔点因素的分析,可以找到提高结晶高聚物熔点的合适途径。

在平衡熔点时,高聚物的晶相与非晶相达到热力学平衡,$\Delta F=0$,即

$$\Delta F = \Delta H - T\Delta S = 0 \tag{8-8}$$

所以其熔点为:

$$T_m = \Delta H / \Delta S \tag{8-9}$$

式中 ΔH——1mol 重复结构单元的熔化热;
ΔS——1mol 重复结构单元的熔化熵。

由此可知,ΔH 越大或 ΔS 越小,则高聚物物的熔点越高。ΔH 与分子间作用力的强弱有关,若在高分子主链中或侧基上引入极性基团,或在大分子间形成氢键,均能增大分子间的作用力,进而提高 ΔH。如表 8-5 所示。

表 8-5 分子间作用力对熔点的影响

高聚物	重复结构单元	T_m/K
聚乙烯	—CH_2—CH_2—	410
聚氯乙烯	—CH_2—CH— 　　　　| 　　　　Cl	483
全同立构聚苯乙烯	—CH_2—CH— 　　　　| 　　　　C_6H_5	513

续表

高聚物	重复结构单元	T_m/K
聚丙烯腈	—CH₂—CH— 　　　| 　　　CN	590
聚酰胺-66	—N—(CH₂)₆—N—C—(CH₂)₄—C— |　　　　　　|　||　　　　　|| H　　　　　　H　O　　　　　O	538

ΔS 与晶体熔化后分子的混乱程度有关，进而与分子链的柔性有关。柔性越好，晶体熔化后分子链的混乱程度就越大，因此其熔点就越低。当主链引入苯环时，则柔性下降，刚性增加，因此使熔点升高。如表 8-6 所示。

表 8-6　高分子链的柔性对熔点的影响

结构特点	高聚物	重复结构单元	T_m/K
主链中有孤立双键	天然橡胶	—CH₂—C=CH—CH₂— 　　　　| 　　　　CH₃	301
	聚氯丁二烯	—CH₂—C=CH—CH₂— 　　　　| 　　　　Cl	353
主链全部是共价单键	聚乙烯	—CH₂—CH₂—	410
	聚甲醛	—CH₂—O—	450
	聚丁烯-1	—CH—CH₂— | C₂H₅	399
主链中含苯环	聚对苯二甲酸乙二酯	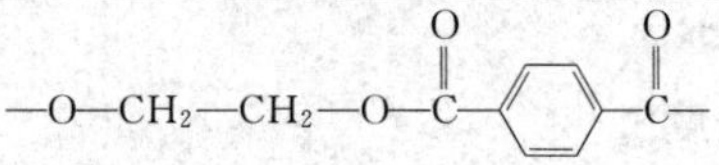 —O—CH₂—CH₂—O—C—⟨苯环⟩—C— 　　　　　　　　　||　　　　|| 　　　　　　　　　O　　　　O	537
	聚对二甲苯	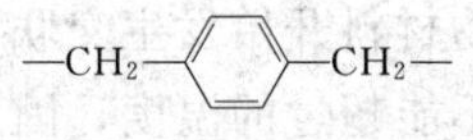 —CH₂—⟨苯环⟩—CH₂—	648
	聚苯	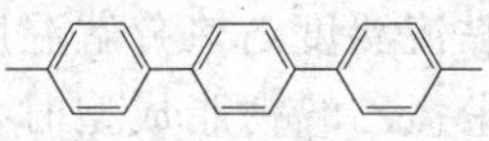 ⟨苯环—苯环—苯环⟩	803

另外一种工业上常用的方法，是对结晶性高聚物进行高度拉伸，以使结晶完全，进而提高熔点。

3. 熔点的测定方法

熔点的测定方法基本上与玻璃化温度的测定方法相同。

三、黏流温度

1. 黏流温度的定义与应用

黏流温度是非晶态高聚物熔化后发生黏性流动的温度，用 T_f 表示。又是非晶态高聚物从高弹态向黏流态的转变温度，是这类高聚物成型加工的最低温度。这类高聚物材料只有当发生黏性流动时，才可能随意改变其形状。因此，黏流温度的高低，对高聚物材料的成型加工有很重要的意义。黏流温度越高越不易加工。

2. 影响黏流温度的因素

影响黏流温度的因素主要是大分子链的柔性（或刚性）。柔性越大，黏流温度越低；反之，刚性越大，黏流温度超高。其次是高聚物的平均相对分子质量，高聚物的平均相对分子质量越大，分子间内摩擦越大，大分子的相对位移越难，因此，黏流温度越高。

3. 黏流温度的测定方法

黏流温度可以用热-机械曲线、差热分析等方法进行测定。但要注意，黏流温度要作为加工温度的参考温度时，测定时的压力与加工条件越接近越好。

四、软化温度

软化温度是在某一指定的应力及条件下（如试样的大小、升温速率、施加外力的方式等），高聚物试样达到一定形变数值时的温度，一般用 T_s 表示。它是生产部门产品质量控制、塑料成型加工和应用的一个参数。常见软化温度表示方法有如下几种。

1. 马丁耐热温度

在升温速率为 50℃/h，且平均 10℃/12min 的条件下，以悬臂梁式弯曲力矩为 50kg/cm² 的弯曲力作用于试样上，当固定于试样上的长 240cm 的横杆顶端指示下降 6cm 时的温度，称为马丁耐热温度。一般用定型的马丁耐热试验箱进行测定。

2. 维卡耐热温度

用面积为 1mm² 的圆柱形压针，垂直插入试样中（试样厚度大于 3mm，长、宽大于 10mm），在液体传热介质中，以 (5±0.5)℃/6min 或 (12±1)℃/6min 的速度等速升温，并使压入负荷 5kg 或 1kg 的条件下，当圆柱形针压入 1mm 时的温度，称为该材料的维卡软化点（以摄氏温度表示）。

3. 弯曲负荷热变形温度（简称热变形温度）

在液体传热介质中，以 (12±1)℃/6min 的速度等速升温的条件下，以简支梁式、在长 120mm、高 15mm、宽 313mm 的长条形试样的中部，施加最大弯曲正应力为 18.5kg/cm²，或 4.6kg/cm² 的静弯曲负荷，用试样弯曲变形达到规定值（按试验情况所规定的挠度值）时的温度（℃）表示。

五、热分解温度

热分解温度是高聚物材料开始发生交联、降解等化学变化的温度，用 T_d 表示。它显示了高聚物材料成型加工不能超过的温度，因此，黏流态的加工区间是在黏流温度与热分解温度之间。有些高聚物的黏流温度与热分解温度很接近，例如聚三氟氯乙烯及聚氯乙烯等，在成型时必须注意，用纯聚氯乙烯树脂成型时，对难免发生部分分解或降解，导致树脂变色、解聚或降解。因此，常在聚氯乙烯树脂中加入增塑剂以降低塑化温度，并加入稳定剂以阻止分解，使加工成型得以顺利进行。对绝大部分树脂来说，加入适当的稳定剂是保证加工质量的一个重要条件。

热分解温度的测定，可采用差热分析、热失重、热-机械曲线等方法。

六、脆化温度

脆化温度是指材料在受强力作用时，从韧性断裂转为脆性断裂晨的温度，用 T_b 表示。但定义的说法较多。

第五节　高聚物的力学性能

各类高聚物材料如塑料、橡胶和纤维等的用途，主要取决于它们的力学性质。作为一种材料，要求具有一定形状，并在承受一定的质量或力的情况下基本不变形。所谓力学性质便是研究物体受力作用与形变的关系。通过学习相关的知识，为高聚物材料的成型加工打下良好的基础。在具体讨论高聚物材料力学性之前，先介绍材料力学中常用的基本概念。

一、材料的力学概念

1. 外力

外力是指对材料所施加的、使材料以形变的力，一般又称为负荷。如拉力、压力等。

2. 内力

内力是指材料为反抗外力、使材料保持原状所具有的力。在外力消除后，内力使物体回复原状并自行逐步消除，如弹簧、硫化橡胶的回缩力。内力也可以由于发生分子链的移动而自行消除，如未硫化的天然橡胶在定伸长维持一段时间后的情况。内力产生的本质，可以从能和熵的变化来理解：外力使分子发生运动而离开势能或熵较大的平衡状态，到达势能较高或熵值较小的状态，因而有自动回复到原来平衡状态的倾向。当材料的变形维持一定时，内力与外力达到平衡，数值上大小相等、方向相反。

3. 形变

材料的变形值，一般指绝对形变，即图 8-44 中的 Δx、Δy、Δz。同一材料由于本身尺寸不同，或受力大小不同，其绝对值也不相同，因此为了进行比较，需要引入相对形变，即 $\Delta x/x$、$\Delta y/y$、$\Delta z/z$。这是无单位的比值或百分数，对拉伸来说，这比数称为伸长率。

4. 应力、应变及强度

单位面积所受的力，称为应力，一般用 σ 表示。在图 8-44 中，当面积为 A 时，则 $\sigma = P/A$。在一定条件下，材料所能忍受的最大应力称为强度。常用单位为 MPa。

在应力作用下，单位长度（单位面积或单位体积）所发生的形变，称为应变。一般用 γ 或 ε 表示。

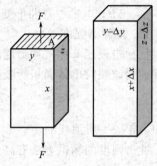

5. 泊松比

任何一个材料，只要是一个物体，在受力发生形变时，必定是三维方向的，如图 8-44 所示。$\varepsilon_x = \Delta x/x$、$\varepsilon_y = \Delta y/y$、$\varepsilon_z = \Delta z/z$。如果在拉伸中体积不变，且增大的数为正值，则

图 8-44　拉伸

$\varepsilon_x > 0$, $\varepsilon_y < 0$, $\varepsilon_z < 0$。在理想的情况下：$\varepsilon_y = \varepsilon_z = -\nu \varepsilon_x$，$\nu$ 称为泊松比。对多数橡胶而言，$\nu \approx 0.5$，对晶体及玻璃，ν 为 $1/4 \sim 1/2$。

6. 应力及应变的形式

按外力作用的方式不同，物体的形变也不同，基本形式有拉伸、压缩、剪切、扭转和弯曲五种，如图 8-45 和图 8-46 所示。

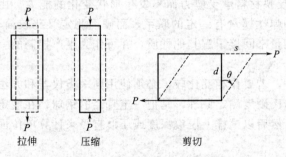

图 8-45　拉伸、压缩及剪切时受力形变情况

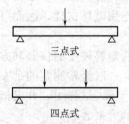

图 8-46　弯曲的方式

7. 模量和柔量

模量是引起单位应变所需要的应力，一般用 E 表示。$E = $ 应力/应变。由于应力应变的方式不同，所以有不同的模量名称，如拉伸模量、压缩模量、切变模量、弯曲模量等。

模量反映高聚物材料的硬性或刚性,模量大,则刚性大。反之,从模量的倒数可以看出高聚物材料容不容易变形,$1/E$ 大,就容易变形。$1/E$ 称为柔量,常用符号 J 表示。

8. 抗张强度

抗张强度又称拉伸强度,是在规定的温度、湿度和加载速度下,在试样上沿轴向施加拉力直到试样被拉断为止。断裂前试所承受的最大载荷与试样截面之比称为抗张强度。同样,若向试样施加单向压缩载荷则可测得压缩强度。

9. 抗弯强度

抗弯强度又称绕曲强度,是在规定条件下对标准试样施加静弯曲力矩,取试样断裂前的最大载荷,可按下式计算弯曲强度:

$$\sigma_t = 1.5\frac{PL_0}{bd^2} \tag{8-10}$$

此时的弯曲模量为:

$$E_t = \frac{\Delta P L_0^3}{4bd^3\delta_0} \tag{8-11}$$

式中 L_0, b, d——试样的长、宽、厚;

$\Delta P, \delta_0$——弯曲形变较小时的载荷和绕度。

10. 抗冲击强度

抗冲击强度又称抗冲强度或冲击强度,是衡量材料韧性的一种指标。一般是指试样受冲击载荷而破裂时单体面积所吸收的能量。

$$\sigma_i = \frac{W}{bd}(\text{kJ/m}^2) \tag{8-12}$$

式中 W——所消耗的功。

冲击强度的测试方法有高速拉伸法、摆锤法、落重法等。方法不同所测数值不同。

最常用的冲击试验方法是摆锤法。采用的仪器是摆锤式试验仪,按试样的安放方式分为简支梁式(卡皮式)和悬臂式(伊佐德式)两种,如图 8-47 所示。试样有带缺口和无缺口两种形式。

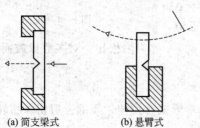

图 8-47 简支梁式和悬臂式摆锤冲击试验

11. 硬度、回弹性、韧性及疲劳

硬度表示材料抵抗其他较硬物体压入的性质,是材料在一定条件下的软硬程度的性质指标,用以反映材料承受应力而不发生形状变化的能力。由于硬度与塑料的其他力学性质,特别是各种弹性模量有一定的联系,而硬度测定又比较简单、迅速、不用破坏试样,因而可通过它的测量来间接了解其他性质,并可作为生产控制的一个指标。

测量塑料硬度的仪器和方法有许多种,若要作相互比较,必须使用同一类仪器和方法才有意义,一般经常测定的是布氏硬度。布氏硬度测定原理,是把一定直径的钢球,在规定的负荷下,压入试样中,并保持一定时间,然后以试样上压痕深度或压痕直径来计算单位面积所承受的力来表示。

回弹性表示材料吸收能量而不发生永久形变的能力,一般用回弹能表示,回弹能用 σ-ε 曲线弹性部分下面的面积来衡量。

韧性表示材料吸收能量并发生较大的永久形变,但不产生断裂的能力,可用 σ-ε 曲线下面整个面积来表示。

当一种材料受到多次形变时，它的性质会发生改变。在多次重复施加应力和应变后，力学性质的衰减或损坏通称为疲劳。疲劳寿命的定义是在施加交变循环应力作用的条件下，使试样产生损坏所需形变的周数。

二、等速拉伸及应力-应变曲线

拉伸在高聚物材料生产中及科学研究试验中经常用到的，它是分子取向的重要手段。如生产单丝、复丝时。高聚物溶液或熔体从喷丝头喷出后，无论湿纺、干纺或熔融纺丝，都要经过一次或多次拉伸，使之达到要求的纤维强度。又如薄膜生产过程中，也要求进行单轴或双轴拉伸以提高薄膜的强度。

（一）非晶态高聚物的应力-应变曲线

线型的无定型高聚物塑料的应力-应变曲线如图 8-48 所示。

图中 A 点以前，$\sigma\varepsilon$ 关系服从虎克定律，所以称 A 为弹性极限；ε_A 为弹性伸长极限；Y 点称为屈服点，经过 Y 点后，即使应力不再增加，材料仍能继续发生一定的伸长，σ_Y 为屈服强度；ε_Y 屈服伸长率；B 点为断裂点，σ_B 为断裂强度，ε_B 为断裂伸长率。

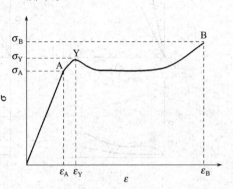

图 8-48 线型无定型高聚物塑料的应力-应变曲线

在拉伸过程中，高分子链的运动分别经过三种情况。

1. 弹性形变

试样从拉伸开始到弹性极限之间，应力的增加与伸长率的增加成正比，所以，A 也称为比例极限。曲线在此阶段为一直线，符合虎克定律 $\sigma = E\varepsilon$，斜率 E 为弹性模量。此段主要是由分子链内键长、键角的变化所导致的普弹性能，有时也包括高弹性形变。

2. 强迫高弹形变

这阶段曲线经过一个最高点——屈服点，由于应力不断增加，此时已达到足以克服链段运动所需克服的势垒，因而发生链段运动。对常温处于玻璃态的高聚物，本来链段运动是不能发生的，之所以能发生，是由于施以强力，强迫它运动，因此这种高弹性称为强迫高弹性。在强迫高弹性发生之后，如果除去外力，由于高聚物本身处于玻璃态，在无外力时，链段不能运动，因而高弹形变被固定下来，成为"永久形变"，因此，屈服强度是反映塑料对抗永久形变的能力。

由于链段运动导致分子沿力场方向取向，伴随着会放出热量。其负荷从读数上看，在屈服点后一般会有些下降。原因之一是在拉伸过程中，试样的宽和厚变小了，同一应力下所要求的负荷就减小；原因之二是由于取向放出热量，使试样内的温度升高，因而形变所需的应力也会降低些。

强迫高弹形变可达 300%～1000%。这种形变从本质上说是可逆的。但对塑料来说，则需要加热使温度高于玻璃化温度才有可能消除。

3. 黏流形变

在应力的持续作用下，链段沿外力方向运动，伴随发生分子间的滑动，在应力集中的部位，并可能发生部分链的断裂。应力急剧增大，才能使拉伸保持等速伸长，直到最后试样断裂。这阶段的形变是不可逆的，于是产生永久形变。由于黏流形变是在强力下和实验温度下发生分子移位的。因此有时被称为冷流。但也有人把屈服点以后的形变包括强迫高弹形变

（即链段的流动）都称为冷流。

从材料力学性能曲线形状上，可以把非晶态高聚物的应力-应变曲线大致分为六种，如图 8-49 所示。这六种应力-应变曲线的大致意义如下。

(1) 材料硬而脆

具有高模量及抗张强度，断裂伸长率很小，受力时呈脆性断裂，可做刚性制品，但不宜受冲击，用于承受静压力的材料。如酚醛制品（σ_B 为 50MPa）。

(2) 材料硬而脆

具有高模量及抗张强度，断裂伸长率亦较小，基本无屈服伸长，如硬聚氯乙烯。

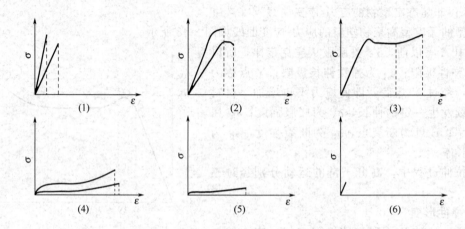

图 8-49　非晶态高聚物的应力-应变曲线

(3) 材料强而韧

具有高模量及抗张强度，断裂伸长率较大，有屈服伸长。材料受力时，多属于韧性破坏，受力部位会发白，如聚碳酸酯（$\sigma_B = 66 \sim 70$MPa，$E = 2.4 \times 10^4$，$\varepsilon_B \approx 100\%$）。

上述三种，由于强度较大，一般可作工程塑料应用。

(4) 材料软而韧

模量低，屈服强度低，断裂伸长率大（200%～1000%），断裂强度亦相当高，用于要求形变较大的材料，如硫化橡胶、高压聚乙烯等。

(5) 材料软而弱

低模量，低抗张强度，但仍有中等的断裂伸长率，如未硫化的天然橡胶，在加工过程中（如气球成型）需利用这些特性，用吹气胀大达到所要求的形状后再硫化，成为第四类材料。

(6) 材料弱而脆

一般为低聚物，无做材料的应用价值。

从图 8-46 可见，强与弱，可以用 σ_B 来判断；硬与软，用 E 的大小来判断；韧与脆，用曲线下面的面积大小来判断。所谓脆性断裂是指在拉伸时，未达屈服强度而材料就断裂，一般断裂伸长小，因而曲线下面积小，并且断面较平整或有贝壳状。所以韧性的大小可用曲线下面积大小来衡量，它表示材料断裂前所能吸收的最大能量。

如上所述，E 反映单位弹性伸长所需的应力，表示材料的刚性，其单位为 MPa。对一般高聚物，E 的范围为：橡胶 0.1～1.0MPa，塑料 10～10^3MPa，纤维 10^3～10^4MPa，低分子晶体 10^3～10^7MPa。

(二) 晶态高聚物的应力-应变曲线

未取向晶态高聚物的应力-应变曲线如图 8-50 所示，它比非晶高聚物的拉伸曲线具有更明显的转折。整个曲线有两个转折点,划分为三段:曲线的初始段(OY),应力随应变直线增加,试样均匀伸长;达到屈服点(Y)后,试样突然在某处或几处变细,出现"细颈",由此开始拉伸的第二阶段——细颈发展阶段(ND),这一阶段的特点是伸长不断增加而应力几乎不变或增大不多,直至整个试样全部变细(D点);第三阶段(DB)是已被细颈的试样重新被均匀拉伸,应力随应变增加,直至断裂点B为止。

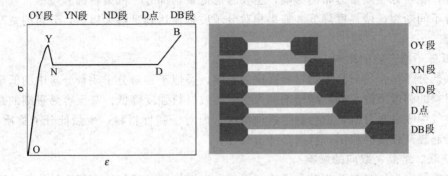

图 8-50 结晶高聚物的应力-应变曲线及各阶段试样形状图

图 8-51 是非晶态高聚物和晶态高聚物在不同温度下的应力-应变曲线。

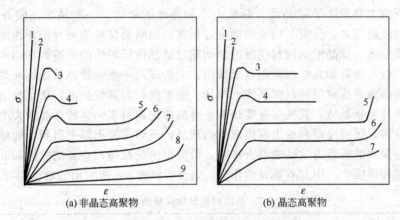

图 8-51 非晶态高聚物和晶态高聚物在不同温度下的应力-应变曲线

(a) 图中1、2线的温度低于脆性温度,高聚物处于硬的玻璃态,链段完全冻结,无强迫高弹性;3、4、5线的温度介于脆性温度与玻璃化温度之间,高聚物处于软玻璃态;6、7、8线的温度介于玻璃化温度与黏流温度之间,高聚物处于高弹态;9线的温度在黏流温度以上,高聚物处于黏流态,线型近似为直线。

(b) 图中1、2线的温度低于脆性温度,拉伸行为类似弹性固体;3、4、5线在较高温度下(远低于熔点),拉伸行为类似强迫高弹的非晶高聚物;6、7线的温度更高(仍低于熔点),其拉伸行为类似非晶高聚物的橡胶行为。

另外,以不同的应力作用速率作用于同一种高聚物时,其应力-应变曲线也不一样。

三、影响强度的因素

影响强度的因素主要有高聚物的相对分子质量及其分布。

1. 相对分子质量及分布的影响

相对分子质量的影响主要涉及材料受力时的破坏机理。当相对分子质量小时,分子间相互作用的次价键数较少,因而相互作用力就较小。所以在外力大于分子间的相互作用力时,就会产生分子间的滑动而使材料开裂破坏,这种机理称为分子间破坏机理。此时,强度随相对分子质量的增高而增大。

当相对分子质量足够大时,分子间次价力之和,已大于主链的化学键结合力,在外力作用时,分子间未能产生滑动时,化学键已被破坏,此时,强度与相对分子质量大小无关,这种破坏称为分子内破坏机理。

同理,相对分子质量分布的影响,主要考虑低聚物部分,低聚物部分增多,就会导致受力时的分子间断裂,使强度降低。如果相对分子质量在达到足够大以后,分布的宽窄就没有多大影响。

2. 低分子掺合物的影响

加入低分子掺合物对高聚物材料强度的影响,类似于相对分子质量分布中的低聚物,一般会使材料的强度下降。例如增塑剂加入后会导致材料强度降低;甚至容易吸潮的高聚物在潮湿的空气中吸有水分时,也会发生这种情况,但对于脆性材料,少量低分子物质的掺入,有时却能起提高强度的作用,特别是冲击强度。

3. 交联、结晶、取向的影响

交联能使高聚物材料的相对分子质量增加,也增加了分子间的牢固连结作用,因此,一般有利于强度的提高。但交联要适度,过多交联时,使材料在受到外力时,容易产生局部应力集中时,也会造成强度下降。

结晶的影响主要取决于结晶度、晶粒大小和晶体的结构。一般情况,随着结晶度的增加,高聚物的屈服应力、强度、模量和硬度等提高;而断裂伸长率和冲击韧性则下降。结晶使高聚物变硬变脆。球晶的结构对强度的影响超过结晶度所产生的影响,它的大小对聚合物的力学性能,以及物理和光学性能起重要作用。大的球晶一般能使高聚物的断裂伸长率和韧性降低;小球晶能造成材料的抗张强度、模量、断裂伸长和韧性提高。从结晶结构上看,由伸直链组成的纤维状晶体,其抗张强度较折叠链晶体优越得多。这种球晶的大小可以采用冷却速度进行控制,缓慢冷却和退火能促成大的球晶,而熔体淬火则会得到小的球晶。

取向对高聚物的所有力学性能都有影响,最突出的是取向产生各向异性和取向方向的强度。这在纤维和薄膜生产中起着重要的作用。表 8-7 和表 8-8 所列出的数据便可说明这些。

表 8-7 取向对高聚物模量的影响

高聚物	高度取向时		未取向时
	$E_{//} \times 10^3$/MPa	$E_{\perp} \times 10^3$/MPa	$E \times 10^3$/MPa
低密度聚乙烯	0.83	0.33	0.12
高密度聚乙烯	4.3	0.67	0.59
聚丙烯	6.3	0.83	0.71
聚对苯二甲酸乙二醇酯	14.3	0.63	2.3
聚酰胺	4.2	1.37	2.1

表 8-8 双轴取向和未取向薄片的比较

性能	聚苯乙烯		聚甲基烯酸甲酯	
	未取向	双轴取向	未取向	双轴取向
抗张强度/100kPa	345	480~827	517~689	550~758
断裂伸长率/%	1~3.6	8~18	5~15	25~50
冲击强度(相对)	0.25~0.5	>3	4	15

4. 填充物的影响

向高聚物材料中添加活性填料,如补强剂和增强剂等可以提高分子间的结合力,防止裂缝的增长。如炭黑对橡胶的补强作用,各种类型的增强塑料。活性二氧化钛对硅橡胶的增强,木粉、棉布、玻璃纤维对热固性塑料的增强等。

5. 材料中缺陷的影响

高聚物材料的实际测试强度要比理论上计算强度小得多。其原因在于材料中或多或少地存在缺陷,如含有杂质、塑化不透的树脂粒、原料中因水分或空气等而形成的气泡、加工温度太高导致的焦化或降解物等。这些缺陷往往用眼睛是看不见的,但对性质特别是对冲击强度的影响是巨大的。在受到应力时,缺陷便成为应力集中处,使该处的应力比平均应力大几十至几百倍,因而,断裂就从该处发生和发展,导致整个材料的破坏。试样体积增大,存在缺陷的概率亦增大,因而大试样的强度往往较小试样差。假如试样表面经过适当的处理以减少伤痕时,其强度得到提高。因此纤维是获得高强度的较好形式。

四、高聚物的松弛性质(松弛现象)

(一) 松弛现象

物体从一种平衡状态过渡到另一种平衡状态的过程称为松弛过程,也就是说,在松弛过程中,物体处于不平衡的过渡。常见的有应力松弛和蠕变。

应力松弛是在保持高聚物材料形变一定的情况下,应力随时间的增长而逐渐减小的现象。如将橡皮筋拉到一定长度时,初时感觉到有强的收缩力,随时间的增加,逐渐觉得反抗力减弱。

蠕变是在一定的应力作用下,形变随时间而发展的现象。例如一条橡皮垂直挂着一个重物,就可以看到随时间的增加,橡皮筋逐步伸长。

应力松弛和蠕变两种现象均与材料的结构有关,但并非高聚物所独有,其他材料也有。只是高聚物材料在一般应力范围、常温和短时间内就明显地表现出来。这也就是高聚物材料的尺寸稳定性问题,它们在应用及选材上很重要。能作为结构材料或机械零件作用的工程塑料,均要求蠕变或应力松弛小,如表8-9。

表 8-9 部分工程塑料的蠕变性能

塑料名称	T_g	变 形 量/%		
		温度23℃;应力21MPa;时间1000h		应力211MPa;时间6个月
聚苯醚	190~200		0.75	
聚砜	190	<1	1.1	
聚酚氧	149			1.4
聚碳酸酯	45	2	1.2	1.6
尼龙	−85		2	
聚甲醛		2.3	2.3	2.3
ABS		>2		3.5

从另一个角度看,如果材料很难发生蠕变或应力松弛,则材料容易出现脆性和应力开裂。在注射成型的塑料制品中,分子链沿物料流动方向形成内应力。如果这些内应力不能在制品冷却过程中迅速松弛而残留在制品内,那么在存放或使用时,就容易出现应力开裂,如纯聚碳酸酯就是一个例子。因此,在实际应用中,对蠕变和应力松弛要用两分法进行分析,并了解它的本质和规律,便于在合成新材料和应用选材时有的放矢。

(二) 蠕变曲线、应力松弛曲线

1. 蠕变曲线

蠕变试验在蠕变仪上完成,所需的仪器设备包括恒温系统、施加负荷和形变大小的测量等部分。根据实验测定的结果,蠕变曲线大致可分为三种类型,如图8-52所示。

(1) 停止型

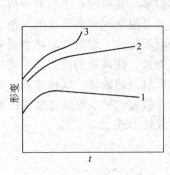

图 8-52 蠕变曲线示意图

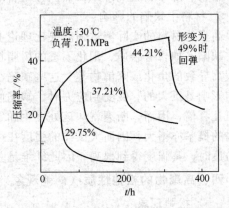

图 8-53 天然橡胶的压缩蠕变曲线和回弹

在应力作用下迅速发生一定的形变后，随时间增加，总形变值趋于一个极限值（曲线1）。若在某个时间除去应力，能马上恢复一部分形变，然后形变逐步减小，最后基本上恢复原来形状。这种曲线相应于常温下处于玻璃态的非晶态高聚物和晶态高聚物。作为工程塑料使用的高分子材料，为了保证其长期使用的要求，一般应选用具有这类型蠕变的材料，并且蠕变极限值越小越好。

(2) 稳变型

在应力作用下迅速发生一定的形变后，随时间增加，形变增加的速率逐步减小，最后趋向一恒定的形变速率，即总形变以恒定速率增大（曲线2）。这种曲线相应于常温下处于高弹态的非晶高聚物，如图8-53天然橡胶的压缩蠕变曲线和回弹。若在某个时间除去应力，样品马上开始回弹，其变化规律与开始受力时相似，但不能马上恢复，只能趋于另一平衡值，即发生了塑性形变，又称为永久形变。受力的时间越短，可恢复的弹性部分越大，即塑性形变越小。

(3) 增长型

在一定应力作用下，形变迅速增大，最后断裂。在断裂前往往有一段加速形变的过程（曲线3）。这种曲线相应于常温处于黏流态的非晶态高聚物，发生了黏性流动。

2. 应力松弛曲线

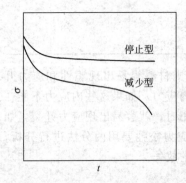

图 8-54 应力松弛曲线示意图

应力松弛试验在应力松弛仪上进行。它也是由恒温系统、应力的测量和计时三部分组成。应力松弛曲线主要有停止型和减小型两种形式，如图8-54所示。一般对线型高聚物来说，停止型只是减小型的中间阶段，由于松弛所需的时间长，在实验时间内未能明显观察到应力进一步减小的情况，作为工程塑料需要这种类型。

从本质上看，蠕变和应力松弛都是分子链运动的结果，只是运动时的条件不同。从应力松弛来看，在 σ_1 的作用下，分子链发生运动，导致微观上分子出现相应的"蠕变"，"蠕变"后分子链处于另一状态，此时 σ_1 就降低为 σ_2；在 σ_2 的作用下，分子链又"蠕变"至另一状态，使 σ_2 降为 σ_3……直至应力全部因分子链的卷曲而松弛，则材料处于新平衡状态（图8-55）。但在这个过程中，"蠕变"不能在形变上反映出来，而在应力上表现出来。一般所说的蠕变只指宏观上形变的变化，在材料内部分子链的位移。

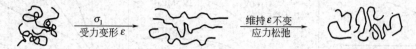

图 8-55 应力松弛示意图

（三）影响蠕变、应力松弛的因素

1. 内因

内因是指与高聚物本身的化学及物理结构有关的因素。凡能使大分子间相互作用增大或使链段长度增大的因素，都能使蠕变及应力松弛减小。如相对分子质量增大，侧基笨大，分子链极性强，有交联、有结晶等情况下，均能使蠕变及应力松弛减小。如图 8-56、图 8-57、图 8-58 所示。

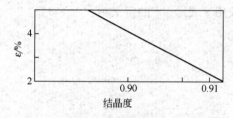

图 8-56 聚丙烯结晶度与蠕变大小的关系
（负荷：8MPa；24h；23℃）

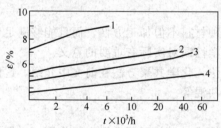

图 8-57 聚乙烯相对分子质量与蠕变大小的关系
（聚乙烯相对密度 0.916）
1—4.2MPa，MI：0.33；2—2.8MPa，MI：2.20；
3—2.8MPa，MI：0.60；4—2.8MPa，MI：0.30

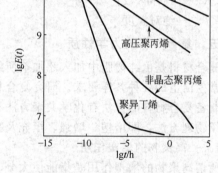

图 8-58 一些高聚物在 25℃时的应力松弛曲线

2. 外因

外因是指与温度、应力、填料、增塑剂等有关的因素。

（1）温度

温度增高，蠕变速率和数值增大（图 8-59）。而且随着温度的升高，蠕变从停止型依次向稳变型、增长型转变。

（2）应力

应力增大，其效果与温度升高相类似（图 8-60、图 8-61）。

（3）填充、增强

有利于降低材料的蠕变值。

（4）增塑剂

随增塑剂的加入，使材料的塑性增加，因此有利于应力松弛及蠕变的发展。

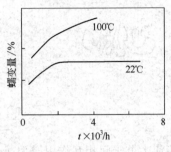
图8-59 聚砜的蠕变曲线与温度的关系

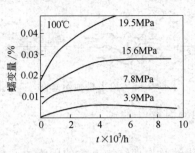
图8-60 聚碳酸酯的蠕变曲线与作用力的关系

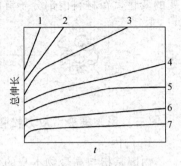
图8-61 高聚物材料的蠕变曲线
温度一定，从1→7应力减小或应力一定，从1→7温度降低

（四）松弛时间

完成松弛过程所需的时间称为松弛时间，一般用τ表示。τ的定义为：

$$\tau = A e^{\frac{\mu}{RT}} \tag{8-13}$$

式中　τ——松弛时间；
　　　A——常数；
　　　μ——重排位垒；
　　　R——气体常数；
　　　T——绝对温度。

五、复合材料的力学性质

复合材料是由纯树脂中加入添加剂所组成。这种材料不但加工方便，而且能够满足生产和日常生活上的各种各样要求。研究复合材料的力学性质对实际有重要的意义。

制备复合材料的方法有化学共聚方法和物理方法，化学共聚方法在前文中介绍，这里重点介绍物理方法，即增塑、增强、填充及高聚物的共混等。

（一）高聚物的增塑作用

所谓高聚物的增塑作用是指能使大分子链的柔性或材料的可塑性增大的作用。增塑作用可以分为内增塑、外增塑和自动增塑三类。

1. 内增塑作用

通过改变大分子链的化学结构达到增塑的目的，称为内增塑作用。它实际上是化学改性，即通过共聚、大分子反应等化学方法来改变大分子链柔顺性。这种增塑效果是最稳定的，如高抗冲聚苯乙烯。

2. 外增塑作用

在刚性链中加入低分子液体或柔性链的聚合物以达到增塑的目的，称为外增塑作用。加入低分子液体可以增塑的原因，是由于低分子液体的黏度比高聚物的黏度低得多，相差可达10^{15}倍，而在高聚物中混入低分子时，其百分组成每改变20%，黏度就要降低1000倍，这样就有利于加工，如聚氯乙烯的增塑。

增塑剂的增塑作用，一般来说对高聚物的玻璃化温度和黏流温度都有降低作用，但对柔性高聚物和刚性高聚物各有一定差别。

对柔性高聚物，加入增塑剂将使高分子链的活动性增大，从而引起玻璃化温度和黏流温度降低，而后者降低比前者大。如图8-62所示，随着增塑剂加入量的增加，使高弹区向较低温移动，弹性模量减小，即在一定应力及一定作用时间下形变增大了。如果增塑剂的含量增加到如图中 4 线的程度，则高弹态完全消失，体系变为溶液。

对刚性高聚物的增塑，随着增塑剂加入量的增加引起玻璃化温度和黏流温度的降低（图 8-63），但当增塑剂的加入量在一定值范围内，由于增塑剂分子与高分子基团的相互作用，使刚性链变为柔性链，此时玻璃化温度显著降低，而黏流温度却降低不大，这种作用称为增弹作用。这对生产很有作用，如聚氯乙烯的玻璃温度约为 82℃，纯树脂只能作塑料使用，经过增塑后，在常温下具有很好的弹性，在日用品中广泛用作人造革、鞋和薄膜等。

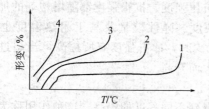

图 8-62 增塑剂加入量对柔性高聚物形变-温度的影响
1—纯柔高聚物；
2~4—增塑高聚物，增塑剂含量 4＞3＞2

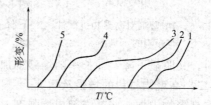

图 8-63 增塑剂加入量对刚性高聚物形变-温度的影响
1—纯刚性高聚物；2~4—增塑高聚物，增塑剂含量 5＞4＞3＞2；5—高聚物溶于增塑剂中

关于增塑作用的机理，主要是增塑剂起了屏蔽作用和隔离作用，即以大分子与小分子之间的相互作用代替了大分子链之间的作用，使高分子的链段运动容易，结果使玻璃化温度降低。其降低的结果可用式（8-6）和式（8-7）计算。

关于增塑剂的选择原则，首先是增塑剂必须与高聚物材料互溶；其次是不易挥发（沸点较高），能长时间保存在制品中；再有是毒性、颜色、价格等方面。从分子间相互作用来看，增塑剂与高聚物相混溶应服从溶解度参数相近规律。因此，可利用溶解度参数数据来选择适用的增塑剂（表 8-10）。增塑剂可以单独使用，也可以混合使用。

表 8-10 某些常用增塑剂的溶解度参数　　　　　　　　　单位：$(J/cm^3)^{1/2}$

增塑剂	δ	增塑剂	δ
石蜡油	31.40	邻苯二甲酸二-2-丁氧乙酯	38.94
芳香油	33.49	邻苯二甲酸二丁酯（DBP）	39.46
樟脑	31.40	磷酸三苯酯	41.03
己二酸二异辛酯	36.43	磷酸三甲苯酯	41.03
癸二酸二辛酯（DOS）	36.43	磷酸三二甲苯酯	41.45
邻苯二甲酸二异癸酯	36.84	二苯甲醚	41.19
癸二酸二丁酯	37.26	甘油三醋酸酯	41.19
邻苯二甲酸乙、己酯	37.26	邻苯二甲酸二甲酯	43.96
邻苯二甲酸二异辛酯（DOP）	37.26		

以聚氯乙烯为例，增塑剂的用量可按表 8-11 进行估算。

表 8-11 聚氯乙烯材料的增塑剂含量

材料类型	增塑剂份数（以 PVC 为 100 份计）	材料性能	材料类型	增塑剂份数（以 PVC 为 100 份计）	材料性能
硬板、硬管、硬粒料	＜10	较硬，基本上保持 PVC 的性质	薄膜	≈50	具橡胶性质
软板、软管、软粒料	≈50	具硬橡皮性质	塑料鞋	60	具橡胶性质
电缆绝缘层	40	具橡皮性质	人造革	≈65	具软皮性质
电缆保护层	50		泡沫	110	松软弹性体

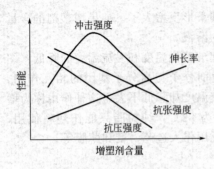

图 8-64 增塑剂对高聚物机械性能影响的示意图

柔性链的聚合物也可作为增塑剂使用。但需要在较高温度下捏和才能混溶,优点是持久性好。

3. 自动增塑作用

指非人为加入增塑剂,而是由于某些自动的原因,如高聚物中含有单体、低聚物或混入了杂质、吸收了水分所引起的增塑作用。

增塑剂的加入对高聚物机械性能有很大的影响,如图 8-64 所示。抗压强度、抗张强度都随增塑剂的加入而下降;同时,硬度、弹性模量及马丁耐热温度也都下降;当增塑剂量少时,冲击强度有所提高,当超过某一限度时,又明显下降。伸长率随增塑剂加入量的增大而升高。

(二) 高聚物材料的增强及填充

在高聚物中加一些补强剂或增强剂,使其强度得到不同程度的提高,这种作用称为增强作用,所获得的增强塑料在建筑器材、机器零部件、交通工具、电工零件等各方面获得越来越多的应用。这里只对增强材料的性质作一般的介绍,使大家有所了解。

热塑性塑料的增强,为了保持能用注塑机、挤出机成型,而多使用天然或合成纤维、玻璃纤维、石棉纤维、玻璃微珠、碳纤维等。工业上最常用的是玻璃纤维。经过玻璃纤维增强后的材料与纯树脂相比,具有如下性能。

静态强度:如抗张强度、弯曲强度提高 2~4 倍。

动态强度:耐疲劳性能提高 2~3 倍。

冲击强度:脆性材料提高 2~3 倍,韧性材料则变化不大。

蠕变强度:提高 2~5 倍。

热变形温度:均有所提高,但幅度不大,为 10~200℃不等,其中无定型树脂提高的幅度小,结晶高聚物提高的幅度较大。

线膨胀系数、成型收缩率及吸水率等均下降。

各种热固性树脂的增强材料俗称玻璃钢。一般以玻璃布、棉布、麻布、合成纤维织物、玻璃纤维或棉花等作增强剂,经高温层压成型。可以做成机体、船壳、汽车盖、螺旋桨等。随原料不同,增强剂不同,加工方法不同,玻璃钢的性能差别很大。如表 8-12 所示。

表 8-12 由不饱和聚酯制成的玻璃钢与纯聚酯、金属的强度比较

性能	玻璃钢	纯聚酯	建筑用钢	铝
密度	1.9	1.3	7.8	2.7
抗压强度/MPa	49	150	350~420	70~110
抗弯强度/MPa	1050	90	420~460	70~180
抗冲击强度/(kJ/m^2)	156	7	100	44

在高聚物材料中加入填充剂的过程称为填充。填充的目的可以是改性,也可以是单纯的降低成本。如使用活性填充剂,即填充剂高聚物材料有较强的相互作用,能使强度提高。如橡胶中填充炭黑后,可以提高轮胎的耐磨性和弹性模量,所以称它为补强剂。对强度无影响的称为非活性填充剂,如碳酸钙、黏土、木屑等。又如用玻璃纤维填充塑料,称为玻璃纤维增强塑料。颗粒状活性填充剂具有交联作用,可以提高材料的强度和刚性。

(三) 高聚物材料的共混改性

将结构不同的均聚物、共聚物甚至将相对分子质量不同的高聚物,通过一定的方法相互

掺混，以获得材料的某些特定性能的方法，称为高聚物材料的共混改性。如果与上面所说的增塑、增强相比，共混改性也是增塑或增强的一种，只是改性剂是聚合物而已。

高聚物材料的共混，可以采用溶液、乳液、机械混炼等不同的方法。方法不同，所得材料的相态也不相同。但总的来说，在固态高聚物共混体系中，除少数用溶液法制备的两种完全互溶的均聚物能形成较均匀的体系外，一般均为微观或亚宏观结构上的多相体系。如果两组分之间的混溶性很小，则分散相不能很好地分散，即使强行分散了，所制得的共混物也不会有很好的力学性质。相反，两组分的混溶性良好，物理机械性能又相近的高聚物共混，虽然分散和彼此间的结合较好，但不能指望其共混物的物理机械性能有较大的改善，这种共混往往是为了提高材料的加工性质。为了获得所需的物理机械的改善，往往取物理机械性质相差较远的高聚物作为共混的对象。通常，这样的高聚物彼此间的混溶性不够好，需要加入对共混两组分均有一定混溶性的第三组分来改善共混物的性质。如在聚丙烯与聚乙烯共混中，加入乙烯-醋酸乙烯共聚物（EVA），后者就是一种第三组分，它能改善 PP/PE 共混材料的层离现象，并使抗冲击性能有较大提高（表 8-13）。

表 8-13 材料抗冲击强度和组成的关系

材　　料	PP	PP∶PE＝80∶20	PP∶PE∶EVA＝80∶20∶5
无缺口抗冲击强度/(kJ/m²)	64.8	140.6	189
缺口抗冲击强度/(kJ/m²)	6.4	15.5	16.3

共混高聚物材料的力学性质，除了取决于原料高聚物的性质及配比外，在很大程度上取决于它们的混合状态，即各组分的混溶性及分散状态。一般来说，共混高聚物的力学性质介于组成的各均聚物之间。如等规聚丙烯与低密度聚乙烯共混体系就是如此。见图 8-65 和图 8-66。

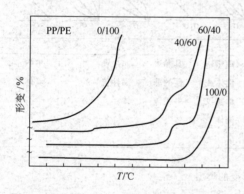

图 8-65　PP/LDPE 共混材料的热-机械曲线

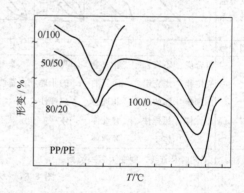

图 8-66　PP/LDPE 共混材料的 DTA 谱线

如果两个高聚物是不互溶的，则共混材料存在两相，呈现两个对应各原组分的玻璃化温度，在动态力学性质曲线上也相应地发生变化。

同理，一个结晶性高聚物在玻璃温度和熔点之间，也存在两个相，也应同时具有高模量和高抗冲击性质。低压聚乙烯在 137℃（T_m）和 −25℃ 之间，就是这种情况。这个温度区间相当宽，又在通常使用的温度范围内，所以日用制品中聚乙烯的性质是较好的。

为了提高刚性高聚物材料的抗冲击性质，一般使用类橡胶高聚物作为改性剂。这种类橡胶高聚物应具备三个条件：一是玻璃化温度必须远低于使用温度，二是橡胶不溶于刚性高聚物而成第二相，三是两种高聚物在溶解行为上相似，使相与相之间有较好的黏着作用。当第三条件达不到时，可加入第三组分。这样一个脆性的刚性高聚物的冲击强度能提高 5～10 倍。塑料与橡胶共混就是如此。

第六节 高聚物的黏流特性

在高聚物的成型加工过程中，多数高聚物尤其是热塑性塑料都要经过黏流状态。因此，必须要掌握高聚物的黏流特性。

一、高聚物的流变性

所谓高聚物的流变性，是指高聚物有流动与形变的性能。这里先简述高聚物的形变类型，再讨论流变性。

从高聚物材料受力后形变与时间的关系，以及应力和应变的关系来看，可以把材料形变分为如图 8-67 所示的九种类型。

图中，第 1、2、3 类属于弹性形变，形变可全部恢复，均称为可逆形变，包括普弹形变和高弹形变，从 ε-t 的关系上看，有理想与非理想之分；4、5、6、7 类属于黏弹体或塑弹体（高聚物多属于此类），同时具有弹性和塑性，其中第 4 类是以弹性为主，例如处于高弹态的线性高聚物；第 5、6 类以塑料为主；第 7 类以黏性为主；第 8、9 类属黏性液体。

黏性与塑性都具有流动性质，一般从是否有滞流点来区分，有滞流点（σ_1）的就是塑性，无滞流点的是黏性。黏性体与塑性体的形变均不能恢复，都是不可逆形变。

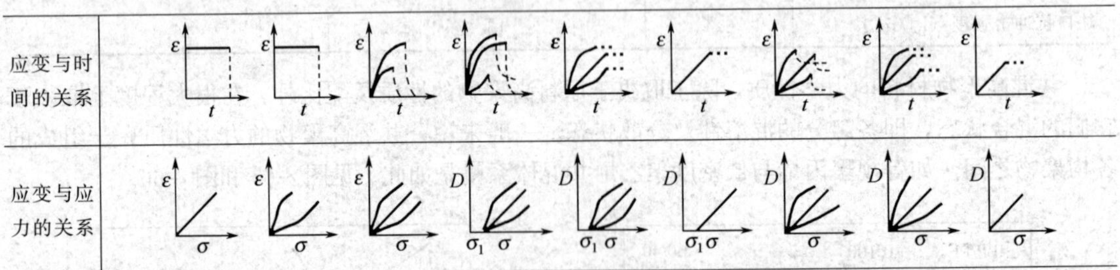

应变与时间的关系									
应变与应力的关系									
类型编号	1	2	3	4	5	6	7	8	9
特　点	符合虎克定律的理想弹性体	不符合虎克定律的理想弹性体	能完全回复的非理想弹性体高弹体	具塑性的非理想弹性体	非理想塑性体	理想塑性体或称宾汉流体	具黏弹性的非牛顿流体	非牛顿黏性流体	牛顿流体

注：上下同时是直线，则变为后一类型。

图 8-67 材料形变的类型

理想液体流动的规律遵循牛顿定律，即剪应力足够小时。

$$D = \frac{\sigma}{\eta} \tag{8-14}$$

其中 η 是常数，即切变速度 D 与剪应力 σ 的一次方成正比，因此，流动曲线为一直线，如第九类。对于大多数低分子液体，只有在剪应力足够小时，此式才成立。

大多数液体是非理想液体，如第 8 类。它的流动性随剪应力而变化，故一般式为：

$$D = \frac{\sigma^n}{\eta} \quad n \begin{cases} >1 \\ =1 \\ <1 \end{cases} \tag{8-15}$$

当 $n=1$ 时，式（8-15）变为式（8-14）。则 η 为表观黏度，它不但与流体的特性有关，而且还与 σ 的大小有关。

当 n 不等于 1 时，式 (8-15) 表达了非牛顿流动。其流动关系不是直线，而是上翘或下弯的曲线。属于表观黏度随应力增加而下降的液体，有大多数高聚物的熔体和高聚物在良溶剂中的溶液，称为假塑性液体。它们在流动时，大分子发生解纠缠或取向等，使液体的黏度下降。另一类是固体含量高的悬浮液，如处于较高剪切速率下的 PVC 糊。其表观黏度随应力增加而上升，原因可能是高剪应力下流动时，固体粒子的紧密堆砌被破坏，体系有膨胀，所以这类称为膨胀性液体。

第 7 类为具有黏弹性的液体，形变有部分可逆。在黏流温度附近，高聚物熔体流动时，这种特性比较明显，有"弹性流动"之称。

第 7、8、9 类 D-σ 曲线均过坐标原点，即材料受力后马上开始流动。若材料要在应力加到 σ_1 之后才发生流动，如第 4、5、6 类的情况，那么关系式应写成：

$$D=\frac{(\sigma-\sigma_1)^n}{\eta} \tag{8-16}$$

该式概括了除弹性部分所有流动情况。当 $\sigma_1=0$，得到式 (8-14)；当 $\sigma_1=0$，$n=1$，得到式 (8-14)，式 (8-16) 也概括了很黏的液体-固体，在应力小于 σ_1 时，材料不发生流动，仅呈现弹性。

当 $n=1$，$D=\frac{\sigma-\sigma_1}{\eta}$，如第 6 类的情况时，称为理想塑性体或宾汉型流体。大多数高聚物在良溶液中的浓溶液都属于宾汉型流体。它们在静止时，内部存在凝胶性结构，但当应力达 σ_1 后，这种结构即被破坏而流动。

当 $n>1$ 或 <1，如第 4、5 类情况时，称为黏性体或非理想塑性体。高聚物多属于这种固体。σ_1 数值越大，物体就越硬。对同一黏弹体，σ_1 与作用时间长短有关，力作用时间越长，σ_1 值越小。因此按照致流点的数值来区分固体与液体。当 σ_1 大于破坏应力时，材料为脆性固体，σ_1 小于破坏应力时，材料呈韧性破坏。

从 ε-t 关系看，有时液体在恒温及恒应力下，其表观黏度会随应力作用时间的增加而增大或减小，但经一定时间，达到某一平衡值后，即不再发生变化。η 随时间 t 增加而增加的液体称为震凝性液体，η 随时间 t 增加而减小的液体称为摇溶性液体，亦称触变性液体。聚电解质液体、油漆等就属于这一类。

高聚物黏性流动的机理表述可以借鉴小分子物质的流动情况。对小分子物质而言，当温度升高到由固体变为液体时，体积要膨胀，在体系内产生很多孔穴。当分子能够迁移产生流动时，首先要获得一定的能量以克服周围分子对它的相互作用，才能跃迁到相邻的空穴中去。这种能量被称为流动活化能。经过跃迁后，原来分子占有的地方成为新的空穴，又可以让后面的分子跃迁进去。因此，可以把流动过程看成是空穴与分子交换位置的过程。当温度升高时，产生的空穴增大，流动时的阻力变小，也就是说，此时分子间相互作用力减小，流动活化能得到满足，流动容易实现。

对于高聚物而言，大分子在流动时，其跃迁单位不是一个分子，而是通过链段的逐步位移来完成整个分子链的位移。

二、影响流变性的因素

高聚物液体多数是非理想液体，按式 (8-15) 和式 (8-16) 关系变化，但变化的情况与高聚物的结构、相对分子质量及其分布、温度、压力等有关。

1. 相对分子质量及其分布的影响

黏度是液体流动时内摩擦力的表征。对刚性高分子链，其链段的尺寸趋近于整个大分子链的大小,因而平均相对分子质量越大,流动时的有效体积越大,即黏度越大,流动性越小。

对柔性高分子链,在受热时,链段运动是无规则的,但在外力作用下,链段运动主要沿着力场方向,因而发生流动。相对分子质量越大,链段数目就越多,各链段都向同一方向流动,所需的活化能也就越大,故表观黏度就大。

对聚苯乙烯等高聚物,当相对分子质量较低时,黏度与相对分子质量的关系如下:

$$\lg\eta=1.5\sim2.0\lg M+A \tag{8-17}$$

式中,A 为与温度有关的常数,当相对分子质量高于某一临界值以后,黏度与相对分子质量的关系如下:

$$\lg\eta=3.4\lg M+A \tag{8-18}$$

因为,相对分子质量达到临界值以后,分子链间被认为形成了"缠结"。由于缠结使流动单元变大,流动受阻加剧,因而黏度的增高更快。

相对分子质量分布情况对流动性也有一定影响。通常分布较窄的高聚物与分布较宽而平均相对分子质量相等的高聚物相比,前者在流动性行为上要较多地接近牛顿流体,但黏度以后者较小,这是由于低相对分子质量部分对高相对分子质量部分起了增塑作用。

2. 温度的影响

高聚物链段流动的表观黏度与温度的关系如下:

$$\eta=\eta'_0 e^{\Delta U/RT} \tag{8-19}$$

式中　η'_0——比例常数,与自由体积有关,并随温度而变;
　　　ΔU——高聚物的流动活化能(也称表观黏流活化能)。

常见高聚物的表观黏流活化能如表 8-14 所示。

表 8-14　常见高聚物的表观黏流活化能

高聚物	聚乙烯	聚丙烯	聚异丁烯	聚苯乙烯	聚 α-甲基苯乙烯
$\Delta U/(\text{J/mol})$	$2.7\times10^4\sim2.9\times10^4$	$3.8\times10^4\sim4.0\times10^4$	$5.0\times10^4\sim6.8\times10^4$	9.5×10^4	1.3×10^5

但在不同的温度范围内,高聚物的表观黏流活化能有所不同。当温度较高($>T_g+100℃$)时,高聚物的表观黏流活化能基本恒定;但当温度较低($\leqslant T_g+100℃$)时,高聚物的表观黏流活化能并不恒定,而是随温度的下降而急剧增大。其原因可以从两点考虑,一是链段在跃迁时,能否克服能垒;二是是否存在能够接纳它的空穴。当温度较高时,由于高聚物内部的自由体积较大,后一因素容易获得,因此跃迁仅仅取决于前一因素,这与一般活化过程相同,所以表观黏流活化能为恒定值。当温度较低时,由于自由体积减小,后一因素难以保证,从而阻碍链段的跃迁,造成能垒的增高,使高聚物的表观黏流活化能随温度下降而增大。

根据高聚物的表观黏流活化能的大小,可以判断分子链柔性的大小。如表 8-14 中的聚乙烯分子链柔性最大,表观黏流活化能最小;聚 α-甲基苯乙烯分子链刚性大,表观黏流活化能最大。

3. 应力的影响

从自由体积的角度看,如果增加压力或剪应力,自由体积会变小,从而使熔体的表观黏度增加;另外,液体中有一定的聚集态结构(因高聚物不同而异),经受力后,结构受到破坏,就可能使自由体积变大,或降低链段位移的活化能,从而使表观黏度降低。其变化规律可以从图 8-68 中看出。图中曲线 1 为牛顿流体,曲线 2 为膨胀性流体,曲线 3 为假塑性流体,在切变速度零时,它们有相同的表观黏度。

此外,在流动时,大分子链会发生构象的变化。如柔性高分子链的自然状态原是卷曲的,在外力作用下流动时,链段就要沿外力的方向变形和取向,整个大分子链也沿外力方向伸展取向。分子间的相互作用力及纠缠情况发生变化。流动时的阻力也发生变化。这种链段以及整个大分子链的变形和取向程度,依赖于剪应力的大小。应力太小,取向很小或基本上不能发生;应力太大,切变速度高,流体骚动大,分子沿流线取向亦难以实现。在开始发生变形和取向时,黏度随时间的变化很明显,达到平衡构

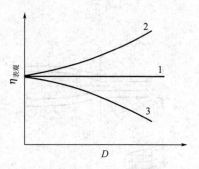

图 8-68 液体的表观黏度与切变速率的关系

象后就不再发生改变,分子链沿外力方向排列,液体处于层流状态,流动阻力小,黏度就变小。因此,在测定高聚物熔体流动时,必须让分子有一个达到平衡构象的必要时间,才能测得黏度的可靠数值。

通过上述的分析,说明高聚物的流动性受材料本身结构以及外界因素如温度和压力等的影响。但选定一个高聚物时,压力和温度便是流变性的重要决定因素。如图 8-69 和图 8-70,便是塑料流变性曲线图。它们对在成型过程中确定如何改变工艺条件以达到预期效果,有一定的参考价值。例如从聚碳酸酯流变性曲线中得知,η-$1/T$ 的斜率比 η-σ 的大,即表观黏度对温度的依赖性大于对剪切力的关系。当注射成型中遇到聚碳酸酯流动性差而注不满模腔时,应该首先考虑提高温度,其次才考虑注射压力。反之,聚乙烯的黏度对 σ 的依赖性较大,则提高注射压力比提高温度对流动性影响的效果明显。

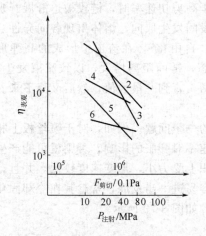

图 8-69 高聚物的表观黏度与压力的关系
1—聚碳酸酯(280℃);2—聚乙烯(200℃);
3—聚甲醛(200℃) 4—聚甲基丙烯酸甲酯(200℃)
5—醋酸纤维(180℃) 6—尼龙(230℃)

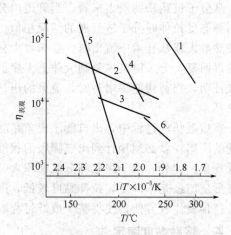

图 8-70 表观黏度与温度的关系
1—聚碳酸酯(4MPa);2—聚乙烯(4MPa);
3—聚甲醛;4—聚甲基丙烯酸甲酯
5—醋酸纤维(4MPa);6—尼龙(1MPa)

三、高聚物熔体流动中的弹性效应

高聚物熔体流动中的弹性效应是指高聚物熔体(黏弹性流体)在压力下从模具的模口被挤出时,料流立即膨胀,所得挤出物的横截面大于模口截面积的现象(又称出口膨胀现象)。这是一种弹性后效应,也称巴拉斯效应。

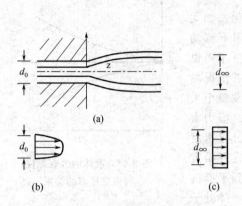 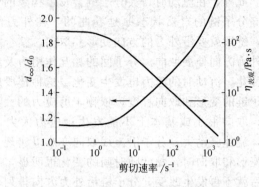

图 8-71　出口膨胀现象图解
(a) 从长管流出液流,其直径 d 沿流动方向 z 由管口为 d_0 变到最大值 d_∞;
(b) 管内速度分布;(c) 远离管口时速度的平面分布

图 8-72　出口膨胀与剪切速率的关系

熔体挤出物膨胀的现象可以用膨胀比 B 定量地表示,即 $B=d_\infty/d_0$。如图 8-71(a) 所示。在切变速率低时,膨胀比趋于 1.135,切变速率增大时,膨胀比也增大。相对分子质量分布的宽窄对 B 值有很大影响,一般分布加宽时 B 值增大。当模孔短时,熔体在模孔内停留时间短时,形变不能完全松弛,出模后就要回复、膨胀;当模孔长时,熔体在模孔内停留时间长时,由于受到剪切应力与法向应力的差的作用,熔体要产生弹性形变,出模后要回复、膨胀。

从分子链运动的观点来看,当管道内分子链处于高剪切速率时,链段被迫舒展开来,这与高弹态受拉伸时分子链舒展的情况相似。此时链段间发生取向,熔体出现各向异性。当流道突然放大或从孔道中流出时,意味着大分子突然"自由化",在流道中形成的高弹形变立即得以回复,分子链又恢复到大体上无序的平衡状态,链间距离增大,以致流束发生膨胀。实践证明,当剪切速率增高时,流束的出口膨胀剧增,直到一最大值,然后又降下来。如图 8-72 所示。

在熔融纺丝过程中,出口膨胀现象是必须注意的一个问题。例如,对于喷丝板上相邻两孔间的距离,就必须预计到出口膨胀的程度和剪切速率对膨胀的影响,否则就可能产生喷头并丝现象。此外,由于膨胀部分截面积大,单位面积上受力小,形变速度较低,并且,它的高弹形变已经基本回复,拉伸黏度较低,因而形变容易进一步发展,常趁其在冷却固化以前进行拉伸就比较方便,使得整个成纤过程顺利进行。如图 8-73 所示。

四、熔融黏度测定

熔融黏度(表观)的测定可以采用下面几种方法。毛细管黏度计法(包括熔融指数测定仪等)是测量在一定压力下液体自毛细管中流出的速率;旋转式黏度法(包括悬锤-杯式、锥-板式或门尼黏度计等),是测量一个圆体(筒、锥或盘)在高聚物液体中旋转所需的力;落球式黏度计法,则是测量一圆球在高聚物液体中沉降的速率等。这些方法所测得的黏度都是在规定条件下的数值,都是比较熔体流动性最方便的方法。

考虑到高聚物成型加工的需要,下面简单介绍熔融指数测定方法。测定在熔融指数仪中进行(图 8-74)。高聚物熔体试样在规定的温度和压力下,在一定时间内流过标准出料孔的重量,称为熔融指数(MI),以 g/10min 表示。它可以作为热塑性树脂成型加工工艺条件的参数。熔融指数越高,表示流动性越好;MI 与相对分子质量有关,相对分子质量越大,MI 越小。

第八章 高聚物的结构与性能

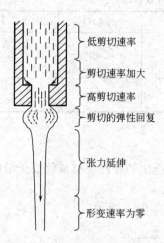

图 8-73 熔融纺丝过程中熔体的喷出和形变情况

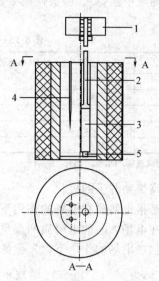

图 8-74 熔融指数测定仪
1—重锤；2—柱塞；3—塑化室；
4—温度计；5—出料孔

第七节 高聚物材料的其他性能

一、高聚物材料的电性能

由于高聚物材料具有体积电阻率高（$10^{16} \sim 10^{20}\,\Omega\cdot cm$）、介电常数小（小到 2 左右）、介质损耗低（低到 10^{-4}）、半导体等特殊优良的电性能，同时某些高聚物还具有优良的导电性能。加之高聚物合成材料易得，成型加工方便，品种繁多，可按使用要求提供薄膜、管、板、带、丝、注塑品和挤出型材等产品。正是因为这些优良的电性能指标和加工性能，使高聚物材料在电气工业方面，作为不可缺少的绝缘材料和介电材料广泛使用。从普通电线到电缆，从电机到各种仪表，从电容器到微型固体元件等，都离不开高聚物材料。因此，学习并了解高聚物的电学性质非常必要。

（一）高聚物材料的介电性

高聚物的介电性是指高聚物在电场的作用下，表现出对静电能的储蓄和损耗的性质。通常用介电常数和介电损耗表示。高聚物的介电性与高聚物分子的极性和极化有关。

1. 高聚物分子的极化

（1）高聚物分子的极性

高聚物分子的极性用偶极距表示。偶极距的大小不仅与高聚物分子链节的组成和结构有关，还取决于高分子链的构象。它等于各基团偶极距的矢量和，是分子极化的总和。非极性分子的偶极距矢量和为零，极性分子的偶极距不为零。

高聚物的极性大小，一般用链节的偶极距（μ_0）和链节的有效偶极距（$\mu_{有效}$）表示。$\mu_{有效}$考虑了高分子链各基团间的相互作用。表 8-15 中列出了高聚物中各种基团的有效偶极距数值。

根据极性的大小，高聚物可以分为非极性高聚物（聚乙烯、聚丙烯、聚四氟乙烯等）、弱极性高聚物（聚苯乙烯、天然橡胶等）、极性高聚物（聚氯乙烯、聚酰胺、聚乙酸乙烯酯、聚甲基丙烯酸甲酯等）、强极性高聚物（聚乙烯醇、聚酯、聚丙烯腈、酚醛树脂、氨基树脂等）四类。

表 8-15　高聚物中各种基团的有效偶距

基团	$\mu_{有效}/D$	μ/D(在低分子上液体)	基团	$\mu_{有效}/D$	μ/D(在低分子上液体)
—Cl	0.45	2.0	—C(=O)—O—	0.70	1.7
—CCl₂	0.40	—			
—CF₂	0.25	—			
—CN	0.5	3.5	—C(=O)—NH—	1.00	
—O—	0.45	1.1			

注：D 为偶极距的单位"德拜"的符号。

(2) 高聚物分子的极化

极化是指电解质在电场的作用下，分子内束缚电荷产生的弹性位移或偶极子沿电场的从优取向，在电场方向的电解质两端呈现异号电荷的现象。

高聚物在电场的作用下，发生的几种极化形式，如表 8-16 所示。

表 8-16　高聚物的几种极化形式

极化形式	极化机理	特点	适用对象
电子极化	电子云的变形	极快；完成时间 $10^{-12} \sim 10^{-15}$ s；无能量损耗；不依赖温度和频率	所有高聚物
原子极化	各原子之间的相对位移	稍快；完成时间 10^{-12} s；有微量能量损耗；不依赖温度	所有高聚物
偶极极化	极性分子（或偶极子）沿电场方向转动，从优取向	慢；完成时间 10^{-9} s 以上；有较大能量损耗；依赖于温度和频率	极性高聚物
界面极化	载流子在界面处聚集产生的极化	极慢；几分之一秒至几分钟、几小时	共混物、复合材料

极化率是表征极化程度的微观物理量，用 α 表示。在电场作用下，如果用每个分子产生的平均偶极距为 μ，则偶极距与有效电场强度成正比。

$$\mu = \alpha E_{有效} \quad (8\text{-}20)$$

式中　α——极化率，与分子结构和电场强度有关的量。

在不考虑界面极化时，极性分子总极化率等于各种极化率之和：

$$\alpha = \alpha_1 + \alpha_2 + \alpha_3 \quad (8\text{-}21)$$

式中　α_1——电子极化率；
　　　α_2——原子极化率；
　　　α_3——偶极极化率。

式 (8-21) 对非极性高聚物而言，因 $\alpha_1 = 0$，所以，非极性分子的总极化率

$$\alpha = \alpha_1 + \alpha_2 \quad (8\text{-}22)$$

如果单位体积内有 n 个分子存在，则极化后单位体积内的偶极距 p 为

$$p = n\mu = n\alpha E_{有效} \quad (8\text{-}23)$$

p 表示了高聚物材料的极化强度。显然，极化越强，单位体积内的偶极距就越大。

2. 高聚物的介电性

(1) 高聚物的介电常数

介电常数是表示高聚物极化程度的宏观物理量。如图 8-75 所示，当两极板间为真空，施加的电压为 V 时，在极板上储蓄的电荷为 Q_0，则电容器的电容为

$$C_0 = \frac{Q_0}{V} = \varepsilon_{真} \frac{A}{l} \quad (8\text{-}24)$$

式中 A——电容器极板的面积；

l——两极板间的距离；

$\varepsilon_{真}$——真空介电常数（$=1$）。

当两极板间充满高聚物时，施加的电压为 V，由于高聚物被极化而在两极板上产生感应电荷 Q'，使极板上的电荷增大为 Q_0+Q'，故电容也相应增大为：

$$C=\frac{Q_0+Q'}{V}=\varepsilon\frac{A}{l} \quad (8-25)$$

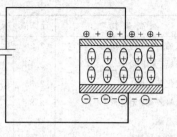

图 8-75 高聚物在电场中的示意图

由式 (8-24) 和式 (8-25) 得：

$$\varepsilon=\frac{C}{C_0}=\frac{Q_0+Q'}{Q_0} \quad (8-26)$$

ε 是高聚物的介电常数，它等于电容器中充满高聚物时的电容与真空时电容之比，是一个表征高聚物储蓄电能大小的物理量。由上式可知，高聚物的极化程度越大，则极板上感应产生的电荷 Q' 就越大，介电常数也就越大。

（2）介电常数与极化率的关系

对非极性高聚物而言，宏观极化物理量 ε 和微观物理量 α 之间的联系如下：

$$\frac{\varepsilon-1}{\varepsilon+2}\times\frac{M}{\rho}=\frac{\varepsilon-1}{\varepsilon+2}V=P=\frac{4}{3}\pi N_0\alpha \quad (8-27)$$

式中 P——摩尔极化度；

M——相对分子质量；

ρ——密度；

V——摩尔体积；

N_0——阿伏伽德罗常数。

上式对极性分子被非极性溶剂稀释后的体系也近似适用。

摩尔极化度用结构单元的摩尔极化度表示时，摩尔极化度和摩尔体积都具有加和性，即 $P=\sum P_i$，$V=\sum V_i$。如表 8-17 和表 8-18 所示。

表 8-17 高聚物中各基团对摩尔极化度和摩尔体积贡献

基团	摩尔极化度 $\left(P=\dfrac{\varepsilon-1}{\varepsilon+2}V\right)$	摩尔体积/V	基团	摩尔极化度 $\left(P=\dfrac{\varepsilon-1}{\varepsilon+2}V\right)$	摩尔体积/V
—CH₃	5.64	23.9	—F	(1.8)	10.9
—CH₂—	4.65	15.85	—Cl	(9.5)	19.9
\>CH—	3.62	9.45	—C≡N	11	19.5
\>C\<	2.58	4.6	—CF₂—	6.25	26.4
—O—	5.2	10.0	—CCl₂—	1.77	44.4
\>C=O	(10)	13.4	—CHCl₂—	13.7	29.35
—COO—	15	23.0(18.25)	—S—	8	17.8
—CONH—	30	24.9	—OH（醇）	(6)	9.7
—O—COO—	22	31.4	—OH（酚）	~20	9.7
—C₆H₅	25.5	72.7	—C₆H₄—	25.0	65.5

表 8-18 高聚物的介电常数

高聚物	计算值	实验值	n_D^2	高聚物	计算值	实验值	n_D^2
聚乙烯(外推到无定形)	2.20	2.3	2.19	聚α-氯代丙烯酸乙酯	3.20	3.1	2.26
聚丙烯(无定形)	2.15	2.2	2.19	聚甲基丙烯酸乙酯	2.80	2.7/3.4	2.20
聚氯化苯乙烯	2.55	2.55	2.53	聚丙烯腈	3.26	3.1	2.29
聚四氟乙烯(无定形)	2.82	2.6	2.6	聚甲醛	2.95	3.1	2.29
聚氯乙烯	2.0	2.1	~1.85	聚苯醚	2.65	2.6	—
聚乙酸乙烯酯	3.20	2.25	2.15	聚对苯二甲酸乙二酯(无定形)	3.40	2.9/3.2	2.70
聚甲基丙烯酸甲酯	2.94	2.6/3.7	2.22	聚碳酸酯	3.00	2.6/3.0	2.50
聚α-氯代丙烯酸甲酯	3.45	3.4	2.30	聚己二酰己二胺	4.14	4.0	2.35

(3) 高聚物的介电损耗

介电损耗是指电介质在交变电场的作用下，将一部分电能转变热能而损耗现象。图 8-76 为高聚物介质损耗示意图。若损耗的功率用 W 表示时，则

$$W = UI\sin\delta = UI_C\tan\delta \tag{8-28}$$

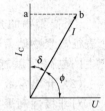

图 8-76 高聚物介电损耗示意图

式中 U——电压；
I——电流；
$\sin\delta$——功率因子；
δ——损耗角；
I_C——流过电容器二极间的电流；
$\tan\delta$——电介质的损耗角正切。

由式(8-28)得

$$\tan\delta = \frac{W}{UI_C} = \frac{每周期介电损耗的能量}{每周期介电储存的能量} = \frac{\varepsilon''}{\varepsilon'} \tag{8-29}$$

式中 ε'——实验测得的介电常数；
ε''——损耗因素，表示高聚物将电能转变成热能损耗的程度。

$\tan\delta$ 等于在每一个周期内高聚物损耗的能量与其储蓄的能量之比值。它是一个无因次量，其数值不随电场形态而改变，是物质本身的一种特性。一般用介电质的损耗角正切值表示介质损耗。表 8-19 是某些高聚物的介质损耗值。

表 8-19 某些高聚物的介质损耗

高聚物	介电损耗($\tan\delta$)		
	60Hz	10^3Hz	10^6Hz
聚乙烯(高密度)	0.0002	0.0002	0.0003
聚乙烯(低密度)	0.0005	0.0005	0.0005
聚丙烯	0.0005	0.0002~0.0008	0.0001~0.0005
聚苯乙烯	0.0001~0.0003	0.0001~0.0003	0.0001~0.0004
聚四氟乙烯	<0.0002	<0.0002	<0.0002
聚碳酸酯	0.0009	0.0021	0.010
聚己内酰胺	0.014~0.04	0.02~0.04	0.03~0.04
聚己二酰己二胺	0.010~0.06	0.011~0.06	0.03~0.04
聚甲基丙烯酸甲酯	0.04~0.06	0.03~0.05	0.02~0.03
聚氯乙烯	0.08~0.15	0.07~0.16	0.04~0.140
聚偏二氯乙烯	0.007~0.02	0.009~0.017	0.006~0.019
ABS	0.004~0.034	0.002~0.012	0.007~0.026
聚甲醛	0.004		0.004

造成介电损耗的主要原因：对非极性高聚物而言，在交变电场中，高聚物或多或小因含

有杂质而产生漏导电流，载流子流动时，克服内摩擦阻力而做功，使一部分电能转变成热能，称此为欧姆损耗。对极性高聚物而言，在极化过程中，由于黏滞阻力，偶极子的转动取向滞后于交变电场的变化，致使偶极子发生强迫振动，于每次交变过程中，吸收一部分电能转变成热能而释放出来，称此为偶极损耗。损耗的大小取决于偶极极化的松弛特性。

（4）影响介电性的因素

① 高聚物分子结构的影响　在一定频率和温度下，高聚物分子的极性大小和极性基团的密度是决定介电性的内因。非极性高聚物分子链上因为没有极性基团，只能发生电子极化和原子极化，因此，总的极化程度小，故介电常数和介质损耗角正切都很小。极性高聚物分子链上有极性基团，各种极化都能发生，故介电常数和介质损耗都比非极性高聚物大。从表 8-18 和表 8-19 也能得知。且极性越大，极性基团的密度越高，其极化程度越大，其介电常数和介质损耗就越大。一般连在侧链上的极性基团比连在主链上的活动性大，所以影响要大些。

② 频率的影响　通过如下关系式可以方便地解释高聚物介电性能随频率变化的规律。

$$\varepsilon'(\omega) = \varepsilon_\infty + \frac{\varepsilon_0 - \varepsilon_\infty}{1 + \omega^2 \tau^2} \tag{8-30}$$

$$\varepsilon''(\omega) = (\varepsilon_0 - \varepsilon_\infty) \frac{\omega \tau}{1 + \omega^2 \tau^2} \tag{8-31}$$

式中　ω——交流电角频率；
　　　τ——偶极松弛时间。

由式（8-30）和式（8-31）知：在低频区，频率 $\omega \to 0$，则 $\varepsilon' \to \varepsilon_0$，$\varepsilon'' \to 0$，即所有的极化都有充分的时间，完全跟得上电场变化，介电常数达到最大值 (ε_0)，且能量损耗很小。在高频区，$\omega \to \infty$，则 $\varepsilon' \to \varepsilon_\infty$，$\varepsilon'' \to 0$，即只发生电子极化，而偶极极化不能进行，所以能量损耗也很小。在介电常数发生变化区，介电常数 ε' 变化最迅速的一点，ε'' 出现极大值。另外，ε'' 的极大值随温度的升高而移向高频方向，如图 8-77 所示。

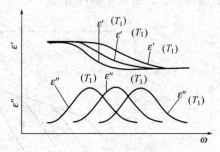

图 8-77　$\varepsilon'(T)$、$\varepsilon''(T) \sim \omega$ 关系
（$T_1 < T_2 < T_3$）

③ 温度的影响　温度变化对于非极性高聚物介电常数的影响，如图 8-78 所示，即随温度的升高而下降。

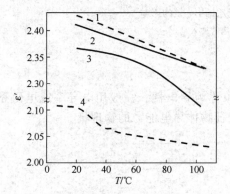

图 8-78　非极性高聚物的 ε'-T 关系
1—聚丙烯；2—高密度聚乙烯；
3—低密度聚乙烯；4—聚四氟乙烯

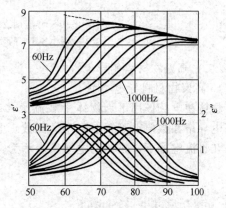

图 8-79　聚乙酸乙烯酯的 $\varepsilon'(\omega)$、$\varepsilon''(\omega)$-T 关系

温度的变化对极性高聚物介电常数的影响，表现在图 8-79 中是一个有峰值的曲线。原因是升高温度对偶极极化有两种作用：一是开始升温使分子间的作用力减弱，使极化容易进行（图 8-79 中的 ε'' 曲线升高），二是继续升温使分子热运动加剧，反面扰乱了取向，使极化减弱（图 8-79 中的 ε'' 曲线降低）。

④ 湿度的影响　因为水是极性分子，所以当高聚物材料吸湿后，使电导和极化都增大，从而使介电常数和介质损耗增大。影响程度的大小取决于材料的吸湿程度，这种吸湿性一是与高聚物的结构有关，如极性高聚物材料容易吸湿，所以影响大。二是与环境的湿度大小有关，湿度大则影响也大。如表 8-20 所示。

表 8-20　湿度对介电性的影响

介电性	介电常数 ε'(50Hz)			介质损耗 ε''(50Hz)		
相对湿度	31.7%	63%	97%	31.7%	63%	97%
酚醛树脂	9.71	10.4	15.8	0.342	0.358	0.448
聚氯乙烯（电缆料）	7.40	7.50	8.00	0.111	0.113	0.136

⑤ 增塑剂的影响　因为增塑剂的加入使体系的黏度降低，链段容易运动，相当于升高温度的作用。当频率一定时，非极性增塑剂的加入，可使曲线移向低温或在一定温度下移向较高的频率。如图 8-80 所示。极性增塑剂的加入不仅增加链段的活动性，同时又引入了新的偶极分子，所以介电性增大。

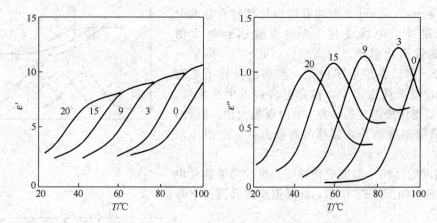

图 8-80　增塑剂含量对聚氯乙烯 ε'、ε'' 的影响
（图中各线上的数字为增塑剂的加入量/%）

（二）高聚物材料的导电性

1. 高聚物材料导电类型

物体在电场作用下，物体中载流子移动的现象称为导电性。一般用电导率或电阻率表示。电导率在数值上等于电阻率的倒数。电导是表征物体导电能力的物理量。

在直流电场下，物体的电导率表示为：

$$\sigma = ne\mu \tag{8-32}$$

式中　σ——电导率，s/cm；
　　　n——载流子的浓度，即单位体积内载流子的数目；
　　　e——电子的电荷；

μ——载流子的移动度，cm^2/(v·s)。

显然，载流子的浓度和移动度是决定电导率的微观物理量。载流子可能是电子（+e，-e）和离子（正、负离子）。

高聚物材料中有不导电的绝缘体，有半导体，还有导体。经过人们的研究发现，经过特殊合成或处理可以获得导电性高聚物，这类高聚物根据导电机理的不同，可以分为电子导电型高聚物、离子型导电高聚物和氧化还原型导电高聚物。

其中，电子导电型高聚物的结构特征是具有使价电子相对移动的线性π电子共轭体。电子导电型高聚物的结构特征是保证体积较大的离子能在其内部相对迁移，构成离子导电。氧化还原型导电高聚物又称为活性高分子材料，其结构特征是高聚物中的某些基团在氧化还原反应中得到或失去电子，造成电子转移，产生电流。这三种类型的导电性高聚物的结构如图8-81所示。

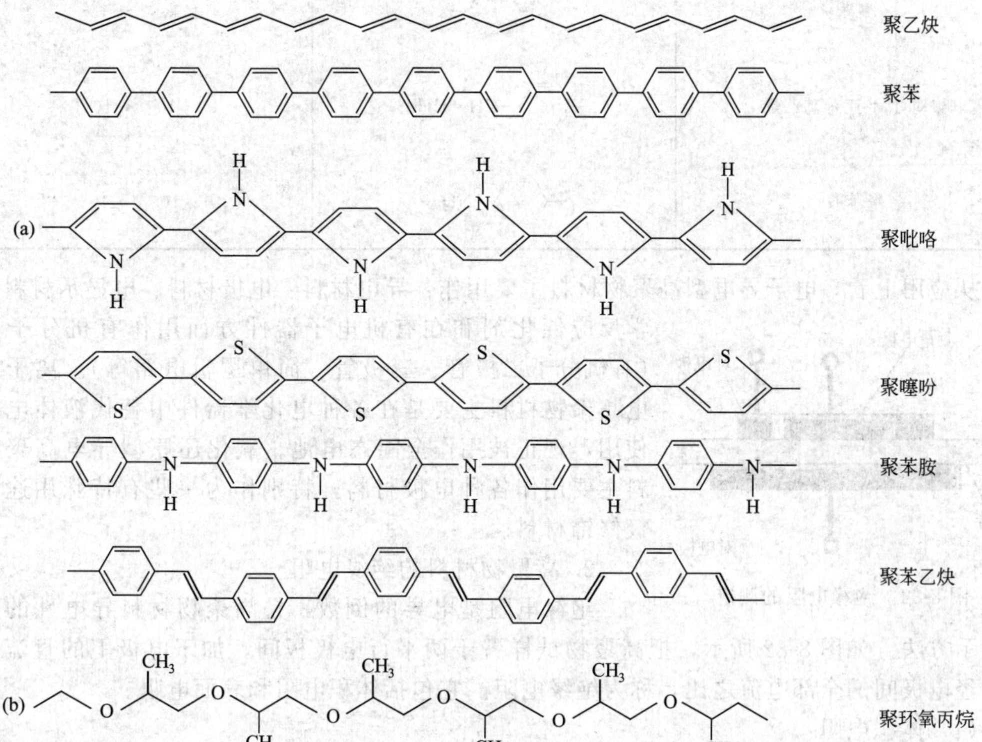

图8-81 部分部分导电性高聚物的结构示意图
(a) 部分电子导电高聚物分子结构；(b) 部分离子导电高聚物骨架结构；
(c) 部分电活性（氧化还原导电性）高分子材料

表8-21中列出了几种典型导电高分子的结构和室温电导率。

表 8-21　几种典型导电高分子的结构和室温电导率

名称	重复结构单元	室温电导率/(S/cm)
聚乙炔	—CH=CH—	$10^{-10} \sim 10^5$
聚吡咯	(吡咯环)	$10^{-8} \sim 10^2$
聚噻吩	(噻吩环)	$10^{-8} \sim 10^2$
聚苯硫醚	(苯基)	$10^{-16} \sim 10^1$
聚苯	(苯基)	$10^{-15} \sim 10^2$
聚对-1,4-亚苯基乙烯	—〈苯〉—CH=CH—	$10^{-8} \sim 10^2$
聚苯胺	—〈苯〉—NH—	$10^{-10} \sim 10^2$

从应用上看，电子导电型高聚物材料主要用作：导电材料、电极材料、电显示材料、化学反应催化剂和在有机电子器件方面用作有机分子开关（有机分子二极管、三极管、简单逻辑电路等）。离子型导电高聚物材料主要是在各种电化学器件中替代液体电解质使用，现正被用作全固态电池。氧化还原型导电高聚物材料主要用作各种电极材料，特别作为一些有特殊用途的电极修饰材料。

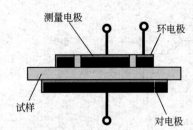

图 8-82　绝缘电阻的测定

2. 高聚物材料的绝缘电阻

绝缘电阻是电导的倒数，是高聚物材料导电性的另一种表示方法。如图 8-82 所示，把高聚物试样置于两平行电极板间，加于电极上的直流电压和流经电极间的全部电流之比，称为绝缘电阻。它包括体积电阻和表面电阻。

(1) 体积电阻

$$R = \frac{V}{I} \tag{8-33}$$

式中　V——直流电压，V；

　　　I——流经试样的电流，A。

(2) 体积电阻和体积电阻率

把加在电极上的直流电压（V）和流经高聚物试样体积内的电流（I_V）之比称为体积电阻。

$$R_V = \frac{V}{I_V} \tag{8-34}$$

显然，R_V 的大小还依赖于电极表面面积和试样的厚度，为此，一般采用与尺寸无关的体积电阻率 ρ_V 表示。

$$\rho_V = R_V \frac{S}{d} \tag{8-35}$$

式中　ρ_V——体积电阻率，S·cm；
　　　S——测量电极的面积，cm²；
　　　d——试样的厚度，cm。

即体积电阻率表示高聚物截面为 1cm² 和厚为 1cm 的单位体积体积对电流的阻抗。

(3) 表面电阻和表面电阻率

在试样的一个表面放置两个电极，则把施加在两极之间的直流电压（V）和沿两电极间试样表面层上流过的电流（I_S）之比称为表面电阻（R_S）。

$$R_S = \frac{V}{I_S} \tag{8-36}$$

同样，一般采用表面电阻率 ρ_S 来表示。

平行电极

$$\rho_S = R_S \frac{l}{b} \tag{8-37}$$

环电极

$$\rho_S = R_S \frac{2\pi}{\ln D_2/D_1} \tag{8-38}$$

式中　l——平行电极的长，cm；
　　　b——平行电极间距离，cm；
　　　D_2——环电极的内径，cm；
　　　D_1——测量电极的直径，cm。

表面电阻率 ρ_S 表示高聚物长 1cm 和宽 1cm 的单位表面对电流的阻抗。

应当注意，电阻的测定受测定时间、温度、湿度等条件影响，故在测定中有严格的规定，这样才能有比较意义和参考价值。

3. 影响电导的因素

(1) 影响电子导电型高聚物材料电导的因素

① 掺杂剂、掺杂量的影响　在具有线性 π 电子共轭体系的高聚物中，掺杂 P-氧化型掺杂剂（如碘、溴、三氯化铁和五氟化砷等）和 n-还原型掺杂剂（如碱金属）都会增加材料的电导率。其原因是：在掺杂过程中，掺杂剂分子插入到高聚物分子链间，通过电子转移过程，使高聚物分子轨道电子占有情况发生变化；同时，高聚物本身结构也发生变化。结果使亚能带间的能量差减小，电子移动阻力降低，使线性共轭导电高聚物的导电性能从半导体进入金属导电范围。表 8-22 是各种掺杂聚乙炔的导电性能。

表 8-22　各种掺杂聚乙炔的导电性能

掺杂方法	掺杂剂	电导率 σ/(S/cm)
未掺杂型	顺式聚乙炔	1.7×10^{-9}
	反式聚乙炔	4.4×10^{-5}
P-掺杂剂	碘蒸汽掺杂 $[(CH^{0.07+})(I_3^-)_{0.07}]_x$	5.5×10^2
	五氟化二砷蒸汽掺杂 $[(CH^{0.1+})(AsF_6^-)_{0.1}]_x$	1.2×10^3
	高氯酸蒸汽或液相掺杂 $\{[CH(OH)_{0.08}]^{0.12+}(ClO_4^-)_{0.12}\}_x$	5×10^1
	电化学掺杂 $[(CH^{0.1+})(ClO_4^-)^{0.1}]_x$	1×10^3
n-掺杂剂	萘基锂掺杂 $[Li_{0.2}^+(CH^{0.2-})]$	2×10^2
	萘基钠掺杂 $[Na_{0.2}^+(CH^{0.2-})]$	$10^1 \sim 10^2$

对聚乙炔而言，掺杂量的影响如式（8-38）和图 8-40 所示。

$$\sigma = \sigma_{sat} e^{(-Y/Y_{sat})^{-0.5}} \tag{8-39}$$

式中 σ——聚乙炔电导率，S/cm；

Y——掺杂剂碘的掺杂量；

Y_{sat}——掺杂剂在聚合物中饱和时测得值。

由图 8-83 可知，在掺杂剂量小时，电导率随掺杂量的增加迅速增加，但加入一定量后，电导率就不再随掺杂剂加入量的增加而增加了。

② 温度的影响 温度的影响关系如式（8-40）所示。

$$\sigma = \sigma_{sat} e^{[-T/T_0]^\gamma} \tag{8-40}$$

式中，σ_{sat}、T_0、γ 为常数，具体数值取决于材料本身的性质和掺杂的程度，γ 一般在 0.25～0.5 之间。其变化曲线如图 8-84 所示。

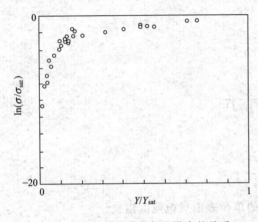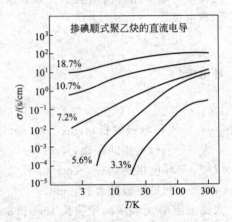

图 8-83 聚乙炔掺碘量与电导率的关系　　　图 8-84 掺碘聚乙炔电导率与温度的关系

这种变化与温度对金属电导率的影响是不一样的。温度升高，引起金属晶格振动，阻碍电子在晶格中的移动，电阻增大，电导率下降。而温度对掺杂后高聚物而言，温度升高有利于电子获取能量，从能量低的满带向能量较高的空带迁移，因此，容易完成导电过程。

③ 分子中共轭链长度的影响 聚合物分子中共轭长度的增加有利于提高聚合物的导电性。此外，掺杂物的种类、制备方法、使用环境、光照等也有影响。

(2) 影响离子型导电高聚物材料电导的因素

① 玻璃化温度的影响 对固体电解质而言，玻璃化温度是使用的下限温度。玻璃化温度越低，聚合物的离子导电能力越强，但要合理考虑，不要因为降低了玻璃化温度，又引起了材料强度的不足。

② 溶剂化能力的影响 一般溶剂化能力提高有利于离子的电离成正负离子。但像聚醚类高聚物比较特殊，受溶剂化影响较小。其他如高聚物的相对分子质量、分子的聚合程度、温度等也有影响。

(三) 高聚物材料的击穿电压强度

1. 击穿电压与击穿电压强度

如图 8-85 所示，高聚物在一定电压下是绝缘体，但随着电压的不断增大，当电压超过某极限值后，出现电阻率降低到极小，电流增大，产生局部导电而使

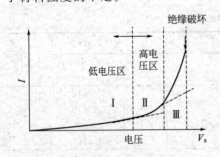

图 8-85 电流-电压曲线

高聚物材料丧失绝缘性能,这种现象称为电击穿。在击穿点上可以产生电弧,会使材料熔穿、焦化、烧毁。导致高聚物击穿的电压称为击穿电压,表示高聚物材料可耐受的电压极限。其数值与高聚物材料的分子结构和试样的厚度有关,同时还与测试条件,如频率、温度、湿度、电极大小形状等有关,因此,为了便于比较,而采用击穿电压强度表示。

以连续升压的方式对高聚物试样施加电压,试样被击穿时的电压和试样厚度的比值称为击穿电压强度,用 E 表示,单位 V/cm。

$$E = \frac{V}{h} \tag{8-41}$$

式中　V——击穿电压,V;
　　　h——试样的厚度,即两电极间的距离,cm。

击穿电压强度表示每单位厚度的高聚物材料被击穿时所需的电压。

测试时的温度对击穿电压强度影响较大,如图 8-86 所示。多数曲线可以分为两个区域,在某个临界温度(曲线的转折点对应的温度)以下的低温区域,高聚物的击穿电压强度与温度无关;而在临界温度以上的高温区域,高聚物的击穿强度随温度的升高而迅速降低。击穿电压强度的极大值出现在低温区。

测试时湿度也有影响,其规律是随着湿度增大,使击穿电压强度降低。另外试样大小、频率、厚度、电极大小形状等也有影响。因此,击穿电压强度的测定要在严格的规定条件下进行。

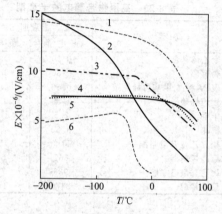

图 8-86　几种高聚物的击穿电压强度-温度曲线
1—聚甲基丙烯酸甲酯;2—聚乙烯醇;
3—氯化聚乙烯;4—聚苯乙烯;
5—聚乙烯;6—聚异丁烯

2. 耐电压性与耐电弧性

耐电压性表示高聚物材料制品的耐电压能力。一般是指,迅速将电压升高到由制品标准规定的电压,停留 1min(或按制品标准规定的时间),观察制品是否被击穿。若未被击穿,就称此电压为该制品的耐电压值。该试验适用于已成型的高聚物材料制品,属非破性试验,是鉴定高聚物材料制品绝缘能力的最佳方法。

耐电弧性一般是指,在一定高电场下,两电极间的气体被击穿产生电弧、火花的作用,致使高聚物材料表面形成导电层所需时间的长短表示高聚物材料对电弧、电火花的抵抗能力。

(四)高聚物材料的静电现象

1. 静电现象

两种电性不同的物体相互接触和摩擦时,会有电子的转移而使一个物体带正电荷,另一个带负电荷,这种现象称为静电现象。如图 8-87 所示。这种现象对于很多高聚物材料都是普遍存在的。尤其在成型加工过程中更为严重,如与加工设备(模具、压辊、拉伸辊等)接触、摩擦,当单丝、纤维等与设备分开时,都有静电产生。有些拉幅、拉丝等快速运转过程,由于静电的积蓄,其电压可达上千伏甚至上万伏。同样,在使用过程中也有静电产生。更可怕的是一旦高聚物材料带上静电后,不能立即漏导,可持续很长时间。某些高聚物所带静电的半衰期如表 8-23 所示。

高聚物因结构不同,所带的电荷性质也不一样。一般介电常数大的高聚物带正电,介电常数小的带负电。其高聚物带电能的顺序如表 8-24 所示。

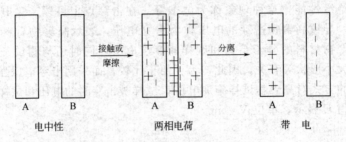

图 8-87 物体的静电现象

高聚物的吸水性大小对静电荷积蓄有很大影响。因为水有导电性，所以在高聚物表面吸附了一层水分子后，使静电荷容易导漏。规律是吸水性增加，静电荷降低。如图 8-88 所示。

表 8-23 高聚物带静电的半衰期

高聚物	半衰期/s	
	正电荷	负电荷
聚乙烯基咪唑	0.10	0.24
赛璐珞	0.30	0.30
聚 N,N-二甲基丙烯酰胺	0.66	0.48
聚丙烯酸	1.50	0.96
羊毛	2.5	1.55
棉花	3.60	4.80
聚 n-乙烯基吡咯酮	41.0	15.8
聚丙烯腈	667	687
聚己二酰己二胺	936	720
聚乙烯醇	8470	3770

表 8-24 高聚物的带电序列

$\ominus$ 聚四氟乙烯　聚丙烯　聚苯乙烯　聚苯醚　聚偏二氯乙烯　氯化聚醚　聚碳酸酯　聚氯乙烯　聚对苯二甲酸乙二酯　尼纶　聚甲基丙烯酸甲酯　醋酸纤维素　纤维酰胺　聚酰胺 $\oplus$

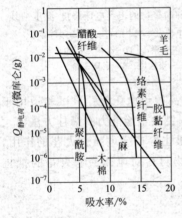

图 8-88 静电荷与吸水率的关系

2. 静电的利与弊

高聚物带有静电既有利也有弊。其有利之处是通过静电进行塑料的静电喷涂、静电印刷和静电照相、静电吸尘等。其不利之处为制品容易吸尘，影响外观质量；使物料相互黏结或分散，如纤维成型加工过程的黏结或分散，粉状物料干燥输送中黏结等；影响电器的准确性；由于静电放电造成易燃易爆物品的火灾与爆炸；录音磁带的杂音等。

3. 静电的防止

防止产生静电的方法一般可以采用静电消除器、接地和调整环境湿度等。但最有效最方便的方法是在高聚物材料中加入抗静电剂。多数抗静电剂是分子结构中一端带亲水基团，一端带疏水基团的亲水性表面活性剂。其防止静电的作用原理是：在高聚物表面形成一层导电膜，从而提高了高聚物材料表面的导电性，使静电能迅速地漏导，避免积蓄，因此起到防止静电的作用。常用的抗静电剂按结构分为：

阳离子型

$$\left[C_{18}H_{37}-\underset{\underset{CH_3}{|}}{\overset{\overset{CH_3}{|}}{N}}-CH_2CH_2OH \right]^+ NO_3^-$$

阴离子型

$$R\!-\!\!\bigcirc\!\!-\!OCH_2CH_2CH_2SO_3Na \qquad RO\!-\!\overset{\overset{\displaystyle O}{\|}}{\underset{\underset{\displaystyle ONa}{|}}{P}}\!-\!ONa$$

两性离子型

$$C_{17}H_{35}CONHCH_2CH_2CH_2\overset{\overset{\displaystyle CH_3}{|}}{\underset{\underset{\displaystyle CH_3}{|}}{N^+}}\!-\!CH_2\!-\!COO^-$$

非离子型

$$ROCOCH_2\!-\!\underset{\underset{\displaystyle CH_3}{|}}{CH}\!-\!CH_2OH$$

高分子型

$$CH_2\!-\!CH\!-\!CH_2\!-\!O\!\!\operatorname{\!-\!}[CH_2CH_2O]_n CH_2\!-\!CH\!-\!CH_2$$
$$\quad\underset{O}{\diagdown\!\diagup}\qquad\qquad\qquad\qquad\qquad\underset{O}{\diagdown\!\diagup}$$

按使用方法可分为外用型和内用型。外用型抗静电剂用于已经成型的塑料制品和纤维，采用涂布、浸渍或喷雾的方法涂于制品或纤维的表面，增加表面的导电性。其有效的时间因选用的抗静电剂的不同而不同，有短期的，也有长期的。

内用型抗静电剂适用于在塑料成型加工之前加入，存在于制品之中，成为制品表面的组成部分，特点是效果好，时间长。

一般对抗静电剂的要求为：
① 亲水性强；
② 与高聚物的相溶性好；
③ 易分散混合；
④ 稳定性好；
⑤ 无毒、无味、无害；
⑥ 加入后不影响高聚物的其他使用性能。

其加入量的多少由于高聚物材料性质、对静电的要求和抗静电剂的结构、抗静电能力来决定，同时要经过实验结果来确定。图 8-89 是几种高聚物加入阳离子抗静电剂时，用量与静电荷的关系曲线。

（五）高聚物材料的其他电性能

1. 高聚物驻极体的压电、热电性能

高聚物不但可以用作绝缘材料、介电材料和导电材料，还可以利用某些高聚物在机械力、热、光等的作用下，所反映出各种不同的电学性能，用作具有把力、热、光等能量转变成电讯号的功能材料。

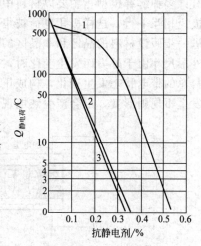

图 8-89 静电荷随抗静电剂加入量的变化
1—聚氯乙烯；2—聚乙烯；3—聚丙烯

高聚物的压电和热电性能主要反映在高聚物驻极体上。所谓驻极体是指，将绝缘体极化，其极化状态在极化条件消失后能半永久性保留的材料。具有这种性质的高聚物材料称为高聚物驻极体。驻极体有许多特殊的性质，比较重要是压电和热电性质。现在作为高分子驻极材料的主要有两类，一类是高绝缘性材料，如聚四氟乙烯和氟乙烯与丙烯的共聚物，它的高绝缘性保证了良好的电荷储存能力；另一类是强极性物质，如聚偏氟乙烯，这类物质具有较大的偶极距。这两类材料都可以表现出很强的压电和热电性能。

高聚物驻极材料的形成主要是在材料中产生极化电荷，或者局部注入电荷，构成半永久性极化材料。最常见的高聚物驻极体形成方法包括热极化、电晕极化、液体极化、电子束注入和光电极化法。

物质的压电特性是指当物体受到一个应力时，在材料上诱导产生电荷，衡量材料压电能力的标准是压电应变常数。这些材料受到外力作用时，产生电荷，反之，材料受电压作用会产生形变。另外一些物质，当自身温度发生变化时，能产生电荷，反之，在受到电压作用时能够放出热能，这种物质称为热电材料。由于上述现象都包含着能量形式的转换，所以这两种材料都是换能材料。很多材料都具有压电性能，但是，由于大多数的压电常数太小而没有应用价值（表8-25）。只有那些压电常数比较大的，具有应用价值的材料才称为压电体。在高聚物中经拉伸的聚偏氟乙烯的压电常数最大，具有较高的实用价值。

表 8-25　一些驻极体的压电和热电常数

材料名称	压电常数 d_{31} (pC/N)	热电常数 $p/[nC/(cm^2·K)]$	介电常数 $\varepsilon/10Hz$
聚偏氟乙烯	20	4	15
聚氟乙烯	1	1	8.5
陶瓷 PZT-5	171	50	
石英	2		
聚砜	0.3		3.0

聚偏氟乙烯既具有压电性能，又具有热电性能，如图 8-90 所示。它的这两种性质与材料的晶体结构有关，当温度降低到玻璃化温度以下时，这两种特性消失。同时，聚偏氟乙烯还表现出类似于铁的电性质，这是由于分子中偶极子多指向性的结果。对于聚偏氟乙烯已经有许多种解释模型，主要以材料中存在偶极子的结晶被非晶区包围这种假设为基础。分子偶极矩相互平行，这样极化电荷被集中到晶区与非晶区界面，每个晶区都成为大的偶极子。再进一步假设材料的晶区和非晶区的热膨胀系数不同，并且材料本身是可压缩的，这样当材料外形尺寸由于外力而发生变化时，带电晶区的位置和指向将由于形变而发生变化，使整个材料总的带电状态发生变化，构成压电现象，同样，当温度发生变化，引起材料晶区和非晶区发生不规则形变，也会产生热电现象。

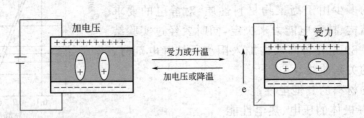

图 8-90　聚偏氟乙烯的压电、热电现象示意图

2. 高聚物的光电性能

高聚物的光电性能是指这种高聚物材料在无光照射时是绝缘体，而在有光照射时其电导值可以增加几个数量而变成导体的性能。这种材料又叫光导材料。它的开发和利用在光导材料中占极其重要的地位。

表示材料光电性能的参数是感度 G，它的意义是单位时间材料吸收一个光子所产生的载流子数目。其表达式为：

$$G = \frac{I_P}{eI_0(1-T)A} \tag{8-42}$$

式中　I_P——产生的光电流；

I_0——单位面积入射光子数；

T——测定材料的透光率；
A——光照面积。

很明显，透光率越小，感度就越大。

具有光电性能的高聚物材料的结构主要有以下特征：大分子主链中有类似电子导电型高聚物的较高程度的共轭结构，这类材料的载流子为自由电子；大分子侧链上连接多环芳烃，如萘基、蒽基、芘基等其导电的载流子为电子、空穴、导电具有跳转性；大分子侧链还连接有各种芳香胺基，其最主要的是咔唑基。

高聚物光导电的原理是在光的激发下，材料内部的载流子密度增加，从而导致电导率增加。

光导电高聚物材料主要用于静电复印机鼓、激光打印机鼓，有取代无机硒鼓的趋势。

二、高聚物材料的光学性能

一般光学材料的性能包括各种透过、吸收、折射、反射、偏振等性能。这里仅就高聚物材料的折射、反射、双折射、偏振、光散射等作以介绍。与高聚物电性质一样，高聚物的光学性质受其结构的影响。

有一小部分高聚物材料是作为光导材料使用的。如无定型的聚甲基丙烯酸甲酯、聚苯乙烯等。根据需要光导元件可以作成棒状、板状和其他需要的形状，主要用作光的传递和发光装饰材料。

1. 折射与反射

当斜射的光束由光疏介质进入光密介质的时候，则一部分光线在光密介质内发生折射，一部分光线在光疏介质内发生反射。一般用折射率表示。常见几种透明高聚物的光学性质如表 8-26 所示。

表 8-26 透明高聚物的光学性质

高聚物	折射率	光的透过率/%	高聚物	折射率	光的透过率/%
聚甲基丙烯酸甲酯	1.49	94	聚苯乙烯	1.60	90
醋酸纤维	1.49	87	酚醛树脂	1.60	85
聚乙烯醇缩丁醛	1.48	71			

2. 双折射与偏振

当光线通过各向异性物体时，将产生双折射现象，当光线通过各向同性物体时，则不产生双折射，如非晶体、立方系晶体等。

非晶态高聚物在未拉伸前是各向同性的，拉伸后（单轴或双轴），造成各向异性，不仅产生双折射，而且还有使光变成偏振光的能力。拉伸程度越大，则在取向方向上的折射率与垂直方向的折射率的差值越大，使薄膜和纤维产生了强烈的双折射。

$$(n_\parallel - n_\perp) = B\lambda = \frac{R_0}{D} = \frac{\lambda\delta}{2\pi D} \tag{8-43}$$

式中 $(n_\parallel - n_\perp)$ ——与分子排列平行及垂直的折射率之差；
　　　B——每厘米厚样品的光程差，以光的波长为单位；
　　　R_0——光的减速；
　　　λ——真空中光的波长（cm）；
　　　δ——两个方向上相位差；
　　　D——样品的厚度。

3. 光散射

当光照射在像聚乙烯那样的薄膜上时,有大部分光透过薄膜,小部分光则以某种角度被散射。散射的情况反映了化学结构的特征。用光散射的办法除了可以测定高聚物的相对分子质量外,还可以用在结晶性高分子薄膜上,以获得包括结晶组织的大小及光学各向异性等信息。

三、高聚物材料的透气性能

高聚物的透气性能主要体现在车胎、气球、包装薄膜及分离膜等方面的应用上。对透气性能的要求也视高聚物材料的用途而定,有的要求透气性越小越好(如车胎),有的要求透气性越大越好(如某些包装薄膜),有的要求有选择地透过某些气体或液体。尤其膜分离技术在海水淡化、污水处理、富氧气体、化学化工物料分离等诸多方面的研究与应用非常活跃。这里只介绍气体透过时的最基本知识,供大家了解。

1. 扩散定律

当气体或蒸汽透过高聚物薄膜时,先是气体溶解在固体薄膜内,然后在薄膜中向低浓度处扩散,最后从薄膜的另一侧逸出。因此,薄膜的透气性一是取决于扩散系数,二是取决于气体在高聚物薄膜中的溶解度。当扩散气体浓度很低时,扩散系数不依赖于浓度变化的情况下,扩散定律可以用菲克定律描述:

$$q = -D \frac{dC}{dx} At \tag{8-44}$$

式中　q——气体透过量,cm^3;
　　　D——扩散系数,cm^3/s;
　　　x——薄膜厚度,cm;
　　　C——扩散分子的浓度,cm^3/cm^3 固体;
　　　A——薄膜面积,cm^2;
　　　t——扩散时间,s。

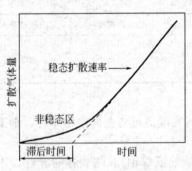

图 8-91　气体扩散穿过高聚物膜时的时间滞后

当气体刚开始扩散时,扩散速率随时间而变化,这是由于扩散物的浓度在膜中逐渐增加的结果。后来整个膜内的浓度达到恒定时,扩散速率成为稳定状态(如图 8-91),即 q 与 x 无关。设薄膜的厚度为 L,薄膜两边的浓度为 C_1 和 C_2,当扩散分子与高聚物分子链两者间的吸引力较小时,溶解度也小。这时浓度 C 的变化不影响扩散系数 D。故将式(8-44)改写成下式:

$$J = \frac{q}{At} = -D \frac{dC}{dx} \tag{8-45}$$

积分后得:

$$J = -\frac{D}{L}(C_2 - C_1) \tag{8-46}$$

根据亨利定律,溶于膜中的气体浓度与相应平衡气体压力 P 间的关系为 $C_1 = S_1 P_1$,$C_2 = S_2 P_2$,设溶解度常数 $S_1 = S_2 = S cm^3/(atm \cdot cm^3)$(聚合物),则式(5-45)改写成

$$J = DS \frac{P_1 - P_2}{L} \tag{8-47}$$

或

$$J = \frac{P}{L}(P_1 - P_2) \tag{8-48}$$

式中,$P = DS$ 称为气体渗透系数,$cm^3 \cdot cm/(cm^2 \cdot s \cdot atm)$。

2. 扩散与高聚物结构的关系

气体通过聚合物膜的扩散除了与聚合物的结构和形态有关外,也与气体的性质有关。一般而言,气体分子直径(d)小的容易扩散。如图 8-92 即为 He、H_2、O_2 透过橡胶的扩散系数(D)关系。某些低分子蒸汽透过聚苯乙烯薄膜的能力也有这样的关系,如水>甲醇>乙醇。但烷烃中甲烷、乙烷、丙烷、正丁烷分子透过橡胶的能力随碳原子数目的增多而加大,这个现象可由在聚合物中的溶解度加大来解释。

聚合物的结构和形态对气体的扩散也有很大的影响。对橡胶状聚乙烯的研究表明,尺寸较小的扩散分子的溶解度常数与高聚物中无定型部分的含量直接成正比:

$$S = kS_0 \tag{8-49}$$

式中 S_0——假设的完全无定型聚乙烯的气体溶解度常数;
k——高聚物中的无定型体积分数。

这个关系式说明,气体在橡胶状高聚物中的吸附和扩散,只在橡胶状结晶形高聚物的无定型区中发生。这是由于在无定型区中的链的活动能力大些。而玻璃态的结晶聚对苯二甲酸乙二酯的结晶度对气体吸附和扩散的影响,则与橡胶状结晶形聚乙烯不同,发现不少气体的溶解度(He 除外)不与高聚物中的无定型部分的体积分数成正比。溶解度随结晶度的增加而减少是遵循$(C^* - C)/C^*$(C^* 为无定型高聚物的溶解度,C 为结晶形高聚物的溶解度),是由于相应的无定型体积分数减小的缘故。从上面情况看,用一个简单的数学式来表示气体扩散与部分结晶高聚物之间的关系是比较困难的。

高聚物的化学结构对气体扩散的影响,一般可以定性地归纳为:在高聚物分子中引入极性原子或取代基,将使气体的渗透系数比无极性取代基高聚物的渗透系数低。例如天然橡胶、聚丁二烯、丁苯橡胶、氯丁橡胶、丁腈橡胶的渗透系数就是依次降低的。如表 8-27。

高聚物对气体的扩散系数是随温度的升高而降低的,如图 8-93 所示。

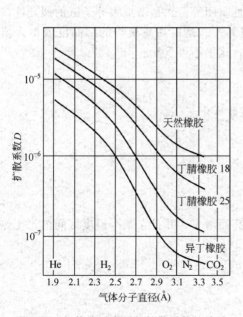

图 8-92 气体分子直径与扩散系数的关系
(298K)

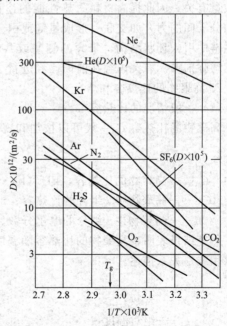

图 8-93 一些气体对 PMMA 的扩散系数与温度的关系

表 8-27　高聚物的渗透系数

高聚物	气体或蒸汽渗透系数(标准状态)×10¹⁰/[$cm^3 \cdot mm/(cm^2 \cdot s \cdot cmHg$柱)]			
	N_2	O_2	CO_2	H_2O
天然橡胶	84	230	1330	30000
聚酰胺	0.1~0.2	0.38	1.6	700~17000
聚丁二烯	64.5	191	1380	49000
丁腈橡胶	2.4~25	9.5~82	75~636	10000
丁苯橡胶	63.5	172	1240	24000
氯丁橡胶	11.8	40	250	18000
聚乙烯	3.3~20	11~59	43~280	120~200
聚对苯二甲酸乙二酯	0.05	0.3	1.0	1300~2300
聚甲醛	0.22	0.38	1.9	5000~10000
聚丙烯	4.4	23	92	700
聚苯乙烯	3~80	15~250	75~370	10000
聚氯乙烯	0.4~1.7	1.2~6	10~37	2600~6300
聚偏二氯乙烯	0.01	0.05	0.29	14~1000
硅橡胶	—	1000~6000	6000~30000	106000 表 5-13

四、高聚物材料的热物理性能

高聚物材料的热物理性能主要包括高聚物材料的耐热性、比热容与焓的计算、热导率和热膨胀系数等。

1. 提高高聚物材料耐热性的途径

高聚物材料的耐热性，依生产及应用情况的不同，其意义有所不同，对塑料而言，一般是指非晶态高聚物的玻璃化温度与晶态高聚物的熔点的高低，越高耐热性越好。对橡胶而言，一般是指它的黏流温度，同样也是越高好。对加工而言，一般是指氧化分解温度。

从物理性能的角度看高聚物的耐热性，主要是指高聚物在升温过程中大分子能否发生链段运动或整个分子的运动。因而，凡是能引进能束缚分子运动的因素，均能提高材料的耐热性。高聚物材料的耐热性不但与高聚物分子的结构有关，而且还与添加的其他添加剂的种类和数量有关。因此提高材料耐热性能的途径主要是提高 T_g、T_m 或 T_f。其具体途径，一是增加分子间的力，如交联、形成氢键或引入强极性基团等；二是增加大分子链的僵硬性，如在主链中引入环状结构，笨大的侧基或共轭双键等；三是提高高聚物的结晶度或加入填充剂、增强剂等。有关内容在前面已经进行了阐述，这里不再重复。

2. 高聚物的比热容和焓

（1）一般情况的比热容

高聚物的比热容 C_p 一般可以按加和规律进行计算

$$C_p = \sum_i C_{pi} x_i \tag{8-50}$$

式中　C_p——高聚物的比热容，kJ/（kg·K）；

C_{pi}——高聚物中 i 组分的比热容；

x_i——高聚物中 i 组分的摩尔分数。

研究结果表明，高聚物的比热容随温度的升高而增大，并且在某个温度区间内，比热容可以用线性关系描述。

$$C_p = a + bT \tag{8-51}$$

式中　a，b——常数；

T——绝对温度。

然而，在结晶和无定型高聚物中，传热同温度的关系却是非线性的。结晶高聚物在熔点左右发生熔化，使比热容急剧升高，其原因是熔化热消耗在从固态转变为液态时晶格的破坏上。对于局部结晶高聚物来讲,其比热容同结晶度的关系时常不符合计算的加和性,尤其在高温下更是如此,这是因为在这一温度区间的热容与一系列情况有关。

对于无定型结构的固态和液态高聚物而言,通过玻璃化温度转变点的加热,由于热运动强度增大,仅导致能量的消耗,而未发生其他变化,结果使临近玻璃化温度的比热容曲线发生弯折,实验测定玻璃化温度就是利用这一现象,如图 8-94 所示。有人通过空穴模型计算出通过玻璃化转变点时的比热容增量 $\Delta C_p = 11.0 \pm 2.0 \text{J}/(\text{mol} \cdot \text{K})$,与实验相当吻合。

加热速度同样也影响玻璃化温度的位置。在缓慢加热的条件下,链段来得及重排,而快速加热时,链段来不及重排,使玻璃化温度的位置移向高温度区。

对于加热温度大于熔点温度时的比热容,数据很小,只通过实际测试获得。

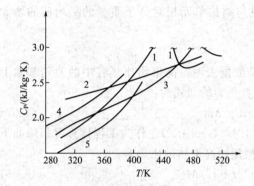 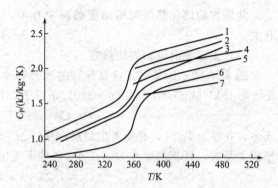

图 8-94 某些无规高聚物的比热容与温度的关系
1—聚甲基丙烯酸甲酯;2—抗冲击聚苯乙烯;
3—苯乙烯和丙烯腈与橡胶的接枝共聚物;
4—聚苯乙烯;5—聚碳酸酯

图 8-95 某些聚烯烃的比热容与温度的关系
1—等规聚丙烯;2—无规聚丙烯;3—聚异戊二烯;
4—聚丁烯-1;5—结晶聚乙烯;6—聚氯乙烯;
7—苯乙烯和丙烯腈共聚物

(2) 无定型-结晶高聚物的比热容

某些聚烯烃的比热容与温度的关系如图 8-95 所示,多数符合线性关系。同时,压力的增大和高聚物相对分子质量等对比热容和焓的影响不大。图中曲线 1 和 3 的情况是离散现象,它说明实际高聚物是无定型和结晶相的混合物,而无定型与结晶相的比热容对温度的影响并不一致。

如果忽略离散现象,并取玻璃化转变时的比热容增量的理论计算值 $\Delta C_p = 12 \text{J}/(\text{mol} \cdot \text{K})$ 和结晶热 $\Delta H_b = 4000 \text{J/mol}$,则可以获得无定型-结晶聚合物比热容 $C_p(\text{kJ/kg} \cdot \text{K})$ 的均值经验公式。在 $T < T_m$ 和 $T < T_g$ 的条件下,可利用下式

$$C_p = (1.48 + 5.6 \times 10^{-3} t) f + (1.25 + 2.8 \times 10^{-3} t)(1-f) \quad (8-52)$$

而在 $T < T_m$ 时,可利用下式

$$C_p = 1.25 + 12/M_0 + 2.8 \times 10^{-3} \quad (8-53)$$

式中 t——温度,℃;
   f——结晶度;
   M_0——结构单元相对分子质量。

在 $\Delta T = \pm (10 \sim 20)\text{K}$ 的温度范围内,按上述关系式进行计算比热容时,并没有考虑熔化热,因此在计算工业设备时,最好利用热焓值 ΔH。

对于温度范围为 $T = T_m \pm 20\text{K}$,其焓差可从下式确定:

$$\Delta H = \Delta H_b + \int_{T_1}^{T_2} C_p(T) dT \quad (8-54)$$

式中，$\Delta H_b = 4000 f/M_0$。

由于在 $T_g < T_1 < T_m$ 和 $T_2 > T_m$ 范围内的比热容与温度关系的线性特性，所以焓差可由下式求出：

$$\Delta H = (1.48 + 2.8 \times 10^{-3})(T_m - T_1)f + (1.25 + 12/M_0 + 1.4 \times 10^{-3}) \\ (T_2 - T_m)(1-f) + \Delta H_b f/M_0 \tag{8-55}$$

应当指出，在 $T = T_m$ 时，焓差 ΔH 有一个跃迁，但因为熔化过程是在温度约20℃的区间内进行，所以计算焓差时，可利用图5-22所示的线性关系近似求得。对于共聚物，其结构单元相对分子质量值可由下式求出：

$$M_{结构单元平均} = M_{01} x_1 + M_{02}(1 - x_1) \tag{8-56}$$

式中　x_1——第一种单体的摩尔分数。

共聚物的熔化热既与结晶度的减少有关，也与结构单元相对分子质量的平均值的增大有关。

（3）无定型高聚物的比热容

图8-96所示的某些工业高聚物的比热容实验数据表明，高聚物比热容中的差别基本上是 $\pm 0.4 \text{kJ}/(\text{kg} \cdot \text{K})$。在50~250℃条件下，计算热容的通式为：

$$C_p = a + bT + \Delta C_p / M_0 \tag{8-57}$$

式中，在 $T > T_g$ 时，必须考虑最后一项：$\Delta C_p = 12 \text{J}/(\text{mol} \cdot \text{K})$。作为工程计算可利用如下经验关系式，计算温度在50~250℃条件下无定型塑性高聚物的比热容：

$$C_p = 1.25 + 4 \times 10^{-3} t + 12/M_0 \tag{8-58}$$

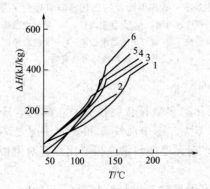

图8-96　某些聚烯烃的焓差与温度的均值关系
1—等规聚丙烯；2—乙烯和醋酸乙烯的共聚物；
其中醋酸乙烯含量为5%~20%；3—低密度聚乙烯；
4—高密度聚乙烯；5,6—聚氨酯

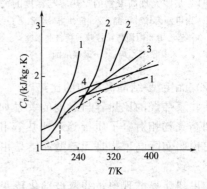

图8-97　某些橡胶的比热容与温度的关系
1—聚丁二烯（顺式）；2—聚丁二烯（反式）；
3—聚异丁烯；4—聚异戊二烯；
5—按（8-59）方程计算的曲线

按上式计算的误差约为 $\pm 10\%$（聚氯乙烯、聚四氟乙烯除外）。某些橡胶的比热容的实验数据已列于图8-97。因为橡胶主要是无定型高聚物，其比热容类似图8-98所示，也可用近似经验公式进行计算：

$$C_p = 1.37 + 4 \times 10^{-3} t + 12/M_0 \tag{8-59}$$

这一关系式总括了图8-95所示的全部数据，其计算精度为 $\pm 10\%$。

（4）高聚物溶液和悬浮液的比热容

结晶相和无定形相混合物的比热容，可以按加和规律确定。与此类似，高聚物溶液和悬浮液的比热容也可按加和公式确定：

$$C_{p(混)} = C_p w + (1-w) C_{p(分散介质)} \tag{8-60}$$

式中 w——高聚物的质量分数。

对溶液来讲,要注意决定比热过程的特点。在 $T<T_g$ 时,无定型和结晶高聚物的溶解过程可以用下式计算:

$$C_{p(混)}=w(1.25+4\times10^{-3}t+12/M_0)+(1-w)C_{p(分)} \qquad (8-61)$$

上式对在 $T>T_g$ 条件下进行的溶液聚合和本体聚合也适用。

结晶高聚物的溶解,当 $T>T_g$ 时,高聚物微粒的加热过程比扩散过程进行得快,因此,热计算最好是按焓来计算(考虑熔化热):

$$\Delta H_{(混)}=\Delta Hw+\Delta H_{(分)}(1-w) \qquad (8-62)$$

3. 高聚物材料的热导率

(1) 高聚物材料的热导率

高聚物的热导率可以用下式表示:

$$\lambda=KC_V ul \qquad (8-63)$$

式中 K——常数;
C_V——摩尔恒容热容;
u——平均声速;
l——声子自由行程的平均长度。

因为高聚物可能有不同的聚集状态,所以热导率与温度的关系应当考虑到材料的结构形态。对于结晶高聚物来说,摩尔恒容热容和声子自由行程的长度均随温度升高而减小。因此,多数情况下,结晶高聚物的热导率也随温度的升高而减小(图 8-98)。

对于无定型高聚物,当 $T<T_g$ 时,声子的自由行程长度与温度和摩尔恒容热容无关,因此,热导率也随温度的升高而增大(图 8-99)。

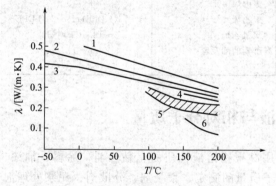
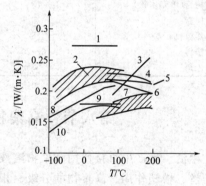

图 8-98 结晶高聚物的热导率与温度的关系
1—聚乙烯,$\rho=0.982g/cm^3$;2—聚乙烯,$\rho=0.960g/cm^3$;3—聚乙烯,$\rho=0.9920g/cm^3$;4—聚乙烯,$\rho=0.951g/cm^3$;5—聚乙烯,$\rho=0.940\sim950g/cm^3$;6—聚丙烯

图 8-99 无定型高聚物的热导率与温度的关系
1—聚乙烯醇缩丁醛;2—聚甲基丙烯酸甲酯;3—抗冲击聚苯乙烯;4—苯乙烯-丙烯腈共聚物;5—ABS树脂;6—聚对苯二甲酸乙二醇酯;7—聚苯乙烯;8—天然橡胶;9—聚氯乙烯;10—聚乙烯

高聚物的热导率与玻璃化温度一样,当相对分子质量达到一定程度时,与相对分子质量无关。在 0~200℃ 的温度区间内,大多数高聚物的热导率同平均值相差为 $\pm15\%$。如许多无定型高聚物的热导率 $\lambda/[W/(m·K)]$ 可按下列公式确定:

当 $T>T_g$ 时:

$$\lambda_g=0.19\pm0.03 \qquad (8-64)$$

当 $T<T_g$ 时:

$$\lambda = \lambda_g - 0.02(T_g - T) \tag{8-65}$$

当 $T > T_m$ 时：

$$\lambda_m \approx 0.2 \pm 0.02 \tag{8-66}$$

当 $T < T_m$ 时：

$$\lambda = \lambda_m + 0.17(T_m - T) \tag{8-67}$$

式中，λ_g、λ_m 分别为玻璃化温度和熔点温度下的热导率。

(2) 高聚物溶液的热导率

一般情况下，高聚物的热导率可由下面公式求出：

$$\lambda = \lambda_0 + \frac{(\lambda_1 - \lambda_0)w}{[1 - b(1 - w)]} \tag{8-68}$$

式中 λ_0，λ_1——分别为溶剂和高聚物熔体的热导率；

b——经验常数，作工程计算时，可取 0.7。

4. 高聚物材料的热膨胀系数

热膨胀（又称线膨胀）是物体的固有物理性质之一。高聚物材料与一般物体一样，其膨胀率随温度的升高而增大。但高聚物的热膨胀比其他物体的热膨胀都严重。同时在高聚物中加入增强剂或填充改性后，一般可将高聚物的线膨胀系数降低 2～3 倍。表 8-28 列出了部分高聚物材料室温下的线膨胀率。

表 8-28 部分高聚物材料室温下的线膨胀率

高聚物材料	线膨胀系数 $\times 10^5/(1/K)$	高聚物材料	线膨胀系数 $\times 10^5/(1/K)$
石英玻璃	0.1	聚甲基丙烯酸甲酯	4.5
热固性塑料	2～5	尼龙	6～9
酚醛树脂(填充木粉)	3	聚丙烯	6～10
脲醛树脂	3	聚乙烯	11～13(HDPE)；13～20(LDPE)
硫化天然橡胶	8	聚氯乙烯	5～18.5(未增塑)
热塑性塑料	6～20	纤维素的酯及醚	6～17
聚苯乙烯	7		

第八节 高聚物溶液与相对分子质量

在生活、生产中直接使用高聚物溶液或利用高聚物溶液性质的有黏合剂、涂料、油漆、湿法纺丝、增塑作用、高聚物的分级、相对分子质量的测定、絮凝剂、分散剂、泥浆处理剂等。可以说高聚物溶液的研究具有重要的意义。

高聚物溶液是由高聚物溶解于低分子溶剂中形成的二元或多元体系所组成的真溶液。其中高聚物浓度在 5% 以下的称为稀溶液，高于 5% 的称为浓溶液。溶液的性质随浓度的变化而有很大的差异。

一、高聚物的溶解

1. 非晶态高聚物的溶解

将非晶态高聚物（固体）与低分子溶剂（足够量）相混合，则体系主要存在三种运动单元：溶剂分子、高分子链段和整个高分子链。开始时，溶剂分子与非晶高聚物表面接触，使表面上的分子链段先被溶剂化，但因高聚物分子链很长，还有一部分链段埋在高聚物表面以内，未被溶剂化，不能溶出；随着溶剂分子不断地向深层次溶剂化，不断深入高分子链之间，使高聚物的体积膨胀，并有少量高分子溶出，均匀地分散到溶剂分子之中；溶胀后的高聚物，随着溶剂分子的进一步溶剂化，高分子不断溶出，不断分散，最后全部溶解在溶剂之中。其溶解的过程如图8-100(a)所示。

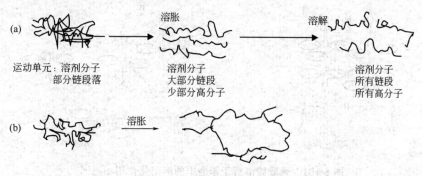

图8-100 非晶高聚物的溶解过程
(a) 线型非晶高聚物的溶解过程；(b) 网状高聚物的溶胀

上述非晶高聚物的溶解过程中，最关键的步骤是溶胀。溶胀以后的发展有两种情况，一种是无限溶胀，通过链段运动，达到整个高分子链的运动，最终使高分子链间相互分离而与溶剂分子均匀混合，这就是溶解。只要溶剂足够，线型非晶态高聚物多能在一定条件下达到此种情况。由于大分子的运动速率很慢，因此要均匀混合，必须有足够的时间（几天或几周），才能达到平衡的稳定体系。这一点，在做热力学性质研究和相对分子质量测定时，必须引起注意。为了缩短溶解时间，采用搅拌、加热都是可以的。另一种情况是有限溶胀，主要是对网状高聚物而言，溶胀到一定体积后，无论放置多长时间，溶胀体积不变，更不能溶解。如图8-100中的 (b) 所示。

常温下高聚物不溶胀的原因有，一种是化学键交联非常密的体型高聚物，因交联键的距离很小，链段难于运动，溶剂分子进不去，所以不发生溶胀。另一种是结晶度非常高的非极性高聚物，其中大部分高分子链处于规整排列状态，分子间相互吸引作用强，结合力相当强，因此链段运动也不能进行。

2. 结晶高聚物的溶解

结晶高聚物分两类，一类是由缩聚反应生成的聚酰胺、聚对苯二甲酸乙二醇酯等依靠强大分子间力结晶的极性结晶高聚物；另一类是由加聚反应生成的聚乙烯、全同立构或间同立构聚丙烯等依靠分子链规整性结晶的非极性结晶高聚物。

其中非极性结晶高聚物，在常温下是不溶解的。要溶解，首先要加热到熔点附近，使结晶熔化，成为无定型的液态，再按上述溶解过程溶解。如低压聚乙烯在四氢萘中要在120℃，全同立构或间同立构聚丙烯在十氢萘中要在130℃才能很好溶解。

对于极性结晶高聚物，只要选择合适的强极性溶剂，在常温下就可以溶解。原因是极性结晶高聚物与极性溶剂接触时，极性结晶高聚物中的非晶部分先与极性溶剂分子发生溶剂化作用，而产生巨大的放热效应，其放出的热量足以使结晶高聚物的晶粒熔化，所以溶解能在低温下进行。如聚酰胺在室温下可溶于苯酚、甲酚、40%的硫酸与60%的甲酸等溶剂中；聚乙烯醇溶于水。这些溶剂都是强极性溶剂。图8-101是聚酰胺溶解于苯酚中的溶剂化作用示意图。

3. 高聚物溶液的一般特性

高聚物溶解过程比小分子物质要缓慢得多。这是高分子具有很长的分子链的结果，所以，一般需要几小时，几天甚至几周的时间才能溶解。正是这样的客观情况下，高分子链向溶剂方向扩散的速度受到很大的限制，既要移动大分子链的重心，又要克服大分子链间的相

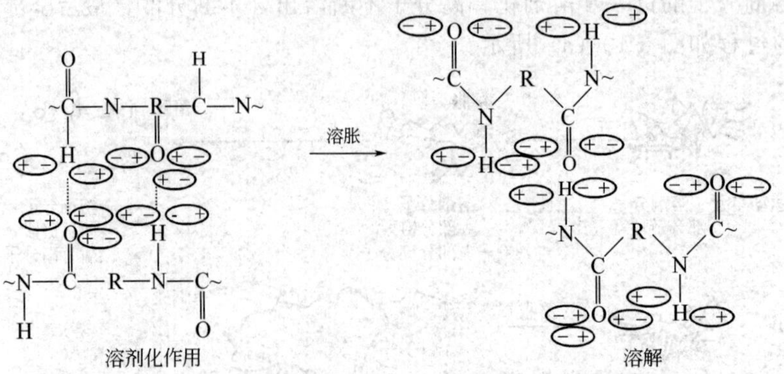

图 8-101 聚酰胺溶解于苯酚中的溶剂化作用示意图

（图中 ⊕─⊖ 表示为 $\overset{\delta+}{H}$─$\overset{\delta-}{O}$─⌬ ）

互作用力，相比之下溶剂分子由于相对分子质量小，比较容易渗透到高聚物中去，这样一块高聚物的溶解必须经过两个阶段，一是溶剂分子渗透到高聚物内部，使高聚物溶胀；然后是高分子链分散到溶剂中去。

高聚物溶液的黏度要比同浓度的小分子溶液黏度大得多。其原因是，高分子链虽然在溶液中被大量的溶剂分子所包围，但高分子链运动由于内部摩擦而不易流动；另外，在溶液中高分子链经过分散之后，形成一种随机运动的"网"，由于高分子间存在一定的相互作用力，致使具有相对和稳定性，不易流动；同时，溶剂分子在溶液中运动也受到一定的限制。这些就导致了高聚物溶液黏度比小分子溶液黏度大一个或几个数量级。所以浓度为 10% 以上的溶液就显得特别黏稠。

大多数高聚物浓溶液都能抽丝和成膜。如聚乙烯醇薄膜、人造丝、维尼纶丝、电影胶片等产品都是通过高聚物溶液来抽丝或成膜的。因此，高聚物浓溶液具有很大的工业意义。

高聚物溶液与小分子溶液一样都遵循宏观热力学规律，能用各种热力学函数来描述溶液的平衡状态。但是高聚物溶液的行为与理想溶液相比有很大偏差，尤其是混合熵的偏差更大。原因是每根高分子链都具有柔性，在溶液中常常表现由若干个链段进行运动，每个链段相当于一个小分子的作用，这样溶液内溶剂分子和高分子链排列的方式更加复杂，所以导致了混合熵的异常增加。进而，也造成了高聚物溶液的热力学性质要比小分子溶液复杂得多，需要达到平衡的时间特别长。

4. 聚电解质溶液

在结构单元上含有可离解基团的一类高聚物称为聚电解质。表 8-29 中列出了一些常见的聚电解质。聚电解质可以用作絮凝剂、分散剂、催化剂、增稠剂、泥浆处理剂。这类高聚物经过适当处理，还可以用作吸水性高分子材料，用在农业可以增加土壤的墒情。由于聚电解质除了具有相对分子质量大的特点外，还可以离解成离子，存在静电吸引与排斥作用，从而大大影响了聚电解质在溶液中的形成和性质。

强聚电解质可以溶解于水。弱聚电解质如聚丙烯酸、聚甲基丙烯酸既能溶于水，也能溶于二氧六环、二甲基甲酰胺等有机溶剂之中。聚电解质溶于水时离解成聚合物离子和小号反离子，如图 8-102 所示。由于静电吸引与排斥作用，使聚电解质溶液处于平衡状态而成为稳定溶液。但若把低分子电解质加入到聚电解质溶液中，会强烈改变聚电解质的分子形态和溶解性质，当低分子电解质浓度达到一定值时，会使聚电解质自溶液中析出。

第八章 高聚物的结构与性能

表 8-29 一些常见的聚电解质

聚电解质	重复结构单元	聚电解质	重复结构单元
聚丙烯酸	—CH$_2$—CH— | COOH	聚乙烯磺酸	—CH$_2$—CH— | SO$_3$H
聚氨基乙烯	—CH$_2$—CH— | NH$_2$	聚乙烯亚胺	—CH$_2$—CH$_2$—N— | H
聚甲基丙烯酸	CH$_3$ | —CH$_2$—C— | COOH	聚磷酸	O ‖ —O—P— | OH
甲基乙烯醚和顺丁烯二酸共聚物	—CH$_2$—CH—CH—CH— | | | OCH$_3$ COOH COOH	丙烯酸与顺丁烯二酸共聚物	—CH$_2$—CH—CH—CH— | | | COOH COOH COOH
苯乙烯与顺丁烯二酸共聚物	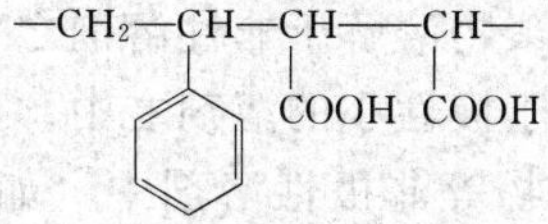 —CH$_2$—CH—CH—CH— | | | C$_6$H$_5$ COOH COOH	聚 4-乙烯吡啶	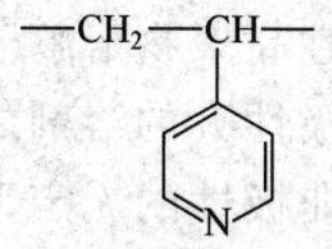 —CH$_2$—CH— | (吡啶基)
聚乙烯苯磺酸	—CH$_2$—CH— | C$_6$H$_4$—SO$_3$H	聚 4-乙烯-N-十二烷基吡啶	—CH$_2$—CH— | (N-C$_{12}$H$_{25}$ 吡啶基)

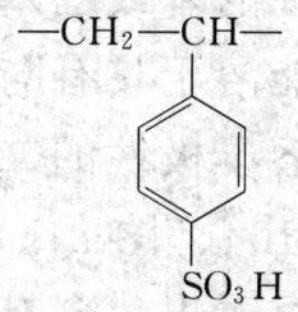

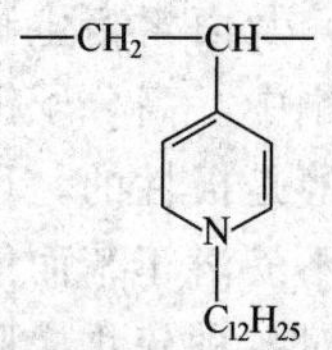

聚电解质溶液的黏度不同于一般非电解质高聚物溶液的黏度,如图 8-103 所示,聚电解质溶液的比浓黏度与溶液的浓度不呈直线性关系,当浓度降低时,比浓黏度(η_{sp}/C)不是下降,而是迅速地增加(曲线 1)。因此,不能用通常的黏度公式外推到浓度等于零时而求得 $[\eta]$。

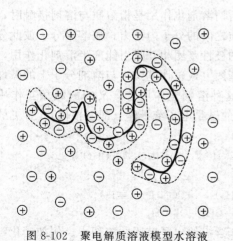

图 8-102 聚电解质溶液模型水溶液

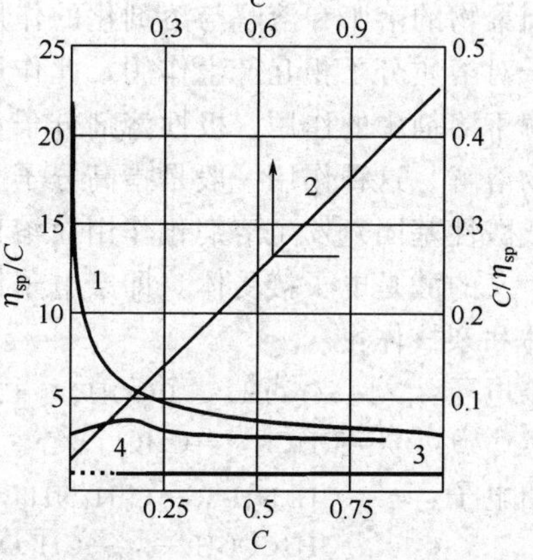

图 8-103 聚溴化 N-丁基-4-乙烯基吡啶的溶液黏度
1—纯水溶液;2—用 (η_{sp}/C)$^{-1}$ 对 $C^{1/2}$ 作图;
3—0.001mol/L KBr;
4—0.0335mol/L KBr 水溶液(C 的单位:g/100mL)

聚电解质溶液的黏度与聚电解质在溶液中的形态有密切关系。聚电解质在溶液中,由于分子链有一定的同号电荷密度分布，这些非常靠近的同号电荷存在强大的静电斥力，使分子链比较伸展，并且浓度越稀，离解程度越高，排斥力越大，溶液黏度也越大。当溶液浓度增加时，由于聚电解质能键合的反号离子较多，也就是说分子链的有效电荷密度降低，静电斥力相对地减弱，所以分子链较为卷曲，溶液的黏度反而下降。聚电解质的低浓度溶液的黏度可用下式表示。

$$\frac{\eta_{sp}}{C} = \frac{A}{1+BC^{1/2}} \tag{8-69}$$

式中　　A——$[\eta]$；

　　　　B——常数。

二、溶剂的选择

溶解某一高聚物时，可以借用小分子溶液的某些规律，进行溶剂的选择。

1. 极性相似原则

极性高聚物溶解于极性溶剂之中，非极性高聚物溶解于非性溶剂之中；极性大的高聚物溶解于极性大的溶剂之中，极性小的高聚物溶解于极性小的溶剂之中。例如天然橡胶、丁苯橡胶是非极性的无定型高聚物，能溶于碳氢化合物等非极性溶剂中（如苯、石油醚、甲苯、己烷等）及卤素衍生物溶剂中；聚苯乙烯可溶于非极性的苯或乙苯中，也可以溶于极性不太大的丁酮中。高分子链含有极性基团，则该高聚物只能溶于具有与它极性相似的溶剂中，如聚乙烯醇是极性的，可溶于水和乙醇中；聚丙烯腈能溶于极性的二甲基甲酰胺；聚甲基丙烯酸甲酯不易溶于苯而能很好溶于氯仿和丙酮中。图8-104、图8-105表示含有不同极性基团的溶剂对各种硫化橡胶的溶胀作用的影响，图中可明显看出，含有极性基团的溶剂能使丁腈橡胶产生很强的溶胀作用，但对天然橡胶和丁苯橡胶的溶胀作用很小。反之，丁腈橡胶在只含有碳氢的溶剂中的溶胀作用很小，尤其是在脂肪族的碳氢化合物中几乎不溶胀，这表明丁腈橡胶有优良的抗油性。另外，聚硫橡胶、氯丁橡胶都因含有极性基团而具有抗油性。

从两图中还可以看出，芳香族溶剂的溶解能力一般比脂肪族的强；卤代烃是比较好的溶剂。

2. 溶剂化原则

高聚物的溶胀和溶解与溶剂化的作用有关。所谓溶剂化作用是指溶质与溶剂接触时，溶剂分子对溶质分子相互产生作用，此作用大于溶质之间的分子内聚力，使溶质分子彼此分离而溶解于溶剂中的作用。极性溶剂分子和高聚物的极性基团相互吸引能产生溶剂化作用，使高聚物溶解。这种作用一般是指高分子上的酸性基团（或碱性基团）与溶剂分子上的碱性基团（或酸性基团）发生溶剂化作用而溶解。上述这种溶剂化作用与广义的酸碱相互作用有关。广义的酸是电子接受体（即亲电子体），广义的碱是电子给予体（即亲核体）。常见的亲电子体和亲核体：

亲电子：$-SO_2OH$，$-COOH$，$-C_6H_4OH$，$=CHCN$，$=CHNO_2$，$=CHONO_2$，
　　　　$-CHCl_2$，$=CHCl$

给电子：$-CH_2NH_2$，$-C_6H_4NH_2$，$-CON(CH_3)_2$，$-CONH-$，$\equiv PO_4$，
　　　　$-CH_2COCH_2-$，$-CH_2OCOCH-$，$-CH_2-O-CH_2-$

如果高聚物分子中含有大量亲电子基团，则能溶于含有给电子基团的溶剂中。例如硝化纤维素分子中含有$-ONO_2$，故可以溶解于丙酮、丁酮，也溶于醇、醚混合物中；三醋酸纤维互含有给电子基团，故可以溶于亲电子的二氯甲烷和三氯甲烷。

如果高聚物分子中含有上述两序列中的后几个基团，由于这些基团的亲电子性与给电子性较弱，有时不必用具有相反溶剂化的溶剂，所以可能溶于两序列中的多种溶剂，例如聚氯

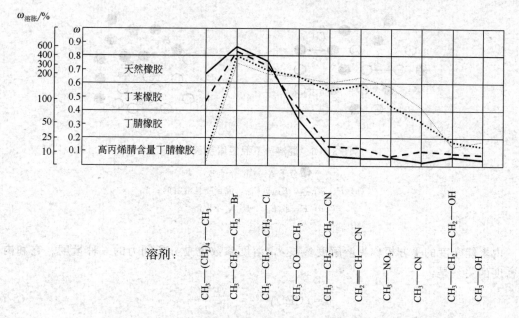

图 8-104　含有不同极性基团的脂肪族溶剂对各种硫化橡胶溶胀的影响

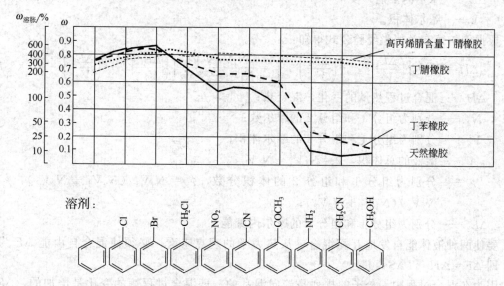

图 8-105　含有不同极性基团的芳香族溶剂对各种硫化橡胶溶胀的影响

乙烯可溶于环己酮、四氢呋喃，也溶于硝基苯中。反之，如果高聚物分子中含有序列中的前几个基团时，由于这些基团的亲电子或给电子性很强烈，要溶解这类高聚物应该选择含有相反系列中最前几个基团的液体作溶剂。如尼龙-6、尼龙-66 的溶剂是甲酸、浓硫酸或间甲酚等。

3. 溶解度参数相近原则

溶解度参数相近原则又称内聚能密度相近原则。这个原则与溶液分子间相互作用有关，如图 8-106 所示。

对于混溶体系 $E_{AB} \geqslant E_{AA}$，$E_{AB} \geqslant E_{BB}$。E_{AA} 或 E_{BB} 称为分子间的力或相互作用能，统称为内聚能，它是使物质分子间通过相互作用而聚集到一起的能，单位体积的内聚能称为内聚能密度，一般用 CED 表示。

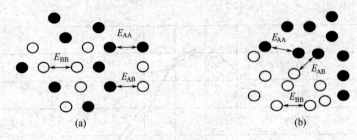

图 8-106 混溶与不混溶体系示意图
● 分子 A；○ 分子 B
(a) $E_{AB} \geqslant E_{AA}$，$E_{AB} \geqslant E_{BB}$，混合物是混溶的；
(b) E_{AA} 或 $E_{BB} > E_{AB}$，不混溶

内聚能密度的平方根称为溶解度参数 δ，溶度参数也是分子间力的一种量度。它和内聚能密度的关系是：

$$\delta = (CED)^{1/2} = \left(\frac{\Delta E}{V}\right)^{1/2} \tag{8-70}$$

式中 ΔE——摩尔内聚能；
V——摩尔体积。

根据希尔德布兰德半经验公式得知：

$$\Delta H = V\phi_1\phi_2 \left[\left(\frac{\Delta E_1}{V_1}\right)^{1/2} - \left(\frac{\Delta E_2}{V_2}\right)^{1/2}\right]^2 = \frac{N_1V_1N_2V_2}{N_1V_1+N_2V_2}\left[\left(\frac{\Delta E_1}{V_1}\right)^{1/2} - \left(\frac{\Delta E_2}{V_2}\right)^{1/2}\right]^2 \tag{8-71}$$

式中 ΔH——混合过程热量的变化，混合热；
N_1，N_2——分别为组分 1 和组分 2 的摩尔数；
V_1，V_2——分别为组分 1 和组分 2 的摩尔体积；
V——溶液的总体积，$V = N_1V_1 + N_2V_2$；
ϕ_1，ϕ_2——分别为组分 1 和组分 2 的体积分数，$\phi_1 = N_1V_1/(N_1V_1+N_2V_2)$，$\phi_2 = N_2V_2/(N_1V_1+N_2V_2)$；
ΔE_1，ΔE_2——分别为组分 1 和组分 2 的摩尔内聚能。

要使两种液体能自发地互相混合，从热力学的观点来看，必须使混合自由能 ΔF 为负值。即 $\Delta F = \Delta H - T\Delta S < 0$。

因为在混合过程中，分子的排列是趋向混乱的，即混合过程熵的变化是增加的，$\Delta S > 0$。所以从式（8-71）知，不管溶质和溶剂的内聚能密度差别如何，总是 $\Delta H > 0$，要使 $\Delta F < 0$，则 ΔH 越小越好，即溶质与溶剂的 CED 越接近越好。所以内聚能密度相近的或相等的两种液体能很好地混合。

对于高聚物溶液来说，由于高分子的体积比小分子大得多，与溶剂混合时，不是以整个分子链混合，而是以链段作为体积对等单位与溶剂分子互换位置的。也就是说，高分子的体积要比溶剂分子的体积大 x 倍，即 $V_2 = xV_1$。所以式（8-71）变为：

$$\Delta H = \frac{N_1 \cdot xN_2}{N_1 + xN_2}V_1\left[\left(\frac{\Delta E_1}{V_1}\right)^{1/2} - \left(\frac{\Delta E_2}{V_2}\right)^{1/2}\right]^2 \tag{8-72}$$

式中 x——高分子链的平均链段数。

令 $\delta_1 = \left(\frac{\Delta E_1}{V_1}\right)^{1/2}$；$\delta_1 = \left(\frac{\Delta E_2}{V_2}\right)^{1/2}$

则：
$$\Delta H = \frac{N_1 \cdot xN_2}{N_1 + xN_2} V_1 (\delta_1 - \delta_2)^2 \tag{8-73}$$

式中，δ_1，δ_2——分别为溶剂和溶质的溶解度参数。

由式（8-73）可知，ΔH 取决于 δ_1 和 δ_2 的差值，两者越接近，ΔH 越小，就越容易溶解。一般选择时，只要 $|\delta_1-\delta_2|<1.5$ 就可以。

表 8-30 和表 8-31 分别列出了常用溶剂和高聚物的溶解度参数。

表 8-30　常用溶剂的溶解度参数，δ_1

溶剂	V_1 /(cm³/mol)	δ_1 /(J/cm³)^{1/2}	溶剂	V_1 /(cm³/mol)	δ_1 /(J/cm³)^{1/2}	溶剂	V_1 /(cm³/mol)	δ_1 /(J/cm³)^{1/2}
正戊烷	116	14.4	1,2-二氯乙烷	79	20	乙酸乙酯	99	18.6
异戊烷	117	14.4	三氯乙烯	90	18.8	MMA	106	17.8
正己烷	132	14.9	四氯乙烯	101	19.1	丙酮	74	20.4
环己烷	109	16.8	氯乙烯	68	17.8	甲乙酮	89.5	19
正庚烷	147	15.2	偏二氯乙烯	80	17.6	环己酮	109	20.2
正辛烷	164	15.4	氯苯	107	19.4	二氧六环	86	20.4
异辛烷	166	14.0	水	18	47.4	四氢呋喃		20.2
苯	89	18.7	苯酚	87.5	29.6	苯胺	168	16
甲苯	107	18.2	乙二醇	56	32.1	吡啶	81	21.9
邻二甲苯	121	18.4	丙三醇	73	33.7	丙烯腈	66.5	21.3
间二甲苯	123	18	环己醇	104	23.3	硝基苯	103	20.4
对二甲苯	124	17.9	甲醇	41	29.6	二硫化碳	61.5	20.4
异丙苯	140	18.1	乙醇	57.5	26	二甲砜	75	29.8
苯乙烯	115	17.7	正丙醇	76	24.3	二甲亚砜	71	27.4
二氯甲烷	65	19.8	正丁醇	91	23.3	硝基甲烷		25
氯仿	81	19	正戊醇	108	22.3	二甲基甲酰胺		24
四氯化碳	97	17.6	正己醇	125	21.9	间甲酚		24.3
氯乙烷	73	17.4	正庚醇	142	20	乙苯	123	18
1,1-二氯乙烷	85	18.6	醋酸	57	25.7	异丁醇	91	21.9

表 8-31　高聚物的溶解度参数，δ_2

高聚物	δ_1 /(J/cm³)^{1/2}	V_1 /(cm³/mol)	内聚能 /(J/mol)	高聚物	δ_1 /(J/cm³)^{1/2}	V_1 /(cm³/mol)	内聚能 /(J/mol)
聚乙烯	15.8～17.1	32.9	8171～9595	聚对苯二甲酸乙二醇酯	19.9～21.9	143.2	56439～68674
聚丙烯	16.8～18.8	49.1	13827～17430	聚己二酰己二胺	27.8	208.3	580315
聚异丁烯	16.0～16.6	66.8	17011～18352	聚甲醛	20.9～22.5	25.0	10894～12696
聚氯乙烯	19.2～22.1	45.2	16118～22081	聚二甲基硅氧烷	14.95～15.55	75.6	16886～18017
聚偏二氯乙烯	20.3～25	58.0	23799～36160	二硝酸纤维素	21.5		
聚四氟乙烯	12.7	50.0	8046	硝酸纤维素	23.6		
聚三氟氯乙烯	14.7～16.2	61.8	13408～16173	二醋酸纤维素	23.3		
聚乙烯醇	25.8～29.1	35.0	23296～29581	乙基纤维素	21.1		
聚乙酸乙烯酯	19.1～22.6	72.2	26439～36956	聚氨基甲酸酯	20.5		
聚苯乙烯	17.4～19.0	98.0	29665～35531	环氧树脂	19.8		
聚丙烯酸甲酯	19.9～21.3	70.1	27654～31760				
聚甲基丙烯酸甲酯	18.6～26.2	86.5	30000～59372	氯丁橡胶	16.8	71.3	20070～25559
聚丙烯腈	25.6～31.5	44.8	29330～44498	丁腈橡胶	17.8～21.1		
聚丁二烯	16.6～17.6	60.7	16676～18813	丁苯橡胶	16.6～17.8		
聚异戊二烯	16.2～20.5	75.7	20657～31718	乙丙橡胶	16.2		

如果知道了高聚物的各种基团的摩尔相互作用常数值 E'，则也可以通过下式直接计算出高聚物溶解度参数值。表 8-32 列出了各种基团的摩尔相互作用常数值。

$$\delta_2 = \left(\frac{\sum E'}{V_2}\right)^{1/2} \tag{8-74}$$

式中，$V_2 = M_0/d$，M_0 为高聚物重复结构单元相对分子质量，d 为高聚物的密度。

表 8-32 各种基团的摩尔相互作用常数，E'

基团	V_2/(cm³/mol)	E'/(J/mol)	基团	V_2/(cm³/mol)	E'/(J/mol)
—CH₃	33.5	4710	—OH	10.0	29800
—CH₂—	16.1	4940	—OH（芳香族）	71.4	31940
>CH—	−1.0	3430	—NH₂	19.2	12560
>C<	−19.2	1470	—NH—	4.5	8370
CH₂=	28.5	4310	—N<	−9.0	4190
—CH₂=	13.5	4310	—C≡N	24.0	25530
>C=	−5.5	4310	—NCO	35.0	28460
—O—（醚，乙缩醛）	3.8	3350	—S—	12.0	14150
—O—（环氧化物）			—Cl	24.0	11550
—COOH	28.5	27630	Cl（二取代）	26.0	9630
>C=O	10.8	17370	Cl（三取代）	27.3	7530
—CHO（醛）	22.3	21350	—F	18.0	4190
(CO)₂O（酐）	30.0	30560			

已知 聚甲基丙烯酸甲酯的相对密度为 1.19，重复结构单元相对分子质量为 100.1，求溶解度参数。

解 从聚甲基丙烯酸甲酯的重复结构单元结构可知：重复结构单元中含一个 —CH₂—，两个 CH₃—，一个 >C<，一个 —COO—，从表 8-32 中查出各基团的 E' 值，把每个基团的 E' 加和起来得：

$$\sum E' = 4940 + 2 \times 4710 + 1470 + 27630 = 43460$$

所以

$$\delta_2 = \left(\frac{\sum E'}{V_2}\right)^{1/2} = \left(\frac{43460}{\frac{100.1}{1.19}}\right)^{1/2} = 22.75$$

此计算值与表 8-31 所列的聚甲基丙烯酸甲酯的溶解度参数值基本相同。

实际中，溶解度参数相近原则对选择混合溶剂也适用。只不过 δ_1 为混合溶剂的溶解度参数值。这时混合溶剂的溶解度参数可利用下列关系式求取：

$$\delta_{1混} = \sum V_i \delta_i \tag{8-75}$$

式中 V_i——混合溶剂中 i 种溶剂的体积分数；
　　　δ_i——混合溶剂中 i 种溶剂的溶解度参数。

上述三个原则，在应用时不能只考虑其中一个原则，要考虑各种因素（如结晶、氢键等）对溶解的影响，同时还要配合试验结果，才能选出合适的溶剂。

此外，还必须考虑溶解的目的。如作为油漆使用的高聚物溶解时，所选择的溶剂，挥发性要好，否则油漆不易干燥，影响生产，影响质量。与之相反，作为增塑剂来用的溶剂，其挥发性一定要小，以确保增塑剂长期保留在高聚物中，使其性能稳定。作为测定高聚物相对分子质量的溶剂，尽量选择室温就可以溶解的、对测定结果无干扰的溶剂，以便于进行测定。

溶解过程中，无定形高聚物的溶解度随相对分子质量的增加而减小，利用此点可以对高聚物进行分级。结晶高聚物的溶解度不仅依赖于相对分子质量而且更重要的是依赖于结晶度，结晶度越高，分子间作用力越大，则越难溶解。

三、高聚物稀溶液的黏度

1. 高聚物稀溶液黏度的表示方法

高聚物稀溶液黏度有以下四种表示方法。

(1) 相对黏度（η_r）

$$\eta_r = \frac{\eta}{\eta_0} \tag{8-76}$$

式中　η——溶液的黏度；
　　　η_0——纯溶剂的黏度。

相对黏度（η_r）的意义：表示溶液黏度比溶剂黏度的大多少倍，是无因次量。

(2) 增比黏度（η_{sp}）

$$\eta_{sp} = \frac{\eta - \eta_0}{\eta_0} = \eta_r - 1 \tag{8-77}$$

增比黏度（η_{sp}）的意义：表示溶液黏度较溶剂黏度增加的分数，是无因次量。

(3) 比浓黏度（η_{sp}/C）

$$\frac{\eta_{sp}}{C} = \frac{\eta_r - 1}{C} \tag{8-78}$$

比浓黏度的意义：表示浓度为 C 时，单位浓度对"增比黏度"所做的贡献，其数值随浓度不同而变化。其因次是浓度单位的倒数。

(4) 特性黏度 $[\eta]$

$$[\eta] \equiv \lim_{C} \frac{\eta_{sp}}{C} \equiv \lim \frac{\ln \eta_r}{C} \tag{8-79}$$

特性黏度 $[\eta]$ 的意义：表示当浓度趋于零时的比浓黏度。即单个分子对溶液黏度的贡献，是反映高分子特性的黏度值不随浓度而改变。其因次是浓度因次的倒数。

2. 影响高聚物稀溶液黏度的因素

高聚物大分子链在稀溶液中的状态如图 8-107 所示，溶解后的线型高聚物大分子链，在溶液中多以长链卷曲成无规线团形状存在。这些线团在溶液中，由于和溶剂分子间相互作用力的影响，溶剂被线团充分吸收而达到饱和状态，并线团外的溶剂通过扩散的方式成为稳定的平衡，又由于线团中的孔隙的毛细管作用，可以使其中的溶剂保持在里面，当线团运动时，里面的溶剂和线团成为一个统一的整体一直运动，这和吸饱了液体的海绵很相似。线团内的溶剂与溶液中的溶剂不是完全隔离的，里外的溶剂分子可以互相扩散。被线团保持在里面溶剂称为"内含"或"束缚"溶剂，在溶液中不被线团所保持的溶剂称为"自由"溶剂。

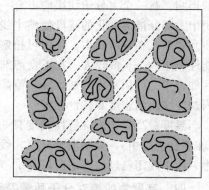

图 8-107　高聚物稀溶液实际状态示意图

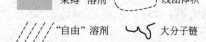

由于存在着线团在稀溶液中的三维运动和线团内的链段运动，使线团存在形状即构象不断变化。这些变化影响高聚物稀溶液的黏度。

(1) 高聚物稀溶液浓度与黏度的关系

高聚物稀溶液浓度对黏度的关系可以用哈金斯经验公式表示。

$$\frac{\eta_{sp}}{C} = [\eta] + K'[\eta]^2 C \tag{8-80}$$

$$\frac{\ln \eta_r}{C} = [\eta] - K''[\eta]^2 C \tag{8-81}$$

由上两式可知：$\frac{\eta_{sp}}{C}$ 与 C 为线性关系，$\frac{\ln\eta_r}{C}$ 与 C 也是线性关系。并且两条直线的截距就是特性黏度。

(2) 高聚物相对分子质量的影响

高聚物相对分子质量与特性黏度的关系可以用马克-豪温方程表示。

$$[\eta]=KM^{\alpha} \tag{8-82}$$

式中 K——取决于测试温度和相对分子质量范围的常数；

α——取决于溶液中高分子链形态的参数。

实验证明：当 $\alpha=1$ 时，则 $[\eta]=KM$，说明溶剂化作用强，此时，高聚物分子链在溶液中呈伸展状；特性黏度与高聚物相对分子质量的一次方成正比。当 $\alpha=0.5$ 时，则 $[\eta]=KM^{1/2}$，说明溶剂化作用与高聚物分子链的内聚作用相等，高聚物分子链在溶液中呈自然松散线团状，特性黏度与高聚物相对分子质量的 1/2 次方成正比，此时的溶液为 Θ 溶液。当 $\alpha=0$ 时，则 $[\eta]=K$，说明高聚物分子链的内聚作用大于溶剂化作用，高聚物分子链在溶液中呈卷曲状，特性黏度为一定值，与相对分子质量大小无关。通常 α 数值在 0.5~0.8 之间。

常见高聚物的 K 值和 α 值可以直接查有关文献。也可以利用式（8-80）的对数关系式 $\lg[\eta]=\lg K+\alpha\lg M$，通过实验作图得一直线，从直线的斜率求得 α，由截距定出 K。

(3) 溶剂和温度的影响

高聚物溶液的特性黏度在恒定的温度下随选择的溶剂不同而有不同的数值；当溶剂选定后，高聚物溶液的特性黏度又随温度的变化而变化。其原因是，在高聚物溶液内大分子与大分子之间存在相互作用能的影响，同时，在溶液中的单个大分子内也有链段之间的相互作用能的影响。在一个大分子线团内，有一些链段之间因为彼此靠得很近而形成暂时的缔合点。线团中大部分被溶剂化的链段使整个线团分子保持在溶液中，分子缔合点的存在则引起链的卷曲和紧缩。在良溶剂中，线团可松解扩张，密度小，链段间距离较大，内部形成缔合点的可能性较小，$[\eta]$ 值较大。在不良溶剂中，线团呈现卷曲和紧缩，链段之间易于靠近，生成一些缔合点，线团密度增加，$[\eta]$ 值降低。所以只合理地选择高聚物的溶剂，就能在一定限度内改变线团的密度和特性黏度。

温度对高聚物溶液特性黏度有一定的影响。在常温下，若高聚物溶液的线团密度很大时（在不良溶剂中），则随温度升高，线团趋向松解，因此，$[\eta]$ 随温度升高而增加。在良溶剂中，由于线团已经松解，所以 $[\eta]$ 对温度的依赖性较小，随温度的升高而减小。

四、高聚物的相对分子质量及测定

通过以上各章节内容的学习，大家已经清楚了，高聚物的许多性能与相对分子质量有直接的关系，如：

$$Y=Y^{\infty}-\frac{A}{M} \tag{8-83}$$

式中 Y——研究的性能（包括密度、热容、折光率、玻璃化温度、机械强度等）；

Y^{∞}——相对分子质量极高时的极限值；

A——常数。

因此，高聚物相对分子质量及其分布不仅是高聚物合成时要控制的重要工艺指标，也是高聚物材料成型加工时的最基本结构参数。

由于合成反应过程各种因素造成高聚物的相对分子质量相互间不是相等的（即相对分子质量多分散性），因此不能用某一个高分子的相对分子质量来进行表述，而是以组成高聚物的所有大分子的相对分子质量的平均值为标准进行表述。因此，下面先介绍高聚物相对分子质量的统计意义，再介绍它的测定方法。

（一）高聚物相对分子质量的统计意义

为了明确地解释高聚物相对分子质量的统计意义，以下列体系为研究对象。即体系内各组分的相对分子质量为 M_1、M_2、M_3、M_4……M_n，各组分的摩尔数为 n_1、n_2、n_3、n_4……n_n，各组分的质量为 W_1、W_3、W_3、W_4……W_n，则定义如下各相对分子质量表达式。

1. 数均相对分子质量（$\overline{M}_n$）

$$\overline{M}_n = \frac{n_1 M_1 + n_2 M_2 + n_3 M_3 + \cdots}{n_1 + n_2 + n_3 + \cdots} = \frac{\sum n_i M_i}{\sum n_i} = \sum N_i M_i \tag{8-84}$$

式中 $N_i = \frac{n_i}{\sum n_i}$，为相对分子质量为 M_i 组分的摩尔分数；

M_i——i 组分相对分子质量。

2. 重均相对分子质量（$\overline{M}_w$）

$$\overline{M}_w = \frac{W_1 M_1 + W_2 M_2 + W_3 M_3 + \cdots}{W_1 + W_2 + W_3 + \cdots} = \frac{\sum W_i M_i}{\sum W_i} = \sum \overline{W}_i M_i \tag{8-85}$$

式中 $\overline{W}_i = \frac{W_i}{\sum W_i}$，为相对分子质量为 M_i 组分的质量分数。

因为

$$W_i = n_i M_i$$

所以：

$$\overline{M}_w = \frac{\sum n_i M_i^2}{\sum n_i M_i} \tag{8-86}$$

3. Z 均相对分子质量（$\overline{M}_Z$）

$$\overline{M}_Z = \frac{\sum n_i M_i^3}{\sum n_i M_i^2} \tag{8-87}$$

4. 黏均相对分子质量（$\overline{M}_\eta$）

$$\overline{M}_\eta = \left(\frac{\sum n_i M_i^{\alpha+1}}{\sum n_i M_i} \right)^{1/\alpha} = \left(\sum \overline{W}_i M_i^\alpha \right)^{1/\alpha} \tag{8-88}$$

式中 α——相对分子质量常数，其值与高分子的大小、形态、溶剂和测定温度有关。

5. 相对分子质量分散系数

从上面的定义可知，数均相对分子质量（$\overline{M}_n$）、重均相对分子质量（$\overline{M}_w$）、Z 均相对分子质量（$\overline{M}_Z$）可以用下面的通式表示：

$$\overline{M} = \frac{\sum n_i M_i^a}{\sum n_i M_i^{a-1}} \tag{8-89}$$

当 $a=1$ 时，则式（8-89）表示的是 $\overline{M}_n$；当 $a=2$ 时，则式（8-89）表示的是 $\overline{M}_w$；当 $a=3$ 时，则式（8-89）表示的是 $\overline{M}_Z$。

对不同相对分子质量的分散体系，四种平均相对分子质量的关系是不一样的。对单分散体系，计算结果是四种平均相对分子质量相等的，即 $\overline{M}_n = \overline{M}_w = \overline{M}_Z = \overline{M}_\eta$。对多分散体系，计算结果是 $\overline{M}_n < \overline{M}_\eta < \overline{M}_w < \overline{M}_Z$。

在实际中常用 $\frac{\overline{M}_w}{\overline{M}_n}$ 的比值表示高聚物相对分子质量的分散程度，故又将 $\frac{\overline{M}_w}{\overline{M}_n}$ 比值定义为高聚物相对分子质量分散系数，一般用 HI 表示，即：

$$HI = \frac{\overline{M_w}}{\overline{M_n}} \tag{8-90}$$

当 HI=1,表明体系为单分散;当 HI>1,表明体系为多分散。

表 8-33 是按不同比例混合的同系高聚物的平均相对分子质量。从表中的计算结果得知:$\overline{M_n}$ 总是小于 $\overline{M_w}$;低相对分子质量聚合物的存在对 $\overline{M_n}$ 的影响很大,而对 $\overline{M_w}$ 的影响较小;$\overline{M_w}$ 对相对分子质量大的分子特别敏感。此外,相对分子质量差异越大,$\frac{\overline{M_w}}{\overline{M_n}}$ 比值越大(HI 越大于 1),即分散性越大。

表 8-33 按不同比例混合的同系高聚物的平均相对分子质量

编号	$\overline{W_1} \times 100\%$	M_1	$\overline{W_2} \times 100\%$	M_2	平均相对分子质量		
					$\overline{M_n}$	$\overline{M_w}$	$\overline{M_w}/\overline{M_n}$
1	99	100000	1	10000	92000	99100	1.08
2	90	100000	10	10000	52500	91000	1.78
3	99	100000	1	1000	50000	99000	1.98
4	1	100000	90	10000	10090	10095	1.08
5	50	100000	50	10000	16200	55000	3.02
6	50	100000	50	1000	1980	50500	25.05

(二)平均相对分子质量的测定方法

高聚物平均相对分子质量的测定方法多数是在低分子化合物相对分子质量测定方法基础上发展起来的。只不过高聚物平均相对分子质量的测定必须是在高聚物稀溶液中进行的。

1. 数均相对分子质量测定

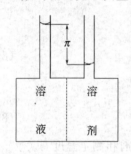

图 8-108 渗透压法基本原理示意图

数均相对分子质量的测定方法很多,有端基滴定法、沸点上升法、冰点下降法、膜渗透压法、气相渗透法等。都是在高聚物稀溶液中进行测定的,其原理是根据溶液的依数性。

(1)膜渗透压法

膜渗透压法是测定数均相对分子质量最重要的方法。其测定原理图可利用图 8-108 来说明:当高聚物溶液和溶剂被一个半透膜隔开时,由于溶剂与溶液存在偏摩尔自由能之差,使溶剂池中的溶剂通过半透膜流向溶液池,造成溶液池液面比溶剂池液面高,当达到平衡时,这个压差就是渗透压,它使半透膜两边液体的偏摩尔自由能相等。当高聚物溶液浓度很稀时,渗透压与数均相对分子质量有以下关系:

$$\frac{\pi}{C} = RT\left(\frac{1}{\overline{M_n}} + A_2 C + A_3 C^2\right) \tag{8-91}$$

式中 π——渗透压;
C——高聚物溶液浓度;
$\overline{M_n}$——高聚物的数均相对分子质量;
R——气体常数;
T——绝对温度;
A_2,A_3——第二、第三维利系数。

当高聚物溶液浓度很稀,即 C 很小(但 C 不为零)时,$C^2 \to 0$,则可以忽略式(8-89)

中的第三项。则式（8-91）变为：

$$\frac{\pi}{C}=RT\left(\frac{1}{M_n}+A_2C\right) \tag{8-92}$$

该式说明 $\frac{\pi}{C}$ 与高聚物溶液浓度 C 成线性关系。从直线的截距 $\frac{RT}{M_n}$ 便可求得数均相对分子质量 $\overline{M_n}$，从直线的斜率 RTA_2 求得 A_2。其中 A_2 是与溶剂性质有关的常数，$A_2>0$ 表明高聚物分子与溶剂分子间吸引作用大，高分子线团为松散，高分子链呈伸展状；$A_2=0$ 表明高聚物的内聚力与溶剂的溶剂化作用相等，高分子链呈自由卷曲状；$A_2<0$ 表明溶剂的溶剂化作用比高聚物的内聚力小，高分子链为卷缩状。即 A_2 的大小反映

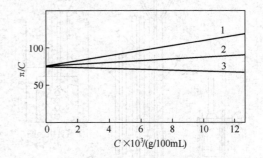

图 8-109　聚苯乙烯在不同溶剂中渗透压与浓度关系曲线
1—纯丁酮；2—丁酮：甲醇（体积比）＝95：5
3—丁酮：甲醇（体积比）＝90：10

了高聚物分子与溶剂分子间的作用力大小，当作用力增大时，A_2 就升高（图 8-109）。具体 A_2 的表达式为：

$$A_2=\left(\frac{1}{2}-\mu\right)\frac{1}{V_1 d_2^2} \tag{8-93}$$

式中　μ——高聚物与溶剂的相互作用参数，一般在 0～1 之间。通过 μ 值可以判断溶剂是良还是不良，当 $\mu<\frac{1}{2}$ 时，则溶剂为良溶剂；当 $\mu=\frac{1}{2}$ 时，则溶剂为 θ 溶剂；当 $\mu>\frac{1}{2}$ 时，则溶剂为不良溶剂；

　　　V_1——溶剂的摩尔体积；

　　　d_2——高聚物的密度。

在实际测定中，先配制若干不同浓度的高聚物溶液，并分别测定各浓度下的渗透压，再求出相应的 $\frac{\pi}{C}$ 数值。然后将各组浓度 C 与对应的 $\frac{\pi}{C}$ 数值，在坐标纸上定点、连线，绘制出一条直线，将该直线外推至 $C=0$ 的截距处，从而得出截距数值，最后求出 $\overline{M_n}$。

渗透压测定用的仪器，可以采用齐姆-迈耶森渗透计（图 8-110）和自动渗透计（图 8-111）等仪器设备。两者主要差别是，后者不采用毛细管渗透计。

（2）气相渗透压法

气相渗透压法简称 VPO，其原理示意如图 8-112 所示。在一个恒温密闭的容器中，有某种挥发性溶剂的饱和蒸气，若在此蒸气中置入一滴不挥发性溶质的溶液和一滴纯溶剂，从热力学的概念可知，溶剂在溶液中的饱和蒸气压低于纯溶剂的饱和蒸气压。于是就会有溶剂分子自饱和蒸气相凝集在溶液滴的表面上，并放出凝集热，使溶液滴的温度升高。当纯溶剂的表面在一定的温度下，溶剂分子挥发速率与凝集速率成动态平衡时，温度不发生变化。这时，溶液滴与溶剂滴之间产生了温差，通过传导、对流及辐射作用会向蒸气相及测温元件传热而损失一部分热量，系统达到定态时，测温元件所反映出来的温差不再增高，这时溶液滴和溶剂滴之间的温差 ΔT 和溶液中溶质的摩尔分数 N_2 成正比。

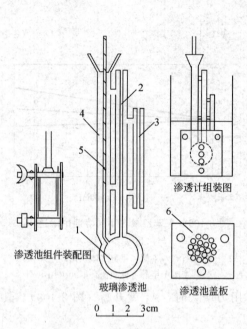

图 8-110 齐姆-迈耶森渗透计
1—渗透池；2—毛细管；3—参比毛细管；
4—注入溶液用的毛细管；5—水银；6—黄铜板

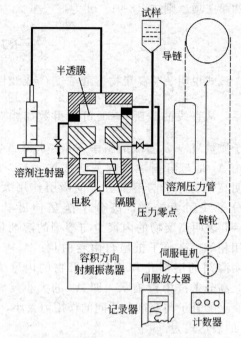

图 8-111 斯特宾-谢尔快速自动渗透计

$$\Delta T = AN_2 \tag{8-94}$$

式中　A——比例系数。

对于稀溶液

$$N_2 = \frac{n_2}{n_1 + n_2} \approx \frac{n_2}{n_1} = \frac{W_2 M_1}{W_1 M_2} = C_2 \frac{M_1}{M_2} \tag{8-95}$$

式中　n_1，n_2——分别为溶剂和溶质的摩尔数；
　　　M_1，M_2——分别为溶剂和溶质的相对分子质量；
　　　W_1，W_2——分别为溶剂和溶质的质量，g；
　　　$C_2 = \dfrac{W_2}{W_1}$——溶质的质量分数。

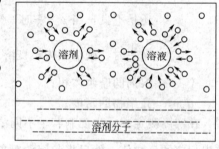

图 8-112 VPO 原理示意图

由式（8-94）、式（8-95）得：

$$\Delta T = A \frac{M_1}{M_2} C \tag{8-96}$$

该式是气相渗透法测定高聚物相对分子质量的基础。

与其他测定高聚物相对分子质量的方法一般，它也需要在不同的浓度下进行测定，并外推至浓度为零，求取其相对分子质量：

$$\left(\frac{\Delta T}{C} \right)_{C \to 0} = \frac{A'}{M} \tag{8-97}$$

式中　$A' = AM_1$

气相渗透计仪器装置如图 8-113 所示，主要包括恒温室、热敏元件和电测量系统。恒温室的恒温要求在 0.01℃ 以内。

（3）端基滴定法

端基滴定法是纯化学方法。对已知化学结构的高聚物，如聚酰胺类，在大分子链的端基上带有可以用酸、碱滴定的—COOH 或—NH₂ 基团。就可以采用此种方法。此时，高聚物的数均相对分子质量：

$$\overline{M_n} = \frac{\sum n_i M_i}{\sum n_i} = \frac{\sum W_i}{\sum n_i} \quad (8-98)$$

式中　$\sum W_i$——试样的质量；
　　　$\sum n_i$——试样所含大分子数，$\sum n_i$ = 标准溶液摩尔数/每个分子所含端基数。

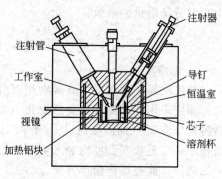

图 8-113　气相渗透计仪器图

在测定时，因分子中有支链或端基发生其他化学变化，将造成较大误差，所以要对高聚物试样进行纯化，除去杂质、单体等。

(4) 沸点升高和冰点降低法

依据溶液的沸点升高 ΔT_b 和冰点降低 ΔT_f 正比于溶液的浓度，与溶质相对分子质量成反比的关系。

$$\Delta T_b = K_b \frac{C}{M} \quad (8-99)$$

$$\Delta T_f = K_f \frac{C}{M} \quad (8-100)$$

式中　K_b，K_f——分别为沸点升高常数和冰点降低常数；
　　　C——溶液浓度。

对于高聚物稀溶液而言，存在 $\left(\frac{\Delta T}{C}\right)_{C\to 0} = \frac{K}{M}$ 关系。只要测出不同浓度稀溶液的 ΔT_b 或 ΔT_f，然后以 $\frac{\Delta T}{C}$ 对 C 作图，并外推浓度为零，从 $\left(\frac{\Delta T}{C}\right)_{C\to 0}$ 的值计算高聚物的相对分子质量 $\overline{M_n}$。

2. 光散射法

光散射法是利用光被胶体粒子所散射而混浊，混浊的程度由胶体粒子大小所决定的原理测定高聚物的重均相对分子质量。

$$\frac{HC}{\tau} = \frac{1}{M_w} + 2A_2 C \quad (8-101)$$

$$H = \frac{32\pi^3}{3} \cdot \frac{r^2}{N_A \lambda^4} \cdot \left(\frac{n-n_0}{C}\right)^2$$

式中　τ——浊度；
　　　C——高聚物稀溶液浓度；
　　　π——渗透压；
　　　r——散射中心到观察点的距离；
　　　n——溶液的折射率；
　　　n_0——溶剂的折射率；
　　　λ——入射光的波长；
　　　N_A——阿佛伽德罗常数。
　　　A_2——第二维利系数；
　　　$\overline{M_w}$——高聚物的重均相对分子质量。

由一系列实验数据，把 $\frac{HC}{\tau}$ 与 C 作图可得一线性关系，并外推到 $C\to 0$，由截距便得重均相对分子质量的倒数：

$$\left(\frac{HC}{\tau}\right)_{C\to 0} = \frac{1}{M_w} \tag{8-102}$$

3. 黏度法

黏度法属于间接测定高聚物相对分子质量的方法，是一种快速、简便、精确度较高的方法。测定采用的黏度计为奥氏黏度计或乌氏黏度计（图 8-114）。虽然两种黏度计都是直接测得固定体积 V 的溶液流过 a、b 两刻线的时间。但后一种黏度计还有如下优点：一是倾斜误差小；二是能在黏度内加入溶剂进行稀释，因而容许吸取一次溶液后，即能进行几个浓度下的测定，而且操作简单方便。

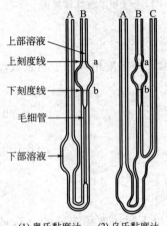

(1) 奥氏黏度计　(2) 乌氏黏度计

图 8-114　黏度计
a、b—刻线

由于黏度计中，毛细管的 R、L、V 均为常数，驱使流动的力为液压 $hg\rho$，ρ 为流体的密度，g 为重力加速度，h 为液柱的平均高度，这些各次测量中是相等的，表述黏度的泊萧尔定律可以写成为：

$$\eta = \frac{\pi P R^4 t}{8LV} = \frac{\pi h g \rho R^4}{8LV} \cdot t = A\rho t \tag{8-103}$$

式中　A——仪器常数（一般黏度计出厂有标定值）；
　　　t——液体流经 a、b 两刻线间的时间。

因为温度对黏度影响很大，所以要严格控制测定的温度，一般要求恒温（±0.02℃）。

对溶剂而言，$\eta_0 = A\rho_0 t_0$；对溶液而言 $\eta = A\rho t$。当溶液浓度很稀时，$\rho \approx \rho_0$。所以相对黏度 η_r 和 η_{sp} 为：

$$\eta_r = \frac{A\rho t}{A\rho_0 t_0} = \frac{t}{t_0} \tag{8-104}$$

$$\eta_{sp} = \eta_r - 1 = \frac{t}{t_0} - 1 \tag{8-105}$$

式中　t——溶剂流经 a、b 两刻线间的时间；
　　　t_0——溶液流经 a、b 两刻线间的时间。

在测定过程中，用黏度计分别测定溶剂和几个不同浓度的高聚物稀溶液的黏度（用流出时间表示）；根据式（8-104）、式（8-105）计算出 η_r、η_{sp} 及对应的 $\frac{\eta_{sp}}{C}$、$\frac{\ln\eta_r}{C}$ 等数值，并将 $\frac{\eta_{sp}}{C}$ 或 $\frac{\ln\eta_r}{C}$ 对 C 作图，然后将直线外推至 $C\to 0$，从如图 8-115 所示的纵坐标上得出的截距值，即为 $[\eta]$ 值。通过文献查出 K 和 α 值，再根据式（8-82）便可求得黏均相对分子质量 $\overline{M_\eta}$。

表 8-34 列出了部分高聚物的 K 和 α 值。

对线型柔性链高分子-良溶剂体系，式（8-80）与式（8-81）中的 $K' + K'' = \frac{1}{2}$，所以将式（8-80）与式（8-81）进行整理得：

$$[\eta] = \frac{\sqrt{2(\eta_{sp} - \ln\eta_r)}}{C} \tag{8-106}$$

由式（8-106）可知，只要知道 η_r、η_{sp} 及 C，就可以求出 $[\eta]$。称该方法为"一点法"。

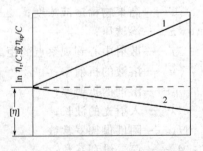

图 8-115　$\frac{\eta_{sp}}{C}$-C 及 $\frac{\ln\eta_r}{C}$-C 关系图

1—$\frac{\eta_{sp}}{C}$-C 关系图；2—$\frac{\ln\eta_r}{C}$-C 关系图

表 8-34　部分高聚物的 K 和 α 值

高　聚　物	溶　剂	温度/℃	$M_{范围}\times 10^3$	确定 K,α 的方法	$K\times 10^2$	α
尼龙-66	90%甲酸	25	6.523	端基滴定	11	0.72
聚丙烯腈	二甲基甲酰胺	25	4.8～270	渗透压	1.66	0.81
		25	30～260	光散射	2.43	0.75
聚丙烯	十氢萘	135	100～1000	光散射	1.00	0.80
聚氯乙烯(乳液)	环己酮	25	19～150	渗透压	0.204	0.50
聚氯乙烯(80%转化)		20	80～125	渗透压	0.143	0
	丁酮	25	3～170	光散射	3.9	0.57
聚苯乙烯	甲苯	25	3～170	光散射	1.7	0.69
	苯	25	1～11	渗透压	4.17	0.60
天然橡胶	甲苯	25	0.4～1500	渗透压	5.07	0.76
聚丁二烯	甲苯	25	70～400	渗透压	11.0	0.62
三醋酸纤维素	二氯甲烷:乙醇=80:	25	20～300	渗透压	1.39	0.83
	20				4.5	4
	氯仿	30	30～180			0.9

另外，应用黏度法测定高聚物相对分子质量时，注意以下几点：选好 K 和 α 值（查聚合物手册等），确定溶剂、温度；选择流速适当的黏度计，特别要洗净；配制高聚物溶液，一般取 0.2～1g 的高聚物溶解于 100mL 溶液中或按比例配制；通过 $[\eta]=KM^\alpha$ 计算所得高聚物的平均相对分子质量，一般是 $\overline{M_\eta}$，但依 K 和 α 数值的来源不同而不同，如果 K 和 α 数值是由渗透压、端基滴法测定的，则 $\overline{M_\eta}$ 为 $\overline{M_n}$；如果 K 和 α 数值是由光散射法和超速离心法测得的，则 $\overline{M_\eta}$ 为 $\overline{M_w}$。

4. 相对分子质量测定方法比较

上面介绍了测定高聚物相对分子质量的几种方法，其中黏度法是最常用的方法。此方法所需的设备和操作都较简单，技术比较容易掌握。测定的相对分子质量范围可从几千至几百万，只要有了经验常数 K 和 α 后，使用起来比较方便，甚至可以只测一个浓度，便能进行相对分子质量的估算。当应用于控制生产，只要求比较相对分子质量的相对大小时，可以只用 $[\eta]$，甚至用规定浓度下的 $\dfrac{\eta_{sp}}{C}$、η_r，即可进行比较，不需要计算真正的相对分子质量。因此，黏度法目前被广泛应用于生产控制和科学研究中。但黏度法也有缺点，它并不是绝对方法，对一个新的高聚物，需要其他方法先行确定常数 K 和 α，才能测定相对分子质量，而且要受 K 和 α 确定条件（如温度、溶剂相对分子质量范围等）影响。在作精密测定时，需考虑动能校正、剪切速率影响等，情况就比较复杂。

除黏度法外，其他各种方法均为相对分子质量的绝对方法，可用于直接测出某种平均相对分子质量。其中超速离心法测得的相对分子质量较为准确，而且可以同时得到相对分子质量分布的可靠数据。但此法所用的设备比较复杂、昂贵，不是一般单位能设置的。应用不是很广。

光散射法可以测得数均、重均和 Z 均相对分子质量，是测定相对分子质量的多能方法，并能同时研究溶液中高分子形态和测定第二维利系数，因此其应用比超速离心沉降法广泛，尤其是目测散射仪器设备更简单。但对共聚物和需要应用混合溶剂的时候，情况变得异常复杂，使用光散仪器测得的结果，误差可能很大，此外溶剂及高聚物中含有杂质时，亦影响测定的准确性。但总的来说，光散射法还是较好的相对分子质量测定方法。

渗透法是绝对方法中较常用的一种。它所测得的相对分子质量是数均相对分子质量，灵敏度较其他依数性的方法高，对分子结构无特殊要求，设备一般简单。现代发展起来的高速自动膜渗透计克服了过去存在的测定时间长的缺点。但渗透计法最大的缺点在于制备渗膜大都凭经验，有相对分子质量低的部分漏过渗透膜的疑虑。而相对分子质量低的聚合物可用气相渗透来测定，样品有几毫克就可以进行，且速度很快，所以渗透压法在平均相对分子质量的测定上显得非常重要。冰点降低法和沸点升高法，一般只用于测定相对分子质量在几千以下的样品。它们的缺点是灵敏度差，测定条件要求严格、精密，溶剂选择较困难。其中冰点降低法应用较多。一般端基分析法则除能测定相对分子质量在几千以下的样品外，还需分子有明确的结构，有可供分析的基团。电子显微镜法则刚刚相反，多用于相对分子质量较大的高分子的相对分子质量的测定。

凝胶渗透色谱法（GPC）既能测分布，也可以测定聚合物的各种平均相对分子质量，所以也是一种多能的方法。表 8-35 是几种相对分子质量测定方法的比较。

表 8-35　几种相对分子质量测定方法的比较

测定方法	$\overline{M}$ 的统计意义	适用 M 的范围	设置费用	需要时间(对比)	试样量大小
端基分析法	$\overline{M}_n$	<25000	低	中	大
膜渗透压法	$\overline{M}_n$	$2\times10^4 \sim 5\times10^5$	中	中	中
气相渗透压法	$\overline{M}_n$	<25000	中	短	小
光散射法	$\overline{M}_n$	$10^4 \sim 10^7$	中到高	长	大
黏度法	$\overline{M}_n$	$2\times10^4 \sim 10^6$	低	短	中
凝胶渗透色谱法	分布	$<10^6$	中到高	长	小

（三）高聚物的分级和相对分子质量分布曲线的测定

高聚物相对分子质量的分布是影响高聚物各种物理性能的重要参数，同时高聚物相对分子质量多分散性是在合成过程受多种因素影响造成的，因此，高聚物相对分子质量的分布情况也是高聚物合成中需要控制的重要参数。在研究高聚物多分散性时，首先要对高聚物样品进行分级，所谓分级是指将高聚物样品分成许多相对分子质量分布较窄的级分，再测定各级分，然后经过适当的数据处理，描绘出高聚物的分级曲线或相对分子质量分布曲线。

从原则上讲，凡是受高聚物相对分子质量大小影响的性质在理论上都可以利用来进行分级。因此，分级可以采用的方法很多。但归类看主要有：利用不同相对分子质量的高分子有不同的溶解度进行分级，如分级沉淀法；利用不同相对分子质量的高分子有不同的沉降速率进行分级，如超速离心法；利用不同相对分子质量的高分子线团的流体力学体积不同进行分级，如凝胶渗透色谱法。

1. 利用溶解度不同进行分级

利用溶解度不同进行分级的具体方法有降温分级和沉淀分级。

（1）降温分级

根据高聚物溶解度随温度而变化的规律，选择一个合适的高分子-溶剂体系，逐步冷却，相对分子质量较高的部分将首先析出。由于这种方法是按温度间隔不同而得到相对分子质量不同的级分的。因此又称为降温沉淀分级。

（2）沉淀分级

在高聚物溶液中加入沉淀剂（不良溶剂）便形成一个三元体系，但其变化与降温时相类似。此时，由于体系的溶剂化作用随沉淀剂的加入量增加，聚合物按相对分子质量的大小先后析出的方法称为沉淀分级。

一般把高聚物分成 10~20 个级分，经过数据处理，就可以得到分级分布曲线，如图 8-116 所示。

2. 凝胶渗透色谱法

凝胶渗透色谱（GPC）是应用最广泛的，能精确而方便得到高聚物相对分子质量分布的方法。其原理是：在色谱柱中填入用溶剂充分膨胀的交联高聚物或刚性多孔填料，如交联聚苯乙烯、甲基丙烯酸甲酯和双甲基丙酸乙二酯共聚物或硅胶等。高聚物溶液从上部加入，然后用溶剂连续洗提。尺寸较小的高聚物分子线团粒子（即相对分子质量较小的）渗透入凝胶或多孔填料的孔隙中去的概率较大，并且停留时间较长；较大的粒子由于只能进入足够大的孔隙中，被溶剂冲洗出来的速度较快，因此，可按粒子大小把高聚物分开，不同级分由定量收集器收集。各级分溶质的浓度可以用光谱、折射率或浊度等进行测定。洗涤体积 V 与相对分子质量 M 的关系取决于高聚物的性质、所采用的凝胶性质以及其他因素，所以要用已知相对分子质量的高聚物对所用色谱柱进行标定，定出 $\lg M$-V 校正曲线，才能用于测定相对分子质量及分布。

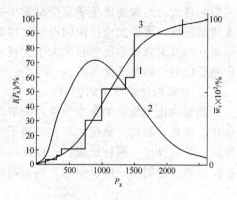

图 8-116 积分和质量分布曲线

第九节 高聚物的化学反应

高聚物的化学反应是指高聚物在物理的（热、光、电、机械力和辐射能等）及化学的（氧、臭氧、水、酸、碱、胺和试剂等）因素影响下，发生的引起高聚物化学结构和化学性质的变化的一类化学反应。

一、高聚物化学反应的意义、特点及类型

1. 高聚物化学反应的意义

（1）改性

通过高聚物的化学反应，对高聚物材料进行改性，获取具有需要性能的高聚物材料。使没有反应活性的高聚物有反应活性，难于溶解的易于溶解等。

（2）合成高聚物

通过高聚物的化学反应，合成出用单体不能直接合成的高聚物，如用聚醋酸乙烯酯合成聚乙烯醇甚至维尼纶，合成具有不同组成分布的共聚物。

（3）研究高聚物的结构

通过高聚物的化学反应，来证实高聚物的某些结构存在形式。

（4）防止高聚物的老化

通过高聚物的化学反应，了解高聚物老化和降解的原因，找出合理的防止方法，延长高聚物材料的使用寿命。

（5）开发功能高分子材料

通过高分子功能基团反应，制备新的功能高分子材料，如高分子催化剂、高分子试剂等。现在功能高分子材料的研究与开发是一个热门领域。

2. 高聚物化学反应的特点

虽然高聚物的化学反应与低分子化合物的反应有许多雷同的地方，但由于高聚物分子本身所具有独特的性质，造成有些化学反应是小分子化合物没有的。有关的特点是：不能分离出结构单一的产物，这是由于受高聚物分子结构的影响使分子中的众多反应基团并不都参加反应所造成的。高分子与化学试剂的非均相反应，受试剂在高分子中扩散速度控制，当扩散不好时，反应只发生在高聚物的表面。由于高分子链很长，在物理和化学的因素作用下，容易发生降解或交联反应。聚脂肪烯烃的化学反应多是非均相反应。

影响高聚物化学反应的因素主要有：静电荷与位阻对高聚物化学反应的影响比对小分子

的影响还大；高聚物的化学反应易发生在非晶区，结晶度越高反应越慢；提高高聚物的溶解度或溶胀度，可以加快反应的进行；单数目反应基团使成对进行的反应的转化率不会太高；全同立构高聚物化学反应程度大于无规立构高聚物的化学反应程度；相溶性不好的高聚物混合物反应的产物是不均匀的。

3. 高聚物化学反应的类型

高聚物化学反应的类型包括：一般的有机化学反应（取代、加成、消除、水解、酯化、氢化、卤化、醚化、磺化、环化、离子交换等）、配合反应、氧化反应、降解反应、分子间反应、支化反应、接枝反应、表面反应等。如图 8-117 所示的聚苯乙烯的化学反应图。对这些反应进行分类后，可以归并为高聚物的基团反应、交联反应和降解反应三类型。下面对主

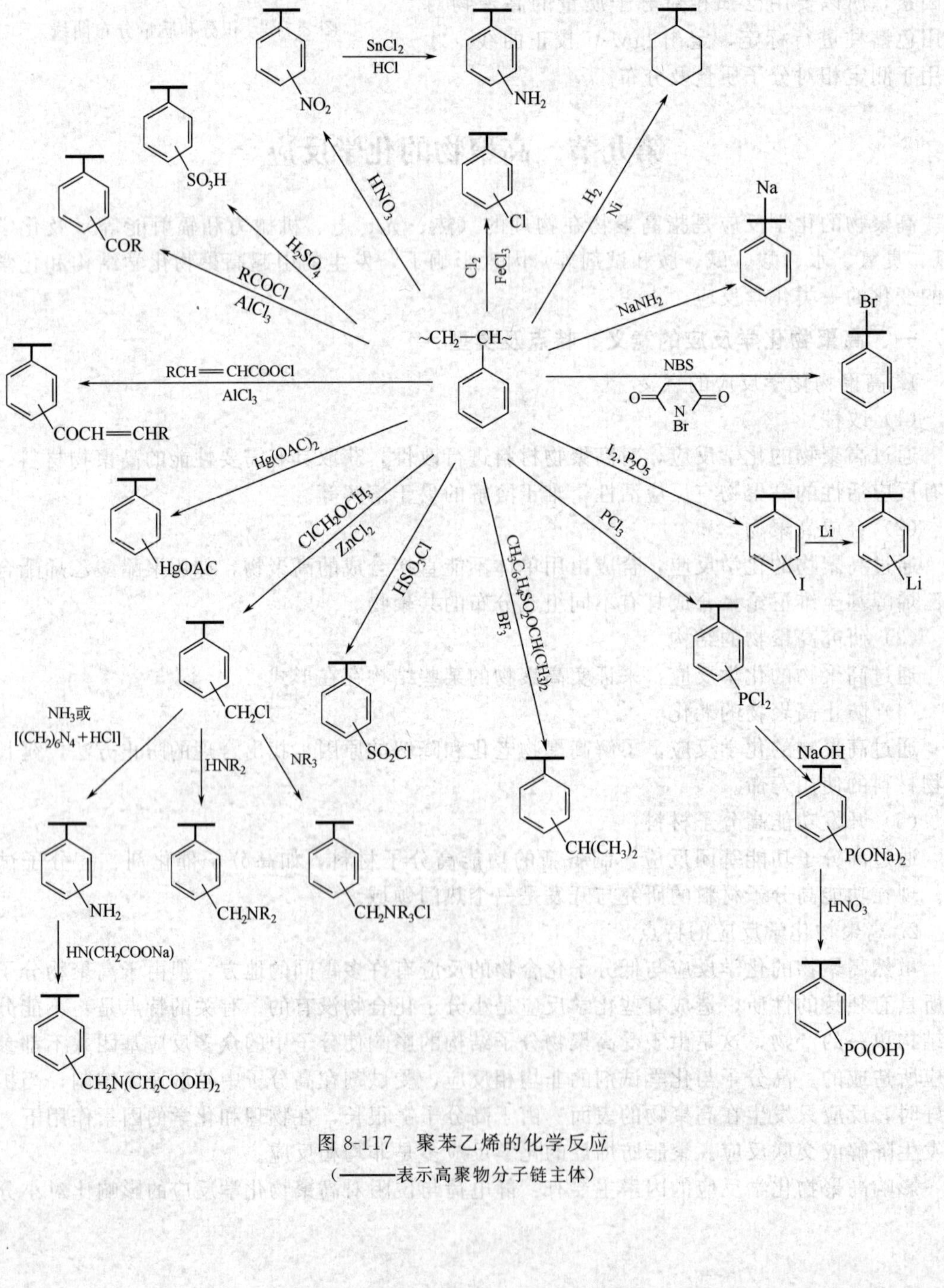

图 8-117 聚苯乙烯的化学反应
（——表示高聚物分子链主体）

要的反应进行介绍,供大家了解掌握。

二、高聚物的基团反应

高聚物的基团反应主要用于合成新的高聚物和赋予现有高聚物新的性能方面。这种反应可以发生在高分子与小分子之间,也可以发生在高分子之间,有时也发生高分子内。在反应过程中,为了防止高分子裂解或减少副反应,反应应尽量控制在缓和的条件下进行,如低温、缓慢搅拌、惰性气体保护等。

1. 酯化反应

以天然纤维素的酯化反应为例,由纤维素的链节结构得知,每个环上都有三个羟基。

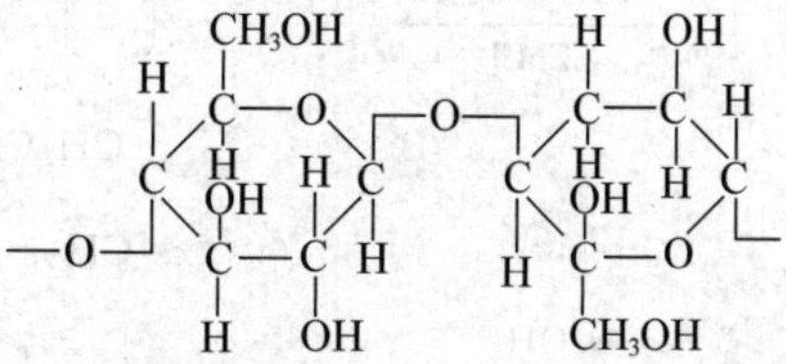

这些羟基可以与酸、酸酐、酰氯等进行反应,生成纤维素酯类产物。也就是天然纤维素的改性产物中的一类。其中主要的是硝化纤维素和醋酸纤维素。

在浓硫酸的存在下,将纤维素用浓硝酸酯化便可制得硝化纤维素。

$$[C_6H_7O_2(OH)_3]_n + 3nHNO_3 \longrightarrow [C_6H_7O_2(ONO_2)_3]_n + 3nH_2O$$
纤维素   纤维素三硝酸酯

其产物随酯化程度的不同,可以用作赛璐珞塑料(含氮量 11%)、涂料或黏合剂(含氮量 12%)、无烟火药(含氮量 13%)等。

在硫酸催化下,纤维素与醋酸酐反应,可以制得纤维醋酸酯,主要用于电影胶片和摄影软片的基材。

$$[C_6H_7O_2(OH)_3]_n + 3n(CH_3CO)_2O \longrightarrow [C_6H_7O_2(OCOCH_3)_3]_n + 3nCH_3COOH$$
纤维素三醋酸酯

反应是在溶剂(醋酸、二氯甲烷)或在稀释剂(苯、二甲苯)溶液中进行。酯化程度取决于反应条件,大分子链上酯基和羟基的相对数目多少影响产物在极性或非极性溶剂中的溶解度,从而决定其工艺。

2. 磺化与氯甲基化反应

磺化与氯甲基化反应是制备离子交换树脂的主要反应,其反应是以苯乙烯-二乙烯苯为离子交换树脂的母体。少量二乙烯苯起交联作用,防止溶解。母体的结构为:

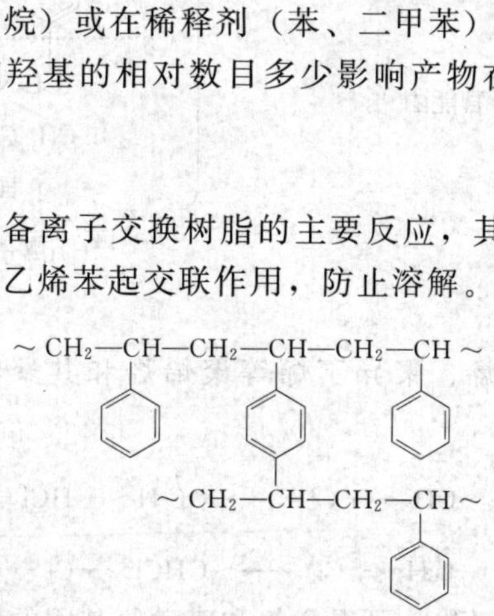

磺化与氯甲基化反应发生母体的苯环上。

反应时,母体先经二氯乙烷溶胀,后加入浓硫酸(或氯磺酸、发烟硫酸)进行磺化反应,即得聚苯乙烯磺酸型阳离子交换树脂。

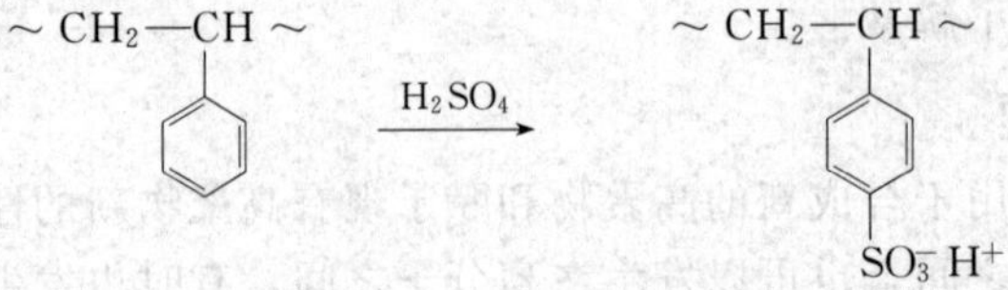

$$\sim CH_2-CH\sim-C_6H_5 \xrightarrow{H_2SO_4} \sim CH_2-CH\sim-C_6H_4-SO_3^-H^+$$

聚苯乙烯磺酸型阳离子交换树脂

母体与氯甲醚进行氯甲基化反应，再经三甲胺季铵化，最后用 NaOH 水溶液处理，可得强碱型阴离子交换树脂。

$$\sim CH_2-CH\sim-C_6H_5 \xrightarrow[ZnCl_2]{CH_3OCH_2Cl} \sim CH_2-CH\sim-C_6H_4-CH_2Cl \xrightarrow{NR_3}$$

$$\sim CH_2-CH\sim-C_6H_4-CH_2N^+R_3Cl^- \xrightarrow{NaOH} \sim CH_2-CH\sim-C_6H_4-CH_2N^+R_3OH^-$$

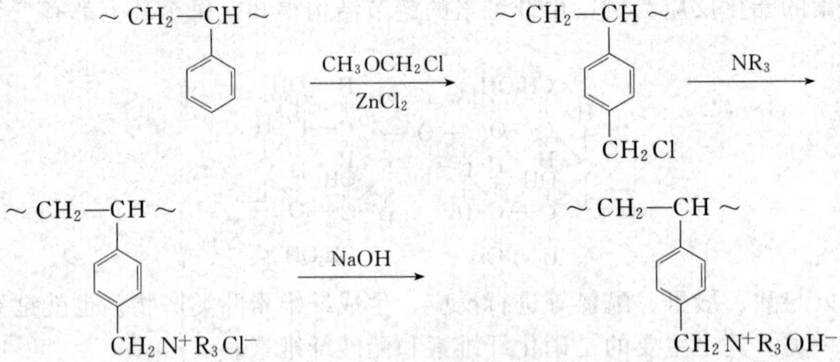

聚苯乙烯季铵型强碱型阴离子交换树脂

式中，R 常为 CH_3。

在大分子链带有能够电离的基团，置于适当的极性溶剂中便成为能电离的聚电解质，它们具有高聚物与电解质的综合性质。

离子交换树脂是最重要的工业应用的聚电解质。如上所述，离子交换树脂的结构包含两个基本组成部分，即交联结构的高分子骨架和带有可交换离子的基团，基团中可交换的离子能够与液相中带相同电荷的离子进行交换反应。具体离子交换树脂的结构表示如下：

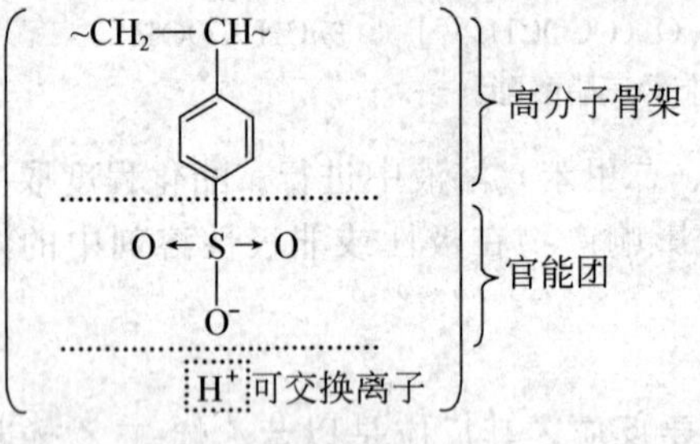

（阳离子交换树脂）：高分子骨架 / 官能团 (SO_3^-) / 可交换离子 (H^+)

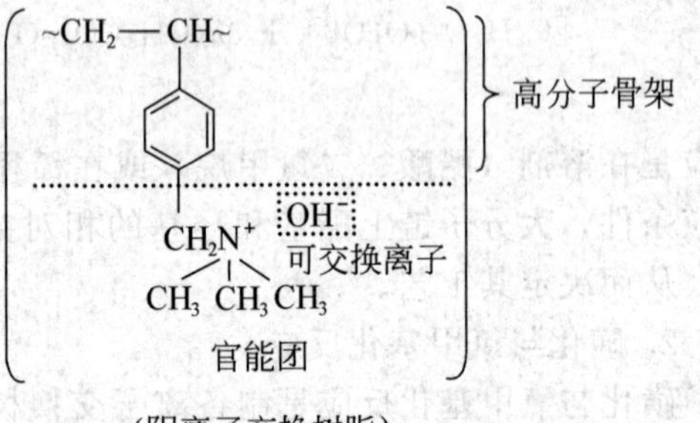

（阴离子交换树脂）：高分子骨架 / 官能团 ($CH_2N^+(CH_3)_3$) / 可交换离子 (OH^-)

3. 氯化反应

聚乙烯、聚丙烯、聚氯乙烯、聚异丁烯等聚烯烃和共聚物的氯化反应属于自由基反应。如：

$$\sim CH_2\sim + Cl\cdot \longrightarrow \sim \dot{C}H\sim + HCl$$

$$\sim \dot{C}H\sim + Cl_2 \longrightarrow \sim CHCl\sim + Cl\cdot$$

聚乙烯在二氯化硫存在下氯化，可得含氯和磺酰氯基团的氯磺化聚乙烯。

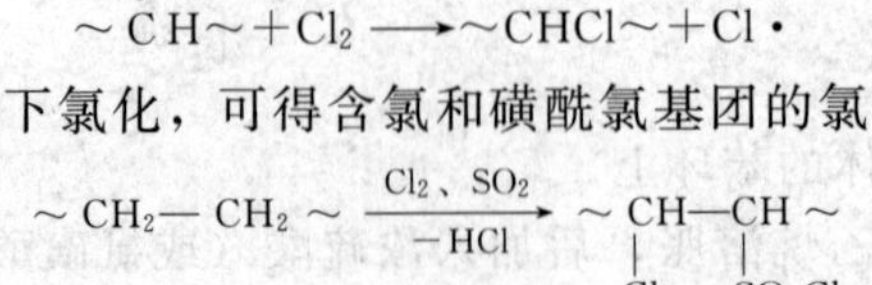

$$\sim CH_2-CH_2\sim \xrightarrow[-HCl]{Cl_2、SO_2} \sim \underset{Cl}{CH}-\underset{SO_2Cl}{CH}\sim$$

所得氯磺化聚乙烯的少数磺酰氯基团可用氧化锰或氧化铅交联：

$$2\widetilde{CHSO_2Cl} + MnO_2 \xrightarrow{H_2O} \widetilde{CHSO_2} \cdot OMnO \cdot \widetilde{CH}$$

由于氯磺化聚乙烯不含双键，耐臭氧、耐老化、耐化学腐蚀、耐油、耐热（可在120℃下长期使用）、耐磨、耐低温（在−50℃下不发脆）、耐放电、耐燃，是一种综合性能良好的弹性体。

聚氯乙烯在氯苯中氯化，可合成下列组成的氯化聚乙烯（又称过氯乙烯）：

$$\begin{array}{c} -[CH_2-CH]_n- \\ \quad\quad | \\ \quad\quad Cl \end{array} \xrightarrow[\text{氯苯}]{Cl_2} \begin{array}{c} -[CH-CH]_x-[CH-C]_y- \\ \quad | \quad\quad | \quad\quad | \quad\quad | \\ \quad Cl \quad\, Cl \quad\, Cl \quad\, Cl \end{array}$$

(Cl = 56%)   (Cl = 73%, x > 2y)

氯化聚氯乙烯可溶解于许多有机溶剂，当氯含量达66%～67%，耐热性可高达140℃，耐腐蚀、耐燃、耐寒性都比聚氯乙烯好，可用作黏合剂、涂料、合成纤维、耐热管材和板材。

4. 醇解反应

因为乙烯醇不稳定，所以聚乙烯醇是不能直接用乙烯醇聚合制得的，只能在NaOH作用下，用甲醇将聚醋酸乙烯醇解获得。其反应如下：

$$\sim CH_2-CH-CH_2-CH-CH_2-CH-CH_2-CH-CH_2-CH \sim$$
$$\quad\quad\quad | \quad\quad\quad | \quad\quad\quad | \quad\quad\quad | \quad\quad\quad |$$
$$\quad\quad OCOCH_3 \quad OCOCH_3 \quad OCOCH_3 \quad OCOCH_3 \quad OCOCH_3$$

$$\downarrow NaOH \quad H_2O$$

$$\sim CH_2-CH-CH_2-CH-CH_2-CH-CH_2-CH-CH_2-CH \sim$$
$$\quad\quad | \quad\quad\quad | \quad\quad\quad | \quad\quad\quad | \quad\quad\quad |$$
$$\quad OH \quad\quad OCOCH_3 \quad OH \quad\quad OCOCH_3 \quad OH$$

$$\downarrow NaOH \quad H_2O \quad\quad\quad \uparrow (CH_3CO)_2O$$

$$\sim CH_2-CH-CH_2-CH-CH_2-CH-CH_2-CH-CH_2-CH \sim$$
$$\quad\quad | \quad\quad\quad | \quad\quad\quad | \quad\quad\quad | \quad\quad\quad |$$
$$\quad OH \quad\quad OH \quad\quad OH \quad\quad OH \quad\quad OH$$

从上述反应过程中可以看出，不完全转化的产物其实是聚醋酸乙烯酯和聚乙烯醇的共聚物。常用聚乙烯醇的醇解度为88%和99%。聚乙烯醇可溶于沸水，耐油、坚韧，可用于非离子表面活性剂、黏合剂、上胶剂、包装材料、功能高分子和聚乙烯醇缩醛等。

如聚乙烯醇与乙醛缩合，可得维尼纶纤维。

$$\sim CH_2-CHCH\sim \xrightarrow[-H_2O]{CH_3CHO} \sim CH_2-CHCH\sim$$
$$\quad\quad\quad | \quad | \quad\quad\quad\quad\quad\quad\quad\quad | \quad\quad | $$
$$\quad\quad OH \quad OH \quad\quad\quad\quad\quad\quad\quad\quad O \quad\quad O$$
$$\quad\quad\quad\quad\quad\quad\quad\quad\quad\quad\quad\quad\quad\quad\quad \diagdown \diagup$$
$$\quad\quad\quad\quad\quad\quad\quad\quad\quad\quad\quad\quad\quad\quad\quad\quad CH$$
$$\quad\quad\quad\quad\quad\quad\quad\quad\quad\quad\quad\quad\quad\quad\quad\quad |$$
$$\quad\quad\quad\quad\quad\quad\quad\quad\quad\quad\quad\quad\quad\quad\quad CH_3$$

如果将上式中的甲基（—CH_3）换成正丁基（—$CH_2CH_2CH_2CH_3$），则产物为聚乙烯醇缩丁醛，它可以用作安全玻璃的黏合剂、电绝缘漆和涂料等。

5. 环化反应

上面由聚乙烯醇合成聚乙烯醇缩醛的反应实际也是高聚物的一种环化反应。但最典型的环化反应是聚丙烯腈环化制备碳纤维的反应。

反应时，聚丙烯纤维先在 200～300℃下预氧化，然后在惰性气体保护下于 1000℃热解环化，可得含碳量 90％左右的碳纤维，最后在 1500～3000℃下析出碳以外的所有元素，即可得含碳量 99％以上的碳纤维。碳纤维是具有质轻、强度高、模量高、耐高温（可耐 3000℃）等特点的特种纤维，与树脂、橡胶、金属、玻璃、陶瓷等复合后，可成为性能优异的复合材料，广泛应用于航天、飞机制造、舰船装备、原子能设备和化工设备制造行业。

还有像橡胶的环化反应等。

6. 功能高分子的基团反应

典型的功能高分子和它们的应用如表 8-36 所示。

表 8-36　典型的功能高分子

类型	典型示例	应用
氧化还原树脂	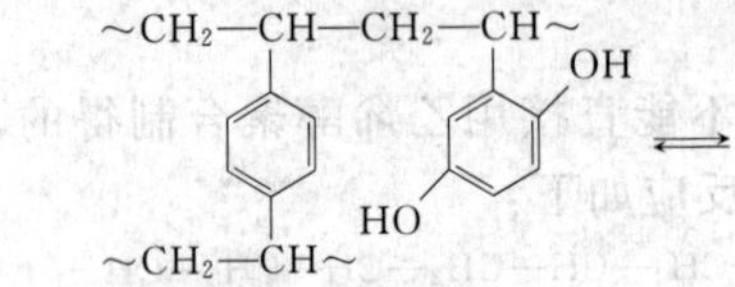 （乙烯基氢醌与二乙烯苯的共聚物） 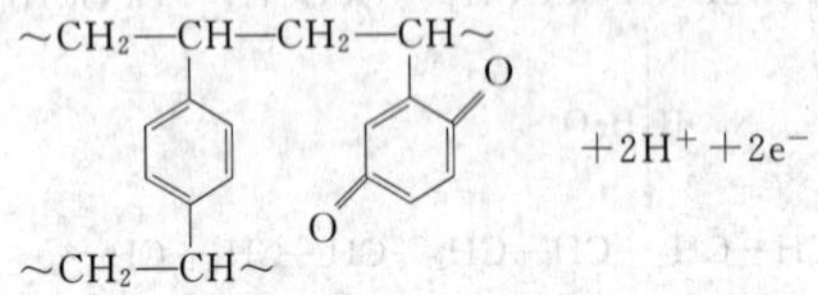 $+2H^+ +2e^-$	参与氧化还原反应，回收重金属，废水处理，硫化氢氧化脱硫，除氧稳定单体，生化制造无氧气氛，水中氧的脱除，制造氧化还原人工肌肉
高分子催化剂	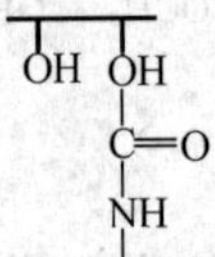 酶（多糖、纤维素等载体酶）	生化特异吸附剂亲和，层析分离，精制酶、抗体、核酸酶等，工业催化反应 酶电极自动分析
高分子试剂	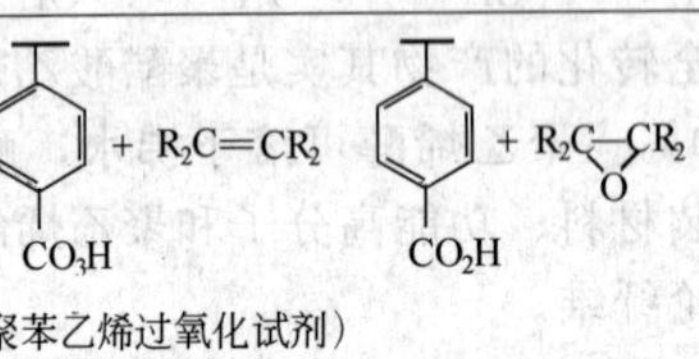 （聚苯乙烯过氧化试剂）	
高分子药物	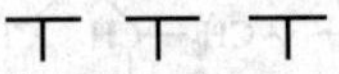 纤维素　医药　农药	缓慢水解或酶解，具有长效特性
高分子金属配合物	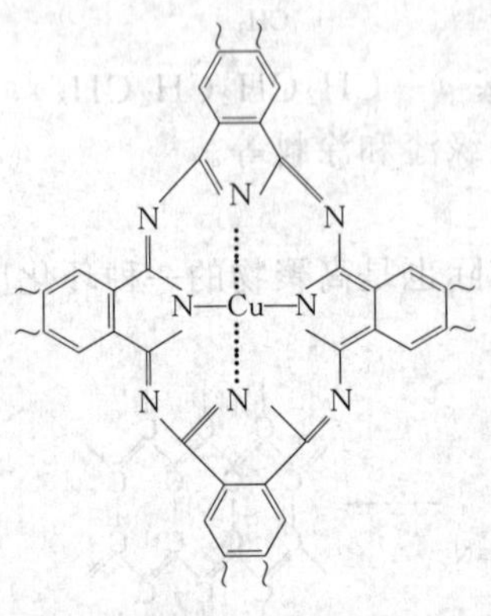 （聚酞菁铜）	半导体、染料、颜料、耐热高分子、催化剂等

续表

类型	典型示例		应用
高分子复合物	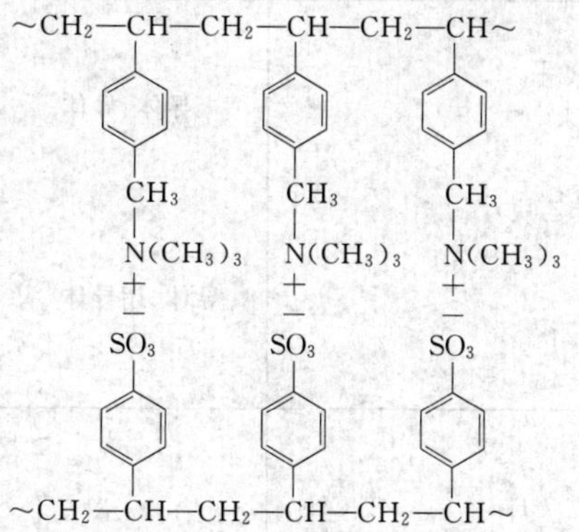 (聚苯乙烯型阴、阳离子交换树脂复合物的结构式)	聚苯乙烯阴、阳离子交换树脂复合物	超透析膜、透明涂料、导电加热层、导电填料、介电传感元件、人造皮肤、高分子药物
感光性高分子	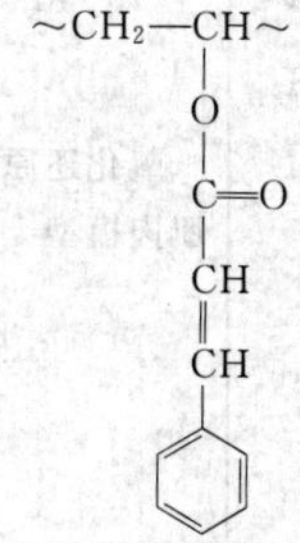 （聚肉桂酸乙烯酯）	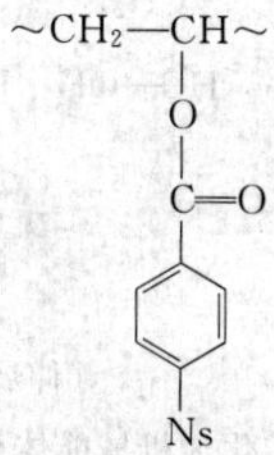 （聚叠氮苯甲酸乙烯酯）	光刻胶、印刷制板、集成电路、黏合剂、医用材料、涂料
螯合高分子	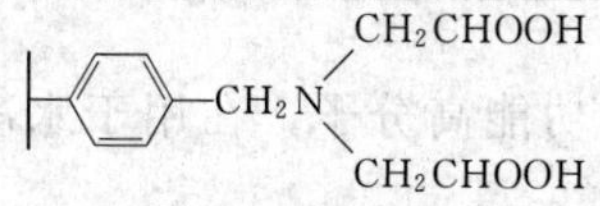 （聚苯乙烯型对位取代亚胺二乙酸） 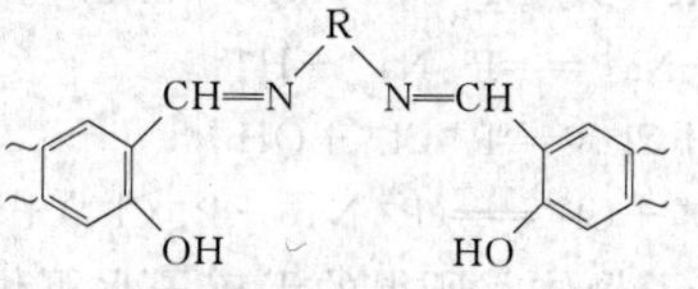 ［聚席夫(Schiff)碱]		金属离子的分离、浓缩及回收，金属络合物的分解、分析，氨基酸、胺等络合剂混合物的分离、精制，金属盐及有机物的精制等
水溶性高分子	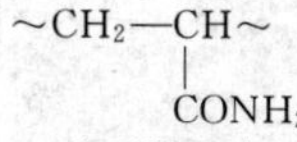 （聚丙烯酰胺）	（水溶性聚环氧乙烷）	絮凝剂、钻探泥浆减阻剂、土壤改良剂、选矿浮选剂、纸张处理剂、黏合剂、增稠剂、皮革处理剂、水力输送减阻剂等
配位高分子	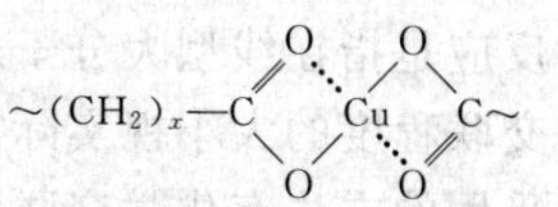 （聚二元酸铜配位高分子） 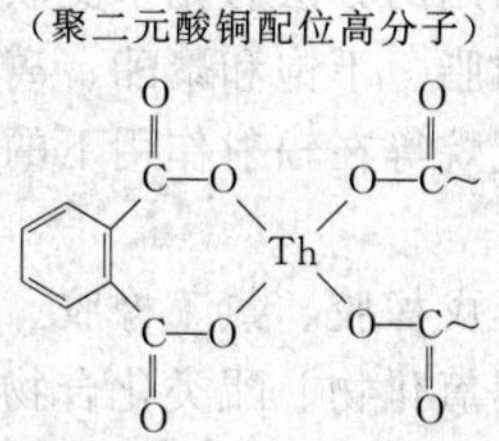 （聚均苯四甲酸钍配位高分子）		具有半导体性、光电导性、催化活性、耐热性等

续表

类 型	典 型 示 例	应 用
导电高分子	$+CH=CH+_n$ （聚乙炔） 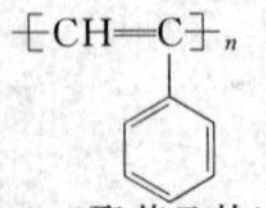 $+CH-CH_2+_n$ 苯环 （聚苯乙炔） 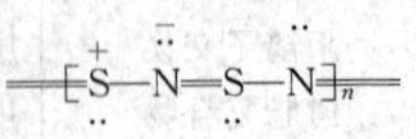 $+S=N=S=N+$	半导体、导体 导体、超导体
力化学反应高分子	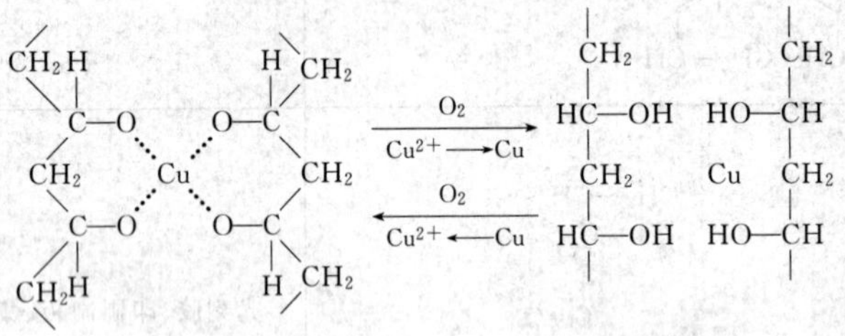 （聚乙烯醇—Cu^{2+}氧化还原反应转化为机械能体系）	氧化还原反应人工肌肉模型

注：——表示高聚物分子链主体。

常用的聚苯乙烯型离子交换树脂是典型的功能高分子，在用于水净化处理时的基团反应如下：

$$2P^-Na^+ + Ca^{2+}(Mg^{2+}) \rightleftharpoons P_2Ca(P_2Mg) + 2Na^+$$

$$P^-H^+ + Na^+ \rightleftharpoons P^-Na^+ + H^+$$

$$P^+OH^- + Cl^- \rightleftharpoons P^+Cl^- + OH^-$$

$$(P^-H^+ 或 P^+OH^-) + Na^+ + Cl^- \rightleftharpoons (P^-Na^+ + P^+Cl^-) + H_2O$$

式中，P^-、P^+分别代表高聚物阴、阳离子母体。所得的无离子水可供生产、锅炉、原子反应堆等使用，当离子交换树脂处理能力下降时（水质量不合格）可用酸、碱溶液对其进行再生。

三、高聚物的交联反应

高聚物的交联反应主要用于橡胶制品的硫化、热固性树脂的固化、胶黏剂的固化等方面。交联的主要目的是提高强度。所谓交联反应是指在线型大分子之间用新的化学键进行连接，使之成为三维网状或体型结构的反应。交联程度的大小视实际需要而定，如弹性体的交联较少，硬塑料则需要高度交联。交联可以采用的方法有化学交联和物理交联。如橡胶的交联，酚醛树脂、脲醛树脂、醇酸树脂、环氧树脂、不饱和聚酯、离子交换树脂等的交联属于化学交联。聚乙烯、聚苯乙烯、聚二甲基硅氧烷等在辐射作用下的交联就是物理交联。

1. 橡胶的硫化反应

利用常见橡胶（丁苯橡胶、顺丁橡胶、异戊橡胶、氯丁橡胶、丁腈橡胶等）分子结构中的双键，通过硫化剂（硫、含硫化合物、金属氧化物、醌类化合物酚醛树脂等）的作用，在保证橡胶高弹性的前提下，进行适度的交联反应，以提高橡胶的强度和耐热性能。其中硫和含硫化合物是最用的硫化剂，其硫化反应为：

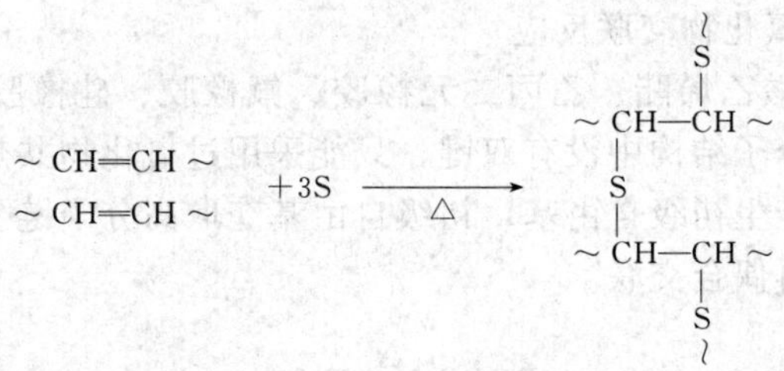

$$\sim CH=CH \sim \atop \sim CH=CH \sim \quad +3S \xrightarrow{\triangle} \quad \begin{matrix} \sim CH-CH \sim \\ | \\ S \\ | \\ \sim CH-CH \sim \\ | \\ S \end{matrix}$$

为了提高硫化速度和提高硫的利用率，一般在硫化体系中加入金属氧化物（如 ZnO）活性剂和硫化促进剂（如四甲基秋兰姆二硫化物、二甲基二硫代氨基甲酸锌、苯并噻唑二硫化物等）。

2. 体型高聚物的固化反应

体型高聚物的交联是在获取体型高聚物的预聚产物之后，进行最后成型固化时采用的。一般交联前的基料是液态，交联后变为不流动的固态。因此，有这种作用的交联剂又叫固化剂。

如环氧树脂用仲胺、二元胺或叔胺进行的交联反应，是通过环氧树脂分子链端的环氧基开环作用完成的。

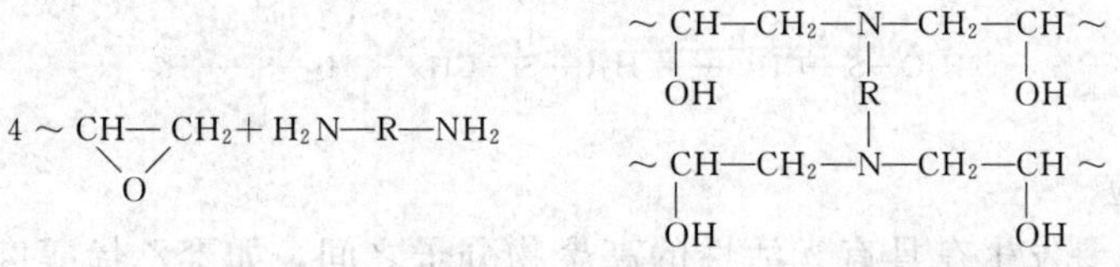

$$4 \sim CH-CH_2 + H_2N-R-NH_2 \longrightarrow \begin{matrix} \sim CH-CH_2-N-CH_2-CH \sim \\ | \quad\quad | \quad\quad | \\ OH \quad R \quad OH \\ \sim CH-CH_2-N-CH_2-CH \sim \\ | \quad\quad\quad\quad | \\ OH \quad\quad\quad OH \end{matrix}$$

（环氧树脂经二元胺交联后的产物）

反应中所用的胺类可以是脂肪胺，也可以是芳香胺，用脂肪胺与环氧树脂容易混合，反应速度快，但放热量较大，并且固化产物性能较差。用芳香胺时，固化产物性能较好，但需要加热，且芳香胺毒性较大。

如果用酸酐对环氧树脂进行固化，其产物机械强度较高，耐热性和耐磨性较好，但有刺激性。其反应过程是：

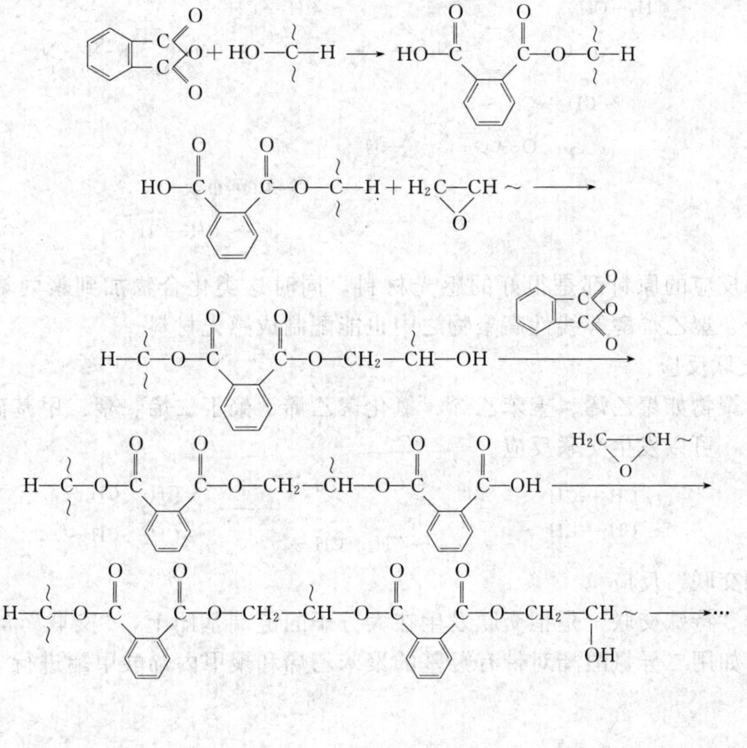

[反应方程式]

3. 饱和高聚物的过氧化物交联反应

聚乙烯、聚乙烯-醋酸乙烯酯、乙丙二元橡胶、氟橡胶、硅橡胶等也能进行交联，只不过是因为这些高聚物的分子结构中没有双键，只能采用过氧化物共热进行自由基交联。交联时，先是过氧化物分解产生初级自由基，初级自由基夺取高分子链上的氢原子，在高分子链上形成自由基交联点，再偶合交联。

$$ROOR \xrightarrow{\triangle} 2RO\cdot$$
$$RO\cdot + \sim CH_2-CH_2\sim \longrightarrow ROH + \sim CH_2-\dot{C}H\sim$$
$$2\sim CH_2-\dot{C}H\sim \longrightarrow \begin{matrix} \sim CH_2-CH\sim \\ | \\ \sim CH_2-CH\sim \end{matrix}$$

硅橡胶的交联是初级自由基夺取侧甲基上的氢原子，然后再交联。

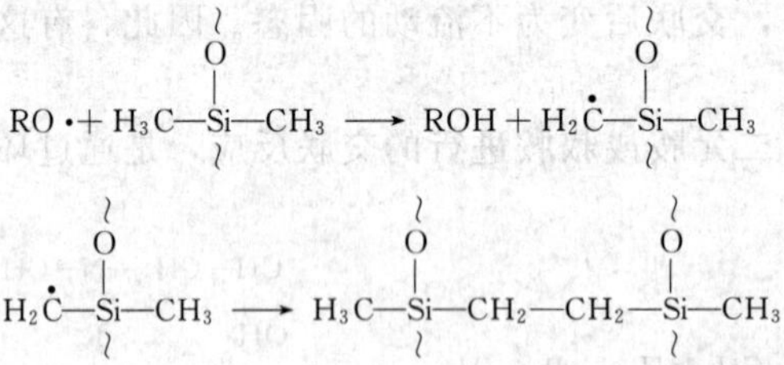

4. 光交联反应

光交联反应主要发生在具有光活性的高聚物分子之间，如聚乙烯醇肉桂叉醋酸酯、聚（叠氮安息香酸）乙烯酯等的光联反应。

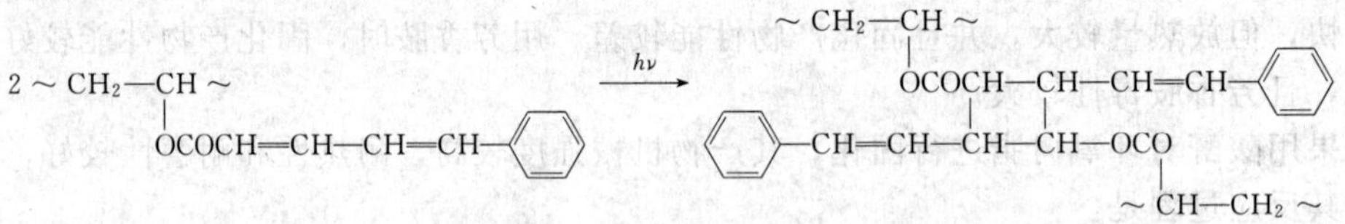

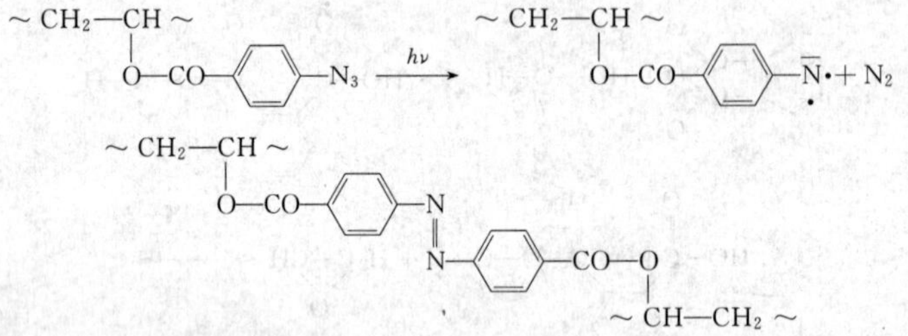

上述两种反应的原料都是很好的感光材料，同时这类化合物加到聚丙烯酰胺、聚丙烯腈、聚丙烯酸、聚乙烯醇等线性高聚物之中也能配制成感光材料。

5. 辐射交联反应

有许多高聚物如聚乙烯、聚苯乙烯、氯化聚乙烯、聚丁二烯、聚二甲基硅氧烷等，在高能辐射作用下，可以发生交联反应。

$$\begin{matrix}\sim CH_2-CH_2\sim \\ \sim CH_2-CH_2\sim\end{matrix} \xrightarrow[-H_2]{\text{辐射}} \begin{matrix}\sim CH_2-\dot{C}H\sim \\ \sim CH_2-\dot{C}H\sim\end{matrix} \longrightarrow \begin{matrix}\sim CH_2-CH\sim \\ | \\ \sim CH_2-CH\sim\end{matrix}$$

6. "特殊交联"反应

这里说的"特殊交联"是指交联发生在大分子的链端基团上，"交联"的结果是获得了嵌段共聚物。如用二异氰酸酯对带有羟基的聚苯乙烯和聚甲基丙烯酸甲酯进行"交联"反应。

$$HO\text{-}CH_2\text{-}CH(\text{Ph})\text{]}_n OH + OCN\text{-}R\text{-}NCO + HO\text{-}CH_2\text{-}C(CH_3)(COOCH_3)\text{]}_n OH$$

聚苯乙烯   二异氰酸酯   聚甲基丙烯酸甲酯
（链端带羟基）   （链端带羟基）

$$\xrightarrow{\text{偶合}} HO\text{-}CH_2\text{-}CH(\text{Ph})\text{]}_n OCN\text{-}R\text{-}NCO\text{-}CH_2\text{-}C(CH_3)(COOCH_3)\text{]}_n OH$$

嵌段共聚物

四、高聚物的降解反应

所谓的高聚物降解反应是指在化学因素或物理因素作用下高聚物分子的聚合度降低的过程。一般降解会引起高聚物材料的机械性能改变（如弹性的消失、强度的降低、黏性的增加等），但有时也为了加工或更好利用的目的，有意识地对高聚物进行部分降解。如橡胶成型加工时的塑炼，纤维素水解制葡萄糖，废高聚物的解聚回收单体，用菌解法对废高聚物进行三废处理等就是有目的的降解。而高聚物材料在使用过程中发生的降解则是必须要加以防止的。高聚物的降解方式有受热降解、氧化降解、光降解、化学降解、机械降解等。

（一）高聚物的热降解反应

1. 解聚反应

解聚反应指高聚物受热后，从高分子链的末端开始，以结构单元为单位进行连锁脱除单体的降解反应。这种反应也可以看成是链增长的逆反应，一般发生在聚合物临界温度以上。最典型的解聚反应是废有机玻璃解聚回收甲基丙烯酸甲酯的反应。

$$\sim CH_2\text{-}\underset{COOCH_3}{\underset{|}{\overset{CH_3}{\overset{|}{C}}}}\text{-}CH_2\text{-}\underset{COOCH_3}{\underset{|}{\overset{CH_3}{\overset{|}{C}}}}\cdot \longrightarrow \sim CH_2\text{-}\underset{COOCH_3}{\underset{|}{\overset{CH_3}{\overset{|}{C}}}}\cdot + CH_2\text{=}\underset{COOCH_3}{\overset{CH_3}{\overset{|}{C}}}$$

上述降解反应控制在 270℃ 以下，有机玻璃可以全部降解为单体。超过 270℃ 则有无规断链反应发生。

除了聚甲基丙烯酸甲酯能发生这种解聚反应以外，还有无叔氢原子的高聚物，像聚 α-甲基苯乙烯、聚四氟乙烯等也都可以发生这种解聚反应。某些高聚物热解时单体的回收率如表 8-37 所示。从表中数据可知，有些高聚物受热后既有热解反应也有无规断链反应。

表 8-37 某些高聚物热降解时的单体回收率

高聚物	单体回收率/%	高聚物	单体回收率/%
聚甲基丙烯酸甲酯	100	聚苯乙烯	42
聚 α-甲基苯乙烯	100	聚异丁烯	32
聚四氟乙烯	100	聚异戊二烯	11
聚间甲基苯乙烯	52	聚乙烯	3

2. 无规断链反应

无规断链反应是指高聚物受热后，在高分子主链上任意位置都能发生断链降解的反应。这种降解的结果是生成了大小不等的低分子物质，而很少有单体产生。如聚乙烯的无规断链反应。

$$\sim CH_2CH_2\underset{H}{C}H-\underset{\cdot CH_2}{\overset{CH_2CH_2}{C}}\longrightarrow \sim CH_2CH_2\underset{CH_3}{C}H-\overset{CH_2CH_2}{\underset{}{C}}H$$

$$\sim CH_2-\overset{②}{|}CH_2CH-\underset{CH_3}{\overset{①}{|}}\overset{CH_2\;CH_2}{C}\longrightarrow \begin{array}{l}① \sim CH_2CH_2CH=CH_2+\cdot CH_2CH_2CH_3\\ ② \sim \overset{\cdot}{C}H_2+CH_2=CHCH_2CH_2CH_3\end{array}$$

3. 取代基的脱除反应

高聚物取代基的脱除反应的特点是聚合度不变，只是取代基与邻近的氢在温度比主链断裂温度低的情况下发生消除反应，并以氯化氢、醋酸、水、氢等形式从主链脱除下来，同时在主链上形成双键，使产品颜色加深，强度降低。如聚氯乙烯在100～120℃就开始脱除氯化氢，200℃以上脱除反应更快。测试结果表明聚氯乙烯在氮气中，240℃下发生的热分解，生成96.3%的氯化氢、2.7%的苯、0.1%的甲苯和0.9%的其他烃类产物，即聚氯乙烯热分解的主要反应是脱氯化氢，生成共轭多烯。

$$\sim CH_2-\underset{Cl}{C}H \sim CH_2-\underset{Cl}{C}H-CH_2-\underset{Cl}{C}H \sim \longrightarrow \sim CH=CH-CH=CH-CH=CH \sim +3HCl$$

式中共轭多烯链节每段一般不超过5个。而苯和甲苯是由共轭多烯的环化断裂生成的。其反应机理为自由基型。

反应中产生的氯化氢对该反应具有催化作用，在180～200℃下成型加工时，氯化氢与金属加工设备产生的氯化铁对脱除也有催化作用，因此，在生产中为防止这种现象的产生和加剧，要加入少量的热稳定剂，如硬脂酸钡、有机锡等，来吸收氯化氢，防止聚氯乙烯成型加工时脱除氯化氢，提高聚氯乙烯使用时的热稳定性。

(二) 高聚物的氧化降解反应

高聚物的氧化降解反应是指高聚物在加工、使用过程中受空气中氧的作用发生高分子链断链的降解反应。这类反应主要是通过氢的过氧化物来进行的。

如聚丙烯的氧化降解：

$$\sim CH_2-\underset{CH_3}{C}H-CH_2-\underset{CH_3}{C}H\sim +O_2\longrightarrow \sim CH_2-\underset{CH_3}{\overset{O\,H}{C}}-CH_2-\underset{CH_3}{C}H\sim \longrightarrow \sim CH_2-\underset{CH_3}{\overset{O\cdot}{C}}-CH_2-\underset{CH_3}{C}H\sim$$

$$\downarrow$$

$$\sim \overset{\cdot}{C}H_2+CH_3-\overset{O}{\overset{\|}{C}}-CH_2-\underset{CH_3}{C}H\sim$$

又如顺丁橡胶的氧化降解：

$$\sim CH_2-CH=CH-CH_2-CH_2\sim +O_2\longrightarrow \sim CH_2-CH=CH-\overset{O\,H}{\underset{}{C}}H\sim \longrightarrow$$

$$\sim CH_2-CH=CH-\overset{O\cdot}{C}H-CH_2\sim +\cdot OH \sim CH_2-CH=CH-\overset{O}{\overset{\|}{C}}-H +\cdot CH_2\sim$$

再如聚异二烯的氧化降解：

$$\sim CH_2-CH(CH_3)-CH_2\sim + O_2 \longrightarrow \sim CH_2-C(CH_3)(OOH)-CH_2\sim \longrightarrow \sim CH_2-CHO + CH_2=C(O)-CH_2\sim$$

光、热、金属氧化物等都能加速高聚物的氧化降解。支化程度高的、结晶性差的低密度聚乙烯比高密度聚乙烯易氧化降解,含叔氢原子多的聚丙烯比聚乙烯易降解。

(三) 高聚物的光降解反应

高聚物的光降解是指高聚物受日光的照射发生的分解反应。这种反应根据加不加光敏剂可以分为光敏降解和非光敏降解两种情况。

表 8-38 一些高聚物光降解吸收的光波波长 λ

高聚物	光波波长/nm	高聚物	光波波长/nm
涤纶	325	聚氯乙烯	310
聚苯乙烯	318	氯-醋共聚物	322~364
聚乙烯	300	聚甲醛	300~320
聚丙烯	310	聚甲基乙烯基酮	330~360

在非光敏降解中,用相应于高聚物分子中所含化学键的吸收峰波长的光照射时,高聚物吸收能量后,即发生光降解反应。一些高聚物光降解吸收的光波波长如表 8-38 所示。如聚甲基乙烯基酮在 330~360nm 附近有一个羰基的吸收带,所以一遇到该波长范围的光就被激发,之后发生如下降解反应。

$$\sim CH_2-CH(COCH_3)\sim \xrightarrow{h\nu} \begin{cases} \sim CH_2-\dot{C}H\sim + \cdot COCH_3 \\ \sim CH_2-CH\sim + \cdot CH_3 \\ \cdot CO \end{cases}$$

此外,还可以发生下列反应。

$$\sim CH_2-C(=O)(CH_3)-CH_2-CH(COCH_3)\sim \xrightarrow{h\nu} [\text{环状中间体}] \longrightarrow \sim CH_2-C(OH)=CH_2 + \sim CH_2-CH(CO-CH_3)\sim$$

在有光敏剂的降解中,首先是光敏剂吸收光能量而被激发,之后激发分子与高聚物反应产生自由基,或者是激发分子先发生自由基分解,然后再和高聚物反应生成自由基,再降解。

上述反应在有氧存在下,可以促进光降解反应的进行。

光降解过程也被用于高聚物垃圾处理方面,如将卤代酮或金属有机化合物等作为光敏剂撒在高聚物垃圾上,然后在太阳光或紫外线下暴晒,使其分解即成粉末。也可于高聚物合成时在大分子链中引入酮基光敏基团,当高聚物用完后,进行光照分解。

(四) 高聚物的化学降解与生化降解

高聚物的化学降解是指大分子中含有酯键、酰胺键、醚键等反应性基团的高聚物,在受到酸、碱、酶及其他因素的作用下发生的大分子断链的化学反应。

聚酯、聚酰胺、聚缩醛、聚甲醛等容易发生的化学降解反应就是它们缩聚时的各种副反应。

利用化学降解可使高聚物转变为单体或低聚物。如纤维素的酸性水解制葡萄糖,废涤纶树脂经过量乙二醇处理回收对苯二甲酸二乙二醇酯,用过量的苯酚将固化了的酚醛树脂分解成低聚物重新使用。

$$(C_6H_{10}O_5)_n \xrightarrow{H_2O} (C_6H_{10}O_5)_x \xrightarrow{H_2O} C_{12}H_{22}O_{11} \xrightarrow{H_2O} C_6H_{12}O_6$$
    淀粉   糊精   麦芽糖   葡萄糖

$$H\!-\![OCH_2CH_2OOC\!-\!\!\!\bigcirc\!\!\!-\!CO]_n OH + 2nHOCH_2CH_2OH$$
$$\longrightarrow HOCH_2CH_2OOC\!-\!\!\!\bigcirc\!\!\!-\!COOCH_2CH_2OH + nHOCH_2CH_2OH$$

  淀粉或纤维素经细菌或酵素等的生化作用，天然橡胶经土壤衍生物的作用都能进行分解。所以可利用这些生化作用对废高聚物进行三废处理。

  聚烯烃、聚氯乙烯、聚碳酸酯、氯化聚醚树脂等高聚物不易发生化学降解与生化降解。但如果在成型加工过程中加入了脂肪族增塑剂等物质后，由于这些物质有时能发生衍生物的分解反应，造成材料的破坏。

  （五）高聚物的机械降解与超声波降解

  由于高聚物的相对分子质量很大，造成大分子间发生移动所需的能量可以超过化学键键能，所以在外力的作用下，大分子主链就可能发生断裂。高聚物的相对分子质量越大，就越容易发生机械降解或超声波降解。如高聚物在塑炼、熔融挤出，或高分子溶液受强力搅拌、超声波作用发生的降解就是如此。

  但这种降解有时是需要的，如橡胶在成型加工必须要经过塑炼，才能适当降低相对分子质量，便于后面的加工成型。另外，通过机械降解在大分子断裂处产生的自由基也可引发其他单体的聚合，形成嵌段共聚物。如天然橡胶用甲基丙烯酸甲酯溶胀，经机械挤出可形成异戊二烯与甲基丙烯酸甲酯的嵌段共聚物。

五、高聚物的老化与防老化

（一）高聚物的老化

  高聚物的老化是指高聚物在使用或储存过程中，由于受到环境的光、热、氧、潮、霉、化学试剂等作用，引起高聚物性能变坏，如发硬、发黏、变脆、变色、强度下降以致完全破坏等的现象。其中发硬、变脆是交联的结果，发黏、变色、强度下降以致完全破坏等是降解、取代基脱除的结果。生活中这样的例子很多，如农用塑料薄膜雨淋日晒后出现的变色、变脆；电线塑料或橡胶绝缘外皮变色、发黏、脆裂；轮胎在使用或存放过程的发黏、龟裂等。

  表 8-39 列举了某些高聚物对各种因素影响的抵抗能力情况。

表 8-39 某些高聚物对各种因素影响的抵抗能力情况

高聚物	热降解	氧化降解	光降解	臭氧降解	水解	吸水率/%
聚乙烯	高	低	低（发脆）	高	高	<0.01
聚丙烯	中	低	低（发脆）	高	高	<0.01
聚苯乙烯	中	中	低（变色）	高	高	0.03~0.10
聚异戊二烯	高	低	低（变软）	低	高	低
聚异丁烯	中	中	中	中	高	低
聚氯丁二烯	中	中	中	中	高	中
聚甲醛	低	低	低（发脆）	中	低	0.25
聚苯醚	高	低	低（变色）	高	中	0.07
聚甲基丙烯酸甲酯	中	高	高	高	高	0.1~0.4
涤纶	中	高	中（变色）	高	中	0.02
聚碳酸酯	中	高	中（变色）	高	中	0.15~0.18
尼龙-66	中	低	低（发脆）	高	中	1.5
聚酰亚胺	高	高	低（变色）	高	中	0.3
聚氯乙烯	低	低	低（变色）	高	高	0.04
聚偏二氯乙烯	低	中	低（变色）	高	高	0.10
聚四氟乙烯	高	高	高	高	高	<0.01
聚二甲基硅氧烷	高	高	中	高	中	0.12
ABS 树脂	中	低	低（变色）	高	高	0.20~0.45

(二) 高聚物的防老化

防止高聚物老化的办法是在高聚物合成或成型加工过程中加入抗氧剂（防老剂）和光稳定剂来防止高聚物的氧化降解和光降解。

1. 抗氧剂与抗氧化作用

由于多数氧化降解反应属于自由基型连锁反应机理，所以，从反应机理来分，抗氧剂主要有两大类型。一是自由基链终止型抗氧剂，又叫主抗氧剂。二是预防型抗氧剂，又叫辅助抗氧剂。

（1）链终止型抗氧剂

这类抗氧剂（AH）可以与 R· 和 ROO· 反应而使氧化反应中断，从而起到稳定作用。

$$R· + AH \xrightarrow{极快} RH + A·$$

$$ROO· + AH \xrightarrow{极快} ROOH + A·$$

链终止型抗氧剂又可以分为自由基捕获型、电子给予体型和氢给予型三种。

① 自由基捕获型　为醌、多核芳烃和一些稳定的自由基等。它的作用是当它与自由基反应后使氧化反应终止。

② 电子给予体型　由于给出电子而使自由基消失，如变价金属在某种条件下具有抑制氧化的作用。

$$ROO· + Co^{2+} \longrightarrow ROO^- Co^{3+}$$

③ 氢给予型　主要是一些具有反应性的仲芳胺和受阻酚类化合物。它们的作用是抗氧剂分子上活泼氢与自由基反应（相当于与高聚物竞争自由基）而降低高聚物的氧化降解速度；失去氢原子形成稳定自由基的抗氧剂分子，又能捕获自由基而使反应终止。其反应如下：

$$(C_6H_5)_2NH + ROO· \longrightarrow ROOH + (C_6H_5)_2N·$$

$$(C_6H_5)_2N· + ROO· \longrightarrow (C_6H_5)_2NOOR$$

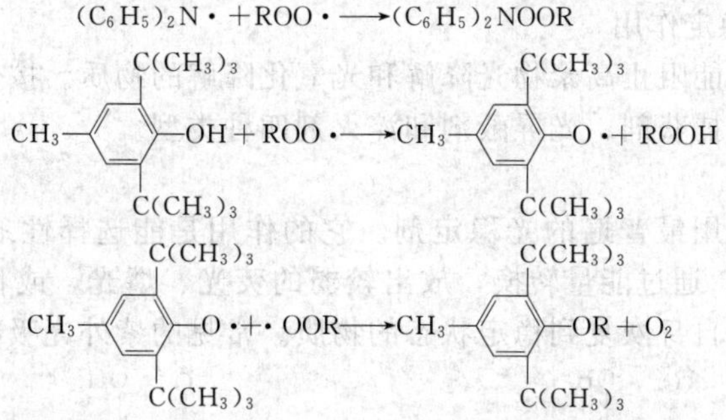

[受阻酚类抗氧剂反应式：2,6-二叔丁基-4-甲基苯酚与 ROO· 反应生成酚氧自由基和 ROOH；酚氧自由基再与 OOR 反应生成醌式化合物和 O_2]

常见的胺类抗氧剂有：

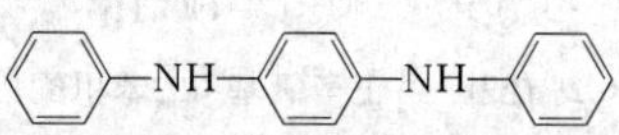

N,N-二苯基对苯二胺（抗氧剂 H）

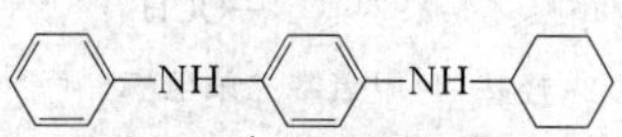

N-苯基-N′-环己烷对苯胺（抗氧剂 4010）

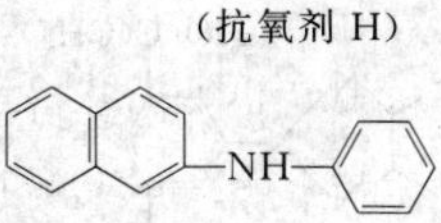

苯基-β-萘胺（防老剂 D）

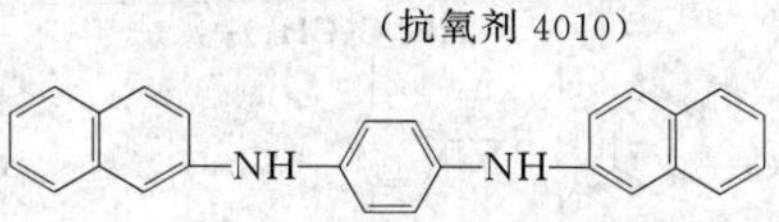

N,N-二β-萘基对苯胺（抗氧剂 DNP）

常见的酚类抗氧剂有：

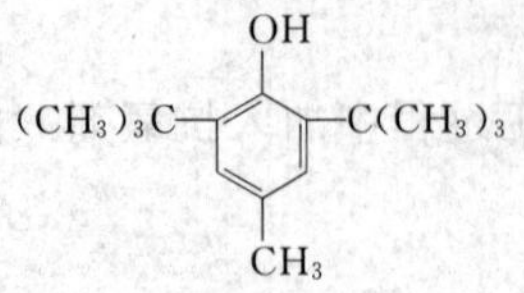

2,6-二叔丁基-4-甲酚
（抗氧剂 264）

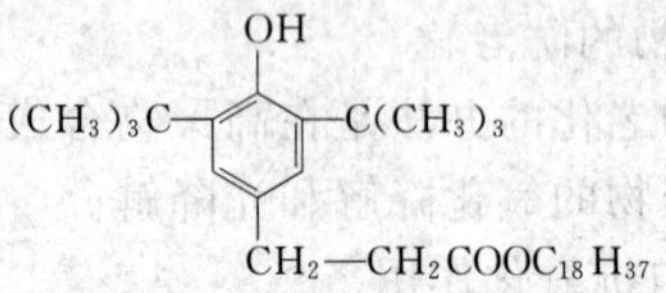

β-(3,5-二叔丁基-4-羟基苯基)丙酸十八酯
（抗氧剂 1076）

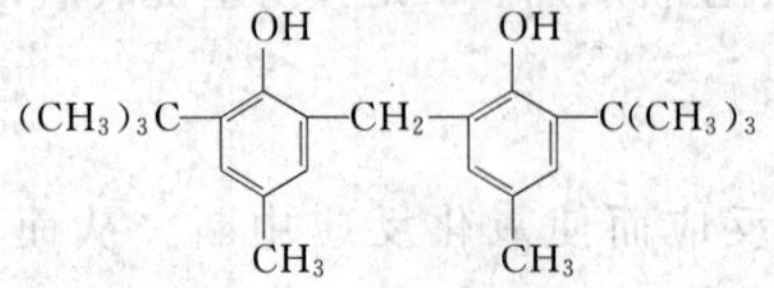

2,2'-亚甲基双(4-甲基-6-叔丁基苯酚)
（抗氧剂 2246）

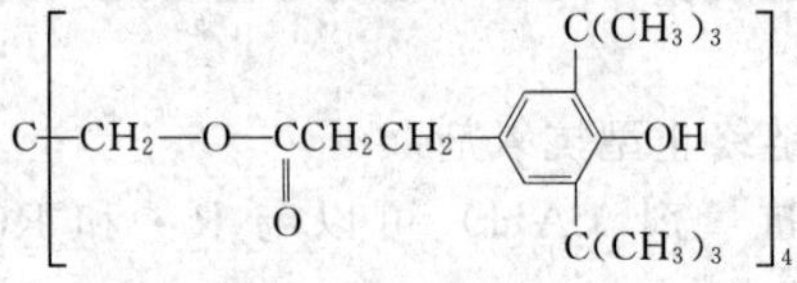

四[β-(3,5-二叔丁基-4-羟基苯基)丙酸]季戊四醇酯
（抗氧剂 1010）

胺类抗氧剂抗氧能力强，但有颜色，主要用于深色塑料及橡胶制品。酚类抗剂的抗氧能力没有胺强，但因色浅或无色，而且无毒，故多用于浅色制品或食品工业用材料。

(2) 预防型抗氧剂

此类抗氧剂能抑制或减缓自由基的生成，从而减缓氧化降解，故称为预防型抗氧剂。常用的有亚磷酸酯类、硫代二丙酯类。

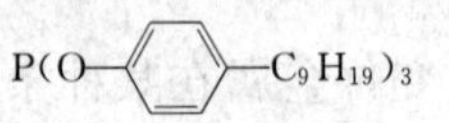

亚磷酸三(壬基苯基酯)
（抗氧剂 TNP）

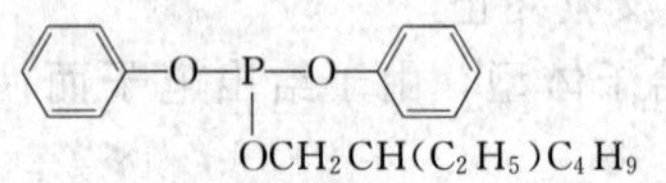

亚磷酸二苯基辛酯
（抗氧剂 ODP）

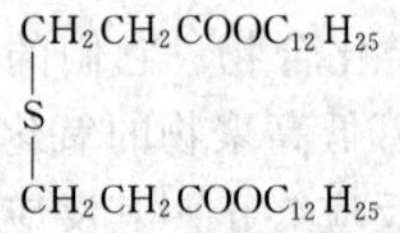

硫代二丙酸二月桂酯
（抗氧剂 DLTP）

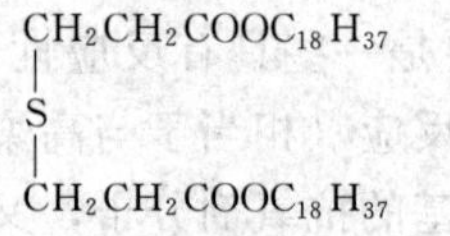

硫代二丙酸双十八酯
（抗氧剂 DSTP）

2. 光稳定剂与光稳定作用

所谓光稳定剂是指能阻止高聚物光降解和光氧化降解的物质。按作用机理不同可以分为紫外线吸收剂、自由基捕获剂、光屏蔽剂和淬灭剂四种类型。

(1) 紫外光吸收剂

紫外光吸收剂是使用最普遍的光稳定剂。它的作用是能选择性地吸收高能量的波长为 290~400nm 的紫外线，通过能量转换，放出较弱的荧光、燐光，或将能量转变为热，或将能量转送给其他分子而自身恢复到稳定状态的物质。常见的紫外光吸收剂有：

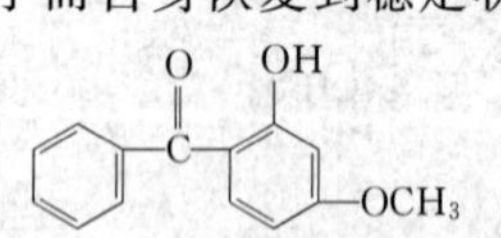

2-羟基-4-甲氧基二苯甲酮
（UV-9）

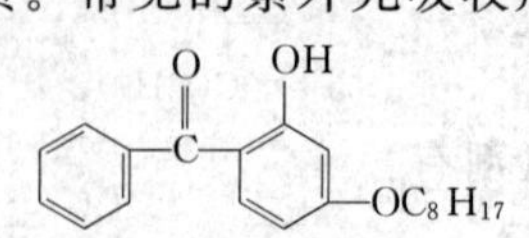

2-羟基-4-正辛氧基-二苯甲酮
（UV-531）

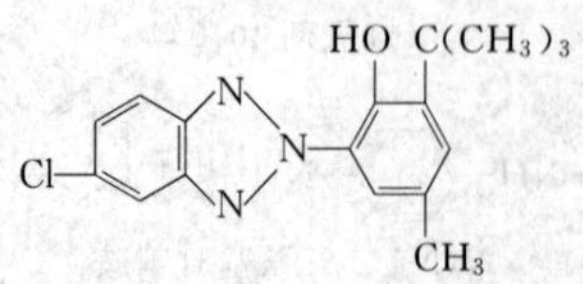

2-(3'-叔丁基-2'-羟基-5'-甲基苯基)-5-氯苯并三唑
（UV-326）

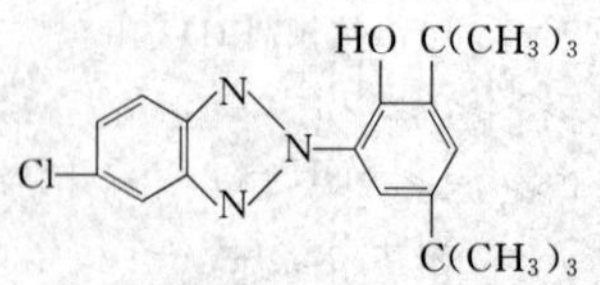

2-(2'-羟基-3',5'-二叔丁基苯基)-5-氯代苯并三唑
（UV-327）

UV-9、UV-531 是应用广泛的紫外光吸收剂，特点是只吸收 380nm 以下的紫外光，几乎不吸收可见光，多用于透明或浅色制品。

UV-326、UV-327 具有良好的光、热、氧稳定性。其中 UV-327 可以生物降解，毒性最低，能与多种高聚物相容，故应用较广。

它们的作用机理是：

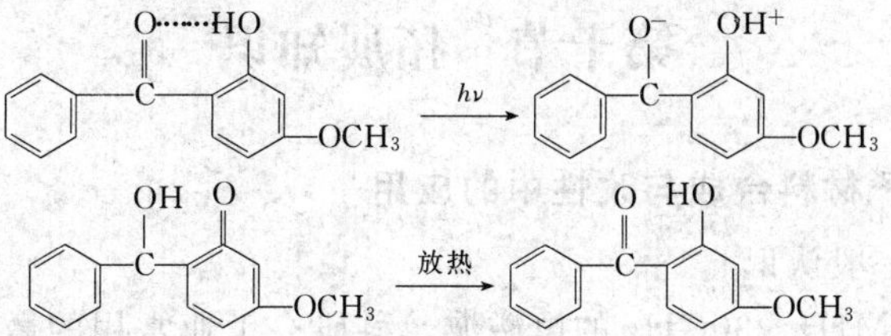

（2）自由基捕获剂

这类光稳定剂是具有空间位阻作用的哌啶衍生物。它们不吸收紫外光，而是通过捕获自由基，分解氢过氧化物，传递激发态能量等途径使高聚物稳定。如：

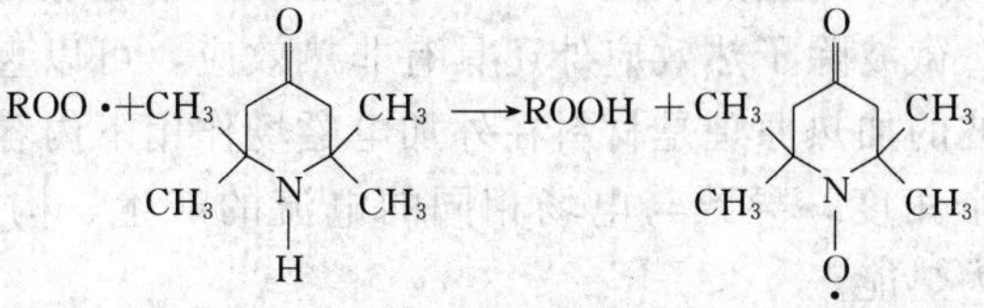

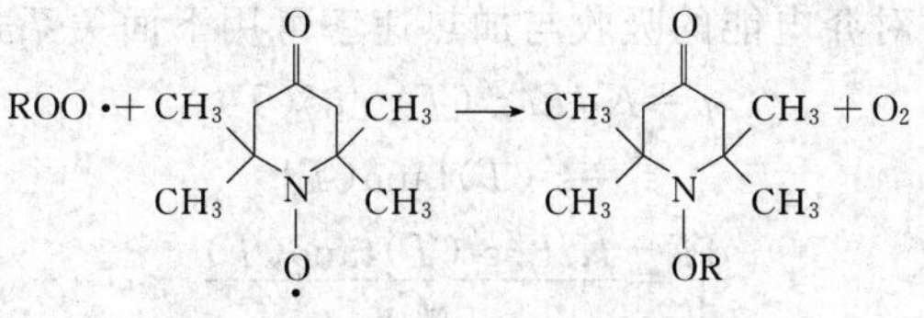

（3）光屏蔽剂

光屏蔽剂实际上是涂于高聚物材料表面的涂层或混于高聚物中的颜料，作用是将高聚物材料屏蔽，在有害光线进入高聚物之前吸收掉，防止有害光线透过。用得最多的是炭黑。

（4）淬灭剂

淬灭剂属于能量转移剂，它是通过分子间作用迅速有效地消除激发能，即所谓的"淬灭"。使分子由激发态返回稳定状态，以达到保护高聚物材料免受光降解。其转移的方式有两种，一是受激分子 A* 将能量转移给淬灭分子 D，使之成为一个非反应性激发态：

$$A^* + D \longrightarrow A + D^* \longrightarrow A + D + 光或热$$

二是受激分子与淬灭剂形成激发态配合物，再通过其他光物理过程消散能量。常用的淬灭剂是一些镍有机螯合物的结构式如下：

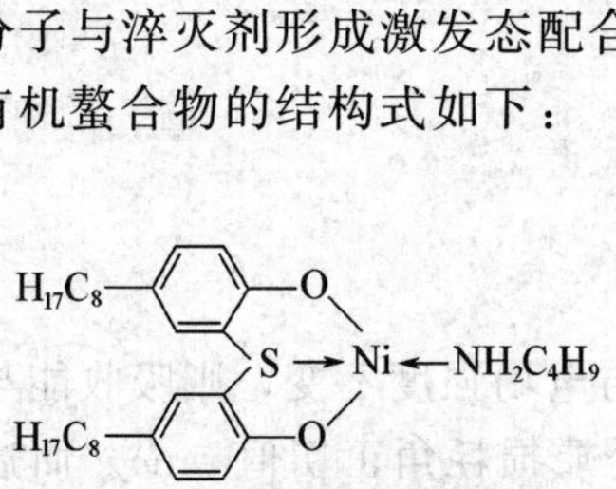

2,2′-硫代双（对叔辛基苯酚）镍-正丁胺
络合物 （光稳定剂 1084）

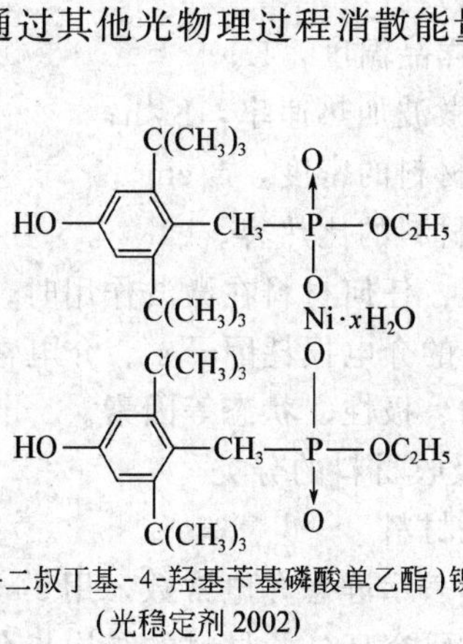

双（3,5-二叔丁基-4-羟基苄基磷酸单乙酯）镍
（光稳定剂 2002）

其光稳定过程示意如下（用[Ni]表示猝灭剂）：

$$\sim\underset{CH_3}{CH}-\underset{CH_3}{\overset{O}{C}}-CH\sim \xrightarrow{h\nu} \sim\underset{CH_3}{CH}-\underset{CH_3}{\overset{O^*}{C}}-CH\sim \xrightarrow{[Ni]} \sim\underset{CH_3}{CH}-\underset{CH_3}{\overset{O}{C}}-CH\sim +[Ni]^* \longrightarrow [Ni]$$

第十节　拓展知识

一、微波在高分子材料合成与改性中的应用

1. 对微波加热的一般认识

微波是频率为300MHz～30GHz的电磁波。科研、工业常用的微波频率是（2450±50）MHz，该频率与化学基团的旋转振动频率接近，可用以改变分子的构象，有选择地活化某些反应基团，促进化学反应，抑制负反应。

许多物质在微波的作用下产生热效应，可以导致加热、熔融等物理效应，也可以引发化学反应；一些学者认为，微波除了热效应外还具有非热效应，可以直接引发化学反应或激发等离子体引发反应。微波的加热原理是材料在外加电磁场作用下内容介质的极化产生的极化强度矢量落后于电场一个角度，导致与电场相同的电流的产生，构成了材料内部的功率消耗，从而将微波能转化为热能。

在微波作用下，材料对介电能的吸收与加热速率可用下面关系式表示。

$$p = KfE^2\varepsilon'(T)\tan\delta(T) \tag{8-107}$$

$$\varepsilon'' = \varepsilon'(T)\tan\delta(T) \tag{8-108}$$

$$\frac{dT}{dt} = \frac{KtE^2\varepsilon'(T)\tan\delta(T)}{\rho C_V} \tag{8-109}$$

式中　p——吸收能，W/cm；

　　　K——常数，55.61×10^{10}；

　　　f——频率，Hz；

　　　E——电场强度，V/cm；

　　　ε'——介电常数（表示物质被极化的能力或反映物质阻止微波穿透的能力）；

　　　ε''——介电损耗因子（表示物质将电磁能转换热能的效率）；

　　　$\tan\delta$——介质损耗角正切值（表示物质在特定频率与温度下将电磁能转化为热能的能力）；

　　　T——样品温度，K；

　　dT/dt——微波加热速率，K/h；

　　　ρ——材料的密度，g/cm^3；

　　　C_V——材料的比热容。

上式表明：任何材料在微波作用时，当频率与电场强度不变，则吸收能与微波加热速率都取决于材料的介电损耗因子 ε''、介电常数 ε' 和介质损耗角正切值 $\tan\delta$。而这些参数又取决于材料的结构、极性、状态等因素。

2. 微波吸收材料的分类

（1）有机材料

如果用 ε_s 表示静态介电常数，用 ε_∞ 表示高频介电常数，则可以用两者的差值（$\varepsilon_s-\varepsilon_\infty$）与 ε'' 的关系来研究高分子材料的结构与介电特性的关系。

$$(\varepsilon_s - \varepsilon_\infty) = -\frac{2}{\pi}\int_{-\infty}^{\infty}\varepsilon'' d\ln f \tag{8-110}$$

而 $(\varepsilon_s - \varepsilon_\infty)$ 值主要取决于如下因素。

① 取决于各种基团偶极矩极化的顺序（SO_2＞$CONH$＞CN＞$C=O$＞Cl＞$COOR$＞O＞CO_3＞$C-C$），极化顺序越超前，其 $(\varepsilon_s - \varepsilon_\infty)$ 值越大，就越容易被微波迅速加热。

② 取决于极化基团的摩尔分数。共聚或共混中随着极化基团摩尔分数的增加，材料的 $(\varepsilon_s - \varepsilon_\infty)$ 值也随之增大。

③ 取决于氢键的强弱。氢键越强。链移动越难，则 $(\varepsilon_s - \varepsilon_\infty)$ 值减小。

④ 取决于极性基团的位置。极性基团位于侧链，容易移动，使 ε'' 和 $(\varepsilon_s - \varepsilon_\infty)$ 值增大；而极性基团位于主链，则移动性差，使 ε'' 和 $(\varepsilon_s - \varepsilon_\infty)$ 值变小。

⑤ 取决于空间位阻效应。空间位阻越大，则 ε'' 和 $(\varepsilon_s - \varepsilon_\infty)$ 值变小。

⑥ 取决于结晶度、交联密度。随着结晶度、交联密度的增加，链移动减小，则 ε'' 和 $(\varepsilon_s - \varepsilon_\infty)$ 值减小。

⑦ 取决于材料的物理状态。橡胶态链段自由旋转。介电常数取决于链段偶极转向极化，ε'' 和 $(\varepsilon_s - \varepsilon_\infty)$ 值较大；玻璃态链段运动受阻，介电常数仅取决于基团本身的偶极转向极化。

另外，影响 ε'' 和 $(\varepsilon_s - \varepsilon_\infty)$ 值的因素还有高分子的立体化学结构、支化和取向。PE、F4、PP、PS、PC、聚氧化苯丙烯、聚砜的 ε'' 和 $(\varepsilon_s - \varepsilon_\infty)$ 值较低，在微波作用下介电损耗小，对微波几乎"透明"，不以用微波加工。反之，PVC、PU、PF、PMMA、聚氟乙烯等 ε'' 和 $(\varepsilon_s - \varepsilon_\infty)$ 值较大，可以用微波加工。

(2) 无机材料

根据无机材料对微波的吸收与反射情况，可以分为微波导体（如金属粉末、炭黑等）、微波介质（如碳酸钙、氢氧化铝、氢氧化镁等）、磁性化合物（钛酸铅锆、钛酸钡等）。

3. 不同微波吸收材料在微波场中的极化机理及微波吸收机理

物质偶极振动同微波振动具有相似的频率，在快速振动的微波磁场中，分子偶极振动趋于同磁场振动匹配，而分子偶极振动又往往滞后于磁场，物质分子吸收电磁能以每秒数十亿次的高速振动产生热能。因此，微波对物质的加热是分子层面的，又称"内加热"。物质同微波的耦合能力，除取决于微波的功率外，主要取决于自身的性质（极性分子对微波的耦合作用强，容易被加热；非极性分子对微波的耦合作用弱或不产生耦合，则不容易被加热）。材料中因极化因子不同，其极化过程也不同，一般分为电子极化、原子极化、分子极化、晶格极化、偶极极化、晶粒极化、晶界极化和界面极化等。针对工业应用的 2450MHz 微波频率，材料吸收微波后的升温主要是由分子极化和界面极化引起的。图 8-118 是几种极化的示意图。

4. 微波技术适用的领域

具有较高 $(\varepsilon_s - \varepsilon_\infty)$ 值的材料，如环氧树脂、聚氨酯、聚氯丁烯、聚甲基丙烯酸甲酯、聚氟乙烯等在微波作用下，介电损耗大，可以进行引发及改性。

具有低 $(\varepsilon_s - \varepsilon_\infty)$ 值的材料，如聚乙烯、聚四氟乙烯、聚丙烯、聚苯乙烯、聚碳酸酯、聚氧化苯丙烯、聚砜等在微波作用，介电损耗小，对微波几乎"透明"，不能直接用微波进行加工，但可以通过加入适量强极性材料（如极性填料或极性有机物）来提高这些材料的微波加工性能。

目前，可以用微波的作用进行的化学反应及高分子改性主要有以下方面：橡胶的微波硫

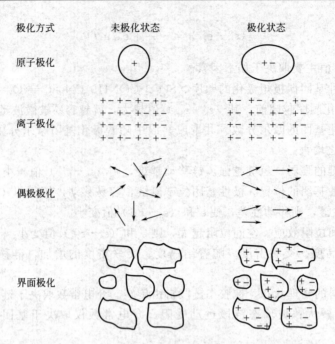

图 8-118 材料的极化方式

化与脱硫,其中后者用于废橡胶回收利用;热固性环氧树脂的微波固化,优点是反应时间短、加热均匀;含有金属粉的环氧复合材料微波固化,优点是通过调节金属粉的种类与加入量,可以实现材料的精细加工;环氧树脂与聚氨酯体系的微波固化,可以实现两种聚合物的网络互穿,防止相分离;纤维增强环氧树脂复合材料的微波固化;微波引发极性单体如 HEMA、MAAc 的本体聚合、接枝共聚等;微波等离子体照射下的聚合反应;高分子的微波磺化反应;微波作用下的固相聚合与酰亚胺化反应;微波作用下的皂化反应;聚合物共混材料的微波改性。

二、导电高分子的合成

通过前边的学习可知,导电高分子主要包括聚乙炔(Pa)、聚苯胺(PAn)、聚对亚苯基乙炔(PPv)、聚苯(PPp)、聚吡咯(PPy)、聚噻吩(PTh)、聚呋喃等,后三种属于芳香杂环导电高分子。

1. 导电高分子的制备原理

导电高分子的制备方法主要包括合成法与掺杂法。其中合成方法又分为两类。一类是通过采用氧化剂对单体进行氧化或通过金属有机化合物偶联的方式得到共轭高分子的化学聚合;另一类是在电场作用下电解含有单体的溶液而在电极表面获得共轭高分子的电化学聚合。

后一类方法主要是阳极氧化法。对单体的要求:具有芳香性和较低的氧化电位;能进行亲电取代反应;单体氧化后生成的阳离子具有适中的稳定性。对电解质溶液的要求:溶剂本身的亲核性较低;电解质在溶剂中具有较好的溶解性、较高的解离度、较高的氧化电位、较低的亲核性;在电解反应的电位范围内是电化学惰性。

(1) 电化学氧化聚合的机理

第一步:单体失去一个电子,被氧化成阳离子自由基。

第二步：阳离子自由基偶合机理

[观点一] 第一步生成的阳离子自由基发生偶合，并脱氢芳构化形成二聚体。继而二聚体氧化成阳离子自由基，再与单体氧化而成的阳离子自由基偶合后脱氢芳构化形成三聚体。重复偶合-芳构化使增长持续直至聚合物阳离子自由基的偶合活性消失为止。

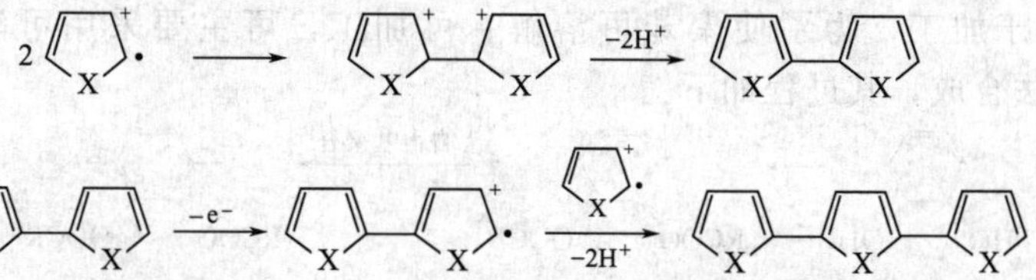

[观点二] 第一步生成的阳离子自由基进攻单体，脱氢、再氧化、芳构化而得二聚体；重复上述过程持续增长反应。

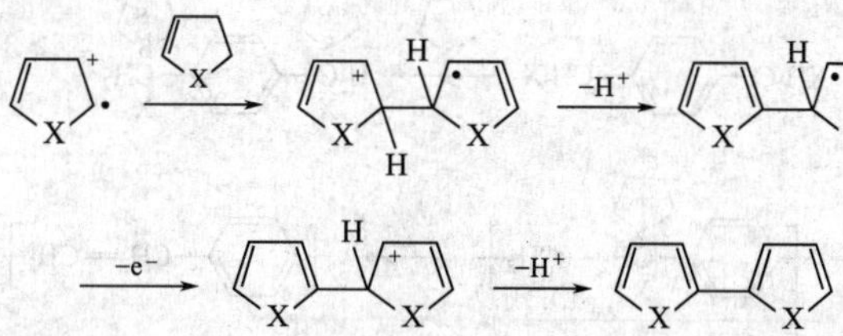

(2) 导电高分子的成膜过程

关于成膜过程的两种观点，其一是单体或电解产生的短的低聚物被吸附到电极表面然后继续增长；其二是首先在电极溶液界面产生低聚物，当低聚物生长到一定长度，已不能再溶解于溶液中时，沉积到电极表面。

2. 导电高分子的合成

(1) 聚噻吩的合成

① 阴极合成法 在乙腈溶液中，以 $Ni_2^+(Ph)_3Br_2^-$ 为催化剂，电化学还原 2,5-二溴噻吩，可在阴极得到聚噻吩。但因薄膜厚度较薄（100nm）而用于电极防腐。

② 阳极合成法 通过电化学氧化法可直接由噻吩单体制备聚噻吩薄膜。优点是：方法简单、可大量制备；直接制备处于导电状态的薄膜。所用溶剂为非质子性的如乙腈、苯腈、硝基苯、丙烯基碳酸酯等；并且以恒电流法为最好。为了防止高电位下的聚噻吩氧化、提高薄膜强度，可以采用三氟化硼乙醚-乙醚混合溶剂。

(2) 聚吡咯的合成

吡咯的电化学聚合既可以使用有机溶剂（如乙腈、二氯甲烷、22-二甲基甲酰胺），也可以使用水为溶剂。为此可以考虑在水中加入聚电解质（如聚苯乙烯磺酸钠），制得复合性薄膜，以改善聚吡咯的机械性能。

(3) 聚呋喃的合成电化学合成

由于呋喃对酸、碱都十分敏感，很容易引发开环聚合，并且电化学氧化电位高，呋喃的芳香性结构易破坏。所以比较好的方法是在三氟化硼乙醚-乙醚混合溶剂中，控制氧化电位为 1.1V，恒电流法制备聚呋喃。

此外，可以在噻吩、吡咯及呋喃的 3-位上进行化学修饰（进入烷基侧链或活性基团），再进行电化学聚合，即可以得到功能化的导电高分子。也可以将导电高分子与普通非导电高分子进行复合、共聚和共混来达到改善其性能的目的。

(4) 聚苯胺的合成

苯胺在 pH=1~2 的无机酸（如 HCl、H_2SO_4、$HClO_4$ 等）或有机酸（如羧酸、磺酸等）浓度范围内，通过硫酸铵氧化剂反应，或者在电极上发生氧化缩合反应，得到聚苯胺。

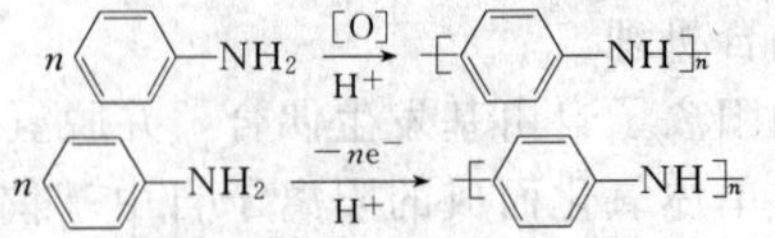

$$n \underset{}{\bigcirc}-NH_2 \xrightarrow[H^+]{[O]} \{\underset{}{\bigcirc}-NH\}_n$$

$$n \underset{}{\bigcirc}-NH_2 \xrightarrow[H^+]{-ne^-} \{\underset{}{\bigcirc}-NH\}_n$$

(5) 聚苯的合成

聚苯通常难于加工，为了使聚苯可溶解、可加工，可主要采用可溶性前体（Soluble precursr）的方法合成，其过程如下：

$$\bigcirc \xrightarrow{酶} \underset{HO\ \ OH}{\bigcirc} \longrightarrow \underset{RCOO\ \ OOCR}{\bigcirc} \xrightarrow{自由基聚合} \{\underset{RCOO\ \ OOCR}{\bigcirc}\}_n \xrightarrow{\Delta} \{\bigcirc\}_n$$

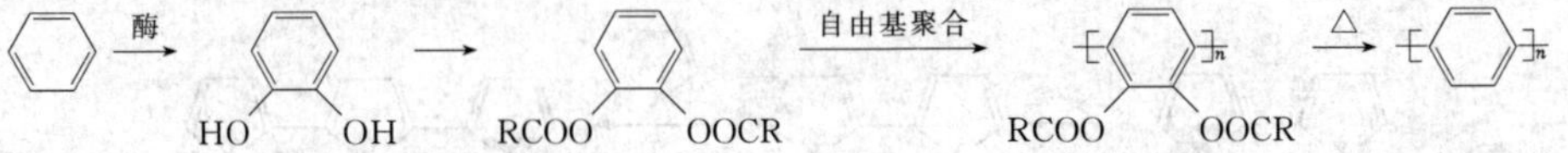

(6) 聚对亚苯基乙炔的合成

主要采用可溶性前体（Soluble precursr）的方法合成，其过程如下：

[反应式图]

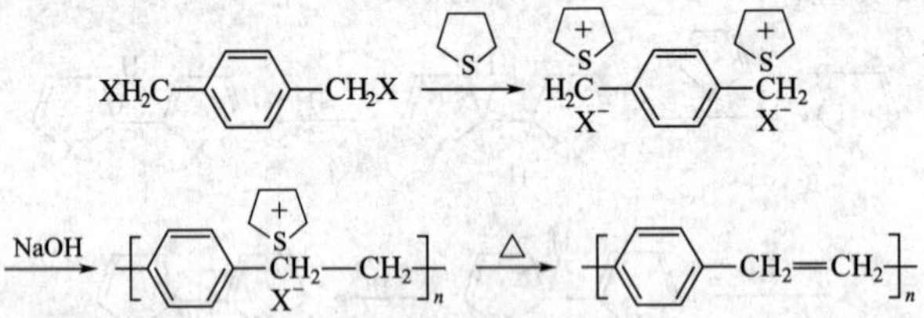

(7) 聚乙炔的合成

主要是通过开环歧化聚合获得。具体是以 [7,8-双（三氟甲基）三环 [2.2.0]-3,7,9-癸三烯] 为单体，以 $WCl_6\text{-}Me_4Sn$ 为催化剂体系，得到一种可以溶解和容易加工的聚合物，再对此进行制品加工时，通过加热脱除挥发性邻双三氟甲基苯即可以得到聚乙炔，为导电性聚乙炔的合成开辟了新的路线，解决了传统合成聚乙炔溶解性不好的问题。

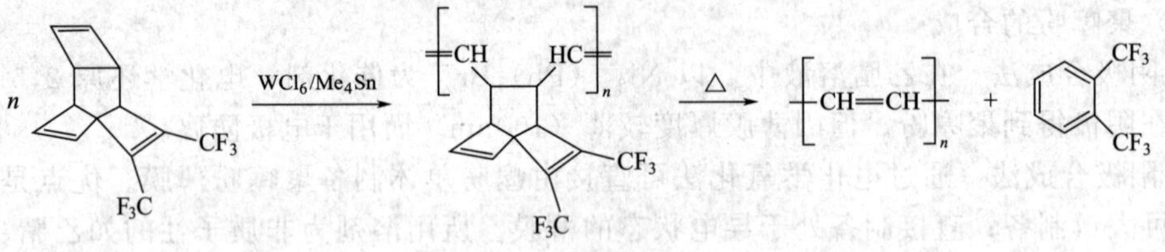

[反应式图]

三、聚乙烯醇的生产

聚乙烯醇是由聚醋酸乙烯酯醇解而得到的水溶性高分子，其结构为 $\{CH_2-CH(OH)\}$。英文 Polyvinyl alcohol，vinylalcohol polymer，poval，简称 PVA。

（一）主要原料

1. 醋酸乙烯酯

又称醋酸乙烯、乙酸乙烯、乙烯基乙酸酯。

结构式：$CH_2=CHOCOCH_3$。

无色易燃液体，有甜的醚香味。相对分子质量：86.09；熔点 $-93.2℃$，沸点 $72.2℃$，$47℃$（40kPa），$9℃$（6.827kPa），$-18℃$（1.33kPa），相对密度 0.9317，折射率 1.3953，闪点（开杯）$-1℃$。与乙醇混溶，能溶于乙醚、丙酮、氯仿、四氯化碳等有机溶剂，不溶于水。易受热、光或微量的过氧化物的作用聚合成透明固体，通常加对苯二酚或二苯胺作稳定剂，不加稳定剂的纯品贮存时间不应超过24h。

用途：乙酸乙烯是制造合成纤维维尼纶的主要原料。乙酸乙烯通过自身聚合，或者与分单体共聚，得到聚乙烯醇、乙酸乙烯-乙烯共聚合物（EVA）、乙酸乙烯-氯乙烯共聚物

(EVC)、乙酸乙烯-丙烯腈类纤维、乙酸乙烯-丙烯酸酯类共聚物，它们都有重要的工业用途，广泛用作黏结剂、建筑涂料、纺织品上浆剂和整理剂、纸张增强剂，以及用于制造安全玻璃等。乙酸乙烯酯与乙醇、溴素反应制得溴代乙醛缩二乙醇。这是药物甲硫咪唑的中间体。

2. 引发剂

参考第二章引发剂部分内容。

3. 甲醇

又称木醇，木精。

结构式：CH_3OH，相对分子质量为 32.04。

无色澄清液体。微有乙醇样气味。易挥发。易流动。燃烧时无烟有蓝色火焰。能与多种化合物形成共沸混合物。能与水、乙醇、乙醚、苯、酮类和其他有机溶剂混溶。溶解性能优于乙醇，能溶解多种无机盐类，如碘化钠、氯化钙、硝酸铵、硫酸铜、硝酸银、氯化铵和氯化钠等。相对密度 0.7915。熔点 $-97.8℃$。沸点 64.7℃。折射率（n_D^{20}）1.3292。闪点（闭杯）12℃。易燃，蒸气能与空气形成爆炸性混合物，爆炸极限 6.0%～36.5%（体积分数）。有毒，一般误饮 15mL 可致眼睛失明，一般致死量为 100～200mL。

甲醇用途广泛，是基础的有机化工原料和优质燃料。主要应用于精细化工、塑料等领域，用来制造甲醛、醋酸、氯甲烷、甲胺、硫酸二甲酯等多种有机产品，也是农药、医药的重要原料之一。甲醇在深加工后可作为一种新型清洁燃料，也加入汽油掺烧。甲醇和氨反应可以制造一甲胺。

（二）PVA 的生产工艺

1. PVA 聚合原理

第一步，先由醋酸乙烯酯自由基聚合生成聚醋酸乙烯酯（PVAC）；第二步将聚醋酸乙烯酯醇解生成聚乙烯醇。

第一步的聚合反应如下：

$$n CH_2=CH\text{—}COOCH_3 \longrightarrow \text{—}[CH_2\text{—}CH]_n\text{—}COOCH_3$$

第二步的醇解反应参考本章前面相关内容。

2. PVA 生产工艺

聚乙烯醇生产工艺流程如图 8-119 所示。

聚乙烯醇生产工艺主要由醋酸乙烯聚合工序、聚醋酸乙烯酯醇解工序及醋酸、甲醇的回收工序。

（1）醋酸乙烯酯聚合

醋酸乙烯酯经预热后，与溶剂甲醇及引发剂偶氮二异丁腈混合，送入两台串联聚合釜，在 66～68℃ 及常压下进行聚合，聚合 4～6h 后，当 70% 以上的醋酸乙烯酯转化为聚醋酸乙烯酯时，借助甲醇的蒸发带走聚合产生的热量，甲醇经冷凝后返回聚合釜。

含有聚醋酸乙烯酯的聚合液送入单体吹出塔，用甲醇蒸气将其中未反应的醋酸乙烯酯吹出后，以甲醇调节至聚醋酸乙烯酯含量为 33% 的甲醇溶液，送入醇解工段进行醇解。单体吹出塔吹出的醋酸乙烯酯及甲醇经分离精馏，回收循环使用。

（2）聚醋酸乙烯酯醇解

聚醋酸乙烯酯与氢氧化钠甲醇溶液以聚醋酸乙烯酯：甲醇：氢氧化钠：水为 1:2:0.01:0.0002 的比例同时加入高速混合器经充分混合后进行皮带醇解机，在 50℃ 下进行醇

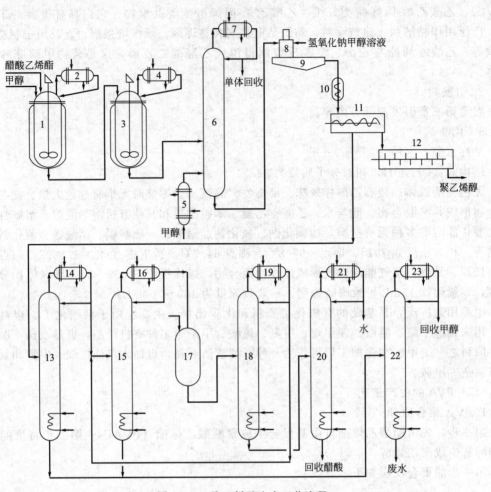

图 8-119 聚乙烯醇生产工艺流程

1,3—聚合釜；2,4,7,14,16,19,21,23—冷凝器；5—甲醇蒸发器；6—单体吹出塔；8—高速混合器；
9—醇解机；10—粉碎机；11—挤出机；12—干燥机；13—共沸蒸馏塔；15—水萃取蒸馏塔；
17—水解器；18—水解液蒸馏塔；20—稀乙酸浓缩塔；22—甲醇蒸馏塔

解，皮带醇解机以 1.1～1.2m/min 的速度转动，约 4min 醇解结束得到固化聚乙烯醇，再经粉碎、压榨、干燥脱除溶剂后得到成品聚乙烯醇。

(3) 醋酸和甲醇的回收

挤出脱除的溶液中含有大量的醋酸甲酯和甲醇。对这些混合物先在共沸蒸馏塔塔顶蒸出醋酸甲酯与甲醇的共沸物，塔底为甲醇水溶液；再将醋酸甲酯和甲醇共沸物送入水萃取蒸馏塔与水混合，塔顶分离出醋酸甲酯，塔底为甲醇水溶液；醋酸甲酯在水解器中经离子交换树脂水解得到醋酸及甲醇的混合物；混合物送到水解蒸馏，将甲醇与未水解的醋酸蒸出，返回水萃取蒸馏塔；水解蒸馏塔底的稀醋酸，送到稀醋酸浓缩塔中脱去水分后即得醋酸。共沸蒸馏塔及水萃取蒸馏塔塔底得到的甲醇水溶液在甲醇蒸馏塔中蒸出甲醇可重复使用。

(三) PVA 的结构、性能与用途

1. PVA 的化学结构、聚合度、醇解度

(1) 化学结构

PVA 的化学结构主要有两种，一是 1,3-乙二醇结构（头-尾结构），二是 1,2-乙二醇结构（头-头结构）。

1,3-乙二醇结构(头-尾结构)　　　　　　　　1,2-乙二醇结构(头-尾结构)

（2）聚合度

主要分为以下四种。

低聚合度　　　相对分子质量为2.5万～3.5万　　4%水溶液20℃的黏度0.005～0.015Pa·s
中聚合度　　　相对分子质量为12万～15万　　　4%水溶液20℃的黏度0.016～0.035Pa·s
高聚合度　　　相对分子质量为17万～22万　　　4%水溶液20℃的黏度0.036～0.060Pa·s
超高聚合度　　相对分子质量为25万～30万　　　4%水溶液20℃的黏度>0.06Pa·s

（3）醇解度

分为三种醇解度，即78%、88%、98%。完全醇解的PVA的醇解度为98%～100%，多用于维尼纶的生产原料；部分醇解的醇解度为87%～89%，多用于非纤维的应用。

一般结合聚合度与醇解度的表示，如17-88，即聚合度为1700，醇解度为88%。不同聚合度，不同醇解度的PVA的一般性质如表8-40所示。

表8-40　不同聚合度PVA的性质

一般性质	聚合度 小——→大	醇解度 小——→大
在冷水中的溶解性	小——→大	小——→大
在热水中的溶解性	小——→大	小——→大
	明显增大	稍增大
水溶液黏度	小——→大	小——→大
皮膜强度	小——→大	小——→大
皮膜伸长率	小——→大	小——→大
皮膜耐溶剂性	小——→大	小——→大

完全醇解、中黏度PVA典型性能如表8-41所示。

表8-41　完全醇解、中黏度PVA典型性能

性能	数据	性能	数据
颜色	白色	表观密度/(kg/m³)	400～432
醇解度(干基,摩尔分数)/%	99.0～99.8	相对密度	1.3
皂化值/(mgKOH/mg 聚合物)	3～12	树脂密度/(kg/m³)	1294
残余PVAC(质量分数)/%	0.5～1.8	比容积/(m³/kg)	7.7×10⁻⁴
黏度(4%水溶液,20℃)/Pa·s	0.028～0.032	折射率	1.54
溶液pH	5.0～7.0	硬度(邵氏,不增塑)	>100
挥发度/%	≤5	比热容/[J/(kg·K)]	1.67
灰分(以Na₂O计)/%	≤1.0		

部分醇解PVA的典型性能如表8-42所示。

表8-42　部分醇解PVA的典型性能

黏度等级	黏度/Pa·s	醇解度(干基,摩尔分数)/%	pH	挥发度/%	灰分/%
高	0.035～0.045	87～89	5.0～7.0	≤5	≤0.5
中	0.021～0.025	86～89	5.0～7.0	≤5	≤0.5
低	0.004～0.006	86～89	5.0～7.0	≤5	≤0.5

2. PVA的典型性能

（1）水溶液性能

① 水溶性　PVA在水中的溶解性随醇解度不同而变化。其中，醇解度在87%～89%的产品水溶性最好，可以在冷水、热水中很快溶解，表现出很大的溶解度。醇解度在89%～

90%的产品需要加热到60～70℃才能完全溶解。醇解度99%以上的产品只溶解于95℃以上的热水中。醇解度在75%～80%的产品只溶解于冷水,而不溶解于热水。醇解度小于66%的产品,由于憎水的乙酰基量增大,水溶性下降。直到醇解度小于50%以下的产品,既不溶解于冷水也不溶于热水。以上产品一旦制成水溶液,就不能从水溶液中析出。

另外,温度对不同醇解度的PVA的影响也很大,尤其是醇解度在97%～98%的影响更明显。水是PVA的溶剂,在水中加入一部分低分子醇类不会引起PVA的沉淀。

② 黏度 PVA水溶液的黏度随产品类型、浓度、温度的变化而变化。规律是随浓度的提高黏度急剧上升,而温度的升高则黏度明显下降。

PVA水溶液为非牛顿流体,只当浓度低于0.5%时,在低剪切速率时可视为牛顿流体。

③ 对盐的容忍度 PVA水溶液对氢氧化铵、醋酸及大多数无机盐,包括盐酸、硫酸、硝酸、磷酸都有很高的容忍度。但浓度相当低的氢氧化钠就会使PVA从水中沉淀出来。

PVA溶液对硝酸钠、氯化铵、氯化钙、氯化锌、碘化锌、硫氢酸钾也有很高的容忍度。低浓度下作为沉淀剂的盐类有碳酸钙、硫酸钠和硫酸钾。

④ PVA水溶液的凝胶化作用 PVA水溶液对硼砂特别敏感,将硼砂或硼砂水溶液与PVA水溶液混合静置2min即可使其失去流动性而产生凝胶,加入硼砂或硼砂水溶液的量随着醇解度的下降而降低,但随着温度的升高而增加。并且,这种凝胶化现象随温度的变化而呈可逆性,低温容易凝胶,高温而变稀,解除凝胶。

对PVA水溶液能形成凝胶化的还有铬的化合物,如铬酸盐、重铬酸盐等。钒、锆及高锰酸钾也能使PVA水溶液形成凝胶。

另外,PVA水溶液对硫酸铜水溶液不发生反应,但在弱碱性条件下,可生成绿色的配合盐而沉淀。

⑤ PVA的表面活性 PVA水溶液是乳液聚合的乳化剂和胶体保护剂,也是氯乙烯悬浮聚合的分散剂。其表面活性和表面胶体效应随醇解度的下降而提高,但表面活性则随相对分子质量的减小而提高。

用于乳液聚合时的PVA为乳液的2%～5%,悬浮聚合为0.1%以下。

⑥ PVA水溶液的粘接性能 PVA对于多孔、亲水表面如纸张、纺织品、木材及皮革具有很强的溶合力。它对颜料和其他细小固体颗粒也是有效的黏合剂。对平滑、不吸水表面,如玻璃、金属,其黏合力随醇解度的提高而降低,但可加入15%的磷酸进行改善。

⑦ PVA与其他水溶性树脂的相容性 PVA水溶液可与很多水溶性树脂混合,不但可以改进PVA的性能,还可能扩大PVA的使用性能。

PVA与甲基纤维素、羟乙基纤维素的相容性较差,其混合物极易分离。但对羧甲基纤维素的相容性较好。

PVA与酪素、藻蛋白酸钠等天然高分子化合物都有很好相容性,其混合物不易分离。但与动物胶相容性不好,其混合物容易分离。

PVA和聚丙烯酸甲酯(部分水解的)相容性好,但与聚丙烯酸乙酯(部分水解)相容性较差。

(2) 固体性能

① 在有机溶剂中溶解性 大多数有机溶剂,如酯、醚、酮、烃及高级醇等对PVA几乎不发生作用。但PVA对有机溶剂的敏感性随着醇解度的减少而增加,但黏度对其影响不大。只有少数如甘油、乙二醇和低相对分子质量的聚乙二醇、酰胺(甲酰胺、甲基甲酰胺和羟乙基甲酰胺)、三乙醇胺和乙醇胺盐可以溶解PVA。此外,二甲基亚砜对所有的PVA都可以溶解。然而,上述可以溶解的物质,在溶解PVA都必须加热才可以。

② 吸湿性　所有 PVA 都具有吸湿性，并且受填充的增塑剂影响，一般增塑剂用量增加会增加吸湿性。

③ 对热、光的稳定性　PVA 在 150℃ 以上会充分软化而熔融。在 140℃ 以下，隔绝空气时，PVA 对热不发生任何明显变化。在空气中加热 PVA 至 100℃ 以上，PVA 会慢慢地变色、脆化而且溶解度下降。温度越高这种变化就越快，加热到 160℃ 以上颜色会变很深；至 170℃ 颜色更深，同时失去水溶性；加热到 200℃ 以上，PVA 很快分解；当温度超过 250℃ 时，就会变成含有共轭双键的聚合物。

PVA 在加热时变色的性质可以通过加入 PVA 量的 0.5%～3% 的硼酸进行调节。

PVA 在氧气中开始分解的温度为 180℃，在真空中为 200℃。

④ 隔气性　PVA 对很多气体都具有高度的不透性。PVA 连续有膜或涂层对氧气、二氧化碳、氢气、氮气和硫化氢都有很好的隔气性。但对氨和水蒸气的透过率却很高。

⑤ 电学性能　虽然纯 PVA 的介电常数和功率因子比一般作绝缘材料的其他材料都高，但由于 PVA 容易吸湿，影响了 PVA 在电气方面的应用。

⑥ 光学性能　PVA 制得的膜对紫外光的透过率为 72.9%～81.9%，但对红外光几乎不透过。

⑦ 成型性　增塑后的 PVA 可以进行塑模或挤出加工成型，其中完全醇解的 PVA 不加增塑剂是无法模塑的，同时即使加入了增塑剂也需要较高模塑温度。一般高黏度的 PVA 采用模塑法，而中黏度的 PVA 采用挤出法。

⑧ 机械性能　PVA 能形成非常强韧、耐撕裂的膜，膜的耐磨性很好。PVA 的拉伸强度比一般的塑料为高，而且与其他水溶性聚合物相比，其优点是 PVA 膜或模塑制品的拉伸强度、伸长率、撕裂强度、硬度都可用增塑剂的用量、含水量及不同牌号 PVA 进行调节。

在相同条件下，一定醇解度的 PVA 的拉伸强度随着聚合度的增加而增加。而一定聚合度的 PVA 的拉伸强度随着醇解度的增加而增加。在相同的醇解度范围内，低黏度品种之间的强度差要比中、高黏度品种之间的强度差要大。PVA 膜在伸长时，其拉伸强度明显增加。在定向以前具有平均拉伸强度为 69MPa 的膜，在拉伸到原来长度的 5 倍以后，其拉伸强度变为 345MPa。

未经拉伸的 PVA 膜，断裂时的伸长率差异很大，从 10% 到 600% 以上。伸长率主要受聚合度、增塑剂含量及水分的影响。

牌号不同，PVA 撕裂强度也不同，它随着醇解和聚合度的增大而增大。加入少量增塑剂会明显改善 PVA 膜的撕裂强度。

所有牌号的 PVA 在未增塑时，邵氏硬度都在 100 以上，加入增塑剂后可得到邵氏硬度小于 10 的柔性产物。

(3) 化学性能

PVA 的化学性能主要是通过类似多元醇的反应来体现的，主要有如下反应形式。

① 醚化反应　PVA 分子链中所含有的羟基（—OH）可以用一般的方法进行醚化反应。如与环氧乙烷反应可以获得羟乙基化合物，其羟乙基含量可达 75%。当羟乙基含量少时为凝胶性产物。

PVA 与丙烯腈反应可得氰基乙醚化合物。并且随着取代基数量的不同，其产物可以溶解于水、丙酮。

PVA 与丙烯酰胺反应可得到胺基甲酰化合物，可溶解于水，且不易凝胶。

PVA 经羧甲基化、羟乙基化后的产物都溶解于水。当加热到 120～125℃，它们之间可以发生脱水反应，形成醚键或酯键，引起大分子间的交联而变成不溶性树脂。

② 酯化反应　PVA 可以和有机酸或无机酸进行酯化反应生成相应的酯类。

③ 缩醛反应　PVA 与羰基化合物反应生成缩醛化合物，羰基和两个羟基反应后，析出

水而制得聚乙烯醇缩醛（分子内或分子间）。可以和PVA反应的醛类有甲醛、乙醛、丁醛等，其产物分别为聚乙烯醇缩甲醛、缩乙醛、缩丁醛。

(4) PVA的改性

PVA的改性主要通过加入增塑剂、填充剂、不溶化剂、凝胶剂、沉淀剂、防泡剂、润湿剂、颜料和染料等进行改性。

① 增塑剂　主要是水溶性的带有羟基的酰胺或氨基有机化合物，如甘油、乙二醇、甲酰胺、湿气等。

② 填充剂　主要采用淀粉、糊精、酪素、尿素、水溶性氨基-甲醛树脂或酚醛树脂及黏土、碳酸钙等填料。目的是降低产品成本和改进某些性能。

③ 不溶化剂　加入不溶化剂后可以使PVA失去水溶性，提高PVA膜或涂层的耐水性。常用的是水溶性胺-甲醛缩合物，如二甲基脲、三甲基三聚氰胺、二甲基乙基脲、二醛、多价金属盐或配合物；金属化合物主要有重铬酸盐、硝酸铬等。

④ 凝胶剂　加入凝胶剂的目的是控制PVA溶液向多异性物质的内部渗透，防止浸涂的流挂。其主要品种有：染料和芳香族羟基化合物（间苯二酚、邻苯二酚、间苯二酚、没食子酸、2,4-二羟基苯甲酸等）和无机配合物两种。前者可以形成热可逆的凝胶，后者形成热稳定的凝胶。硼砂是非常有效的PVA凝胶剂，并且形成不可逆的凝胶。

⑤ 沉淀剂　碳酸钠是用来沉淀PVA水溶液中PVA的沉淀剂。硫酸钠和硫酸钾在相当低的浓度下也可以使用。

⑥ 防泡剂　主要采用三丁基磷酸盐、聚乙二醇醚等，目的是减少PVA溶液的泡沫，加入量为PVA溶液的0.1%～0.5%。

⑦ 湿润剂　任何一种湿润剂都可以作为PVA溶液的湿润剂使用，其用量为0.05%～0.2%。

⑧ 颜料和染料　主要有黏土、大白粉、钛白、硫酸钙等，但要加入颜料用量30%的分散剂——焦磷酸钠，以促进分散和降低黏度。其他如锌钡白、氧化锌、炭黑、氧化锑和氧化铁及细分散的二氧化硅也可以使用。

(5) PVA的生理性能

PVA不会刺激人体皮肤，但是在产生PVA的粉尘操作中，操作人员戴口罩以避免吸入粉尘，如果PVA粉尘进入人体，通过新陈代谢可以排出，但不能降解。因此PVA不能直接用于食品，不能用作血浆，不能用作其他人体组织。

废物中的PVA要通过生物处理来降解。

3. PVA的用途

(1) 在造纸工业中的应用

主要利用PVA具有的粘接强度和成膜性，用于纸张生产过程中的颜料黏合剂、纸张涂饰剂，纸和纸板的上胶剂，纸张加工的黏合剂等。

(2) 在纺织工业中的应用

主要用作纺织浆料，与醛类缩合可以作为维尼纶纺丝。

(3) 在聚合中的应用

主要用于乳液聚合的乳化剂和悬浮聚合的分散剂，也可以用于亚克力材料连续生产时的保护膜。

(4) 在采油工业中的应用

主要用作油田注水中的增黏剂，提高高温稳定性；加入硼砂后用作井筒的封堵工作液。

(5) 在其他方面的应用

主要用于再湿黏合剂、化妆品、清洗剂、高吸水性树脂、钢的淬火剂、建筑涂料等。

小　结

高聚物的结构可以分为链结构、高分子的形态和聚集态结构三种。

链结构取决于高聚物的化学组成与重复结构单元的连接方式。

高分子链的柔性是高分子链内旋转的结果，柔性大小取决于高分子主链结构和取代基的性质、体积、数量和位置。高分子的热运动单元主要有链段和整个高分子链。

高聚物的聚集是通过分子的力实现的。其中色散力是最普遍的。聚集态的结构可以分结晶态、非结晶态、取向态等，高聚物的复合是各种情况的组合。

线型非晶高聚物的物理状包括玻璃态、高弹态和黏流态，其形变-温度曲线可以分为五个区。

结晶高聚物的形变-温度曲线、物理状态与高聚物的相对分子质量有关，低时为玻璃态和黏流态，高时为玻璃态、高弹态和黏流态。

高聚物的特征温度分别是玻璃化温度（T_g）、熔融温度（T_m）、黏流温度（T_f）、脆化温度（T_b）、分解温度（T_d）和软化温度（T_s）。这些温度均受高聚物的结构、分子间力、相对分子质量和测试的条件影响。

高聚物的力学性能主要通过应力-应变曲线进行分析，其中影响高聚物材料强度因素主要有相对分子质量、低分子掺合物、交联、结晶和取向等。

高聚物的松弛性质主要通过蠕变曲线和应力松弛曲线进行分析，其程度不但取决于高聚物本身的性质，还与温度、应力、填料、增塑剂等因素有关。

复合材料的制备方法主要有化学共聚法和物理法（如增塑、增强、填充及共混）两种。其复合后材料的力学性质主要取决于相对量的大小。

高聚物的黏流特性是高聚物成型加工中必须掌握的内容。高聚物多具有弹性和塑性，其液体属于非理想液体，受高聚物本身结构、相对分子质量及分布、温度、压力等影响。并且，高聚物熔体在流动中具有弹性效应。

高聚物的电性能体现在高聚物材料具有介电性、导电性、击穿电压强度、静电性能、压电、热电等方面，与其结构有直接关系。

高聚物的光学性能体现在高聚物材料具有折射、反射、双折射、偏振、散射等方面。

高聚物的透气性能主要体现在车胎、气球、包装薄膜、分离膜等方面。

高聚物的热物理性能包括耐热性、比热容、热导率、热膨胀系数等方面。

高聚物的溶解必须经过溶胀过程才能实现，并且高聚物溶液与小分子溶液具有较大的差别。在选择溶剂时主要采用溶解度参数相近原则，即$|\delta_1-\delta_2|<1.5$就可以。

高聚物稀溶液的黏度表示方法有相对黏度、增比黏度、比浓黏度、特性黏度等。

高聚物相对分子质量主要分为数均相对分子质量、重均相对分子质量、Z均相对分子质量和黏均相对分子质量四种形式。其测定方法有渗透压法、端基滴定法、光散射法、黏度法、超速离心法等。

通过高聚物的化学反应可以进一步研究高聚物的结构，合成新的高聚物，并开发功能高分子；对高聚物进行改性，防止老化。

高聚物虽然可以像低分子化合物一样进行许多化学反应，但由于受结构及扩散等因素影响，使其反应过程及产物都比较复杂。

高聚物化学反应主要分为基团反应、交联反应及降解反应等。

PVA的生产是利用高聚物化学变化由聚醋酸乙烯酯转化而获得。

习 题

1. 说明高聚物的结构层次如何。
2. 研究高聚物的结构有什么目的?
3. 解释高分子链具有柔性的原因和影响柔性的影响。
4. 高分子的热运动形式有哪些?
5. 为什么高聚物只有固态和液态而没有气态?
6. 结晶高聚物的形态分几种类型?
7. 影响高聚物结晶的因素是什么?
8. 取向与结晶的异同点是什么?
9. 如何形成高聚物复合材料?
10. 画出非晶高聚物定负荷下的形变-温度曲线,并作以适当分析。
11. 画出结晶高聚物定负荷下的形变-温度曲线,并作以适当分析。
12. 解释玻璃化温度的定义,并指明其影响因素和使用价值。举例说明它的测定方法。
13. 解释熔点的定义,说明小分子结晶与高分子结晶的异同点。说明影响因素与测定方法。指出熔点的使用价值。
14. 解释黏流温度的定义,说明影响因素、使用价值、测定方法。
15. 说明各种软化温度的测定条件。
16. 指出常用的材料力学概念。
17. 画出结晶高聚物和非晶高聚物的应力-应变曲线,并加以适当解释。
18. 解释哪些因素影响高聚物材料的强度。
19. 什么是松弛现象?请画出几种高聚物的蠕变曲线和应力松弛曲线。
20. 说明高聚物的增塑作用与应用。
21. 如何增加高聚物的强度?
22. 说明材料形变的类型,并简述影响高聚物流变性的因素。
23. 解释高聚物熔体在流动过程中产生弹性效应的原因。
24. 如何测定高聚物的熔融指数?
25. 高聚物的电性能体现在哪些方面?有何应用?
26. 高聚物的光学性能和透气性能具体应用如何?
27. 高聚物的热物理性能包括哪些方面,有何应用?
28. 画出非晶高聚物与结晶高聚物的溶解过程图。并指明高聚物溶解的关键是什么?
29. 溶解高聚物的溶液如何选择?高聚物稀溶液黏度几种表示方法?它们之间的关系如何?影响因素有哪些?
30. 写出高聚物统计相对分子质量的表达式,并说明多分散体系中它们的关系。
31. 简述用渗透压法与黏度法测定高聚物相对分子质量的原理与过程。
32. 证明

$$\overline{M_n} = \frac{1}{\sum \dfrac{W_i}{M_i}}$$

33. 用实例说明数均相对分子质量对试样的低相对分子质量部分敏感,而重均相对分子质量却对高相对分子质量部分敏感:(1) 100g 的相对分子质量为 100000 的试样中加入 1g 相对分子质量为 1000 的组分;(2) 100g 的相对分子质量为 100000 的试样中加入 1g 相对分子质量为 10000000 的组分。分别计算数均相对分子质量和重均相对分子质量及它们的分散系数。并说明结果。
34. 简述研究高聚物化学变化的目的。
35. 高聚物化学变化的主要类型、特点和影响因素有哪些?

36. 举例说明高聚物基团反应的应用情况。
37. 在高聚物的交联反应类型中，有意义是哪种？并出实际应用的例子。
38. 废有机玻璃如何回收再用？原理是什么？
39. 如何防止高聚物的老化？
40. 简述 PVA 的生产过程与产品性能。

附　　录

表 1　竞聚率

M_1	M_2	r_1	r_2	条件
甲基丙烯酸甲酯（MMA）		0.345 ± 0.005	0.956 ± 0.02	65℃
		0.55 ± 0.02	1.55 ± 0.06	45℃
		0.98 ± 0.04	0.68 ± 0.05	DMF,40℃
	甲基丙烯酸	0.9	0.7	异丙醇,40℃
		0.34	1.3	苯,78℃
		0.9	0.7	THF,40℃
		1.10 ± 0.04	0.60 ± 0.01	醋酸,20℃
		1.60 ± 0.08	0.50 ± 0.01	乙醇,25℃
		1.00 ± 0.03	0.68 ± 0.03	吡啶,25℃
	甲基丙烯酰胺	1.05 ± 0.02	0.30 ± 0.01	DMF,25℃
		1.55 ± 0.22	1.27 ± 0.19	二氧六环,70℃
		1.68 ± 0.07	0.43 ± 0.04	乙醇,70℃
	甲基丙烯腈	0.67 ± 0.01	0.65 ± 0.06	60℃
	甲基乙烯基亚砜	20 ± 10	0	60℃
	对-甲基苯乙烯	0.405 ± 0.025	0.44 ± 0.02	60℃
	间-甲基苯乙烯	0.53 ± 0.025	0.49 ± 0.02	60℃
	N-甲基丙烯酰胺	3.50 ± 0.20	1.03 ± 0.04	二氧六环,70℃
	甲基丙烯酸缩水甘油酯	3.30 ± 0.10	0.28 ± 0.02	乙醇,70℃
		0.80	1.05	60℃
	2,5-二甲氧基苯乙烯	0.25 ± 0.01	0.72 ± 0.04	70℃
	2,6-二甲氧基苯乙烯	0.14 ± 0.05	0.74 ± 0.04	60℃
		1.8 ± 0.18	0.45 ± 0.08	甲苯,50℃
	N,N-二甲基丙烯酰胺	2.04 ± 0.11	0.51 ± 0.07	二氧六环,70℃
		2.30 ± 0.24	0.42 ± 0.10	乙醇,70℃
	乙基丙烯酸甲酯	2.03	0.1	60℃
	2-乙烯基吡啶	0.439 ± 0.002	0.77 ± 0.02	60℃
	对乙烯基苯酚	0.34 ± 0.06	0.25 ± 0.04	60℃
		0.30 ± 0.05	0.50 ± 0.05	60℃
		3.2	1.0	DMSO+10%H$_2$O
	对乙酰氨基苯乙烯	0.3	1.0	氯仿
		2.55	2.45	二氧六环,70℃
	丙烯酰胺	2.6	0.44	乙醇,70℃
		1.86 ± 0.06	0.24 ± 0.04	50℃
		1.13	0.29	65℃
	丙烯酸	1.5	0.25	苯,50℃
		2.32 ± 0.08	0.30 ± 0.03	二氧六环,70℃
	丙烯腈	1.20 ± 0.14	0.15 ± 0.07	60℃
	丙烯酸甲酯	1.99	0.33	65℃
	丙酸乙烯酯	24.0	0.03	60℃
	丁二烯	0.25 ± 0.03	0.53 ± 0.05	90℃
	丁酸乙烯酯	25.0	0.03	60℃
	顺丁烯二酸酐	3.50	0.03	60℃
	氯乙烯	12.5	0	60℃
	偏二氯乙烯	2.53 ± 0.01	0.2 ± 0.03	60℃
	醋酸乙烯酯	26.0	0.03	60℃

续表

M_1	M_2	r_1	r_2	条件
醋酸乙烯酯 (VAC)	甲基乙烯基酮	0.05	7.00	70℃
	甲酸乙烯酯	0.94	0.95	60℃
	乙烯	1.02	0.97	130℃
	N-乙烯基咔唑	0.126±0.32	2.68±0.10	60℃
	α-乙酰氧基丙烯腈	0.02±0.04	5.50±0.75	60℃
	α-乙酰氧基丙烯酸乙酯	0.08±0.03	5.4±0.5	60℃
	N-乙烯基吡咯烷酮	0.205±0.015	3.30±0.15	50℃
	丙烯酸甲酯	0.1	9	60℃
	丙烯腈	0.06±0.013	4.05±0.3	60℃
	丙酸乙烯酯	0.98	0.98	60℃
	醋酸异丙烯酯	1.0	1.0	75℃
	反丁烯二酸二乙酯	0.011±0.001	0.444±0.003	60℃
	顺丁烯二酸二乙酯	0.17±0.01	0.043±0.005	60℃
	顺丁烯二酸酐	0.055±0.015	0.003	75℃
	丁酸乙烯酯	1.00	0.97	60℃
	氯乙烯	0.23±0.02	1.68±0.08	60℃
	偏二氯乙烯	0.0±0.03	3.6±0.5	60℃
	氟乙烯	2.9±0.2	0.16±0.01	30℃
丙烯腈(AN)	甲基丙烯酸甲酯	0.15±0.07	1.20±0.14	80℃
		0.10	1.25	60℃
	甲基丙烯腈	0.43	1.67	60℃
	甲基异丙烯基酮	0.36±0.08	0.70±0.14	80℃
	甲基乙烯基酮	0.61±0.04	1.78±0.22	60℃
	α-甲氧基丙烯酸甲酯	0.15	0.30	60℃
	α-甲氧基丙烯腈	0.43	1.67	60℃
	2-乙烯基吡啶	0.05±0.01	21.9±5.52	60℃
	4-乙烯基吡啶	0.113±0.005	0.41±0.09	60℃
	对乙烯基苯甲酸	0.076	1.8	—
	α-乙酰氧基丙烯腈	0.45	2.20	60℃
	α-乙酰氧基苯乙烯	0.08±0.01	0.4±0.05	75℃
	丙烯酸	0.35	1.15	50℃
	丙烯酸甲酯	1.4±0.1	0.95±0.05	60℃
	丙烯酸乙酯	1.12	0.93	70℃
		1.9	0.21	DMF,20℃
	丙烯酰胺	0.08	0.44	二氧六环,20℃
		1.19	0.55	水,20℃
	丙烯酸丁酯(BA)	1.2±0.1	0.89±0.08	60℃
	丙烯酸钠	0.21	0.77	50℃
	丁二烯(B)	0.04±0.01	0.40±0.02	50℃
	异丁烯	1.8±0.2	0.02±0.02	50℃
	顺丁烯二酸酐	6	0	60℃
	苯乙烯(S)	0.04±0.04	0.41±0.08	60℃
	苯乙炔	0.26±0.03	0.33±0.05	60℃
	醋酸乙烯酯(VAC)	4.2	0.05	50℃
	氯乙烯(VC)	2.7±0.7	0.04±0.03	60℃
	偏二氯乙烯(VDC)	1.20	0.49	45℃
	氟乙烯	24±2	约$1×10^{-3}$	30℃
苯乙烯(S)	甲基丙烯酸甲酯	0.50	0.50	60℃
	甲基丙烯酸乙酯	0.53±0.03	0.41±0.04	60℃
	甲基丙烯酸正丁酯	0.56±0.03	0.40±0.03	60℃
	甲基丙烯酸叔丁酯	0.59±0.03	0.67±0.04	60℃
	甲基丙烯酸正辛酯	0.67±0.03	0.55±0.07	60℃
	甲基丙烯酸环己酯	0.52±0.07	0.45±0.09	60℃
	甲基丙烯酸对-甲氧苯酯	0.26	0.60	60℃

续表

M_1	M_2	r_1	r_2	条件
苯乙烯(S)	甲基丙烯酸异丁酯	0.55±0.02	0.40±0.05	60℃
	甲基丙烯醛	0.15	0.55	55℃
	甲基丙烯酰胺	2.44±0.38	2.39±0.22	二氧六环,70℃
		2.65±0.20	0.47±0.02	乙醇,70℃
	甲基丙烯酸	0.15	0.37	65℃
		0.22±0.05	0.64±0.08	40℃
		0.45±0.04	0.47±0.03	吡啶,40℃
	甲基丙烯腈	0.29±0.01	0.23±0.01	60℃
	甲基丙烯基苯甲酮	0.12~0.35	0.18~0.5	60℃
	甲基异丙烯基酮	0.32	0.66	80℃
	甲基丙烯酸苯酯	0.30±0.03	0.60±0.05	60℃
	甲基乙烯基砜	3.3	0.12±0.01	60℃
	对-甲氧基苯乙烯	0.70	1.70	30℃
	乙基乙烯基酮	0.35	0.31	60℃
	乙基丙烯酸	0.68±0.01	0.31±0.01	—
	N-乙烯基咔唑	5.7	0.035	75℃
	间乙烯基酚	0.9	1.21	60℃
	二乙烯基醚	0.56±0.02	0.9±0.2	60℃
	2-乙烯基吡啶	0.54±0.03	0.7±0.1	60℃
	4-乙烯基吡啶	0.29±0.002	0.075±0.02	65℃
	丙烯酸	0.70	0.15	MEK,50℃
		0.75	0.13	二氧六环,50℃
		0.90	0.14	THF,50℃
	丙烯腈	0.40±0.05	0.04±0.04	60℃
	丙烯酰胺	0.25	12.5	苯,90℃
		1.44	0.30	乙醇,60℃
	丙烯醛	0.22	0.33	—
	丙烯酸苄酯	0.55	0.20	60℃
	丙烯酸丁酯	0.48±0.04	0.15±0.04	25℃
	丙烯酸失水甘油酯	0.60	0.17	60℃
	丙烯酸甲酯	0.75±0.03	0.18±0.02	60℃
	异丙基乙烯基酮	0.39	0.30	60℃
	丁二烯	0.78±0.01	1.39±0.03	60℃
	叔丁基乙烯基酮	0.40	0.30	60℃
	叔丁基乙烯基硫	4.7	0.20	60℃
	反丁烯二腈	0.23±0.01	0.01±0.01	60℃
	顺丁烯二酸酐	0.01	0	60℃
	α-正丁基丙烯酸甲酯	0.80±0.05	0.20±0.05	65℃
	异戊二烯	1.38±0.54	2.05±0.45	50℃
	氯乙烯	17±3	0.02	60℃
	偏二氯乙烯	2.0±0.1	0.14±0.05	60℃
	偏二氰基乙烯	0.005	0.001	45℃
	异氰酸乙烯酯	8.13±0.04	0.08±0.04	60℃
氯乙烯(VC)	异丁烯	2.05±0.3	0.08±0.1	60℃
	顺丁烯二酸酐	0.296±0.07	0.008	75℃
	丙烯酸甲酯	0.12±0.01	4.4±0.5	50℃
	甲基乙烯基酮	0.29±0.04	0.35±0.02	60℃
	丁酸乙烯酯	2.0	0.28	60℃
	偏二氯乙烯	0.3	3.2	60℃

表2 单体的 Q-e 值

单体	e	Q	单体	e	Q
苯乙烯(标准)	−0.8	1.0	对甲氧基苯乙烯	−1.11	1.36
甲基丙烯酸	0.65	2.34	α-甲氧基丙烯腈	0.40	0.72
甲基丙烯醛	−0.01	1.75	甲氧基甲基乙烯基硫	−1.27	0.28
甲基丙烯腈	0.81	1.12	对-甲氧苯基乙烯基硫	−1.40	0.35
甲基丙烯酸钠	−1.18	1.36	N-(甲氧苯基)甲基丙烯酰胺	−1.19	2.80
甲基丙烯酰胺	1.24	1.46	2,6-二甲氧基苯乙烯	−1.6	1.9
甲基丙烯酸酐	1.03	1.60	α-甲氧基丙烯酸甲酯	0.48	0.37
甲基丙烯基酮	0.68	0.69	对甲苯基乙烯基硫	−1.10	0.35
甲基丙烯基硫	−1.45	0.32	α-甲基苯乙烯	−1.27	0.98
甲基丙烯基砜	1.29	0.11	2-乙基己酸乙烯酯	−0.08	0.024
甲基丙烯酸甲酯	0.4	0.74	乙基丙烯酸甲酯	0.52	0.42
甲基丙烯酸乙酯	0.44	0.70	乙烯	−0.20	0.015
甲基丙烯酸正丙酯	0.44	0.65	乙烯基乙炔	−0.4	0.69
甲基丙烯酸正丁酯	0.43	0.67	6-乙烯基蒽	−1.68	2.50
甲基丙烯酸异丁酯	0.43	0.68	9-乙烯基蒽	−1.60	0.90
甲基丙烯酸叔丁酯	0.17	0.78	6-乙烯基萘	−1.12	1.94
甲基丙烯酸正戊酯	0.43	0.68	2-乙烯基萘	−0.38	1.25
甲基丙烯酸冰片酯	0.59	0.79	2-乙烯基菲	−0.67	1.96
甲基丙烯酸正癸酯	0.20	0.67	9-乙烯基菲	−0.80	1.73
甲基丙烯酸正己酯	0.35	0.66	乙烯基磺酸	−0.02	0.093
甲基丙烯酸 2-羟乙酯	0.20	0.80	2-乙烯基吡啶	−0.50	1.30
甲基丙烯酸 2-溴乙酯	0.57	0.95	4-乙烯基吡啶	−0.20	0.82
甲基丙烯酸 β-氯乙酯	0.57	1.01	4-乙烯基嘧啶	0.45	2.18
甲基丙烯酸对-氯苯酯	0.72	1.35	2-乙烯基喹啉	−0.82	3.79
甲基丙烯酸对-甲氧苯酯	0.56	1.36	2-乙烯基噻蒽	−1.68	4.30
甲基丙烯酸失水甘油酯	0.10	0.85	2-乙烯基噻吩	−0.80	2.86
甲基丙烯酸对硝基苯酯	0.98	1.27	乙烯基环己烯	−1.64	0.060
甲基丙烯酸二乙氨基乙酯	1.65	0.056	乙烯基磺酸钠	0.41	0.064
对甲基苯乙烯	−0.98	1.27	乙烯基二茂铁	−1.3	0.4
间甲基苯乙烯	−0.72	0.91	乙烯基磺酸正丁酯	1.19	0.13
邻甲基苯乙烯	−0.78	0.90	乙烯基磷酸二乙酯	0.25	0.09
甲基乙烯基酮	0.68	0.69	乙烯基磺酸失水甘油酯	1.41	0.14
甲基乙烯基硫	−1.45	0.32	乙烯基对三苯基甲醇	−0.17	1.48
甲基乙烯基砜	1.29	0.11	N-乙烯基吡咯烷酮	−1.14	0.14
甲基异丙烯基酮	0.53	1.49	2-乙烯基吡啶 N-氧化	−0.01	3.77
2,3-二甲基-1,3-丁二烯	−1.81	5.86	对-乙烯基联苯	−1.12	1.32
N,N-二甲基丙烯酰胺	−0.50	1.08	2-乙烯基硫基苯并噻唑	−0.92	1.68
亚甲基丙二酸二乙酯	1.66	4.78	N-乙烯基琥珀酰亚胺	−0.34	0.13
2-亚甲基丁二酸	0.50	0.76	N-乙烯基氨基甲酸酯	−1.62	0.12
2-亚甲基丁二酸酐	0.88	2.50	二乙烯基醚	−1.28	0.037
N-甲基丙烯酰基-ε-己内酰胺	1.34	0.18	二乙烯基硫	−1.11	0.58

续表

单 体	e	Q	单 体	e	Q
二乙烯基砜	1.33	0.14	正丁基乙烯基硫	−1.2	0.33
二(4-乙烯基苯基)醚	−1.07	1.36	叔丁基乙烯基硫	−1.1	0.26
二(4-乙烯基苯基)甲烷	−1.11	1.28	异丁基乙烯基醚	−1.77	0.023
二(4-乙烯基苯基)硫	−1.09	2.07	异丁基乙烯基硫	−1.7	0.53
1,6-二(对-甲氧苯基)乙烯	−1.06	0.09	六氯-1,3-丁二烯	0.76	1.31
2,5-二(对-氯苯基)乙烯	−0.84	2.16	六氟-1,3-丁二烯	0.47	0.93
β-乙氧基丙烯酸乙酯	0.18	0.015	2-氟-1,3-丁二烯	−0.43	2.08
乙酸乙烯酯	−0.22	0.026	2-氯-1,3-丁二烯	−0.02	7.26
乙酸烯丙酯	0.36	0.048	6-氰基-1,3-丁二烯	0.28	5.95
α-乙酰氧基丙烯腈	0.78	2.14	2,3-二氯-1,3-丁二烯	0.48	12.86
α-乙酰氧苯乙烯	−0.98	1.43	反丁烯二酸二甲酯	1.49	0.76
N-(对-乙酰氧基苯基)马来酰亚胺	1.99	0.70	顺丁烯二酸二甲酯	1.27	0.09
N-(对-乙酰苯基)马来酰亚胺	2.00	0.47	1,1,2-三氯-1,3-丁二烯	0.78	4.04
乙基乙烯基醚	−1.17	0.032	正丁酸乙烯酯	−0.26	0.042
乙基乙烯基酮	0.69	0.87	异戊二烯	−1.22	3.33
乙基乙烯基硫	−1.6	0.45	间-溴苯乙烯	−0.21	1.07
乙基乙烯基亚砜	0.61	0.13	对-溴苯乙烯	−0.32	1.04
2-乙基-6-乙烯基乙炔	−0.29	0.60	间-氯苯乙烯	−0.36	1.03
5-乙基-2-乙烯基吡啶	−0.74	1.37	邻氯苯乙烯	−0.36	1.28
5-乙基-2-乙烯基吡啶氧化氮	−0.1	4.52	对氯苯乙烯	−0.33	1.03
N-乙基-N′-乙烯基脲	−1.53	0.13	α-氰基苯乙烯	1.26	9.60
丙烯	−0.78	0.002	对氰基苯乙烯	−0.21	1.86
丙烯酸	0.77	1.27	α,β-二氟苯乙烯	0.73	0.12
丙烯醛	0.73	1.18	β,β-二氟苯乙烯	0.70	0.029
丙烯腈	1.20	1.78	2,4-二氟苯乙烯	−0.31	0.65
丙烯酸酐	0.51	0.60	2,5-二氟苯乙烯	0.73	6.70
丙烯酰胺	1.30	1.15	α-二氟甲基苯乙烯	−0.21	1.16
丙烯酰氯	−1.13	0.028	2,5-二甲氧基苯乙烯	−1.04	1.75
丙烯酯钠	−0.12	0.71	对二甲胺基苯乙烯	−1.37	1.51
丙烯酸甲酯	0.60	0.42	间硝基苯乙烯	0.81	2.47
丙烯酸乙酯	0.62	0.42	对硝基苯乙烯	0.39	1.63
丙烯酸苄酯	0.42	0.86	对磺酰胺撑苯乙烯	0.37	1.62
丙烯酸正丁酯	0.53	0.43	对苯乙烯磺酸	−0.26	1.04
丙烯酸仲丁酯	0.34	0.41	间苯乙烯磺酰氟	−0.73	1.33
丙烯酸四氢糠酯	0.36	0.54	对苯乙烯磺酰氟	0.20	1.64
丙烯酸β-氰乙酯	0.92	0.63	对硫代甲基苯乙烯	−1.65	3.29
丙烯酸2-甲氧基乙酯	0.58	0.46	3-三氟甲基苯乙烯	−0.29	0.92
丙烯基三乙氧基硅烷	−1.08	0.0034	α,β,β-三氟苯乙烯	0.22	0.75
丁烯酸	0.45	0.013	氯乙烯	0.20	0.044
丁烯醛	0.36	0.013	偏二氯乙烯	0.36	0.22
丁烯酰胺	1.76	0.0085	氟乙烯	−0.8	0.010
1,3-丁二烯	−1.05	2.39	溴乙烯	−0.25	0.047
异丁烯	−0.96	0.033	偏二氰基乙烯	2.58	20.13
正丁基乙烯基醚	−1.20	0.087	α-氰基丙烯酸甲酯	2.1	12.6
叔丁基乙烯基醚	0.66	0.78	四氟乙烯	1.22	0.049

表3 热塑性塑料的主要性能

(一)

性能	聚乙烯			聚氯乙烯		
	LDPE	LLDPE	HDPE	通用PVC	电器用软PVC	硬PVC
相对密度	0.91~0.925	0.92~0.925	0.941~0.97	1.2~1.6	1.2~1.6	1.4~1.6
吸水率/%	<0.01	<0.01	<0.01	0.25	0.15~0.75	0.07~0.4
成型收缩率/%	1.5~5.0	1.5~5.5	2.0~5.0	1.5~2.5	1.5~2.5	0.6~1.0
折射率	1.51		1.54			
拉伸强度/MPa	7~15	15~25	21~37	10.5~20.1	10.5~20.1	45.7
断裂伸长率/%	>650	>880	>500	100~500	100~500	25
弯曲强度/MPa	34	—	11	—	—	100
弯曲模量/MPa	—	—	—	—	—	3000
压缩强度/MPa	28	—	10	8.8	8.8	20.5
缺口冲击强度/(kJ/m^2)	80~90	>70	40~70			2.2~10.6
硬度	洛氏R45	—	洛氏R70	邵氏A50~95	邵氏A60~95	邵氏D75~85
长期使用温度/℃				60~70	80~104	80~90
热变形温度(1.82MPa)/℃	50	75	78			
脆化温度/℃	−80~−55	<−120	<−140~−120	−42		
线膨胀系数/(×10^{-5}K^{-1})	20~24	—	12~13	7~25	7~25	5~18.5
热导率/[W/(m·K)]	0.35		0.44	0.15	0.15	0.16
体积电阻率/(Ω·cm)	6×10^{15}		2.34×10^{15}	10^{11}~10^{13}	10^{11}~10^{14}	10^{12}~10^{14}
介电常数/(10^{6}Hz)	2.28~2.32		2.34~2.38	5~9	4~5	3.2~3.6
介电损耗角正切值/(10^{6}Hz)	0.0003		>20	0.08~0.15	0.08~0.15	0.02
介电强度/(kV/mm)	>20		>20	14.7~29.5	26.5	9.85~35
耐电弧/s	115		115		60~80	
氧指数/%	20	—	20			

(二)

性能	聚丙烯	聚苯乙烯	ABS塑料		尼龙	
	PP	PS	高抗冲ABS	耐热ABS	PA-6	PA-66
相对密度	0.90	1.05	1.02~1.05	1.06~1.08	1.14	1.14
吸水率,%	0.01	0.05	0.2~0.45	0.2~0.45	3.0~4.2	3.4~3.6
成型收缩率/%	1~2.5	0.4~0.7	0.3~0.8	0.3~0.8	0.6~1.6	0.8~1.5
透光率/%		88%~92%				
折射率	1.49	1.59~1.60				
拉伸强度/MPa	29	50	35~44	45~57	74	80
断裂伸长率/%	>200	2	5~60	3~20	200	60
弯曲强度/MPa	50	105	52~81	70~85		
弯曲模量/MPa		3200				
压缩强度/MPa	45	115	49~64	65~71		
缺口冲击强度/(kJ/m^2)	0.5	(无缺口)16	16~44	11~25	(Izod)56J/m	(Izod)40J/m
洛氏硬度	R80~110	M65~90	R65~109	R105~115	M114	M118
长期使用温度/℃		60~75			105	105
摩擦系数	0.51					
磨痕宽度/mm	10.4					
热变形温度(1.82MPa)/℃	102	100(维卡)	93~103	104~118	70	75
脆化温度/℃	8~−8	−30				
线膨胀系数/(×10^{-5}K^{-1})	6~10	8	9.5~10.5	6.0~9.0	6.5	7
热导率/[W/(m·K)]	0.24	0.14	0.16~0.29	0.16~0.29	0.28	0.24
体积电阻率/(Ω·cm)	10^{19}	10^{17}~10^{19}	(1~4.8)×10^{16}	(1~5)×10^{16}	5×10^{13}	7×10^{14}
介电常数/(10^{6}Hz)	2.15	2.45~2.65	2.4~3.8	2.4~3.8	(10^{3}Hz)3.8	(10^{3}Hz)3.9
介电损耗角正切值/(10^{6}Hz)	0.0008	(1~2)×10^{-4}	0.009	0.009	0.02	0.02
介电强度/(kV/mm)	24.6	20~28	13~20	13~20	18	15
耐电弧/s	185	60~135	20	20		
氧指数/%	18	20				

(三)

性能	聚碳酸酯 PC	聚甲醛（均）POM（均）	聚酯 PET	聚酯 PBT	有机玻璃 PMMA	聚四氟乙烯 F4
相对密度	1.2	1.43	1.38	1.31	1.17~1.19	2.18
吸水率/%	0.15	0.25	0.26	0.09	2	<0.01
成型收缩率/%	0.5	1.5~3	1.8			
折射率	1.586	1.48			1.49	1.35
拉伸强度/MPa	56~66	70	78	55	55~77	27.6
拉伸模量/MPa	2100~2400	3160			2400~2800	
断裂伸长率/%	60~120	40	50	200~300	2.5~6	233
弯曲强度/MPa	80~85	90	115	85	110	21
弯曲模量/MPa	2100~2440	2880		2.35		
压缩强度/MPa	75~80	127			130	13
剪切强度/MPa	35	67				
缺口冲击强度/(kJ/m^2)	17~24	76(J/m)	4	4.31	18~24	(布氏)HB456
洛氏硬度	M80	M94		M72	M118	
疲劳极限 10^6 次/MPa	10.5	35				
长期使用温度/℃	110	80		120	80	最高 288
摩擦系数						0.04~0.13
摩痕宽度/mm						14.5
热变形温度(1.82MPa)/℃	130~135	124	85	58	115	
脆化温度/℃						最低 -150
线膨胀系数/($\times 10^{-5}$K^{-1})	7.2	7.5	10	8.8~9.6	7	10.5
热导率/[W/(m·K)]	0.2	0.23			0.14~0.2	0.24
体积电阻率/(Ω·cm)	2.1×10^{16}	10^{15}	10^{18}	10^{16}	10^{15}	$>10^{17}$
介电常数/(10^{6}Hz)	2.9	3.8	2.98~3.16	3.1	2.2~2.5	1.8~2.2
介电损耗角正切值/(10^{6}Hz)	0.0083	0.005			0.02~0.08	2×10^{-4}
介电强度/(kV/mm)	18	20	30	17	20	60~100
耐电弧/s	120	220	63~190	125~190	不漏电 17.3	360
氧指数/%						>95

表4 热固性塑料的主要性能

(一)

性能	酚醛塑料 铸塑制品（无填料）	酚醛塑料 PF模塑料（木粉填充）	酚醛塑料 PF与布层压	酚醛塑料 PF泡沫塑料	脲醛塑料 AF模塑料加纤维素	脲醛塑料 AF模塑料加木粉
相对密度	1.34	1.35~1.4	1.34~1.38	0.2	1.48~1.6	1.48~1.6
吸水率/%				0.3		
成型收缩率/%						
拉伸强度/MPa	28~70	35~36	56~140	1.2	52~80	52~80
断裂伸长率/%					0.6	0.6
弯曲强度/MPa	49~84	56~84	84~210		76~117	76~114
剪切强度/MPa			35~84			
压缩强度/MPa	70~175	105~245	175~280	4	175~245	
缺口冲击强度/(kJ/m^2)	1~3.26	0.54~2.7	5.44~21.7	0.2	1.2~1.4	1.0~1.4
耐热温度/℃			125~135	130~150		
热变形温度(1.82MPa)/℃		145~188			128~138	
线膨胀系数/($\times 10^{-5}$K^{-1})	3~8	3~6	2~8	0.5		
热导率/[W/(m·K)]				0.06		
体积电阻率/(Ω·cm)	10^{12}~10^{14}	10^9~10^{12}	10^{10}~10^{12}		10^{13}~10^{15}	10^{13}~10^{15}
介电常数/(10^{6}Hz)	4	5~15		1.31		
介电损耗角正切值/(10^{6}Hz)				0.01		
介电强度/(kV/mm)	8~12	4~12	4~20			
耐电弧/s						
氧指数/%						

(二)

性能	环氧塑料		不饱和聚酯			
	浇铸型 EP	EP 玻璃钢含 EP45%	浇铸型 UP	手法 UP 玻璃钢	片状 UP 模塑料	块状 UP 模塑料
相对密度	1.11~1.23		1.10~1.46	1.7~1.9	1.75~1.95	1.75~1.95
吸水率/%	0.07~0.16		0.15~0.6	0.5	0.5	0.5
成型收缩率/%	1~2		4~6		<0.15	<0.15
拉伸强度/MPa	83	294	41.2~69.6	202~300		
拉伸模量/MPa		17650				
断裂伸长率/%	1~7		1.3~2			
弯曲强度/MPa	127	402	58.8~117.7	264~520	>170	>90
弯曲模量/MPa		17650				
压缩强度/MPa	107.9	243	90.2~166			
压缩模量/MPa		17650			>90	>30
缺口冲击强度/(kJ/m^2)		180		150~180		
洛氏硬度	M112					
耐热温度/℃				>120(马丁)		
热变形温度(1.82MPa)/℃	300				>240	>240
线膨胀系数/($\times 10^{-5} K^{-1}$)	6		8~10			
体积电阻率/($\Omega \cdot cm$)	10^{17}			10^{14}	>10^{13}	>10^{13}
介电常数/(10^6 Hz)				<6	4.5	4.8
介电损耗角正切值/(10^6 Hz)				0.01~0.03	<0.015	<0.015
介电强度/(kV/mm)				14~29	>12	>12
耐电弧/s				120~160	>180	>180

表5 某些特种用途塑料的主要性能

性能	聚苯硫醚 PPS (R-4)	聚砜 PSF	聚酰亚胺 均苯型 PI	聚芳醚酮 PAEK	聚苯酯 Ekonol-100	聚有机硅氧烷 SI 玻璃布层压塑料
相对密度	1.6	1.24	1.43~1.59	1.3	1.45	1.8~1.9
吸水率/%	<0.05	0.22	0.3		0.02	
成型收缩率/%	<0.12	0.7				
拉伸强度/MPa	137	75	90	103	17.6	200~400
拉伸模量/MPa				3.8(GP)	4.3(GP)	
断裂伸长率/%	1.3	50~100	6~8	11		1~2
弯曲强度/MPa	204	128	98		39.4	
弯曲模量/MPa	11.9(GP)				1.9(GP)	
压缩强度/MPa		98	166		110	140
压缩模量/MPa						
缺口冲击强度/(kJ/m^2)	76(J/m)	14.2(无310)	4	1387(J/m)		260~1300(J/m)
洛氏硬度	R132	M169				
无载荷连续使用温度/℃	260	-120~150	260	230~240	315	
热变形温度(1.82MPa)/℃	>262(0.45MPa)	174	360	135~160		>200
热导率/[W/(m·K)]			0.32		0.56	
线膨胀系数/($\times 10^{-5} K^{-1}$)	3	3.1		10	6.01	
体积电阻率/($\Omega \cdot cm$)	10^{16}	3	10^{17}	6.25×10^{16}	10^{16}	
介电常数/(10^6 Hz)	3.9(10^3Hz)	3.07(60Hz)	3.4	3.2~3.3(60Hz)	3.28	
介电损耗角正切值/(10^6 Hz)	1.3×10^3	8×10^{-4}	1		7.5×10^3	0.001
介电强度/(kV/mm)	18	14.6	110~120	19	30	10~16
耐电弧/s	120	122	230			220~350
氧指数/%	44		不燃	35		

表6 常见橡胶的主要性能

（一）

性能	天然橡胶	丁苯橡胶	异戊橡胶	丁腈橡胶	氯丁橡胶	丁基橡胶	顺丁橡胶
密度/(g/cm³)	0.92	0.94	0.91	1.0	1.23	0.91	0.91～0.93
体积膨胀系数/(1/K)	670×10^{-6}	660×10^{-6}	—	—	—	—	—
玻璃化温度/℃	−73	−60	−70	−22	−50	−79	−85
比热容/[kJ/(kg·K)]	1.9～2.1	1.89	—	1.97	—	1.95	—
热导率/[W/(m·K)]	0.134	0.247	0.13	0.247	0.194	0.09	—
燃烧热/(MJ/kg)	−45	−56.5	—	—	—	—	—
熔融温度 T_m/℃	15～40	—	0～25	—	—	—	—
结晶熔融热/(kJ/kg)	64.0	—	—	—	—	—	—
折射率	1.5191	1.5345	1.52	—	1.4000	1.5081	—
介电常数/(kHz)	2.37～2.45	2.5	2.3～3.0	13.0	9.0	2.38	—
介电强度/(kV/mm)	—	—	—	—	5.910～23.64	23.64	—
体积电阻率/(Ω·m)	10^{15}～10^{17}	10^{15}	10^{15}～10^{17}	10^{10}	10^{11}	10^{17}	—
体积弹性模量/GPa	1.94	1.89	—	—	—	—	—
拉断伸长率/%							
未补强	800	700	800	800	800	>1000	500
补强橡胶	<600	500	<600	<600	<600	<800	>500
拉伸强度/MPa							
未补强	28	差	28	差	21	21	差
补强橡胶	9～31	7～28	9～31	7～17	7～21	7～17	3.5～14
硬度(邵氏A)	30～100	35～100	30～100	45～100	40～90	40～90	35～90
使用温度范围/℃	−55～100	−45～100	−55～100	−20～120	−20～120	−50～125	−70～100
耐热性	好	好	好	中-优	中-优	中	好
耐寒性	中	中	中	差	好	中	优
回弹性							
20℃	优	中	优	差-中	中	差	优
100℃	优	中	优	差-中	中	中-优	优
弹性	优	优	优	中	中	差	优
抗永久变形	优	中	优	中-优	中	中	中
抗撕裂性	优	中	优	中	中	中	差
耐磨性	优	中	优	优	中	中	中
耐老化	中	中-优	中	中	优	好	中
耐光	差	差	差	差	中	好	差
耐臭氧	差	差	差	差	中-优	中-好	差
耐焰性	良好	差	良好	差-中	优	差	差
耐脂肪烃油	差	差	差	优	中-优	差	差
耐芳香烃油	差	差	差	中	中	差	差
耐矿物油	差	差	差	中-优	中	差	差
耐动物油	差-中	差-中	差-中	优	中-优	优	差-中
透气性	中	中	中	优	中-优	最优	中
耐水性	优	中-优	优	中	优	优	中-优
电绝缘性	优	优	优	差	中	优	优
黏合性	优	优	优	很好	优	中	优
最佳性能	弹性强度撕裂疲劳硬度范围广，低温性能好	一般老化性能比天然橡胶好	弹性强度撕裂疲劳硬度范围广，低温性能好	耐油、耐热性特佳	对气候老化某些油及自熄性较好	最佳透气性、耐环境老化、低温性能	最佳的低温和弹性性能

续表

性　　能	天然橡胶	丁苯橡胶	异戊橡胶	丁腈橡胶	氯丁橡胶	丁基橡胶	顺丁橡胶
极限性能	耐热油、耐候、臭氧、燃性中至差	耐热油、耐候、臭氧中至差中等撕裂强度	耐热油、耐候、臭氧、燃性中至差	低温和耐臭氧性能较差	强力中等，贮存稳定性	强度中等，弹性差	耐老化性能中等、耐撕裂差

（二）

性　　能	聚硫橡胶	有机硅橡胶	聚氨酯橡胶	乙丙橡胶	均氯醚橡胶	氟橡胶	热塑性橡胶
密度/(g/cm³)	1.34	1.20	1.1~1.25	0.86	1.36	1.4~1.85	0.94~1.15
体积膨胀系数/(1/K)	—	—	—	—	—	—	—
玻璃化温度/℃	—	−120	—	−60	—	−22	—
比热容/[kJ/(kg·K)]	—	1.89	—	2.2	—	—	—
热导率/[W/(m·K)]	—	0.225	—	0.36	—	0.225	—
燃烧热/(MJ/kg)							
熔融温度 T_m/℃							
结晶熔融热/(kJ/kg)							
折射率							
介电常数/(kHz)	7.0~9.5	3.0~3.5	5~8	2.2~2.4	—	<5.5	2.5~3.4
介电强度/(kV/mm)	9.85~23.64	3.94~23.61	13.79~20.79	30~35	—	9.85~29.6	16.6~20.5
体积电阻率/(Ω·m)	10^{12}	10^{11}~10^{17}	10^{11}~10^{14}	10^{15}~10^{17}	10^9	10^{13}~10^{14}	10^{13}~10^{16}
体积弹性模量/GPa							
拉断伸长率/%							
未补强	<200	<200	500~1000	>500	—	100~250	
补强橡胶	<500	<150	无影响	500	320~350	100~250	350~1350
拉伸强度/MPa							
未补强	差	差	>70	差	—	3.5~17	4.8~30.9
补强橡胶	3.5~10.0	2~10	>70	>21	13.7~20.6	3.5~17	
硬度(邵氏 A)	40~90	10~85	10~100	40~95	30~95	55~90	35~90
使用温度范围/℃	−50~95	−90~250	−20~80	−50~150	−15~140	−20~250	−51~−62
耐热性	差	最优	中-优	中-优		最优	
耐寒性	好	优	中	中		差	
回弹性							
20℃	优	优	差-中	中	差	差	中
100℃	优	优	差-中	中	差	优	
弹性	优	中	差-优	优	中	中	
抗永久变形	优	中	差-中	优	差-中	差-中	
抗撕裂性	优	很差	—	中	中	中	中
耐磨性	优	很差	最优	优	差	中	中
耐老化	中	优	优	优	优	甚好	优
耐光	差	优	优	优	优	优	
耐臭氧	差	优	最优	优	优	甚好	
耐焰性	良好	优	中	差	优	甚好	差
耐脂肪烃油	差	优	差	差	—	最优	
耐芳香烃油	差	差	差	差	优	最优	
耐矿物油	差	差	差	差	中-优	最优	
耐动物油	差-中	差-中	差	中-优	—	优	
透气性	中	中		中	优	最优	
耐水性	优	中	差	中	中	优	差
电绝缘性	优	优	中	优	—	中	
黏合性	优	中	优	中	优	中	

续表

性　能	聚硫橡胶	有机硅橡胶	聚氨酯橡胶	乙丙橡胶	均氯醚橡胶	氟橡胶	热塑性橡胶
最佳性能	弹性强度撕裂疲劳硬度范围广，低温性能好	耐热耐寒最好	强度、耐磨硬度、耐油均甚佳可以浇铸	最佳耐老化性能，强力中等		耐热燃料油　耐化学腐蚀、耐臭氧、耐候均好	
极限性能	耐热油、耐候、臭氧、燃性中至差	强度低变形差价格高	耐湿热性差	自粘性差		耐寒性差价格高	

参 考 文 献

[1] 张留成,瞿雄伟,丁会利. 高分子材料基础. 北京:化学工业出版社,2001.
[2] 潘祖仁. 高分子化学. 北京:化学工业出版社,2001.
[3] 杨玉良,胡汉杰. 高分子物理. 北京:化学工业出版社,2001.
[4] 金日光,华幼卿. 高分子物理. 北京:化学工业出版社,2001.
[5] 王文广. 塑料材料的选用. 北京:化学工业出版社,2001.
[6] 贡长生,张克立. 新功能材料. 北京:化学工业出版社,2001.
[7] 瞿金平,胡汉杰. 聚合物成型原理及成型技术. 北京:化学工业出版社,2001.
[8] 何白天,胡汉杰. 功能高分子与新技术. 北京:化学工业出版社,2001.
[9] 王佛松,王夔,陈新滋等. 展望21世纪的化学. 北京:化学工业出版社,2000.
[10] 李树尘,陈长勇. 材料工艺学. 北京:化学工业出版社,2000.
[11] 金国珍. 工程塑料. 北京:化学工业出版社,2000.
[12] 夏宇正,陈晓农. 精细高分子化工及应用. 北京:化学工业出版社,2000.
[13] 潘祖仁,翁志学,黄志明. 悬浮聚合. 北京:化学工业出版社,1997.
[14] 何天白,胡汉杰. 海外高分子科学的新进展. 北京:化学工业出版社,1997.
[15] 赵文元,王亦军. 功能高分子材料化学. 北京:化学工业出版社,1996.
[16] 蓝凤祥,柯竹天等. 聚氯乙烯生产与加工应用手册. 北京:化学工业出版社,1996.
[17] 纪奎江. 实用橡胶制品生产技术. 北京:化学工业出版社,1996.
[18] 侯文顺. 化工设计概论. 北京:化学工业出版社,1999.
[19] 侯文顺. 高分子物理——高分子材料分析、选择与改性. 北京:化学工业出版社,2010.
[20] 严瑞瑄. 水溶性高分子. 北京:化学工业出版社,1998.
[21] 徐克勋. 精细有机化工原料及中间体手册. 北京:化学工业出版社,1998.
[22] [澳] Yiu-Wing Mai,zhong-Zhen Yu 编,杨彪译. 聚合物纳米复合材料. 北京:化学工业出版社,2010.
[23] 侯文顺. 高聚物生产技术. 北京:高等教育出版社,2007.
[24] 刘德峥. 精细化工生产工艺. 第2版. 北京:化学工业出版社,2009.
[25] [美] E.S.威尔克斯 编,傅志峰等译. 工业聚合物手册. 北京:化学工业出版社,2006.
[26] 高俊刚,李源勋. 高分子材料. 北京:化学工业出版社,2002.
[27] 周其凤,胡汉杰. 高分子化学. 北京:化学工业出版社,2001.
[28] 郑石子,颜才南,胡志宏等. 聚氯乙烯生产与操作. 北京:化学工业出版社,2008.
[29] 张洪涛,黄锦霞. 绿色涂料配方精选. 北京:化学工业出版社,2010.
[30] 谢萍,张榕本,曹新宇. 超分子构筑调控高分子合成导论. 北京:化学工业出版社,2009.